现代化学专著系列·典藏版 41

寻找新药中的组合化学

刘 刚 萧晓毅 等著

科学出版社
北 京

内 容 简 介

本书介绍了组合化学在寻找及优化药物先导化合物中的最新应用进展。全书分为四篇,共计 17 章。第一篇:组合合成(第一章~第五章),主要介绍了小分子化合物合成中的一些关键内容的例子,包括固相合成、液相合成、树脂和功能连接桥以及以天然产物为骨架的组合合成;第二篇:高通量分析和纯化(第六章~第八章),重点介绍了化学库的高通量定性、定量分析以及纯化的方法、技术和仪器设备等;第三篇:组合合成与生物筛选的整合(第九章~第十四章)侧重于如何将合成与筛选有机地结合,以及一些代表性的方法;第四篇:筛选与生物靶点(第十五章~第十七章)给读者展示了现代筛选的生物学靶点、如何识别可靠的靶点、高通量筛选中的一些基本模型和技术,并以抗 HIV 筛选为代表重点介绍了一些筛选的结果。每一章的作者们都力图将最直接的实验方法和他们的直接实验结果介绍给读者,使得本书具有较强的可读性。

本书可供药物化学、有机化学、生物化学等领域的研究人员使用,也可供高等院校相关专业师生参考。

图书在版编目(CIP)数据

现代化学专著系列:典藏版 / 江明,李静海,沈家骢,等编著. —北京:科学出版社,2017.1

ISBN 978-7-03-051504-9

Ⅰ.①现… Ⅱ.①江… ②李… ③沈… Ⅲ.①化学 Ⅳ.①O6

中国版本图书馆 CIP 数据核字(2017)第 013428 号

责任编辑:操时杰 黄海 / 责任校对:包志虹
责任印制:张 伟 / 封面设计:铭轩堂

科学出版社 出版
北京东黄城根北街 16 号
邮政编码:100717
http://www.sciencep.com
北京厚诚则铭印刷科技有限公司印刷
科学出版社发行 各地新华书店经销
*
2017 年 1 月第 一 版 开本:720×1000 B5
2017 年 1 月第一次印刷 印张:30 1/4
字数:575 000

定价:7980.00 元(全 45 册)

主要著作者

Kit S. Lam　陈少清　丁　键
胡卓伟　李　佳　刘　刚　南发俊
牛长群　孙曼霁　王炳和　吴钦远
吴泽民　萧晓毅　阎　兵　杨　震
张兴权

参与编著者

范业梅　方立玲　刘思明　吕渭川
幕少峰　潘建民　王利莎　王　卫
吴　畲　张所德　张兴梅　赵占工
郑爱莲

目　录

第二篇　高通量分析及纯化

第三篇 组合合成与生物筛选的整合

第四篇　筛选与生物靶点

绪　论

在新药或新化学实体(new chemical entity, NCE,是指具有医疗保健作用的化学物质,包括药物、保健食品、诊断试剂和其他医用材料)的开发研究中,寻找先导化合物(lead compound)是关键的第一步。先导化合物是一种具有特定分子骨架和活性基团或药效基团(pharmacophore)的特定生物活性的化合物,是潜在的药物或候选药物。发现先导化合物的成功率取决于两个要素:化合物的来源(数量和多样性)和生物筛选模型。随着信息技术和遗传工程技术发展而出现的后基因组和蛋白质组时代,已经发现的许多新的药物筛选靶点、模型和筛选技术(如 biochip, microarray)正在朝向"超高通量筛选"的方向发展,对多样性小分子化合物的需求越来越多,化学工作已经成为新药研发的瓶颈,小分子化合物化学库成为了国际风险投资的热点[1]。

现代药物的研发分为四个阶段,如图 0.1 所示。其中第一个阶段是先导化合物的发现和优化阶段,也是目前最活跃、最能够体现一个国家基础研究水平的阶段。从图中可以看到,组合化学在本阶段起到了关键性作用(包括多样性化合物化学库的合成和药物先导化合物的优化)。第一个完全采用组合化学技术发现和优化的鳃唑烷酮类新型抗生素 linezolid(Zyvox)已经在 2001 年 4 月获得美国 FDA 批准上市,前后共花了约 9 年时间。与传统开发新药的平均时间(约 13～15 年)相比,节约了 4～6 年的时间[2]。

先导化合物发现的数目和速度无疑是新药研发的基石。发展新的高通量筛选方式、方法是解决这一问题的关键。自从 1984 年 Geysen 及其合作伙伴[3]发展了设计用于进行同步多肽合成及生物研究的多针同步合成技术(multipin),到 1988 年 Furka 等人的"混合-均分"(mix-split)技术的问世[4]以及基于此合成方法的各种高通量筛选技术[5,6]、生物合成及筛选技术[7～9],再到 1992 年 Bunin 和 Ellman 首次同步设计合成了苯并二氮杂䓬酮小分子非肽化合物化学库[10]以来,组合化学研究方式及其相关技术已经被制药研究工业广泛认识并采用,为快速寻找及优化药物先导化合物发挥了关键性的作用。并且,采用组合化学这种体现现代高通量研究形式的思维方式从没有停止过它的发展。最近提出的组合动物研究[11]、蛋白质组学、基因组学、microarray[12]、生物芯片、组合配基装配[13]等无不体现了高通量的组合研究趋势。今天,世界上几乎所有的制药公司都发展了独特的组合合成及筛选系统[14～16],而起关键作用的是在组合合成和高通量筛选之间建立起"桥梁"[17]。

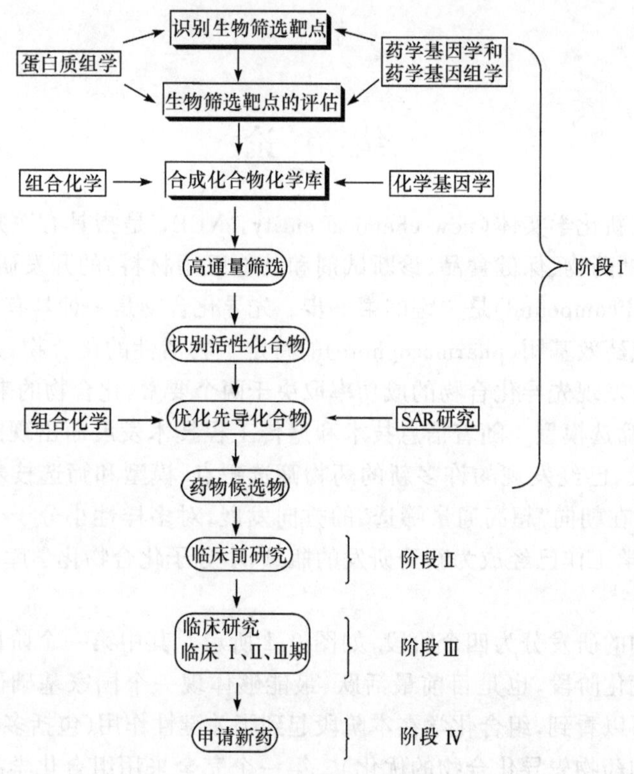

图 0.1 药物研发过程中的四个阶段

之所以称组合化学已经脱离了纯粹化学的概念,也不是单纯的一项技术,是因为它有机地整合了在药物先导化合物的发现和优化过程中各相关学科和技术(即组合化学组合合成、群集筛选和结构认证三部分)。药物先导化合物的寻找过程经历了天然产物来源、传统逐一合成逐一筛选(第一个阶段)、计算机辅助药物设计、高通量筛选(第二个阶段)、组合化学和以组合方式为主的现代超高通量筛选模式(第三个阶段),表明任何一个单一部门和研究小组几乎都不可能全部承担起一个新药开发的全过程。超高通量和多样性已经成为当代发现和优化药物先导化合物的基本特征。即如何在短时间内低成本、高效地寻找以及优化药物先导化合物是所有制药公司追求的目标,也是基础研究的重要内容。组合化学在发展了十余年后最大的贡献是提供了一套全新的研究思维模式,即组合模式。换句话说,如何从多样性的化学库中将最期望得到的分子(包括小分子和生物大分子)筛选出来是组合化学的根本。而"组合合成"则另被定义为:在化学库的合成过程中至少有一步的操作步骤少于反应管的个数[18]。"组合化学"在生命科学领域内已经被称做"重新定义着科学方法"[11]。近年来,该研究方式最令人兴奋的是在材料科学、新催化剂的快速开发等领域得到成功的应用[19]。

多样性化合物的组合合成及筛选的整合，即组合化学不仅给新药先导化合物的寻找和优化过程带来了新概念、新方式和新方法，同时也推动了相关技术的极大发展。尤其是小分子化合物化学库的引入更是将组合化学带入到了今天现实意义的范畴。药物先导化合物的组合寻找过程简单地说包括：组合合成、高通量筛选策略及结构认证三大步骤。所有的步骤在现有的技术条件下都应当是最有效的有机整合，即指最快、最省和最具实际意义。到目前为止，其主要整合研究内容包括以下几个方面：(1) 高产率、高纯度的化学库的组合合成；(2) 新催化剂的研究(包括酶、无机、金属有机催化剂以及它们的固载化研究等)；(3) 化学库质量分析及鉴定(定性和定量)；(4) 化学库筛选方法的确立和使用，包括混合物化学库、单一化合物化学库筛选的研究策略及其实用性(可以是生物筛选、物理筛选以及正确选择筛选的报告系统等内容)；(5) 组合化学中的数据收集、储存、分析、推断，以及化合物的构效关系研究；(6) 化学库解析策略和方法，包括编码、解码、筛选和合成方式等；(7) 计算机辅助的分子骨架的设计、虚拟筛选；(8) 化学库分子模板、骨架及构建单元的设计及合成；(9) 对由组合化学产生的大量体外活性分子的毒性、口服性、代谢稳定性、分布、排泄、吸收等的预测；(10) 组合动物研究，蛋白质组之间相互作用及调控的研究等；(11) 新型材料的研究及应用，包括载体(可溶性及不可溶性载体，如树脂、棉花、玻璃、合成多聚体、芯片以及传感器)、功能连接桥、化学稳定的功能化深孔反应板、清洁树脂等；(12) 自动化系统的研究以及应用，如有机适用的溶剂自动传递系统等；(13)新的雏形技术理论的发展等。

从组合化学化学库的发展过程及趋势(图 0.2)看，化学库的种类已经由初期随机的生物聚合体巨大数目的化学库逐渐演变到了理性、定向以及优化的化学库(targeted library、focused library、drug-like library)、协同作用化学库(synergistic-therapy library)及多功能化学库(multifunctional library)和动态化学库(dynamic library)等，印证了组合化学是一个非常活跃的领域。1991～1997 年是组合化学发展的高峰期，每年有数百篇科研论文发表。而近一两年来，科研单位发表的研究论文逐渐占据主要位置。其专业杂志“组合化学杂志”(Journal of Combinatorial Chemistry，1999 年创刊，由美国化学会出版)在出版仅两年后其影响因子便达到 5.23，在全世界 118 个有关化学杂志中排名第 9；35 个药物化学杂志中排名第 2；55 个应用化学杂志中排名第 1；美国化学会出版杂志中排名第 4(排在 Chemical Reviews，Accounts of Chemical Research 和 Journal of the American Chemical Society 之后)。

本书重点介绍组合化学在寻找及优化药物先导化合物中的最新应用进展，作者们力图将最直接的实验方法和他们的直接实验结果介绍给读者，使得本书具有较强的可读性。虽然限于时间、人力以及篇幅的原因，书中未能够将一些最新的内

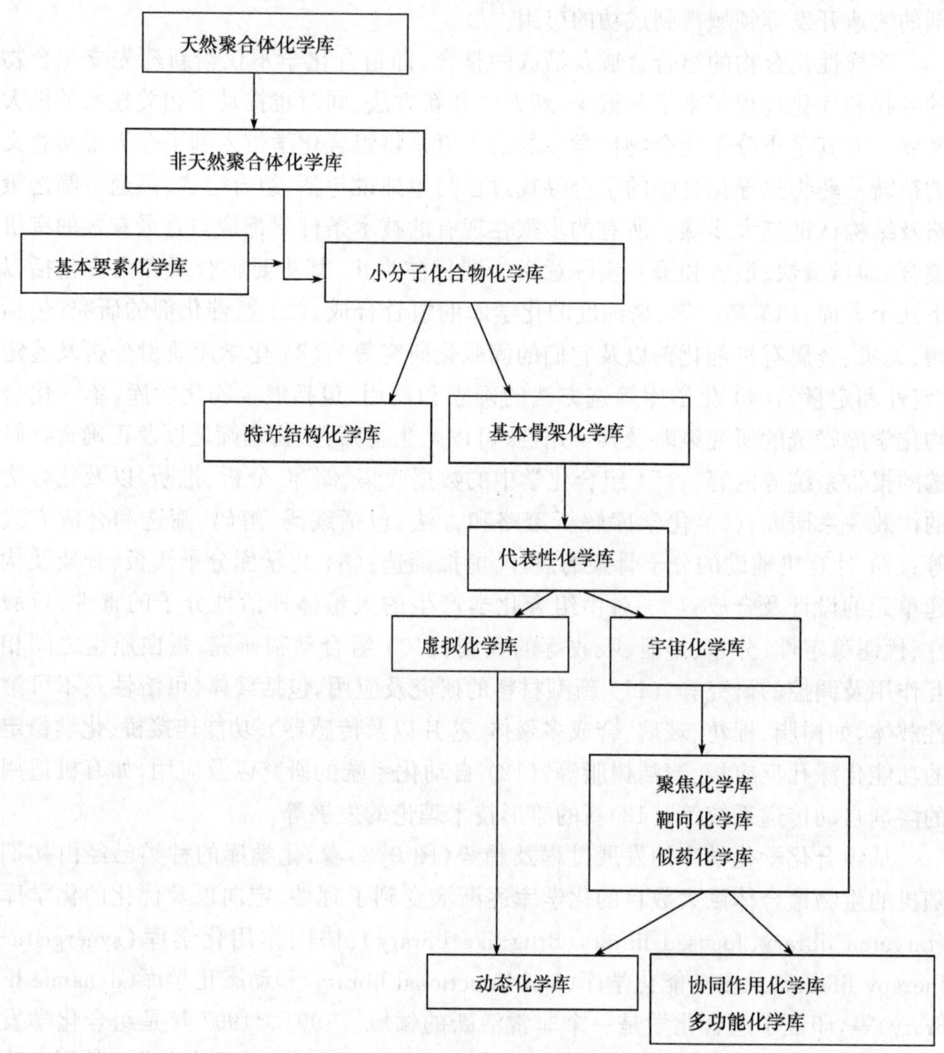

图 0.2　组合化学中化学库的衍变示意图

容包括进来，比如动态化学库（dynamic library）[20,21]、微波催化化学库的合成（microwave assisted combinatorial synthesis）[22]、氟标记策略的有机混合物合成及分离（fluorous-tagging strategy for the synthesis and separation of organic compound mixtures）[23]、魔角核磁共振技术（magic angel spinning technology of NMR）[24~27]等，但是本书已经将组合化学的主要研究思路、基本的实验方法和必需的仪器设备介绍给了读者，希望读者能够从中获得收益和灵感，并产生新的研究内容。

参 考 文 献

[1] Shauna FJ, *BioCentury*, 2001, June 18

[2] Katzman S, *Mondern Drug Discovery*, 2001, August,p15

[3] Geysen HM, Meloen RH, Barteling SJ, *Proc. Natl. Acad. Sci.* USA, 1984, 81, 3998

[4] Furka A, Sebestyen F, Asgedom M, Dibo G, *In Highlights of Modern Biochemistry*, *Proceeding of the 14th International Congress of Biochemistry*, VSP. Utrecht, The Netherlands 1988, Vol. 5, p47

[5] Lam KS, Salmom SE, Hersh EM, Hruby VJ, Kazmierski WM, Knapp RJ, *Nature*, 1991, 354, 82

[6] Houghten RA, Pinlla C, Blondelle SE, Appel JR, Dooley CT, Cuervo JH, *Nature*, 1991, 354, 84

[7] Scott JK, Smith GP, *Science*, 1990, 249, 404

[8] Cwirla S, Peters EA, Barrett RW, Dower WJ, *Proc. Natl. Acad. Sci.* USA, 1990, 87, 6378

[9] Devlin JJ, Panganiban LC, Devlin PE, *Science*, 1990, 249, 404

[10] Bunin BA and Ellman JA, *J. Am. Chem. Soc.* 1992, 114, 11997

[11] Borman S, *Chemical & Engineering News*, 2000, May pp53

[12] MacBeath G, Koehler AN, and Schreiber SL, *J. Am. Chem. Soc.* 1999, 121, 7967

[13] Maly DJ, Choong IC, and Ellman JA, *Proc. Natl. Acad. Sci.* USA, 2000, 97(6): 2419

[14] Moos WH, *Combinatorial Chemistry and Molecular Diversity in Drug Discovery*, 1998, Edited by Eric M. Gordon and James F. Kerwin, Jr., Publisher: WILEY-LISS, p ix

[15] Service RF, *Science*, 1997, 277: 474

[16] GlaxoWellcome, *Nature*, 1996, 384. Supp, 1

[17] Radioman J and Jung G, *Science*, 2000, 287: 1947

[18] Lebl M, *J. Combi. Chem.* 1999, 1: 3

[19] Jandeleit B, Schaefer DJ, Powers TS, Turner HW and Weinberg WH, *Angew. Chem. Int. Ed.* 1999, 38: 2494

[20] Ramstrom O, Lehn JM, *Nature Reviews: Drug Discovery*, 2002, 1: 26

[21] Borman S, *Chemical & Engineering News*, *Washington*, 2001, 79(35): 49

[22] Lew A, Krutzik PO, Hart ME, Chamberlin AR, *J. Combi. Chem.* 2002, 4(2): 95

[23] Luo Z, Zhang Q, Oderaotoshi Y, Curren P, *Science*, 2001, 291: 1766

[24] Keifer PA, *Drugs of the Future*, 1998, 23(3): 301

[25] Keifer PA, Smallcombe SH, Willams EH, Salomon KE, Mendez G, Belletire JL, Moore CD, *J. Combin. Chem.* 2000, 2: 151

[26] Gotfredsen CH, Gretli M, Willert M, Meldal M, Duus Q, *J. Chem. Soc.*, *Perkin Trans* 1, 2000, 1167

[27] Dhalluin C, Boutillon C, Tartar A, Lippens G, *J. Am. Chem. Soc.* 1997, 119: 10494

（刘　刚　萧晓毅等）

第一篇

组　合　合　成

第一章　组合高效有机合成法的发展及应用

1.1 简　介

在过去的十多年中，无论是在学术界还是在工业界，组合化学和生物学都取得了巨大的成就，组合化学已经成为广泛而有效地合成大量且多样性化合物的最有效的方法[1~4]。近几年来，利用新的液相、固相化学合成法及现代自动化仪器可以合成并筛选含有从 10^2 ～10^6 个化合物的化学库。“混合-均分”合成法(图1.1)[5~7]是目前合成大数目化合物组合化学库最有效的方法。

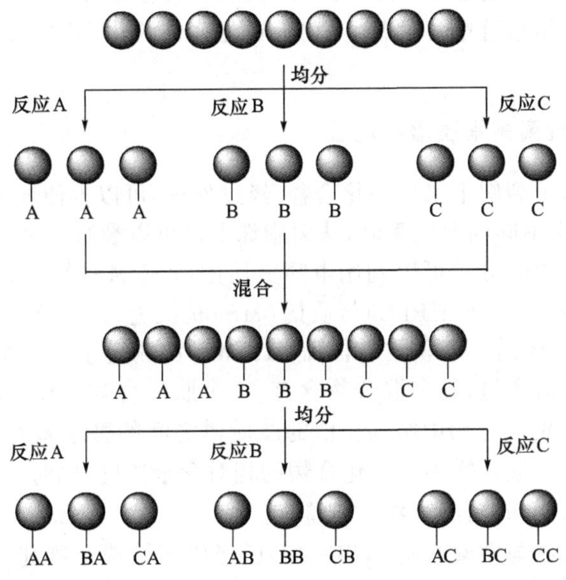

图 1.1　一个 3×3 代表性组合化学库的合成(A,B,C 是构建单元)

虽然在组合化学的应用过程中，化学库的设计、合成方法学的发展以及化学库的构建与筛选很重要，但最富挑战的步骤(或者说其发展的瓶颈步骤)是在特定的化学库中确定感兴趣化合物的化学结构。解决这个问题主要有三种策略：①微量分析；②重复解析；③化学和非化学编码和解码。化合物定位[8,9]平行合成法更适合于合成小规模的化学库，本章不予讨论。微量分析法和化学编码法是综合利用化学和微量分析过程来确定化学库中化合物的结构。重复解析是采用对越来越小的化学库进行重复再合成和再筛选,直到确认单一化合物结构,来完成复杂化学库解析的方法。非化学编码是一个新概念,它是一种利用化学“友好”的微小记忆装置来编码合成的方法。本章中,我们除简要介绍非编码法确定化合物化学库化合物结构的方法外,重点介绍组合化学中各种编码策略的发展和应用,特别是对非化学的编码方式进行了详细的讨论。

1.2　非编码的组合合成

1.2.1　微量分析

确定非编码合成化学库特性的最直接和最快速的办法是利用微量分析技术,一般有两种类型:微量测序法和质谱法。例如,多肽中的氨基酸残基可以利用 Edman 降解法对肽库化合物进行测序得到,而核酸中的碱基可以采用 Sanger 的二脱氧测序法直接对低聚核苷酸库测序[10,11]。除此之外的化学库可以用质谱法确定其化合物的结构。

1.2.1.1　化合物脱离树脂质谱测定法

从单个树脂珠上裂解下来单一化合物,经过处理,可以方便地表征此化合物结构信息[12,13]。采用不同的合成策略,从树脂珠上也可以裂解下来小数目的混合物化学亚库。该亚库内的分子可以利用电喷雾质谱(ESI-MS)结合色谱方法如气相色谱(GC)和高效液相色谱(HPLC)与质谱(MS)联机进行分析[14~17]。Wiesmuler 等人[17]利用电喷雾质谱与串联质谱联机(MS-MS)法测定了 100 个混合物样品中化合物的成分及相对含量,每个混合物含有 48 个肽化合物。Wiesmuler 等发现利用 ESI-MS,可以甄别混合物中结构相似的肽质谱之间的微小差别。因此,利用质谱根据峰高可以估计混合物中单一化合物的相对含量浓度,同时,也可以利用串联质谱分析同位素肽,同时对副产物进行鉴定。

毛细管吸附电泳与质谱联机(ACE-MS)已经用于筛选和鉴别受体的配体。当将混合物(如肽库)流经吸附毛细管时,配体与目标受体结合得越紧,通过毛细管的时间(保留时间)就越长。这样,在将结合力不同的配体分开的同时,利用在线的质谱仪就可以同时鉴定具有不同结合力的配体。Karger 等人[18]以万古霉素[19]为受体模型、以含有 100 个全部为 D 构型的肽库为配体对该技术进行了研究,三个结合紧密的万古霉素新配体(Fmoc-DDYA,Fmoc-DDFA 和 Fmoc-DDHA)与天然配体(Fmoc-DDAA)同时被准确地识别出来,样品只需纳克级。

1.2.1.2　树脂珠上化合物质谱测定法

目前,更为直接的办法是对裂解后仍然黏附在树脂珠上的化合物进行直接的分析,这方面的研究报道也较多。Benkovic 和 Winograd 等人[20]利用成像二级离子飞行时间质谱(TOF-SIMS)[21,22]测定了一些肽的相对分子质量,这些肽是通过一个对酸不稳定的连接桥连接在聚苯乙烯树脂上的。将树脂珠置于一个铜栅板上,然后暴露于三氟乙酸/二氯甲烷的蒸气中几分钟,断裂多肽与聚苯乙烯树脂之间的酸不稳定化学键。由于无溶液处理,因此裂解下来的肽仍附着在树脂珠上。TOF-SIMS 成像质谱就可以直接记录铜栅板上树脂珠的质谱信息。由于树脂珠是间隔固定在铜栅板上,因此该法可以同时同步分析多个树脂上的化合物。

Shevlin 和 Siuzdak 等人[23]利用光裂解化学法和基质辅助激光解吸附离子质谱(MALDI)直接研究了在固相载体上分子的结构信息。合成的肽是通过一个对光不稳定的连接桥连接在聚苯乙烯树脂珠上的,然后将树脂珠铺在 MALDI 的样品板上,加入基质的乙醇溶液,室温下晾干。在 UV 激光的照射下,基质发生光解并离子化,质谱将这一过程记录下来。在 MALDI 分析中[24],由于只有很少一部分化合物通过激光照射被裂解下来,树脂很容易从样品中回收,并用于进一步的反应和其他用途。最近,Bradley 等人[25]也报道了用对酸不稳定的连接桥和 TFA 蒸气作为裂解剂的类似研究方法。

微量分析非常适用于对合成化学库化合物进行直接鉴定,所得到的结构信息准确度很高,但也存在一些局限性,例如微量测序只适于肽库和低聚核苷酸库,虽然质谱可以用于分析很多不同的化合物,但所鉴别的化合物分子量必须是惟一的,当鉴别分子量相同的化合物时,就需要复杂的、时间更长的断裂质谱和其他一些技术。

1.2.2　解析

1.2.2.1　重复解析

在过去的几年里,重复解析方法得到了广泛深入的研究。基本上来讲,该方法包括化合物化学亚库的筛选、识别活性化学亚库,以及再合成和再筛选亚库(化合物数量比初始库少)等几个过程。由于亚库中化合物的数量逐渐变少,最后,每个库中只有一个化合物,从而最终确认单一化合物活性成分结构。

Geysen 等人[26]在抗原决定簇的研究中,首次用该方法筛出并得到了单克隆抗体的抗原决定簇。他们利用多针同步合成法[27]合成了一个八肽库,其中将第四和第五位置限定,使用 20 个天然 D-构型氨基酸合成了 400 个亚库(表示为 $XXXA_4A_5XXX$,A_4和 A_5代表已知的单一氨基酸,X 代表与活化氨基酸混合物反应的随机位置。由于 A_4,A_5是两个组合位置,然后使用 20 种氨基酸时将有 $20\times20=400$ 个组合,因此得到了 400 个亚库)。将这些亚库进行抗原-抗体的 ELISA(酶联免疫吸附实验,enzyme-linked immunosorbomt assay)反应,筛选出活性最好的亚库,这样

就确定了 A_4 和 A_5 组合。然后再将第三个位置限定，再合成 20 个亚库，再筛选，以确定第三个位置的氨基酸残基。如此重复上述过程，直到最后所有的氨基酸残基都被确定出来。该方法被称之为“mimotope 法”。

Houghten 等人[28]在研究含有 34×10^6 个化合物的六肽库时(表示为 Ac-XXXXXX-NH_2)限定前两个位置，改变其他四个位置(二位限定重复法)，他们使用了 18 种 L-构型的天然氨基酸共合成了 324 个亚库(表示为 Ac-A_1A_2XXXX-NH_2)，用类似 mimotope 方法筛选出了 Ac-DVPDYA-NH_2 肽，它是当时最特异和最强的抑制剂($IC_{50}=0.03\times10^{-6}$ mol/L)，作者未指出属于哪一类抑制剂。

该方法也被用于低聚核苷酸库[29]和有机小分子库的解析过程。在此介绍一个小分子库的例子，Patel 等人[30]合成了双位可变化的含有 100 个化合物的二氢吡啶化学库(每个位置有 10 个不同的构件单元)。加入第二组结构单元试剂后，不再将这 10 个混合物合并(每个混合物中含有 10 个二氢吡啶)，进行皮质结合实验[31]，将活性最好的混合物中的化合物分别再合成，用粗品进行实验，然后用 HPLC 纯化活性最好的化合物，确定其结构，并测定其精确的 IC_{50} 值，成功地找到了 IC_{50} 值在 10×10^{-9} mol/L 范围内新的二氢吡啶衍生物。

Erb 和 Kanda 等人[32]在他们的五肽库研究中介绍了上述被称为重复解析的另一种变通方法。在分开合成化学库过程中，每一个亚库中每当接上一个氨基酸残基后，都保留一小部分树脂。这些预先保留的树脂部分在重复合成感兴趣的亚库进行解析时，将被用于亚库的再合成。该方法的特点是节省了合成亚库的工作量。

1.2.2.2　位置扫描

位置扫描方法(positional scanning)是指一个化学库解析的过程。在所有亚库中，每个亚库都有一个限定的位置，该位置是依次向后移动。例如一个六肽库，六个位置扫描的亚库表示为 A_1XXXXX，XA_2XXXX，XXA_3XXX，XXXA_4XX，XXXXA_5X 和 XXXXXA_6，如果用 20 个 L-构型的氨基酸构建化学库，则每组含有 20 个亚库，总共有 $6\times20=120$ 个亚库需要筛选。筛选得到的最好的亚库表明了固定位置和氨基酸残基。位置扫描法避免了再合成和再筛选，但它不具备 mimotope 方法在筛选过程中活性递增的优势。Houghten 等人[33,34]利用位置扫描方法成功地从合成肽库中筛选出了新的阿片受体配体(此处指 μ 专一性类阿片受体，μ-specific opioid receptor)。Pirrung[35]等人采用几乎完全相同、但称作“索引库”(indexed library)的方法合成并筛选了一个含有 54 个氨基甲酸酯库。

重复解析避免了直接微量分析，它也适用于合成和筛选不能编码的化学库，如不同构建单元的连接可以一步完成(即根据 Ugi 反应)[36]，而不是逐步连接构建单元化学库的合成。但这个技术需要合成和筛选亚库，非常费时，合成和筛选过程稍有不慎，很可能会得到错误的结果。所有成分的总浓度、库中各种成分之间可能的生物学作用都会限制该技术的应用。

1.3 编码组合合成

为了解决微量分析和解析技术的一些不足，在合成组合化学库时已经发展了各种各样的编码(标记)方法。合成组合编码化学库的基本原理是当每个构建单元组装到分子骨架上时，对应每一个构建单元的标签(化学或非化学，T_a，T_b或 T_c，见

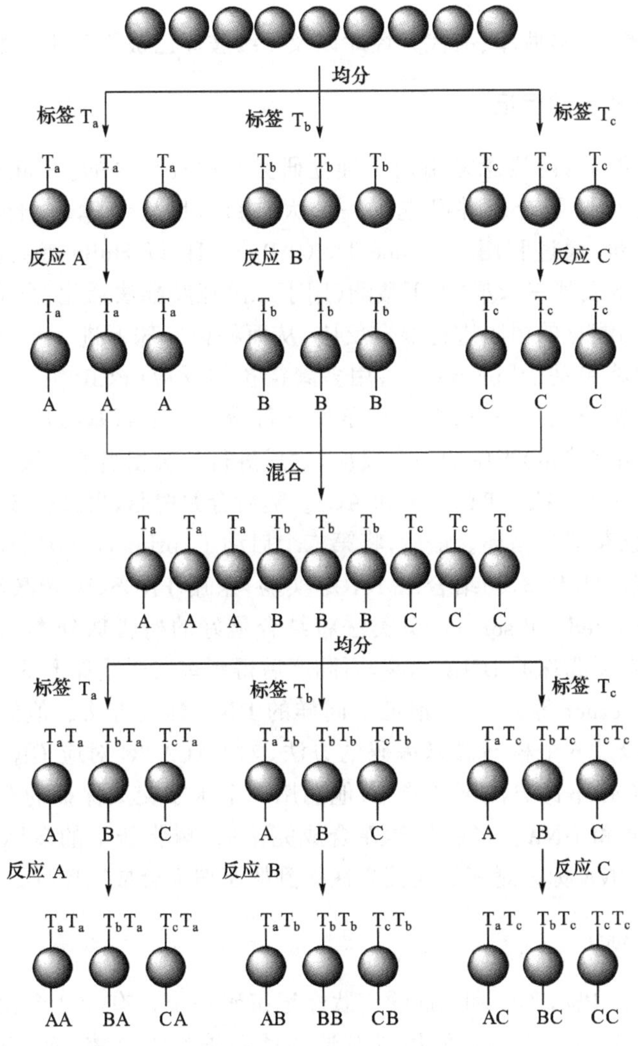

图 1.2　3 ×3 编码化学库的合成 (A，B，C 代表构建单元；T_a，T_b和 T_c代表编码标签)

图 1.2)也同时或顺序接上,记录下组装的结构单元。在整个合成过程中,每个树脂珠上的合成步骤都是可归属的,这样就可以根据记录的标签来识别对应的分子结构信息。二进制编码的设计与这个方法有些不同,我们将分别讨论。如果用的是化学标签,则应当非常清楚地知道标签分子在整个合成过程中不与预合成分子有任何交叉的化学反应。

1.3.1 化学编码

低聚核苷酸库、多肽库、卤代芳烃库以及二级胺库已被用于化学编码化学库。

1.3.1.1 低聚核苷酸标记

低聚核苷酸编码的概念是由两个独立研究小组提出来的。Gallop 等人[37]用 10μm 的聚苯乙烯树脂合成并筛选了一个大数目五肽化学库(化合物数为 $7^7=823543$)。第一步,通过利用 *N*-Fmoc-Thr(*t*-Bu)-OH(以 HoBt 衍生物活化,合成肽)和 4-*O*-(二甲氧基三苯基)氧丁酸酯(用丁二酰亚胺酯法活化,合成 DNA)反应条件的差异与功能化的树脂进行混合反应,从而将树脂珠上进一步反应的活性位点区分开来,再将启动子[primer,3′,用多聚链扩增反应(PCR)]接在所有的树脂上。随后,将树脂分成 7 等份,在标准条件下每份与 7 个氨基酸(Arg, Gln, Phe, Lys, Val, D-Val 和 Thr)当中的一个反应,之后进行二次相当于二聚核苷酸的自动合成(TA, TC, CT, AT, TT, CA 和 AC)。随后合并树脂,再进行 6 次分开、合成肽和合成二聚核苷酸的循环。最后,将第二个启动子(primer, 5′)接在混合的树脂上。经过抗体(mAb D32.3)结合的 FACS 实验,采用 FACS(荧光激活细胞选择,fluorescence-activated cell sorting)分类法将结合最好的树脂珠分类、分离,用 PCR 技术扩增结合在树脂珠的 DNA 标签,再测序后得到单一树脂珠上的多肽序列。

Brener 和 Lerner 等人[38,39]报道了同样的 DNA 标签方法。他们合成了含有八元三肽肽库以及 6 个核酸碱基编码的方法,如 CACATG 对应 Gly 和 ACGGTA 对应 Met。与 Gallop 的方法不同的是,他们用一个十字交叉保护的双官能团连接桥来交替合成肽和 DNA。多肽化学库合成完毕后,树脂珠上的多肽结构用 PCR 扩增后再进行 DNA 标记测序的间接方法得到树脂珠上合成肽序列。

1.3.1.2 多肽标记

用含有 Leu, Phe, Gly 和 Ala 的三肽标记编码一个含有 200 个化合物的肽库($Ac\text{-}RAX_3HTTGX_2IX_1\text{-}NH_2$),使用具有选择性保护的赖氨酸($N^{\alpha}$-Fmoc-$N^{\varepsilon}$-Moz-lysine)作为双官能团连接桥[40],用以平行地合成库化合物及编码分子。配体多肽坐落在结合链上(binding strand,赖氨酸的一个侧链),而三肽标签坐落在编码链上

(coding strand,赖氨酸的另一个侧链)。对于上述位置 X_3,他们利用四个构建单元合成了四个含有 50 个多肽的亚库,结合 HPLC 技术分别进行亲和筛选[41,42],生物目标是糖蛋白 gp120 抗体(anti-gp120)。利用 Edman 降解测序法从显示高亲和作用的树脂珠的编码链上测得了三个 IC_{50} 在 10^{-6}～10^{-7} mol/L 之间的十肽序列。上述 IC_{50} 值是经过再合成、纯化后确认得到的真实 IC_{50} 值。单独的对比实验表明,编码链没有干扰结合链与抗体的相互作用。

最近,Youngquist 和 Keough 等人[43]报道了用肽作标签的另一种方法。他们利用终端合成法(termination synthesis)合成了肽库。在肽库肽链的延长过程中,每接一个氨基酸就将其中很少一部分肽链的 N 端用试剂(*N*-乙酰基-D,L-丙氨酸)和一个氨基酸混合物(比例为 1∶9)封闭终止。这样,六肽库任何一个树脂珠上最终产物的成分由主要的全序列 $X_6X_5X_4X_3X_2X_1$-树脂(完整肽,主要产物)和少量 *N*-端缺失肽如 CAP-$X_5X_4X_3X_2X_1$-树脂、CAP-$X_4X_3X_2X_1$-树脂、CAP-$X_3X_2X_1$-树脂、CAP-X_2X_1-树脂、CAP-X_1-树脂和 CAP-树脂组成(CAP 代表了 *N*-端封闭物)。裂解后,这些微量的缺失肽与主要的多肽化合物一起进行体外筛选,再以基质辅助激光解吸附离子质谱(MALDI-MS,matrix assisted laser desorption ionization-mass spectrometry)分析了这个肽的混合物,从终端产物不同的分子量可以推断出完整肽的序列。当用不同的封闭剂时,也可以区分分子量相同的构建单元。利用这种方法,他们还合成了含有 10^6 个以上化合物的肽库,筛选出抗链球菌生物素配体和抗-HIV-1-gp120 单克隆抗体的抗原。这个方法也适用于甲基磷酸低聚脱氧核苷酸的研究[44]。

1.3.1.3　分子标签

Ohlmeyer, Dillard, Reader 和 Still 等人[45～47]研究和发展了另一种称作二元编码的标记方法。与上述编码方式不同的是,肽序和构建单元是由一组对应于一套分子(或者这些分子的混合物)标签的二元码来记录的,而不是标签顺序连接的标记记录方式。这样,将分子和标签连接在一起就不重要了。一套 n 个二元码足可以代表在一个合成步骤中使用一组(2^n-1)构建单元,假如总共 m 步的合成反应过程就可以用 $n\times m$ 个数码表示(假设每步都用数量相同的结构单元)。为了在化学上表达这些二元数码,可以选用一套($n\times m$)可区分的、且易检测的分子标签(如氟代或氯代碳烷)。当标签存在时定义为 1,不存在时定义为 0。

举一个例子,一组 3 个构件单元(A,B,C)可以用以下的二元码表示为:01=A,10=B,11=C。为了缩短时间,让我们假设整个合成由两步完成,合成过程中每一步都使用相同的一组构建单元。在任意一个树脂珠上的合成过程可由 4 个二元数码表示,依次需要四个分子标签(T_4,T_3,T_2,T_1)。在第一步引入 A,B,C 构建单元时,标签(T_1,T_2)或标签混合物(T_1+T_2)也同时分别连接到树脂载体上,见图

1.3。同样，T_3，T_4和（T_3+T_4）用于第二步编码。标签的用量可以控制，因此每一步中只有0.5%的合成目标分子由于标签分子的引入而被中断。当合成和筛选完成后，从阳性树脂珠上裂解得到的标签分子混合物采用高灵敏的ECGC法分析鉴定。例如，检测结果仅含有T_4，T_2，T_1时，它们对应的二元数码为10和11，代表了B－C－树脂珠结构（见图1.3）。

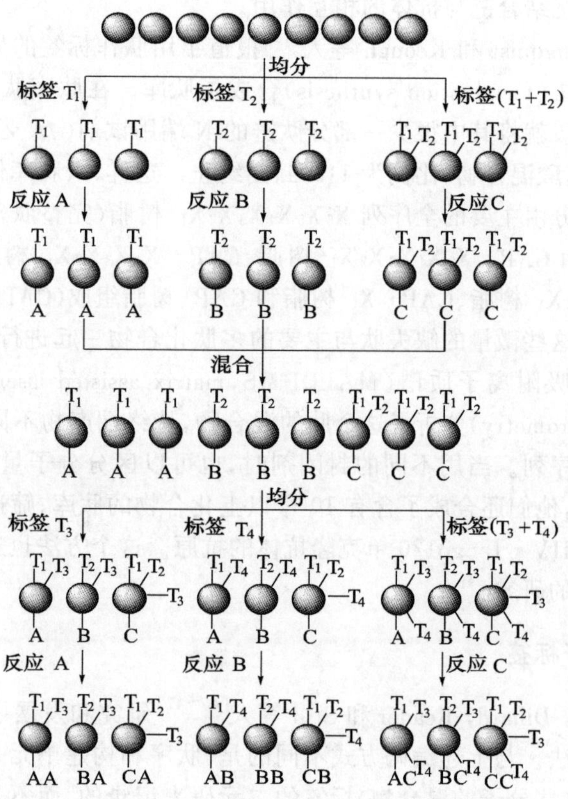

图1.3 3×3二元编码组合化学库（A，B，C代表了构建单元；T_1，T_2，T_3和T_4代表了标签分子）

作为实践的例子，人们研究发展了两种标签的引入和解除的方法（图1.4）。首先硝基苯甲酸连接桥与树脂载体上的氨基形成酰胺键，从而被引入标签分子[45~49]。此时，简单地用紫外光照射即可解除标签分子。人们发展的第二个连接桥是通过重氮甲酮引入功能基团，和一个可以氧化裂解的邻苯二酚二醚完成分子裂解目的[46~50]。利用上述二元编码策略，即可对一个含有7^6个多肽的化学库进行编码和筛选，其生物靶点是抗－c－MYC单克隆抗体[45]。另一个合成受体底物化学库[49]以及小分子化学库[50]也采用此法完成了编码合成及筛选。

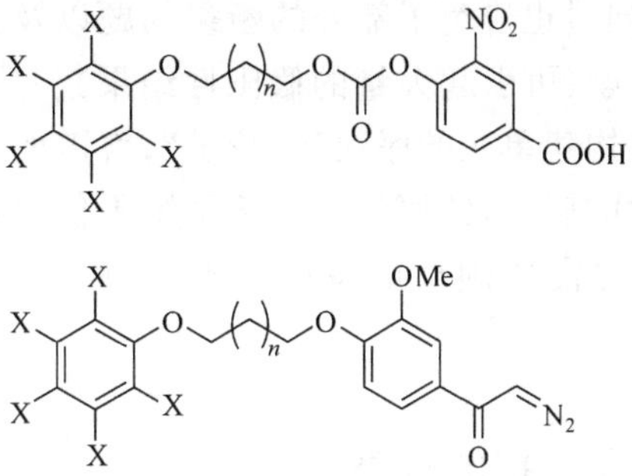

图 1.4　用于二元编码的标签分子

X＝H，Cl，F

Affymax 研究组的 Ni 和 Gallop 等人最近报道了一个上述二元编码策略的变通方法[51]。他们没有使用卤代芳烃类化合物，而是选择了一组二级胺的 1-二甲胺基萘-5-磺酰衍生物，这类衍生物可以由 HPLC 方便地分析检测。全部的标签分子可以方便地由保护的亚氨基二乙酸与选择的二级胺反应得到。通过酰胺化反应引入分子标签，标签的裂解由酸水解反应完成(图 1.5)。

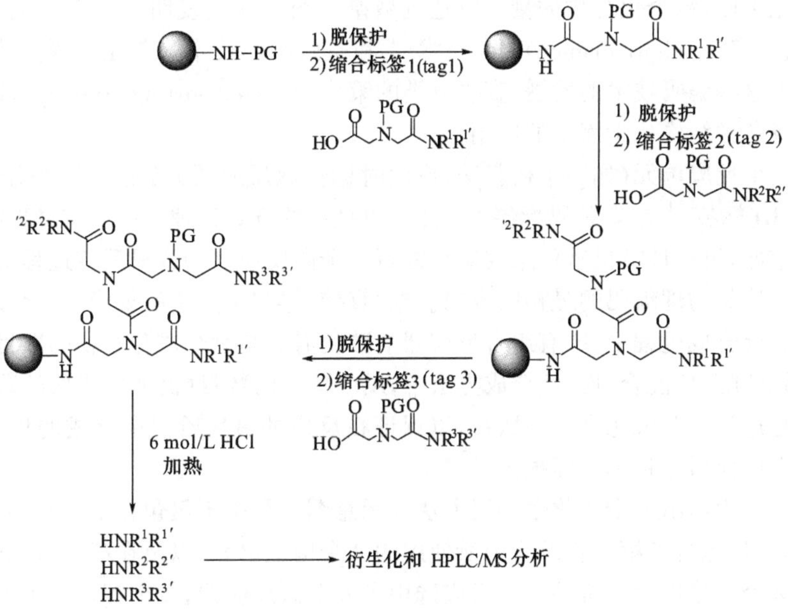

图 1.5　二级胺标签分子的引入和裂解

通过引入更稳定的标签分子，如卤代芳烃、二级胺等，相对于过去使用的多肽和核苷酸标签分子等进行的分子标签或二元标签，部分解决了在化学库合成过程中标签稳定性的问题；同时也避免了部分的断裂问题以及在筛选过程中生成共聚体对筛选模型的干扰问题(可引起大量的假阳性结果)。然而，由于需要通过标签分子混合物清晰地知道构建单元的序列和“身份”，就需要一套特别巧妙的分子标签。由于其化学或干扰的属性，任何分子标签系统不仅在化学库的构建过程中加倍了合成工作量，而且也需要烦琐的解码步骤，从而大大地限制了该法的推广应用。

1.3.2 非化学编码及直接的分类

微量分析、解析及化学编码方法[38～45]的发展与“混和-均分”技术的结合大大地提高了组合合成和筛选的效率。但化学编码主要缺点是单个树脂珠或几个树脂珠上化合物的含量都非常少(只有纳克)，很难满足筛选和结构测定的需要。虽然采用传统方法可以进行平行合成[52,53]大量的化合物(达到毫克级)，但其效率仍不能满足目前自动化[53]发展的需要。将这两种方法(即“混合-均分”和平行合成方法)的优势结合起来，我们以批量合成的方式[54,55]，在非化学编码和直接分类(directed sorting)基础上发展了一个新的组合合成技术。利用该技术可以合成很大的组合化学库，每个化合物的量可以达到数毫克级。我们发明了两个非化学编码技术：射频(Rf，radiofrequency)编码技术[54]和条码编码技术[55]。这一章我们将进一步讨论这些编码技术的发展、直接分类的策略(directed sorting strategy)，以及它们在合成各种结构化学库中的应用。

给一个反应单元(如一个树脂珠，或此时称作微反应器)指定一个非化学标记的标签、Rf标签[54]或者条码标签[55]，然后以批量的方式处理一组反应过程中的所有微反应器，再由计算机软件来控制跟踪每一个微反应器的合成反应过程(已预先设计好)，这是物理编码的最初的设想。据“直接分类”新方法的要求[55]，在进行化学库的组合合成过程中，所有组合反应器的数目需要与欲合成化合物的数目相等。而在传统的随机“混合-均分”合成方法中，反应单元的数目(例如树脂珠的数目)必须远远超过计划合成化合物的数目，以保证在反应的最后阶段欲合成的化合物不会因为微反应器数目不足而损失[56]。

图1.6表示出一个非化学编码方法的示意图。图中不仅包含了两步多样性反应步骤，而且包含了第一步反应中所使用的3个构建单元，以及在第二步反应中所使用的2个构建单元。全部6个反应选用了6个微反应器，每个都标定了Rf码或条码(图中简单地表示为数字1到6)。利用一个计算机软件(叫做Synthesis Manager)将化学库中的每一个起始成员分配给不同的微反应器，然后将微反应器选择分配到3个反应管中进行第一步直接的分类反应，每一个反应预先已确定了分配方案(直接的分类)。然后，分别在分类的反应管中加入对应的构建单元(A，B，C)，

进行第一步反应。反应完后的微反应器混合在一起，进行通常的诸如洗涤、干燥和其他非多样性的操作步骤。第二步的分类过程是将全部微反应器选择分配到 2 个反应管中分别进行反应，该步反应选择的构建单元分别是 A 和 B。此过程完成后得到的 6 个微反应器，每个都含有 6 个化合物中的一个。经过识别器识别后，按常规步骤将 6 个不同的化合物分别裂解便得到 6 个结构信息明确的单一化合物。

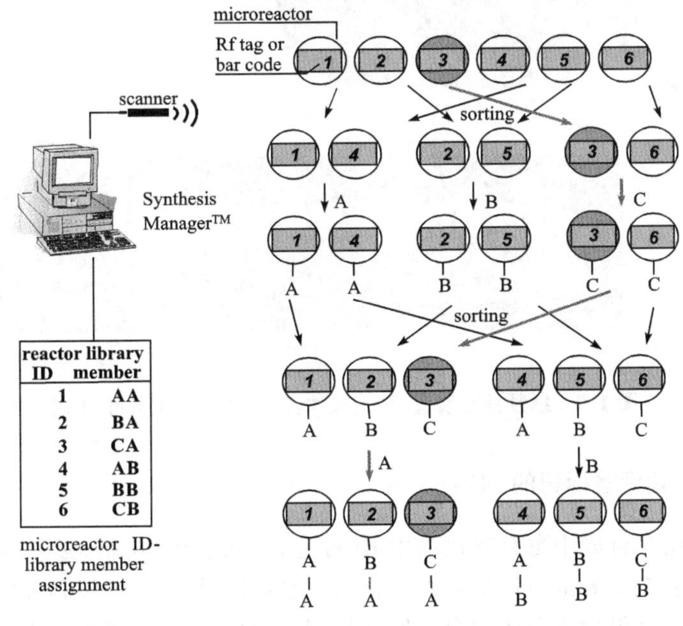

图 1.6　利用 microreactor 和非化学编码在组合合成过程中进行的直接分类的示意图

1.3.2.1　射频标签

射频标签(radiofrequency tags)(见图 1.7)为一种微型电子装置，像跳蚤一样大小的移动条(3mm×13mm)，能够接收、发射来自一定距离(在厘米的范围内)的射频信号，它主要由微型天线和装在玻璃罩里的微型电子芯片组成。在每个芯片上，装有一套特有不变的 40 个鉴别码(根据二进制的原理，它们代表了总共 2^{40} 个编码)。它们被永久地刻录在记忆区内。除此之外，还装有一个传递与接收线路板、一个整流器和一个逻辑控制线路板。当把 Rf 标签放在传递接收天线的接收范围内时，天线就可以接收到 Rf 标签释放出来的能量，然后整流器把交流电能转化为直流电能，直流电能再激活整个电子芯片，电子芯片通过射频传递再向传递接收器报告它的鉴别码，整个过程只需要几毫秒。

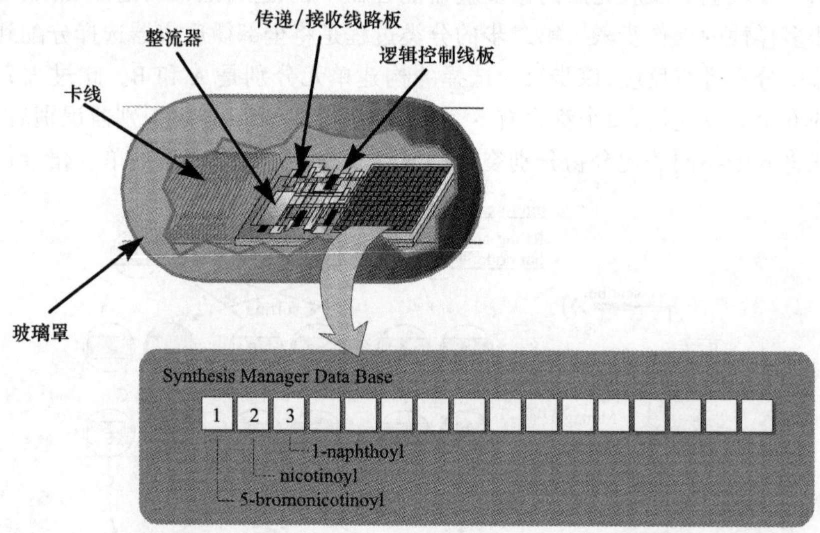

图 1.7　射频标签装置[精确尺寸：3mm(OD)×13mm (L)]

1.3.2.2　射频标签标记的 MicroKan

为了在组合合成中更有效地利用 Rf 标签，固相载体（树脂）必须与 Rf 标记相互匹配，利用 MicroKan 可以达到这一目的。它可以盛装 Rf 标签和大部分树脂，其筛板壁由惰性材料如聚丙烯和含氟聚合物制成（见图 1.8），筛孔的大小（70μm）能挡住树脂珠（直径大于 75μm），但溶剂和试剂可以自由通过。最常用的 MicroKan

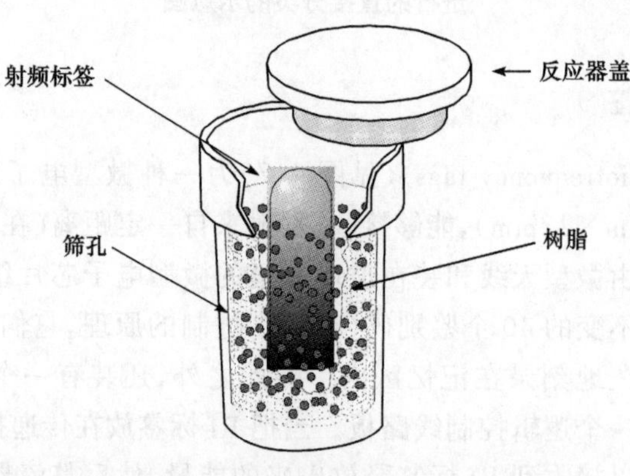

图 1.8　射频标签标记的 MicroKan 反应器

[精确尺寸：7mm(OD)×18mm(L)]

除了可以容纳一个 Rf 标签之外，还可以放入 25～30mg 的聚苯乙烯树脂，剩余的空间足可以使树脂溶胀充分。对于负载量一般为 1mmol/g 的树脂，每个 MicroKan 能得到约 25μmol 的产物。实际上，绝大部分树脂都可以在 MicroKan 上使用，只要树脂颗粒大于筛孔就可以。

1.3.2.3　射频标签标记的微反应管

Rf 标签与固相载体相关联的第二种方法是微反应管法（见图 1.9）。它的实质就是将 Rf 标签封闭在一个惰性材质（聚丙烯和含氟聚合物）的塑料管中，其器壁由苯乙烯树脂经放射接枝[57]再经官能团化[58～60]（见图 1.10）。每个反应管可盛装树脂量约为 40mg，按照官能团的比例为 1∶10 计算，每个微反应管可以得到约 30μmol 的产物。该方法明显的优点就是在反应过程中置换溶剂和试剂，以及洗涤等步骤更直接、高效[61]。

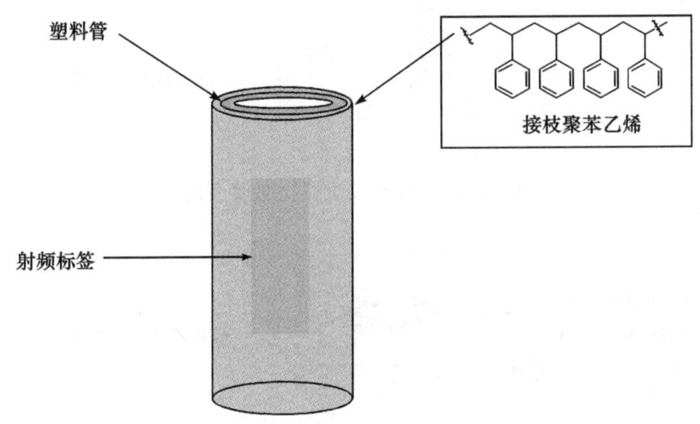

图 1.9　射频标签标记的微反应管[精确尺寸：6mm(OD)×15mm(L)]

1.3.2.4　2-D 条码、条码编码的微反应器和 NanoKans

在组合合成中，除射频标记之外，条码法也是一种非化学编码。我们利用 CO_2 激光在陶瓷板上的刻蚀技术发展了小型 2-D 陶瓷条码（3mm×3mm）方法。陶瓷条码是由一个惰性塑料芯片（材质为聚丙烯和含氟聚合物）与聚苯乙烯接枝而成，其接枝方法与 MicroTubs 放射接枝方法相同，从而制得了一个负载量为 8～10μmol 的条码微反应器（见图 1.11）。计算机合成管理软件可以识别 2-D 条码并可在组合合成中将其分类。该方法的特点是它的材料费用要比 Rf 标签法低很多，而且体积可缩小至 3mm×3mm。该装置可以在低消耗的情况下合成很大数目的化学库。

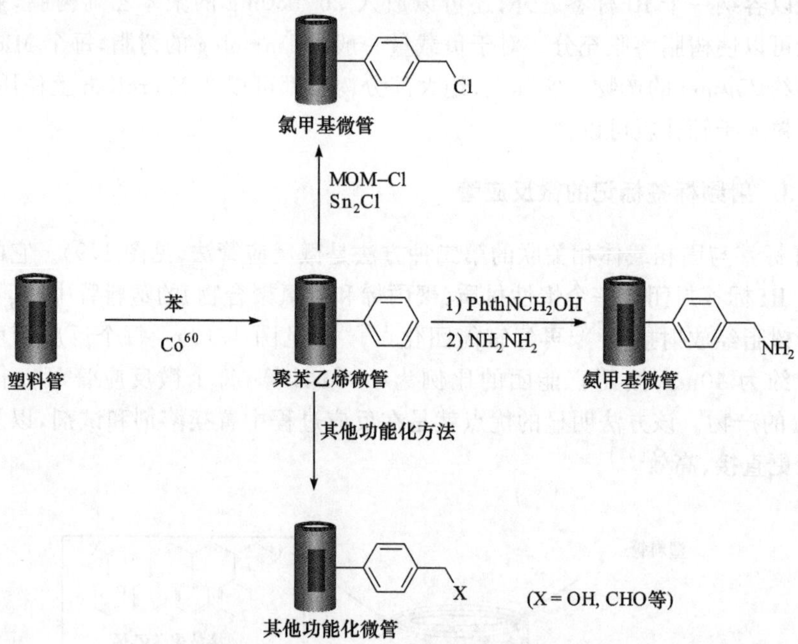

图 1.10　制备和功能化微管反应器

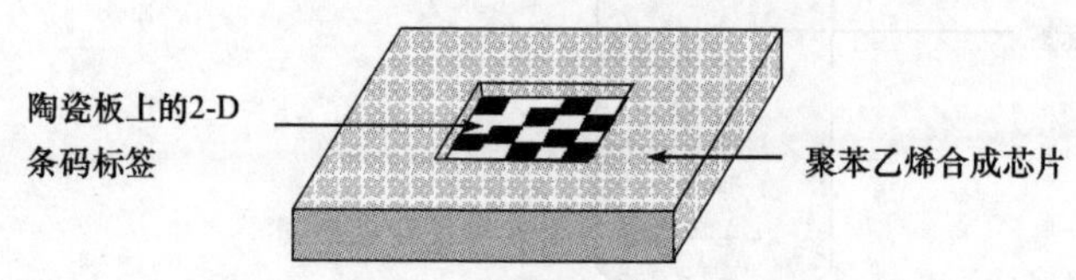

A. 条码微反应器 (10mm×10mm×2 mm)

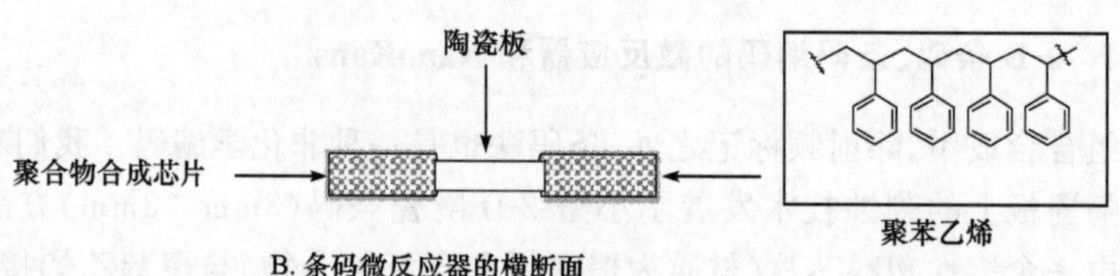

B. 条码微反应器的横断面

图 1.11　2-D 条码微反应器

与 Rf 标记的 MicroKan 类似，2-D 条码也可以用于 Kan 反应器（NanoKan），如图 1.12 所示。IRORI 在 2-D 条码 NanoKan 的基础上发展了一套完善的体系，整个化学库的合成包括裂解均是自动化的，并且一个系统可以处理100 000以上个化合物。

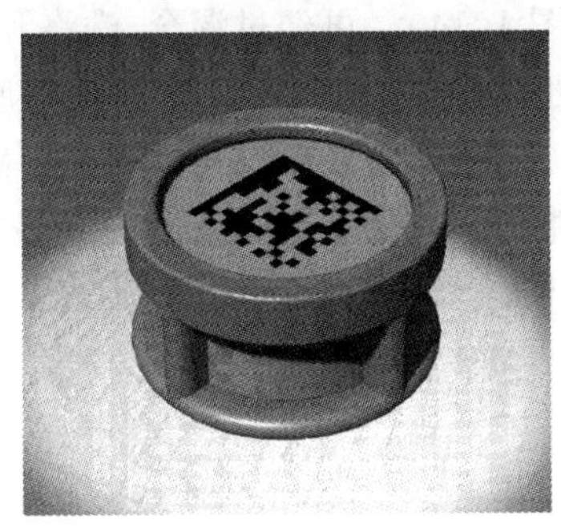

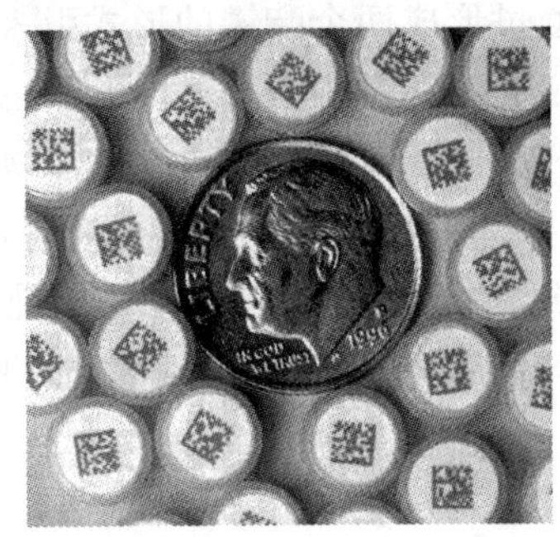

图 1.12　利用 2-D 条码设计的 NanoKan 固相合成反应器

1.4　非化学编码在组合合成中的应用

1.4.1　合成 taxoid，epothilone 和 muscone 化学库

Rf 标签编码技术概念的应用来源于 IRORI/ChemRx 以及随后的 Ontogen 研究组的初始多肽或半多肽的化学库的合成[54~62]。而应用 Rf 标签技术和 MicroKan 微反应器策略来进行小分子组合合成是由 Xiao 等在 1997 年首次报道的，他们合成了一个含 400 个成员的 taxoids（紫杉类化合物）化学库[63]。紫杉醇是一个由美国 FDA 新批准的临床抗肿瘤药物，其治疗适应证是卵巢癌和乳腺癌[64]。Scripps 研究所 Nicolaou 等人最近报道了 epothilone 化学库的合成[65]。Epothilones 是一个天然产物，具有与紫杉醇类似的抗癌机理，即通过诱导微管蛋白的聚合以及抑制微管蛋白的解聚[66]，从而达到抗癌的目的。更有意义的是，已有文献报道 epothilones可以抗耐紫杉醇肿瘤细胞株[67]。由 Nicolaou 等[70]报道的第三个应用是合成了(DL)-muscone[68,69]化学库。利用组合化学技术合成紫杉醇和 epothilone 模板衍生物可能发现潜在的具有药物性质的新化合物，而 muscone 化学库的合成或许为香料工业指出了新的方向。

如图 1.13 表示，改造过的紫杉醇核心部分被首先固定在 2-氯代三苯基树脂上（2-chlorotrityl resin），然后将该树脂放入到 400 个 MicroKan 里（负载量：2.9mol/MicroKan），每一个 MicroKan 同时放有一个 Rf 标签。400 个 MicroKan 用含有 5%哌啶（piperidine）的 DMF 溶液中处理，以除去谷氨酸丙 α-氨基的 Fmoc 保护基。经过完全的洗涤、真空干燥等步骤，每 20 个 MicroKan 分为一组，共 20 组。每一组与对应的烷基羧酸通过酰胺化反应缩合引入 R^1（图 1.14）。待反应完成后，将 MicroKan 混合在一起，再进行洗涤、真空干燥等步骤。MicroKan 再次被重新分类，按照合成管理软件设计的仍然是每 20 个一组，然后分别与 20 个烷基羧酸反应，通过形成两个酯键的形式引入 R^2（图 1.14）。再经过混合、洗涤和干燥，每一个 MicroKan 被单独分开，并用酸性条件处理得到 400(20×20)个从树脂上裂解下来的 taxoids 衍生物。每一个化合物的合成历史（或最后结构信息）在 MicroKan 被分配到不同的裂解池中时由合成管理软件告知。每一个 taxoid 样品最后得到 2～4mg。经由 TLC 和 HPLC 测得的纯度在 50%～100%之间。其中占 5%随机比率的 20 个合成化合物，其结构准确性由 ^1H NMR 和 MS 技术确定，全部都有正确的结构。

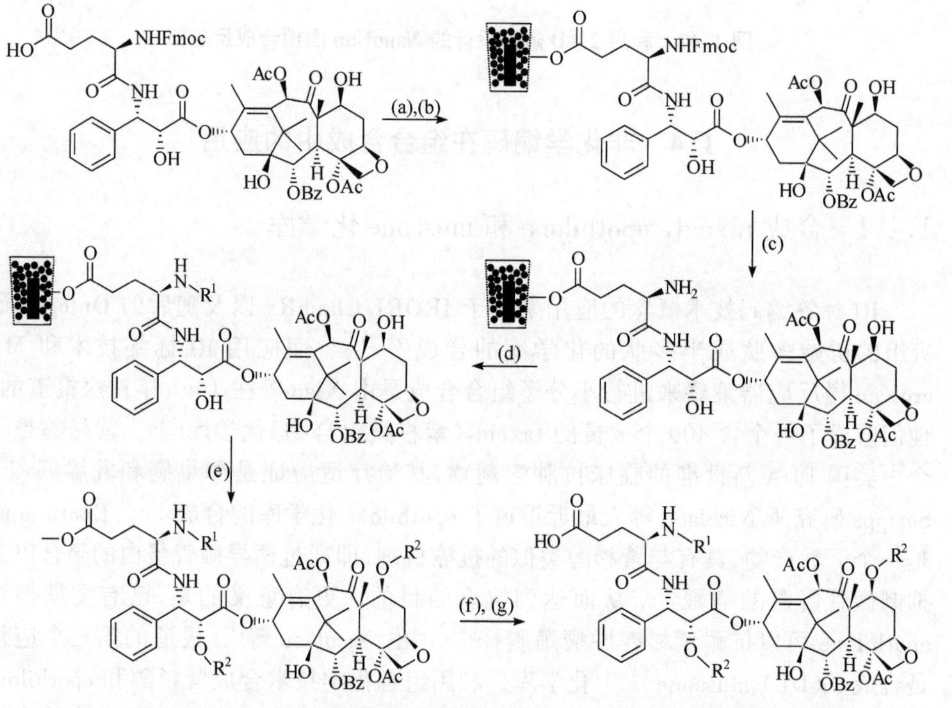

图 1.13　利用 Rf 标签的 MicroKan 反应器和直接分类的方法合成了 taxoid 化学库

(a)过量的 2-chlorotrityl 树脂(8.0 g，10 倍当量过量)，DIEA (20 倍当量过量)，CH_2Cl_2，室温，3 h；然后 MeOH，室温，0.5 h；(b)树脂被分配到 400 个微反应器中；(c) 5%哌啶/DMF，室温，0.5 h；(d)微反应器被分成 20 个相等的组，每一个组分别与不同的 35 倍当量过量的烷基酸(R^1)反应，DIEA (70 倍当量过量)，PyBOP (35 倍当量过量)，DMF，室温，4 h；(e) 微反应器再一次被分成 20 个新组，每一个组再分别与 138 倍当量过量的烷基酸(R^2)反应，DIC (138 倍当量过量)，DMAP (120 倍当量过量)，CH_2Cl_2，室温，48 h；(f)微反应器解码后放入 400 个玻璃反应管中；(g) AcOH，CH_2Cl_2，CF_3COOH，室温，4h

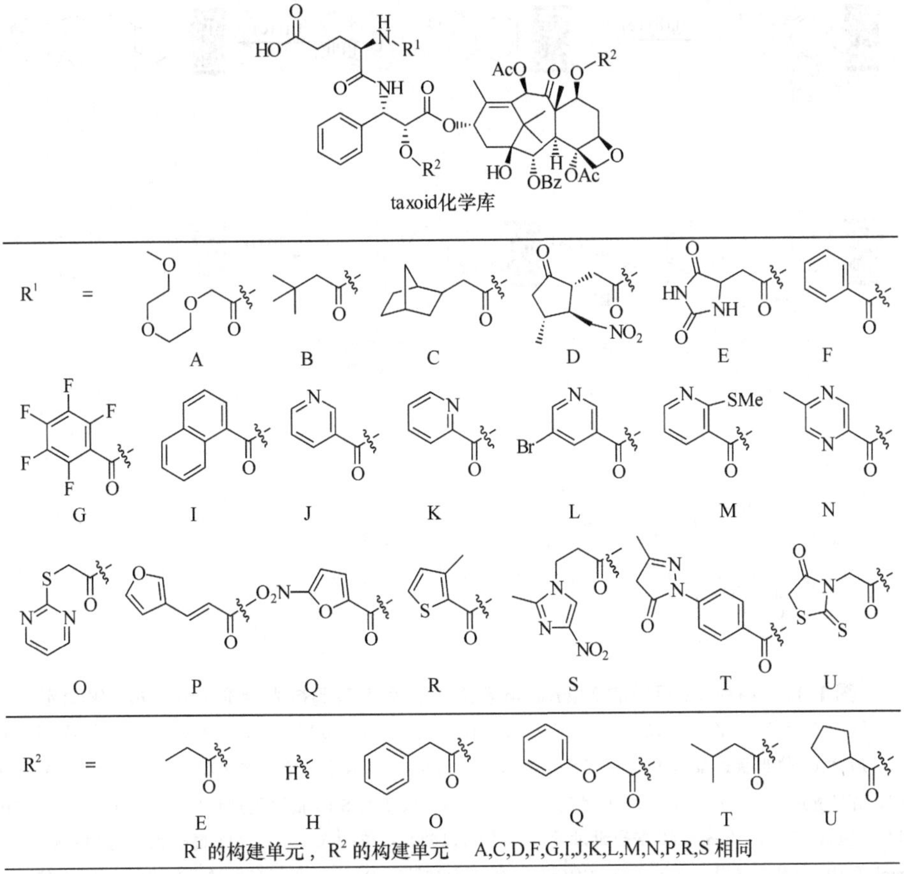
taxoid化学库
R¹ =
A B C D E F
G I J K L M N
O P Q R S T U
R² =
E H O Q T U
R¹ 的构建单元，R² 的构建单元 A,C,D,F,G,I,J,K,L,M,N,P,R,S 相同

图 1.14　用于合成 taxoid 化学库的构建单元

合成 epothilone 库时，首先将 1,4-丁二醇与 MicroKan 里的 Merrifield 树脂反应以便延长碳链，然后将裸露的羟基通过碘化反应转化为碘化物后，再转化为磷酸盐(图 1.15)。将 MicroKan 分为 3 个组后，每组与带有 R^1 的醛基进行 Wittig 反应(图 1.16A)形成烯链，将 TBS 醚保护基脱除后，得到的醇被氧化成相应的醛。这些反应都是在一个反应池中完成。再分类(分组)，与具有酮-酸结构的 R^2 进行羟醛缩合(图 1.16B)得到了羟酸化合物。再分开后，与 5 个带有 R^3 的羟基化合物反应(图 1.16C)形成与树脂结合的二烯，用烯链置换进行大环环化[71]并同步从树脂上裂解 epothilones 下来得到了 45 个 epothilone 产物(3×3×5)。每一个样品中都确认了 4 个非对映同分异构体并分离开来。通过生物学评价这些 epothilone 类似物，得出了重要的构效关系，具体数据未列在本文中。

在 MicroKan 上利用磷酸化的树脂[72]合成(DL)-麝香酮库(图 1.17)。树脂经

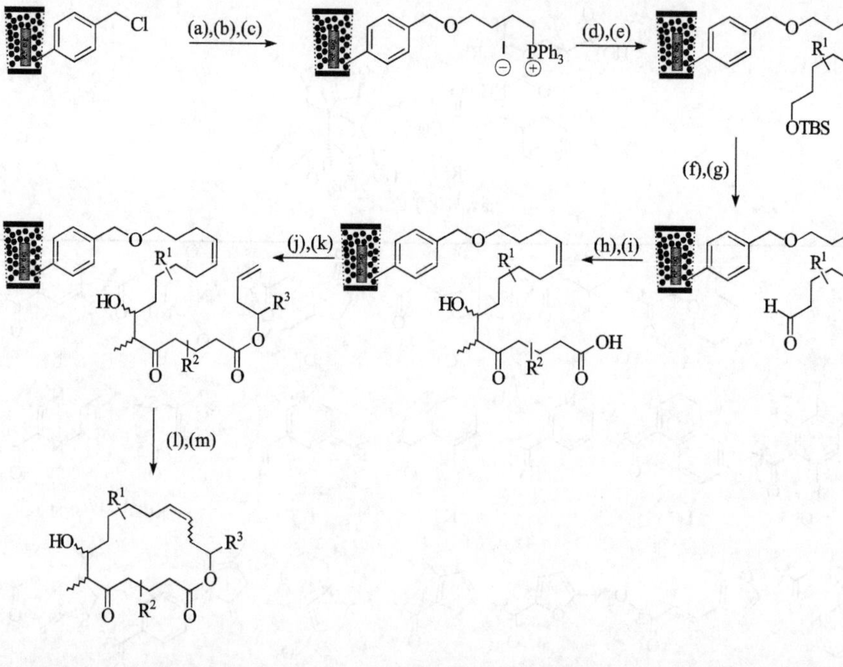

图 1.15　利用 Rf 标记的 MicroKan 反应器和直接解码技术合成 epothilone 化学库

(a) 1,4-丁二醇(5 倍当量过量)，NaH (5 倍当量过量)，n-Bu_4NI (0.1 当量)，DMF，室温，12 h；(b) Ph_3P (4 倍当量过量)，I_2(4 倍当量过量)，imidazole (4 倍当量过量)，CH_2Cl_2，室温，3 h；(c) Ph_3P (10 倍当量过量)，90℃，12 h；(d)微反应器分类；(e) NaHMDS (3 倍当量过量)，THF∶DMSO (体积比 1∶1)，室温，12 h；then A (2 倍当量过量，参考图 1.16)，THF，0℃，3 h；(f) 混合微反应器；然后 0.2 mol/L HCl/THF，室温，12 h；(g) $(COCl)_2$(4 倍当量过量)，DMSO (8 倍当量过量)，Et_3N (12.5 倍当量过量)，－78℃ 至室温；(h)微反应器分类；(i) $ZnCl_2$(2 倍当量过量) THF，由 B 制得烯醇(2 倍当量的 B 与 2.2 倍当量的 LDA 在 THF 中反应，温度在 2 h 内由－78℃到－40℃)，并在－40℃下继续反应 1 h；(j)微反应器分类；(k) C (5 倍当量过量)，DCC (5 倍当量过量)，DMAP (5 倍当量过量)，室温，15 h；(l)分离单一的微反应器；(m) [$RuCl_2$(＝CHPh)$(PCy_3)_2$] (0.2 当量)，CH_2Cl_2，室温，48 h

n-BuLi 处理，与溶于 THF 的烯酯 A 反应(图 1.18)，形成了一个末端双键，在 $(PCy_3)_2$Ru(＝CHPh)Cl_2的存在下，交叉的双键与烯醇 B 置换[73]，生成内烯烃，在 Dess-Martin 条件下氧化为酮；再在 65℃下用 K_2CO_3和溶于苯中的 18-冠醚-6[74] 处理树脂上结合的酮使其进行环化，同时将 α,β-不饱和酮裂解到溶液中。产物具有很高的纯度和产率(35%～65%)，如果在溶液中环化，则会形成 10%～20%的二聚体[75](显而易见，由于固相载体上的反应稀释度很高，有利于大环内环化)；最后与铜酸盐 C 发生加成反应，完成了含有 12 个化合物(3×2×2)的(DL)-muscone 库的合成。

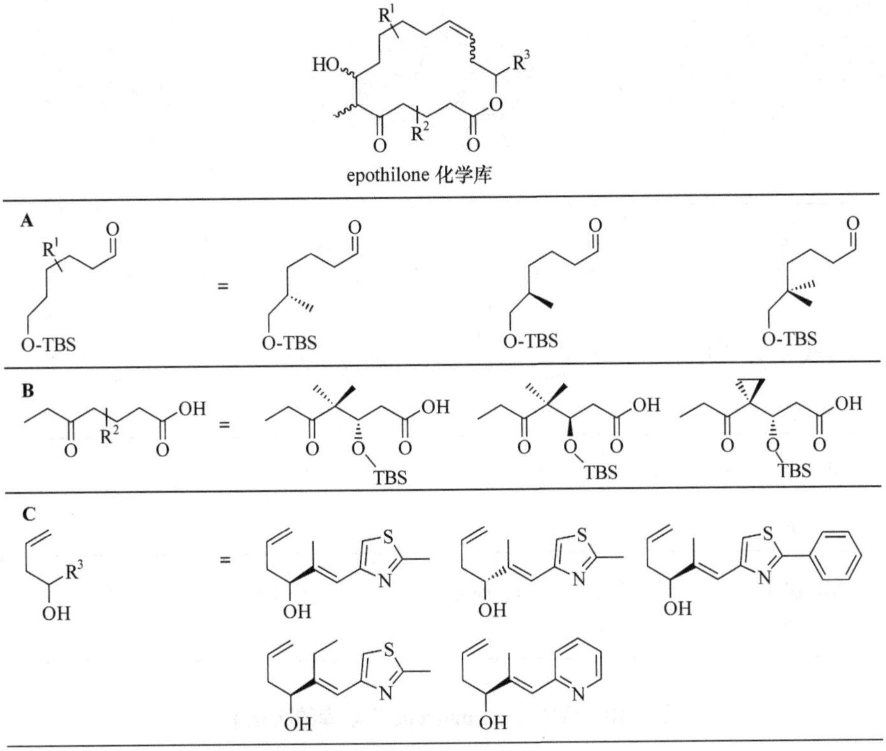

epothilone 化学库

A

B

C

图 1.16　合成 epothilone 化学库时的构建单元

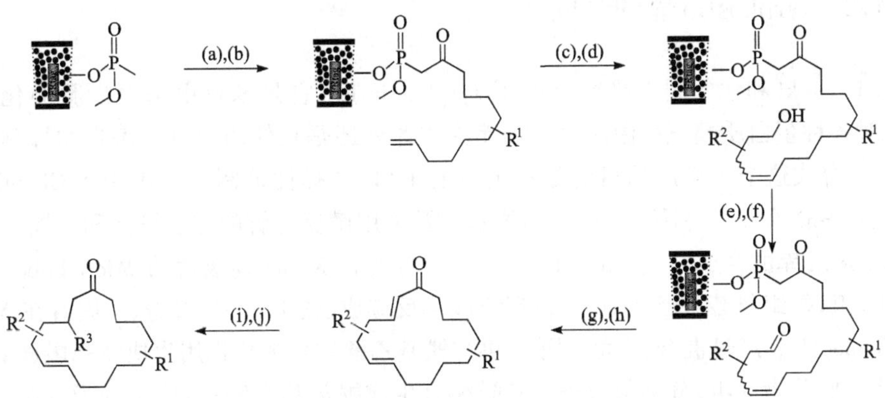

图 1.17　合成(DL)-muscone 化学库

(a)分类微反应器；(b) *n*-BuLi (1.2 倍当量过量)，THF，−20℃，10 min；然后 A (4 倍当量过量，参看图 1.11)，−20～25℃，30 min；(c)分类微反应器；(d) B (5 倍当量过量)，$(PCy_3)_2Ru(=CHPh)Cl_2$ (0.2 倍当量)，苯，25℃，48 h；(e)混合微反应器；(f) Dess-Martin periodinane (1.5 倍当量过量)，RCM，25℃，12 h；(g)分类微反应器；(h) K_2CO_3(5 倍当量过量)，18-crown-6 (5 倍当量过量)，苯，65℃，12 h；(i) C (1.2 倍当量过量)，Et_2O，0℃，1 h；(j) H_2，5% Pd-C，MeOH，25℃

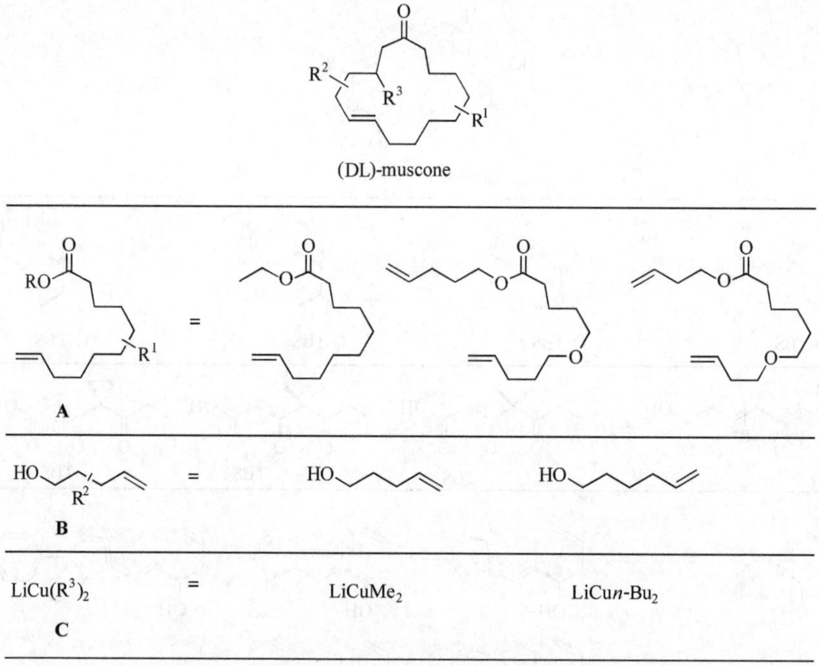

O R² R³ R¹ (DL)-muscone

RO (O) R¹ **A**	=			
HO R² **B**	=	HO	HO	
$LiCu(R^3)_2$ **C**	=	$LiCuMe_2$	$LiCu\textit{n}\text{-}Bu_2$	

图 1.18 合成(DL)-muscone 化学库的构建单元

1.4.2 tyrphostin 库的合成

Levitzki 和他的同事研究合成了 tyrphostin 库,它是苯亚甲基丙二腈类化合物,对各种蛋白质酪氨酸激酶(PTK)无论在体外还是在体内都具有潜在的抑制作用[76],合成这个化学库的目的是找出新的 PTK 选择性抑制剂。IRORI/ChemRx 公司的 Shi 等人[77]利用 Rf 标签的技术以及采用微反应管的方法设计和发展一条 tyrphostin 库的合成路线,如图 1.19 所示。将装有 Knorr 连接桥的 MicroTubes 分为 18 组,每组与芳香醛反应,进行还原胺化反应成(图 1.20)二级胺,并固着在 MicroTubes 上。经过混合、洗涤、干燥,再与氰基乙酸发生酰化作用生成氰基酰胺;之后将它们分为 8 组,分别与芳香羟基醛缩合生成酚类化合物;最后再分为 3 组,其中一份直接裂解得到 tyrphostin 化合物化学亚库,另两份分别用两个不同酰氯处理,形成苯酯,裂解后,得到酯化的 tyrphostin 化学亚库。设计的 18×8×3=432 个化合物中 90%以上裂解得到了 5~19mg 的产品。TLC 分析表明,大多数产物都有一个期望 R_f值的主点。随机抽取的 24 个样品进行^{1}H NMR 和 MS 分析,结果均与化合物的结构一致。

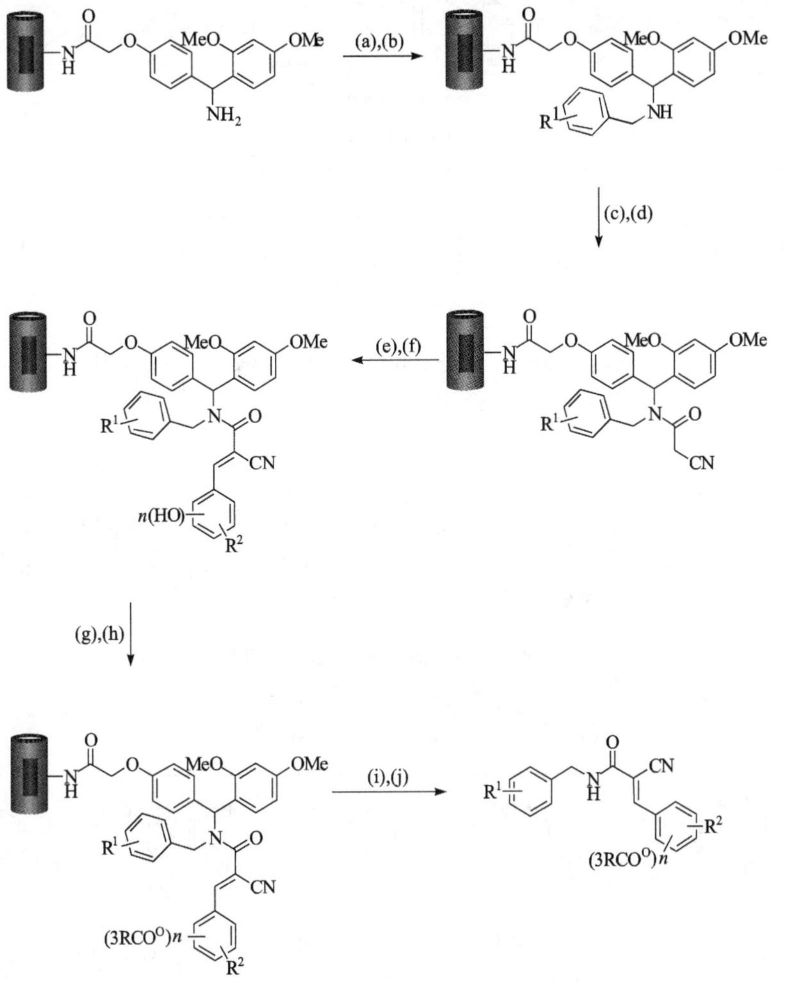

图 1.19　利用 Rf 标记的 MicroKan 反应器和直接解码技术合成 tyrphostin 化学库

(a)分类微反应管；(b)带有 R^1的芳香醛(10 倍当量过量)，$CH(OMe)_3$，室温，3 h；然后 $NaCNBH_3$(16 倍当量过量)，室温，20 min；然后 AcOH (最终浓度 = 2%)，室温，3 h；(c)混合微反应管；(d)三次 cyanoacetic acid (氰基乙酸)缩合(10 倍当量过量)，DIEA (20 倍当量过量)，DIC (11 倍当量过量)，DMF，室温，24 h；(e)分类微反应管；(f)带有 R^2的芳香醛(10 倍当量过量)，哌啶(4 倍当量过量)，MeOH∶DMF (体积比 1∶10)，室温，48 h；(g)分类微反应管；(h) R^3COCl (10 倍当量过量)，Et_3N (20 倍当量过量)，CH_2Cl_2(当 R^3 = 甲基)或 DMF(当 R^3 = 苯基)，室温，24 h；(i) 分离单一的微反应管；(j) 4% TFA/苯，室温，1 h

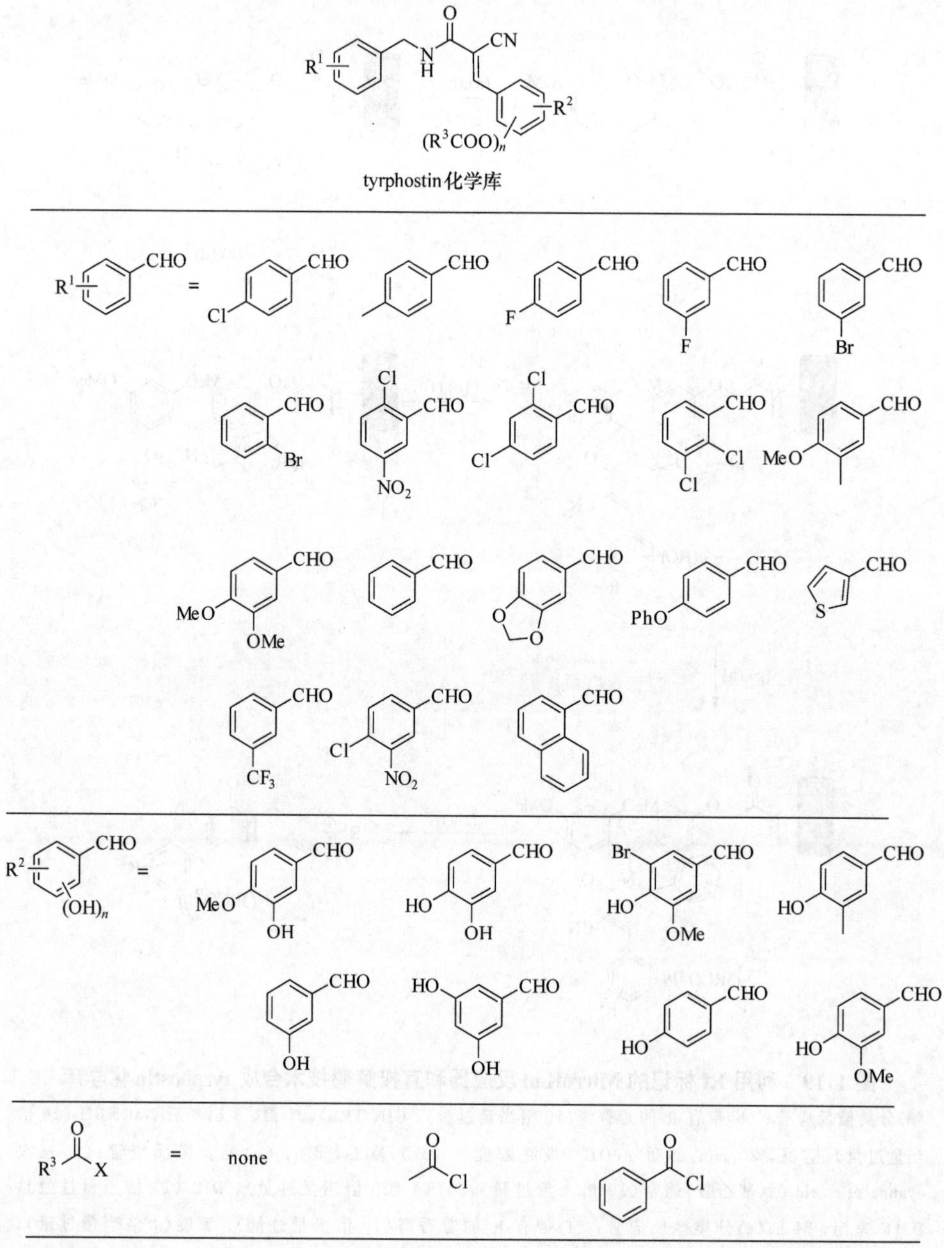

tyrphostin化学库

图 1.20　合成 tyrphostin 化学库的构建单元

1.4.3　条码微反应器:一个低聚核苷酸合成例子

为了检验条码反应器的作用原理,IRORI/ChemRx 公司的 Xiao 等人[55]利用稍加改动的标准合成核苷酸的方法,研究合成了结构为 X_4-X_3-X_2-T(3×3×3),含有 27 个化合物的低聚核苷酸化学库,如图 1.21 所示。最终可得到 2～5mg 的产物,HPLC 分析纯度范围为 67%～97%,^{1}H NMR、MS 分析和测序与化合物的结构是一致的。

相对于 Rf 标签微反应器来讲,条码标签由于费用很低,可一次性使用。相反,Rf 标签微反应器由于其费用很高,不得不重复使用。最近,基于 2-D 条码技术的基础,发展起来一个非常高通量的固相合成系统(NanoKan 系统,图 1.22)。整个合成操作系统包括裂解过程均是自动化的,该系统可以处理每个库中 100 000 多个化合物[78]。Nicolaou 等人利用 NanoKan 系统研究发展了一个新的固相合成方法(图 1.23),并合成了一个含有 10 000 个化合物的高质量的苯并吡喃化学库[79～81]。

1.5　总　　结

对于组合合成来说,非化学编码技术(Rf 标签和条码编码)与直接分类技术相结合,依赖于化学温和的电学和光学微型存储器而克服了化学标签的缺陷。其明显的优点是(不仅限于此):(a)具有化学合成的正交性;(b)可靠并是直接的编码/解码方式;(c)很高的编码能力;(d)可以获得毫克级的纯的、单一的化合物;(e)易于自动化。

总之,非化学编码技术(Rf 标签和条码编码)与直接分类技术的有机整合,结合了“混合-均分”方法的现代高效率的优点以及传统的平行合成可以得到纯的、单一的、毫克级化合物的特点。

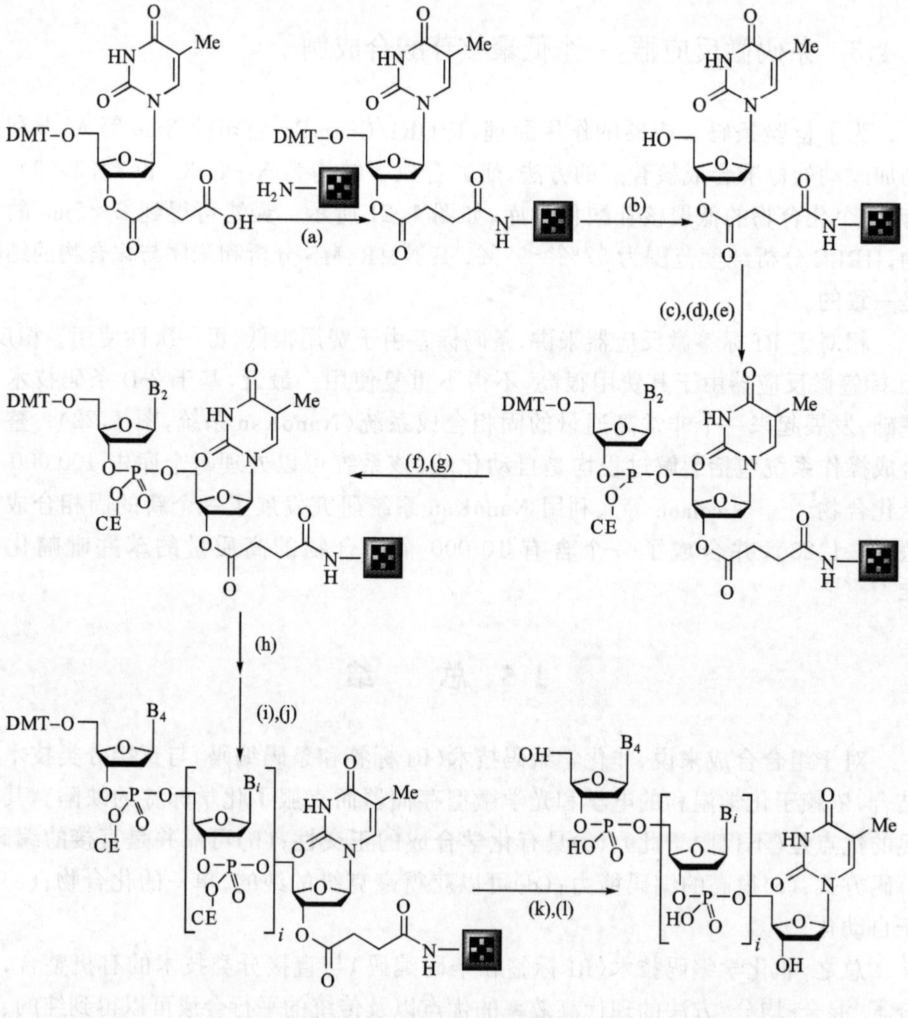

图 1.21　利用 2-D 条码反应器和直接解码技术合成寡核苷酸化学库

(a) 2-D 条码编码的氨基微反应器，PyBOP (0.1mol/L)，DIEA (0.2mol/L)，DMF，室温，4 h；(b) 3% TCA/CH_2Cl_2，室温，4 min；(c) 分类；(d) DMT-X_2(0.1mol/L)，tetrazole(四唑)(0.3mol/L)，乙腈：CH_2Cl_2 (体积比 2∶3)，室温，1 h；(e) 混合；(f) I_2(0.1mol/L)，THF∶pyridine∶H_2O (体积比 40∶10∶1)，室温，20 min；(g) Ac_2O (0.5mol/L)，1-methylimidazole (0.5mol/L)，2，6-lutidine(2，6 -二甲基吡啶) (0.5mol/L)，THF，室温，20 min；(h) 用 DMT-X_3重复(b)到(g)；(i)用 DMT-X_4重复(b)到(f)；(k)分离单一的微反应管；(l)浓缩氨∶1，4 -二氧六环(体积比 1∶1)，室温 20 h 和 55 ℃ 20 h；然后 3% TCA/CH_2Cl_2，室温，4 min

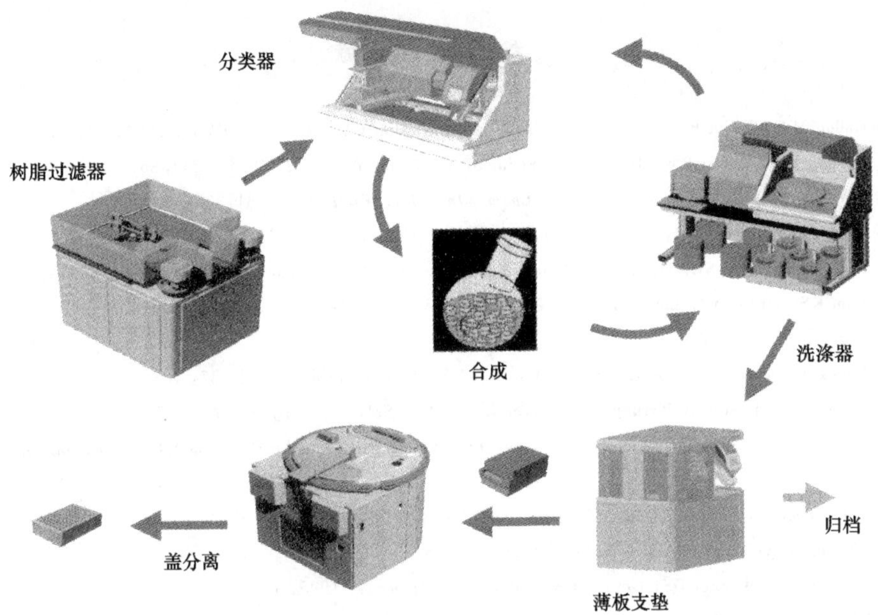

图 1.22　IRORI 的 NanoKan 系统

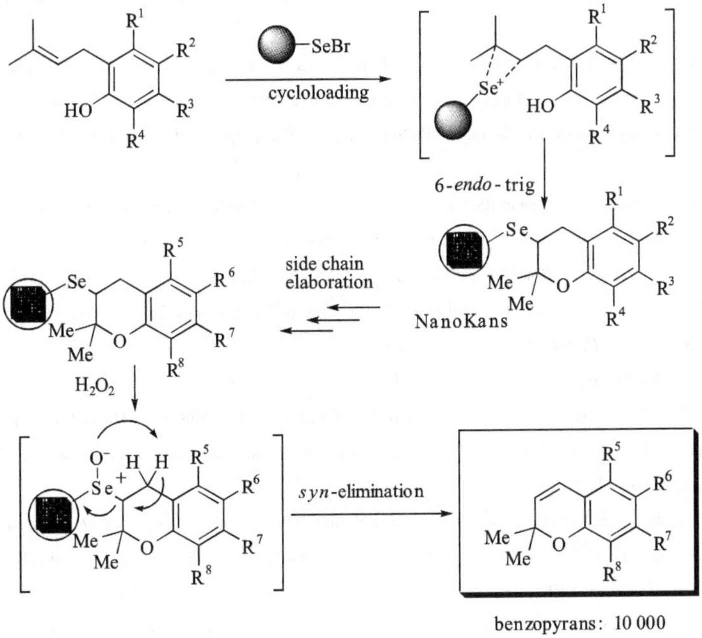

SeBr
cycloloading
6-*endo*-trig
side chain elaboration
NanoKans
H_2O_2
syn-elimination
benzopyrans：10 000

图 1.23　利用 NanoKan 系统合成含有 10 000 化合物的苯并吡喃化学库

参 考 文 献

[1] Gallop MA, Barret RW, Dower WJ, Fodor SPA, Gordon EM, *J. Med. Chem*. 1994, 37:1233

[2] Gordon EM, Barret RW, Dower WJ, Fodor SPA, Gallop MS, *ibid*. 1994, 37:1385

[3] Jung G, Deck-Sickinger AG, *Angew. Chem. Int. Ed. Engl*. 1992, 31:367

[4] Pavia MR, Sawyer TR, Moos WH, *Bioorg. Med. Chem. Lett*. 1993, 3:387

[5] Lam KS, Salmon SE, Hersh EM, Hruby VJ, Kazmierski WM, Knapp RJ, *Nature*, 1991, 354:82

[6] Lam KS, Hruby VJ, Lebl M, Knapp RJ, Kazmierski WM, Hersh EM, Salmon SE, *Bioorg. Med. Chem. Lett*. 1993, 3: 419

[7] Furka Á, Sevestyén F, Asgedom M, Dibó G, *Int. J. Peptide Res*. 1991, 37: 487

[8] Fodor SPA, Read JL, Pirrung MC, Stryer L, Lu AT, Solas D, *Science*, 1991, 251: 767

[9] Meyers HV, Dilley GJ, Durgin TL, Powers TS, Winssinger NA, Zhu H, Pavia MR, *Molecular Diversity*, 1995, 1: 13

[10] Stevanocic S, Jung G, *Anal. Biochem*. 1993, 212: 212

[11] Ellington AD, Szostak JW, *Nature*, 1990, 346: 818

[12] Brown BB, Wagner DS, Geysen HM, *Molecular Diversity*, 1995, 1: 4

[13] Lebl M, Pátek M, Kociš P, Krchňák V, Hruby V, Salmon SE, Lam KS, *Int. J. Peptide Protein Res*. 1993, 41: 201

[14] Stevanovic S, Wiesmüller K-H, Metzger JW, Beck-Sickinger AG, Jung G, *Bioorg. Med. Chem. Lett*. 1993, 3: 436

[15] Metzger JW, Wiesmüller K-H, Stevanovic S, Jung G, In *Peptides*: 1992 *Procedings of the* 22nd *European Peptide Symposium* (C.H. Schngder, A.N. Eberle, Eds. Escom, Leiden), 1993, 481

[16] Metzger JW, Wiesmüller K-H, Gnau V, Brünjes J, Jung G, *Angew. Chem. Int. Ed. Engl*. 1993, 32: 894

[17] Metzger JW, Kempter C, Wiesmüller K-H, Jung G, *Anal. Biochem*. 1994, 219: 261

[18] Chu Y-H, Kirby DP, Karger BL, *J. Am. Chem. Soc*. 1995, 117: 5419

[19] Williams DH, Waltho JP, *Biochem. Pharmacol*. 1988, 37: 133

[20] Brummel CL, Lee INW, Zhou Y, Benkovic SJ, Winograd N, *Science*, 1994, 264: 399

[21] Winograd N, *Anal. Chem*. 1993, 65: 622A

[22] Benninghoven A, Hagenhoff B, Niehuis E, *ibid*. 1993, 65: 630A

[23] Fitzgerald MC, Harris K, Shevlin CG, Siuzdak G, *Bioorg. Med. Chem. Lett*. 1996, 6: 979

[24] Cerpapoljak A, Jenkins A, Duncan MW, *Rapid Commun. In Mass Spectrom*. 1995, 9: 233

[25] Egner BJ, Langley GJ, Bradley M, *J. Org. Chem*. 1995, 60: 2652

[26] Geysen HM, Rodda SJ, Mason TJ, Tribbick G, Schoofs PG, *J. Immunol. Methods* 1987, 102: 259

[27] Geysen HM, Meloen RH, Barteling SJ, *Proc. Natl. Acad. Sci*. USA, 1984, 81: 3998

[28] Houghten RA, Pinilla C, Blondelle SE, Appel JR, Dooley CT, Cuervo JH *Nature*, 1991, 354: 84

[29] Ecker DJ, Vickers, TA, Hanecak R, Driver V, Anderson K, *Nucleic Acids Res*. 1993, 21: 1853

[30] Patel DV, Gordeev MF, England BP, Gordon EM, *J. Org. Chem*. 1996, 61: 924

[31] Boecker RH, Guengerich FP, *J. Med. Chem*. 1986, 29: 1596

[32] Erb E, Janda KS, Brenner S, *Proc. Natl. Acad. Sci*. USA, 1994, 91: 11422

[33] Pinna C, Appel JR, Blanc P, Houghten RA, *Biotechniques*, 1992, 13: 901

[34] Dooley CT, Houghten RA, *Life Sci*. 1993, 52: 1509

[35] Pirrung MC, Chen J, *J. Am. Chem. Soc*. 1995, 117: 1240

[36] Ugi I, In *Isonitrile Chemistry* (A.T. Blomquist, Ed.; Academic Press, New York), 1971, 133

[37] Needles MC, Jones DG, Tate EH, Heinkel GL, Kochersperger LM, Dower WJ, Barrett RW, Gallop MA, *Proc. Natl. Acad. Sci. USA*, 1993, 90: 10700

[38] Brenner S, Lerner RA, *Proc. Natl. Acad. Sci*. 1992, 89: 5381

[39] Nielsen J, Brenner S, Janda KD, *J. Am. Chem. Soc*. 1993, 115: 9812

[40] Kerr JM, Banville SC, Zuckermann RN, *J. Am. Chem. Soc*. 1993, 115: 2529

[41] Zuckermnn RN, Kerr JM, Siani MA, Banville SC, Santi DV, *Proc. Natl. Acad. Sci*. 1992, 89: 4505

[42] Kerr JM, Banville SC, Zuckermann RN, Biol. *Med. Chem. Lett*. 1993, 3: 463

[43] Youngquist RS, Fuentes GR, Lacey MP, Keough T, *J. Am. Chem. Soc*. 1995, 117: 3900

[44] Keough T, Baker TR, Dobson RL, Lacey MP, Riley TA, Hasselfield JA, Hesselberth PE, *Rapid Commun. Mass Spectrom*. 1993, 7: 195

[45] Ohlmeyer MHJ, Swanson RN, Dillard LW, Reader JC, Asouline G, Kobayashi R, Wigler M, Still WC, *Proc. Natl. Acad. Sci*. USA, 1993, 90: 10922

[46] Nestler HP, Bartlett PA, Still WC, *J. Org. Chem*. 1994, 59: 4723

[47] Eckes P, *Angew. Chem. Int. Ed. Engl*. 1994, 33: 1573

[48] Grimsrud EP, In *Detectors for Capillary chromatography* (H.H. Hill, D.G. McMinn, Eds.; Wiley, New York), 1992, 83

[49] Borchardt A, Still WC, *J. Am. Chem. Soc*. 1994, 116: 373

[50] Baldwin JJ, Burbaum JJ, Henderson IH, Ohlmeyer MHJ, *J. Am. Chem. Soc*. 1995, 117: 5588

[51] Ni Z-J, Maclean D, Holmes CP, Gallop MA, *J. Med. Chem*. 1996, 39: 1601

[52] DeWitt SH, Czarnik AW, *Acc. Chem. Res*. 1996, 29: 114

[53] Porco JA, Deegan T, Devonport W, Gooding OW, Heisler K, Labadie JW, Newcomb B, Nguyen C, Eikeren PV, Wong J, Wright P, *Mol. Diversity*, 1996, 2: 197

[54] Nicolaou KC, Xiao X-Y, Parandoosh Z, Senyei A, Nova MP, *Angew. Chem. Int. Ed. Engl*. 1995, 34: 2289

[55] Xiao X-Y, Zhao C, Potash H, Nova MP, *Angew. Chem. Int. Ed. Engl*. 1997, 36: 780

[56] Burgess K, *J. Med. Chem*. 1994, 37: 2985

[57] Battaerd HAJ, Tregear GW, *Graft Copolymers*, Wiley, Interscience, 1967, New York

[58] Mitchell AR, Kent SBH, Engelhard M, Merrifield RB, *J. Org. Chem*. 1978, 43: 2845

[59] Farrall AJ, Fréchet JM, *J. Org. Chem*. 1976, 41: 3877

[60] Li R, Xiao X-Y, Czarnik AW, *Tetrahedron Lett*. 1998, 39: 8581

[61] Zhao C, Shi S, Mir D, Hurst D, Li R, Xiao X-Y, Lillig J, Czarnik AW, *J. Combi. Chem*. 1999, 1: 91

[62] Moran EJ, Sarshar S, Cargill JF, Shahbaz MM, Lio A, Mjalli AMM, Armstrong RW, *J. Am. Chem. Soc*. 1995, 117: 10787

[63] Xiao X-Y, Parandoosh Z, and Nova MP, *J. Org. Chem*. 1997, 62: 6029

[64] Schiff PB, Horwitz SB, *Proc. Natl. Acad. Sci. USA* 1980, 77: 1561

[65] Nicolaou KC, Vourloumis D, Li T, Pastor J, Winssinger N, He Y, Ninkovic S, Sarabia F, Vallberg H, Roschangar F, King NP, Finlay MRV, Giannakakou P, Verdier-Pinard P, Hamel E, *Angew. Chem. Int.*

Ed. Engl. 1997, 36: 2097

[66] Bollag DM, McQueney PA, Zhu J, Hensens O, Koupal L, Liesch J, Goetz M, Lazarides E, Woods CM *Cancer Res*. 1995, 55: 2325

[67] Kowalski RJ, Giannakakou P, Hamel E, *J. Biol. Chem*. 1997, 272, 2534

[68] Dowd P, Choi S-C, *Tetrahedron* 1992, 48: 4773

[69] Takahashi T, Machida K, Kido Y, Nagashima K, Ebata S, Doi T, *Chem. Lett*. 1997, 12: 1291

[70] Nicolaou KC, Pastor J, Winssinger N, Murphy F, *J. Am. Chem. Soc*. 1998, 120: 5132

[71] Nicolaou KC, He Y, Vourloumis D, Vallberg H, Yang Z, *Angew. Chem. Int. Ed. Engl*. 1996, 35: 2399

[72] Cao X, Mjalli AMM, *Tetrahedron Lett*. 1996, 37: 6073

[73] Schuster M, Pernerstofer J, Blechert S, *Angew. Chem. Int. Ed. Engl*. 1996, 35: 1979

[74] Aristoff PA, *J. Org. Chem*. 1981, 46: 1954

[75] Nicolaou KC, Seitz SP, Pavia MR, *J. Org. Chem*. 1979, 44: 4011

[76] Gazit A, Osherov N, Gilon C, Levitzki A, *J. Med. Chem*. 1996, 39: 4905

[77] Shi S, Xiao X-Y, Czarnik AW, *Biotech. Bioeng*. (*Combi. Chem*.) 1998, 61: 7

[78] See www.irori.com for details

[79] Nicolaou KC, Pfefferkorn JA, Roecher AJ, Cao G-Q, Barluenga S, Mitchell HJ, *J. Am. Chem. Soc*. 2000, 122: 9939

[80] Nicolaou KC, Pfefferkorn JA, Mitchell HJ, Roecher AJ, Barluenga S, Cao G-Q, Affleck RL, Lillig JE, *J. Am. Chem. Soc*. 2000, 122: 9954

[81] Nicolaou KC, Pfefferkorn JA, Barluenga S, Mitchell HJ, Roecher AJ, *J. Am. Chem. Soc*. 2000, 122: 9968

(萧晓毅)

作者简介

萧晓毅　博士。毕业于中山大学化学系，在 State University of New York at Stony Brook 获得博士学位，在 The Scripps Research Institute, K.C. Nicolaou 教授指导下接受博士后训练。现任 Discovery Chemistry at Syrrx 化学部主任，目前的研究集中于可高通量结晶，进而进行基于结构设计而发现药物先导化合物。涉及的内容包括组合化学、药物化学和计算机化学。在加入 Syrrx 之前，他是 ChemRx 和 IRORI 化学部门主任，二者是 Discovery Partners International 的子公司。在 ChemRx 和 IRORI 的 6 年时间里，萧晓毅博士对于发展、应用和产品化非化学编码的组合化学技术(射频编码和 2-D 条码)起到了中枢作用，期间主要负责组合化学库的设计、发展与合成。1993～1995 年期间，他受聘于 Affymax Research Institute，研究应用各种组合化学技术寻找新的蛋白酶抑制剂。目前已经发表 33 篇科研论文，出版 5 部书，获得 7 项专利。

第二章　多样性导向的有机合成在组合化学中的应用

组合化学、高通量筛选和化学信息学等一系列富有活力技术的出现和发展，伴随着具有创造力的生物测试手段和药物基因研究的进步，已经在生命科学中的基础研究以及药物先导化合物的发现和优化过程中创造出一个新的范例。这些技术的根本出发点是建立实验发现大量(高通量)与疾病有关的基因或蛋白，依据这些基因或蛋白作为靶点，再从化学库中以某种方式筛选出对这些基因或蛋白具有生理活性的化合物。

理论上认为，化合物的数量和多样性越大，筛选得到药物先导化合物可能性就越高。自动化可以帮助解决一些问题，因此，上述技术的应用也加速了自动化技术的发展。

组合化学库的魅力在于有能力尽可能快地产生大型化合物库。但是，这种技术所面临的最大挑战是如何选取有意义的合成分子骨架和如何发展固相组合合成化合物的化学。以下讨论的内容是我们的一点体会。

2.1　有生物活性天然产物的组合合成

经过几百万年的进化和筛选，天然产物是迄今为止人们所知道最广泛的能够与蛋白质专一性相结合的小分子来源。很多天然产物，例如 taxol(紫杉醇)、trapoxin(细果野菱素)和 rapamycin(雷帕酶素)，已经帮助科学家了解了部分生物过程[1]。虽然合成化学家长期着迷于合成天然产物，但是迄今为止还是集中于精确复制在自然界中存在的化合物。最近由于 Schreiber 等人的极大努力，化学家已经能够开始合成那些与天然产物分子在大小和复杂程度上相当的“类天然产物”。将这种洞察力和能够快速产生大量化合物的组合化学策略结合起来，已经使传统特定的合成工具发展成为合成用于探测重要生物机理的“类天然产物”的化合物。采用这种研究方式快速找到模拟生物分子功能配体(例如模拟蛋白质功能和蛋白质之间的作用)，在基础研究和药物分子设计中具有重要的价值和意义。

组合化学并不是一项简单的技术，它包括了化学知识的多样性，例如合成策略、固相载体的选择、在液相或者在固相中的合成、平行或者“混合-均分”合成(spilt-pool synthesis)以及是否需要编码技术等。我们将研究的重点放在：(1)发展新型的合成策略，即多样性导向和分支反应的合成步骤；(2)选择合适的固相载体和连接桥；(3)发展和改善在液相和固相中设计目标化合物的合成方法；(4)通过可行的编码技术在固相合成中应用“混合-均分”技术。所有这些都是针对于建立以天然产物为基本骨架的组合库合成。

合成策略的主要特征是从一个简单的起始原料出发来产生尽可能多的分子骨架。我们曾经合成的目标骨架包括：蟛蜞菊内酯（wedelolactone）[2]，一种天然的caspase－11传导抑制剂；(－)-表儿茶精－3－没食子酸盐[(－)epicatechin－3－gallate][3]，一种血管生成抑制剂；XH14[4]，一种腺苷A受体抑制剂；LY-320,135[5]，一类代表新型大麻醇受体1(CB1)抑制剂的化合物；厄贡醇(egonol)，一种具有抗真菌活性的化合物；毛地黄黄酮(luteolin)[6]，一种HIV－1整合酶抑制剂(图2.1)。

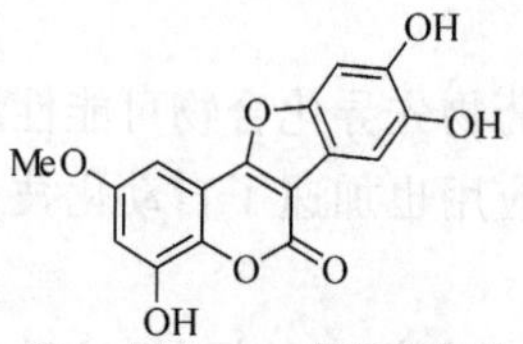

(1) wedelolactone 蟛蜞菊内酯 (*Eclipta prostrata* L.,醴肠,又名墨旱莲)

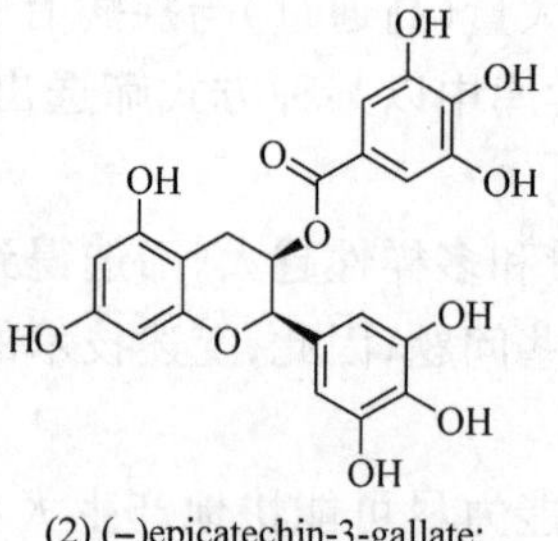

(2) (−)epicatechin-3-gallate; (−)-表儿茶精-3-没食子酸 (green tea, 绿茶)

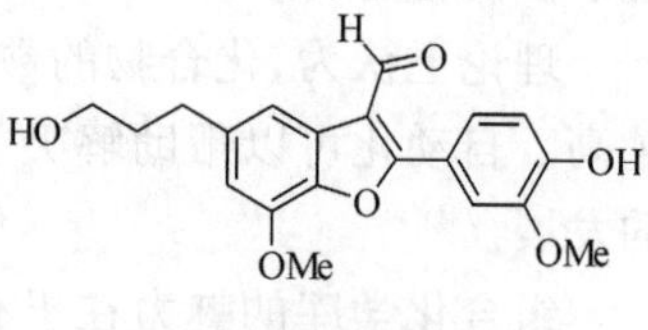

(3) XH14 (*Salvia miltiorrhiza*, 丹参)

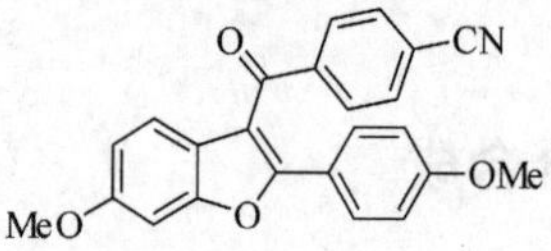

(4) LY-320,135

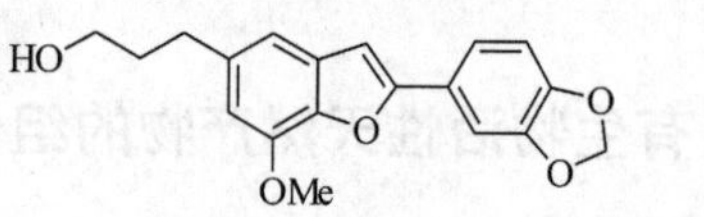

(5) egonol 厄贡醇 (*Styrax americana* Lam., 美国安息香)

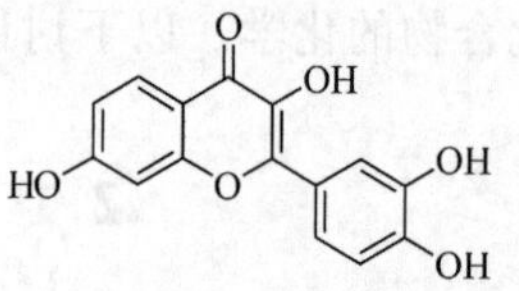

(6) quercetin 槲皮黄素 (*Eclipta prostrata* L.,醴肠,又名墨旱莲)

图2.1 为组合合成所选择的天然产物

所选择的这些具有极高生理活性的目标化合物，在结构上都和苯并呋喃环、苯并吡喃环有关。因而，从一个简单的合成原料出发合成所有这些化合物在理论上是可行的。

2.2 组合化学库合成的基本策略

使用固相合成方法具有许多优越性，它不仅可以简单快速提纯那些化学负载在树脂上的合成产物，而且也可以使用大过量的反应试剂以促使反应进行到底。然而，由于目前还没有有效的方法将化学负载在树脂上的杂质或副产物除掉，应用固相合成反应时就要求化学反应必须格外高效，而且尽可能减少合成步骤。由于能够在固相载体上以尽可能有限的步骤产生最大结构多样性以及大数量的化合物，从一个简单的起始物出发而建立不同骨架的分支反应具有极大的吸引力。

从逆合成分析来看，图 2.1 中所有选择的目标分子骨架均可以追溯到起始原料邻羟基碘苯 A（图 2.2）。相应的邻-羟基苯基乙炔类化合物 D 能够从邻羟基碘苯 A 和乙炔通过 Sonogashira[7]偶联制备而来，再经过不同的串联反应就能相应得到不同于 2,3-取代苯并呋喃的 C，E，F 等化合物。而蟛蜞菊内酯［wedelolactone（G）］的骨架能够从分子间内酯化而得。

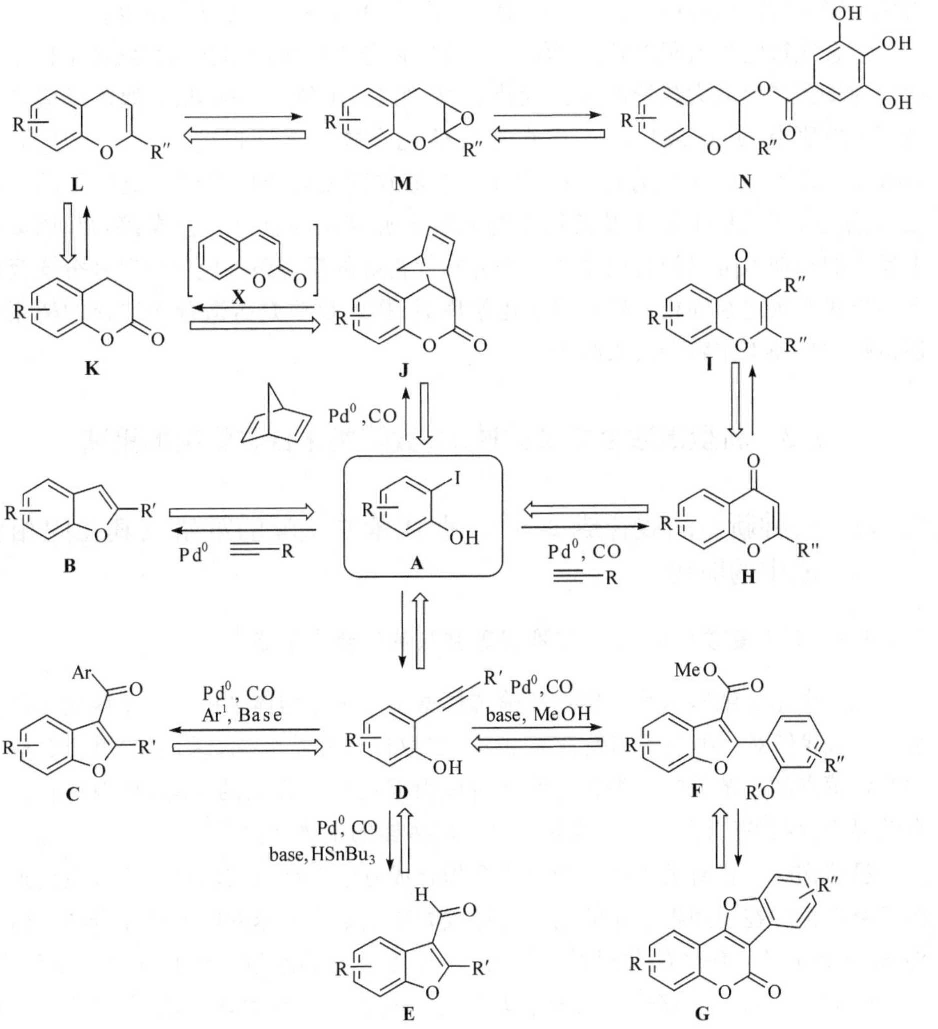

图 2.2　增加结构差异性的分支反应路线

苯并呋喃环 B 的骨架可以使用邻羟基碘苯 A 和乙炔通过 Sonogashira 偶联，再通过环化直接制备而来；黄酮类骨架 H 能够从邻羟基碘苯 A，一氧化碳和乙炔在二乙胺的存在下采用“一锅法”制备[8]。

可以预料骨架 N 从环氧化合物 M 还原，再经酯化反应得到。环氧化合物 M 可以经由中间产物 L 制得；中间产物 L 可以通过将内酯 K 转化为相应的烯基三氟磺酸酯或者磷酸酯，再和适当的有机金属试剂偶联得到。重要的中间产物 J 能够通过邻羟基碘苯 A 和一氧化碳发生 Heck 反应，插入一氧化碳制得。氧杂萘邻酮类化合物 X(香豆素)可以从中间产物 J 通过反 Diels-Alder 反应[9]制得。

该合成策略具有很多特点：第一，如前所述分支反应能够在固相载体上以尽可能少的步骤产生最大数量的多样性化合物；第二，虽然 Sonogashira 偶联反应已经被深入地研究，并被成功地应用在有机酸化合物化学库的合成中[10]，但 Sonogashira 偶联反应是迄今为止有限的几个能够在固相合成中得到广泛应用的反应之一；第三，邻羟基碘苯 A 及其衍生物原料来源充足并且易于合成；第四，该策略中反应的相似性可以使我们将从一个分支优化好的反应条件应用到其他分支反应上。当我们决定在固相上建立组合化学库时，探索反应是否适合于选择的树脂和连接桥的烦琐工作就会大大减少。

2.3 新型高效合成苯并呋喃、黄酮类化合物骨架的策略

2.3.1 一种新型高效合成 2,3-二取代苯并呋喃的策略及其在固相合成中的应用

2.3.1.1 新型高效合成 2,3-二取代苯并呋喃的合成策略[11]

在一个基于细胞水平上建立的筛选模型来分析生物体系中化学基因变化的方法中[12]，我们对一种新型高效合成 2,3－二取代苯并呋喃化合物库的组合合成方法非常感兴趣。苯并呋喃类化合物之所以引起我们这么大的兴趣，是因为它们在自然界中存在的广泛性[13]以及它们具有较多样的生物活性[14]。

虽然迄今为止有关苯并呋喃类化合物合成方法有许多文献报道[15]，但是近期的研究都集中在使用钯催化的碳碳键形成方法上来生成苯并呋喃类化合物。由于 Richard 和他的合作者的共同艰辛努力，一种更广泛的通过钯催化 1,2-二烯[16]、1,3-二烯[17]、1,4-二烯[18]、乙烯基类环丙烷或者乙烯基类环丁烷[19]与邻位上有不同取代芳香基类卤代化合物的碳原子和杂原子环化反应来生成大量碳环和杂环的方法得到了发展。

对于合成 3-酯基苯并呋喃类化合物，钯催化的邻位带有羟基的芳基乙炔类化

合物的羰基环化方法已经被证明为是一种有效的这类杂环化合物合成方法[20]（如图 2.3 所示）。

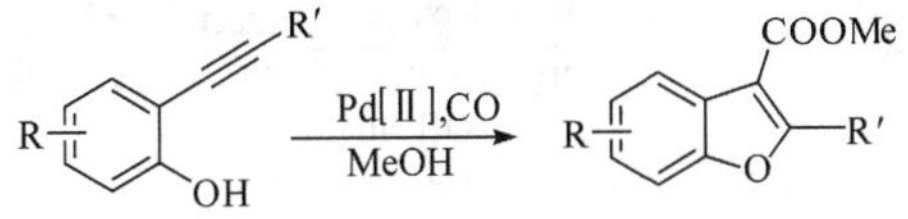

图 2.3　钯催化的羰基环化反应

但是这种方法有很多缺点：(1)当产物为缺电子取代基类化合物时，此反应的产率很低[20]；(2)反应条件与硅保护基团有很大的不兼容性[21]；(3)至关重要的一点是，建立在硅连接桥的组合合成不应当发生硅基团连接桥的断裂，致使含有硅衍生物的副产物可能影响生物筛选。因而我们需要新的反应条件，它不但对缺电子和富电子类取代基化合物都适用，而且不会发生硅基团连接桥的断裂。

普遍认为，从邻羟基芳基乙炔类化合物出发生成 3-酯基苯并呋喃类化合物经过图 2.4 所示的机理[22]。

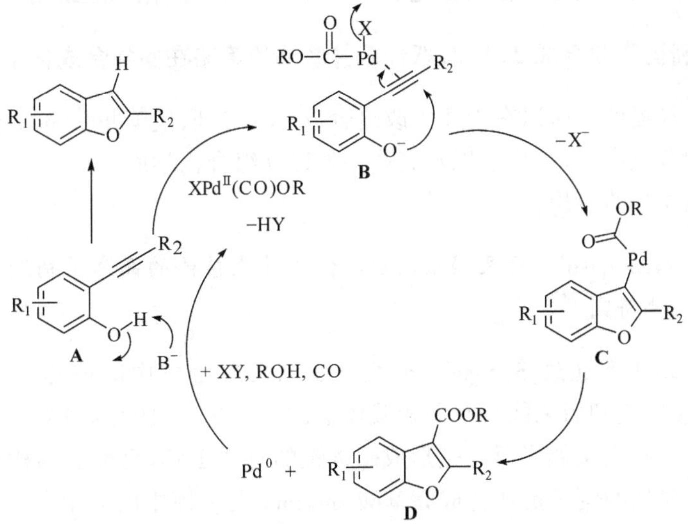

图 2.4　钯催化的邻羟基芳基乙炔类化合物的羰基环化机理

通过仔细研究反应机理以及反应实践表明，氧化剂起着非常关键的作用，它不但需要能够高效地将零价钯转化成二价钯，而且能够在硅试剂存在下提高缺电子底物的环化产率。

在经过大量精心设计的化学反应实验后，我们发现缺电子底物可以在 40℃甲醇溶液以及一氧化碳的存在下，以碘化钯-硫脲为催化剂，四溴化碳为氧化剂，碳酸铯为碱，能较好地发生杂原子羰基环化。在我们的实验中以 84%的高产率得到预计的化合物，反应在半小时内即可完成，如图 2.5 所示。

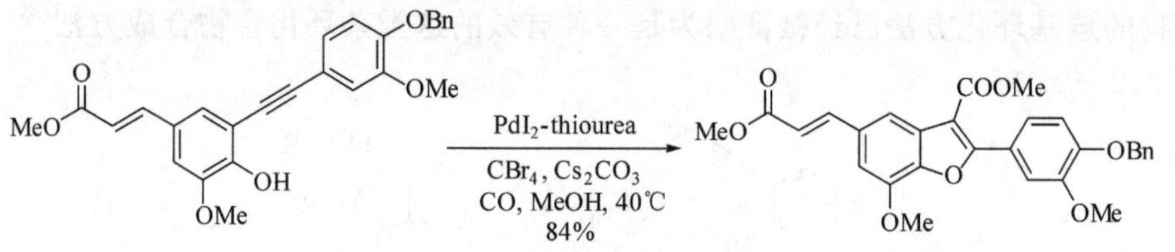

图 2.5 合成苯并呋喃类化合物

通过对一系列不同底物的测试,我们发现无论是缺电子或者富电子底物在半个小时内都能给出很好的产率,而且叔丁基二甲基硅(TBS)保护基团在此反应条件下稳定。

如前所述,我们发现了一个将富电子或者缺电子的邻羟基芳基乙炔类化合物转换成相应 3-酯基苯并呋喃的高效共同催化体系(碘化钯-硫脲和四溴化碳)。四溴化碳作为一个将零价钯转化成二价钯的高效氧化剂还是第一次被报道。这个结果也已经被应用到其他类型的钯化学当中,例如:将醇氧化成醛或酮[23]。

2.3.1.2 新型高效合成 2,3-二取代苯并呋喃的策略在固相合成化学中的应用

前面已经提到之所以在液相中改进合成 2,3-二取代苯并呋喃的方法,是为了能够在固相合成中高效、快速以及高产率的建立组合化学库,本节中我们将详细介绍该法在固相中的应用。

2.3.1.2.1 Sonogashira 交叉偶联反应在使用硅连接桥的高容量树脂上的最佳条件研究[24]

在固相载体上通过 Sonogashira 交叉偶联反应合成中间体是非常关键的一步[7],它直接影响到后来能否在固相载体上建立 2,3-二取代苯并呋喃化合物化学库。Sonogashira 交叉偶联反应是形成碳碳键的有力工具,已经成为构建化学库的有效方法。典型的例子是在合成莽草酸 shikimic 化学库中的应用[10]。

我们在建立苯并呋喃化学库时,更倾向于使用具有硅连接桥[25]的高容量聚苯乙烯的大直径树脂作为载体[26]来更好地应用“一珠一化合物”[27]的组合化学“混合-均分”策略[28]。使用这种大直径树脂的优点是:(1)高容量(1.4mmol/g)的大直径树脂(450～500μm)可以为多步分析提供足够的原料[12];(2)硅连接桥允许通过不同且易挥发的断裂试剂将化合物从树脂上裂解下来,不需要提纯就可以直接进行分析测试。

但是,使用大直径树脂也有一系列的挑战,其中包括:(1)如何解决大直径树脂上的可溶性;(2)怎样发展一个与酸敏感的硅连接桥相融合的合成策略;(3)如何防止大直径树脂的粉碎性破裂。

虽然 Sonogashira 交叉偶联反应在固相合成中的应用已经有了长足的进展[29]，但是据我们所知有关这类反应在以硅连接桥为基础的高容量树脂上的应用还未见报道。为了解决以上面临的这些问题，我们开始系统化地在树脂上研究这类反应，同时这也为能够高效地合成邻羟基芳基乙炔类化合物奠定了基础。

经过传统液相合成反应的深入研究，我们选择了化合物 2 和 6(图 2.6)作为 Sonogashira 交叉偶联反应的实验模板。根据图中所示的合成顺序，我们以极高的产率在固相载体上得到了底物苯基乙炔类化合物 3 和碘代苯类化合物 7。由于可以很容易地购得或合成很多不同种类的末端炔和芳基(烯基)卤代物或者三氟甲磺酰类化合物，经与相应底物(3 和 7)的偶联反应便可以得到多种邻羟基芳基乙炔类化合物。

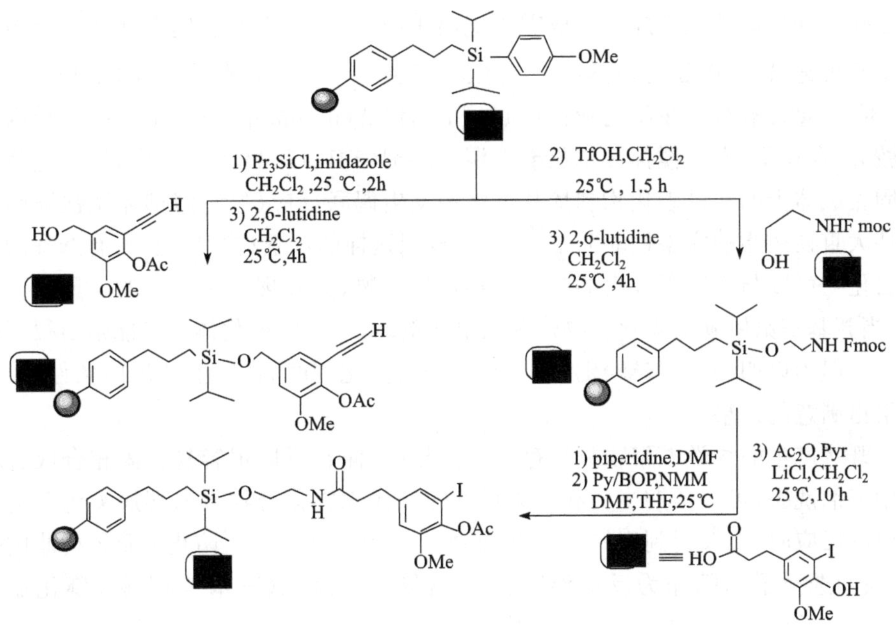

图 2.6　在树脂上合成底物 3 和 7

最初以四(三苯基磷)钯和碘化亚铜($Pd(PPh_3)_4/CuI$)为催化剂时，我们发现偶联反应时间过长，也得不到预期的产物。而加大催化剂用量时又产生了很多自相偶联的产物(图 2.7)。这可能是由于大直径树脂高容量的特点致使发生 Eglinton-Glaser 反应而产生的自相偶联产物[30]。为了验证这一设想，我们设计了一个类似于图 2.7 的反应条件，但没有四(三苯基磷)钯($Pd(PPh_3)_4$)作为催化剂。此时，出现大量自相偶联产物足以证明我们的推断是正确的。因而通过使用过量的四(三苯基磷)钯和碘化亚铜($Pd(PPh_3)_4/CuI$)促使反应进行完全的方法不可行。

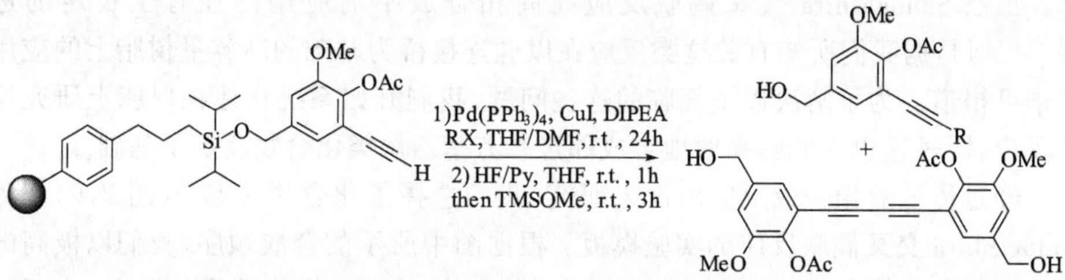

1)$Pd(PPh_3)_4$, CuI, DIPEA RX, THF/DMF, r.t., 24h
2) HF/Py, THF, r.t., 1h then TMSOMe, r.t., 3h

图 2.7　炔类化合物和芳基/乙烯基卤代物或者芳基/乙烯基三氟甲磺酰类化合物在树脂上的 Sonogashira 交叉偶联反应

由于二氯-二(三苯基磷)钯($Cl_2Pd(PPh_3)_2$)可以通过相应碘化亚铜(CuI)介入的二炔代和还原消除反应还原成零价钯($Pd^0(PPh_3)_2$),因而我们设计了一个新的产生零价钯($Pd^0(PPh_3)_2$)的实验。首先将二氯-二(三苯基磷)钯($Cl_2Pd(Ph_3)_2$)与 2.5 倍当量的苯乙炔在碘化亚铜(CuI)和 DIPEA(diisopropylethylamine,二异丙基乙胺)的存在下,室温搅拌 2 h,接着在混合溶剂(THF∶DMF＝1∶1)中,让事先负载在固相载体上的芳基碘化物和烯基溴化物发生偶联反应(这种溶剂体系被证明在维持大直径树脂的完整性时非常关键)。按照这样的步骤进行反应,所有选择的有机卤化物可以与底物以极高的产率得到预计产物,只发现了很少量的二聚物。然而,当芳基三氟甲磺酰类化合物作为亲电试剂时,以上的催化体系未能给出很好的结果。但当以四(三苯基磷)钯($Pd(PPh_3)_4$)为催化剂时,在以上的反应条件下,可以给出满意的结果。

既然产生的炔类二聚物只能存在于液相中,而且可以很容易在固相合成过程中用溶剂洗去,可以预期当负载在树脂上的碘代苯类化合物与末端炔类化合物发生偶联反应时,能够得到很好的结果,事实上正是如此。为了防止大直径树脂的破碎,我们选择了乙腈作为反应溶剂,0.3 倍量的二氯二(三苯基磷)钯/碘化亚铜

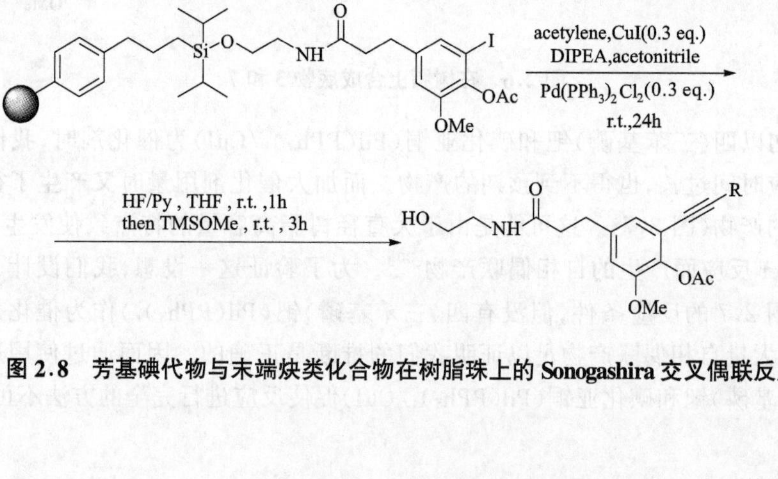

acetylene, CuI(0.3 eq.) DIPEA, acetonitrile $Pd(PPh_3)_2Cl_2$(0.3 eq.) r.t., 24h

HF/Py, THF, r.t., 1h then TMSOMe, r.t., 3h

图 2.8　芳基碘代物与末端炔类化合物在树脂珠上的 Sonogashira 交叉偶联反应

($Cl_2Pd(PPh_3)_2/CuI$)作为催化剂(图 2.8)。

2.3.1.2.2　组合合成 2,3-二取代苯并呋喃类化合物库[31]

为生物筛选合成复杂的类天然产物化合物库是组合合成中的一个限速步骤[10,32]。尽管在过去十年中组合化学已经有了长足的进步,但是仍需发展高效的化学方法建立复杂化合物化学库。

我们在 2.3.1.1 节中介绍了一种新型高效合成 2,3-二取代苯并呋喃类化合物的合成策略[11],在 2.3.1.2.1 节中介绍了如何在有硅连接桥存在下高容量的大直径树脂上优化不同种类的邻羟基芳基乙炔类化合物的合成反应条件[24]。既然我们的方法在液相中可以合成不同种类复杂的苯并呋喃类化合物,而且在固相中又能成功高效的合成关键底物,那么进一步尝试是否能够将此反应应用在固相合成中就十分必要。本节中我们将介绍如何在有硅连接桥存在下的聚苯乙烯的大直径树脂上,利用二价钯催化邻羟基芳基乙炔类化合物的串联羰基化反应。虽然在固相组合合成上利用钯催化的 Stille,Heck 和 Suzuki 反应有所报道,但是据我们所知,利用二价钯催化的在固相载体上产生复杂"类天然产物"化合物的主要反应还未见报道。

前面我们已经讨论了在以硅为连接桥的高容量大直径树脂上进行有关 Sonogashira 交叉偶联反应最佳反应条件[24],我们在建立相关组合化学库时首先将苯基乙炔类化合物或碘代苯类化合物负载在树脂上[33],并将它们编码[34]。这样就可以使用可以大量商品化的不同种类苯基乙炔类化合物或碘代苯类化合物来生产相当规模的组合化学库。

单个树脂珠上的邻炔基苯酚醋酸酯类化合物可以通过 3 种不同途径制得(如图 2.9、表 2.1 所示):

(1) 底物 1 可以直接连接到树脂上给出中间产物 A,接着中间产物 A 被分配到 5 个反应池中,再分别与 1 种烯基三氟甲磺酰类化合物和 4 种碘代芳基类化合物通过 Sonogashira 交叉偶联反应产生相应的苯基乙炔类化合物;

(2) 将 1 个一级保护的羟基乙胺类化合物负载在树脂上(侧链 1),移去保护基后,利用 PyBOP 作为缩合试剂引入 4 种不同的碘代苯酚醋酸酰胺类化合物;

(3) 树脂上化合物 F 的合成首先始于带有保护基的胺基叔丁基醇(作为间隔物来检验相应硅醚的稳定性),然后移去保护基,再与底物 2 发生偶联反应。

"混合-均分"的合成步骤如下:总共 5 种不同树脂上的碘代苯酚类化合物混合在 1 个反应池中(图 2.9 中的 C 和 D),保护成相应的酚羟基醋酸酯,然后再被均分到 5 个不同的反应池中,分别与 5 种不同的炔发生偶联反应便得到了 25 种不同的苯基乙炔类化合物。

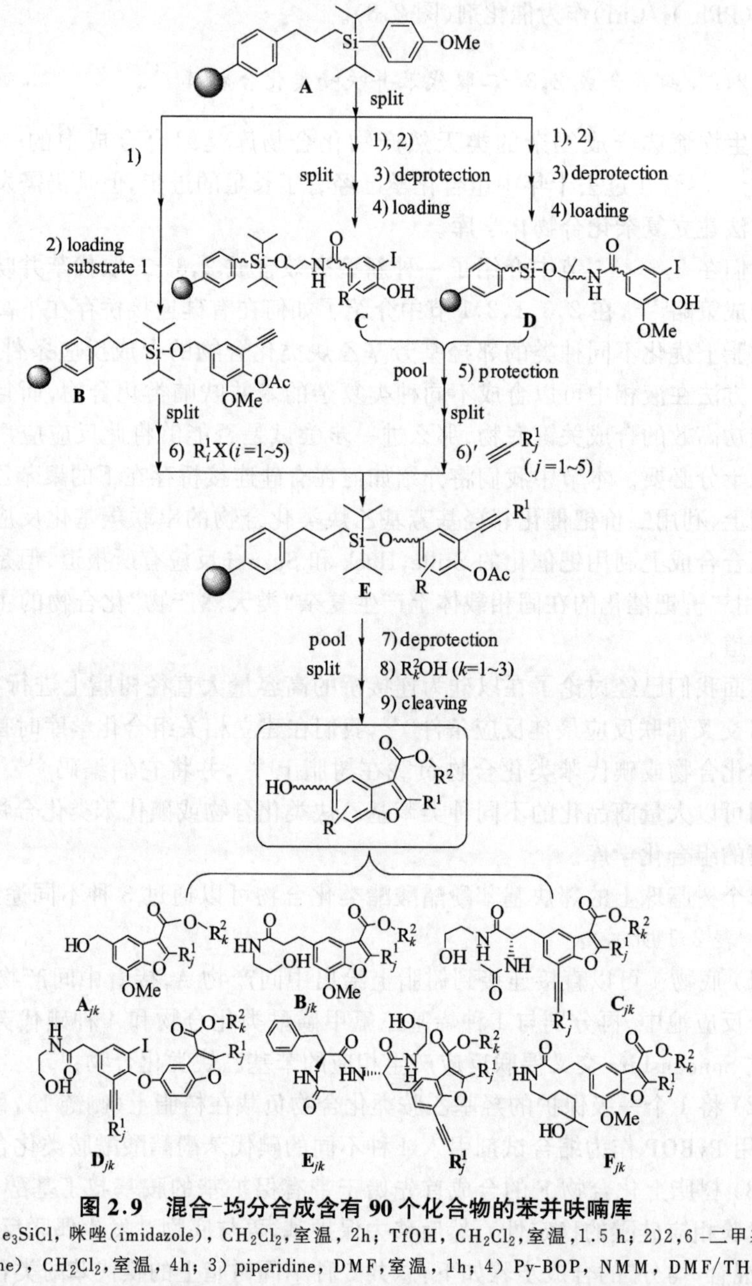

图 2.9 混合–均分合成含有 90 个化合物的苯并呋喃库

条件：1) Me_3SiCl，咪唑(imidazole)，CH_2Cl_2，室温，2h；TfOH，CH_2Cl_2，室温，1.5 h；2)2,6-二甲基吡啶(2, 6-lutidine)，CH_2Cl_2，室温，4h；3) piperidine，DMF，室温，1h；4) Py-BOP，NMM，DMF/THF 1/2，室温，12 h；5) LiCl，CH_2Cl_2，室温，10 h；6) X＝OTf，$Pd(PPh_3)_4$，CuI，DIPEA，DMF/THF 1/1，室温，24 h；X＝I，新鲜的 Pd^0(0.3 当量)，CuI，DIPEA，DMF/THF 1/1，室温，24 h，或者 $Pd_2(dba)_3$(5%)，CuI，NEt_3，室温，48h；6)′ $Pd(PPh_3)_2Cl_2$(0.3 当量)，CuI，DIPEA，CH_3CN，室温，24h；7) NH_2NH_2/THF (0.1mol/L)；8) CO，R^2OH，$Pd(PPh_3)_2Cl_2$-dppp (1.2 当量)，CsOAc，DMF，45℃，48 h；9) HF/5%Py/THF，室温，1h；TMSOMe，0.5h

表 2.1 建立含有 90 个化合物的苯并呋喃库的合成骨架

支链 (side chains)	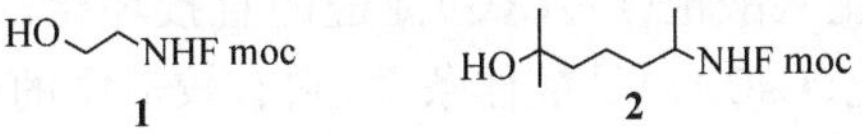 1 2
取代基 (substrates)	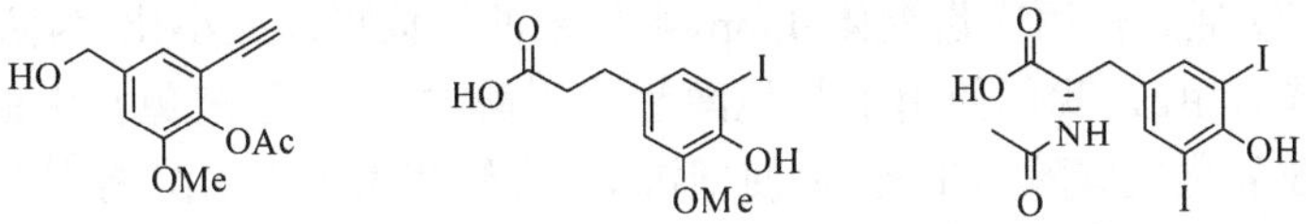 1 2 3 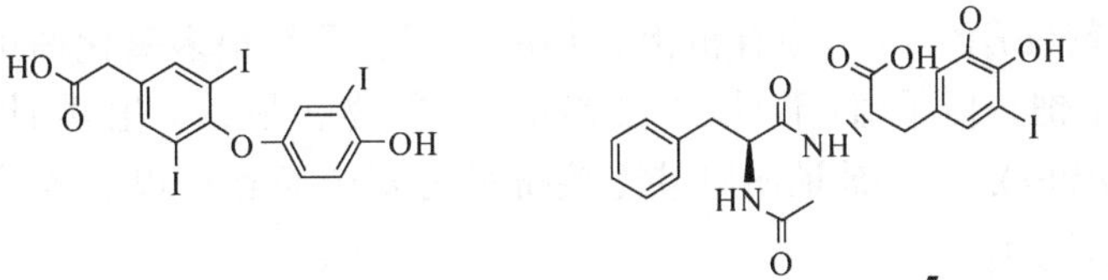 4 5
R_i^1X	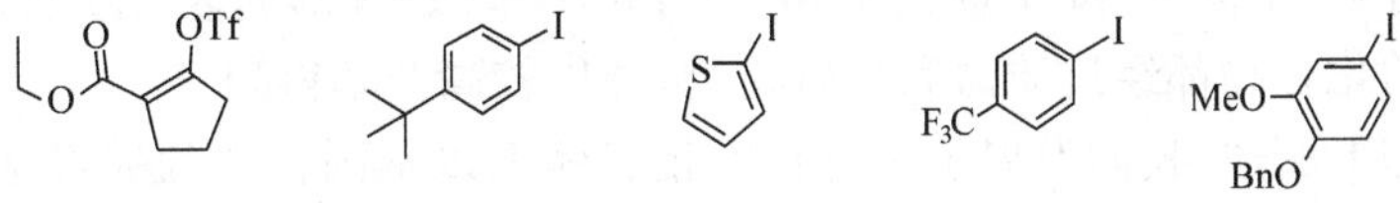 1 2 3 4 5
R_j^1	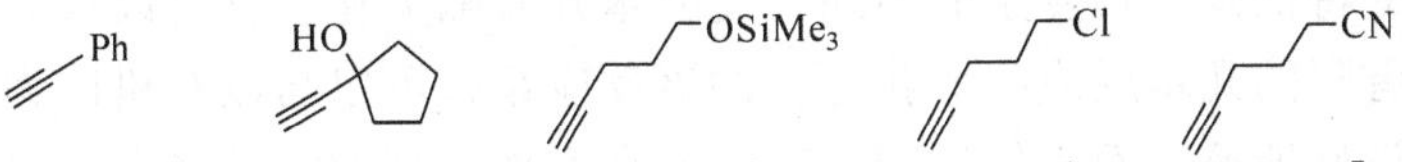 1 2 3 4 5
R_k^2OH	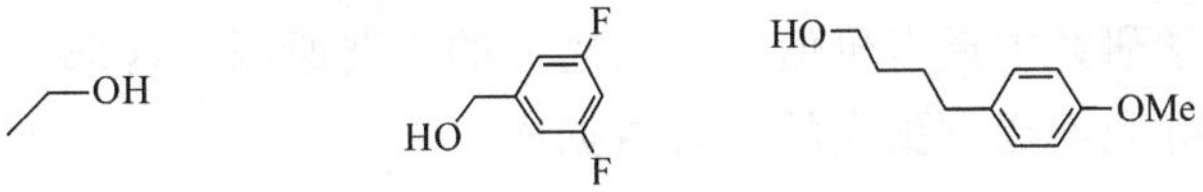 1 2 3

最后与经由图 2.9 中 B 得到的 5 种化合物混合在一起(共有 30 种不同的苯基乙炔类化合物),共同去除乙酸保护基后,再将它们均分到 3 个反应池中分别与 3 种不同的醇进行在二价钯催化下的羰基化串联反应,得到 6 组分别含有不同结构的组合库。

最初在固相载体上羰基化偶联反应令人失望,原因是:(1) 当以碳酸铯(Cs_2CO_3)为碱时,底物会直接环化而主要产生 2-取代的苯并呋喃类化合物;(2) 使用的钯催化剂很容易沉淀(产生黑色的珠子);(3) 在反应当中,大量的底物会从珠子上裂解下来;(4)反应产率下降,反应时间大大延长(从液相反应的 30min 到固相合成的 3d)。

因而,我们提出了一个新的系统方案以解决以上反应中硅连接桥的使用和大直径树脂出现等问题：

(1) 为了防止碳酸铯(Cs_2CO_3)促进的直接环化，我们筛选了大量的无机或有机碱，发现乙酸铯(CsOAc)是最佳条件，它有较适中的碱性而且不会过于促进直接环化；

(2) 通过使用二齿配体 dppp，零价钯的沉淀可以最小化；为防止甲醇被氧化成甲醛或者甲酸，我们使用了其他醇替代甲醇[35]。为了避免在水的存在下，一氧化碳会被氧化成碳酸衍生物，致使钯沉淀，我们使用了无水溶剂[36]。

(3) 我们分析邻羟基芳基乙炔类化合物之所以能从树脂珠上裂解下来，是由于氧化剂($Br_3C^+Br^-$)为有机卤化剂的原因。虽然很多氧化剂可以将零价钯转换成二价钯，但它们不能给出需要的产物。最终，化学计量比为 1∶1 的 $PdCl_2(PPh_3)_2$-dppp被证明对硅连接桥最为安全而且可以有效地提高树脂上的羰基化偶联反应。

采取以上改进的措施，我们合成了 6 组分别含有 90 个 2,3-二取代苯并呋喃类化合物(不同 R^1 和 R^2 取代基)的组合化学库(如图 2.9，表 2.1 所示)。所有组合库中的化合物都经过质谱和核磁检测，并以较高产率得到。

综上所述，我们发展了一种在固相载体上以不同种类的邻羟基芳基乙炔类化合物为起始原料组合合成 2,3-二取代苯并呋喃类化合物的新型、高效的方法。其显著的特征是：(1)复杂的不同种类的苯并呋喃类化合物可以很方便地通过钯催化经过有限的几步反应高效获得；(2)该反应系统可以与以有机硅为连接桥的大直径树脂很好地兼容而未使树脂破碎；(3)高产率和高效的转换率可以使从树脂上裂解下来的产物未经提纯便可以直接进行不同的生物筛选实验，这也是组合化学作为化学生物学研究中最有价值的工具之一的主要原因。这部分研究工作所提供的信息可以指导我们建立更大的组合数据库。

2.3.2 一种新型高效合成黄酮骨架类化合物的策略[37]

黄酮类化合物，也被称为 2-苯基对氧萘酮类化合物，是天然产物中常见的一类化合物，大约已经从天然植物中分离提取出来 4000 余种[39]。黄酮类化合物具有广泛的生物活性[38]，因而得到了仔细研究。发展化学生物学的目的之一是为了利用组合库中的小分子来进行创造性的生物学研究[12]。本节中我们更是致力于发展一种高效的组合合成黄酮类化合物库的方法。虽然组合合成黄酮类化合物已有报道，但是报道的方法不但需要较苛刻的反应条件，而且产率低，底物也有很大的限制[40]，这些缺点均不适用于固相合成。

近二十年来利用钯催化剂合成杂环化合物是一个非常活跃的领域[41]。最近，以钯为催化剂来催化邻碘代苯酚和苯乙炔的羰基化反应，从而合成黄酮类化合物骨架的研究非常有吸引力[42]。这个反应会产生一个含有六元环的黄酮和含有五元环的噢鳈混合物(如图 2.10 所示)。

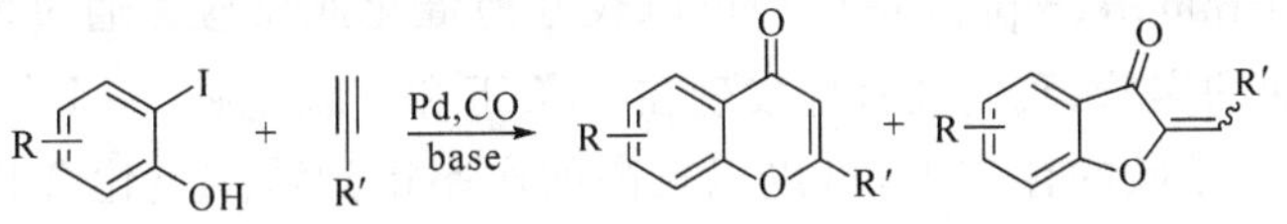

图 2.10　钯催化的邻碘代苯酚和苯乙炔的羰基化环化反应

一般认为此反应经历了如下的反应机理(如图 2.11 所示)[43, 44]。

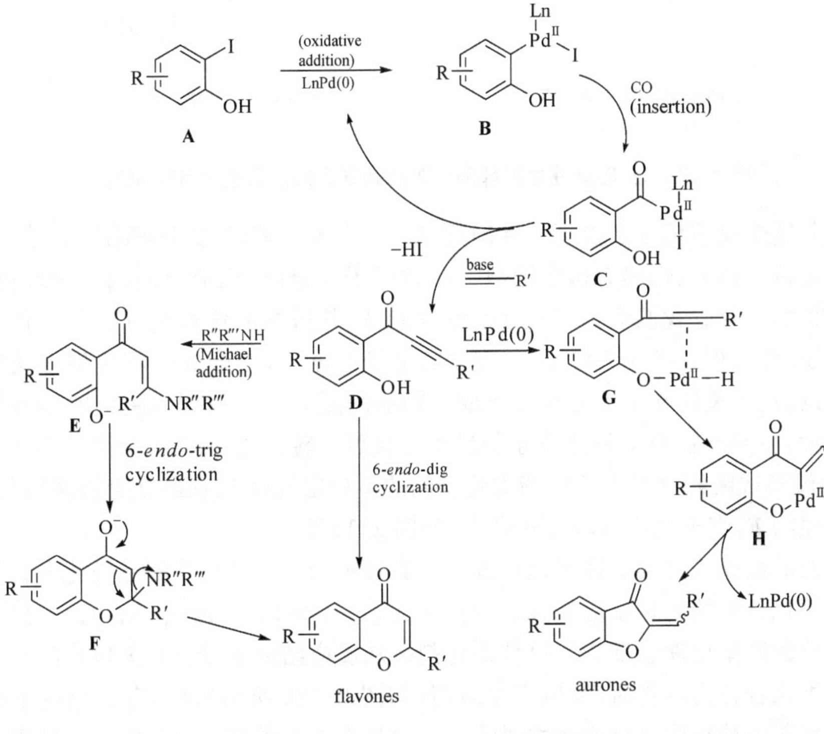

图 2.11　钯催化的邻碘代苯酚和苯乙炔的羰基化环化反应机理

Torii 和 Kalinin 等人发现使用过量的二乙胺可以较好地解决区域选择性问题,但是反应温度需要 120℃[42c]。Brueggemeier 等人发展了另外一种合成黄酮类化合物的方法,虽然这种方法可以很好地解决区域选择性问题,但是需要更多的反应步骤[43]。我们需要一种温和、简便的方法应用于在固相上组合合成黄酮类化合物库。为此,重新仔细研究了反应机理。

钯作为催化剂的优越性在于它可以和很多种不同的配体结合。与单一的钯催化剂比较起来,钯-硫脲是一个较好的催化羰基化反应的催化剂[45]。我们已经证明钯-硫脲是一种在极温和的反应条件下高效合成 2,3-二取代苯并呋喃的催化剂[11]。那么这种组合催化剂是否对合成黄酮类化合物有效呢？经过实验证明 $PdCl_2(Ph_3P)_2$-thiourea-dppp(1∶1∶1)可以较好地催化此反应。通过四组不同的碘代苯酚与乙炔的实验，我们欣喜地发现在 40℃下和一氧化碳(一个气球的压力下)反应，并且在二乙胺的存在下，可以以较高的产率得到黄酮类化合物(如图 2.12a 所示)。

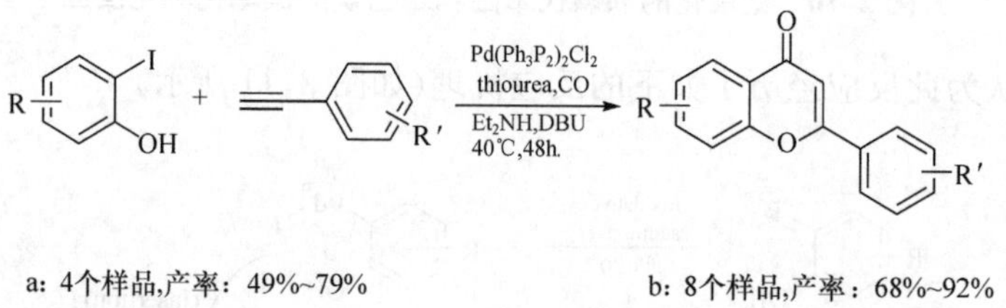

$Pd(Ph_3P_2)_2Cl_2$
thiourea,CO
Et_2NH,DBU
40℃,48h.

a: 4个样品,产率：49%~79%　　b: 8个样品,产率：68%~92%

图 2.12　钯-硫脲催化的邻碘代苯酚和苯乙炔的羰基化环化反应

但是这个反应仍存在以下一些问题：第一，发现了较多的噢鲽副产物；第二，反应虽然进行了两天，仍然有很多原料。在尝试了大量碱、反应溶剂、甚至提高反应温度时依然无效。我们尝试将羟基改变成酯基，其潜在的优点是：(1)酯基作为一个吸电子基团，可以减少底物 A 上芳环的电子密度，这样会促进零价钯催化的氧化加成反应，有关原料不能完全转化成产物的问题有可能得到解决；(2)羟基转换成酯基后，中间产物 D 通过迈克尔加成反应仅可以转换成 E，而不会产生中间底物 H，进而转换成噢鲽；(3)由于酚酯类化合物的不稳定性(E)，它最终会被胺取代，形成中间底物 F，直至生成黄酮类化合物(如图 2.13 所示)。

我们的假设经过实验证明是正确的。通过不同的邻碘代苯酚酯类化合物与芳基乙炔类化合物的大量反应实践，证明 $PdCl_2(Ph_3P)_2$-thiourea-dppp(1∶1∶1)的混合物是催化此羰基化偶联反应的最佳催化剂。从反应结果来看：(1)无取代的邻碘代苯酚酯类化合物为底物时，反应产率最高(如图 2.12b 所示)；(2)存在给电子基团的邻碘代苯酚酯类化合物产率相对略低；(3)具有缺电子基团或者富电子基团的邻碘代苯酚酯类化合物都能给出令人满意的结果。

综上所述，我们发展了一种从邻碘代苯酚酯类化合物与芳基乙炔类化合物出发高效合成黄酮类化合物的方法。在这个特殊的催化体系中，可以将几步反应(一个碳杂键和两个碳碳键的形成反应)有效地串联在一起，为在固相上高效组合合成此类化合物建立了一个新方法。

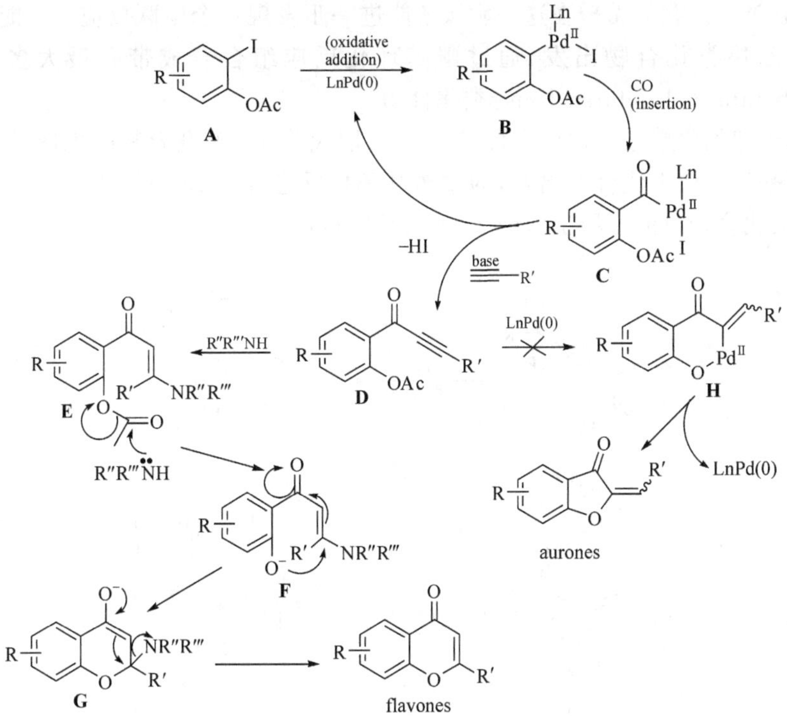

图 2.13　区域性形成黄酮类化合物的机理

2.3.3　一种新型高效合成 benzo[b]furo[3,4-d]furan-1-ones 的策略[46]

如前所述,由于化学生物学近期的发展[12],强烈需要发展高效的合成方法和策略来组合合成以天然产物为基础的小分子化合物化学库[47]。因此,发展一种实际有效的组合合成天然产物库的方法[48]不但必要而且意义深远。实现这一目标的最佳途径便是发展一种以最低消耗来产生目标化合物化学库的合成方法[49]。在实现这一目标的众多有效方法中,同步合成[50](在一个简单的操作中,多步反应同时发生)是最有效的。

Benzo[b]furo[3,4-d]furan-1-ones 类化合物是众多天然产物中具有的骨架之一[51],具有非常广泛的生物活性[52]。迄今为止虽然报道了一些合成此类化合物的方法[53],但是尚未见化学库的合成[47]。过渡金属催化的炔醇或者烯醇的羰基化串联反应为合成吡咯、呋喃、内酯以及其他有意义的分子骨架提供了一条方便、有效和快捷的途径,而且有意义的重大进展还不停出现在这一活跃领域当中[54]。

前面已经证实钯-硫脲是一种在非常温和的条件下从邻羟基苯乙炔类化合物出发,通过羰基环化反应合成 2,3-二取代苯并呋喃化合物的有效催化剂(如图

2.3 所示)[11]。我们希望在这一领域还能进一步发现一个串联反应——能够从邻羟基苯乙炔类化合物出发,通过羰基环化反应组合合成带有最大多样性的 benzo[b]furo[3,4-d]furan-1-ones类化合物。

基于钯催化羰基环化反应合成 2,3-二取代苯并呋喃化合物的机理,我们认为从邻羟基苯乙炔类化合物出发,通过羰基环化反应合成 benzo[b]furo[3,4-d]furan-1-ones类化合物可能经历了如图 2.14 的反应机理。

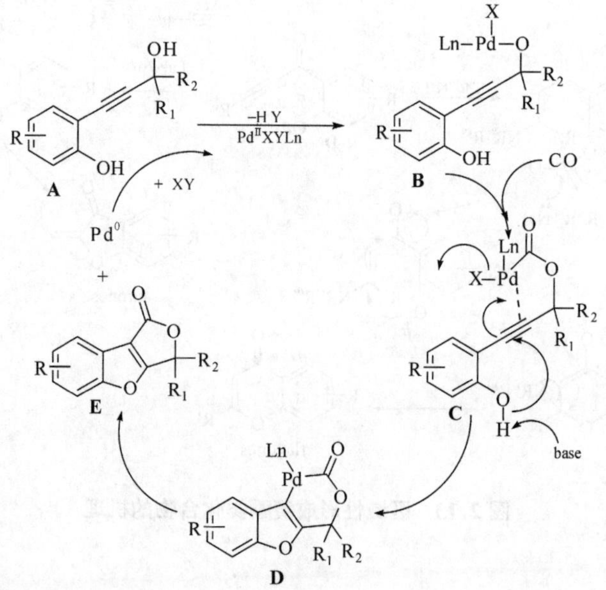

图 2.14 钯催化的邻羟基苯乙炔类化合物羰基环化反应的可能机理

实验证明,邻羟基苯乙炔类化合物在钯-硫脲和四溴化碳的存在下,在乙腈溶剂中(类似于先前的反应条件),以 17% 的产率得到了预料中的产物(如图 2.15 所示)。

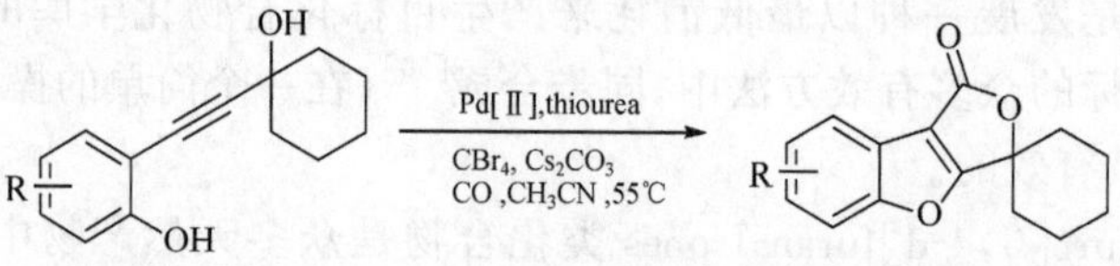

图 2.15 合成 benzo[b]furo[3,4-d]furan-1-ones 类化合物

优化反应条件时我们尝试了不同的催化剂、溶剂和碱,发现 $Cl_2Pd(PPh_3)_2$[二氯二(三苯基磷)钯]-dppp 最为有效,而乙腈作为溶剂时效果最好,醋酸铯比碳酸铯的效果更佳。将这些反应条件综合起来,在化学计量比为 1:1 的 $Cl_2Pd(PPh_3)_2$-dppp 的催化条件下,图 2.15 所示的反应可以在 55℃,CO(一个气球的大气压)下,

以 67%产率得到所需要的产物。为了进一步检验此优化反应条件的普遍性，我们通过 Sonogashira[7a]偶联反应合成了大量的邻羟基苯乙炔类化合物用来进行串联反应。为了检验在组合合成上的应用前景，我们选择合成的化合物中取代基不仅结构较复杂和立体位阻较大，而且取代基中绝大部分侧链都可以用 TBS 保护。如期预料，所有选择合成的化合物在此反应条件下都给出了较满意的产率。反应可以在 12h 内，55℃下完成。由于我们计划合成的化学库都是基于硅连接桥的组合合成，并进而实现高通量生物筛选，TBS 保护基团在此反应条件下稳定性非常重要。

从反应结果看：(1)五元环取代基的环化效果比六元环取代基的效果更好；(2)与三级炔丙醇底物比较起来，二级炔丙醇底物以较低产率给出环化产物。这也许是因为二级醇有可能会被氧化成酮的原因。

我们认为有两种可能的竞争路线同时并存，致使一些化合物的产率较低。比如，中间产物 C 即可以通过分子内的亲核加成产生 D，也可以通过炔丙醇上的氢去质子化而产生酮(如图 2.16 所示)。

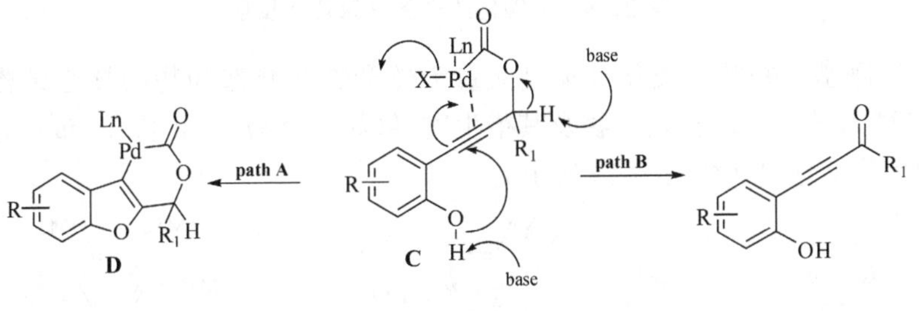

图 2.16　二级炔丙醇的氧化

为了证明这一假设，我们选择了两种炔丙醇在同一反应条件下进行环化反应(如图 2.17 所示)。这两种易氧化的烯丙醇都生成了不能辨别的反应混合物，也许是由于这两种底物所产生的醛或酮极易氧化的原因。

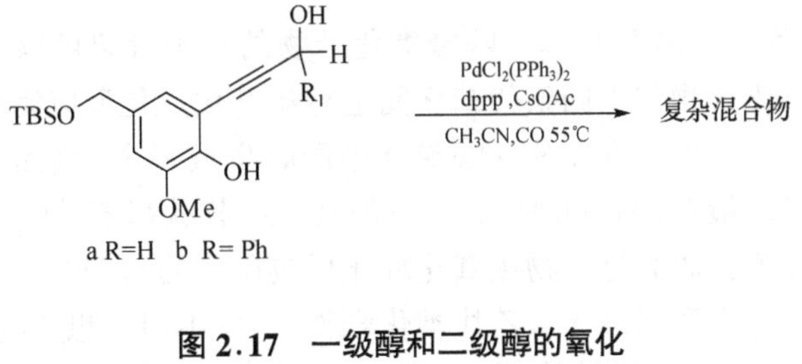

图 2.17　一级醇和二级醇的氧化

综上所述，我们发展了一种能够从邻羟基苯乙炔类化合物出发，通过羰基环化反应组合合成带有最大多样性 benzo[b]furo[3,4-d]furan-1-ones 类化合物的有效策略。由于反应过程中的条件温和，产率高，因而可以成为一种合成多样性 benzo[b]furo[3,4-d]furan-1-ones类化合物的普遍策略。

2.3.4 一种新型高效合成 2-取代-3-芳酰基苯并呋喃类化合物的策略[55]

建立通过一步简单的反应操作便可以得到多环骨架的合成策略自始至终是一个非常活跃的研究内容，特别是对组合化学而言更为重要[56]。利用钯催化的邻羟基苯乙炔类化合物经过羰基化环化反应而合成苯并呋喃类化合物骨架的研究表明，该法可成为连续环化合成分子骨架的有用工具[20]（如图 2.18 所示）。

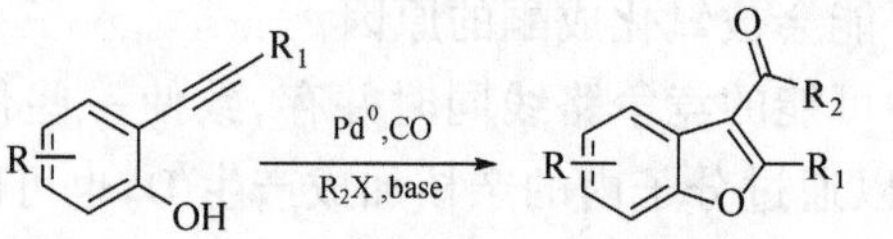

图 2.18 钯催化的羰基化杂环化反应

3-芳酰基苯并呋喃类化合物是大量天然产物和候选药物的核心结构[57]，许多 3-芳酰基苯并呋喃类化合物及其衍生物，例如化合物Ⅰ、Ⅱ和Ⅲ，都显示了不同寻常的生物活性[58]（如图 2.19 所示）。

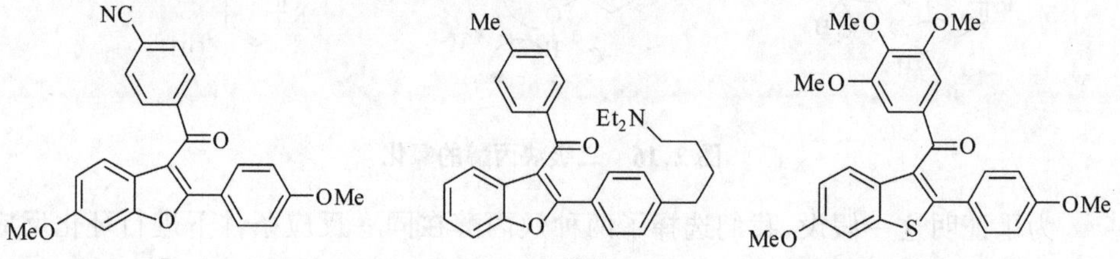

图 2.19 生物活性分子

建立 2-取代-3-芳酰基苯并呋喃类化合物的分子骨架可以直接通过钯催化邻羟基苯乙炔类化合物与不同碘代苯之间进行羰基化环化反应完成。该方法之所以吸引人是因为它可以允许在苯并呋喃环中同时生成一个碳杂键和在碳-3 位置生成两个碳碳键。最近，Arcadi 报道了 2-取代-3-芳酰基苯并呋喃类化合物通过钯催化的邻羟基苯乙炔类化合物羰基化环化反应制得的示例[59]。但是，从乙炔基三氟甲磺酰类化合物和邻羟基苯乙炔类化合物出发，不但设想产物 **b1** 的反应产率只有 20%～60%，而且还有其他环化产物 **b2**。另外当乙炔基三氟甲磺酰类化合物换成碘代芳香基类化合物时，只有酯 **b3** 这种单一产物产生（如图 2.20 所示）。由于我们的兴趣是建立呋喃化学库，因而我们需要为组合合成呋喃化学库发展出新的、高效产生苯并呋喃环方法。

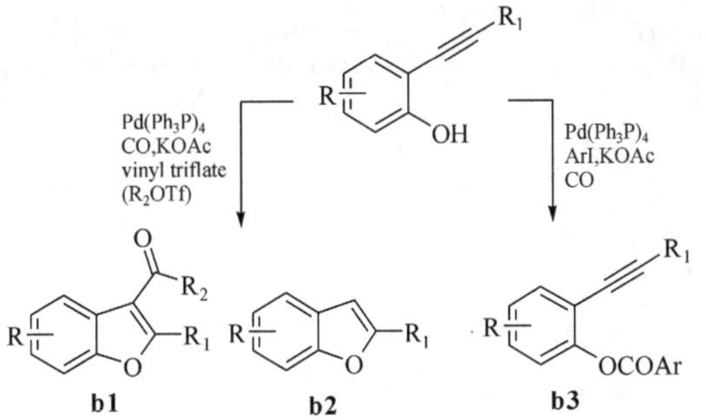

图 2.20　钯催化的邻羟基苯乙炔类化合物羰基化环化反应

我们首先选择了一种邻-羟基苯乙炔类化合物作为底物,来考察羰基化环化反应的结果。另外五种可以购得的碘代芳香基类化合物被选作亲核试剂来产生相应的芳酰基钯络合物 B(如图 2.22 所示)。我们惊奇地发现邻羟基苯乙炔类化合物以很高产率被转换成相应的酚酯,并且有少量的直接环化产物,即使痕量的 3-芳酰基苯并呋喃类化合物都没有检测到(如图 2.21 所示)。此时,我们将注意力集中在考察决定反应的内部因素上,即控制反应朝哪个方向进行的关键因素。

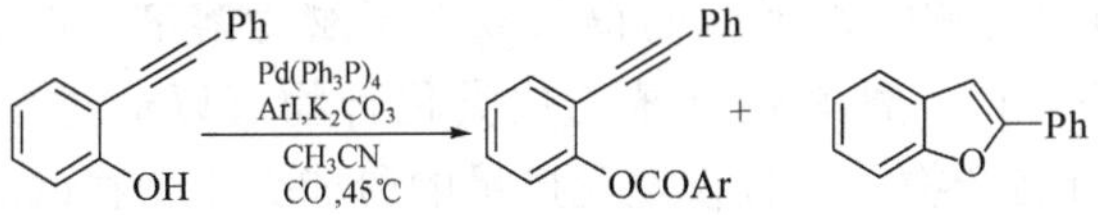

图 2.21　邻羟基苯乙炔类化合物酯化反应

从机理上看,利用芳酰基钯络合物 B 催化的邻羟基苯乙炔类化合物的羰基化环化反应而产生预期产物 3-芳酰基苯并呋喃类化合物时,经过了如图 2.22 所示的若干步骤[60]:邻羟基苯乙炔类化合物的羰基化环化反应通过途径 **A** 到 **E** 产生所需要的环化产物;也可以通过途径 **A** 到 **F** 产生直接环化产物;还可以通过途径 **A** 到 **G** 产生酚酯类化合物。由于需要的产物是 2,3-二取代苯并呋喃,我们必须以分子内的乙炔类化合物为底物。而芳酰基钯络合物 **B** 既要具有阳离子性,而且还要立体位阻小才能更好地与邻羟基苯乙炔类化合物进行配位。

最近的研究显示阳离子钯物种对烯或炔具有极高的反应性,可以很好地促进羰基化反应。而这样的阳离子钯物种可以很容易地通过银的硼酸盐、高氯酸盐和金属钯卤化物在四磷配体或者二胺(二亚胺)螯和配体的存在下生成[61]。提示我们这种络合物可以很好地与分子内乙炔配位,新产生的阳离子钯乙炔物种可以高效地促进邻羟基苯乙炔类化合物的羰基化环化反应。

在羰基化环化反应条件下,我们筛选了许多不同种的钯催化剂与等量的硼酸

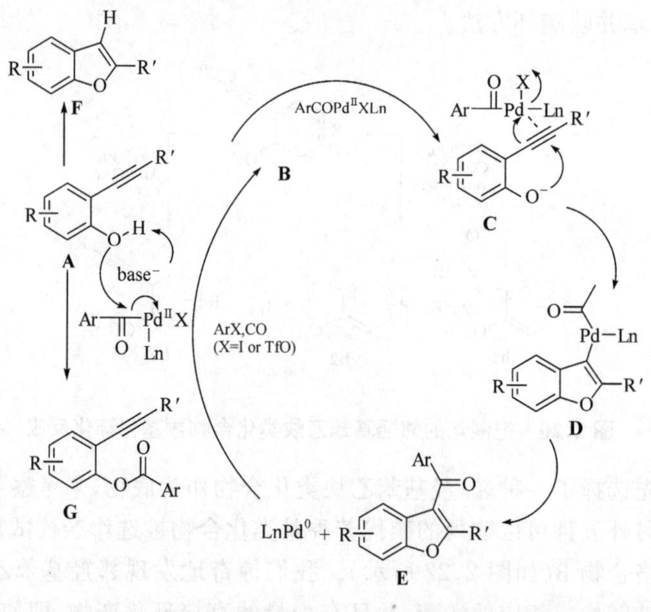

图 2.22 芳酰基钯络合物 B 催化的邻羟基苯乙炔类化合物羰基化环化反应机理

银反应产生所得到的阳离子钯物种，发现当在5%催化量的阳离子钯物种存在下[由四(三苯基磷)钯与硼酸银反应制得]，以二丁醚为溶剂，在 CO(一个气球的压力)存在下，于 50℃时，一种邻羟基苯乙炔类化合物可以通过羰基化环化反应以30%的产率得到所需产物。而且仅发现痕量的酚酯类化合物(如图 2.23 所示)。

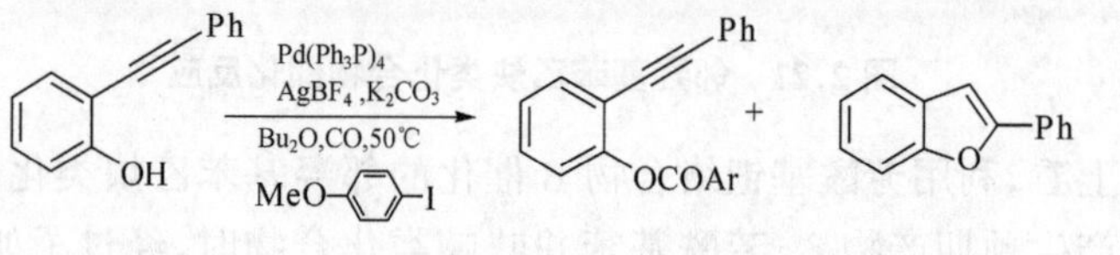

图 2.23 2-取代-3-芳酰基苯并呋喃类化合物的合成

芳酰基钯络合物 B 的产生机理如图 2.24 所示。

受到以上结果的鼓舞，我们开始实验立体位阻更小的催化剂。发现当用 $Pd_2(dba)_3$/bpy(5mol%)来催化邻羟基苯乙炔类化合物的羰基化环化反应时，可以以 40%的产率得到所需化合物，但是还有 27%产率的酚酯类化合物。

接下来，我们将注意力放在检测反应底物上。从以前合成其他苯并呋喃化合物的反应结果来看，取代的邻羟基苯乙炔类化合物比不取代的邻羟基苯乙炔类化合物结果更好，因而我们就决定使用带有取代基的邻羟基苯乙炔类化合物来优化反应条件，筛选了羰基化时不同的钯催化剂、碱以及溶剂条件。令人兴奋的是在一个简单 4-碘代苯甲醚、四(三苯基磷)钯、碳酸钾组合，以及以乙腈为溶剂时，在一

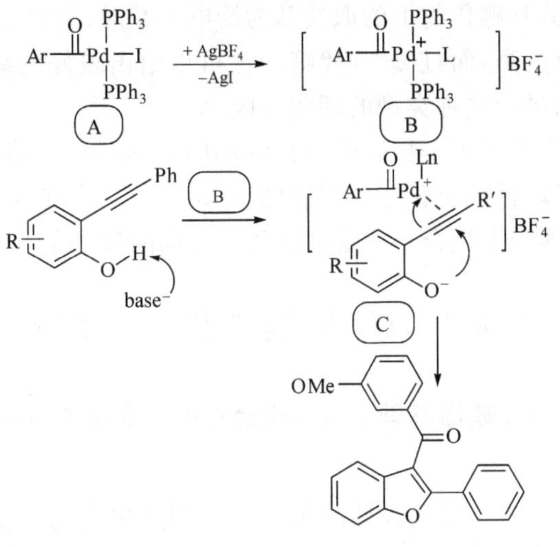

图 2.24　阳离子钯物种催化的邻羟基苯乙炔类化合物羰基化环化反应机理

个气球的CO的压力存在下，于 45℃便可以以 86%的产率得到所需产物(如图 2.25 所示)。为了检测此反应条件的普遍性，我们又合成了其他 3 种带有不同取代基的底物进行实验，发现结果也同样令人满意。

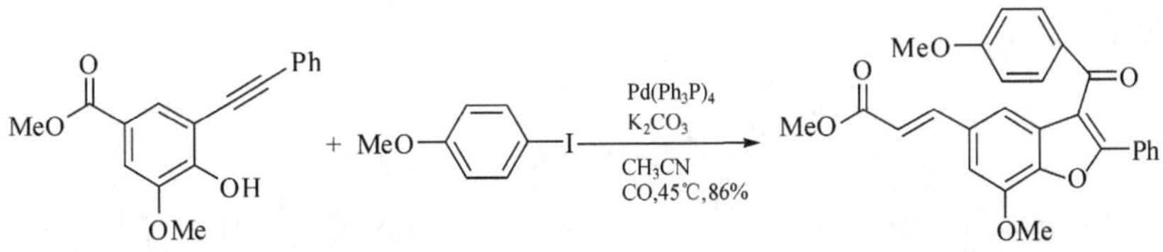

图 2.25　取代的 2-取代-3-芳酰基苯并呋喃类化合物的合成

检测当芳基碘化物上带有不同取代基时，在相同条件下对该反应的影响情况，结果列于图 2.26。

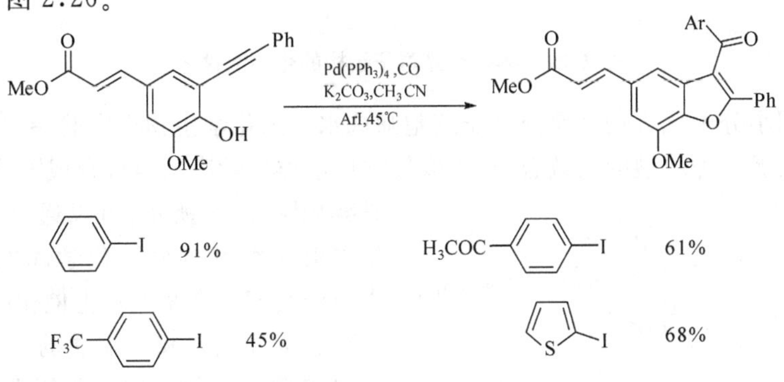

图 2.26　催化的邻羟基苯乙炔类化合物与不同取代的芳基碘化物的羰基化环化反应

可以发现，当芳基碘化物上的取代基为给电子基时，所得到产物的产率比取代基为吸电子基团时的高；而且 2-碘代噻吩也可以给出较好的结果，这预示着其他杂环碘代物也可以进行这种类型的环化反应。

综上所述，我们发展了一种高效且在温和的反应条件下将不同邻羟基苯乙炔类化合物通过羰基环化反应转化成相应的 2-取代-3-芳酰基苯并呋喃类化合物的合成策略，为在固相上组合合成这种类型化合物的提供了一个新方法。

2.3.5　新型高效合成 4-取代香豆素类化合物的策略

2.3.5.1　从 4-对甲苯磺酰基香豆素类化合物出发合成 4-取代香豆素类化合物[62]

香豆素是一类非常重要的天然的苯并吡喃酮类化合物，它经常出现在非常复杂的天然分子的结构中[63]。这些分子一般具有非常广泛的天然活性[64]。例如，新生霉素(novobiocin)是一种香豆素衍生物，可以作为一种竞争性的抑制剂来阻止细菌的 ATP 与旋转酶 B 结合，从而阻止松弛的 DNA 负的超螺旋化作用。蟛蜞菊内酯也是一种天然产物，可以用作毒蛇咬伤时的解毒剂。由于香豆素经常发生三线态激发，因而也可以被广泛地用作闪烁的激光染料或者其他摄影用途(如图 2.27 所示)[65]。

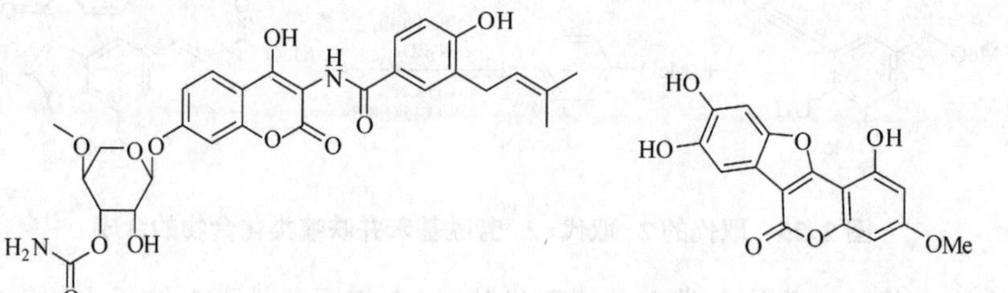

新生霉素　　　　蟛蜞菊内酯

图 2.27　具有香豆素子结构的生物活性分子

使用小分子化合物来研究基于细胞筛选水平的化学生物学实验中[12]，我们非常需要发展一种新型的高效合成 4-取代香豆素类化学库的组合合成方法，其模型骨架如图 2.28 所示，可以通过三个可变位置引入香豆素分子化学库的多样性。本节中我们将介绍通过钯催化的 4-对甲苯磺酰基香豆素和末端炔的反应而产生 4-炔基香豆素化合物的最新进展。据我

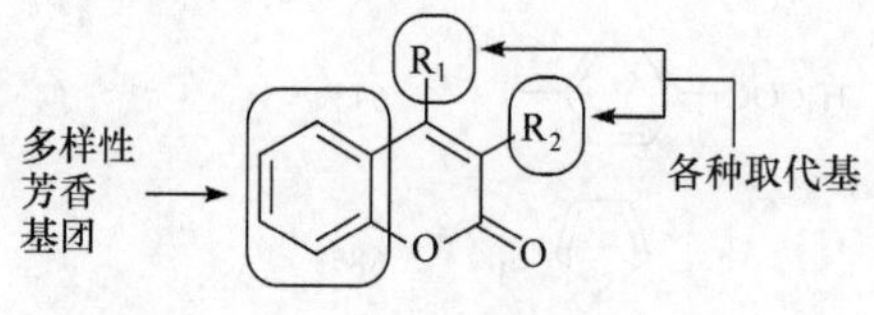

图 2.28　香豆素结构的差异性

们所知，这是在 Sonogashira 反应条件下的第一例芳基磺酰化物与末端炔的偶联。

考虑到构建单元炔类化合物的潜在多样性，我们希望在香豆素的 C－4 位置尽可能地引入不同的炔基团(如图 2.29 所示)。这些共轭的烯炔在建立更复杂的分子时可以被用作合成前体[66]。既然大量的末端炔可以方便购得或者合成，因而建立一个大型的香豆素化学库是可行的。

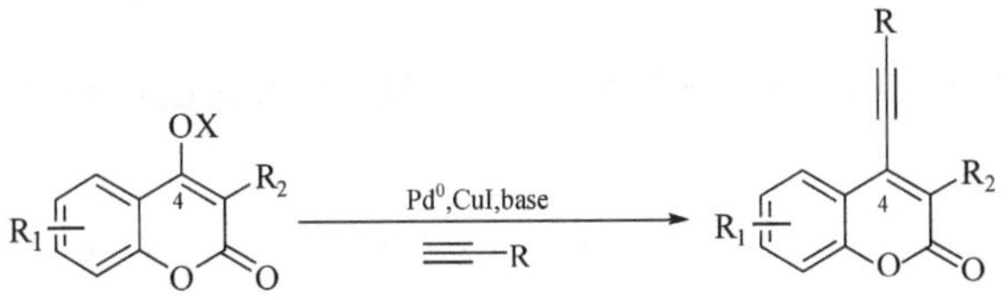

Pd^0,CuI,base

图 2.29　合成 4－炔基香豆素

前面提到过，Sonogashira 反应[7][在零价钯或者一价铜催化的末端烯和芳基(烯基)卤代物或者三氟甲磺酰类化合物的偶联反应]是碳碳键形成的有效工具。但是，由于烯基三氟甲磺酰类化合物的不稳定性，限制了它们在 Sonogashira 反应上应用[67]。

由于和三氟甲磺酰类化合物比较起来具有较弱的吸电子效应，我们将注意力集中在更稳定的底物——烯基磷酸酯上。根据文献制备了烯基二苯基磷酸酯和烯基二乙基磷酸酯[68]，但是遗憾地发现这些酯与末端炔在 Sonogashira 反应条件下的交叉偶联反应时，要么不发生反应，要么反应产物太复杂。

在过去的十年中，由于使用对甲苯磺酰基试剂非常便宜，而且也非常容易从苯酚或者烯醇类化合物制得，因而发表的文章越来越多集中在过渡金属催化的芳基或者烯基磺酰基与有机锡试剂、硼试剂、锌试剂、格氏试剂和磺基肟试剂的交叉偶联反应上[69]。但是，迄今为止尚没有任何有关钯催化的芳基或者烯基磺酰化合物与末端炔在 Sonogashira 反应条件下的交叉偶联反应。

受到最近对甲苯磺酰基类衍生物与有机锡试剂在 Still 反应条件下的碳碳键形成结果的启发，我们需要了解是否能够用烯基对甲苯磺酰基类化合物作为亲电试剂。根据文献制得的一种 4－对甲苯磺酰基香豆素类化合物，我们发现它能够在二异丙基乙胺的存在下，以乙腈为溶剂，以催化计量的二氯二(三苯基磷)钯和碘化亚铜可以很好地与多种末端炔反应生成一系列的乙炔类化合物(如图 2.30 所示)。

为了确保该反应能够组合合成香豆素化合物库，我们检验了此反应的适用范围。观察了不同取代的 4－对甲苯磺酰基香豆素类化合物与 1－庚炔在 Sonogashira 反应条件下进行的交叉偶联反应，发现均可以得到较好的结果(如图 2.31 所示)。

另外，由于有机锌试剂容易购得或易制备，而且适合于很多官能团，例如酯或者内酯类化合物[70]，我们猜想是否4-对甲苯磺酰基香豆素类化合物与有机锌试剂

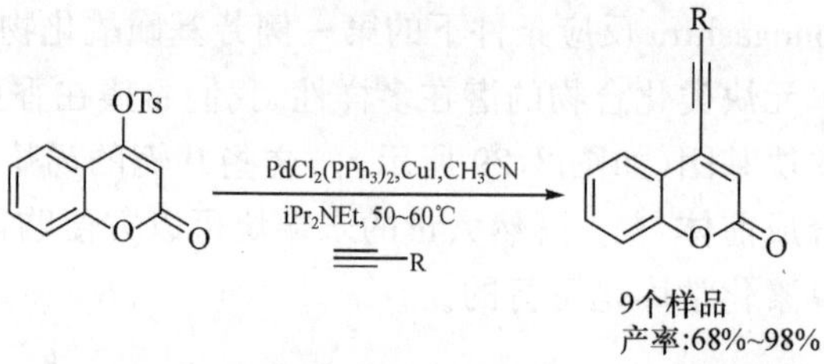

OTs / R / $PdCl_2(PPh_3)_2$,CuI,CH_3CN / iPr_2NEt, 50~60℃ / R / O / O

9个样品
产率:68%~98%

图 2.30 钯催化的 4-对甲苯磺酰基香豆素类化合物与末端炔的交叉偶联反应

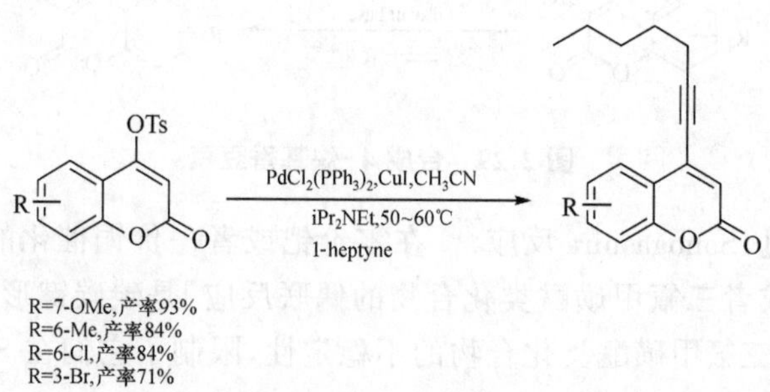

OTs / R / $PdCl_2(PPh_3)_2$,CuI,CH_3CN / iPr_2NEt,50~60℃ / 1-heptyne / O / O

R=7-OMe,产率93%
R=6-Me,产率84%
R=6-Cl,产率84%
R=3-Br,产率71%

图 2.31 钯催化的不同种类的 4-对甲苯磺酰基香豆素类化合物
与 1-庚炔的交叉偶联反应

也可以在较温和反应条件下进行交叉偶联反应?实验结果显示,4-对甲苯磺酰基香豆素类化合物与有机锌试剂在如下反应条件下可以较好地进行交叉偶联反应,以良好的产率得到相应的产物(如图 2.32 所示)。

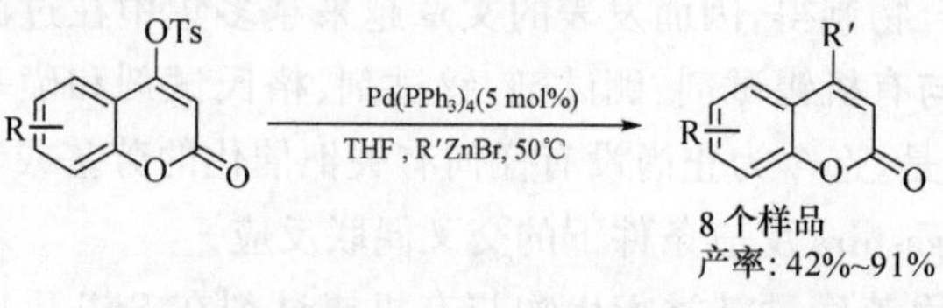

OTs / R / $Pd(PPh_3)_4$(5 mol%) / THF , R′ZnBr, 50℃ / R′ / O / O

8 个样品
产率: 42%~91%

图 2.32 催化的 4-对甲苯磺酰基香豆素类化合物与有机锌试剂的交叉偶联反应

如上所述,4-对甲苯磺酰基香豆素类化合物与末端炔和有机锌试剂可以令人满意地进行交叉偶联反应。实验证明 4-对甲苯磺酰基香豆素类化合物是一种很好的钯催化交叉偶联反应试剂。和烯基三氟甲磺酰类化合物相比,对甲苯磺酰基类化合物在反应条件、稳定性、价格和易制备性上具有绝对的优势,可以更广泛地应用在固相化学库的合成上。

2.3.5.2　从烯基磷酸酯香豆素类化合物出发合成 4-取代香豆素类化合物的策略[71]

钯、镍催化的有机卤、对甲苯磺酰基化合物和有机金属试剂的交叉偶联反应已经有了诸多报道[72]。特别是有关镍催化的交叉偶联反应取得了显著的进展，例如有机锡与高价碘盐的交叉偶联反应[73]；芳基卤化物、烯基磷酸酯、烯基对甲苯磺酰基化合物和芳基甲磺酰基与芳基硼酸交叉偶联反应（Suzuki 反应类型）、有机锌试剂（Suzuki 反应类型）和格式试剂（Suzuki 反应类型）的交叉偶联反应[74]；以及多官能团的芳基锌试剂与一级芳基碘化物的交叉偶联反应等等[75]。

在上一节，我们描述了钯催化的 4-对甲苯磺酰基香豆素与炔类化合物或者有机锌试剂的交叉偶联反应，这些反应可以允许我们在非常温和的条件下以较高的产率得到 4-取代香豆素类化合物。我们也提及当从烯基磷酸酯香豆素类化合物出发时，在 Sonogashira 反应条件下反应无法进行，得不到所需的 4-取代香豆素类化合物。本节中我们将介绍如何在零价镍催化下，烯基磷酸酯香豆素类化合物与多种有机锌试剂反应生成不同取代的 4-芳基和烷基香豆素类化合物的方法。

虽然有关合成 4-取代香豆素类化合物的文献报道很多，但是这些方法同样不但需要苛刻的反应条件，而且反应产率低[76]，底物有很大的限制或者底物的制备有很大的困难，因而均不适用于直接进行固相合成化学库。

选择一种使用烯基（或者芳基）卤化物、对甲苯磺酰基类化合物和三氟甲磺酰基类化合物为亲电试剂的过渡金属催化的交叉偶联反应时，烯基或者烯酮乙缩醛磷酸酯也已经被用来与有机锡[77]、铝[78]、镁[79]、铜[80]、铟[81]试剂，格氏试剂[82]和芳基硼酸化合物[83]发生偶联反应。我们希望能够借助于用过渡金属催化烯基磷酸酯和有机金属试剂之间进行的交叉偶联反应，来产生 4-取代的香豆素类化合物。根据文献我们首先合成了第一个烯基磷酸酯类化合物（如图 2.33 所示）。

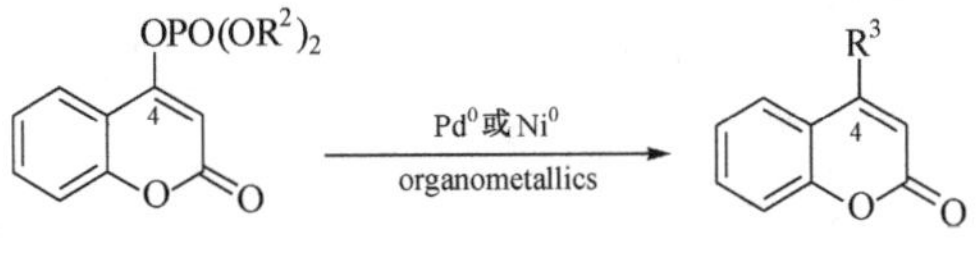

图 2.33　合成 4-取代的香豆素

出于合成化学库的目的，选择使用的金属有机试剂应该是易购得的或者易合成的有机锡、铝、镁、铜、铟试剂，格氏试剂和芳基硼酸化合物。由于在烯基磷酸酯类化合物中存在 α，β-不饱和酮阻止制成有机铜试剂或者格氏试剂，我们最终选择了有机锡、锌试剂和硼酸化合物作为底物进行研究。

经过了大量实验，发现有机锡试剂以及硼酸类化合物在钯和镍的催化下不能与烯基磷酸酯类化合物发生反应而生成 4-取代的香豆素类化合物。进而我们将注意力重点放在有机锌试剂与烯基磷酸酯类化合物的交叉偶联反应上。

实验中我们发现烯基磷酸酯类化合物与有机锌试剂在四(三苯基磷)钯的催化下,于四氢呋喃中、室温下便可以生成 4-取代的香豆素类化合物。虽然产率较低,但是我们进一步对反应条件进行了优化。发现在 $NiCl_2$(dppe)催化下,在苯溶液中可以以很高的产率得到所需化合物。通过一系列有机锌试剂底物的尝试,结果显示此反应有很好的适用性,结果列于表 2.2。

表 2.2 镍催化的 4-烯基磷酸酯香豆素类化合物与有机锌试剂的交叉偶联反应

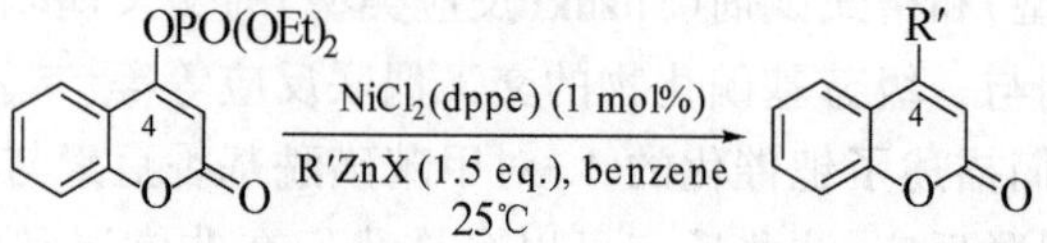

$OPO(OEt)_2$ 4 O O —— $NiCl_2$(dppe) (1 mol%) / R′ZnX (1.5 eq.), benzene / 25℃ ——→ R′ 4 O O

号码	锌试剂	时间	产率/%[1]
1	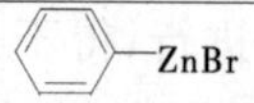 ZnBr	30min	82
2	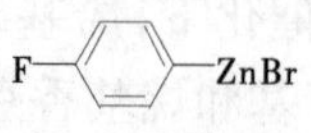 F ZnBr	1h	78
3	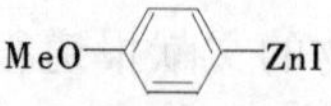 MeO ZnI	1h	86
4	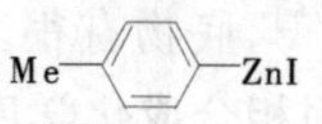 Me ZnI	1h	75
5	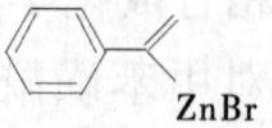 ZnBr	1h	84
6	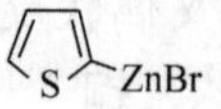 S ZnBr	30min	90
7	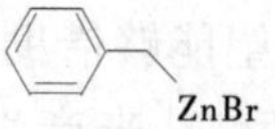 ZnBr	4h	56
8	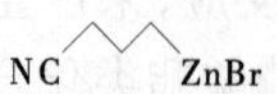 NC ZnBr	8h	58
9	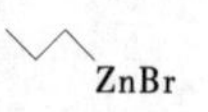 ZnBr	8h	64
10	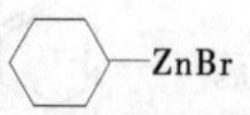 ZnBr	8h	32

1) isolated yields base on the phosphate and refer to a single run。

可以看出(表 2.2),前面 6 种底物在室温下便可以以较快的速度,较高的产率给出了所需产物,但是后 4 种底物的反应结果相对较慢。虽然我们试图加大有机锌试剂的用量,结果仍未见改变[84]。

此反应条件对于不同的 4-烯基磷酸酯香豆素类化合物,也能给出很好的结果(如图 2.34 所示)。

综上所述,我们发现镍催化的 4-烯基磷酸酯香豆素类化合物和有机锌试剂在室温下可以很好地进行反应,值得一提的是一些苯基锌和烷基锌试剂也可以在此

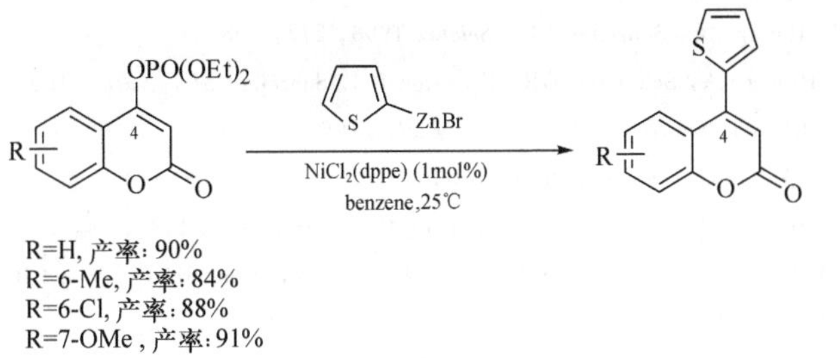
OPO(OEt)2
ZnBr
S
NiCl2(dppe) (1mol%)
benzene,25℃
R
4
O
R=H, 产率: 90%
R=6-Me, 产率: 84%
R=6-Cl, 产率: 88%
R=7-OMe , 产率: 91%

图 2.34 镍催化的不同的 4-烯基磷酸酯香豆素类化合物的交叉偶联反应

温和的反应条件下与4-烯基磷酸酯香豆素类化合物发生交叉偶联反应。由此看出4-烯基磷酸酯香豆素类化合物是一种非常稳定、易得的底物,它能够在镍催化下和大量的有机锌溴化物发生反应。这样可以方便地发展在固相上利用硅连接桥来组合合成香豆素的方法,特别是它能够保证大直径树脂珠不会发生碎裂。有关固相合成化学库的工作正在进行中。

2.4 总 结

组合化学能通过可靠的化学反应系统平行合成大量的有机分子,组成化合物样品库。人工首次合成的样品库是多肽库和寡聚核苷酸库,然而,由于多肽和寡聚核苷酸固有的缺陷,如相对分子质量大,生物利用度差等,使得这两类库在新药研发过程中受到了限制。目前,人们感兴趣的仍然是有机小分子化学库或类药库的合成。由于化学反应的特异性特点,有机小分子库的合成常常与具体的分子体系有关,每一个化学库的合成必须发展其特定的方法,并且所能合成的化学库均没有多肽库和寡聚核苷酸库大。但是,就筛选新药而言,化学库不在于大小,而在于质量。判断组合库质量好坏的一个重要指标是分子多样性,这样才能够提高发现新药先导化合物的成功率。在我们小组所发展的多样性导向的合成方法中,由一类简单易得的底物出发,可以大量合成不同结构和分子骨架的类天然产物,这在组合化学中具有较大的优越性,为我们进一步合成高质量化学库奠定了基础。

参 考 文 献

[1] (a) Schreiber SL, *Bio. Med. Chem*.1998, 6: 1127

(b) Hassig CA, Schreiber SL, *Curr. Opinion in Chem. Biol*. 1997, 1: 300

(c) Hung DT, Nerrenberg JB, Schreiber SL, *J. Am. Chem. Soc*. 1996, 118: 11054

(d) Fenteany G, Schreiber SL, *Chem. & Biol*. 1996, 3: 905

(e) Brown EJ, Schreiber SL, *Cell* 1996, 86: 517

(f) Taunton J, Hassig CA, Schreiber SL, *Science* 1996, 272: 408

(g) Tong JK, Hassig CA, Schnitzler GR, Kingston RE, Schreiber SL, *Nature* 1998, 395: 917

(h) Hung DT, Chen J, Schreiber SL, *Chem. Biol.* 1996, 3: 287

[2] Kobori M, Yang Z, Yuan J-Y Unpublished result

[3] Chang JY, Huang CS, Meng XF, Dong ZG, Yang CS, *Cancer Res.* 1999, 59: 4610

[4] Yang Z, Hon PM, Chui KY, Chang HM, Lee CM, Cui YX, Wong HNC, Poon CD, Fung BM, *Tetrahedron Lett.* 1991, 32: 2061

[5] Felder CC, Joyce KE, Briley EM, *J. Pharmacol, Exp. Ther.* 1998, 284: 291

[6] Cai QY, Than TO, Zhang RW, *Cancer Lett.* 1997, 119: 99～107

[7] (a) Sonogashira K, Tohda Y, Hagihara N, *Tetrahedron Lett.* 1975, 4467

(b) Sonogashira K, *In Comprehesive Organic Synthesis*, Trost, B. M.; Fleming, L., Eds., Pergamon Press: New York, 1991, Vol. 3, chapter 2.4

[8] Torii S, Okumoto H, Xu LH, Sadakane M, Shostakovsky S, Ponomaryov AB, Kalinin VN, *Tetrahedron*, 1993, 49: 6773

[9] (a) An ZW, Catellani M, Chiusoli GP J, *Organomet. Chem.* 1989, C51: 371

(b) Tabakovic, I.; Grujic, Z.; Bejtovic, Z. J. *Heterocycli Chem.* 1983, 20: 635

(c) Pandy, G. Muralikrishna, C.; Bhalerao, U. T. *Tetrahedron*, 1989, 45: 6867

[10] Tan DS, Foley MA, Stockwell BR, Shair MD, Schreiber SL, *J. Am. Chem. Soc.* 1999, 121: 9073

[11] Nan Y, Miao H, Yang Z, *Org. Lett.* 2000, 2: 297

[12] (a) Stockwell BR, Haggarty SJ, Schreiber SL, *Chem. Biol.* 1999, 6: 71

(b) Mayer TU, Kapoor TM, Haggarty SJ, King RW, Schreiber SL, Mitchison TJ, *Scinece* 1999, 286: 971

[13] (a) Cagniant P, Carniant D, *Adv. Hetercycl. Chem.* 1975, 18: 337

(b) Donnelly DMX, Meegan MJ, In *Comprehensive Heterocyclic Chemistry*; Katritzky, A. R., Rees, C. W., Eds.; Pergamon Press: Oxford, 1984; Vol. 4; pp 657

[14] (a) Felder CC, Joyce KE, Briley EM, et al. *J. Pharmacol. Exp. Ther.* 1998, 284: 291

(b) Yang Z, Hon PM, Chui KY, Chang HM, Lee CM, Cui YX, Wong HNC, Poon CD, Fung BM, *Tetrahedron Lett.* 1991, 32: 2061

(c) Carter GA, Chamberlain K, Wain RL, *Ann. Appl. Biol.* 1978, 88: 57

(d) Ingham JL, Dewick PM, *Phytochemistry* 1978, 17: 535

(e) Takasugi M, Nagao S, Masamune T, *Tetrahedron Lett.* 1979, 4675

(f) Davies W, Middleton S, *Chem. Ind.* (*London*) 1957, 599

[15] (a)Yang Z, Liu HB, Lee CM, Chang HM, Wong HNC, *J. Org. Chem.* 1992, 57: 7248, and references therein

(b) Larock RC, Stinn DE, *Tetrahedron Lett.* 1988, 29: 4687

(c) Iwasaki M, Kobayashi Y, Li J-P, Matsuzaka H, Ishii Y, Hidai M *J. Org. Chem.* 1991, 56: 1922

(d) Kondo Y, Sakamoto T, Yamanaka H, *Heterocycles* 1989, 29: 1013

(e) Kundu NG, Pal M, Mahanty JS, Dasgupta SK, *J. Chem. Soc., Chem. Commun.* 1992, 41

[16] Larock RC, Berrios-Pena NG, Narayanan K, *J. Org. Chem.* 1991, 56: 2615

[17] (a) Larock RC, Berrios-Pena NG, Narayanan K, *J. Org. Chem.* 1990, 55: 3447

(b) Larock RC, Fried CA, *J. Am. Chem. Soc.* 1990, 112: 5882

(c) O'Connor JM, Stallman BJ, Clark WG, Shu AYL, Spada RE, Stevenson TM, Dieck HA, *J. Org. Chem.* 1983, 48: 807

(d) Larock RC, Guo L, *Synlett* 1995, 465

[18] Larock RC, Berrios-Pena NG, Fried CA, Yum EK, Tu C, Leong W, *J. Org. Chem.* 1993, 58: 4509

[19] Larock RC, Yum EK, *Synlett* 1990, 529

[20] (a) Lütjens H, Scammells PJ, *Tetrahedron Lett.* 1998, 39: 6581

(b) Lütjens H, Scammells PJ, *Synlett* 1999, 7: 1079

(c) Kondo Y, Shiga F, Murata N, Sakamoto T, Yamanaka H, *Tetrahedron* 1994, 50: 11803

(d) Colquhoun HM, Thompson DJ, Twigg MV, *Carbonylation: Direct Synthesis of Carbonyl compounds*; Pleamum: New York, 1991

[21] Cort AD, *Synth. Commun.* 1990, 20: 757

[22] Choudary GB, Salerno G, Cosat M, Chiusoli GP, *J. Organomet. Chem.* 1995, 503: 21

[23] (a) Tamaru Y, Yamada Y, Yamamoto Y, Yoshida Z-I, Yoshida Z-I, *Tetrahedron Lett.* 1979, 16: 1401

(b) Choudary BM, Prabhakar RN, Lakshmi KM, *Tetrahedron Lett.* 1985, 26: 6257

[24] Liao Y, Fathi R, Reitman M, Zhang Y, Yang Z, *Tetrahedron Lett.* 2001, 42: 1815

[25] Plunkett MJ, Ellman JA, *J. Org. Chem.* 1997, 62: 2885

[26] Tallarico JA, Depew KM, Westwood N, Pelish H, Athanasopoulos J, Lindsley C, King RW, Schreiber SL, Shair MD, Foley MA, unpublished results

[27] Lam KS, Salmon SE, Hersh EM, Hruby VJ, Kazmierski WM, Knapp RJ, *Nature*, 1991, 354: 82

[28] Furka A, Sebestyen F, Asgedom M, Dibo G, *Int. J. Pept. Protein. Res.* 1991, 37: 487

[29] (a) Huang S, Tour JM, *J. Am. Chem. Soc.* 1999, 121: 4908

(b) Khan SI, Grinstaff MW, *J. Am. Chem. Soc.* 1999, 121: 4704 and references cited therein

[30] (a) Haley MM, Pak JJ, Brand SC, *Top. Curr. Chem.* 1999, 201: 81 and references therein

(b) Höger S, Bonrad K, Karcher L, Meckenstock A-D *J. Org. Chem.* 2000, 65: 1588

[31] Liao Y, Reitman M, Fathi R, Zhang Y, Yang Z to be submitted

[32] (a) Nicolaou KC, Pfefferkorn JA, Roecker AJ, Cao G-Q, Barluenga S, Mitchell HJ, *J. Am. Chem. Soc.* 2000, 122: 9939

(b) Lee D, Sello JK, Schreiber SL, *Org. Lett.* 2000, 2: 709

[33] Sternson SM, Louca JB, Wong JC, Schreiber SL, *J. Am. Chem. Soc.* 2001, 123: 1740

[34] Nicolaou KC, Xiao X-Y, Parandoosh Z, Senyei A, Nova MP, *Angew. Chem. Int. Ed. Engl.* 1995, 34: 2289

[35] Choudary BM, Prabhakar RN, Lakshmi KM, *Tetrahedron Lett.* 1985, 26: 6257

[36] Fenton DM, Steinwand PJ, *J. Org. Chem.* 1974, 39: 701

[37] Miao H, Yang Z, *Org. Lett.* 2000, 2: 1765

[38] (a) Isogi Y, Komoda Y, Okamoto T, *Chem. Pharm. Bull.* 1970, 18: 1872

(b) Roux DG, *Phytochemistry* 1972, 11: 1219

(c) Thompson RS, Jacques D, Haslam E, Tanner RJN, *J. Chem. Soc., Perkin Trans. 1 1972*, 1387

(d) Fletcher AC, Porter LJ, Haslam E, Gupta RK, *J. Chem. Soc., Perkin Trans. 1 1977*, 1628

(e) Gamill RB, Day CE, Schurr PE, *J. Med. Chem.* 1983, 26: 1672

(f) Fourie TG, Suyckers FO, *J. Nat. Prod.* 1984, 47: 1057

(g) Yamashita A, *J. Am. Chem. Soc*. 1985, 107: 5823

(h) Gabor M, *Prog. Clin. Bio. Res*. 1986, 213: 471

(i) Kolodziej H, *Phytochemistry* 1986, 25: 1209

(j) Gerwick WH, Lopez A, Van Duyne GD, Clardy J, Ortiz W, Baez A, *Tetrahedron Lett*. 1986, 27: 1979

(k) Chrisey LA, Bonjar GHS, Hecht SM, *J. Am. Chem. Soc*. 1988, 110: 644

(l) Gerwick WH, *J. Nat. Prod*. 1989, 52: 252

(m) Fesen MR, Pommier Y, Leteurtre F, Hiroguchi S, Yung J, Kohn KW, *Biochem. Pharmacol*. 1994, 48: 595

(n) Akama T, Ueno K, Saito H, Kasai M, *Synthesis* 1997, 1446

(o) Artico M, Santo RD, Costi R, Novellino E, Greco G, Massa S, Tramontano E, Marongiu ME, Montis AD, Colla PL, *J. Med. Chem*. 1998, 41: 3949

(p) Ferté J, Kühnel J-M, Chapuis G, Rolland Y, Lewin G, Schwaller MA, *J. Med. Chem*. 1999, 42: 478

(q) Costantino L, Rastelli G, Gamberini MC, Vinson JA, Bose P, Iannone A, Staffieri M, Antolini L, Corso AD, Mura U, Albasini A, *J. Med. Chem*. 1999, 42: 1881

(r) Lewis K, Stermitz FR, Collins F, *Proc. Natl. Acad. Sci. U. S. A*. 2000, 97: 1433

[39] Harborne JB, Edt. *The Flavonoids, advances in research since* 1986; Chapman and Hall: London, 1993

[40] (a) Allan J, Robinson R, *J. Chem Soc*. 1926, 2335

(b) Robinson R, Venkataraman K, *J. Chem. Soc*. 1926, 2344

(c) Lynch HM, O'Toole TM, Wheeler TS, *J. Chem. Soc*. 1952, 2063

(d) Ollis WD, Weight D, *J. Chem. Soc*. 1952, 3826

(e) Meyer-Dayan M, Bodo B, Deschamps-Vallet C, Molho D, *Tetrahedron Lett*. 1978, 3359

(f) Garcia H, Iborra S, Primo J, Miranda MA, *J. Org. Chem*. 1986, 51: 4432

(g) McGarry LW, Detty MR, *J. Org. Chem*. 1990, 55: 4349

(h) Pinto DCGA, Silva AM, S, Cavaleiro JAS, *J. Heterocycl. Chem*. 1996, 33: 1887

(i) Riva C, Toma CD, Donadel L, Boi C, Pennini R, Motta G, Leonardi A, *Synthesis* 1997, 195

(j) Marder M, Viola H, Bacigaluppo JA, Colombo MI, Wasowski C, Wolfman C, Medina JH, Rúveda EA, Paladini AC, *Biochem. Biophys. Res. Commun*. 1998, 249: 481

(k) Costantino L, Rastelli G, Gamberini MC, Vinson JA, Bose P, Iannone A, Staffieri M, Antolini L, Corso AD, Mura U, Albasini A, *J. Med. Chem*. 1999, 42: 1881

(l) Dekermendjian K, Kahnberg P, Witt M-R, Sterner O, Nielsen M, Liljefors T, *J. Med. Chem*. 1999, 42: 4343

(m) Lokshin V, Heynderickx A, Samat A, Pèpe G, Guglielmetti R, *Tetrahedron Lett*. 1999, 40: 6761

(n) Tabaka AC, Murthi KK, Pal K, Teleha CA, *Org. Process Res. Dev*. 1999, 3: 256

[41] (a) Larock RC, Harrison LW, *J. Am. Chem. Soc*. 1984, 106: 4218

(b) Larock RC, Stinn DE, *Tetrahedron Lett*. 1988, 29: 4687

(c) Arcadi A, Cacchi S, Marinelli F, *Tetrahedron Lett*. 1989, 30: 2581

(d) Larock RC, Berrios-Pena N, Narayanan K, *J. Org. Chem*. 1990, 55: 3447

(e) Kalinin VN, Shostakovsky MV, Ponomaryov AB, *Tetrahedron Lett*. 1992, 33: 373

(f) Larock RC, Berrios-Pena NG, Fried CA, Yum EK, Tu C, Leong W, *J. Org. Chem*. 1993, 58:

4509

(g) Kondo Y, Shiga F, Murata N, Sakamoto T, Yamanaka H, *Tetrahedron* 1994, 50: 11803

(h) Anacardio R, Arcadi A, D'Anniballe G, Marinelli F, *Synthesis* 1995, 831

(i) Larock RC, Yum EK, Doty MJ, Sham KKC, *J. Org. Chem.* 1995, 60: 3270

(j) Liao HY, Cheng CH, *J. Org. Chem.* 1995, 60: 3711

(k) Larock RC, Doty MJ, Han X-J, *J. Org. Chem.* 1999, 64: 8770

(l) Larksarp C, Alper H, *J. Org. Chem.* 1999, 64: 9194

[42] (a) Kalinin VN, Shostakovsky MV, Ponamaryov AB, *Tetrahedron Lett.* 1990, 31: 4073

(b) Ciattini PG, Morera E, Ortar G, Rossi SS, *Tetrahedron* 1991, 47: 6449

(c) Torri S, Okumoto H, Xu L-H, Sadakane M, Shostakovsky MV, Ponomaryov AB, Kalinin VN, *Tetrahedron* 1993, 49: 6773

[43] Bhat AS, Whetstone JL, Brueggemeier RW, *Tetrahedron Lett.* 1999, 40: 2469

[44] (a) Arcadi A, Cacchi S, Carnicelli V, Marinelli F, *Tetrahedron* 1994, 50: 437

(b) An ZW, Catellani M, Chiusoli GP, J. *Organomet. Chem.* 1990, 397: 371

[45] (a) Choudary GB, Salerno G, Cosat M, Chiusoli GP, *J. Organom. Chem.* 1995, 503: 21

(b) Gabriele B, Costa M, Salerno G, Chiusoli GP, *J. Chem. Soc., Chem. Commun.* 1992, 1007

[46] Hu Y, Yang Z, *Org. Lett.* 2001, 3: 1387

[47] (a) http://sbweb.med.harvard.edu/~iccb

(b) Schreiber SL, *Science* 2000, 287: 1964

(c) Nicolaou KC, Pfefferkorn JA, Mitchell HJ, Roecker AJ, Barluenga S, Cao G-O, Affleck RL, Lillig JE, *J. Am. Chem. Soc.* 2000, 122: 9954

[48] (a) Hudlicky T, Natchus MG, In *Organic Synthesis: Theory and Applications*; Hudlicky, T., Ed.; JAI Press: Greenwich, CT, 1993; Vol. 2: 1

(b) Wender PA, Miller BL, In *Organic Synthesis: Theory and Applications*; Hudlicky, T., Ed.; JAI Press: Greenwich, CT, 1993; Vol. 2: 27

(c) Wender PA, Handy ST, Wright DL, *Chem. Ind.* 1997, 766

(d) Hall N, *Science* 1994, 266: 32

[49] Bertz SH, Sommer TJ, In *Organic Synthesis: Theory and Applications*; Hudlicky, T., Ed.; JAI Press: Greenwich, CT, 1993; Vol. 2: 67

[50] (a) Ho T-L, *Tandem Organic Reactions*; Wiley: New York, 1992.

(b) Tietze LF, *Chem. Rev.* 1996, 96: 115

(c) Ziegler FE, In *Comprehensive Organic Synthesis*; Paquette, L. A., Ed.; Pergamon Press: Oxford, 1991; Vol. 5, Chapter 7.3

(d) Parsons PJ, Penkett CS, Shell AJ, *Chem. Rev.* 1996, 96: 196

[51] (a) Cagniant P, Cagniant D, In *Advances In Heterocyclic Chemistry*; Katritzky, A. R., Boulton, A. J., Eds.; Academic Press: New York, 1975; Vol.18: 337

(b) Pandey G, Muralikrishna C, Bhalerao UT, *Tetrahedron* 1989, 45: 6867

(c) Chauder BA, Kalinin AV, Taylor NJ, Snieckus V, *Angew. Chem.* 1999, 111: 413

(d) Kraus GA, Zhang N, *J. Org. Chem.* 2000, 65: 5644

[52] (a) *Endocrine Disrupters: A Scientific Perspective*. The American Council on Science and Health, July 1999

(b) Gaido KW, Leonard LS, Lovell S, *Toxicol. Appl. Pharmacol.* 1997, 143: 205

(c) Solomon GL, *Environ. Health Perspect.* 1994, 102: Number 8

(d) Pereira NA, Pereira BMR, Celia do Nascimento M, Parente JP, Mors WB, *Planta Med.* 1994, 60: 99

(e) Litinas KE, Stampelos XN, *J. Chem. Soc., Perkin Trans. 1 1992*, 2981

[53] (a) Knight DW, Nott AP, *J. Chem. Soc., Perkin Trans. 1 1981*, 1125

(b) Maischein J, Vilsmaier E, *Liebigs Ann. Chem.* 1988, 4: 355

(c) Maischein J, Vilsmaier E, *Liebigs Ann. Chem.* 1988, 4: 371

[54] (a) Semmelhack MF, Bodurow C, *J. Am. Chem. Soc.* 1984, 106: 1496

(b) Tamaru Y, Kobayashi T, Kawamura S, Ochiai H, Hojo M, Yoshida Z, *Tetrahedron Lett.* 1985, 26: 3207

(c) Tamaru Y, Hojo M, Yoshida Z, *Tetrahedron Lett.* 1987, 28: 325

(d) Tamaru Y, Hojo M, Yoshida Z, *J. Org. Chem.* 1991, 56: 1099

(e) Paddon-Jones GC, Hungerford NL, Hayes P, Kitching W, *Org. Lett.* 1999, 1: 1905

(f) EI Ali B, Alper H, *Synlett* 2000, 2, 161

[55] Hu Y, Zhang Y, Yang Z, Fathi R, To be submitted

[56] (a) Posner GH, *Chem. Rev.* 1986, 86: 831

(b) Lautens M, Klute W, Tam W, *Chem. Rev.* 1996, 96: 49

(c) Tietze LF, *Chem. Rev.* 1996, 96: 115

(d) Negishi E-I, Copéret C, Ma SM, Liou S-Y, Liu F, *Chem. Rev.* 1996, 96: 365

(e) Ojima I, Tzamarioudaki M, Li ZY, Donovan RJ, *Chem. Rev*, 1996, 96: 635

(f) Thompson LA, Ellman JA, *Chem Rev.* 1996, 96: 555

[57] (a) Lindquist N, Fenical W, Van Duyne GD, Clardy J, *J. Am. Chem. Soc.* 1991, 113: 2303

(b) Yang Z, Liu HB, Lee CM, Chang HM, Wong HNC, *J. Org. Chem.* 1992, 57: 7248

(c) Morel C, Dartiguelongue C, Youhana T, Oger J-M, Séraphin D, Duval O, Richomme P, Bruneton J, *Heterocycles* 1999, 51: 2183

[58] (a) Felder CC, Joyce KE, Briley EM, Glass M, Mackie KP, Fahey KJ, Cullinan GJ, Johnson DW, Chaney MO, Koppel GA, Broenstein M, *J. Pharmacol. Exp. Ther.* 1998, 284: 291

(b) Twyman LJ, Allsop D, *Tetrahedron Lett.* 1999, 40: 9383

(c) Flynn BL, Verdier-Pinard P, Hamel E, *Org. Lett.* 2001, 3: 651

[59] Arcadi A, Cacchi S, Del Rosario M, Fabrizi G, Marinelli F, *J. Org. Chem.* 1996, 61: 92

[60] Arcadi A, Cacchi S, Carnicelli V, Marinelli F, *Tetrahedron* 1994, 50: 437

[61] (a) Lapointe AM, Brookhart M, *Organometallics* 1998, 17: 1530

(b) Lim N-K, Yaccato KJ, Dghaym RD, Arndtsen BA, *Organometallics* 1999, 18: 3953

(c) Reddy KR, Chen C-L, Liu Y-H, Peng S-M, Chen J-T, Liu S-T *Organometallics* 1999, 18: 2574

(d) Yagyu T, Osakada K, Brookhart M, *Organometallics* 2000, 19: 2125

(e) Kisanga P, Goj LA, Widenhoefer RA, *J. Org. Chem.* 2001, 66: 635

[62] Wu J, Liao Y, Yang Z, *J. Org. Chem.* 2001, 66: 3642

[63] (a) Murakami A, Gao G, Omura M, Yano M, Ito C, Furukawa H, Takahashi D, Koshimizu K, Ohigashi H, *Bioorg. Med. Chem. Lett.* 2000, 10: 59

(b) Maier W, Schmidt J, Nimtz M, Wray V, Strack D, *Phytochemistry* 2000, 54: 473

(c) Garcia-Argaez AN, Ramirez Apan TO, Delgado HP, Velazquez G, Martinez-Vazquez M, *Planta Med.* 2000, 66: 279

(d) Zhou P, Takaishi Y, Duan H, Chen B, Honda G, Itoh M, Takeda Y, Kodzhimatov OK, Lee K-H, *Phytochemistry* 2000, 53: 689

(e) Khalmuradov MA, Saidkhodzhaev AI, *Chem. Nat. Compd.* 1999, 35: 364

(f) Kamalam M, Jegadeesan M, *Indian Drugs* 1999, 36: 484

(g) Tan RX, Lu H, Wolfender JL, Yu TT, Zheng WF, Yang L, Gafner S, Hostettmann K, *Planta Med.* 1999, 65: 64

(h) Vlietinck AJ, De Bruyne T, Apers S, Pieters LA, *Planta Med.* 1998, 64: 97

(i) Bal-Tembe S, Joshi DD, Lakdawala AD, *Indian J. Chem., Sect. B: Org. Chem. Include. Med. Chem.* 1996, 35B: 518

(j) Silvan AM, Abad MJ, Bermejo P, Villar A, Sollhuber M, *J. Nat. Prod.* 1996, 59: 1183

(k) Yang YM, Hyun JW, Sung MS, Chung HS, Kim BK, Paik WH, Kang SS, Park JG, *Planta Med.* 1996, 62: 353

(l) Pereira NA, Pereira BMR, Celia do Nascimento M, Parente JP, Mors WB, *Planta Med.* 1994, 60: 99

[64] (a) Gellert M, O'Dea MH, Itoh T, Tomizawa JI, *Proc. Natl. Acad. Sci. U. S. A.* 1976, 73: 4474

(b) Murray RDH, Méndez J, Brown SA, *The natural coumarines: Occurrence, Chemistry, and Biochemistry*; Wiley: New York, 1982

(c) Ali JA, Jackson AP, Howells AJ, Maxwell A, *Biochemistry* 1993, 32: 2717

(d) Pereira NA, Pereira BMR, Celia do Nascimento M, Parente JP, Mors WB, *Planta Med.* 1994, 60: 99

(e) Naser-Hijazi B, Stolze B, Zanker KS, *Second proceedings of the International Society of Coumarin Investigators*; Springer: Berlin, 1994

(f) Lewis RJ, Singh OM, Simth CV, Skarzynski T, Maxwell A, Wonacott AJ, Wigley DB, *EMBO J.* 1996, 15: 1412

(g) Levine C, Hiasa H, Marians KJ, *Biochim. Biophys. Acta* 1998, 1400: 29

(h) Vlietinck AJ, De Bruyne T, Apers S, Pieters LA, *Planta Med.* 1998, 64: 97

(i) Murakami A, Gao G, Omura M, Yano M, Ito C, Furukawa H, Takahashi D, Koshimizu K, Ohigashi H, *Bioorg. Med. Chem. Lett.* 2000, 10: 59

[65] (a) Chen CH, Fox JL, *Proc. Int. Conf. Lasers*, 1987, 995

(b) Jones II G, Jackson WR, Choi C, *J. Phys. Chem.* 1985, 89: 294

(c) Jones II G, Ann J, Jimenez AC, *Tetrahedron Lett.* 1999, 40: 8551

(d) Raboin J-C, Beley M, Kirsch G, *Tetrhedron Lett.* 2000, 41: 1175

[66] (a) Saito S, Salter MM, Gevorgyan V, Tsuboya N, Tando K, Yamamota Y, *J. Am. Chem. Soc.* 1996, 118: 3970

(b) Gevorgyan V, Quan LG, Yamamoto Y, *J. Org. Chem.* 2000, 65: 568

(c) Sait S, Chounan Y, Nogami T, Fukushi T, Tsuboya N, Yamada Y, Kitahara H, Yamamota Y, *J. Org. Chem.* 2000, 65: 5350

(d) Saito S, Yamamoto Y, *Chem. Rev.* 2000, 100: 2901

[67] Schio L, Chatreaux F, Klich M, *Tetrahedron Lett.* 2000, 41: 1543

[68] Kume M, Kubota T, Iso Y, *Tetrahedron Lett.* 1995, 36: 8043

[69] (a) Bolm C, Hildebrand JP, Rudolph J, *Synthesis* 2000, 7: 911
(b) Castul k J, Mazal C, *Tetrahedron Lett*. 2000, 41: 2741
(c) Huffman MA, Yasuda N, *Synlett* 1999, 4: 471
(d) Nagatsugi F, Uemura K, Nakashima S, Maeda M, Sasaki S, *Tetrahedron* 1997, 53: 3035
(e) Percec V, Bae J-Y, Hill DH, *J. Org. Chem*. 1995, 60: 1060
(f) Badone D, Cecchi R, Guzzi U, *J. Org. Chem*. 1992, 57: 6321
(g) Cabri W, De Bernardinis S, Francalanci F, Penco S, *J. Org. Chem*. 1990, 55: 350
[70] (a) Erdik E, *Tetrahedron* 1984, 40: 641
(b) Knochel P, Singer RD, *Chem. Rev*. 1993, 93: 2117
[71] Wu J, Yang Z, *J. Org. Chem*. 2001, in press
[72] (a) Kumada M, *Pure Appl. Chem*. 1980, 52: 669
(b) Heck RH, Palladium Reagents in Organic Synthesis; Academic Press: London, 1985
(c) Trost BM, *Angew. Chem. Int. Ed. Engl*. 1986, 25: 2
(d) Tamao K, Kumada M, In *The Chemistry of the Metal-Carbon Bond*; hartley, F. R., Ed.; Wiley: NY, 1987; Vol.4, Chapter 9, 820
(e) Tsuji J, Palladium Reagents and Catalysis; Wiley: Chichester, 1995
(f) Baranano D, Mann G, Hartwig JF, *Curr. Org. Chem*. 1997, 1: 287
(g) Negishi E, Liu F, In *Metal-Catalyzed Cross-Coupling Reactions*; Diederich, F.; Stang, P. J., Eds.; Wiley: Weinheim, 1998; Chapter 1, 1
[73] (a) Kang S-K, Ryu H-C, Lee S-W, *J. Chem. Soc., Perkin Trans. 1*, 1999, 2661
(b) Srogl J, Allred GD, Liebeskind LS, *J. Am. Chem. Soc*. 1997, 119: 12376
[74] (a) Lipshutz BH, Blomgren PA, *J. Am. Chem. Soc*. 1999, 121: 5819
(b) Lipshutz BH, Sclafani JA, Blomgren PA, *Tetrahedron* 2000, 56: 2139
(c) Lipshutz BH, Tomioka T, Blomgren PA, Sclafani JA, *Inorg. Chim. Acta* 1999, 296: 164
(d) Busacca CA, Eriksson MC, Fiaschi R, *Tetrahedron Lett*. 1999, 40: 3101
(e) Galland J-C, Savignac M, Genêt J-P, *Tetrahedron Lett*. 1999, 40: 2323
(f) Ueda M, Saitoh A, Oh-tani S, Miyaura N, *Tetrahedron* 1998, 54: 13079
(g) Saito S, Oh-tani S, Miyaura N, *J. Org. Chem*. 1997, 62: 8024
(h) Indolese AF, *Tetrahedron Lett*. 1996, 61: 8685
(i) Saito S, Sakai M, Miyaura N, *Tetrahedron Lett*. 1996, 37: 2993
[75] Giovannini R, Knochel P, *J. Am. Chem. Soc*. 1998, 120: 11186
[76] (a) Johnson JR, *Org. React*. 1942, 1: 210
(b) Sethna S, Phadke R, *Org. React*. 1953, 7: 1
(c) Awasthi AK, Tewari RS, *Synthesis* 1986, 1061
(d) Sato K, Inour S, Ozawa K, Kobayashi T, Ota T, Tazaki M, *J. Chem. Soc., Perkin Trans. 1 1987*, 1753
(e) Britto N, Gore VG, Mali RS, Ranade AC, *Synth. Commun*. 1989, 19: 1899
(f) Donnelly DMX, Finet J-P, Guiry PJ, Hutchinson RM, *J. Chem. Soc., Perkin Trans. 1*, 1990, 2851
(g) Desouza MD, Joshi V, *Indian J. Heterocycl. Chem*. 1993, 3: 93
(h) Dommelly DMX, Boland G, in *The Flavonoids: Advances in Research since* 1986, ed. Harborne, J.

B.; Chapman and Hall, London, 1994, 239

(i) Arcadi A, Cacchi S, Fabrizi G, Marinelli F, Pace P, *Synlett*. 1996, 568

(j) De la Hoz A, Moreno A, Vazquez E, *Synlett* 1999, 608

[77] (a) Nicolaou KC, Shi G-Q, Gunzner JL, Gärtner P, Yang Z, *J. Am. Chem. Soc*. 1997, 119: 5467

(b) Nicolaou KC, Yang Z, Shi G-Q, Gunzner JL, Agrios KA, Gärtner P, *Nature* 1998, 392: 264

[78] (a) Hayashi T, Katsuro Y, Okamoto Y, Kumada M, *Tetrahedron Lett*. 1981, 22: 4449

(b) Takai K, Sato M, Oshima K, Nozaki H, *Bull. Chem. Soc. Jpn*. 1984, 57: 108

(c) Charbonnier F, Moyano A, Greene AE, *J. Org. Chem*. 1987, 52: 2303

(d) Asao K, Lio H, Tokoroyama T, *Synthesis* 1990, 382

[79] Fugami K, Oshima K, Utimoto K, *Chem. Lett*. 1987, 2203

[80] (a) Alderdice M, Spino C, Weiler L, *Tetrahedron Lett*. 1984, 25: 1643

(b) Blaszczak L, Winkler J, O'Kuhn S, *Tetrahedron Lett*. 1976, 17, 4405

[81] Gelman D, Schumann H, Blum J, *Tetrhedron Lett*. 2000, 41: 7555

[82] (a) Hayashi T, Katsuro Y, Okamoto Y, Kumada M, *Tetrahedron Lett*. 1981, 22: 4449

(b) Armstrong RJ, Harris FL, Weiler L, *Can. J. Chem*. 1982, 60: 673

(c) Sahlberg C, Quader A, Claesson A, *Tetrahedron Lett*. 1983, 24: 5137

(d) Karlström ASE, Itami K, Bäckvall JE, *J. Org. Chem*. 1999, 64: 1745

[83] Nan Y, Yang Z, *Tetrahedron Lett*. 1999, 40: 3321

[84] (a) Wong MK, Leung CY, Wong HNC, *Tetrahedron*. 1997, 53: 3497

(b) Lloyd-Jones GC, Butts CP, *Tetrahedron*. 1998, 54: 901

(杨　震,王利莎,吴　畲)

作者简介

杨　震　博士。1982年毕业于沈阳药学院,1985年于该校获硕士学位,1988年就读于香港中文大学化学系,师从黄乃正博士,1992年获得化学博士学位。1992～1995年,在美国Scripps Research Institute从事天然产物全合成工作,1995年受聘为该所化学系的助理教授。在此期间,先后参加了抗癌药物taxol、epothilones和海洋神经毒素brevetoxin A等具有复杂化学结构的生物活性大分子的全合成。1998～2001年,在哈佛药学院化学和细胞生物学研究所任研究员。在此期间,率先开展了一种全新的组合化学合成模式的探索工作以加速天然产物类似物的组合化学合成工作。

王利莎　博士。1995年在西北大学化学系获得学士学位,同年赴中国科学院上海有机化学研究所攻读博士学位。1996～1998年在金属有机化学国家重点实验室从事金属有机化学方面的研究(导师:麻生明研究员),1998年转入计算机化学开放实验室,从事计算机化学方面的研究(导师:袁身刚研究员)。主要研究方向为化学反应的计算机处理、计算机辅助合成路线设计等,并于2001年获得有机化学博士学位。2001年10月～2002年,在美国洛克菲勒大学艾滋病研究中心何大一教授(Prof. Dr. David Ho)实验室从事博士后研究,研究方向为计算机辅助药物合成设计。

吴 劼 博士。1995 年于江西师范大学化学系获得学士学位,同年入中国科学院上海有机化学研究所,于 2000 年获博士学位(金属有机化学国家重点实验室,导师:侯雪龙研究员)。2000～2001 年在哈佛大学医学院进行博士后研究(导师:杨震博士)。2001～2002 年,作为访问科学家在洛克菲勒大学艾滋病研究中心何大一教授(Prof. Dr. David Ho)实验室从事化学生物学的研究。

第三章　采用液相和均相方法设计、合成化学库

3.1　前　　言

本书的第一章和第二章中介绍了固相合成及其优点。然而，应当提醒读者，每一种方法都有其自身的优缺点。虽然固相合成正在快速地发展，但是能够直接用于固相合成化学反应的类型和应用范畴还很有限。因此，在进行固相合成时需要花费较多的时间去优化反应。另外，用于现代固相合成中的分析手段，如 IR 和 NMR 技术虽然得到了快速的发展，但是当反应原料和产物负载在树脂上时还是难以区分官能团信号的来源，导致很难清楚地跟踪反应的进展情况。

过去的几年中，采用平行液相组合法合成化学库已经得到了很大发展。组合液相合成途径已经成为制药公司寻找和优化药物先导化合物的另一个策略。这里的“液相”是指产生化学库的各个反应步骤是在均相液体介质中完成的，有别于固相合成的两相界面间完成的化学反应。与固相合成相比，液相合成法有如下几个优点：(1) 全部报道的传统有机合成反应均可用于液相化学库的合成，节省了大量优化反应的时间；(2) 反应可用传统的方法检测，如 TLC，HPLC，LC-MS；(3) 无须固相合成中的原料负载、产物裂解等额外但必要的步骤，缩短了反应步骤；(4) 可溶性的反应中间体和产物可以直接进行纯化和鉴定；(5) 较大的反应规模可以生产足够量的化学库化合物。基于上述明显的优点，越来越多的人们使用该法合成化学库[1]。本章中不可能覆盖全部研究成果，作者仅借此机会介绍组合液相合成的概念及最常用的一些方法和例子。

3.2　基本液相组合化学

历史上，为了筛选感兴趣化合物的生物活性，化学家一般总是一个个地合成新化合物。这种传统的合成一般包括了多步合成反应，如图 3.1 中从原料 A 到产物 D 的过程，最终产物在筛选前经过纯化和完全的结构鉴定，然后，基于前面具有生物活性的化合物所设计的类似物再合成、再制备和再筛选。这种步骤一直重复优化得到期望的生物活性和选择性。而组合平行合成过程包括了原料与多个反应试剂(一般称为构建单元)的反应步骤，如图 3.1 中的 R^1，R^2，R^3…R^n 等构建单元与反应原料底物 S 的反应。化学库一般不再经过纯化或仅进行尽量少的纯化和产物鉴定后直接用于高通量的体外筛选。一旦确认了活性化合物，这些化合物就进入了

传统的大量合成，纯化，结构确认和再筛选等步骤。此时最终确认的活性化合物和构效关系将被用于进一步设计、合成新的分子“聚焦”化学库（focused library），这样将比传统的方法更快地优化先导化合物。

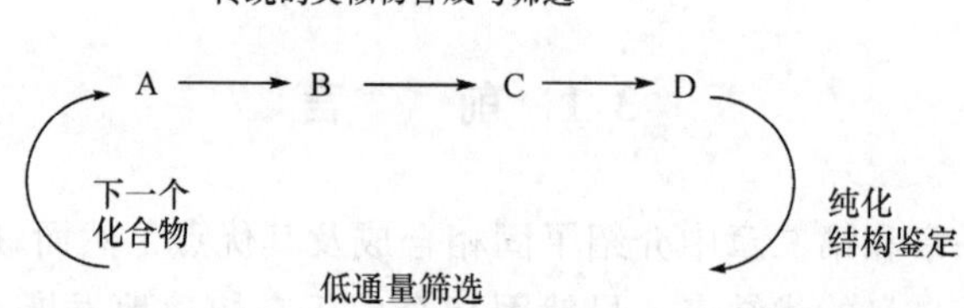

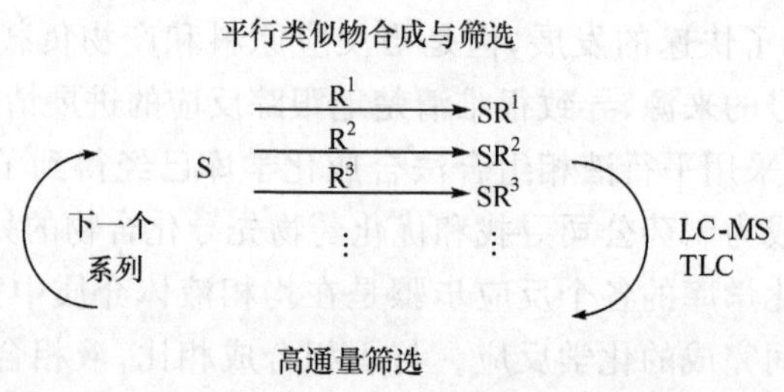

图 3.1　传统与平行类似物合成的比较

化学库可制备成单一化合物化学库和混合物化学库。混合物化学库一般来讲比单一化合物化学库容易制备，因此在筛选时比单一化合物化学库需要更少的筛选步骤和合成来源。然而，混合物化学库的筛选结果常常会引起一些问题和困难，如假阴性和假阳性、令人头痛的化学回库解析方法等。因此，较纯的单一化合物化学库的合成更受到医药工业和研究单位的重视。

一般来讲，组合液相平行合成包括利用一些成熟的化学反应进行的一步和两步反应，如酰胺化反应、还原胺化反应、Suzuki 缩合等，一般为小规模反应（≈10μmol）。起初，研究人员探索一些试验性的反应条件，同时选择可供进一步规模化合成化学库的反应装置，如 96 -深孔反应板、超声反应瓶、微波催化的反应瓶等；随后，选择带有所需官能团的构建单元，如羧基、氨基、异氰基化合物等；反应原料和构建单元以一定的浓度溶于适当的溶剂中（一般为可挥发性溶剂，像二氯甲烷、THF、甲醇、DMF 等），然后以一定的体积与必要的反应试剂一起加入到反应装置中，在选定的条件下进行反应，如加热、超声、振荡等；反应可用 TLC、LC-MS 跟踪检测进行的情况。一旦反应完成后，溶剂可用真空法除去（如 SpeedVac 或 GeneVac 系统），如果必要的话，反应产物可进行尽可能少的处理，如简单的过滤、用清洁树脂处理除去杂质等。化学库中的每一个化合物都要用 HPLC、MS 或 LC-MS 确定结构和纯度。

完成优化反应条件的步骤后，在启动大数目化合物化学库合成之前应当先合成一个相对小数目化合物化学库，以便考察、练习大规模合成的熟练程度。Glaxo-Wellcome[2]的科学家描述了一个典型的液相化学库的合成过程，如图 3.2 利用 Hantzsch 反应他们先合成了一个含有 202 个氨基噻唑化合物的化学库。科学家们选择了 5 个不同的硫脲和 4 个 α-溴代酮作为构建单元使化学库产物多样化。反应是在一个格子化(4×5)并且封闭的玻璃反应装置内完成，液体加样由液体传送机械手辅助进行，反应在 70℃下加热 5h 完成，最后，用二甲胺终止反应。反应中使用的 DMF 溶剂在氮气流下轻轻吹拂 24h 除去，所得固体产物用 HPLC 和 LC-MS 分析，确认大部分化合物的纯度在 82%～98%之间。该反应的特点是分子上的酸、碱官能团不影响反应的进行，反应原料的官能团未进行额外的保护，同时产物不需纯化即可用于生物筛选。进一步放大后，他们合成了一个含有 2500 化合物的化学库。

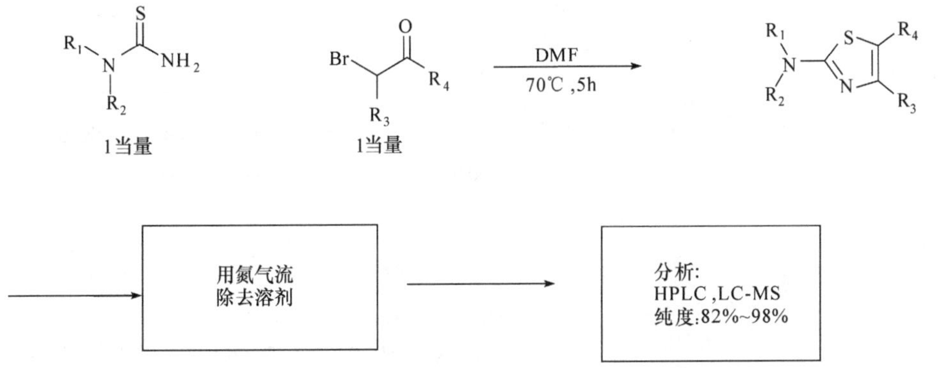

R_1, R_2, S, NH_2 (1当量) + Br, O, R_4, R_3 (1当量) → DMF, 70℃, 5h → R_1, R_2, S, N, R_4, R_3

→ 用氮气流除去溶剂 → 分析: HPLC, LC-MS 纯度:82%~98%

图 3.2　利用 Hantzsch 反应液相合成 2-氨基噻唑

虽然利用一或两步反应合成化学库是较理想的方式，但是更多的情况是需要通过多步反应引入多个构建单元，从而尽可能地引入结构多样性。为此，经常需要进行多步液相组合合成反应。然而，通过多步反应构建化学库时的困难是分离和纯化中间体，以便使中间体或产物中的杂质不影响下一步反应或最终产物的纯度。从中间体中分离得到产物最容易的方法之一是利用它们本身不同的物理性质。Cheng[3,4]的研究结果是一个很好的例子，即利用酸、碱萃取法，通过 4 步化学反应，合成二肽模板模拟肽化学库，见图 3.3。基于酸酐的骨架，Cheng 等首先使用 3×3×3 个构建单元合成了一个含有 27 个化合物的化学库。第一步，将由二酸与 1 当量脱水剂 EDCI 反应制得了相应的酸酐，再与 1 当量的烷胺(R^1NH_2)反应高产率得到了单酰胺酸化合物；未反应的烷胺和 EDCI 以及反应的副产物经过简单的酸萃取除去。每一个上述制得的单酰胺酸化合物在 ByBOP,DIEA 作为缩合试剂时分别与三个构建单元(R^2NH_2)反应共得到了 9 个二酰胺酸化合物。同样,通过酸和碱萃取再将未反应的原料 R^2NH_2,ByBOP,DIEA 以及副产物除去。进而,在 4 当量 HCl/二氧六环条件下脱除 Boc 保护基后,上述制得的每一个亚胺化合物分别与三个第三构建单元(R^3COOH)在 PyBOP 缩合剂条件下反应,共制得了 27 个化合物,最终产物经过酸和碱萃取纯化后制得化学库。大部分最终单一产物的产率为 90%～100%,规模为 20～60mg。他们进一步应用该法合成了两个更大数目化学库。一个使用了 5×5×5 构建单元策略,含有 125 个化合物,每一个化合物规模在 30～100mg 之间,纯度大于 90%,总产率为 32%～85%。另一个化学库含有 960 个化合物,使用了 6×8×20 个构建单元,每一个产物在 30～150mg 之间,总产率 10%～71%。

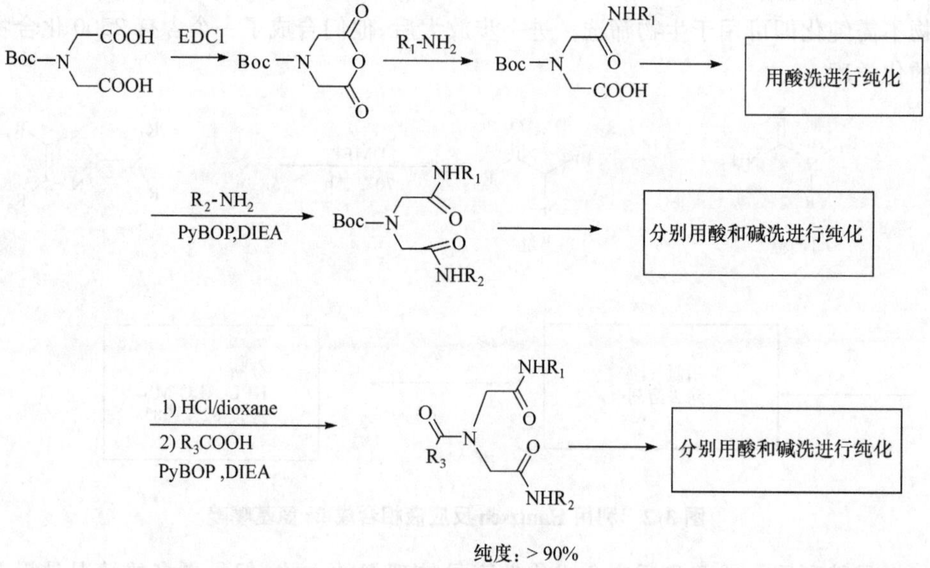

Boc—N(COOH)(COOH) —EDCl→ Boc—N(anhydride) —R_1-NH_2→ Boc—N(CONHR$_1$)(COOH) → 用酸洗进行纯化

—R_2-NH_2, PyBOP,DIEA→ Boc—N(CONHR$_1$)(CONHR$_2$) → 分别用酸和碱洗进行纯化

—1) HCl/dioxane 2) R_3COOH PyBOP ,DIEA→ R_3CO—N(CONHR$_1$)(CONHR$_2$) → 分别用酸和碱洗进行纯化

纯度: > 90%

图 3.3 采用液-液相萃取纯化的方法液相合成亚氨基二乙酸(iminodiacetic acid)化学库

文献报道的类似化学库的合成还有很多。Sim[5]等报道了一个含有 3078 个单一海硫因(thiohydantoin)类化合物化学库,该化学库由三步反应制得,中间体未经纯化。Thomase 等[6]报道了一个通过三步反应制得的含有 1000 个以上化合物的苯并咪唑(benzimidazole)化学库,其中包括 EEDQ -协助的环化反应。Boger 等[7～9]报道了一个含有 600 个 C_2-对称和不对称化学库,该化学库基于亚氨基二乙酸(iminodiacetic acid)骨架,利用 olefinmetathesis 反应,经由四或五步反应制得。

3.3 多组分反应

一般来讲,用如上所述经典合成化学库的方法,一步反应只能在最终产物的每一个可变位置上引入很少的多样性基团(一个或两个),因为在这种情况下,化学库的多样性是一步一步引入的。最近通过多组分反应,在一步化学反应中能够同时引入几个不同基团而产生化学库的方法引起了人们更大的兴趣[10]。在一个反应中同时使用多于两个反应原料(指含有能够引入到最终产物官能团的反应原料)时称为多组分反应(multi-component reactions, MCRs)。理想的多组分反应不仅仅包含多于两个以上的能够引入到最终产物官能团的反应原料,而且这种反应要求所有的起始原料不同,起始原料的大部分原子都应当连接到最终产物上去。

多组分反应是一个相对容易且可靠的制备中等大小液相化学库的方法。事实上,利用 4 种构建单元(每一种 10 个单一反应原料)时,即便是一步优化好的反应就有可能产生 10000 个化合物的化学库(10×10×10×10),其中只需一步纯化操作过程。在这些多组分反应中,Ugi 反应是一个典型的代表。第一个使用 Ugi 反应构建液相化学库的是 Armstrong 等[11,12],Ugi 反应的机理示于图 3.4。利用 4 组分 Ugi 反应时,反应条件为:1.25 当量的羧酸,1.25 当量的胺,1.0 当量的异氰,和 1.0 当量的醛在甲醇中于室温下釜内反应 12h 便可得到有 4 个可变位置的 α-acylaminoamide(α-酰胺基酰胺)化学库。该法的一个小小缺憾是市售的异氰类

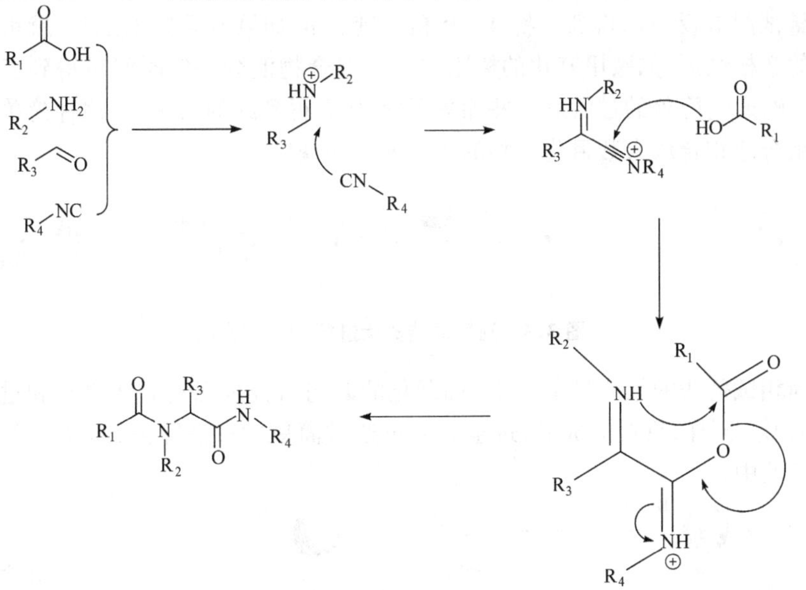

图 3.4　利用 Ugi 四元反应机理进行的液相化学库的合成

原料较少。许多科学家报道了使用 Ugi 反应构建液相化学库的研究结果[10,13,14]。最近的是 Nakamura[14] 等报道的利用平行液相法合成的含有 100 个 α-ketoamides(酮酰胺)的化学库,该化学库设计用于筛选潜在的半光胺酸水解酶抑制剂。他们选用了 1 个羧酸,5 个胺,4 个异氰和 5 个醛(1×5×4×5)作为构建单元,在 Quest-210(argonaut technology)手动合成仪上制备了该化学库。该仪器每次可平行合成 10 个化合物。生产此化学库在 12d 内完成,最终产物由 HPLC 和 MS 进行定性和定量分析。

3.4 固相载体参与的液相合成:试剂树脂和清洁树脂

正如前一章描述的那样,固相合成的最大优点是通过简单的过滤便可以除去为促使反应完成而使用的大过量反应试剂或原料。然而,我们在本章的上一部分提到,液相合成通常只能应用于那些操作步骤少和高产率的化学反应。为了避免在化学库的合成过程中除去过量反应试剂这个较困难的步骤,液相组合合成时就必须尽量使用一个当量的反应原料以及试剂来避免纯化步骤,而这时很难保证在合成化学库的过程中每一步反应的全部产物都能够达到最高产率。最近已经报道了好几个方法来解决这个问题。使用清洁树脂法或固相试剂法可以方便地清除为使反应加快或完成而使用的某一个过量的反应原料,而且通过简单的过滤也可以除去副产物以达到纯化的目的。清洁树脂法可以简单的示于图 3.5。反应原料 A 与过量试剂 B 反应后得到产物 A－B 和过量的 B;如果 B 是亲电试剂,就可以用固载化的亲核试剂,如胺甲基化的树脂与反应混合物混合一定时间后得到了固载化的 X－B,通过简单的过滤后一并除去了 B,从而得到纯的 A－B。这种简单的方式使得组合液相合成大数目化合物的化学库成为现实。

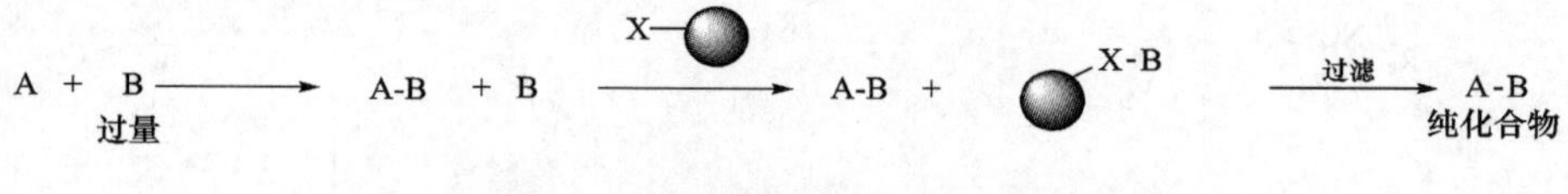

A + B 过量 → A-B + B → (X—●) A-B + ●—X-B → (过滤) A-B 纯化合物

图 3.5 利用清洁树脂进行的液相合成

固相试剂法的策略见图 3.6。固载化的 B 与 A 反应后得到产物 C 和过量的固载化的 B。同样,反应完成后,过量的 B 可通过简单的过滤除去,而纯的产物 C 留在了溶液中。

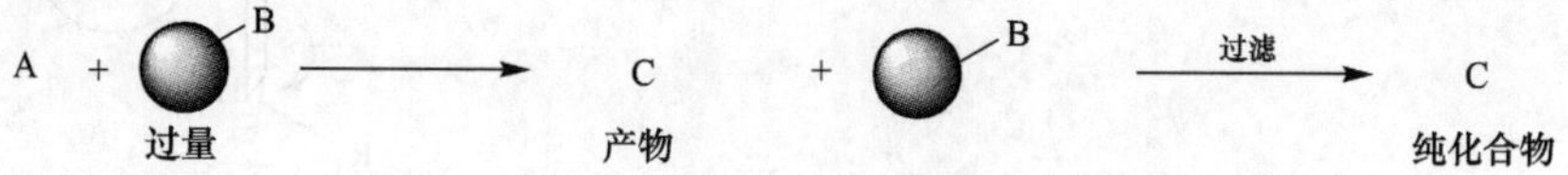

A + ●—B 过量 → C 产物 + ●—B → (过滤) C 纯化合物

图 3.6 利用固载化的试剂进行的液相合成

显而易见,这种策略结合了组合液相合成与固相合成的优点。试剂树脂和清洁树脂现已经被成功地用于多步合成反应中,无须采用传统方法纯化反应中间体,便可以得到高产率、高纯度的复杂终产物。

前面所述的单步反应中,一般只应用其中一种策略。但是在构建化学库而不得不采用多步反应时,通常是综合使用几种方法。图3.7是一个经过五步反应的液相组合合成示例,是一个结合使用清洁树脂和固相试剂的典型例子[15]。第一步平行反应是由烷胺**1**和醛**2**在原甲酸三甲酯中反应得到的亚胺**3**,**3**与Danishefsky二烯在路易斯酸催化下进行了Diels-Alder反应,产生了二氢吡咯酮**5**。过量未反

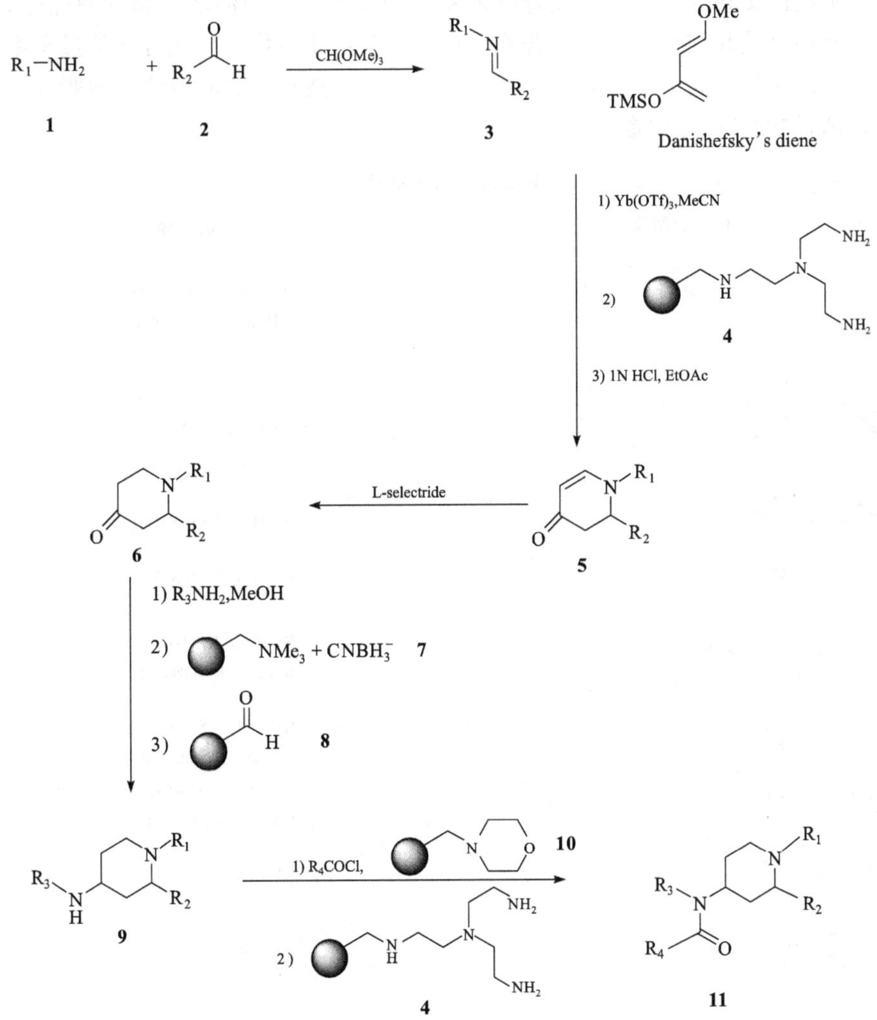

R_1-NH_2 + R_2CHO → $CH(OMe)_3$ → 3; Danishefsky's diene

1 2 3

1) $Yb(OTf)_3$,MeCN
2) 4
3) 1N HCl, EtOAc

L-selectride

6 5

1) R_3NH_2,MeOH
2) $NMe_3 + CNBH_3^-$ 7
3) 8

1) R_4COCl, 10
2) 4

9 4 11

图3.7 利用组合固载化试剂和清洁树脂进行的五步液相合成

应的醛以及4-甲氧基-3-丁二烯-2-酮副产物一并由清洁树脂(氨基树脂**4**)清洁除去。在第三步反应中,用L-Selectride为催化剂将**5**转化为哌啶酮**6**。接下来,使用固载化的还原试剂**7**(硼氰化物)和烷胺在甲醇中将**6**经还原胺化反应转化为相应的氨基化哌啶**9**。此步反应中过量的烷胺由醛基树脂**8**清除除去。进一步的酰化反应在固载化的吗啉树脂催化下将**9**转化为**11**,并再一次使用氨基树脂**4**除去过量的酰氯。化合物的总产率在50%左右,终产物的纯度80%左右。

自从Kaldor等首次报道固相载体参与的组合液相合成[16]以来,该方法已经取得了很大的进展,许多化学反应可以高通量的现代方式完成,并且发表了许多非常好的研究论文和综述[1,17]。随着越来越多的试剂树脂和清洁树脂的商品化,化学库的液相合成和纯化也越来越普遍。在寻找和优化药物先导化合物的过程中得到了广泛地应用。表3.1和表3.2列出了用于组合液相合成时的清洁树脂和固载化的试剂,供读者使用时参考。

表3.1 清洁树脂

树脂的结构	反应的对象
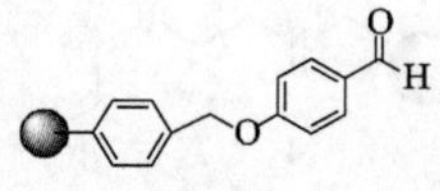 (树脂-苯基-CH$_2$-O-苯基-CHO)	$RNHNH_2$, NH_2OR, NH_2RSH, NH_2ROH
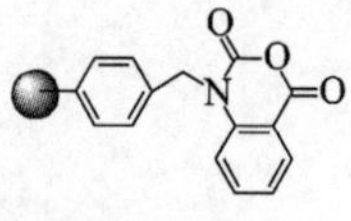 (树脂-苯基-CH$_2$-N-靛红酸酐)	RNH_2, $RNHNH_2$
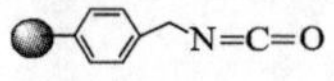 (树脂-苯基-CH$_2$-N=C=O)	RNH_2, $RNHNH_2$
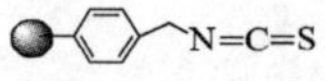 (树脂-苯基-CH$_2$-N=C=S)	RNH_2, $RNHNH_2$
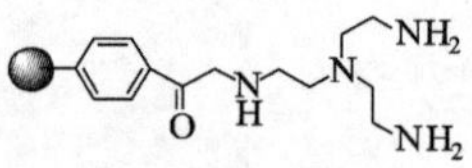 (树脂-苯基-CO-CH$_2$-NH-CH$_2$CH$_2$-N(CH$_2$CH$_2$NH$_2$)$_2$)	RCOCl, RSO_2Cl, RNCS, RNCO, H^+
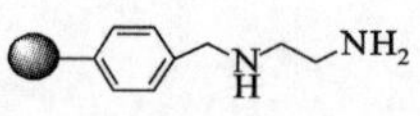 (树脂-苯基-CH$_2$-NH-CH$_2$CH$_2$-NH$_2$)	RCOCl, RSO_2Cl, RNCS, RNCO, H^+
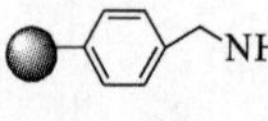 (树脂-苯基-CH$_2$-NH$_2$)	RCOCl, RSO_2Cl, RNCS, RNCO, H^+
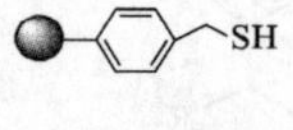 (树脂-苯基-CH$_2$-SH)	RHalide
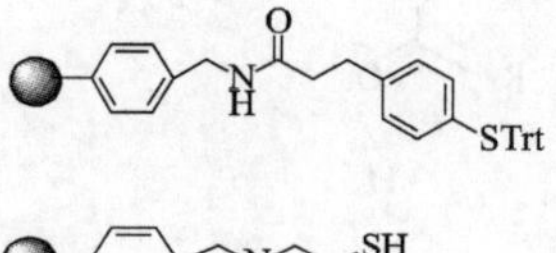 (树脂-苯基-CH$_2$-NH-CO-CH$_2$CH$_2$-苯基-STrt)	RHalide
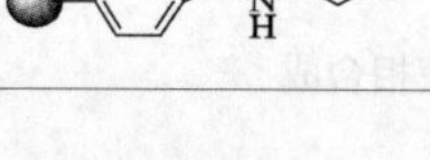 (树脂-苯基-CH$_2$-NH-CH$_2$CH$_2$-SH)	RHalide, RCHO

续表

树脂的结构	反应的对象
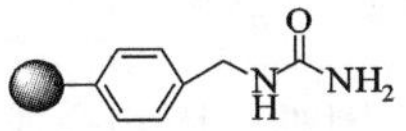 O, N, H, NH_2	RHalide
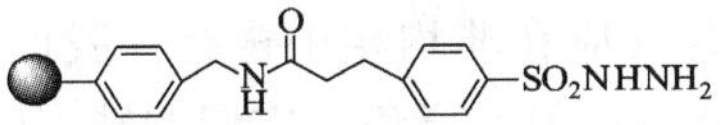 O, N, H, SO_2NHNH_2	RCHO,RCOR′

表 3.2 固载化的试剂

树脂结构	应用类型
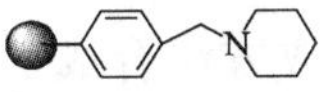 N	碱
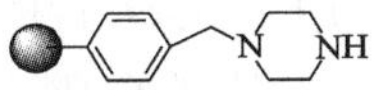 N, NH	碱
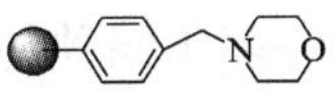 N, O	碱
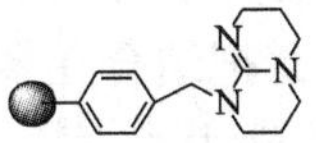 N, N, N	碱
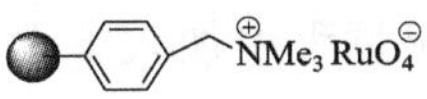 $\overset{\oplus}{N}Me_3\ RuO_4^{\ominus}$	氧化剂 $RCH_2OH \longrightarrow RCHO$
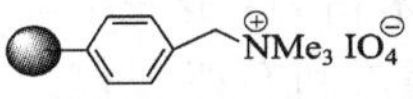 $\overset{\oplus}{N}Me_3\ IO_4^{\ominus}$	氧化剂 $RSR \longrightarrow RSOR$ $Ar(OH)_2 \longrightarrow$ Quinone $RCH{=}CHR \longrightarrow 2RCHO$
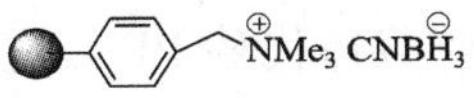 $\overset{\oplus}{N}Me_3\ CN\overset{\ominus}{B}H_3$	还原剂 $RCH{=}NR \longrightarrow RCH_2NHR$
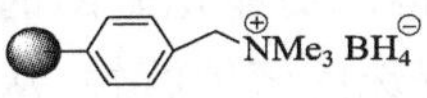 $\overset{\oplus}{N}Me_3\ BH_4^{\ominus}$	还原剂 $RCHO \longrightarrow RCH_2OH$
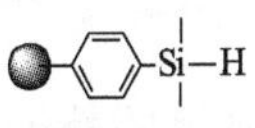 Si—H	还原剂 $RCHO \longrightarrow RCH_2OH$
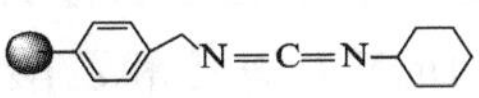 N=C=N	偶合剂 $RCO_2H + RNH_2 \longrightarrow RCONHR$
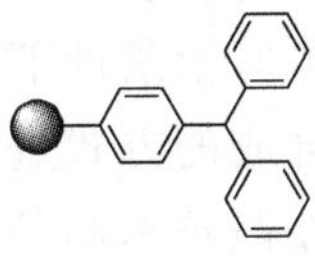	$RCO_2H \longrightarrow RCOCl$ $ROH \longrightarrow RCl$ $RCONH_2 \longrightarrow RCN$ $RCONNR \longrightarrow R(Cl){=}NHR$ $ROH + RXH \longrightarrow RXR$ Pd, Rh, Ru 的配基
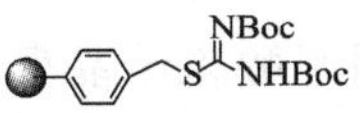 NBoc, S, NHBoc	$ROH \longrightarrow RNHHC({=}NH)NHR$

3.5 均相合成

如前部分讨论的内容,液相合成的优点是均相反应,但纯化困难。固相合成的特点是仅用简单地过滤即可达到纯化的目的,但是反应在非均相中进行。我们是否可以找到一个办法同时具有液相和固相合成的优点,但又避免了它们的缺点呢?从 Scripps Research Institute 的实验室发展的、称做均相组合合成(LPCS)的方法"聪明"地解决了这一问题[18]。此法保持了固相及液相化学两者的最佳优点。

所谓的"均相"合成最早用来区分固相多肽合成与以可溶性聚乙二醇(PEG)为载体所进行的合成[19,20]。1995 年,Han 和 Janda 利用均相组合合成方法合成了一个多肽化学库和一个 arylsulfonamide 化学库[18]。这是第一次利用 PEG 进行的小分子有机化合物的合成,以及第一次应用这个聚合物进行五肽化学库的合成。合成是在聚乙二醇单甲醚(Me-OPEG-OH)上完成,该聚合物可以在许多不同种的有机溶剂中溶解,却可用乙醚析晶出来。因此,连接到 PEG 上的有机分子可以溶解到有机溶剂中,并在均相条件下进行反应。待反应完成后,可用乙醚把结合在聚合物上的产物与聚乙二醇一起析晶出来,过量的反应试剂可以用乙醚洗去[21~23]。

此法的一个缺点是 PEG 是水溶性的聚合物。如果在反应过程中加入了无机盐或产生了无机盐,在 PEG 的析晶过程中它们就会包裹在聚合物中难以除去。另外,在低温下 PEG 在 THF 中也不溶,但是对于有机金属反应来讲,这是一个非常普通的反应条件,因此,用 PEG 做载体不能够应用于许多金属有机化学反应。这个问题最终由 Chen 及其合作者[24]在 Scripps Research Institute 发展的方法解决。该法是使用非交联的聚苯乙烯(NCPS,见图 3.8)作为聚合物载体代替 PEG,这种 NCPS 聚合物是一种无交联的线性聚苯乙烯,可以方便地制得。功能化基团的含量(负载量)可以很容易地控制。非交联的聚苯乙烯具有很特殊的溶解特性,从而可有效地用于有机化学反应中。

图 3.9 勾勒出了利用此聚合物进行的均相合成的代表性过程。显著的特征是 NCPS 可溶于各种普通的有机溶剂中,像 THF、二氯甲烷(DCM)、氯仿和乙酸乙酯,甚至在−78℃低温下也可以溶解,但是它却不溶于水和甲醇中。因此,当有机分子连接到 NCPS 上后,它可溶于常用的有机溶剂中,反应可以在匀相条件下完成。反应结束后,由于可溶性聚合物特定的特征允许以传统有机合成的方式进行溶剂萃取,最后再结合现代在 PEG 均相反应过程中使用的聚合物结晶技术制备纯化最终产物。

例如,本实验中使用了乙酸乙酯或 DCM 作为萃取溶剂,用甲醇来结晶聚合物,最后通过简单的过滤和洗涤固体产物将过量的试剂和副产物除去。因此,两种方法结合使用不仅可以使我们移去过量的有机试剂,而且也可以除去无机盐或者

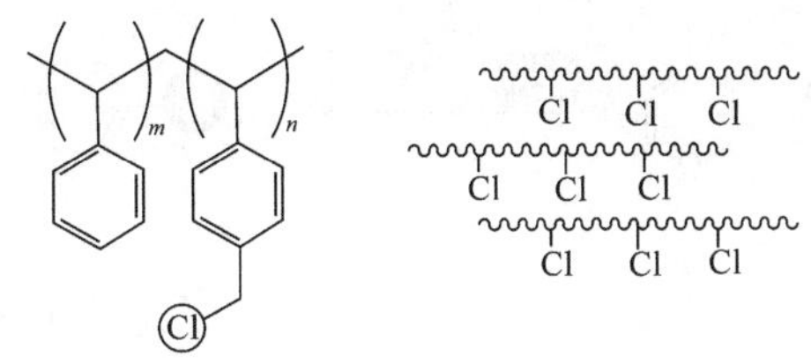

图 3.8　NCPS:非交联的聚苯乙烯

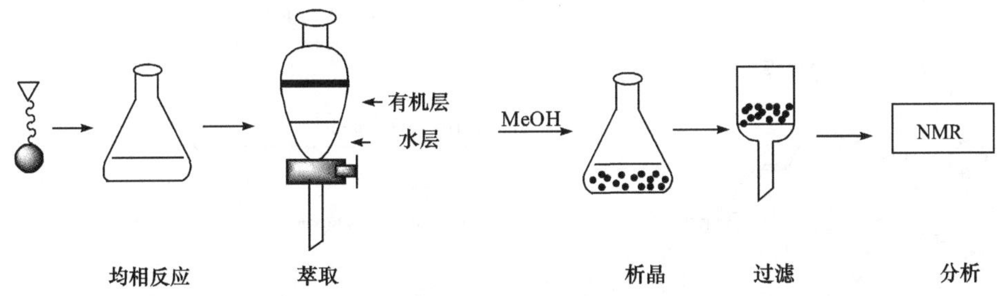

图 3.9　利用 NCPS 进行的代表性均相反应过程

副产物。这一点对需要使用大量有机和无机金属试剂的现代合成尤其重要。最后,NCPS 可溶于 $CDCl_3$ 中,在不需要任何特殊技术和仪器的情况下,不采取任何“毁坏分子”的措施即可进行 NMR 分析。

利用此法,Chen 等合成了具有重要生物活性的复杂天然产物分子前列腺素(prostaglandin),见图 3.10[24]。这是第一个在组合化学领域内报道的合成前列腺素的实例,也是采用组合化学方法合成的少数几个复杂天然产物之一。采用三组分缩合策略组装了目标分子:(1)通过 DHP 连接桥将环戊酮负载在聚合物(NCPS)上;(2)通过 vinylcuprate 共轭加成加上 ω-链;(3)通过硅醚捕捉烯醇;(4)再释放出烯醇,通过 propargyl triflate 捕捉再加上 α-链;(5)还原炔烃到烯烃;(6)从载体上裂解下来化合物。利用此法,成功地合成了两个天然的前列腺素类似物 PGE_2 和 $PGF_{2\alpha}$[25]。两种情况都得到了非常好的产率。对于 PGE_2,八步反应的总产率为 37%,而 $PGF_{2\alpha}$ 九步反应的合成总产率为 30%。由于每一个组分可以认为是一个多样性的位点,该三组分方法被认为是组合合成该化合物的极好方法。这些组分的每一个变化都可以引导组合合成或平行合成化学库,从而可以识别和优化生物活性。

图 3.11[26]展示了一个含有 16 元化合物的化学库的合成。该合成采用了“混合-均分”的策略,2 个可变位置分别是 4 个不同的 ω-链和 4 个不同 α-链。最终产物由 HPLC 用 ELSD(evaporative light scattering detector)检测器分析,因为这些产物没有 UV 吸收。对该化学库进行了筛选,通过筛选化学库的解析过程,发现其

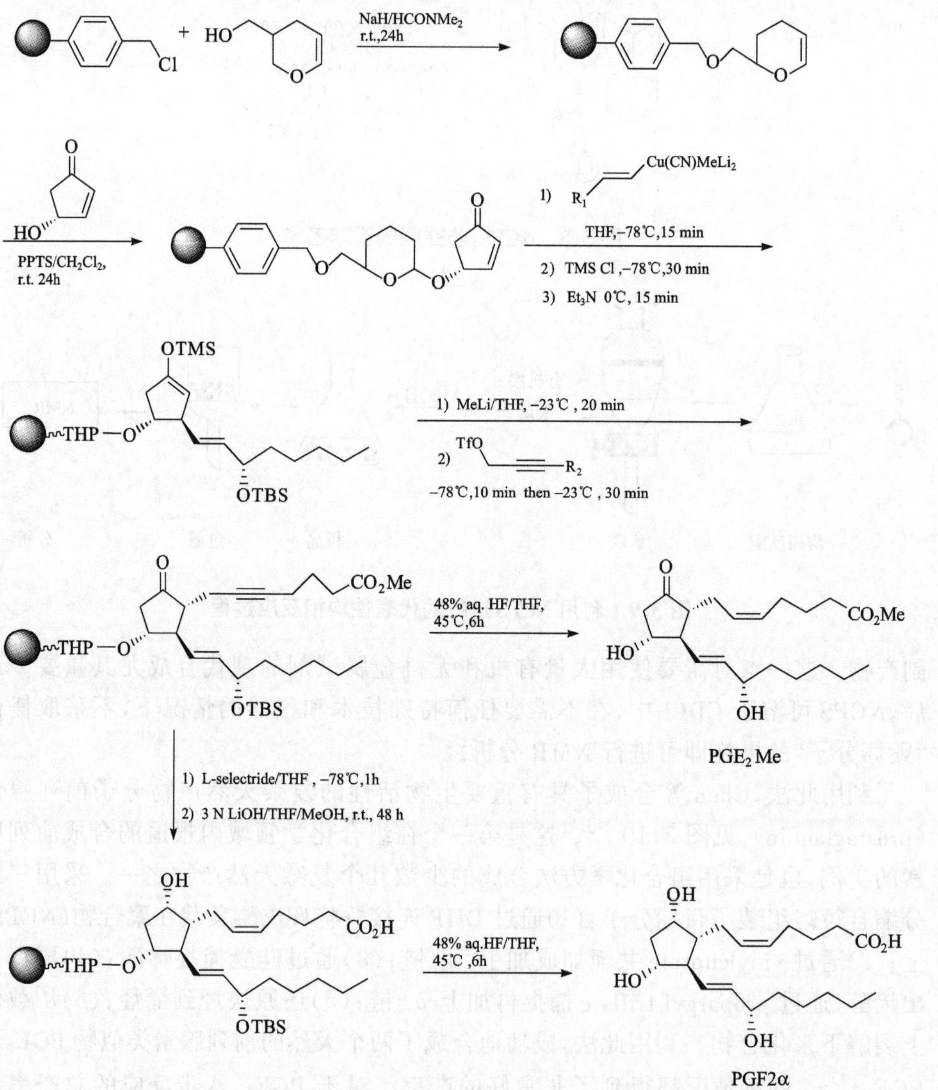

图 3.10 均相合成 prostaglandin E2 methyl ester 和 prostaglandin F2α

中一个化合物显示了对 cytomegalovirus (CMV)期望的抑制作用。由于临床上对于 CMV 感染尚无抗病毒治疗药物,因此,这一发现非常有意义[27]。

上面五元环骨架系统可以扩展到六元环系统,以增加 prostanoid 化学库的多样性,进一步研究其构效关系[28]。均相合成六元环系统的总产率与合成五元环系统的总产率相当。三个可变位置可以安排合成大量潜在前列腺素类似物。NCPS 法可以互补,实现早期基于 PEG 合成途径所用的方法构建化学库。以前列腺素合

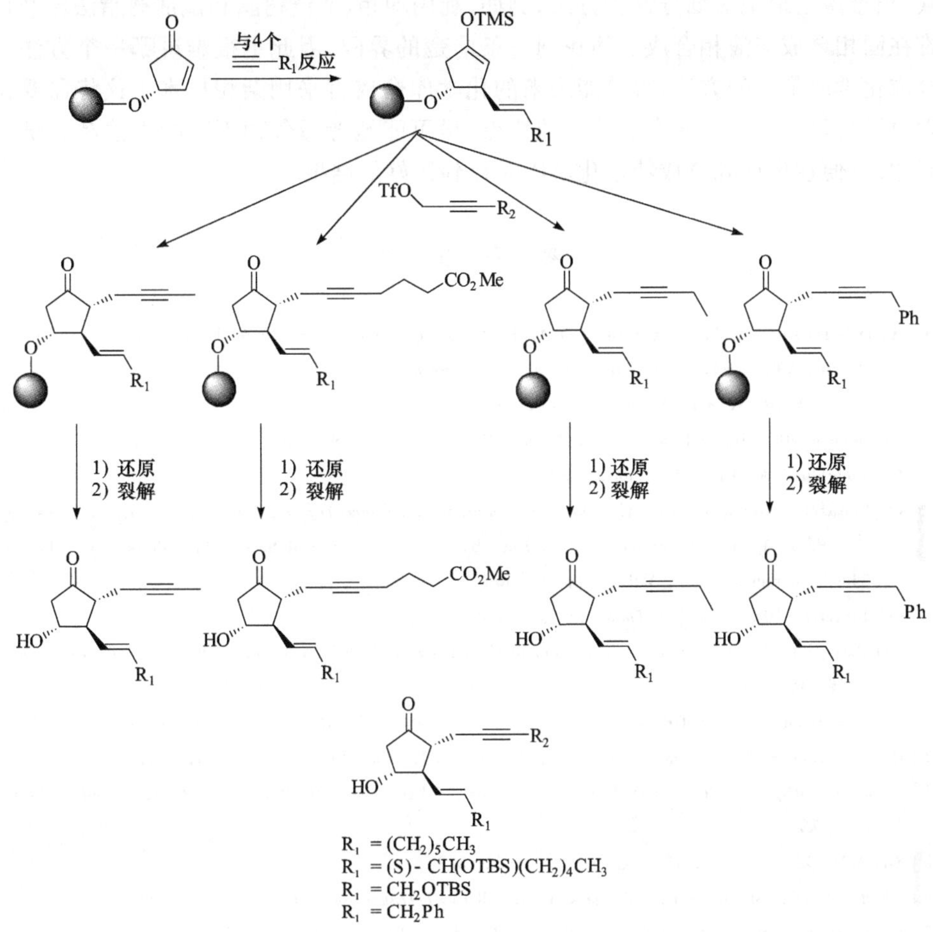

图 3.11　采用"混合-均分"的方法组合均相合成 prostanoid 化学库

成作为例子，均相合成已经打开了一扇制备复杂天然产物化学库的大门，而用其他方法或许难以制得。

3.6　结　　论

液相合成方法已经发展成为一个产生化学库的主要方法，特别是在新药物的探索过程中，液相组合化学已经取得了实质性的进展，并发展了各种合成和纯化的技术。本章中介绍了几个主要的技术，像多组分合成、固相载体负载化的试剂和清洁树脂、液相-液相萃取和均相合成等。限于有限的篇幅，其他的一些方法没有包括在本章中，如氟组合合成方法[29,30]、枝叉载体[31]、树脂捕捉方法[32]等。有些时候,很难清楚地绝对划分这些方法,例如,利用均相、清洁树脂和试剂树脂法已经很难在固相合成与液相合成之间找到一条清楚的界限,因此也很难讲哪一个方法是合成化学库最好的方法,很可能未来的化学库合成将采用杂相技术。这将需要化学家了解每一个化学库合成技术的特点,尽可能地考虑各种不同的方法和关键的问题,以便在设计和合成特定化学库时得到最好的结果。

参 考 文 献

[1] Reviews for solution-phase synthesis: (a) An H, Cook PD, *Chem. Rev.* 2000, 100, 3311
(b) Merritt AT, *Comb. Chem. High Throughput Screening* 1998, 1, 57
(c) Gayo LM, *Biotechnol. Bioeng.* (*Comb. Chem.*) 1998, 61, 95
(d) Wentworth P Jr, Janda KD, *Curr. Opin. Biotechnol.* 1998, 9, 109
(e) Loughlin WA, *Aust. J. Chem.* 1998, 51, 875
(f) Coe DM, Storer R, In *Annual Reports in Combinatorial Chemistry and Molecular Diversity*; Moos, W. H., Pava, M. R., Ellington, A. D., Kay, B. D., Eds.; ESCOM Science Pulbishers B.V.: Leiden, The Netherlands, 1997; Vol. 1, pp 50～58
(g) Storer R, *Drug Discovery Today* 1996, 1, 248
(h) Balkenhohl F, von dem Bussche-Hünnefeld C, Lansky A, Zechel C, *Angew. Chem., Int. Ed. Engl.* 1996, 35, 2288

[2] Bailey N, Dean AW, Judd DB, Middlemiss D, Storer R, Watson SP, *Bioorg. Med. Chem.* 1996, 6, 1409

[3] Cheng S, Comer DD, Williams JP, Myers PL, Boger DL, *J. Am. Chem. Soc.* 1996, 118, 2567

[4] Cheng S, Tarby CM, Comer DD, Williams JP, Caporale LH, Myers PL, Boger DL, *Bioorg. Med. Chem.*, 1996, 4, 727

[5] Sim MM, Ganesan A, *J. Org. Chem.* 1997, 62, 3230

[6] Thomas JB, Fall MJ, Cooper JB, Burgess JP, Carroll FI, *Tetrahedron Lett*, 1997, 38, 5099

[7] Boger DL, Ozer RS, Anderson CM, *Bioorg. Med. Chem.* 1997, 7, 1903

[8] Boger DL, Chai W, Ozer RS, Anderson CM, *Bioorg. Med. Chem.* 1997, 7, 463

[9] Same as 6

[10] For two excellent reviews see: (a) Dax SL, McNally JJ, Youngman MA, Curr. *Med. Chem.* 1999, 6, 255
(b) Weber L, Illgen K, Almstetter M, *Synlett*, 1999, 3, 366

[11] Keating TK, Armstrong RW, *J. Am. Chem. Soc.* 1995, 117, 7842

[12] Keating TK, Armstrong RW, *J. Am. Chem. Soc.* 1996, 118, 2574

[13] Nixey T, Kelly M, Hulme C, *Tetrahedron Lett*, 2000, 41, 8729

[14] Nakamura M, Inoue J, Yamada T, *Bioorg. Med. Chem. Lett.* 2000, 10, 2807

[15] Creswell MW, Bolton GL, Hodges JC, Meppen M, *Tetrahedron* 1998, 54, 3983

[16] Kaldor SW, Siegel MG, Fritz JE, Dressman BA, Hahn PJ, *Tetrahedron Lett*, 1996, 37, 7193

[17] Parlow JJ, Devraj RV, South MS, *Curr Opin Chem Biol* 1999, 3, 320

[18] Han H, Wolfe MM, Brenner S, Janda KD, Proc. *Natl. Acad. Sci. USA* 1995, 92, 6419

[19] Mutter M, Hagenmaier H, Bayer E, *Angew. Chem., Int. Ed. Engl.* 1971, 10, 811

[20] Bayer E, Mutter M, *Nature* (*London*) 1972, 237, 512

[21] Han H, Janda KD, *J. Am. Chem. Soc.* 1996, 118, 2539

[22] Gravert DJ, Janda KD, *Trends Biotechnol.* 1996, 14, 110

[23] Gravert DJ, Janda KD, In *Molecular Diversity and Combinatorial Synthesis*; Chaiken I, Janda KD, Eds.; ACS Symposium Series; American Chemical Society: Washington, DC, 1996; p 118

[24] Chen S, Janda KD, *J. Am. Chem. Soc.* 1997, 119, 8724～8725

[25] Chen S, Janda KD, *Tetrahedron Lett.* 1998, 39, 3943～3946

[26] Lee KJ, Angulo A, Ghazal P, Janda KD, *Org. Lett.* 1999, 1, 1859～1862

[27] King SM, *Antiviral Res.* 1999, 40, 115～137

[28] Lopez-Pelegrin JA, Janda KD, *Chem. Eur. J.* 2000, 6, 1917

[29] Curran DP, *Chemtracts: Org Chem*, 1996, 9, 75

[30] Studer A, Jeger P, Wipf P, Curran DP, *Science*, 1997, 275, 823

[31] Kim RM, Manna M, Hutchins SM, et al. *Proc. Natl. Acad. Sci. USA* 1996, 93, 10012

[32] Keating TA, Armstrong RW, *J. Am. Chem. Soc.* 1996, 118, 2574

（陈少清）

作者简介

陈少清　博士。1986年于南京大学化学系获学士学位,1989、1992年先后于中国科学院上海有机化学研究所获硕士和博士学位。1993年赴美,先后于美国匹兹堡大学(University of Pittsburgh)和The Scripps Research Institute进行博士后研究工作。1998年受聘为美国旧金山Versicor Inc.资深科学家。现为罗氏制药公司(Hoffman-La Roche Inc.)首席科学家。他的研究领域包括新化学合成方法、组合化学、药物化学研究。主要集中于开发新型抗生素、代谢系统疾病药物和抗癌药物等。曾获1992年中国科学院院长奖金,他所研发的几个缩合剂已由几家世界大型试剂公司(Aldrich, Fluka和Sigma)销售。

第四章　化学合成库中的固相载体和连接桥以及固载化试剂

固相载体(solid support)和连接桥(linker 或 handler)是固相合成中两个重要的组成部分。其中,固相载体是固相反应的基础,而连接桥则是连接固相载体和反应物之间的桥梁(图 4.1)。正确地选择合适的固相载体和连接桥将成为有效地进行固相合成反应的关键。

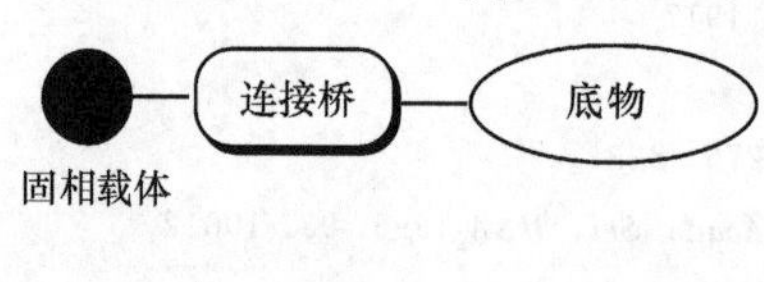

图 4.1

4.1　固 相 载 体

固相载体大多是由不同化合物聚合而成的树脂制成的。在固相多肽合成(简称 SPPS)和固相有机合成(简称 SPOS,即固相非多肽合成)中,选择合适的载体对成功地进行相应的合成反应起着很关键的作用。聚合物本身应能够在反应溶剂中很容易地溶胀,从而形成足够的空间,使液相中的反应试剂能相对自由地进入树脂孔径的内部,与连在树脂上的功能基团反应。其溶胀程度由许多因素决定,其中包括聚合物本身的性质和交联度,以及形成聚合物单体的亲、疏水性等。尤其在 SPPS 和 SPOS 反应中,当反应物通过自由扩散而进入树脂内部的过程是限制反应速度的主要步骤时,这些影响树脂溶胀的因素就极为重要。树脂越易溶胀,反应试剂扩散到聚合物内部就越快,相应的反应速度也就越快。从而可以减少反应时间、增加反应速率以及减少反应试剂的用量。很多种类的树脂在市场上都有销售,最常见的是聚苯乙烯类树脂,其他还有聚丙烯酸酯类树脂、聚乙二醇类树脂以及聚丙烯酰胺类树脂。下面将这些树脂的性质和特点加以详细介绍。

4.1.1　聚苯乙烯树脂

聚苯乙烯类树脂(polystyrene resin,也称 Merrifield 树脂)是由 Merrifield 在 1963 年最早引入到固相多肽合成中[1],至今还一直广泛地应用于固相多肽合成和固相有机合成中。聚苯乙烯自身具有很强的疏水性能,很容易在甲苯、二氯甲烷以及二甲基甲酰胺这样的非极性溶剂中溶胀(详见表 4.1)[2]。在固相合成中使用的聚苯乙烯树脂是通过二乙烯基苯(DVB)作为交联剂的,由此生成的树脂在溶剂中不仅均匀度好，而且机械强度也高。常见的交联度为 1%或 2%。这样得到的树脂一般形状比较好(通常是球形)，抗磨损能力强，并且在适当的溶剂中易溶胀。1%交联度的聚苯乙烯树脂在二氯甲烷中可溶胀到自身体积的 4～6 倍。相比之下，2%交联度的聚苯乙烯树脂由于交联度增高，因而稳定性更强，但溶胀性则相对弱一些，一般在二氯甲烷中可溶胀到自身体积的 2～4 倍[2]。这类树脂多用于高温反应或有机金属试剂参与的反应中[3]。

表 4.1 列出了 1%DVB 交联的聚苯乙烯树脂(珠型 100～200 目)在不同溶剂中的溶胀系数。其他影响因素如连在树脂上底物的不同也会影响到树脂的溶胀，需在表 4.1 中溶胀系数的基础上加以考虑。

表 4.1　1%交联聚苯乙烯(100～200 目)在各种溶剂中的溶胀因子(mL/g 树脂)

溶剂	THF	toluene	CH_2Cl_2	dioxane	DMF	Et_2O	CH_3CN	EtOH	MeOH	H_2O
溶胀因子	5.5	5.3	5.2	4.9	3.5	3.2	4.7	5.0	1.8	1.0 (不溶胀)

除交联度外，另一个影响树脂性能的重要因素则是树脂的颗粒大小[2]。聚苯乙烯类树脂的颗粒直径一般在 1～750μm 之间。文献或市场上常用 Tyler Mesh 来表明树脂的规格和大小，其数值是与树脂颗粒直径成反比。两种常用的树脂规格是 100～200 目和 200～400 目(相应于直径为 75～150μm 和 35～75μm)。

从动力学角度看，树脂的颗粒越小，相对表面积越大，与溶液中反应物的接触机会就越大，从而可相对增加反应速率。但在实际操作中，若颗粒太小，将会导致过滤困难，因而增长反应周期。综合考虑认为，100～200 目的树脂是比较适合于一般的固相多肽合成的。当然，除此之外，还有许多其他因素影响树脂的选择。要想得到尽可能理想的反应效果，还需要仔细全面地分析各种可能的影响因素，以及反应和反应产物的要求。例如，若不考虑在每一个颗粒产物的收率，在制备小分子化合物库时，较理想的是选用颗粒大的树脂。因为较大的颗粒具有较大的容量，典型的例子就是在化学库(chemical libraries)合成中采用的“一珠一化合物”(one-bead one-compound)的组合化学方法(详见第九章)。

4.1.2　TentaGel(TG)树脂[3]

从表 4.1 中我们可以看出，在甲醇和水这样的溶剂中，聚苯乙烯类树脂的溶胀系数很小。另外，这种聚合物内部结构的疏水环境也不利于接纳许多有机合成中常用的离子性反应试剂或中间体。为了解决这个问题，人们将亲水性较强的聚乙二醇 (PEG) 接到聚苯乙烯核心骨架上，从而形成了另一类型树脂 (TentaGel 树脂) 或其他亲水性树脂[4,5]。在 TentaGel 树脂上，功能基连接在亲水性的 PEG 链末端而远离疏水性的聚苯乙烯中心,因此,这种树脂具有亲水和疏水双重特性,也可以在如甲醇和水这样的极性溶剂中有效地进行溶胀[4],大大增加了其应用范围。

但这类树脂有一个很值得注意的问题:因为 PEG 与聚苯乙烯是通过形成醚键连接的,尽管醚键有较强的耐酸能力,但对氧化和光敏感,易在长期储存中生成 PEG 过氧化物而分解[4],而降解是所有 PEG 树脂的一个特性[2]。

4.1.3 其他固相载体

上面介绍的聚苯乙烯类树脂和 TentaGel 树脂是两种在固相合成中应用最普遍的固相载体。另外还有一些特殊的固相载体。例如:Crowns/Pins (CP) 是一类由聚苯乙烯和聚丙烯嫁接而成的树脂[6],曾用于第一个肽库的合成[6]和其他同步多肽的合成[7]。另外两种包括 Controlled-pore 玻璃 (CPG)[8]和 Kieselgur 聚丙酰胺类树脂 (KPA)[9]。这两种固体载体的共同特点是耐压,因而主要用于连续流动(continuous flow)的固相多肽合成和寡核苷酸的合成中,很少用于小分子有机合成中。KPA 属于无机类载体,溶胀性比较小[9]。还有一种极性很大的树脂,是聚乙二醇和二甲丙烯酰胺的共聚物,称之为 PEGA[10]。这种树脂的特点是能在水中溶胀,具有柔韧的内部结构,能使各种各样的大分子如酶自由进出,其缺点是机械稳定性能差一些,造成操作上的困难,并且成本较高,难于大规模使用。

4.2 连 接 桥

连接桥是固相合成中固体载体与反应物之间的连接部分。选择什么样的连接桥同样对于能否有效地进行固相合成起着重要的作用。理想的连接桥首先是它与反应物之间形成的化学键应在相应的反应条件下稳定,同时又能在一定的裂解条件下使最终产物从固相载体上解离下来。苄醇类及苄基卤化物类连接桥是最先用于发展固相肽化学中的连接桥,也是目前在固相有机合成中应用最广泛的连接桥之一。这类连接桥是通过和反应物的羧基形成酯而接到固相上的,它们仅适用于连接氨基酸的羧基及其他羧酸类化合物。众所周知,有机合成反应以及反应条件是千变万化的,很难创造出一种万能通用的连接桥来适合全部的固相有机合成反应。因而,人们发展了各种各样适用于不同反应和裂解条件的连接桥。大部分连接桥是基于液相有机合成中保护基化学的原理产生的[15]。由于篇幅所限,这里不可能概括本研究领域中的所有内容,我们将集中讨论一些具有代表性并广泛应用的连接桥。若需要更进一步了解更多的内容,请读者在参考文献中查阅有关的综述文献和资料[11~14]。根据连接桥的裂解条件,以下大体分为七类加以较详细的介绍。

4.2.1　对酸及亲电试剂敏感的连接桥

4.2.1.1　强酸性条件下裂解的连接桥

4.2.1.1.1　Merrifield 连接桥结构

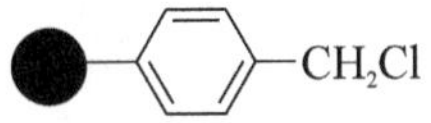

Merrifield resin (linker) **1**

Merrifield 连接桥以形成苄酯键为基础。自从 Merrifield 首先将这类连接桥应用到固相多肽合成中以来[1,16,17]，就一直作为经典的固相载体连接桥被广泛应用于叔丁氧酰基(Boc)保护策略多肽的合成中[16]。用 Boc 保护的氨基酸需要用 25%～50%的三氟乙酸脱保护，这种条件可导致小部分连接桥的断裂。因此，Merrifield 连接桥不适用于长链多肽的合成[18]。底物与连接桥之间是通过苄酯形成的，反应一般在 DMF 溶液中进行。在碘化钾的存在下，通过加热 **1** 和相应 Boc 保护的氨基酸或有机酸的铯盐即可将氨基酸或有机酸连接到树脂上[19]。现在可直接买到已连接好的各种各样 Boc 保护氨基酸树脂。从这种连接桥上裂解产物时，一般在无水氟化氢(HF)[20]或溴化氢(HBr)的乙酸或三氟甲磺酸（TFMSA）溶液中完成[21]。

Merrifield 树脂也可用作固相有机合成中连接具有其他功能基化合物的载体。例如：有机羧酸类、醇类[22～25]及二级胺类[26]等。羧酸与连接桥的连接方法与氨基酸相同。裂解除了用无水氟化氢或者三氟甲磺酸外，还可通过氢解[27]和三甲基氢氧化锡[28]处理来完成。另外，酯键也可用像二异丁基铝氢(DIBAL)[29]或硼氢化锂这样的还原剂还原解离出醇类衍生物(详见第 4.2.1.5 节)，或与甲醇盐进行酯交换反应形成甲酯衍生物[30,31]。

4.2.1.1.2　PAM 连接桥

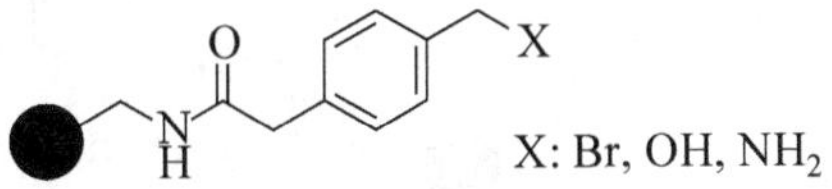

X: Br, OH, NH_2

PAM linker **2**

PAM 连接桥是基于 Merrifield 连接桥的结构，在苯基和羟甲基之间引入苯乙酰胺甲基(PAM)而得到的。引入吸电子的基团增加了酯键对酸的稳定性[18]，减少了由于多次使用三氟乙酸处理脱 Boc 保护基时造成的损失。这类连接桥可用于各种大小、特别是较长肽链的多肽合成。实际上，PAM 连接桥就是一种更稳定的

Merrifield 连接桥。因此,其与底物的连接方式也与 Merrifield 连接桥相同。裂解的方法除在 HF、HBr 的乙酸溶液中进行外,还可用四甲基氢氧化锡(Me_4SnOH)[28]或四丁基氟化铵($Bu_4N^+F^-$,TBAF)[33]处理,水解解离出羧酸化合物。另外,还可在1,8-二氮双环[5.4.0]癸-7-烯(DBU,1,8-diazabicyclo[5.4.0]undec-7-ene)及溴化锂催化下进行酯交换而解离得到酯类化合物[32]。

4.2.1.1.3 BHA 和 MBHA 连接桥

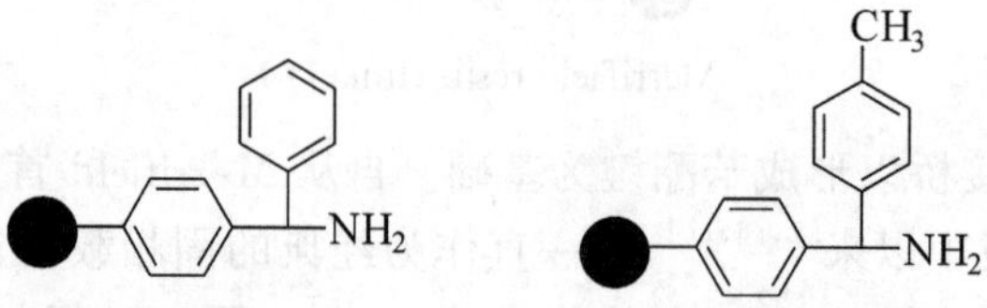

BHA linker **3a**

MBHA linker **3b**

和上述两种连接桥不同的是,二苯甲胺(BHA,Benzhydrylamine)连接桥 **3a**[34]和甲基取代的二苯甲胺(MBHA)连接桥 **3b**[35]的连接基团是氨基。这类连接桥多用于 Boc 保护策略时末端为酰胺的多肽合成。氨基酸或有机酸可通过常用的酰胺键形成的方法连接到连接结构上。裂解也可通过用无水氟化氢或者三氟甲磺酸处理得到。在合成中也要尽量避免使用强酸而影响收率。与 **3a** 相比,在 **3b** 中由于苯环对位上引入了供电子基甲基,可使在酸催化裂解中形成的碳正离子稳定,因而 **3b** 的裂解条件可相对温和一些。

连接桥 **3** 在固相有机合成中的应用包括 β-内酰胺制备喹啉[36]、3,5-二取代的己内酰脲[37]、哌嗪[38]、咪唑啉酮(2-imidazolidones)[39]以及苯并咪唑类化合物(benzimidazoles)[40]的制备。

4.2.1.2 弱酸条件下裂解的连接桥

4.2.1.2.1 王氏连接桥 4

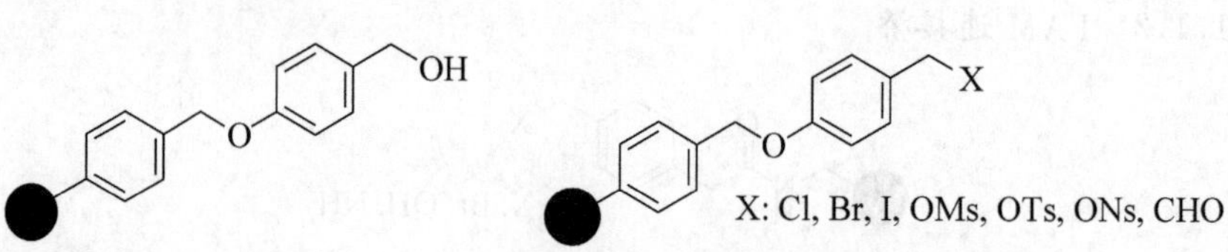

X: Cl, Br, I, OMs, OTs, ONs, CHO

Wang linker **4**

Wang linker derivatives **5**

王氏连接桥发明于 1973 年。它是在弱酸条件下裂解应用最广泛的连接桥之一[41]。其特点是在 Merrifield 连接桥基础上,在苄基对位引入具有较强供电子性能的苄氧基,增加了对酸的敏感性。这样产物一般可以在非常温和的条件下(15%~95%三氟乙酸的二氯甲烷溶液)裂解解离,但不影响产物侧链所带的磺酰基、苄基和硝基等的保护基[41]。由于这种连接桥对酸特殊的敏感性，9－芴甲氧基羰基(Fmoc, 9-fluorenylmethoxycarbonyl)被选作固相多肽合成常用的氨基酸氨基的保护基[41,42]。Fmoc保护的氨基酸和羧酸与王氏连接桥的连接反应一般仅需要使用二环已基碳二亚胺(DCC, dicyclohexylcarbodiimide)这类的活化剂，加上催化量的4－二甲胺基吡啶(DMAP)就可以了。然而，大多数情况下人们还要加入1－羟基苯并三唑水合物(HOBt, 1-hydroxybenzotriazole hydrate)，用于减少反应中产物的异构化(消旋)。值得注意的是，若以二甲基甲酰胺(DMF)作为偶联反应的溶剂时，溶剂应事先处理，即用氮气驱逐或真空(或采取减压蒸馏的方式)除去里面可能含有少量的二甲胺。因为二甲胺可以脱去Fmoc保护基。

相对温和的裂解条件使得王氏连接桥树脂广泛地应用在固相有机合成中。另外，王氏连接桥中苄羟基很容易转化成各种相应的衍生官能团**5**。如，卤代物(包括氯、溴、碘化物)、甲磺酸酯(Ms)、对甲苯磺酸酯(Ts)、对－或邻－硝基苯磺酸酯(Ns)及醛类，因而被广泛地应用于固相合成中。其中典型的化学库包括鳚唑烷酮类(oxazolidinones)[43]、tetramic acids[44]、1,4－苯并二氮䓬－2,5－二酮类(1,4-benzodiazepine-2,5-diones)[45]及5,6－二氢嘧啶－2,4－二酮(5,6-dihydropyrimidine-2,4-diones)[46]的制备。除此之外，在树脂上通过Knoevenagel和Hantzsch缩合反应也完成了吡啶及吡啶并[2,3-d]吡啶(pyrido[2,3-d]pyridines)类化合物的组合合成[47]。利用*N*－氧化物(*N*-oxide)制备了取代的喹啉和异喹啉衍生物[48]以及环丙烷羧酸酯类(cyclopropanecarboxylates)[49]和tricyclic maleimide-fused indolizinium carboxylates化合物[50]。

4.2.1.2.2　Rink连接桥

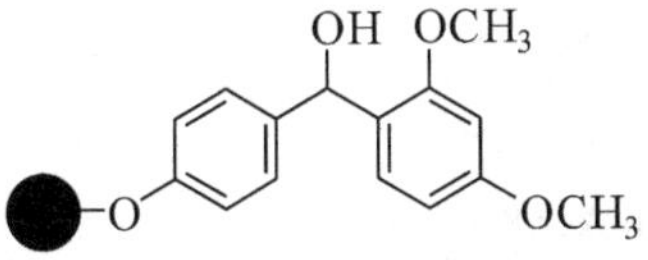

Rink acid linker **6**

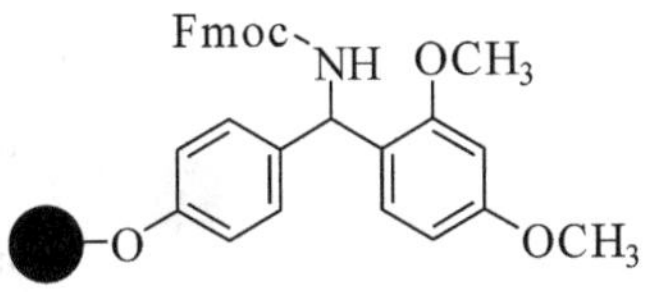

Rink amide linker **7**

Rink连接桥(**6**和**7**)是在王氏连接桥**3**的基础上引入了更多的甲氧基，进一步稳定了在裂解过程中生成的碳正离子，主要用于Fmoc保护的多肽合成。将Fmoc保护的氨基酸连接到连接桥上的方法与王氏的方法类似。但是，由于用Rink连接桥形成的酯键对于在多肽合成中反复使用的、具有微弱酸性的HOBt也敏感，因而在某种程度上限制了它的使用。有人建议在反应中加一些二异丙基乙基丙胺(DIPEA，也称Hunig's碱)，用来中和HOBt。Rink连接桥最具吸引力的特性是形成的多肽可以在非常温和的条件下，例如10%乙酸的二氯甲烷溶液，将合成化合物从连接桥**6**上解离下来。产物不仅收率高，而且纯度也好。由于这类连接桥对酸敏感,偶联反应要在碱性条件下进行,以避免酸性条件造成的提前裂解反应发生。

Rink 酰胺连接桥 **7** 也是在固相有机合成中常用的连接桥之一。主要用于一级酰胺和磺酰胺的制备[51]。它还应用于将各种亲核性基团固定到连接桥上,例如醇羟基、酚羟基和氨基[52,53]、巯基和羟氨基[54]。利用 **7** 制得了很多化合物化学库,如通过钯催化的三组分偶联反应制备烯烃类化合物[55]、苯并呋喃[56]类化合物、由苯胺、醛和连接在树脂上的异氰之间进行的多组分反应而形成的 3 -氨基咪唑并[1,2-a]吖嗪(3-aminoimidazo[1,2-a]azine)衍生物[57]、以及通过烯烃与吡啶叶立德(pyridinium ylides)进行的 2+3 环加成反应制备了中氮茚(indolizines)[58]。

由 Rink 连接桥 **7** 转化成的亚胺是有机合成中非常有用的中间体。例如,Katritzky 等人[59]用连在树脂上的亚胺与格氏试剂和有机锂试剂反应,然后再用三乙胺裂解来制备一级胺。用氰基硼氢化钠($NaCNBH_3$)还原生成连在树脂上的二级胺[51],这类连接桥还被用在 Ugi 多组分反应中作为氨水的替代物[60,61]。

因为没有保护的 Rink 连接桥在几天的加热过程中(DMF, 80℃)不稳定会分解,通常在市场上销售的 **7** 中,其氨基都是用 Fmoc 保护好的。树脂上的氨基在脱去保护基之后,能在大部分反应条件下保持相对的稳定。当使用 95%TFA 处理,从连接桥上解离化合物时,这种高浓度三氟乙酸有时可导致连接桥本身的分解,所生成的副产物也很难从产物中洗掉。一般可改用低浓度的三氟乙酸或在裂解过程中加入三烷基硅类化合物捕捉其分解的副产物。

4.2.1.2.3 Sieber 连接桥

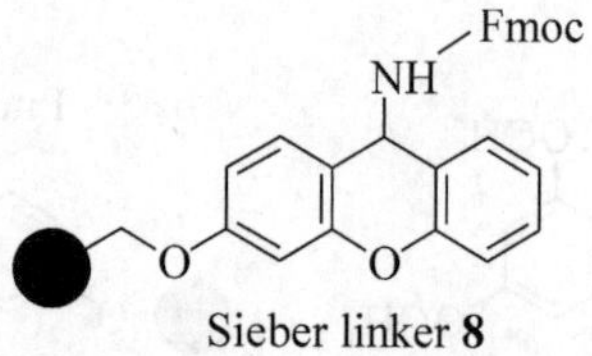

Fmoc
NH
O
O

Sieber linker **8**

Sieber 连接桥 **8** 是一类对酸极敏感的连接桥,主要用于 Fmoc 保护的多肽酰胺的合成。反应产物只需要用 1%TFA 处理即可从连接桥上裂解下来。而大多数氨基酸的侧链保护基在这样的条件下不受影响,因而可以制备保护氨基酸片段。连接桥 **8** 的一个特殊用途是通过固相有机合成制备碳酰胺,并且这类连接桥很容易进行还原烷基化反应而作为合成二级碳酰胺的工具[62]。另外,由于连接桥 **8** 中的氨基比 Rink 酰胺 **7** 中的氨基空间阻碍更小,更容易被酰化。与其他带有氨基的连接桥相比,通过还原烷基化氨基的反应来制备多肽 C -端二级酰胺衍生物的过程时[62,63],使用 Sieber 连接桥所得到的收率最高。这也可能是由于 **8** 的空间阻碍较小的缘故。

4.1.1.2.4 SASRIN 和 PAL 连接结构

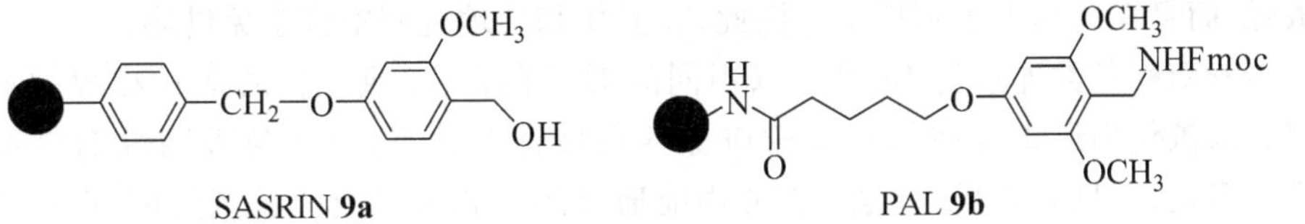

SASRIN **9a** PAL **9b**

SASRIN 连接桥 **9a**(super acid sensitive resin)是在王氏连接桥的结构基础上，在羟甲基邻位又引入了一个供电子甲氧基而得到的。这个基团的引入进一步增加了连接桥对酸的敏感程度。同样也主要用于 Fmoc 保护的多肽合成以及羧酸、醇及酚类基团负载在固相载体上。羧酸类化合物与连接桥的连接首先通过羧酸与合适的不对称酸酐或 2,6-二氯苯甲酰氯/吡啶，通过 DMAP 催化酯化而活化，然后与连接桥进行酯交换而完成[64]，酚类可通过 Mitsunobu 反应固定到连接桥上[65,66]。裂解反应可通过使用 1%～5% TFA 的二氯甲烷溶液完成，这个条件比王氏连接桥的裂解条件更加温和。全保护的多肽可以在 1%TFA 的二氯甲烷溶液中裂解得到，其产物不仅纯度好，而且在 Fmoc 保护的固相多肽合成中氨基酸侧链上通常使用的保护基均不受影响。

Barany 等人在邻位又引入一个甲氧基，并用 Fmoc 保护的苄胺氨基取代羟甲基而得到另一类连接桥，称为 PAL 连接桥 **9b**(peptide amide-unloaded linker)[67]，主要用于 C-端酰胺的多肽合成。用 90%TFA 处理可裂解得到产物，其收率和产物纯度都很高。

4.2.1.2.5 三苯甲基连接桥

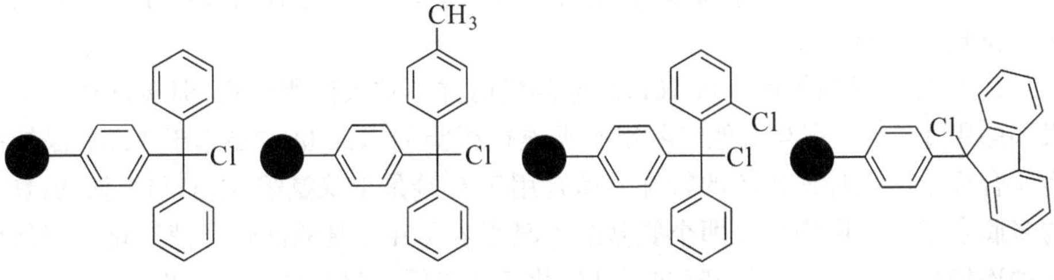

10a **10b** **10c** **10d**

Trityl linkers **10**

三苯甲基连接桥 **10**(triphenylmethyl linkers) 的研制是建立在醇及氨基保护基化学基础之上的[15]。这类连接桥已被成功地用于在极其温和的条件下，把具有各种各样亲核功能基团的化合物负载在树脂上。包括羧酸、醇、二醇、酚、硫化物、胺及肼等。由于在解离过程中产生的三苯甲基碳正离子具有特殊的稳定性，其裂解条件也相当温和。由于三苯甲基碳正离子的亲电性很弱，加上特有的立体阻碍，其烷基化副反应也很难发生。值得注意的是，这类已连上底物的连接桥，不仅对酸很敏感，而且在高温下也不稳定。因此，在操作和处理过程中应避免过热。

三苯甲基类连接桥 **10** 可以以不同的形式存在，如氯化物的形式和醇的形式等。以氯化物形式存在的连接桥应保存在惰性条件下，以避免吸潮脱 HCl 而失活。但是，一旦失去活性，也可在使用前通过用亚硫酰氯或乙酰氯处理，重新活化使用。经过比较，三苯甲基类连接桥 **10** 的稳定性是：**10a**＞**10b**＞**10c**[68]。

三苯甲基氯连接桥 **10a** 自 Frechet[69,70] 和 Leznoff[71] 自 20 世纪 70 年代报道以来，一直用于将醇类化合物连接到树脂上。具体应用于多元醇的合成，包括糖类化合物[69,70]、昆虫性吸引剂的合成[72～74]及染料酞花青（phthalocyanines）[75]的制备等。Chan 等人最近报道，用 **10a** 通过组合化学方法合成了 β-巯基烯酮（β-mercaptoketones）[76,77]；Gennari 等人合成了 polyketide 化学库[78]以及 Li 等人通过直接锂化反应制得了取代的呋喃和噻吩[79]类化合物。使用该连接桥时，产物的裂解条件也很简单，如可以用含有氯化氢的二氧六环溶液[72～74]、含有三氟乙酸的二氯甲烷溶液[79]、含有 PTSA 的四氢呋喃（THF）和甲醇混和溶液[78]以及含甲酸的四氢呋喃溶液[77]等。

4-甲基三苯甲基氯连接桥 **10b** 的应用与 **10a** 基本相似。而连接桥 **10d** 则在裂解过程中对酸的稳定性相对更高些[80～82]。一般需用 20％三氟乙酸处理解离醇类化合物；20％～95％三氟乙酸处理解离胺类化合物[80～82]。同样的醇和胺，从连接桥 **10b** 上解离只需要用 30％的六氟异丙醇（HFIP，hexafluoroisopropanol）和二氯甲烷溶液处理即可[83]。但 **10b** 不适合用于酚的固相保护，这是由于在 **10b** 和酚之间形成的醚键在同样的酸性条件下不稳定。另外，Barlos 等人还将 *N*-α-氨基或赖氨酸（Lys）侧链上氨基保护好的多肽片段接到树脂上，这样可以用于通过双向合成制备较长链的多肽[84]。

2-氯三苯甲基氯连接桥 **10c**，在刚问世时并不被人们所注意，但最近也显示出很多的用途[84～89]。与其他三苯甲基类连接桥类似，**10c** 也主要用于 Fmoc 保护的多肽合成中。这种连接桥的特殊用途是用于 C 端是半胱氨酸（Cys）和组氨酸（His）的多肽合成中。原因是这两个氨基酸本身很容易在氨基酸活化时消旋化。当使用这种连接桥连接第一个氨基酸时，其酯化反应不需要氨基酸的亲电性活化，直接与保护氨基酸在一定的有机碱性条件下（如 DIPEA）即可连接到树脂上，避免了消旋化的发生。**10c** 的裂解条件也同样很温和，用含有乙酸/三氟乙醇的二氯甲烷溶液[AcOH/TFE (trifluoroethanol)/DCM][84～89]、含有 0.5％TFA 的二氯甲烷溶液及含有 30％HFIP 的二氯甲烷溶液[83]都可以将目的产物解离下来。一个问题是：裂解中形成的三苯甲基碳正离子有可能和某些像半胱氨酸、蛋氨酸及色氨酸这样的氨基酸的侧链官能团反应，使肽键重新接到树脂上，但这个反应是可逆的，并且三苯甲基的巨大空间效应也有利于反应向裂解方向进行。下面是几例最近关于它的报道。其一是通过连在树脂上的亚硝氮羰基(nitrone)[90]和氰氧化物(nitrile oxides)[91]之间 2+3 环加成的反应形成烯制备了异鳃唑烷及异鳃唑啉,二是通过固相 Baylis-Hillman 反应制备了丙烯醇[92]。

可与 **10c** 连接的底物也很广泛,包括醇类、酚类[93]、胺类[94]及羟胺类[95]等。解离条件也同样温和,可在 5%三异丙硅烷(TIS,triisopropylsilane)和 1%～50%三氟乙酸的二氯甲烷溶液中解离。

4.2.1.2.6　烷氧基苯甲醛连接桥

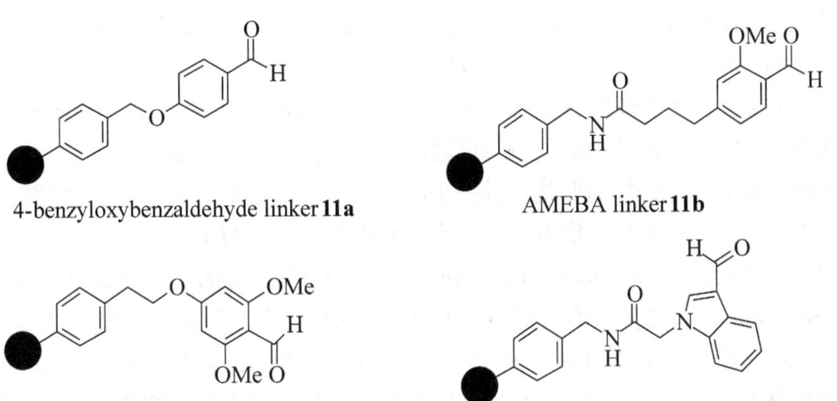

alkoxybenzaldehyde linkers **11**

11 是一类以醛基作为反应功能基,通过与底物的氨基进行还原胺化反应,将胺类化合物负载到树脂上的连接桥。在多肽合成中,通过与不同的胺反应得到的带有不同形式胺的连接桥,可用于制备各种各样羧基修饰的多肽片段[96,97],包括肽酯、*N*-烷基取代的多肽酰胺和硫代酯[96～98]。反应底物与连接桥上经还原氨化得到的氨基相连时可用保护的氨基酸,在强活化剂 HATU[2-(1H-9-azabenzotriazole-1-yl)-1,1,3,3-tetramethyluronium hexafluorophosphate]以及 DIPEA 条件下进行即可。若第一个连接上的是一个氨基酸酯的话,有必要在进一步的偶联反应中使用 Ddz(α,α-dimethyl-3,5-dimethoxy-benzyloxylcarbonyl)/ Trt (trityl)-保护的氨基酸[96,97]或 Fmoc 保护的二肽,以防止哌嗪二酮的生成。其羧基修饰多肽的裂解一般通过用 95%三氟乙酸处理即可从连接桥上解离出来。

近年来,人们越来越多地用这类连接桥通过固相有机合成制备碳酰胺和磺酰胺类衍生物。最先用于此目的的连接桥是与 PAL 连接桥相关的三烷基体系[96,97,99,100]。然而,很快人们就意识到从这类连接桥上解离二级酰胺并不总需要那样电子丰富的体系。因此,很快问世了结构相对简单、空间阻碍相对较小的二烷氧苯甲醛类连接桥[101~103]。在固相有机合成中,使用这类连接桥的典型例子包括制备咪唑[104]、苯并咪唑[105]、二苯氧氮杂䓬酮[106]和四氢喹啉[107]。

其中,4-苄氧基苯甲醛连接桥 **11a** 是在固相有机合成中用作制备磺酰胺和 *N*-酰苯胺类化合物的有利工具[108]。最后产物胺从连接桥上的裂解一般采用 DDQ (2,3-二氯-5,6-二氰基-1,4-苯醌)处理即可[109],而酰胺的裂解则需要用乙酰氯酰化活化连接在树脂上的二级胺来完成[110]。

和 **11a** 类似,**11b** 也称为酸敏甲氧基苯甲醛连接桥(AMEBA, acid-sensitive methoxy benzaldehyde),也是用于固相有机合成中磺酰胺和碳酰胺的制备[102,103,111],裂解后的最终产物纯度一般很高。最近应用这个连接桥的例子包括通过磺酰自由基加成制备烯烃酰胺(alkenylamides)[112]和苯并咪唑的无痕迹(traceless)合成。裂解可在 80℃的乙酸溶液中完成[40]。

11c 也被称为骨架酰胺连接桥(BAL)。它的特殊用途在于固相有机合成中制备 C-端修饰的多肽、环肽[96]、磺酰胺和碳酰胺类化合物[97,113,114]。通过还原胺化反应,这类连接桥可接上各种各样的氨基。进一步酰化活化再裂解后,给出不同的酰胺。由于在苯环邻位引入了一个具有供电子效应的甲氧基团,**11c** 比 **11b** 对酸更敏感。

11d (3-formylindolylacetamidomethyl)接上了可利用的 3-甲酰基二氢茚酮(3-formylindone)结构。这种连接桥已用于二级酰胺、氨基甲酸酯和脲素的合成[115]。最近有人研究了在同样条件下,二级酰胺、脲素、氨基甲酸酯及磺酰胺类从不同连接桥上,包括吲哚类 **11d**、BAL 连接桥 **11c** 和 Rink 酰胺类连接桥裂解的速度,发现吲哚连接桥 **11d** 对酸的敏感程度最高[116]。与过量的胺和 $(CH_3)_4NBH(OAc)_3$在二氯乙烷中还原胺化,然后再与过量的氰基硼氢化钠($NaCNBH_3$)在 DMF 中反应,可将甲酰基转化成相应的二级胺。产物的裂解可根据其结构差异在不同浓度(通常用 2%~50%)的三氟乙酸/二氯甲烷溶液进行。

4.2.1.2.7 四氢吡喃(THP)连接桥

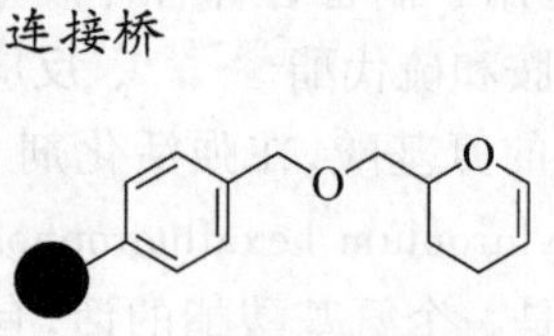

THP linker **12**

四氢吡喃化合物是常用的醇羟基保护基[15]。THP 连接桥(tetrahydropyranyl linker)也是衍生于同一原理。自然地这类连接桥多用于将一级醇和二级醇固定到树脂上[24,117~119]。除此之外,也用于连接酚类[120]、嘌呤[121]及吲哚类[122]化合物。对于三苯甲基类连接桥 **10**,我们在第一节中已介绍过,一般连接反应需要的时间较长,温度也较高。而 THP 连接桥则相对简单,甚至包括二级醇的连接。一般来说,只需要用过量的醇、酚或吲哚类化合物,加上催化量的 PPTS (pyridinium *p*-toluenesulfonate)即可。所形成的醚键对碱和亲核性试剂都非常稳定，但易在95%三氟乙酸水溶液中解离下来[117]。其他解离试剂还包括 TFA/DCM/EtOH[24]或 PPTS/BuOH/DCE[118]。吲哚和嘌呤类化合物的裂解则分别在 10%和 20%三氟乙酸的二氯甲烷溶液中进行。不过，三氟乙酸有时会导致产物生成三氟乙酸酯，但用 PPTS/BuOH/DCE[118]或 TsOH/DCM 均可避免这个反应的发生。

4.2.1.2.8 二醇连接桥

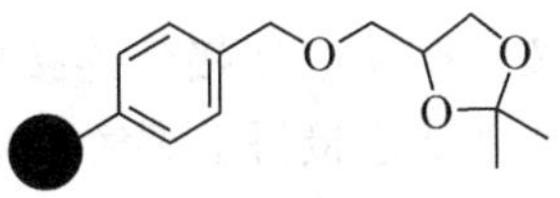

diol linker **13**

1,2-邻二醇也是在有机合成中大家都很熟悉的醛酮保护基。它和醛酮反应生成相应的缩醛或缩酮。根据这个原理，化学家于 1973 年将 diol 连接桥 **13** 应用到醛和酮的固相合成中[22,123,124]。其酮和醛从连接桥上的裂解条件一般是用 1～3mol/L HCl 的二氧六环溶液处理 2 天。尽管反应周期较长，但它是一个很成熟的反应。除此之外，Leznoff 和 Hodges 还相继发展了其他一些用于连接醛和酮的连接桥，可参阅有关文献[125～127]。

4.2.1.2.9 重氮盐类连接桥

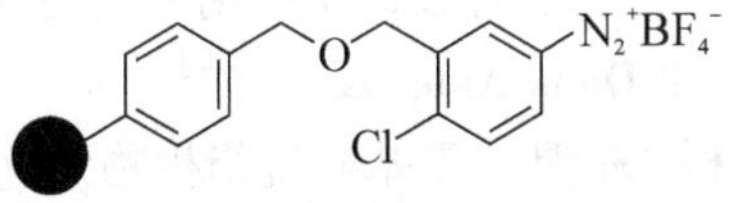

$N_2^+BF_4^-$

Cl

diazonium-based linker **14**

重氮盐类连接桥(diazonium-based linker)**14** 也是用于固相有机合成中将一级和二级胺固定在树脂上[128,129]的连接桥。连接过程是将相应的胺与连接桥加入到含有三乙胺的二氯甲烷中，控制反应温度为 10℃进行反应。产物是相应的胺与连接桥之间形成了三氮烯。三氮烯本身对碱和还原剂比较稳定，可在酸性条件下，即 10%TFA 的二氯甲烷溶液中将相应的胺解离下来。若用四氟硼酸处理，裂解后的连接桥可再生利用[128,129]。

4.2.1.2.10 硅烷类连接桥

在有机合成中，硅类衍生物也是常用的保护基[15]。用硅类化合物保护的功能基在大多数反应条件下是稳定的，但在温和的酸性条件下或用氟离子处理可脱去保护。所有类型的硅烷连接桥(silicon-carbon-based traceless linker)**15** 的共同特点是，在接到固相载体之前，要首先与相应的芳基化合物连接[130～134]。

allyldimethylsilyl linker **15a**　(4-methoxyphenyl)dimethyl silylpropyl linker **15b**　dimethylsilyl linker **15c**

silylalkyl-based linker 15

15a 是烯丙二甲基硅衍生物，主要用于烯烃的合成。对于末端烯[130]和炔[131]可通过由钌化合物催化的交叉置换反应连接到连接桥上。反应结束后，产物可通过三氟乙酸的二氯甲烷溶液处理从连接桥上裂解下来。

4-甲氧基苯基-二甲基硅丙烷连接桥[(4-methoxyphenyl) dimethylsilylpropyl linker]**15b** 主要是用于固相无痕迹（traceless）合成中制备取代的芳烃[132]。制备过程首先是 **15b** 和氯化氢在二氯甲烷溶液中反应 3h 或用 TFMSA 的二氯甲烷溶液处理，可生成连在树脂上的氯化硅或 三氟甲磺酸（triflate）硅衍生物。这些硅类衍生物再进一步与相应的芳基锂反应使与其芳基偶联。裂解条件则取决于芳烃的性质。对于富电子的芳烃，裂解及同时进行的硅解可用 HF 或 TFA 处理；而对于电性较弱的芳烃，裂解一般在含有四丁基氟化铵的 DMF 溶液中进行。通过这类连接桥形成产物的纯度比通过硅醚类连接桥（详见 4.2.2.7）形成产物的纯度要高一些。这是因为，应用这类连接桥，目的产物从固体载体上的裂解是通过硅解进行的。另外，这种连接桥的三氟乙酸酯形式还可用来制备连在树脂上的烯醇，从而可进行固相 Claisen 重排[135]和 Diels-Alder 反应[136]。

另外一种硅烷类连接桥 **15c** 是二甲基硅烷衍生物。这种树脂可在锂离子存在下生成硅负离子[133,134]。生成的负离子可与各种各样的亲电中心结合将亲电性化合物连接到固相载体上，其产物再通过 HF/吡啶或四丁基氟化铵处理从连接桥上解离。

4.2.1.2.11　三氮烯连接桥

X: Br, I

triazene-based linker **16**

三氮烯连接桥（triazene-based linker）**16** 是由芳香重氮盐和连接在树脂上的二级胺反应生成的。这类连接桥的特点是可以和很多不同种类的官能团反应而形成多种带有不同官能团取代的芳烃。在此结构基础上，人们将其应用于组合化学，通过进行不同的有机化学反应使其在药物化学及农业化学等各个领域中得到广泛应用[128,137,138]。

与重氮盐类连接桥 **14** 相似，三氮烯连接桥在大多数反应条件下是稳定的，包括强碱如正丁基锂、还原剂如二异丁基铝氢，但在酸性条件下不稳定，生成相应的重氮盐(图 4.2)。生成的重氮盐作为中间体再在不同反应条件下，可与其他的试剂反应生成不同取代的芳烃(图 4.2)。

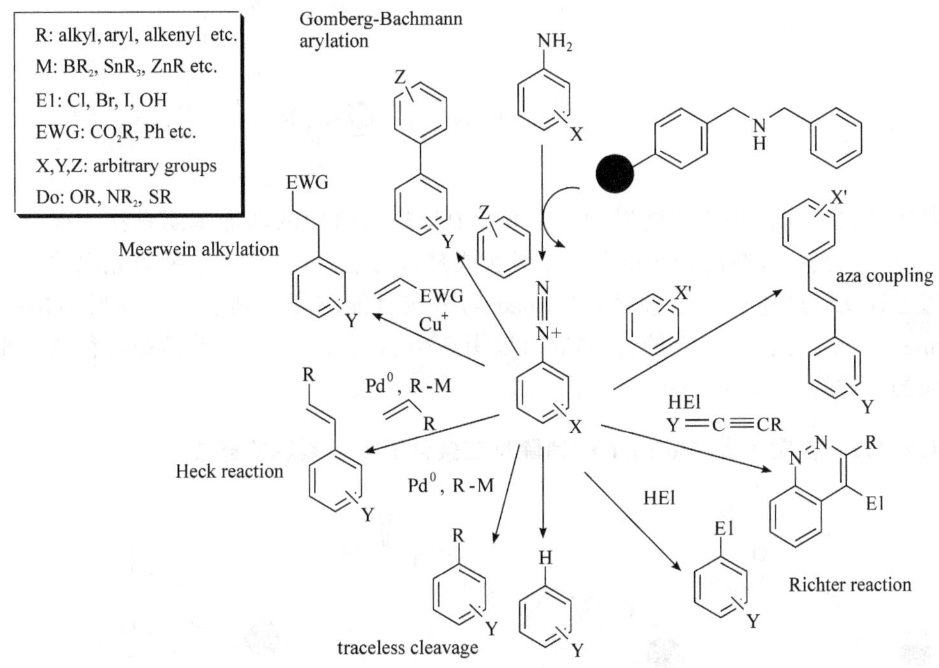

图 4.2　三氮烯连接桥的应用

三氮烯连接桥的另一重要特性是在氯化氢的存在下，在四氢呋喃溶液中经过超声波[139]，或用 $HSiCl_3$处理发生无痕迹裂解反应而释放出产物。因为市场上可购买到的芳胺类化合物数以百计，因而这种连接桥的应用范围要比硅烷类无痕迹连接桥更为广泛。同时这类连接桥不需要使用相应的芳基锂，还可在裂解时释放出芳烃后回收再生。

4.2.2　对碱和亲核试剂敏感的连接桥

4.2.2.1　Dde 连接桥

Dde 连接桥 **17** 是基于 1-(4,4-二甲基-2,6-二氧环己叉烯)乙基(Dde)而设计的，主要用于保护一级胺[15]。因此，这个 Dde 连接桥将一级胺固定在固体载体上是非常理想的[140~143]。合成的初期，一级胺可以通过使用过量的胺在溶剂二甲

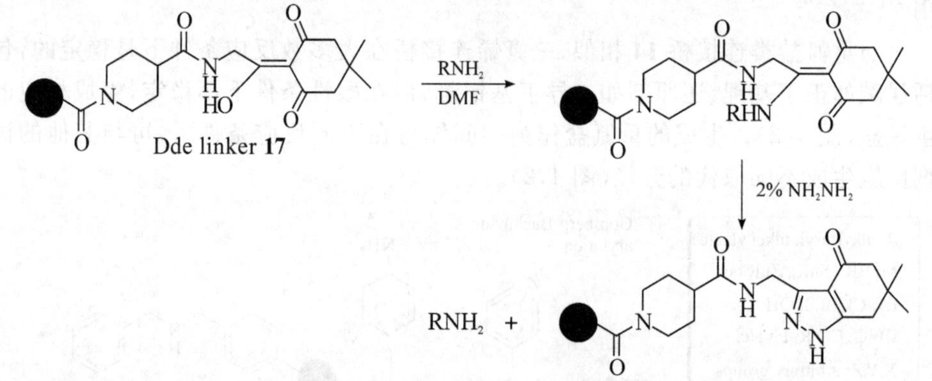

Dde linker **17**

RNH_2 / DMF

2% NH_2NH_2

RNH_2 +

基甲酰胺(DMF)中连接到树脂上。由于 Dde 连接桥中的功能基团只和一级胺反应,因此,当一级胺的分子中含有二级胺或羟基官能基团时,不需要事先保护。通过上述反应产生的连有插烯(vinylogous)酰胺官能基团的树脂对于哌啶(piperidine)和三氟乙酸是稳定的,但是它可以用 2%肼(2%hydrazine)溶液裂解释放出相应的目的胺。

4.2.2.2 在霍夫曼(Hoffmann)消除反应条件下可以裂解的连结桥

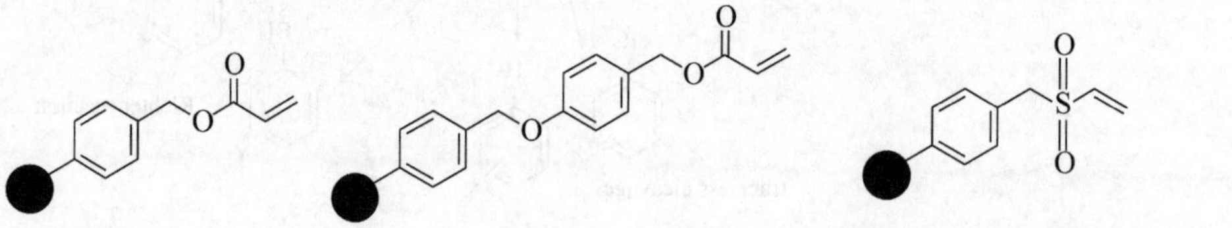

REM linker **18a**　　acryloyl Wang linker **18b**　　vinylsulfonylmethyl linker **18c**

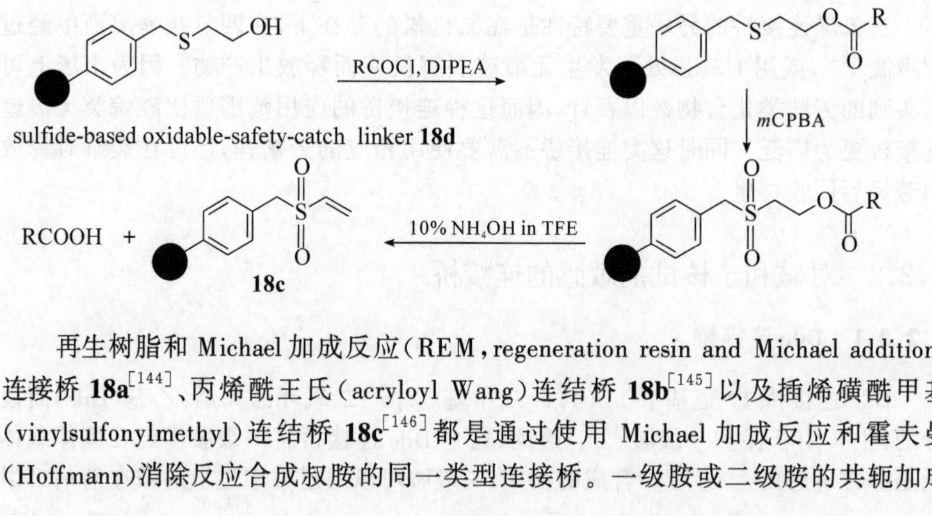

sulfide-based oxidable-safety-catch linker **18d**

RCOCl, DIPEA

*m*CPBA

RCOOH + **18c**　　10% NH_4OH in TFE

再生树脂和 Michael 加成反应(REM, regeneration resin and Michael addition)连接桥 **18a**[144]、丙烯酰王氏(acryloyl Wang)连结桥 **18b**[145] 以及插烯磺酰甲基(vinylsulfonylmethyl)连结桥 **18c**[146] 都是通过使用 Michael 加成反应和霍夫曼(Hoffmann)消除反应合成叔胺的同一类型连接桥。一级胺或二级胺的共轭加成

反应可以产生相应连接在树脂上的二级胺或叔胺。这个反应过程包括：首先将一个适当的胺通过烷基卤化物连接到树脂上，经过修饰后再用 DIPEA 处理，就将最终产物叔胺从连结桥上裂解下来，同时再生出可以重复使用的连接桥，这种可重复使用的特性是这类连接桥的主要优点。

乙烯基砜 **18c** 是一个最稳定的连接桥。由于它与底物不是通过酯键相连，因此固定了底物的连接桥对于亲核试剂如格氏试剂、有机锂试剂和甲醇钠都是稳定的。而同类型的连接桥 **18b** 提供了一种通过三氟乙酸介质开裂酯键而获得目的物的另一种模式。人们已经在开发利用 REM 连接桥 **18a** 来合成 δ-阿片肽(delta opioid)的配体 SNC-80[147]。

18d 作为一个改进的安全捕获式连接桥，是由 Garcia-Echeverria[148]最先将其用于固相合成羧酸的。这个连接桥上的羟基能够用标准的酰化方法将羧酸通过成酯键的方式固定到树脂上，得到的酯在用间氯过氧苯甲酸(*m*-chloroperoxybenzoic acid，*m*CPBA)氧化硫化物到砜来活化这个连结桥之前对碱都是稳定的。但是，当连接桥中的硫化物转变为砜之后，这个酯与三氟乙胺(TFE)与 10%氢氧化氨反应时，可以导致 β-消除反应发生，同时释放出目的羧酸和连接桥 **18c**。

4.2.2.3　4-羟基苯基硫甲基连接桥

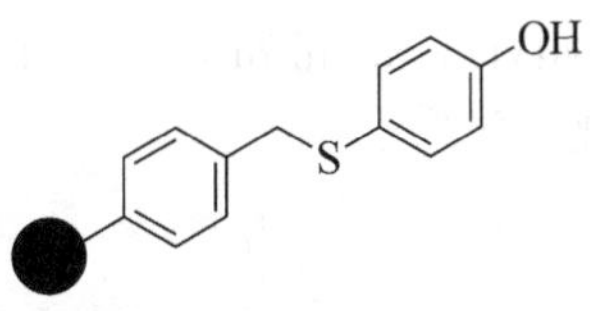

sulfide-based oxidable-safety-catch linker **19**

在固相有机合成中，以硫化物为基本骨架的连接桥 **19**，主要是用于合成碳酰胺和内酰胺(carboxamides and lactams)类化合物[149～151]。羧酸可以通过缩合剂 *N*，*N'*-二异丙基碳二亚胺(DIC，*N*，*N'*-diisopropylcarbodiimide)/DMAP/NMM 或者 DIC/HOBt/DMAP 催化活化后连接到 **19** 上，产物碳酰胺的解离可以采用在吡啶溶液中与过量的一级胺或二级胺反应 1～2 天，同时分子内的氨解反应导致环活化开裂来实现。这个连结桥已被用于合成一系列四氢-β-咔啉-2,3-双内酰胺[151]衍生物。

也有人用连接桥 **19** 在固相肽合成中合成保护肽的片段[152]。合成的最终产物可以通过两步反应从固相上解离下来。先用过氧化氢将硫化物氧化成砜形成一个活化酯，由于-SO_2-强吸电子作用，使酚成为一个特别好的离去基团。然后，氨基酸进攻这个活化酯同时释放出产物。

4.2.2.4 4-羟甲基苯甲酸连接桥

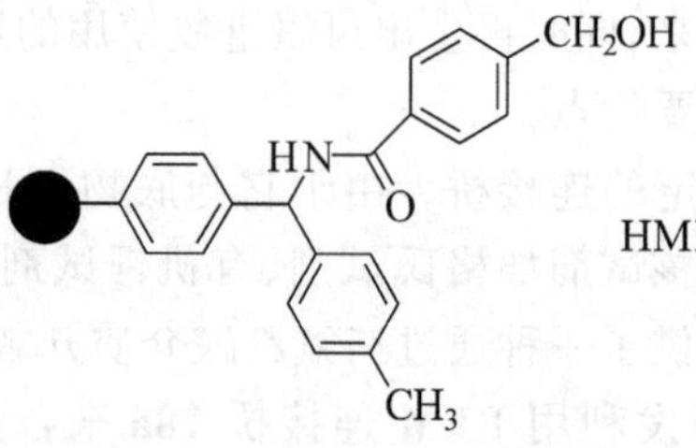

HMBA linker **20**

4-羟甲基苯甲酸（HMBA，4-hydroxymethylbenzoic acid）连接桥 **20** 是通过将 Sheppard 碱敏感的 4-羟甲基苯甲酸连接到氨基官能化了的聚合物上而得到的[153]。这个连接桥可以将各种羧酸通过酯键的形式而固定到树脂上。所形成的酯键对强酸甚至是氢氟酸都是稳定的，可是它能够用各种亲核试剂裂解而产生一系列羧酸衍生物，如伯酰胺[154,155]、仲酰胺[154]、酰肼[155]、醇[155]和甲酯[154~157]。如果底物羧酸分子中含有适当的亲核基团将会进行分子内亲核进攻。此时，分子内的环化反应就会发生，同时产物从连结桥上解离下来。将底物羧酸连接到该连接桥上，一般可以通过使用一个对称酸酐在 DMAP 催化下进行酯化反应或者用2,6-二氯苯甲酰氯/吡啶[64]、1-(1,3,5-三甲基苯-2-砜)-3-硝基-1H-1,2,4-三唑/N-甲基咪唑［1-(mesitylene-2-sulfonyl)-3-nitro-1H-1, 2, 4-triazole/*N*-methylimidazole］进行活化来实现[158,159]。

4.2.2.5 9-羟甲基芴连结桥

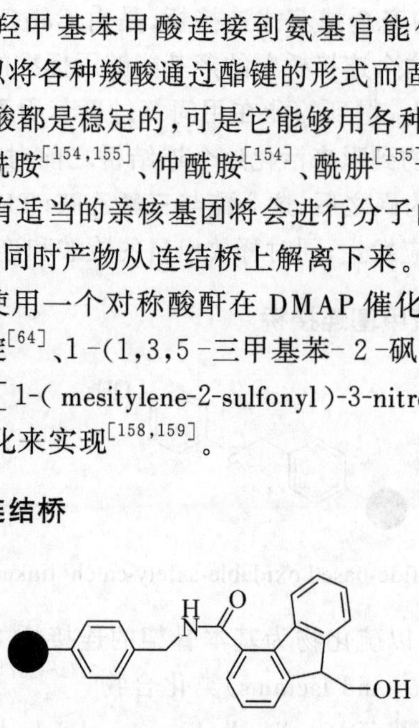

fluorene-based linker **21**

Fmoc 作为氨基保护基在多肽合成中得到了广泛应用，其优点是这个保护基很容易通过有机碱，通常是哌啶脱保护[15]。基于 Fmoc 结构设计的连结桥 **21** 也有人将其发展用于固相多肽合成中保护多肽。这个连结桥在酸性条件下，如 1mol/L HCl/AcOH、TFA/二氯甲烷(1∶1)、纯三氟乙酸甚至 30% HBr/AcOH 都是稳定的。将一个羧酸连接到这个连接桥上一般是用一个适当的对称酸酐[160]在 DMAP 催化下形成酯来完成。目的产物的解离可以使用 20%的吡啶(或吗啡)在 DMF 溶液中反应 2h 来完成[160,161]。

在多肽的液相合成中，这个连接桥首先需要转化为适当的活性酯，然后通过与硫醇、胺反应而将其固定到树脂上。也有人将其作为芴甲基（fluorenymethyl group)的类似物用于保护半胱氨酸(Cys)[162]。

4.2.2.6 磺酰胺作为安全捕获式连接桥

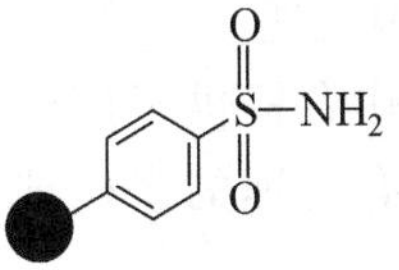

Kenner's safety-catch linker **22a** 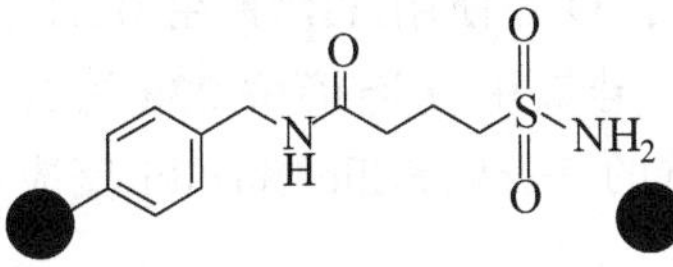 **22b** 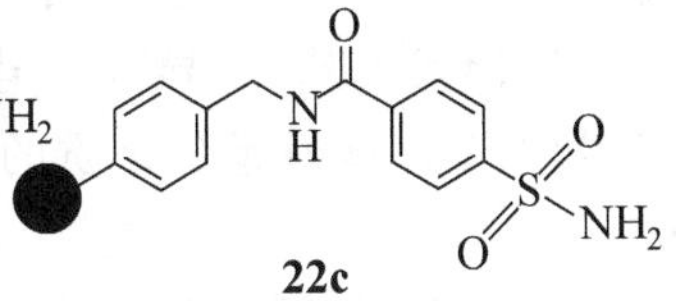 **22c**

Kenner 安全捕获式连接桥 **22a** 最初是用于固相多肽合成的[163]。后来,它又被用于酰胺、酰肼以及芳基乙酸的液相合成中。这类连接桥 **22** 对于碱和强亲核试剂以及活化反应之前的强酸性反应都是稳定的。这个连接桥可以用重氮甲烷[164]、碘代乙腈[165,166]或者 $TMSN_2$[167]来活化,随后与一级胺和二级胺[164~166]、硫醇[167,168]或酸酐[166]进行亲核取代反应,分别得到酰胺、硫代酯以及羧酸。

如果亲核进攻发生在分子内,将形成环状产物。最近,这些连接桥用于合成头-尾相连的环肽[169]。

Ellman 等人发展了一些更活泼的连接桥 **22b,c**[164~166]。**22b** 主要用于 Boc 和 Fmoc 保护的多肽合成[166]。**22c** 更适用于连接带有吸电子取代基的羧酸,因为这样形成相应的酰基碳酰胺具有更强的亲核性。

4.2.2.7 基于硅氧结构的连接桥

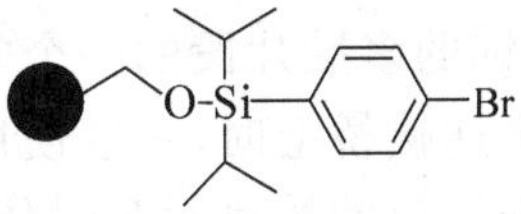

(4-bromophenyl)diisopropyl silyloxymethyl linker **23a**

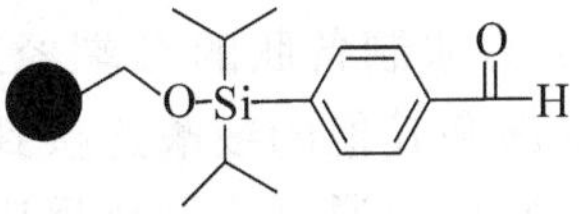

(4-formylphenyl)diisopropyl silyloxymethyl linker **23b**

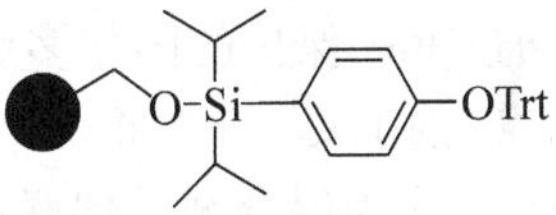

(4-trityloxyphenyl)diisopropyl silyloxymethyl linker **23c**

如上所述,基于硅氧结构的保护基,可以用有机氟离子脱保护。这些结构的设计主要是根据 Boehm 和 Showalter[170]的工作,其目的是专门用于取代苯的固相合成。树脂和连接桥的连接是通过硅氧键而不是通常使用的硅碳键[171,172]。

二异丙基硅氧连接桥对于多数合成反应条件都是稳定的。在接触时间不是很长的情况下,对像强碱正丁基锂(n-BuLi)和强酸三氟乙酸也都是稳定的。然而,在四氢呋喃中使用 TBAF,在这样温和的反应条件下,却可以使硅氧键断裂。为了确保开裂反应进行的完全,在固相合成中通过检测中间体硅氧化物的形成来检测反应的进程。

产物的裂解反应条件完全取决于芳环上取代基的电性效应。对于连有非常强的推电子基团，特别是那些从三苯基甲氧基连接桥得到的基团，裂解反应只要采用三氟醋酸通过 ipso-proto 脱硅反应就能实现。然而，对于多数芳烯来说，在这样的条件下，由于苄基硅醚的断裂会导致硅醇的形成而变得不适用。因此，脱硅反应需要在碱性条件下、升高反应温度并使用 TBAF 在 DMF 溶液中实现。

4-溴代苯基-二异丙基硅氧甲基连接桥 **23a** 为合成工作者提供了广泛的途径，如以 Pd^0 作为偶合介质的 Heck、Stille、Suzuki 反应以及有机锂的亲核加成反应。

23b 则给出了一条合成不同类型的芳基取代的杂环化合物的途径。

三苯基甲基(trityl)基团可以使用 1% TFA/DCM 从 **23c** 中除掉，而不会有脱硅反应发生。

4.2.2.8 肟连接桥

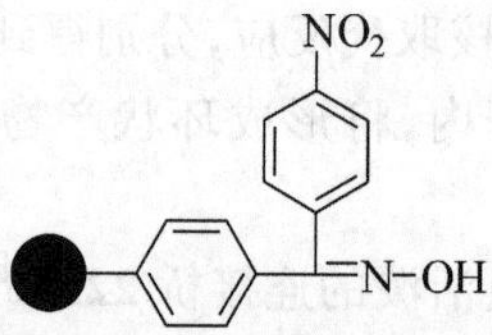

NO_2

N–OH

oxime linker **24**

肟连接桥[oxime (Kaiser) linker]**24** 是由连接在固相载体上的肟官能基团（对硝基苯基苯酮肟)形成的[173,174]。苯环上的对位硝基有助于增加这个连接桥对于酸如三氟乙酸的稳定性。一般通过形成酯而将羧酸连接到连接桥上。**24** 是一个通过 Boc 保护的固相多肽合成方法制备肽的 C 端经过修饰的多肽片段的一个非常好的工具[173]。将一个氨基酸和其他的羧酸连接到这个连接桥上时，一般使用 DCC 作为偶合剂。偶联反应结束后，通过乙酰化反应将未反应的游离肟基封住，避免因产物复杂从而影响收率。得到的肽可以通过多种亲核试剂将其从固体上解离下来。这些亲核试剂包括肼、醋酸盐。产物则分别为肽酰肼、氨基酸乙酯或肽乙酯[173,174]。如果希望将不同的 C 端衍生物转化为肽酯或游离肽，可以采用一种简便的方法，即在 DBU 存在下，用醇或水来处理即可[175]。如果裂解反应采用三甲基硅硫醚和四丁基氟化铵(TBAF)，得到的产物是硫代羧酸[176]。通过使用多肽合成的标准方法，可以使肽链增长。但是，肟与氨基酸的羧基形成的酯键对于 TFA 的稳定性是有限的，可能在用 TFA 脱 Boc 保护基的过程中，会引起部分保护肽从树脂上解离下来。为了克服这一缺点，有人在连接桥苯环的对位引入硝基，由于硝基的强吸电子作用，增加了酯键对酸的稳定性。同时，为了减少副反应，有人建议在脱保护基时，TFA 的浓度减少到 25%，合成肽链的长度不要超过 10 个氨基酸残基，并且在每一个氨基酸偶合反应结束后，要采取酰化反应，尽量将游离的氨基封住，避免由于副反应发生而使最终产物复杂化。

连接桥 **24** 也被用在固相有机合成中,它对亲核试剂的进攻非常敏感。因此,通过使用肼、胺、氨基酸酯等开裂酯键可以分别制备酰肼[177]、酰胺[177,178]和酯类[173,174]化合物。最近,有人使用叔丁基二甲基硅- *O* -羟基胺进行裂解反应,制备了异羟肟酸类化合物(hydroxamic acids)[179]。使用这个连接桥制备氨基苯并异𫫇唑(aminobenzisoxazoles)近期已有报道[180]。

4.2.3 对光敏感的连接桥

4.2.3.1 邻硝基苄基连接桥

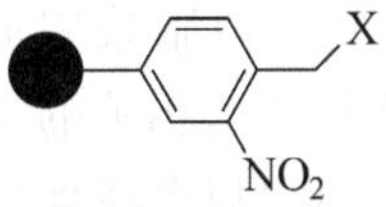

X: Cl, or Br

25a

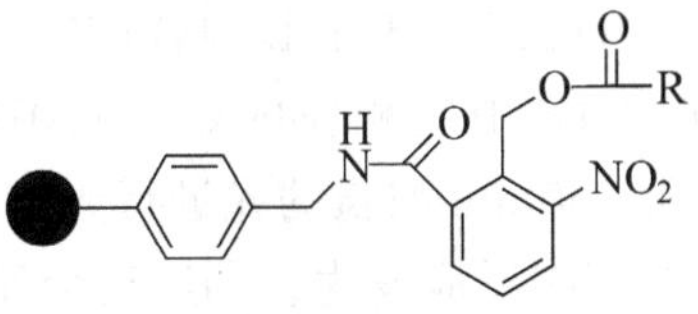

25b

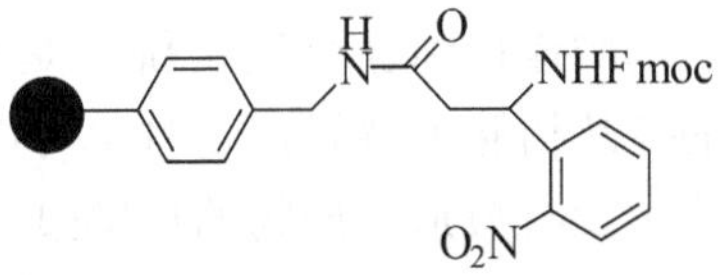

ONP linker **25c**

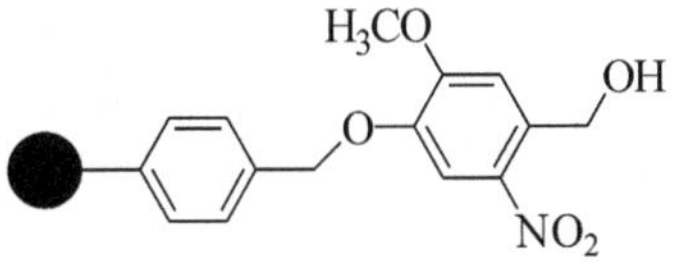

6-nitroveratry alcohol linker **25d**

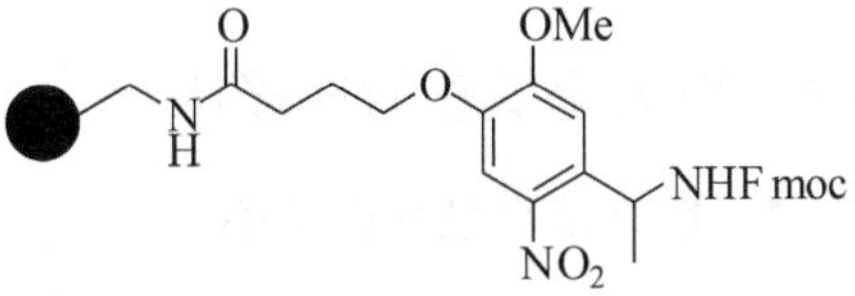

photo-labile linkers for primary amines **25e**

这种类型的连接桥是从对光敏感的邻硝基苄基保护基发展而来的[15]。基于邻硝基苄基光照可以裂解的连接桥 **25a,b** 的第一次报道是在 20 年前[181]。几十年来,人们为了将这一脱保护的方法应用到多肽合成中,进行了多种尝试,但是,由于不太理想的裂解反应动力学(反应速度太慢)以及甲硫氨酸(methionine)残基可被氧化等问题,这些尝试一直未能获得成功[182,183]。后来有人发现通过在苄基甲基位置上引入烷基,可以使光裂解反应中产生的中间体得以稳定[184]。因此,在改进裂解速度的基础上,发展了第三代 α -取代的 ONB 连接桥 **25c**[184],进而通过在苯环上增加甲氧基,如 6 -硝基- 3,4 -二甲氧苄基(6-nitroveratryl-based)连接桥 **25d** 和 **25e**[185,186],进一步增加了裂解速度。新一代的连接桥有一个明显的优点,即羧酸或酰胺解离可以使用 365nm 波长的光照即可快速完成[185,186]。裂解反应一般需要 1～2h,能以高收率得到产物,而氧化的副产物很少[185,186]。这些连接桥对于固相肽合成中常用的脱 Fmoc 和 Boc 保护基的试剂(如哌啶和三氟醋酸)是稳定的,可以保证产物在从树脂上光解开裂之前,可将酸碱敏感的保护基脱掉。

除了用于合成多肽之外,ONB 连接桥也被用于合成其他类型的化合物。这些化合物包括寡糖(oligosaccharides)[187]和寡核苷酸(olignucleotides)[188,189]、醛[190]、

4-噻唑烷酮(4-thiazolidinones)[185]、N-未取代-β-内酰胺(N-unsubstituted β-lactams)[191]以及插烯亚磺酰氨基肽(vinylogous sulfonamidopeptides)[192]。

4.2.3.2 α-溴-α-甲苯酰基连接桥

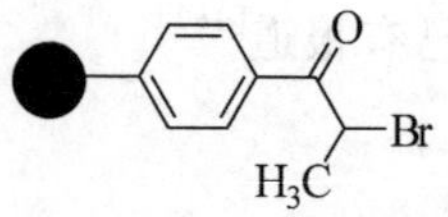

brominated Wang linker **26**

由王氏发展的α-溴-α-甲基苯酰基连接桥(α-bromo-α-methylphenacyl linker)**26**是一个对光敏感的连接桥[193],已经用于多肽的合成中[193]。将Boc保护的氨基酸连接到这个连接桥上是在DMF中用相应的氨基酸铯盐处理树脂来完成的。从树脂上裂解产物时也可以用350 nm波长的光进行光解开裂[193],相关的文章中没有报道在产物的裂解过程中有副反应发生。利用这个连接桥可以合成保护的肽片段,进行片段缩合合成大分子多肽。

4.2.4 对氧化敏感的连接桥

4.2.4.1 肼基苯甲酰基连接桥

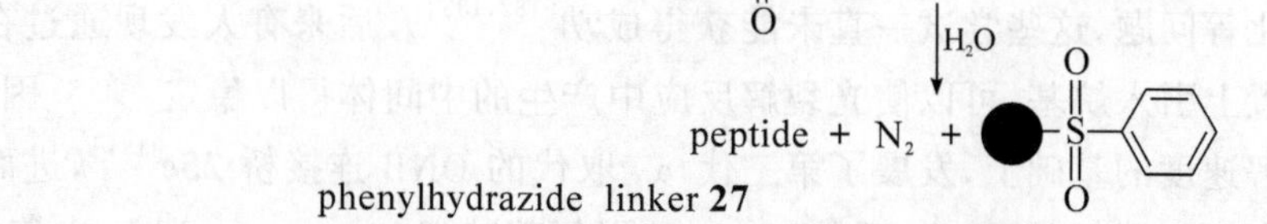

27a

27b

$O_2/Cu(Py)_n$

H_2O

peptide + N_2 +

phenylhydrazide linker **27**

这些安全捕获式连接桥**27**是一类具有多种用途的连接桥[194],利用它们可以合成C端修饰的肽酸、甲酯和酰胺。第一个氨基酸残基在标准的偶合反应条件下可以连接到树脂上,产生的酰肼对酸(TFA)和碱(哌啶)是稳定的,因此在目的肽从树脂上裂解下来之前,可以用酸或碱将肽的保护基脱掉。产物的裂解是采用醋酸铜[$Cu(OAc)_2$]氧化肼可产生高活性的二酰亚胺,这个二酰亚胺在醇或胺存在下,分解出相应的羧酸、酰胺或者酯。

一个类似的磺酰基苯基肼连接桥(sulfonylphenylhydrazine linker)**27b**也已经

用于肽的合成中[195]。合成含有色氨酸(Trp)和甲硫氨酸(Met)残基的模拟肽,选用 Cu(OAc)$_2$氧化条件进行裂解时没有发现以上两个氨基酸残基被氧化[195]。

4.2.4.2 烷氧基苯甲醛和对-烷氧基苄基连接桥

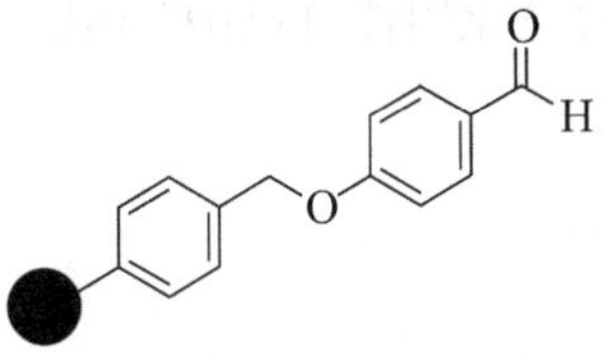

alkoxybenzaldehyde linker **11a**

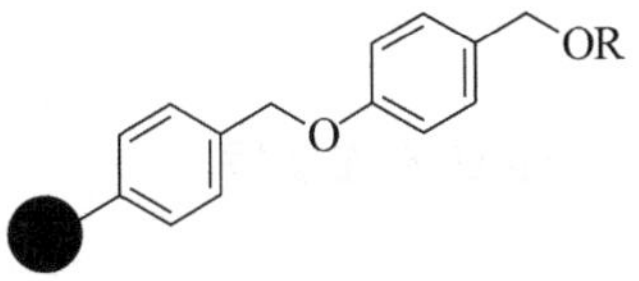

p-alkoxybenzyl linker **28**

烷氧基苯甲醛连接桥(alkoxybenzaldehyde linkers)**11a** 和胺反应,通过还原胺化反应可以产生二级胺,这样的二级胺能够通过 DDQ 氧化而从树脂上裂解下来[109]。

由于王氏型的连接桥(*p*-alkoxybenzyl linkers)**28** 是用 DDQ 氧化从树脂上切除下产物醇和胺,而不是用三氟醋酸开裂的方式,因此,减少了产物中三氟乙酸酯的形成[196]。利用这个氧化方法已经合成了异鳃唑(isoxazoles)[197]和胺类化合物[109]。

4.2.5 对还原敏感的连接桥

4.2.5.1 氢化物还原开裂的连接桥

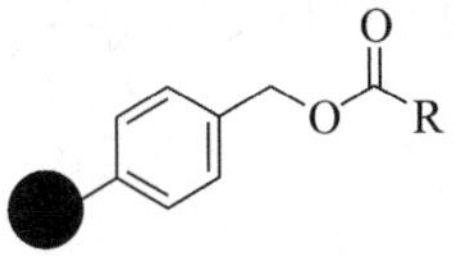

Merrifield resin **1**

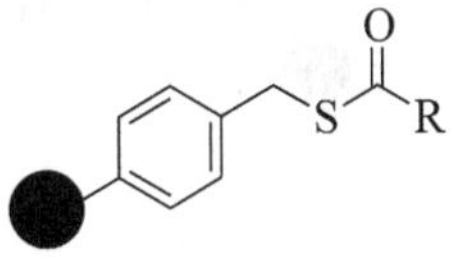

Merrifield resin **1**

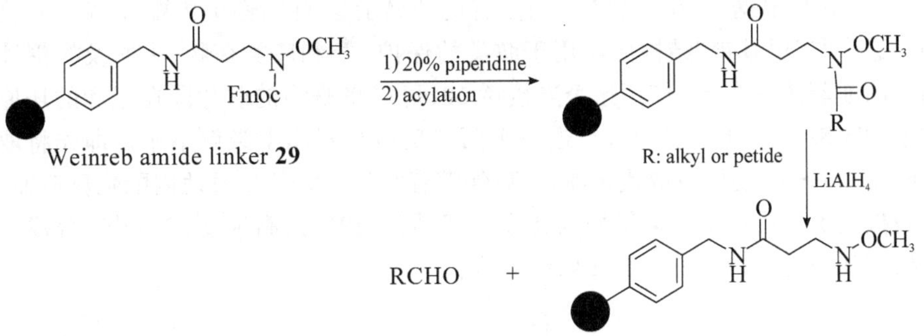

Weinreb amide linker **29**

1) 20% piperidine
2) acylation

R: alkyl or petide

$LiAlH_4$

RCHO +

直接使用还原剂如二异丁基铝氢(DIBAL)[29]或硼氢化锂(LiBH$_4$)[198]还原酯

和硫代酯可以从 Merrifield 连接桥 **1** 上释放出醇类化合物。

Weinreb 连接桥 **29** 对于制备醛，包括肽醛、糖醛是一个非常有用的工具[199,200]。在使用这个连接桥的合成过程中，Fmoc 保护基可以用 20％哌啶/DMF 溶液脱掉，甲氧基胺的酰化反应采用 DIC/HOAt 或者 HATU/DIPEA 作为偶合剂，能够得到最好的偶联结果。反应形成的酰胺可以通过氢化铝锂（$LiAlH_4$）还原给出产物醛[199,200]。

4.2.5.2 Wang 还原连接桥

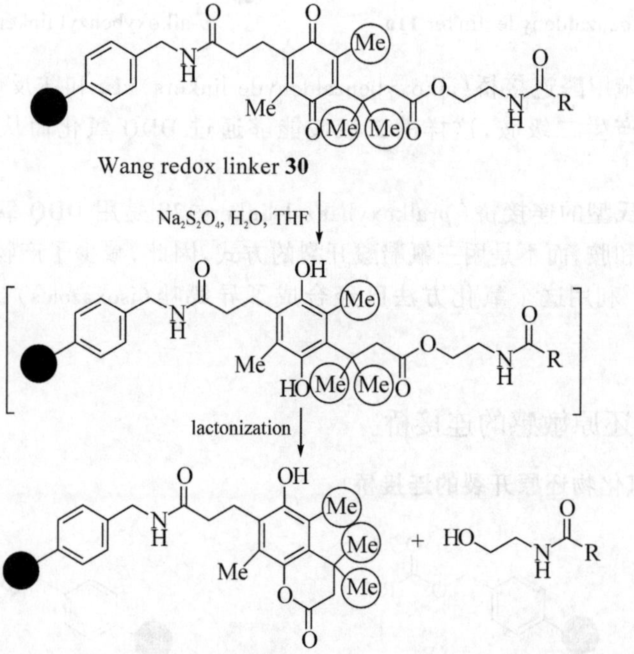

Wang redox linker **30**

$Na_2S_2O_4$, H_2O, THF

lactonization

Wang 等人最近发展了一个新的连接桥 **30**，用于 C 端修饰的肽的固相合成[201]。它是根据“三甲基锁”结构固有的非常容易自发性地内酯化特征而设计的。这个“三甲基锁”结构已经用于胺类的保护[202]和胺类药物、多肽及模拟肽类药物的前药体系[203]。使用这个连接桥 **30**，可以将修饰的肽片段在温和的还原条件下（$Na_2S_2O_4$，THF/H_2O），经过一个两步反应从树脂上裂解下来。即先将取代苯醌用 $Na_2S_2O_4$ 还原成取代苯酚，然后伴随着“三甲基锁”自发地内酯化反应而成。作者报道了采用这个连接结构以高收率（70％～89％）、高纯度（＞90％）合成了三个模型肽，它们分别是三肽、四肽和五肽。

4.2.6　过渡金属催化开裂的连接桥

4.2.6.1　Pd^0 介质催化裂解的烯丙基连接桥

allyl linker **31a**　　　　allyl linker **31b**

烯丙基作为羟基、氨基以及羧酸的保护基已经得到了广泛的应用[15]。这类保护基与其他保护基如对酸、碱敏感的保护基相比，其优点是最终产物的裂解反应是通过 Pd^0 催化来实现的。将这类保护基固定在固体载体上就成为连接醇、胺及羧酸的连接桥。如烯丙基连接桥 **31a** 是通过间隔连接桥丙氨酸固定在树脂上的[204]。一级胺或二级胺是通过与连接桥形成一个氨基甲酸酯而连接到固体上的，已经合成了肽氨基烷基酰胺。这个连接桥在 DMF 中用 20%哌啶处理 24h 或者在二氯甲烷中用 50%三氟乙酸处理 12h 都是稳定的。从树脂上裂解产物一般是在二氯甲烷/二甲亚砜(1∶1)中，以 5% $Pd(PPh_3)_2Cl_2$、3 当量 TFA 和 2 当量 *n*-Bu_3SnH 作为亲核试剂来实现的[204]。

烯丙基连接桥 **31b** 是为了用于固相合成 DNA 和 RNA 片段而设计的[205]。从树脂上裂解产物也是通过 Pd^0 催化实现的。然而，通过这样的开裂方法得到的核酸中掺杂了 Pd^0，这会引起核酸的污染问题，应当引起注意[205]。

4.2.6.2　基于关环置换反应裂解的连接桥

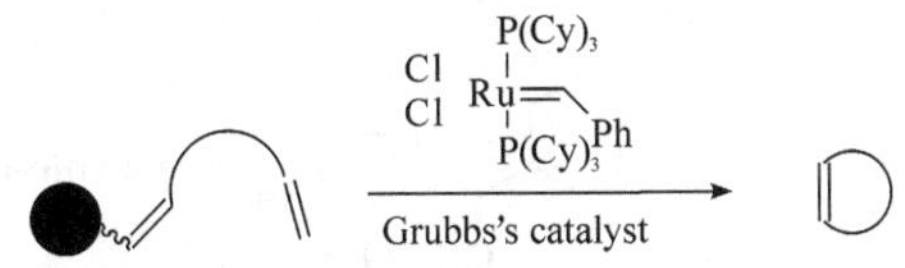

RCM-based linker **32**

这种关环置换的方法在有机合成中广泛地应用于液相合成中[206]。很自然这个方法经过发展已经成功地应用到固相有机合成中，最终产物的裂解可以通过关环置换的方法实现。人们应用 RCM 方法已经固相合成了天然产物环硫酮(epithilone)A 和 B[207]及其类似物库[207]、环肽[208]和模拟肽[209,210]。

4.2.7　对酶敏感的连接桥

4.2.7.1　4-酰氧基苄氧基连接桥

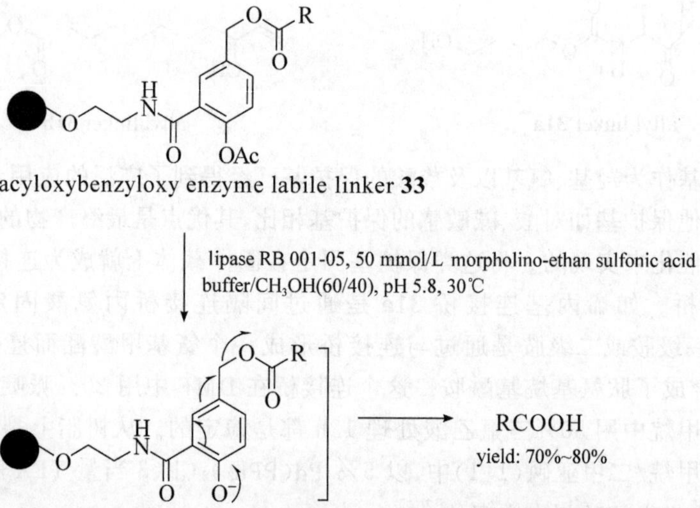

O　R
O
H
N
O
O　OAc
4-acyloxybenzyloxy enzyme labile linker **33**

lipase RB 001-05, 50 mmol/L morpholino-ethan sulfonic acid buffer/CH_3OH(60/40), pH 5.8, 30℃

RCOOH
yield: 70%~80%

Waldmann 开发了一个能够通过脂酶 RB 001-05[211]催化水解的对酶敏感的连接桥 **33**。运用这个连接桥已经合成了不同类型的化合物包括胺、羧酸、氨基酸、醇、核苷以及四氢-β-咔啉(2,9-二氮芴)[211]。

4.2.7.2　苯基乙酰胺酶敏感的连接桥

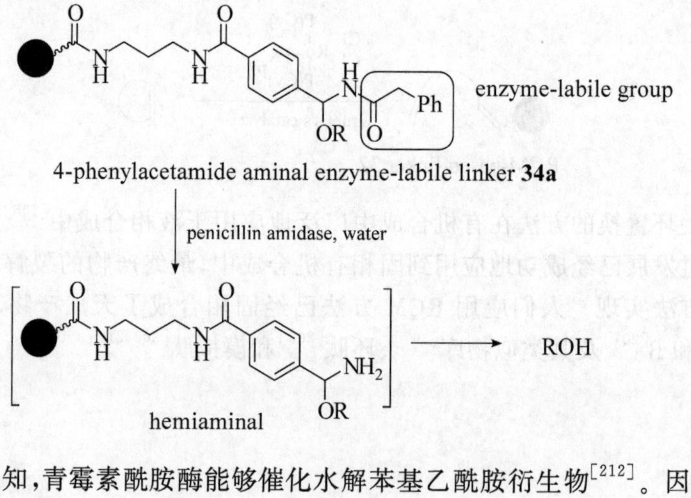

enzyme-labile group
4-phenylacetamide aminal enzyme-labile linker **34a**

penicillin amidase, water

NH_2
OR
ROH
hemiaminal

众所周知,青霉素酰胺酶能够催化水解苯基乙酰胺衍生物[212]。因此,人们设计了用苯基乙酰胺保护的胺缩醛连接桥 **34a**,主要用于合成醇类化合物[213]。这个保护了的胺缩醛能够通过青霉素酰胺酶水解产生一个不稳定的半胺缩醛(hemiaminal),然后这个不稳定的中间体以高产率(50%～80%)分解释放出最终产物包括醇类、糖类化合物[213]。

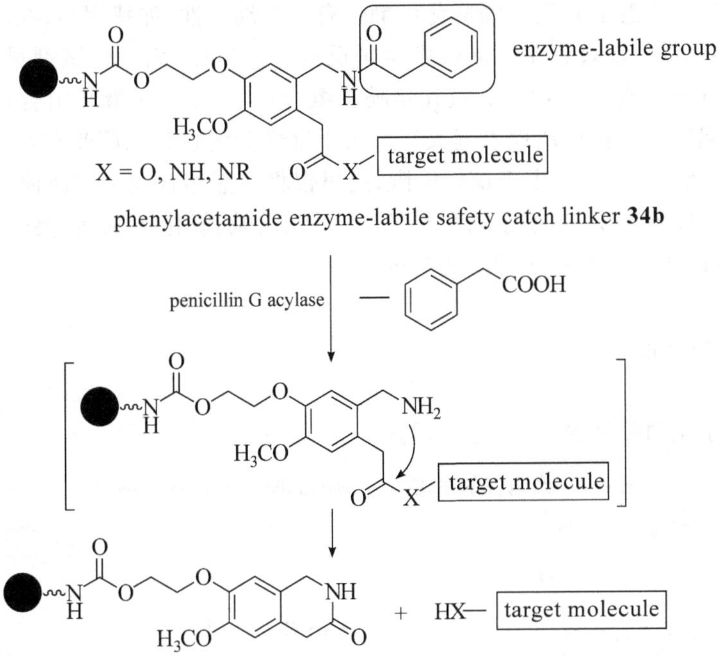

phenylacetamide enzyme-labile safety catch linker **34b**

最近,Waldmann 和 Grether 进一步开发出一个苯基乙酰胺酶敏感安全捕获式连接桥 **34b**[214],能够通过两个连续反应步骤将目的化合物释放出来。该苯基乙酰胺在温和的条件下(pH 7.0, 37℃),经青霉素 G 酰化酶催化,发生区域选择性地水解,在游离胺产生的同时,伴随着分子内酰胺化反应的发生,随之释放出最终产物。使用这个连接桥可以进行不同类型的反应如 Heck、Suzuki、Sonogashira、Mitsunobu 和 Dield-Alder,并以理想的收率得到了产物[214]。

4.3　用于液相合成的固载化试剂

在组合化学最初兴起时,固相合成占有统治地位。然而,液相化学库的合成由于以下原因迅速引起人们的注意:(1)采用液相反应不仅可以选用传统的检测方法跟踪反应进程,而且可以省去固相合成中第一步将底物连接到固体上和最后一步从固体载体上解离下产物的过程。(2)在液相有机反应中,可以很好地研究、优化反应,从而节省大量的时间和劳力。然而,液相组合合成与固相组合合成相比,尤其是与自动固相合成相比,其主要的局限性是得到的化合物或中间体难以以自动化形式进行纯化。为了解决这一问题，借鉴固相有机合成的优点，化学家发展了将有机试剂固定在固相载体上方法。这些固载化试剂最本质的特点是：由于它们在合成反应中以固体的形式存在，因此，为了使反应进行的更加完全，可以过量使用这些试剂，而不会污染产物的溶液。反应结束后，通过简单的过滤就可将这些试剂除去。但应当注意的是这些固载化试剂也有一些局限性，如费用高，在一定的条件下稳定性差，在反应过程中可能会发生副反应等。虽然，固载化试剂早在 1946 年就已用于有机合成[215]，但直到近几年随着组合化学，尤其是液相组合合成和平行合成的兴起它们才被广泛地引起关注。关于这部分内容有几篇非常好的综述对此作了详细总结[216～221]。由于篇幅所限，这里仅将在液相合成中广泛使用的几个例子总结在下面各表中，包括亲电和亲核的净化剂、碱、氧化还原剂、偶合试剂、催化剂、基于膦配体试剂及有多种功能的试剂。

4.3.1 净化剂

各种净化剂参见表 4.2～表 4.3。

表 4.2 亲电性的净化剂(electrophilic scavenger reagents)

树脂固载化试剂	反应物	参考文献
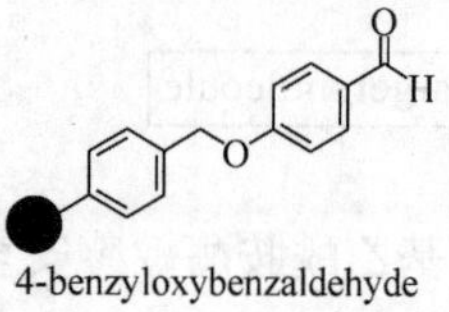 4-benzyloxybenzaldehyde	$RNHNH_2$, NH_2OR, NH_2RSH, NH_2ROH	[222]
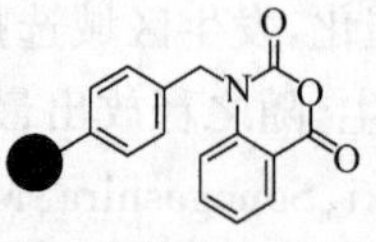 *N*-methylisatoic anhydride	RNH_2, $RNHNH_2$	[223]
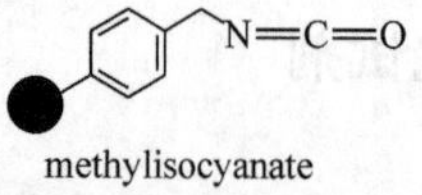 methylisocyanate	RNH_2, $RNHNH_2$	[222,224～247]
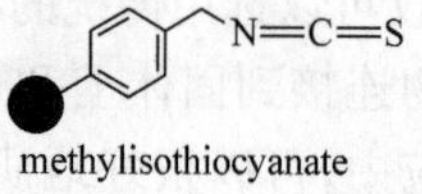 methylisothiocyanate	RNH_2, $RNHNH_2$	[222,224～247]

表 4.3　亲核性的净化剂(nucleophilic scavenger reagents)

树脂固载化试剂	反应物	参考文献
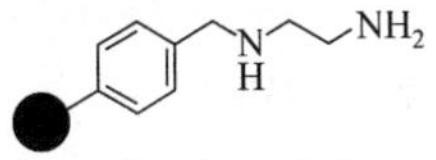 *N*-(2-aminoethyl)aminomethyl reagent	RCOCl, RSO_2Cl, RNCS, RNCO, H^+	[228,229]
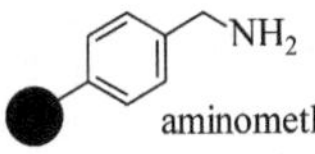 aminomethyl reagent	RCOCl, RSO_2Cl, RNCS, RNCO, H^+	[228,230]
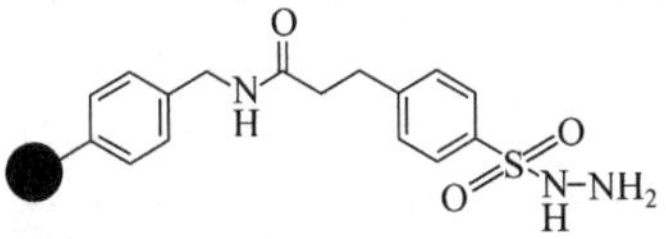 3-(4-(hydrazinosulfonyl)phenyl)propionyl scavenger	RCHO, RCOR′	[231,232]
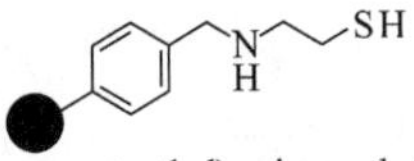 *N*-(2-mercaptoethyl)aminomethyl scavenger	R-X(halides), RCHO	[233]
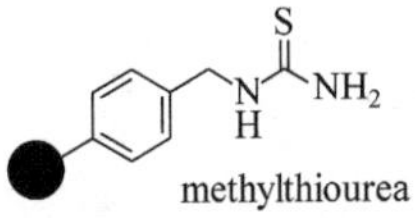 methylthiourea	R-X(halides)	[234]
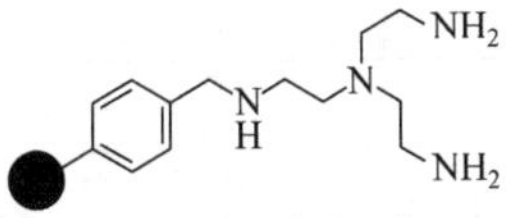 tris-(2-aminoethyl)amine	RCOCl, RSO_2Cl, RNCS, RNCO, H^+	[222,229,233,235]
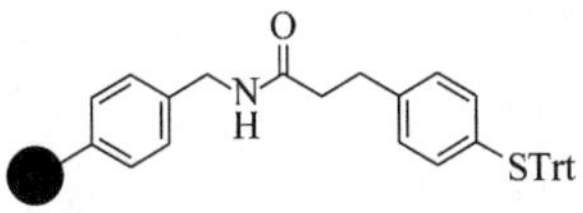 3-(4-tritylmercapto)phenyl)propionyl reagent	R-X(halides)	[236]
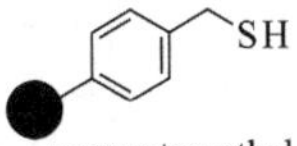 mercaptomethyl scavenger	R-X(halides)	[237～239]

4.3.2 固定在高分子聚合物上的试剂

各种固定在高分子聚合物上的试剂见表 4.4～表 4.10。

表 4.4 连接在高分子聚合物上的碱(polymer-bound bases)

碱	用途	参考文献
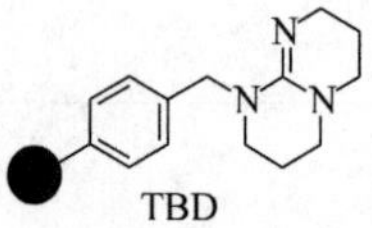 TBD	strong and hindered organic base	[240～246]
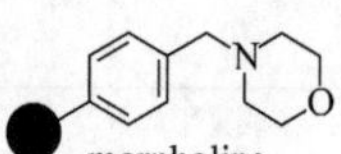 morpholine	organic base	[222,229,235]
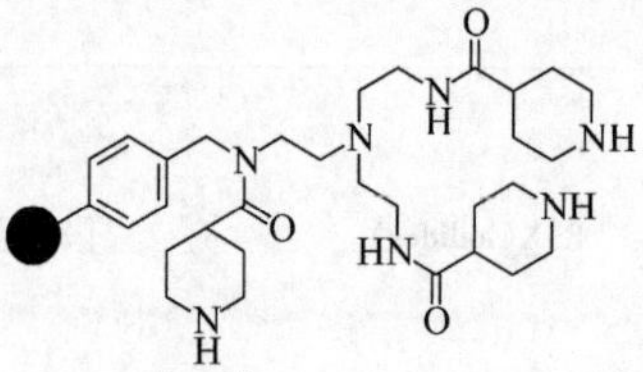 piperdine	organic base	[247,248]
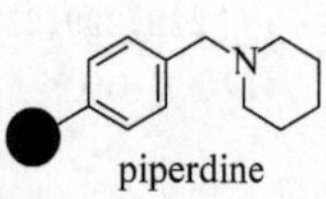 piperdine	organic base	[229]
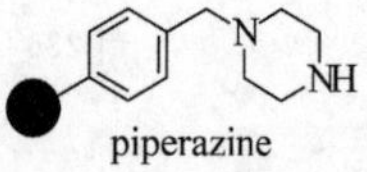 piperazine	organic base	[248]

表 4.5　连接在高分子聚合物上的氧化剂(polymer-bound oxidizing agents)

试剂	用途	参考文献
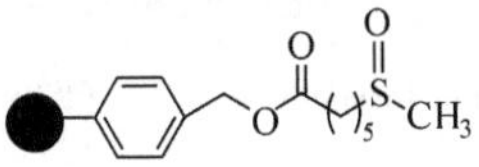 DMSO	sulfoxide reagent for Swern oxidations $RCH_2OH \longrightarrow RCHO$	[249,250]
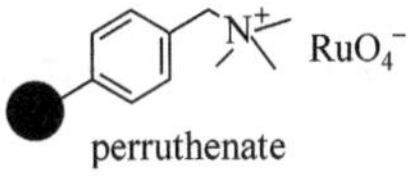 perruthenate (RuO_4^-)	$RCH_2OH \longrightarrow RCHO$	[251～254]
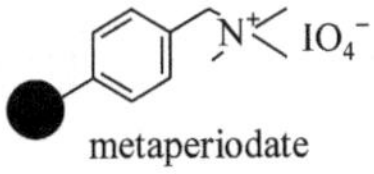 metaperiodate (IO_4^-)	$RCH{=}CHR \longrightarrow RCHO$ $RSR \longrightarrow RSOR$ 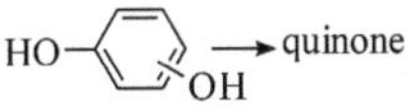 HO-C6H4-OH → quinone	[255]
 OsO_4 osmium tetraoxide	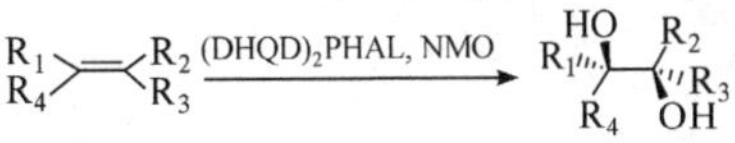 $R_1R_4C{=}CR_2R_3$ —(DHQD)$_2$PHAL, NMO→ diol	[256]
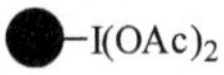 $I(OAc)_2$ hypervalent iodine (III)	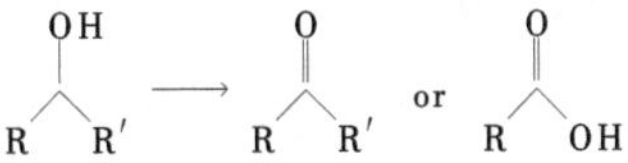 $RCH(OH)R' \longrightarrow RC(O)R'$ or $RC(O)OH$	[257,258]
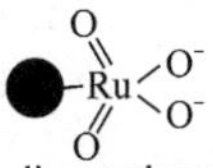 sodium ruthenate	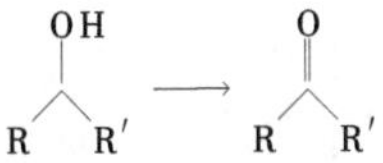 $RCH(OH)R' \longrightarrow RC(O)R'$	[259]

表 4.6　连接在高分子聚合物上的还原剂(polymer-bound reducing agents)

试剂	用途	参考文献
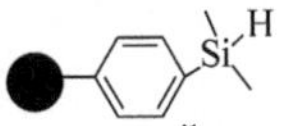 silane	$RCHO \longrightarrow RCH_2OH$	[133,134,260,261]
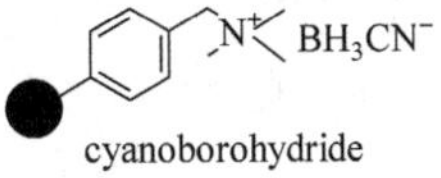 cyanoborohydride (BH_3CN^-)	$RCH{=}NR \longrightarrow RCH_2NHR$	[251,262]
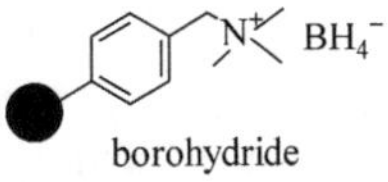 borohydride (BH_4^-)	$RCHO \longrightarrow RCH_2OH$	[263～269]

表 4.7 连接在高分子聚合物上的偶合剂(polymer-bound coupling agents)

试剂	用途	参考文献
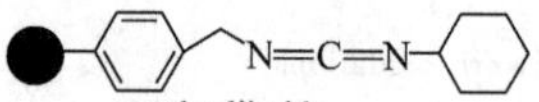 carbodiimide	amide and ester bond formation	[270]
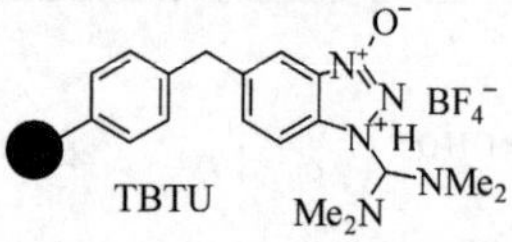 TBTU	formation of peptide amide	[271]
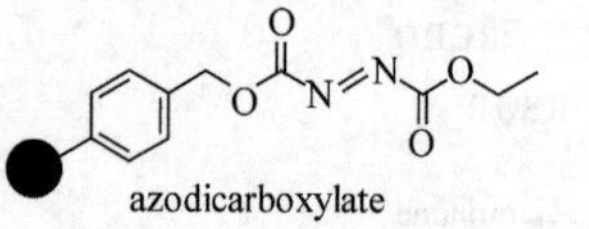 azodicarboxylate	mitsunobu coupling	[272]
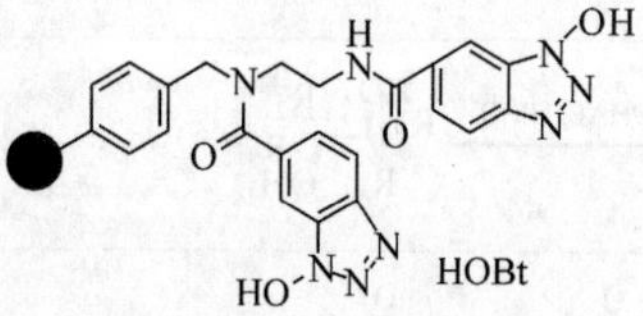 HOBt	generation of active esters	[273～277]
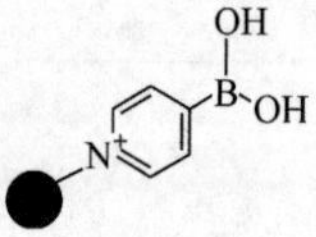	amidation	[278]

表 4.8 连接在高分子聚合物上的催化剂(polymer-bound catalysts)

催化剂	用途	参考文献
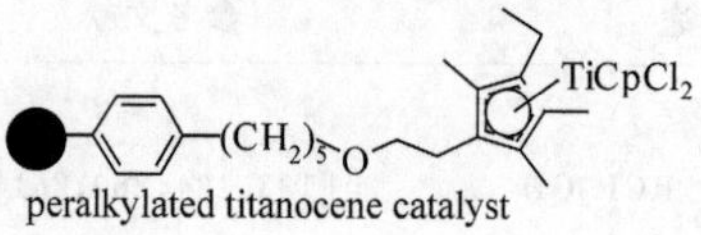 peralkylated titanocene catalyst	olefin polymerization	[279]
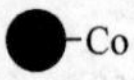 -Co	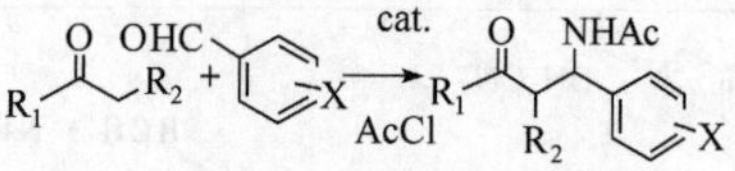 $R_1COCH_2R_2$ + OHC-C_6H_4-X →(cat., AcCl) $R_1COCH(R_2)CH(NHAc)C_6H_4X$	[280]
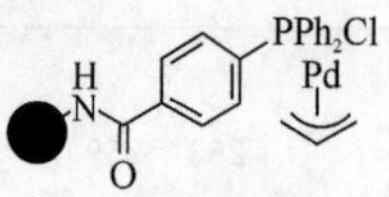 Pd-based catalyst	crossing coupling	[281]

续表

催化剂	用途	参考文献
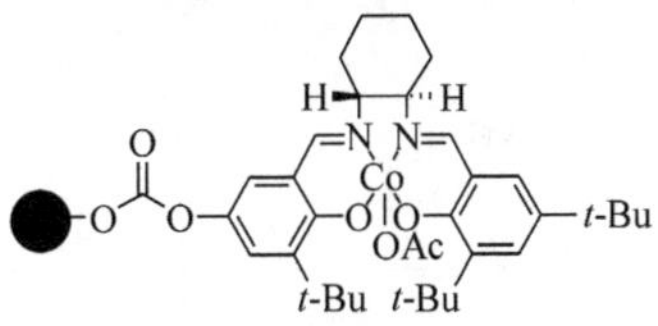 jacobsen catalyst	kinetic resolution of terminal epoxides	[282]
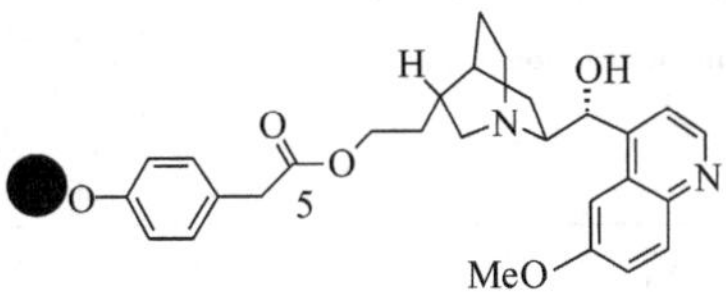	asymmetric Michael reaction	[283]
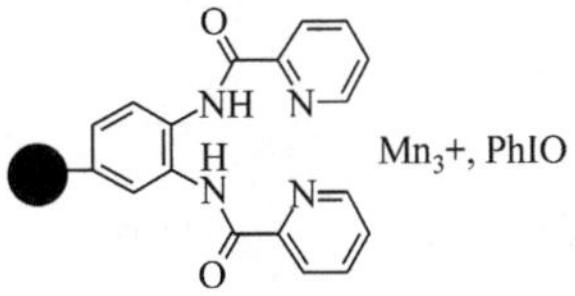 Mn$_3$+, PhIO	epoxidation of alkenes to alcohols and ketones and alkenes to epoxides	[284]
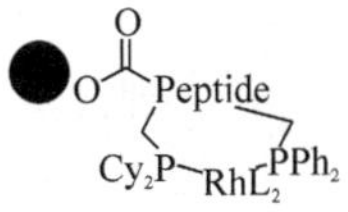	asymmetric hydrogenation of enamides to amino acids	[285]
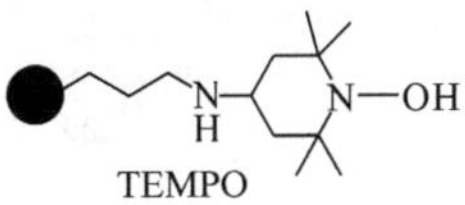 TEMPO	oxidation of alcohols to aldehydes and ketons	[286]
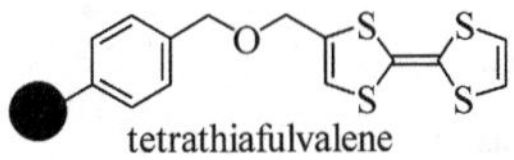 tetrathiafulvalene	radical-polar crossover reactions	[287]
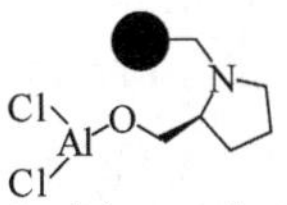 aluminium catalyst	Diels-Alder reaction	[288]
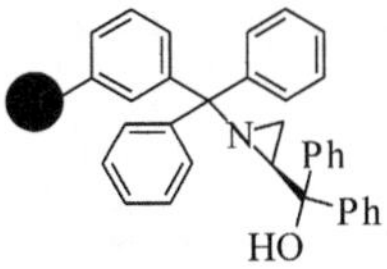	enantioselective addition of diethylzinc to aldehydes	[289]

续表

催化剂	用途	参考文献
 organotin catalyst	RX $\xrightarrow[\text{AIBN}]{\text{Cat., NaBH}_4}$ RH＋XM	[290]
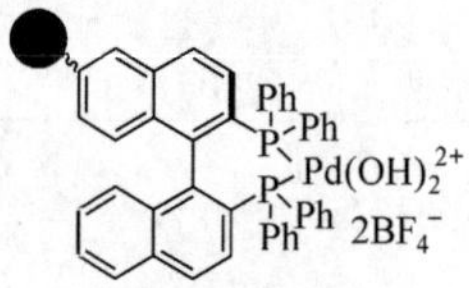 Pd-BINAP	asymmetric aldol condensation and Mannich reaction	[291]
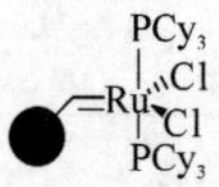 Grubbs' catalyst	ring closing metathesis	[292]
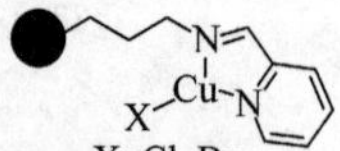 X: Cl, Br	radical cyclization	[293]
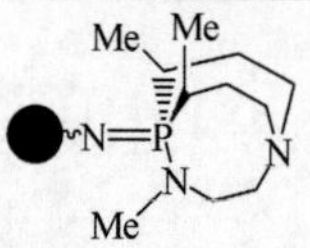	selective acylation of primary alcohols	[294]
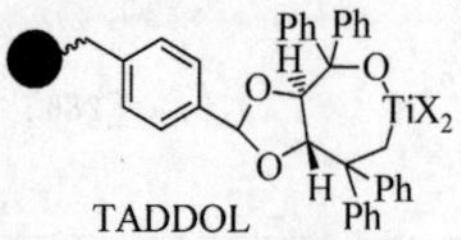 TADDOL	[3＋2]cycloaddition	[295]
 Scandium catalyst	Diels-Alder, Strecker, and Aldol reactions	[296]
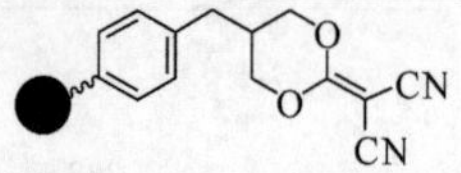 dicyanoketen ethylene acetal	Mannich reaction	[297]
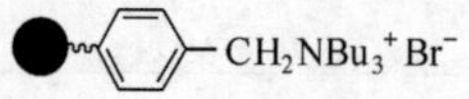 $CH_2NBu_3^+Br^-$	phase-transfer catalyst	[298]
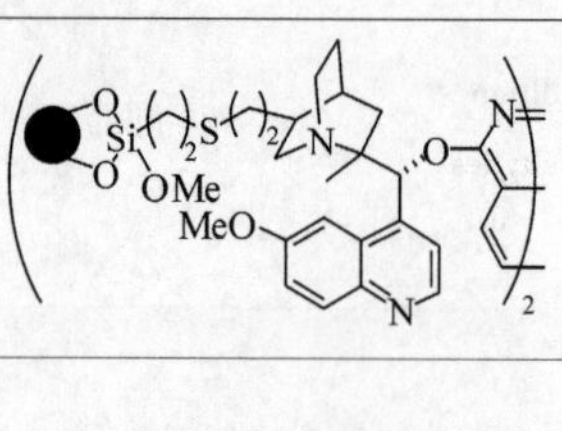	aminohydroxylations	[299]

表 4.9 连接在高分子聚合物上的有机膦试剂(polymer-bound phosphines)

试剂	用途	参考文献
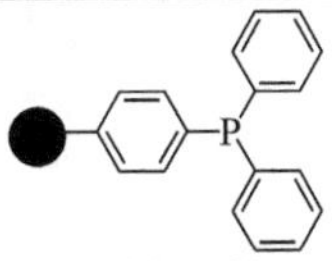 triphenylphosphie	$R—OH \xrightarrow{CCl_4} R\text{-}Cl$	[255,300]
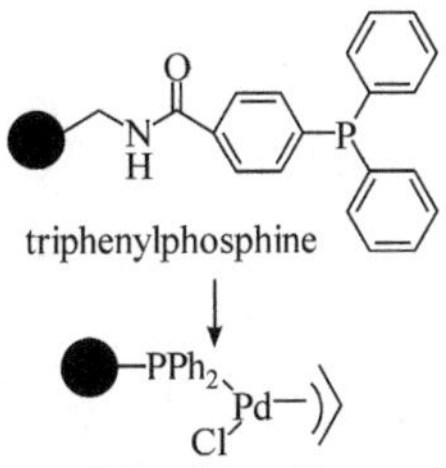 triphenylphosphine triphenylphosphine	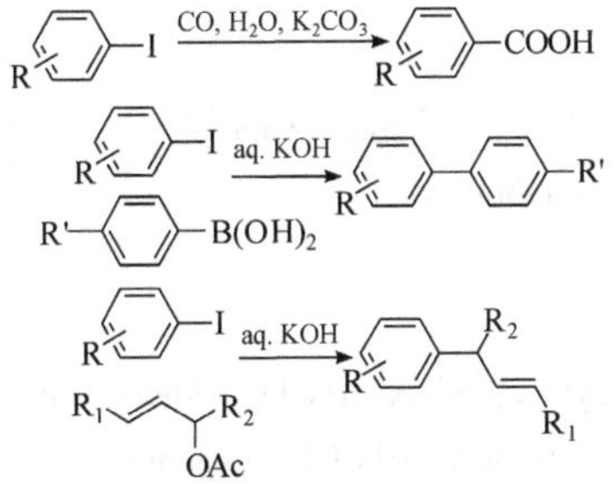 CO, H_2O, K_2CO_3 → COOH aq. KOH aq. KOH	[281,301,302]
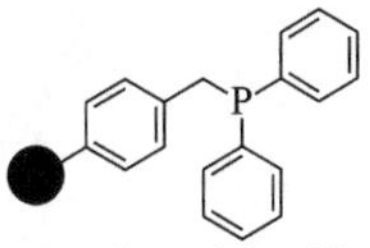 diphenylbenzylphosphine	Rh(Ⅰ)Cl/phosphine ligand for hydrogenations Pd(0)/phosphine ligand for Suzuki coupling	[303] [304,305]

表 4.10 多功能试剂(miscellaneous reagents)

试剂	用途	参考文献
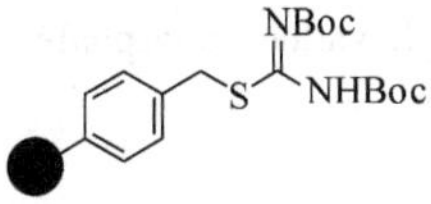 NBoc, S, NHBoc	preparation of N, N'-substituted guanidines 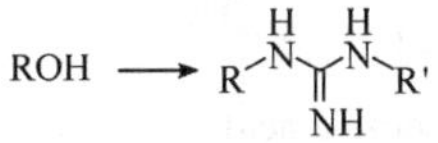 ROH → R—NH—C(=NH)—NH—R'	[306]
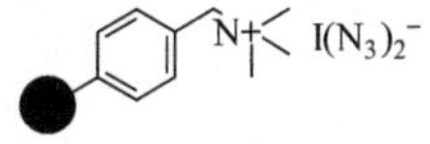 $N^+ \; I(N_3)_2^-$	$RCH{=}CHR' \longrightarrow RCHICHN_3R'$	[307～309]
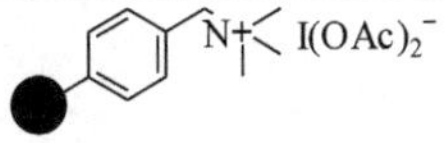 $N^+ \; I(OAc)_2^-$	$RCH{=}CHR' \longrightarrow RCHICHOAcR'$	[307～309]
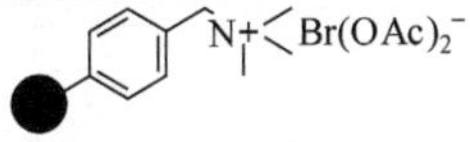 $N^+ \; Br(OAc)_2^-$	$RCH{=}CHR' \longrightarrow RCHBrCHOAcR'$	[307～309]
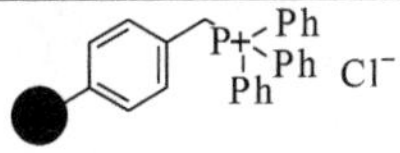 P^+ Ph Ph Ph Cl^-	Wittig reagent	[310]
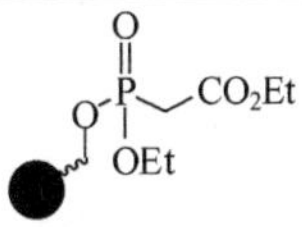 O, P, CO_2Et, OEt	Horner-Emmons reagent	[311]

[附录]各种缩写符号

BAL：backbone amide linker

BHA：benhydrylamine

Bn：benzyl

Boc：*tert*-butoxycarbonyl

CP：crown/pin

CPG：controlled-pore glass

DBU：1,8-diazabicyclo[5.4.0]undec-7-ene

DCC：dicyclohexylcarbodiimide

DCE：dichloroethane

DCM：dichloromethane

Dde：1-(4,4-dimethyl)-2,6-dioxocyclohexylidene)ethyl

DDQ：2,3-dichloro-5,6-dicyano-1,4-benzoquinone

Ddz：α，α-dimethyl-3,5-dimethoxy-benzyloxylcarbonyl

DIBAL：diisobutylaluminum hydride

DIC：*N*，*N*′-diisopropylcarbodiimide

DIPEA：diisopropylethylamine，Hunig's base

DMAP：dimethylaminopyridine

DMF：dimethylformamide

DVB：divinylbenzene

Fmoc：9-fluorenylmethoxycarbonyl

HATU：2-(1H-9-azobenzotriazole-1-yl)1,1,3,3-tetramethyluronium hexafluorophosphate

HFIP：hexafluoroisopropanol

HMBA：4-hydroxymethylbenzoic acid

HOBt：1-hydroxybenzotriazole hydrate

KPA：Kiseslgur/polyacrylamide

MBHA：4-methylbenhydrylamine

*m*CPBA：*m*-chloroperoxybenzoic acid

Ms：mesyl

NMM：*N*-methylmorpholine

Ns：nosyl

ONB：*o*-nitrobenzyl

PAL：peptide amide-unloaded linker

PAM：phenylacetamidomethyl

PEG：polyethylene glycol

PEGA：poly (ethylene glycol)/dimethylacrylamide

PPTS：pyridinium *p*-toluenesulfonate

RCM：ring-closing metathesis
REM：regeneration resin and Michael addition
SASRIN：super acid sensitive Resin
SPOS：solid-phase organic synthesis
SPPS：solid-phase peptide synthesis
TBAF：tetrabutylamonium fluoride
TEA：triethylamine
TFA：trifluoroacetic acid
TFE：trifluoroethanol
TFMSA：trifluoromethanesulfonic acid
TG：TentaGel
THP：tetrahydropyranyl
TIS：triisopropylsilane
Trityl：triphenylmethyl
Ts：*p*-toluenesulfonyl

参 考 文 献

[1] Merrifield RB，*J. Am. Chem*. Soc. 1963，85：2149～2154

[2] Christensen JW，*In Advanced ChemTech Handbook of Combinatorial & Solid Phase Organic Synthesis*；Bennett，W. D.，Christensen，J. W.，Hamaker，L. K.，Peterson，M. L.，Rhodes，M. R.，Saneii，H. H.，Furka，A.，Eds.；Advanced ChemTech，Inc.：Louisville，Kentucky，1998，p 99～170

[3] Sherrington DC，*J. Chem. Soc.，Chem. Commun*. 1998，2275～2276

[4] Bayer E，*Angew. Chem. Int. Ed. Engl*. 1991，30：113～129

[5] Toy PH，Reger TS，Janda KD，*Aldrichimica Acta* 2000，33：87～93

[6] Geysen HM，Meloen RH，Barteling SJ，*Proc. Natl. Acad. Sci. U.S.A*. 1984，81：3998～4002

[7] Bray AM，Valerio RM，Dipasquale AJ，Greig J，Maeji NJ，*J. Pept. Sci*. 1995，1：80

[8] Albericio F，Pons M，Pedroso E，Giralt E，*J. Org. Chem*. 1989，54：360～366

[9] Dryland A，Sheppard RC，*J. Chem. Soc.，Perkin Trans. 1 1986*，54：125～137

[10] Meldal M，*Tetrahedron Lett*. 1992，33：3077～3080

[11] Guillier F，Orain D，Bradley M，*Chem. Rev*. 2000，100：2091～2157

[12] Bunin BA，*In The Combinatorial Index*；Bunin，B. A.，Ed.；Academic Press：San Diego，1998，p 9～76

[13] Brown AR，Hermkens PHH，Ottenheijm HCJ，Rees DC，*Synlett* 1998，817～827

[14] Fruchtel JS，Jung G，*Angew. Chem. Int. Ed. Engl*. 1996，35：17～42

[15] Greene TW，Wuts PGM，*Portecting Groups in Organic Synthesis*，3rd Ed.；John Wiely & Sons，Inc.：New York，1999

[16] Bodanszky M，*Peptide Synthesis*；Academic Press：New York，1976

[17] Barany G，*Peptides* 1981，2：1

[18] Mitchell AR，Erickson BW，Ryabtsev MN，Hodges RS，Merrifield RB，*J. Am. Chem. Soc*. 1976，98：7357～7362

[19] Gisin BF, *Helv. Chim. Acta* 1973, 56: 1476~1482

[20] Lenard J, Robinson AB, *J. Am. Chem. Soc.* 1967, 89: 181~182

[21] Yajima M, Fujii N, Ogawa M, Kawatani H, *J. Chem. Soc., Chem. Commun.* 1974, 107~108

[22] Leznoff CC, Wong JY, *Can. J. Chem.* 1973, 51: 3756~3764

[23] McArthur CR, Worster PM, Jiang JL, Leznoff CC, *Can. J. Chem.* 1982, 60: 1836~1841

[24] Thompson LA, Ellman JA, *Tetrahedron Lett.* 1994, 35: 9333~9336

[25] Stones D, Miller DJ, Beaton MW, Rutherford TJ, Gani D, *Tetrahedron Lett.* 1998, 39: 4875~4878

[26] Conti P, Demont D, Cals J, Ottenheijm HCJ, Leysen D, *Tetrahedron Lett.* 1997, 38: 2915~2918

[27] Schlatter JM, Mazur RH, Goodmonson O, *Tetrahedron Lett.* 1977, 33: 2851~2852

[28] Furlan RLE, Mata EG, Mascaretti OA, Pena C, Coba MP, *Tetrahedron* 1998, 54: 13023~13034

[29] Kurth MJ, Randall LAA, Chen CX, Melander C, Miller RB, Mcalister K, Reitz G, Kang R, Nakatsu T, Green C, *J. Org. Chem.* 1994, 59: 5862~5864

[30] Frenette R, Friesen RW, *Tetrahedron Lett.* 1994, 35: 9177~9180

[31] Kang SK, Kim JS, Yoon SK, Lim KH, Yoon SS, *Tetrahedron* 1998, 39: 3011~3012

[32] Seebach D, Thaler A, Blaser D, Ko SY, *Helv. Chim. Acta* 1991, 74: 1102~1118

[33] King JF, Khemani KC, Skonieczny S, Payne NC, *J. Chem. Soc., Chem. Commun.* 1988, 415~417

[34] Pietta PG, Marshall GR, *J. Chem. Soc., Chem. Commun.* 1970, 650~651

[35] Matsueda GR, Stewart JM, *Peptides* 1981, 2: 45~50

[36] Pei Y, Houghten RA, Kiely JS, *Tetrahedron Lett.* 1997, 38: 3349~3352

[37] Nefzi A, Ostresh JM, Giulianotti M, Houghten RA, *Tetrahedron Lett.* 1998, 39: 8199~8202

[38] Nefzi A, Giulianotti MA, Houghten RA, *Tetrahedron Lett.* 1999, 40: 8539~8542

[39] Nefzi A, Ostresh JM, Giulianotti M, Houghten RA, *J. Comb. Chem.* 1999, 1: 195~198

[40] Smith JM, Krchnak V, *Tetrahedron Lett.* 1999, 40: 7633~7636

[41] Wang S, *J. Am. Chem. Soc* 1973, 9: 1328~1333

[42] Lu G, Mojsov S, Tam JP, Merrifield RB, *J. Org. Chem.* 1981, 46: 3433~3436

[43] Buchstaller HP, *Tetrahedron* 1998, 54: 3465~3470

[44] Matthews J, Rivero RA, *J. Org. Chem.* 1998, 63: 4808~4810

[45] Mayer JP, Zhang JW, Bjergarde K, Lenz DM, Gaudino JJ, *Tetrahedron Lett.* 1996, 37: 8081~8084

[46] Kolodziej SA, Hamper BC, *Tetrahedron Lett.* 1996, 37: 5277~5280

[47]Gordeev MF, Wu J, Gordon EM, *Tetrahedron Lett.* 1996, 37: 4643~4646

[48] Hoemann MZ, Melikian-Badalian A, Kumaravel G, Hauske JR, *Tetrahedron Lett.* 1998, 39: 4749~4752

[49] Vo NH, Eyermann CJ, Hodge CN, *Tetrahedron Lett.* 1997, 38: 7951~7954

[50] Bicknell AJ, Hird NW, Readshaw SA, *Tetrahedron Lett.* 1998, 39: 5869~5872

[51] Brown EG, Nuss JM, *Tetrahedron Lett.* 1997, 38: 8457~8460

[52] Garigipati RS, *Tetrahedron Lett.* 1997, 38: 6807~6810

[53] Brill WK-D, Schmidt E, Tommasi RA, *Synlett.* 1998, 906~908

[54] Mellor SL, Chan WC, *J. Chem. Soc., Chem. Commun.* 1997, 2005~2006

[55] Wang Y, Huang T-N, *Tetrahedron Lett.* 1999, 40: 5837~5840

[56] Du X, Armstrong RW, *J. Org. Chem.* 1997, 62: 5678~5679

[57] Blackburn C, *Tetrahedron Lett.* 1998, 39: 5469~5472

[58] Goff DA, *Tetrahedron Lett.* 1999, 40: 8741~8745

[59] Katritzky AR, Xie LH, Zhang GF, Griffith M, Watson K, Kiely JS, *Tetrahedron Lett*. 1997, 38: 7011～7014

[60] Tempest PA, Brown SD, Armstrong RW, *Angew. Chem. Int. Ed. Engl*. 1996, 35: 640～642

[61] Kim SW, Bauer SM, Armstrong RB, *Tetrahedron Lett*. 1998, 39: 6993～6996

[62] Chan WC, Mellor SL, *J. Chem. Soc., Chem. Commun*. 1995, 1475～1477

[63] Chan WC, White PD, Beythien J, Steinauer R, *J. Chem. Soc., Chem. Commun*. 1995, 589～592

[64] Sieber P, *Tetrahedron Lett*. 1987, 28: 6147～6150

[65] Richter LS, Gadek TR, *Tetrahedron Lett*. 1994, 35: 4705～4706

[66] Krchnak V, Flegelova Z, Weichsel AS, Lebl M, *Tetrahedron Lett*. 1995, 36: 6193～6196

[67] Albericio F, Kneib-Cordonier N, Biancalana S, Gera L, Masada RI, Hudson D, Barany G, *J. Org. Chem*. 1990, 55: 3730～3743

[68] Eleftherious S, Gatos D, Panagopoulos A, Stathopoulos S, Barlos K, *Tetrahedron Lett*. 1999, 40: 2825～2828

[69] Frechet JMJ, Haque KE, *Tetrahedron Lett*. 1975, 16: 3055～3056

[70] Frechet JMJ, Nuyens LJ, *Can. J. Chem*. 1976, 54: 926～934

[71] Fyles TM, Leznoff CC, *Can. J. Chem*. 1976, 54: 935～942

[72] Fyles TM, Leznoff CC, Weatherston J, *Can. J. Chem*. 1978, 56: 1031～1041

[73] Leznoff CC, Hall TW, *Tetrahedron Lett*. 1982, 23: 3023～3026

[74] Leznoff CC, Fyles TM, *Can. J. Chem*. 1977, 55: 1143～1153

[75] Leznoff CC, Fyles TM, *J. Chem. Soc., Chem. Commun*. 1976, 251～252

[76] Chen C, Randall LAA, Miller RB, Jones AD, Kurth MJ, *J. Am. Chem. Soc*. 1994, 116: 2661～2662

[77] Chen C, Randall LAA, Miller RB, Jones AD, Kurth MJ, *Tetrahedron* 1997, 53: 6595～6609

[78] Gennari C, Ceccarelli S, Piarulli U, Aboutayab K, Donghi M, Paterson I, *Tetrahedron* 1998, 54: 14999～15016

[79] Li ZG, Ganesan A, *Synlett* 1998, 405～406

[80] Bleicher KH, Wareing JR, *Tetrahedron Lett*. 1998, 39: 4587～4590

[81] Bleicher KH, Wareing JR, *Tetrahedron Lett*. 1999, 39: 4591～4594

[82] Gosselin F, Van Betsbrugge J, Hatam M, Lubell WD, *J. Org. Chem*. 1999, 64: 2486～2493

[83] Bollhagen R, Schmiedberger M, Barlos K, Grell E, *J. Chem. Soc., Chem. Commun*. 1994, 2559～2560

[84] Barlos K, Gatos D, Kallitsis J, Paraphotiu G, Sotiriu P, Yao WO, Schafer W, *Tetrahedron Lett*. 1989, 30: 3943～3946

[85] Barlos K, Gatos D, Kapolos S, Paraphotiu G, Schafer W, Yao WQ, *Tetrahedron Lett*. 1989, 30: 3947～3950

[86] Barlos K, Chatzi O, Gatos D, Stavropoulos G, *Int. J. Peptide Protein Res*. 1991, 37: 513～520

[87] Barlos K, Gatos D, Schafer W, *Angew. Chem. Int. Ed. Engl*. 1991, 30: 5930～5936

[88] Barlos K, Gatos D, Kapolos S, Poulos C, Schafer W, Yao WQ, *Int. J. Peptide Protein Res*. 1991, 38: 555～561

[89] Barlos K, Gatos D, Kutsogianni S, Paraphotiu G, Poulos C, Tsegenidis T, *Int. J. Peptide Protein Res*. 1991, 38: 562～568

[90] Haap WJ, Kaiser D, Walk TB, Jung G, *Tetrahedron* 1998, 54: 3705～3724

[91] Shankar BB, Yang DY, Ganguly AK, *Tetrahedron Lett*. 1998, 39: 2447～2448

[92] Richter H, Jung G, *Mol. Diversity* 1998, 3: 191～194

[93] Zhu Z, Mckittrick B, *Tetrahedron Lett*. 1998, 39: 7479～7482

[94] Nash IA, Bycrift BW, Chan WC, *Tetrahedron Lett*. 1996, 37: 2625～2628

[95] Mellor SL, McGuire C, Chan WC, *Tetrahedron Lett*. 1997, 38: 3311～3314

[96] Jensen KJ, Alsina J, Songster MF, Vagner J, Albericio F, Barany G, *J. Am. Chem. Soc*. 1998, 120: 5441～5452

[97] Alsina J, Jensen KJ, Albericio F, Barany G, *Eur. J. Chem*. 1999, 5: 2787～2795

[98] Alsina J, Yokum TS, Albericio F, Barany G, *J. Org. Chem*. 1999, 62: 8761－8769

[99] Boojamra CG, Burow KM, Ellman JA, *J. Org. Chem*. 1995, 60: 5742～5743

[100] Boojamra CG, Burow KM, Thompson L,A Ellman JA, *J. Org. Chem*. 1997, 62: 1240～1256

[101] Fivush AM, Willson TM, *Tetrahedron Lett*. 1997, 38: 7151～7154

[102] Swayze EE, *Tetrahedron Lett*. 1997, 38: 8465～8468

[103] Sarantakis D, Bicksler JJ, *Tetrahedron Lett*. 1997, 38: 7325～7328

[104] Bilodeau MT, Cunnigham AM, *J. Org. Chem*. 1998, 63: 2800～2801

[105] Tumelty D, Schwarz MK, Cao K, Needels MC, *Tetrahedron Lett*. 1999, 40: 6185～6188

[106] Ouyang X, Kiselyov AS, *Tetrahedron Lett*. 1999, 40: 5827～5830

[107] Kiselyov AS, Smith Ⅱ L, Virgilio A, Armstrong RW, *Tetrahedron* 1998, 54: 7987～7996

[108] Raju B, Kogan TP, *Tetrahedron Lett*. 1997, 38: 4965～4968

[109] Kobayashi S, Aoki Y, *Tetrahedron Lett*. 1998, 39: 7345～7348

[110] Miller MW,Vice SF, McCombie SW, *Tetrahedron Lett*. 1998, 39: 3429～3432

[111] Fivush AM, Willson TM, *Tetrahedron Lett*. 1997, 38: 7151～7154

[112] Caddick S, Hamza D, Wadman SN, *Tetrahedron Lett*. 1999, 40: 7285～7288

[113] del Fresno M, Alsina M, Royo M, Barany G, Albericio F, *Tetrahedron Lett*. 1998, 39: 2639～2642

[114] Gray NS, Kwon S, Schultz PG, *Tetrahedron Lett*. 1997, 38: 1161～1164

[115] Estep KG, Neipp CE, Stramiello LMS, Adam MD, Allen MP, Robinson S, Roskamp EJ, *J. Org. Chem*. 1998, 63: 5300～5301

[116] Yan B, Nguyen N, Liu L, Holland G, Raju B, *J. Comb. Chem*. 2000, 2: 66～74

[117] Wallace OB, *Tetrahedron Lett*. 1997, 38: 4939～4942

[118] Liu G, Ellman JA, *J. Org. Chem*. 1995, 60: 7712～7713

[119] Koh JS, Ellman JA, *J. Org. Chem*. 1996, 61: 4494～4495

[120] Pearson WH, Clark RB, *Tetrahedron Lett*. 1997, 38: 7669～7672

[121] Nugiel DA, Cornelius LAM, Corbett JW, *J. Org. Chem*. 1997, 62: 201～203

[122] Smith AL, Stevenson GI, Swain CJ, Castro JL, *Tetrahedron Lett*. 1998, 39: 8317～8320

[123] Wong JY, Manning C, Leznoff CC, *Angew. Chem. Int. Ed. Engl*. 1974, 13: 666～667

[124] Chamoin S, Houldsworth S, Kruse CG, Bakker WI, Snieckus V, *Tetrahedron Lett*. 1998, 39: 4179～4182

[125] Xu ZH, McArthur CR, Leznoff CC, *Can. J. Chem*. 1983, 61: 1405～1409

[126] Leznoff CC, Greenberg S, *Can. J. Chem*. 1976, 54: 3824～3829

[127] Hodge P, Waterhouse J, *J. Chem. Soc., Perkin Trans. 1 1983*, 2319～2323

[128] Brase S, Enders D, Kobberling J, Avemaria F, *Angew. Chem. Int. Ed. Engl*. 1998, 37: 3413～3415

[129] Brase S, Kobberling J, Enders D, Lazny R, Wang MF, Brandtner S, *Tetrahedron Lett*. 1999, 40: 2105～2108
[130] Schuster M, Lucas N, Blechert S, *J. Chem. Soc., Chem. Commun*. 1997, 823～824
[131] Schuster M, Blechert S, *Tetrahedron Lett*. 1998, 39: 2295～2298
[132] Woolard FX, Paetsch J, Ellman JA, *J. Org. Chem*. 1997, 62: 6102～6103
[133] Hu Y, Porco JA Jr, Labadie JW, Gooding OW, Trost BM. *J. Org. Chem*. 1998, 4518～4521
[134] Hu Y, Porco JA Jr., *Tetrahedron Lett*. 1998, 39: 2711～2714
[135] Smith EM, *Tetrahedron Lett*. 1999, 40: 3285～3288
[136] Hu Y, Porco JA Jr., *Tetrahedron Lett*. 1999, 40: 3289～3292
[137] Brase S, Schroen M, *Angew. Chem. Int. Eng. Ed*. 1999, 38: 1071～1073
[138] Brase S, Dahmen H, Heuts J, *Tetrahedron Lett*. 1999, 40: 6201～6203
[139] Lormann M, Dhamen S, Brase S, *Tetrahedron Lett*. 2000, 41: 3813～3816
[140] Chhabra SR, Khan AN, Bycroft BW, *Tetrahedron Lett*. 1998, 39: 3585～3588
[141] Chhabra SR, Khan AN, Bycroft BW, *Tetrahedron Lett*. 2000, 41: 1099～1102
[142] Chhabra SR, Khan AN, Bycroft BW, *Tetrahedron Lett*. 2000, 41: 1095～1098
[143] Murray PJ, Kay C, Scicinski JJ, McKeown SC, Watson SP, Carr RAE, *Tetrahedron Lett*. 1999 5609～5612
[144] Brown AR, Rees DC, Rankovic Z, Morphy JR, *J. Am. Chem. Soc*. 1997, 119: 3288～3295
[145] Ouyang X, Armstrong RW, Murphy MM, *J. Org. Chem*. 1998, 63: 1027～1032
[146] Kroll FEK, Morphy R, Rees D, Gani D, *Tetrahedron Lett*. 1997, 38: 8573～8576
[147] Cottney J, Rankovic Z, Morphy JR, *Bioorg. Med. Chem. Lett*. 1999, 9: 1323～1328
[148] Garcia-Echeverria C, *Tetrahedron Lett*. 1997, 38: 8933～8934
[149] Breitenbucher JG, Johnson CR, Haight M, Phelan JC, *Tetrahedron Lett*. 1998, 39: 1295～1298
[150] Breitenbucher JG, Hui HC, *Tetrahedron Lett*. 1998, 39: 8207～8210
[151] Fantauzzi PP, Yager KM, *Tetrahedron Lett*. 1998, 39: 1291～1294
[152] Marshal DL, Liener IE, *J. Org. Chem*. 1970, 35: 867～868
[153] Sheppard RC, Williams BJ, *Int. J. Peptide Protein Res*. 1982, 20: 451～454
[154] Atherton E, Sheppard RC, *Solid Phase Synthesis*; A Practical Approach; IRL Press: Oxaford, 1989
[155] Steward JM, Young JD, *Solid Phase Synthesis*, 2nd Ed.; Pierce Chemical Company: Rockford, 1984
[156] Hutchins SM, Chapman KT, *Tetrahedron Lett*. 1996, 37: 4869～4872
[157] Cheng Y, Chapman KT, *Tetrahedron Lett*. 1997, 38: 1497～1500
[158] Blankemeyer-Menge B, Nimtz M, Frank R, *Tetrahedron Lett*. 1990, 31: 1701～1704
[159] Nielsen J, Rasmussen PH, *Tetrahedron Lett*. 1996, 37: 3351～3354
[160] Mutter M, Bellof D, *Helv. Chim. Acta* 1984, 67: 2009～2016
[161] Rabanal F, Giralt E, Albericio F, *Tetrahedron* 1995, 51: 1449～1458
[162] Garcia-Echeverria C, Molins MA, Albericio F, Pons M, Giralt E, *Int. J. Peptide Protein Res*. 1990, 35: 434～440
[163] Kenner GW, McDermott JR, Sheppard RC, *J. Chem. Soc., Chem. Commun*. 1971, 636～637
[164] Backes BJ, Ellman JA, *J. Am. Chem. Soc*. 1994, 116: 11171～11172
[165] Backes BJ, Virgilio AA, Ellman JA, *J. Am. Chem. Soc*. 1996, 118: 3055～3056
[166] Backes BJ, Ellman JA, *J. Org. Chem*. 1999, 64: 2322～2330

[167] Ingenito R, Bianchi E, Fattori D, Pessi A, *J. Am. Chem. Soc.* 1999, 121: 11369～11374

[168] Shin YS, Winans KA, Backes BJ, Kent SBH, Ellman JA, Bertozzi CR, *J. Am. Chem. Soc.* 1999, 121: 11684～11689

[169] Yang L, Morriello G, *Tetrahedron Lett.* 1999, 40: 8197～8200

[170] Boehm TL, Showalter HDH, *J. Org. Chem.* 1996, 61: 6498～6499

[171] Newlander KA, Chenera B, Veber DF, Yim NCF, Moore ML, *J. Org. Chem.* 1997, 62: 6726～6732

[172] Plunkett MJ, Ellman JA, *J. Org. Chem.* 1997, 62: 2885～2893

[173] DeGrado WF, Kaiser ET, *J. Org. Chem.* 1980, 45: 1295～1300

[174] DeGrado WF, Kaiser ET, *J. Org. Chem.* 1982, 47: 3258～3261

[175] Pichette A, Voyer N, Larouche R, Meillon JC, *Tetrahedron Lett.* 1997, 38: 1279～1282

[176] Schwacher AW, Maynard T, *Tetrahedron Lett.* 1993, 34: 1269～1270

[177] Voyer N, Lavoie A, Pinette M, Bernier J, *Tetrahedron Lett.* 1994, 35: 355～358

[178] Lumma WC Jr, Witherup KM, Tucker TJ, Brady SF, Sisko JT, Naylor-Olsen AM, Lewis SD, Lucas BJ, Vacca JP, *J. Med. Chem.* 1998, 41: 1011～1013

[179] Golebiowski A, Klopfenstein S, *Tetrahedron Lett.* 1998, 39: 3397～3400

[180] Lepore SD, Wiley MR, *Tetrahedron Lett.* 1999, 64: 4547～4550

[181] Rich DH, *J. Am. Chem. Soc.* 1975, 97: 1575～1579

[182] Hammer RP, Albericio F, Gera L, Barany G, *Int. J. Peptide Protein Res.* 1990, 36: 31～45

[183] Lioyd-Williams P, Albericio F, Giralt E, *Tetrahedron* 1993, 49: 11065～11133

[184] Brown BB, Wagner DS, Geysen HM, *Mol. Diversity* 1995, 1: 4～12

[185] Holmes CP, Jones DG, *J. Org. Chem.* 1995, 60: 2318～2319

[186] Holmes CP, *J. Org. Chem.* 1997, 62: 2370～2380

[187] Nicolaou KC, Winssinger N, Pastor J, DeRoose F, *J. Am. Chem. Soc.* 1997, 119: 449～450

[188] Yoo DJ, Greenberg MM, *J. Org. Chem.* 1995, 60: 3358～3364

[189] Venkatesan H, Greenberg MM, *J. Org. Chem.* 1996, 61: 525～529

[190] Aurell MJ, Boix C, Ceita ML, Llopis C, Tortajada A, Mestres R, *J. Chem. Res.*, Miniprint 1995, 2569

[191] Ruhland B, Bhandari A, Gordon EM, Gallop MA, *J. Am. Chem. Soc.* 1996, 118: 253～254

[192] Gennari C, Longari C, Ressel S, Salom B, Pirarulli U, Ceccarelli S, Mielgo A, *Eur. J. Org. Chem.* 1998, 7: 2437～2449

[193] Wang S-S, *J. Org. Chem.* 1976, 41: 3258～3261

[194] Millington CR, Quarrell R, Lowe G, *Tetrahedron Lett.* 1998, 39: 7201～7204

[195] Semenov AN, Gordeev KY, Int. J. *Peptide Protein Res.* 1995, 45: 303～304

[196] Deegan TL, Gooding OW, Baudart S, Porco JA Jr, *Tetrahedron Lett.* 1997, 38: 4973～4976

[197] Kobayashi S, Wakabayashi T, Yasuda M, *J. Org. Chem.* 1998, 63: 4868～4869

[198] Steward JM, U.S. Patent 4,254,023, 1981

[199] Fehrenta J-A, Paris M, Heitz A, Velek J, Liu C-F, Winternitz F, Martinez J, *Tetrahedron Lett.* 1995, 36: 7871～7874

[200] Dinh TQ, Armstrong RW, *Tetrahedron Lett.* 1996, 37: 1161～1164

[201] Zheng A, Shan D, Wang B, *J. Org. Chem.* 1999, 64: 156～161

[202] Wang B, Liu S, Borchardt RT, *J. Org. Chem.* 1995, 60: 539～543

[203] Wang B, Nimkar K, Wang W, Zhang H, Shan D, Gudmundsson O, Gangwar S, Siahaan T, Borchardt RT, *J. Peptide Res*. 1999, 53: 370～382

[204] Kaljuste K, Unden A, *Tetrahedron Lett*. 1996, 37: 3031～3034

[205] Zhang X, Jones RA, *Tetrahedron Lett*. 1996, 37: 3789～3790

[206] Grubbs RH, Chang S, *Tetrahedron* 1998, 54: 4413～4450

[207] Nicolaou KC, Winssinger N, Pastor J, Ninkovic S, Sarabla F, He Y, Vourioumis D, Yang Z, Li T, Glannakakou P, Hamel E, *Nature* 1997, 387: 268～272

[208] Miller SJ, Blackwell HE, Grubbs RH, *J. Am. Chem. Soc*. 1996, 118: 9606～9614

[209] Piscopio AD, Miller JF, Koch K, *Tetrahedron Lett*. 1998, 39: 2667～2670

[210] Peters JU, Blechert S, *Synlett* 1997, 348～350

[211] Sauerbrei B, Jungmann V, Waldmann H, *Angew. Chem., Int. Ed. Engl*. 1998, 37: 1143～1146

[212] Waldmann H, Sebastian D, *Chem. Rev*. 1994, 94, 911～937

[213] Bohm G, Dowden J, Rice DC, Burgess I, Pilard J-F, Guilbert B, Haxton A, Hunter RC, Turner NJ, Flitsch NJ, *Tetrahedron Lett*. 1998, 39: 3819～3822

[214] Grether U, Waldmann H, *Angew. Chem. Int. Ed. Eng*. 2000, 39: 1629～1632

[215] Sussman S, *Ind. Eng. Chem*. 1946, 38: 1228

[216] Ley SV, Baxendale IR, Bream RN, Jackson PS, Leach AG, Longbottom DA, Nesi M, Scott JS, Storer RI, Taylor SJ, *J. Chem. Soc., Perkin Trans. 1 2000*, 3815～4195

[217] Kaldor SW, Siegel MG, *Curr. Opin. Chem. Biol*. 1997, 1: 101～106

[218] Parlow JJ, Devraj RV, South MS, *Curr. Opin. Chem. Biol*. 1999, 3: 320～336

[219] Thompson LA, *Curr. Opin. Chem. Biol*. 2000, 4, 324～337

[220] Bhattacharyya S, *Comb. Chem. High Throughput Screen*. 2000, 3: 65～92

[221] Merritt AT, *Comb. Chem. High Throughput Screen*. 1998, 1: 57～72

[222] Creswell MW, Bolton GL, Hodges JC, Meppen M, *Tetrahedron* 1998, 54: 3983～3998

[223] Coppola GM, *Tetrahedron Lett*. 1998, 39: 8233～8236

[224] Booth RJ, Hodges JC, *Acc. Chem. Res*. 1999, 32: 18～26

[225] Kaldor SW, Siegel MG, Fritz JE, Dressman BA, Hahn PJ, *Tetrahedron Lett*. 1996, 37: 7193～7196

[226] Kaldor SW, Fritz JE, Tang J, McKinney ER, *Bioog. Med. Chem. Lett*. 1996, 6: 3041～3044

[227] Dressman BA, Singh U, Kaldor SW, *Tetrahedron Lett*. 1998, 39: 3631～3634

[228] Flynn DL, Crich JZ, Devraj RV, Hockerman SL, Parlow JJ, Sout MS, Woodard S, *J. Am. Chem. Soc*. 1997, 119: 4874～4881

[229] Booth RJ, Hodges JC, *J. Am. Soc. Chem*. 1997, 119: 4882～2886

[230] Chen J, *Tetrahedron Lett*. 1999, 40: 9195～9199

[231] Hutchins RO, Milewski CA, Maryanof BE, *J. Am. Chem. Soc*. 1973, 3662～3668

[232] Attanasi O, Cagliotil L, Gasparrini F, Misiti D, *Tetrahedron* 1975, 31: 341～345

[233] Ault-Justus SE, Hodges JC, Wilson MW, *Biotechnol. Bioeng*. 1998, 62: 17～22

[234] Warmus JS, Ryder TR, Hodges JC, Kennedy RM, Brady KD, *Bioorg. Med. Chem. Lett*. 1998, 8: 2309～2314

[235] Blackburn C, Guan B, Fleming P, Shiosaki K, Tsai S, *Tetrahedron Lett*. 1998, 39: 3635～3638

[236] Katoh M, Sodeoka M, *Bioorg. Med. Chem. Lett*. 1999, 9: 881～884

[237] Kobayashi S, Hachiya I, Yasuda M, *Tetrahedron Lett*. 1996, 37: 5569～5572

[238] Kobayashi S, Moriwaki M, Akiyama R, Suzuki S, Hachiya I, *Tetrahedron Lett*. 1996, 37: 7783～7786
[239] Barco A, Benetti S, De Risi C, Marchetti P, Pollini GP, Zanirato V, *Tetrahedron Lett*. 1998, 39: 7591～7594
[240] Lijima K, Macromol. Sci., *Pure Appl. Chem*. 1992, A29: 249
[241] Schuchardt U, Vargas RM, Gelbard G, *J. Mol. Catal. A: Chem*. 1996, 109: 37～44
[242] Tamura Y, Fukuda W, Tomoi M, Tokuyama S, *Synth. Commun*. 1994, 24: 2907～2914
[243] Organ MG, Dixon CE, *Biotechnol. & Bioeng*. 2000, 71: 71～77
[244] Xu W, Mohan R, Morrissey MM, *Tetrahedron Lett*. 1997, 38: 7337～7340
[245] Weidner JJ, Parlow JJ, Flynn DL, *Tetrahedron Lett*. 1999, 40: 239～242
[246] Simoni D, Rondanin R, Morini M, Baruchello R, Invidiata FP, *Tetrahedron Lett*. 2000, 41: 1607～1610
[247] Carpino LA, Mansour EME, Cheng CH, Williams JR, MacDonald R, Knapczyk J, Carman M, Lopusinski A, *J. Org. Chem*. 1983, 48: 661～665
[248] Simpson J, Rathbone, DL, Billington DC, *Tetrahedron Lett*. 1999, 40: 7031～7033
[249] Liu Y, Vederas JC, *J. Org. Chem*. 1996, 61: 7856～7859
[250] Harris JM, Liu Y, Chai S, Andrews MD, Vederas JC, *J. Org. Chem*. 1998, 63: 2407～2409
[251] Ley SV, Bolli MH, Hinzen B, Gervois AG, Hall BJ, *J. Chem. Soc., Perkin Trans. 1 1998*, 2239～2241
[252] Hinzen B, Ley SV, *J. Chem. Soc., Perkin Trans. 1 1997*, 1907～1908
[253] Hinzen B, Lenz R, Ley SV, *Synthesis* 1998, 977～979
[254] Hinzen B, Ley SV, *J. Chem. Soc., Perkin Trans. 1 1998*, 1～2
[255] Hodge P, Sherrington DC, *Polymer-Supported Reactions in Organic Synthesis*; J. Wiley & Sons: Chichester, 1980
[256] Kobayashi S, Endo M, Nagayama S, *J. Am. Chem. Soc*. 1999, 11229～11230
[257] Tohma H, Takizawa S, Maegawa T, Kita Y, *Angew. Chem. Int. Ed. Engl*. 2000, 39: 1306～1308
[258] Ley SV, Thomas AW, Finch H, *J. Chem. Soc, Perkin Trans. 1 1999*, 669～671
[259] Friedrich HB, Singh N, *Tetrahedron Lett*. 2000, 41: 3971～3974
[260] Tanabe Y, Okumura H, Maeda A, Murakami M, *Tetrahedron Lett*. 1994, 35: 8413～8414
[261] Fujita M, Hiyama T, *J. Org. Chem*. 1988, 53: 5401～5415
[262] Hutchins RO, Natale NR, Taffer IM, *J. Chem. Soc., Chem. Commun*. 1978, 1088～1089
[263] Gibson HW, Bailey FC, *J. Chem. Soc., Chem. Commun*. 1977, 815
[264] Brunow G, Koskinen L, Urpilainen P, *Acta Chem. Scand. B: Org. Chem Biochem*. 1981, 35: 53～54
[265] Weber JV, Faller P, Kirsch G, Schneider M, *Synthesis* 1984, 1044～1045
[266] Sande AR, Jagadale MH, Mane RB, Salunkhe MM, *Tetrahedron Lett*. 1984, 25: 3501～3504
[267] Nag A, Sarkar A, Sarkar SK, Palit SK, Synth. Commun. 1987, 17: 1007～1013
[268] Goudgaon NM, Wadgaonkar PP, Kabalka GW, *Synth. Commun*. 1989, 19: 805～811
[269] Kabalka GW, Wadgaonkar PP, Chatla N, *Synth. Commun*. 1990, 20: 293～299
[270] Sturino CF, Labelle M, *Tetrahedron Lett*. 1998, 39: 5891～5894
[271] Chinchilla R, Dodsworth DJ, Najera C, Soriano JM, *Tetrahedron Lett*. 2000, 41: 2463～2466
[272] Arnold LD, Assil HI, Vederas JC, *J. Am. Chem. Soc*. 1989, 111: 3973～3976
[273] Chang YT, Schultz PG, *Bioorg. Chem. Med. Lett*. 1999, 9: 2479～2482

[274] Pop IE, Deprez BP, Tartar AL, *J. Org. Chem*. 1997, 62: 2594~2603

[275] Dendrinos K, Jeong J, Huang W, Kalivretenos AG, *J. Chem. Soc., Chem. Commun*. 1998, 499~500

[276] Dendrinos KG, Kalivretenos AG, *Tetrahedron Lett*. 1998, 39: 1321~1324

[277] Dendrinos KG, Kalivretenos AG, *J. Chem. Soc., Perkin Trans. 1 1998*, 1463~1464

[278] Wang B, et al, unpublished results, 2001

[279] Barrett AGM, de Miguel YR, *J. Chem. Soc., Chem. Commun*. 1998, 2079~2080

[280] Prabhakaran EN, Iqbal J, *J. Org. Chem*. 1999, 64: 3339~3341

[281] Uozumi Y, Danjo H, Hayashi T, *J. Org. Chem*. 1999, 64: 3383~3388

[282] Annis DA, Jacobsen EN, *J. Am. Chem. Soc*. 1999, 121: 4147~4154

[283] Alvarez R, Hourdin M-A, Cave C, d'Angelo J, Chaminade P, *Tetrahedron Lett*. 1999, 40: 7091~7094

[284] Havranek M, Singh A, Sames D, *J. Am. Chem. Soc*. 1999, 121: 8965~8966

[285] Gilbertson SR, Wang X, *Tetrahedron* 1999, 55: 11609~11618

[286] Bolm C, Fey T, *J. Chem. Soc., Chem. Commun*. 1999, 1795~1796

[287] Patro B, Merrett M, Murphy JA, Sherrington DC, Morrison MGJT, *Tetrahedron Lett*. 1999, 40: 7857~7860

[288] Altava B, Burguete MI, Garcia-Verdugo E, Luis SV, Salvador RV, Vicent MJ, *Tetrahedron* 1999, 55: 12897~12906

[289] ten Holte P, Wijgergangs J-P, Thijs L, Zwanenburg B, *Org. Lett*. 1999, 1: 1095~1097

[290] Enholm EJ, Schulte Ⅱ JP, *Org. Lett*. 1999, 1: 1275~1277

[291] Fujii A, Sodeoka M, *Tetrahedron Lett*. 1999, 40: 8011~8014

[292] Ahmed M, Barrett AGM, Braddock DC, Cramp SM, Procopiou PA, *Tetrahedron Lett*. 1999, 40: 8657~8662

[293] Clark AJ, Filik RP, Haddleton DM, Radigue A, Sanders CJ, Thomas GH, Smith ME, *J. Org. Chem*. 1999, 64: 8954~8957

[294] Ilankumaran P, Verkade JG, *J. Org. Chem*. 1999, 64: 9063~9066

[295] Heckel A, Seebach D, *Angew. Chem. Int. Ed. Engl*. 2000, 39: 163~165

[296] Nagayama S, Kobayashi S, *Angew. Chem. Int. Ed. Engl*. 2000, 39: 567~569

[297] Tanaka N, Masaki Y, *Synlett* 2000, 406~408

[298] Annunziata R, Benaglia M, Cinquini M, Cozzi TG, *Org. Lett*. 2000, 2: 1737~1739

[299] Song CE, Oh CR, Lee SW, Lee S, Canali L, Sherrington DC, *J. Chem. Soc., Chem. Commun*. 1998, 2435~2436

[300] Drewry DH, Coe DM, Poon S, *Med. Res. Rev*. 1999, 19: 97~148

[301] Uozumi Y, Danjo H, Hayashi T, *Tetrahedron Lett*. 1997, 38: 3557~3560

[302] Uozumi Y, Watanabe T, *J. Org. Chem*. 1999, 64: 6921~6923

[303] Grubbs RH, Kroll LC, *J. Am. Chem. Soc*. 1971, 93: 3062~3063

[304] Jang SB, *Tetrahedron Lett*. 1997, 38: 1793~1796

[305] Fenger L, Le Drian C, *Tetrahedron Lett*. 1998, 39: 4287~4290

[306] Dodd D, Wallace OB, *Tetrahedron Lett*. 1998, 39: 5701~5704

[307] Kirschning A, Jesberger M, Monenschein H, *Tetrahedron Lett*. 1999, 40: 8999~9002

[308] Kirschning A, Monenschein H, Schmeck C, *Angew. Chem. Int. Ed. Eng*. 1999, 38: 2594~2596

[309] Monenschein H, Sourkouni-Argirusi G, Schubothe KM, O'Hare T, Kirschning A, *Org. Lett*. 1999, 1:

2101～2104

[310] Frechet JM, Schuerch CJ, *J. Am. Chem. Soc.* 1971, 93: 492～496

[311] Barrett AGM, Cramp SM, Roberts RS, Zecri FJ, *Org. Lett.* 1999, 1: 579～582

（王炳和、郑爱莲、王 卫、刘思明）

主要作者简介

王炳和 1982年毕业于北京医科大学(现北京大学医学部)药学院药物化学专业。1985年赴美,1991年在堪萨斯大学药学院药物化学系获得博士学位,现任北卡州立大学化学系终身教授。王炳和教授的主要科研方向是药物化学、有机化学、多肽化学、生物有机化学和环境化学。现任《医药学综述》(*Medicinal Research Reviews*)主编,并任《现代药物化学》(*Current Medicinal Chemistry*)编委。他还任美国化学会药物化学分会的长远计划委员会委员,并担任约20个科技杂志及科研基金的专家评审员,其中包括美国国家卫生研究院(NIH)、全美科学基金(NSF)、美国化学会杂志等(*J. Am. Chem. Soc*)。

第五章　Mimotopes 的 SynPhase^{TM}固相合成技术及其在组合化学中的应用

5.1　简　　介

多针同步合成技术(multipin)是 Mimotopes 发明的固相合成技术之一。它是 Geysen 等[1]在 20 世纪 80 年代初发展起来的一种重要的固相多肽合成方法。最初的目的是依据蛋白质的线形序列关系合成整个交叉重叠的多肽来研究蛋白质抗原决定簇谱。多肽以微量滴定板(8×12)的排列方式进行排列组合合成。脱去保护基的多肽既可以直接裂解到对应的标准 96 孔板中进行酶联免疫吸附实验(ELISA),也可以在固相上直接进行抗原抗体相互结合作用的研究。不论是在合成,还是在进行酶联免疫吸附实验的过程中,其脱保护、洗涤等步骤的完成非常简单,一个人可以同时操作数个 96 孔反应板,一次合成并筛选 $N\times96$ 个化合物。这是组合化学的最初模式。

该法的基本载体固相是经放射-嫁接形成的聚合物,形状为针头状,按微量滴定板(96 孔板,8×12)的排列组合形式安装在一个载体平板上,每一个针头准确地对应于另外一个深孔反应板的反应孔。每一个针头负载一个多肽化合物,因此,96 个不同的多肽(图 5.1)可以同步完成。由于多肽合成仅涉及到温和的脱保护及偶联缩合等化学反应,因此,另外一个深孔反应板可以被用作盛装反应液的容器。在实际操作过程中,先向 96 孔深孔反应板中加入不同的氨基酸溶液和活化剂及添加剂(或直接加入氨基酸的活化酯溶液),然后将固定在载体板上的 96 个针头按设定的方式浸入到每一个深孔中,在室温下完成偶联缩合反应,得到不同偶联产物。操作过程中共同的步骤如脱保护、洗涤则可以方便地在一个溶剂槽中同步完成。可以想像,用这种技术可以很容易在短时间内有效地合成成千上万个多肽化合物,也可以在短时间内以标准的 96 孔板的反应模式生物高通量评价这些快速合成的化合物[2]。比 Geysen 的稍晚一些时间出现的组合化学技术是 Houghten 的“茶叶袋”法[3], Frank 的纤维素纸片法[4]。这三种方法的共同特点是在短时间内可以有效地合成大量的多肽化合物。因此,Geysen、Houghten 和 Frank 被公认为是组合化学的先驱[5]。

随着组合化学的发展,多针同步合成技术早已不再局限于初级的多肽合成与活性筛选阶段。利用此技术也可以有效地合成越来越多的颇为复杂的有机小分子。在过去的十几年中,Mimotopes 一直站在组合化学研究的最前沿,不断地对固

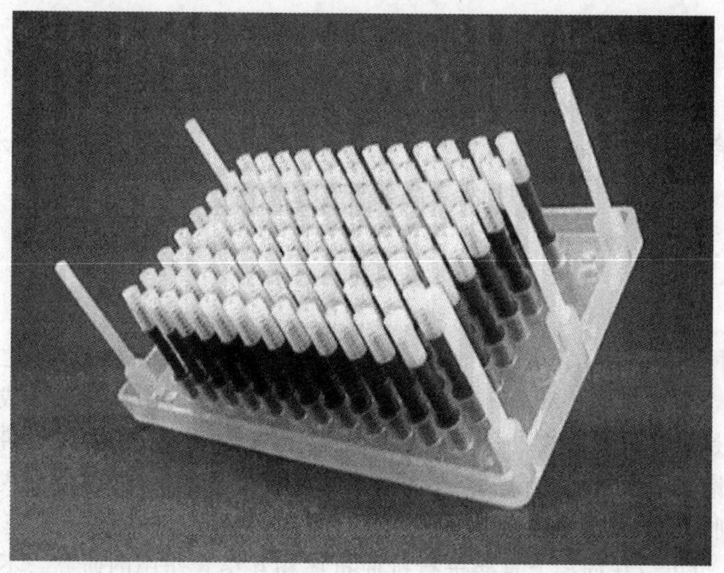

图 5.1　96 个 D-系列 SynPhase Lantern 排列在多针头载体平板上

相合成技术进行优化改造,使之更适合于有机小分子的合成。在下面的几个小节中,将详细地介绍 Mimotopes 的 SynPhase 固相合成技术特点以及在多肽合成、有机小分子合成、连接桥分子及标签编码技术中的应用。

5.2　SynPhase 固相载体的性能与特点

在诸多的组合化学文献中涉及到 Mimotopes 固相载体技术产品的关键词有四个,即 multipin,SynPhase Gears,SynPhase Crowns 及 SynPhase Lanterns(图 5.2)。它们总称为 Mimotopes 的 SynPhase 固相合成技术。从概念上来讲,multipin 是一个技术名词,而 Gear, Crown 及 Lantern 则是特定的固相合成产品及与之相关的技术。它们均可以用 multipin 方法进行组合化学研究。经过多年的研究与开发,主要有两种性能优越的聚合物用于制备 SynPhase 固相合成产品。它们是聚苯乙烯(PS)与聚酰胺(PA)接枝物。从反应性能上来讲,前者更适合于有机小分子的合成,而后者在多肽合

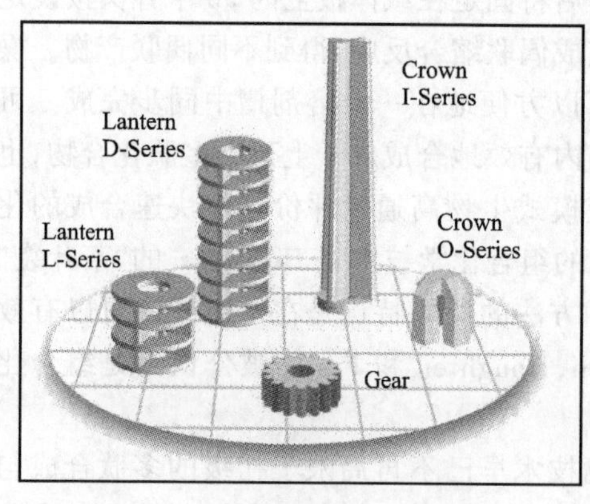

图 5.2　SynPhase 系列固相载体

成中则更为有效。

Lantern是近几年来开发出来的新产品。无论从外形上还是反应性能上均优于早期的Gear和Crown。每个D-系列Lantern所需的反应溶液约0.5mL,远少于Crown所需要的0.8mL。而其负载量(约35μmol/Lantern,D-系列;16μmol/Lantern,L-系列)也远高于相应的Crown(约20μmol/Crown,I-系列;6μmol/Crown,O-系列)。另外,更重要的是Lantern的反应动力学、重复性均超过了Crown。图5.3是一张放大的Lantern组成示意图。Lantern由两部分组成:抗溶剂、抗高温的聚丙烯基物(通过喷射铸造而成)以及与基物相连的接枝聚合物(放射接枝法),然后,再通过特定的官能团将连接桥分子连接到官能化的聚合物载体上。必须指出的是,有机合成化学反应只发生在嫁接聚合物这一外薄层上(见图5.3),反应试剂不会渗透到聚丙烯内层里。因此,同通常的树脂相比,Lantern不仅有更好的反应动力学,而且反应后更容易洗涤。总之,SynPhase Lantern同通常的树脂相比,有以下一些特点:

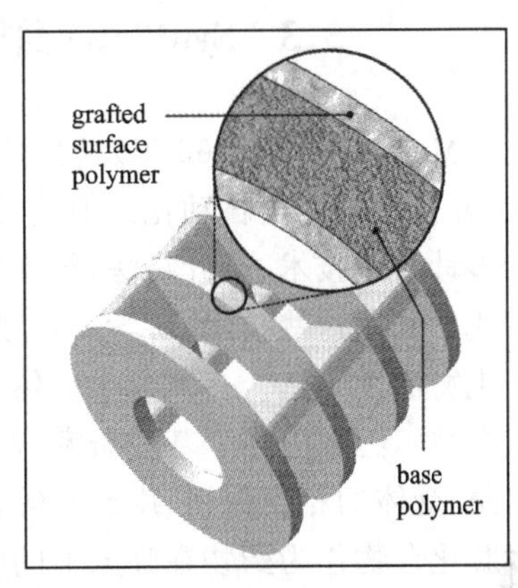

图5.3 SynPhase Lantern组成结构示意图

(1) 由于Lantern具有优越的反应动力学,在Lantern上进行的固相反应通常不需要振荡或搅拌;

(2) 由于每个Lantern有确定的负载量,进行化学反应时,不需要通过对固相的称量来进行反应计算;

(3) 由于反应试剂、溶剂不会渗透到聚丙烯基物中,洗涤Lantern既省时又高效;

(4) 反应结束后,过量的反应试剂、溶液无需过滤即可除去;

(5) 在固相洗涤与转移过程中,不易发生固相的损失;

(6) Lantern在绝大部分有机溶剂中得到很好的溶剂化作用,而其体积溶胀却很小[6],因此节省了反应溶液(试剂)的用量;

(7) 通过有色标签法或射频标签法(参见第5.6节)来标记每个Lantern时,可以有效地进行"混合-均分"的平行合成;

(8) 采用多针同步合成法,可以连接Lantern到96孔板上进行有效的同步平行裂解反应;

(9) 从每个Lantern上可得到足够量的裂解产物(约13mg/D-系列,约6mg/L-系列,假设产物相对分子质量是400以及有效的转化率),可用于光谱分析鉴定(包括核磁共振)及大量的筛选实验;

(10) 不同批次生产的 Lantern 间的反应性能偏差极小。因此,在 Lantern 上的反应重复性很好。

5.3 SynPhase 固相载体在固相多肽合成中的应用

Merrifield 于 1963 年发明的固相多肽合成法[7]极大地推动了生物聚合物的合成,并且使其完全自动化。但是,这种合成都是逐个进行的。到了 80 年代以后,同步多针合成技术、茶叶袋法、纤维素纸片法的出现使得多肽的合成进入了一个新的时代。利用这些技术,科学家可以方便地在短时间内合成大量的多肽化合物,并用于生物活性筛选。多肽分子仍然受到广泛的重视不仅因为多肽分子在生命科学领域内被广泛地应用于基础研究,探索许许多多的生命现象及其机理,如免疫学、荷尔蒙-受体的相互作用、疫苗[2]等,而且现代制剂学的发展已经基本上解决了以往多肽化合物作为药物在临床上的应用中的困难(如鼻黏膜吸收、皮下高压给药等)。目前利用多肽库而筛选得到的多肽化合物作为先导化合物经组合化学进一步优化为肽模拟物已经成为重要的研发新药的途径。

加州大学伯克利分校的 Ellman 等[8]利用 Mimotopes 技术在 Crown 上成功地合成了高纯度的 β-转角模拟物化学库。由于蛋白质的 β-转角常常处在蛋白质外层转角处,属于亲水部分,其许多重要的生物活性受到了广泛的重视。Ellman 等在该 β-转角模拟物化学库的合成过程中,先将对硝基苄基丙氨酸通过 Rink 连接桥连接到 Crown 上(图 5.4),硝基苯属于生色基团,因此最终产物的纯度可以方便地用紫外检测确定。将裸露的氨基经溴乙酸酰化后,通过亲核取代反应引入一端保护的二硫化合物这一关键骨架,第一个重要的构建单元(R^1)通过利用保护的氨基酸与二级胺的缩合反应引入。利用 20%哌啶/DMF 处理脱去氨基酸的 Fmoc 保护基后,氨基与烷基取代的 α-溴代酸酐反应引入了第二个构建单位(R^2)。二硫上的叔丁基保护基被叔丁基膦和水混合物处理除去后,在四甲基胍催化下完成环化反应。最后,Crown 经由 $TFA/H_2O/Me_2S$(18∶1∶1)处理将化合物从固相上裂解下来。他们分别合成了 9 元和 10 元环 β-转角模拟物化学库,LC-MS 没有检测到明显的二聚体化合物。

Ellman 等[9]利用此法进一步合成了 1152 个 β-转角模拟物。在接下来进行的几个生物活性筛选过程中,他们报道了几个 β-转角模拟物对 fMLF 受体显示较好的体外活性。这是当时首次有关此类化合物显示对 fMLF 受体活性的报道。

Dragovich 等[10]利用多针同步合成技术在 Crown 上合成了 500 个三肽库,用于寻找 HRV(人类鼻病毒)蛋白酶抑制剂。化学库的多样性是通过 N-端的酰化反应引入的。首先,保护的谷氨酸连接到 Crown 的 Rink 连接桥上,然后按照标准的多肽合成化学将苯丙氨酸、亮氨酸顺序连接上去得到固载化的保护三肽。分子

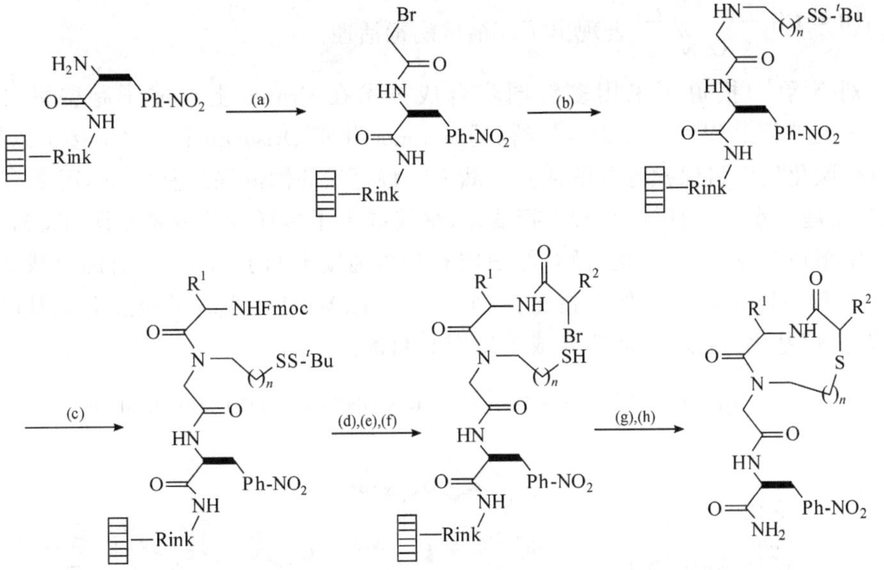

图 5.4

反应条件：(a) α-溴乙酸(α-bromoacetic acid, DIC)；(b) 2-氨基乙硫醇(2-amino ethanethiol)，叔丁基二硫化物(*t*-butyl disulfide)；(c) *N*-Fmoc-α-amino acid，HATU；(d) 20% 哌啶(piperidine) / DMF；(e) symmetric anhydride of α-bromo acid；(f) 叔丁基膦(tributylphosphine)，H_2O；(g) 四甲基胍(tetramethylguanidine)；(h) H_2O/Me_2S/TFA (1∶1∶18)

的多样性是由最后一步的烷基羧酸通过其酰氯或羧酸(经 HATU 活化)的形式导入，见图 5.5。从此化学库中，发现了几个体外 HRV-143C 蛋白酶抑制剂。另外化

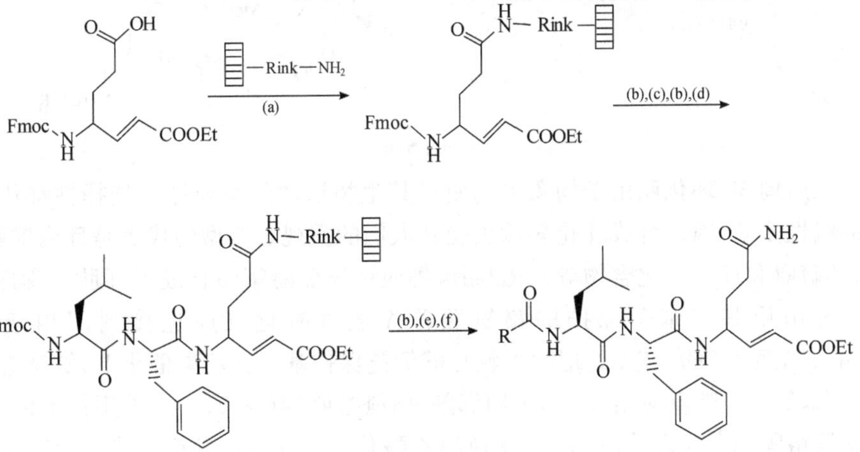

图 5.5

反应条件：(a) DIEA，HOBt，PyBOP，DMF；(b) 2% DBU in CH_2Cl_2；(c) Fmoc-L-Phe-OH，collidine，HATU，DMF；(d) Fmoc-L-Leu-OH，collidine，HATU，DMF；(e) RCOCl，collidine，CH_2Cl_2 or RCOOH，DIEA，HATU，DMF；(f) TFA / H_2O

合物(R═CH_3—(O-N 环))表现出了广谱抗病毒活性。

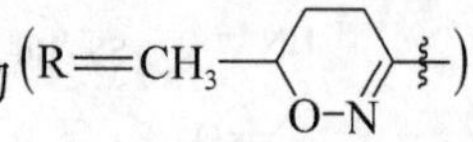

刘刚等[11]报道了采用多针同步合成技术在 Crown 上合成了胞壁酰二肽(MDP)化学库。以赖氨酸为连接桥,通过 Fmoc 化将 D-isoGln 和 L-Ala 接上以后,再以酰胺化反应将保护胞壁酸接到二肽上。赖氨酸的侧链保护基(Dde)用 2%肼/DMF 处理后除去,利用烷基酸进行酰化,最终导入了多样性的烷基基团(图 5.6)。文献中报道合成了 60 个化合物,经 HPLC 分析纯度不低于 75%,所有的合成分子都到了 ES-MS 的证实。作者指出,一个更广泛的 MDP 化学库可通过对氨基的还原胺化、烷基化、磺酰化、尿素合成等反应而制备。

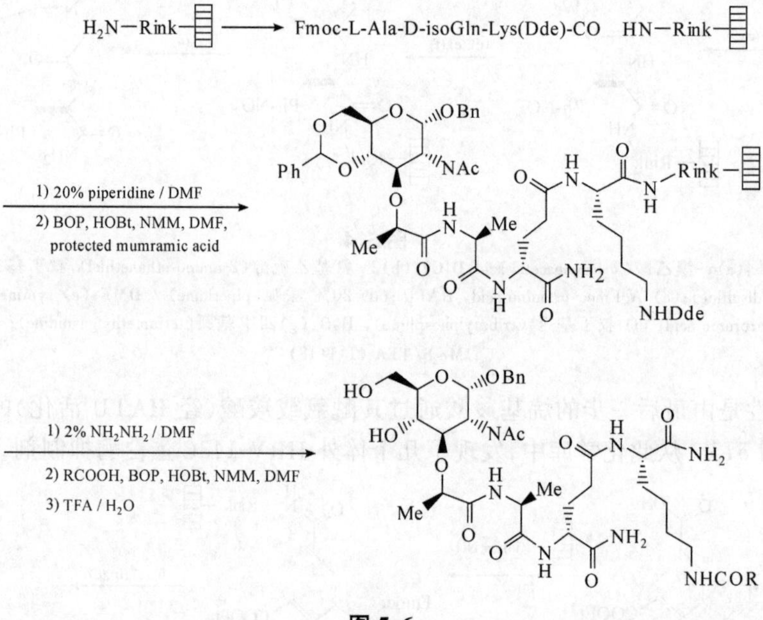

H_2N—Rink— ⟶ Fmoc-L-Ala-D-isoGln-Lys(Dde)-CO　HN—Rink—

1) 20% piperidine / DMF
2) BOP, HOBt, NMM, DMF, protected mumramic acid

OBn, Ph, NAc, Me, NH_2, NHDde, Rink

1) 2% NH_2NH_2 / DMF
2) RCOOH, BOP, HOBt, NMM, DMF
3) TFA / H_2O

HO, OBn, NAc, Me, NH_2, NHCOR

图 5.6

众所周知,环化肽由于构象限制使得其生物活性的特异性和选择性都优于相应的线性多肽,因此合成环化多肽更受到人们的重视。典型的代表是环内酰胺、环肟、环硫醚和环二硫化合物等。Roberts 等应用环硫醚策略合成了环肽化学库[12]。将侧链由甲基三苯基保护的赖氨酸首先通过酰化反应连接到固相载体上(Crown),经 1%的 TFA 处理除去赖氨酸侧链保护基。在乙酸催化下,氨基进一步与 9-苯氧基吖啶反应生成 DNA 捆绑剂 9-氨基吖啶(图 5.7)。采用标准的 Fmoc 化学策略固相合成多肽后,其 N 端被溴乙酰化。经含 5%三乙基硅烷的三氟乙酸处理后,多肽裂解、氨基酸侧链脱保护和多肽环化可一步完成。HPLC 只给出一个主峰,ES-MS 证实了该化合物的结构。

由 Polaskova 及其合作者采用 Fmoc 多肽化学策略固相合成了环状八肽[13]。

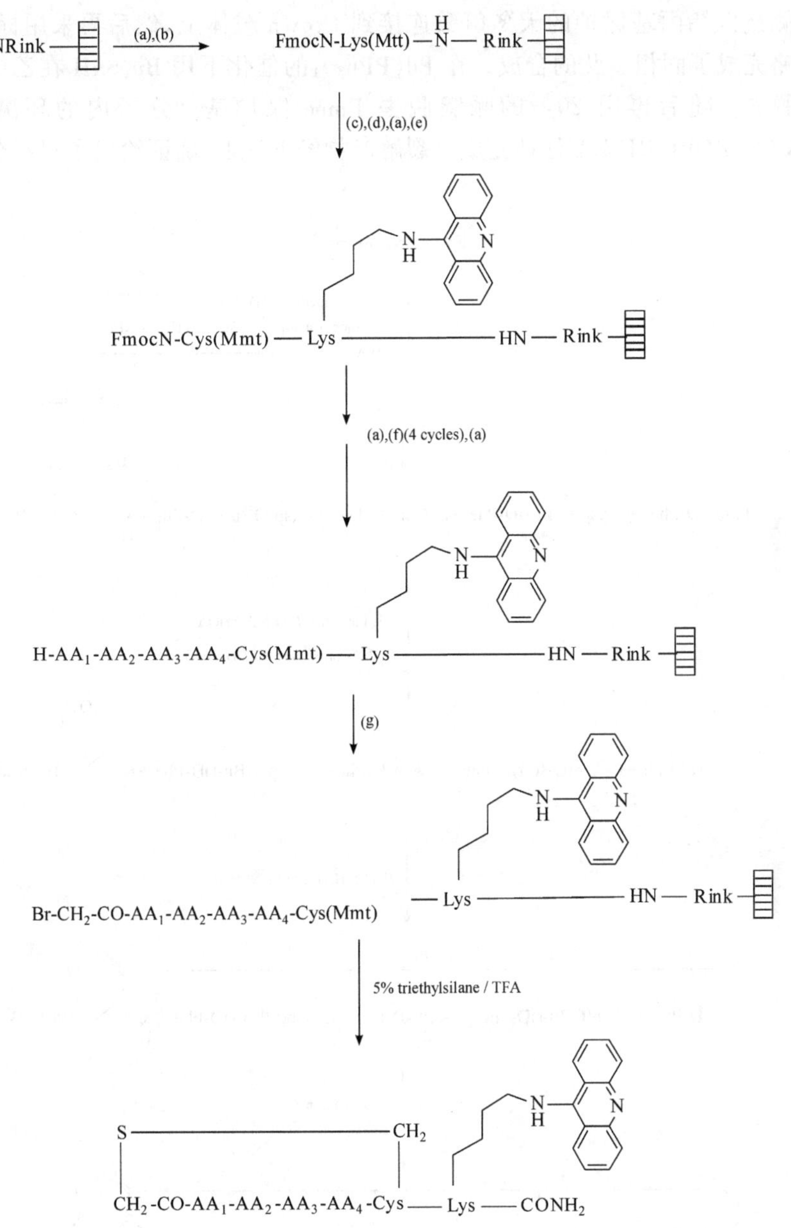

图 5.7

反应条件：(a) 20% piperidine / DMF；(b) Fmoc-Lys(Mtt)-OH，HBTU，HOBt，DIEPA；(c) 1% TFA 5% TIPS /CH_2Cl_2；(d) 9-phenoxyacridine，MeOH，1% HOAc；(e) Fmoc-Cys(Mmt)-OH，HBTU，HOBt，DIEPA；(f) Fmoc-AA-OPfp，HOBt；(g) $BrCH_2CO_2H$，DIC，25% CH_2Cl_2/DMF

将侧链以烯丙基保护的天冬氨酸连接到 Crown 载体上，然后再采用标准的 Fmoc 策略完成了固相多肽的合成。在 $Pd(PPh_3)_4$ 的催化下用 Bu_4SnH 在乙酸中将烯丙基脱去。随后再用 20%的哌啶脱去 Fmoc 保护基。分子内的环酰化反应经 HATU/BOBt/DIPEA 处理完成。裂解产物经 ES-MS 确证给出了目标分子离子峰(图 5.8)。

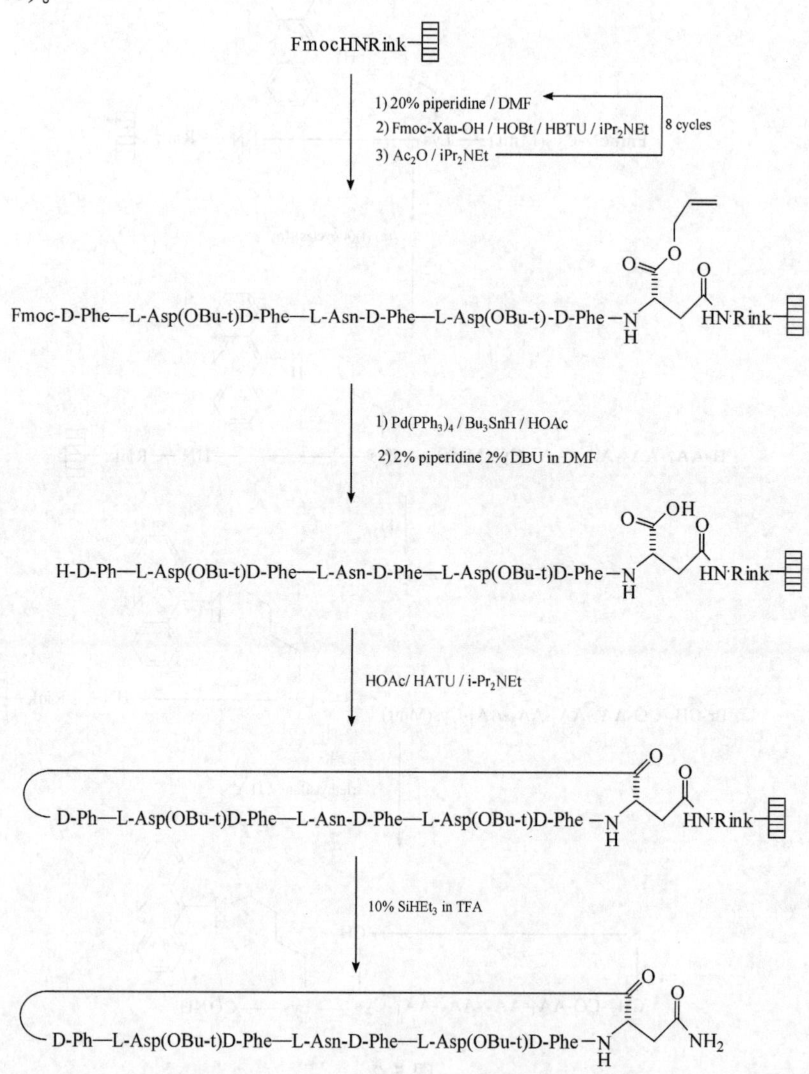

图 5.8

利用 Mimotopes 固相合成技术合成多肽化学库的例子还有很多。Gilbertson 及其合作者[14,15]在 Crown 上合成了 63 个带有手性中心的含膦多肽，用于钌(Ru)

催化的不对称氢化反应，来寻找新的配体。他们发现了一些固相偶联、带有不对称中心的含膦多肽可以在钌催化下引起了一定程度的不对称氢化，为以后在催化化学中寻找含膦配体开辟了一条新途径。在抗阿片肽研究中，需要合成含有环亮氨酸片段的类肽模拟物（peptidomimetics）来研究分子构象与活性之间的关系。Burgess等[16]合成了47个YGGFLRFA类肽模拟物及96个YGG-FL-NH_2/YGGFLRF-NH_2多肽/类肽模拟物库[17]。在同δ-opiod受体结合实验中发现，用环状亮氨酸片段来代替亮氨酸会降低结合作用，但其立体化学对类肽模拟物的局部结构起着重要的作用，并由此影响其生物活性。Perich等[18]在固相合成含膦多肽Ala-Ser-Gln-Gly-Xxx(PO_3H_2)-Leu-Glu-Asp-Pro-Ala-NH_2(Xxx＝Tyr，Ser，Thr)时发现，引入Fmoc-Tyr(PO_3Bzl，H)-OH或Fmoc-Ser(PO_3Bzl，H)-OH及Fmoc-Thr(PO_3Bzl，H)-OH最佳的偶联条件是HBTU/HOBt/DIEPA或HATU/HOAt/DIPEA，而以DIC为主的偶联反应条件会导致不完全反应。

5.4 SynPhase固相载体在有机小分子固相合成中的应用

Ellman等[19]在1992年发表的在固相载体上成功地合成192个1,4-苯并二氮杂䓬酮化合物的文章对组合化学的普及和应用起到了极大的推动作用。工业界和学术界由此逐步认识到固相合成化学可以有效的制备大量的有机小分子化合物并用于自动化的高通量筛选，以缩短新药先导化合物发现和优化的周期。由于1,4-苯并二氮杂䓬酮化合物是一类具有重要药物活性的分子，若干年后Ellman等[20～22]又相继在SynPhase Crown上合成了1680个该类化合物（图5.9）。具体过程是：保护的氨基二苯酮通过HMP连接桥经醚化反应被固载在Crown上（引入第一个和第二个构建单元）。脱去Fmoc保护基后，引入了保护的氨基酸（第三个构建单元）。同理移去Fmoc保护基后，在弱酸性催化条件下发生分子内环化得到了1,4-苯并二氮杂䓬酮模板物。接下来通过对环内酰胺在强碱性条件下的烷基化反应引入了第四个构建单元。经TFA处理，合成化合物从Crown上被裂解下来得到化学库。建立该化学库时，共使用了3个取代氨基二苯酮，35个氨基酸和16个烷基化试剂（3×35×16＝1680个化合物）。

多取代嘌呤是一类重要的化合物，可以筛选得到选择性的激酶抑制剂。Schultz研究小组在固相合成嘌呤类化合物方面做了许多工作。他们通过不同的连接策略将嘌呤模板物连接到固相载体上，然后再进行结构修饰，得到不同的嘌呤化学库。其中，他们在Crown上制备了含有348个三取代嘌呤的化合物化学库[23]，图5.10是其合成路线。先将起始的6-氯嘌呤通过2位氨基连接到固相载体上，然后在此氨基上通过酰化反应引入第一个构建单元。进而，通过亲核取代反应引入第二个构建单元（图5.10）。

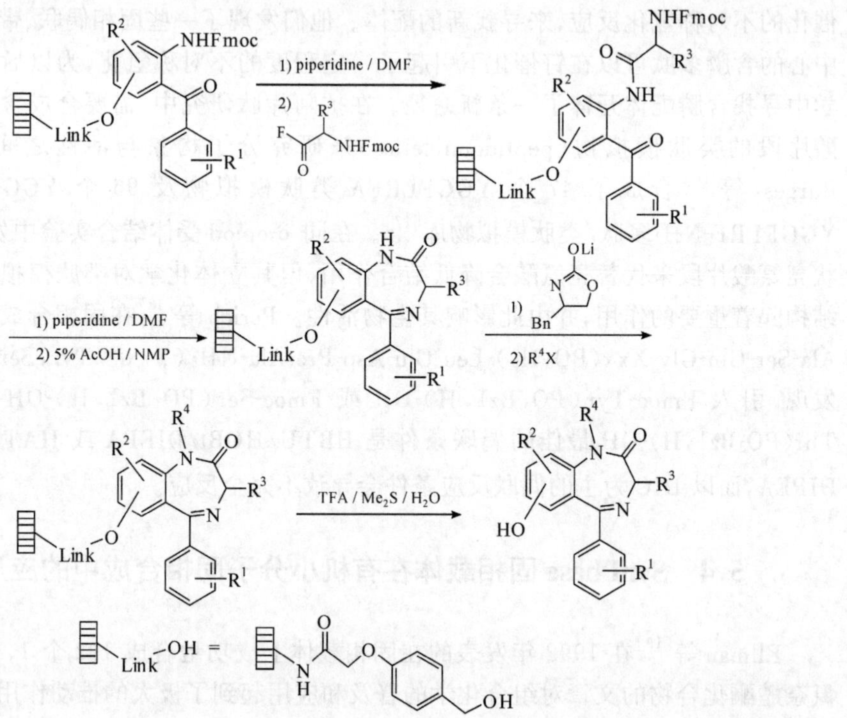

1) piperidine / DMF
2) F–C(O)–CH(R^3)–NHFmoc

1) piperidine / DMF
2) 5% AcOH / NMP

1) lithiated 4-benzyl-oxazolidinone (OLi, Bn)
2) R^4X

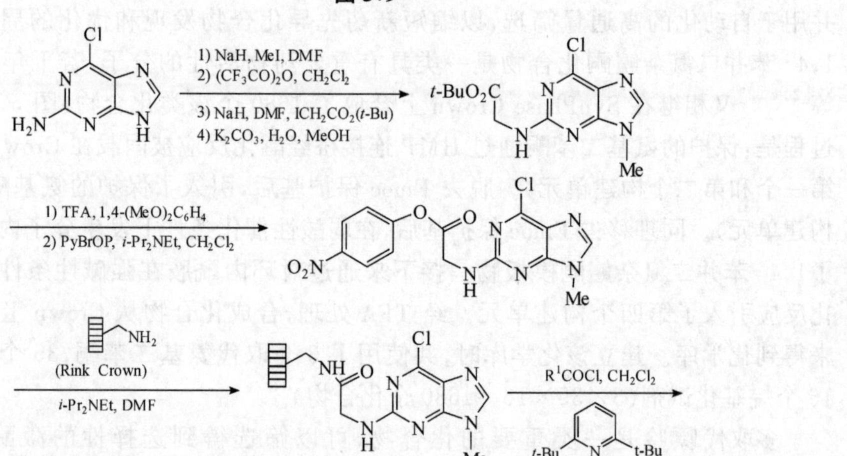

TFA / Me_2S / H_2O

图 5.9

1) NaH, MeI, DMF
2) $(CF_3CO)_2O$, CH_2Cl_2
3) NaH, DMF, $ICH_2CO_2(t\text{-Bu})$
4) K_2CO_3, H_2O, MeOH

1) TFA, 1,4-$(MeO)_2C_6H_4$
2) PyBrOP, $i\text{-}Pr_2NEt$, CH_2Cl_2

(Rink Crown)
$i\text{-}Pr_2NEt$, DMF

R^1COCl, CH_2Cl_2
2,6-di-t-Bu-pyridine

1) R^2NH_2, DMF / DMSO (1:1)
2) TFA / CH_2Cl_2 / Me_2S

图 5.10

在另一个嘌呤化学库的合成过程中,选用了 BAL 为连接桥。通过还原胺化反应将嘌呤负载在 Crown 上[24,25],接下来通过 Mitsunobu 反应在 9-位上烷基化引入了第一个构建单元。然后,进行氟原子亲核取代,在 2-位上引入了第二个构建单元(图 5.11)。

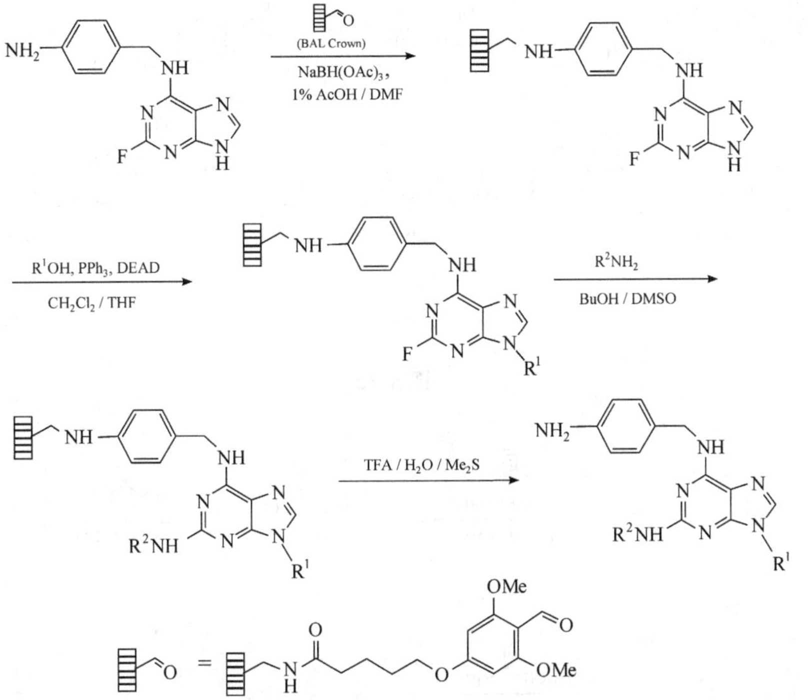

(BAL Crown)
NaBH(OAc)$_3$,
1% AcOH / DMF

R^{1}OH, PPh$_3$, DEAD
CH$_2$Cl$_2$ / THF

R^{2}NH$_2$
BuOH / DMSO

TFA / H$_2$O / Me$_2$S

图 5.11

Drewry 及其合作者在 Crown 上制备了三取代胍化学库[26]。固相偶联的苄基溴先转化为叠氮化合物(图 5.12)。该叠氮化合物同过量的异硫氰酸酯反应(可能经过 Staudinger-aza Wittig 反应)而得到了碳二亚胺中间体。此中间体经过烷基胺处理得到了三取代胍目标分子。经强酸裂解后给出了高纯度的化合物化学库(95%以上)。作者指出,在形成碳二亚胺中间体一步中,添加反应试剂的顺序致关重要,否则会带来一些副产物。

Linn 等最近合成了三取代的吡啶-2-酮化学库[27]。吡啶酮模板物是通过吡啶氮原子经亲核取代反应连接到固相上的(图 5.13)。3-位上的氨基经酰化引入了第一个多样性的构建单元。5-位上的甲酯皂化水解后,再与五氟苯酚经酯化反应得到活化酯。该活化酯在烷基胺的存在下转化为相应的酰胺,导入了第二个构建单元。经三氟乙酸处理后,裂解下来的 1,3,5-三取代吡啶-2-酮化学库平均纯度在 90%以上。

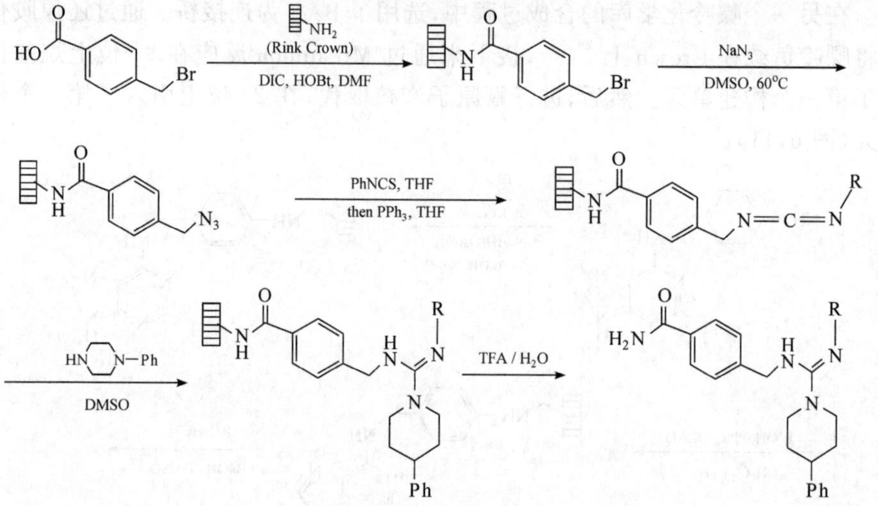

图 5.12

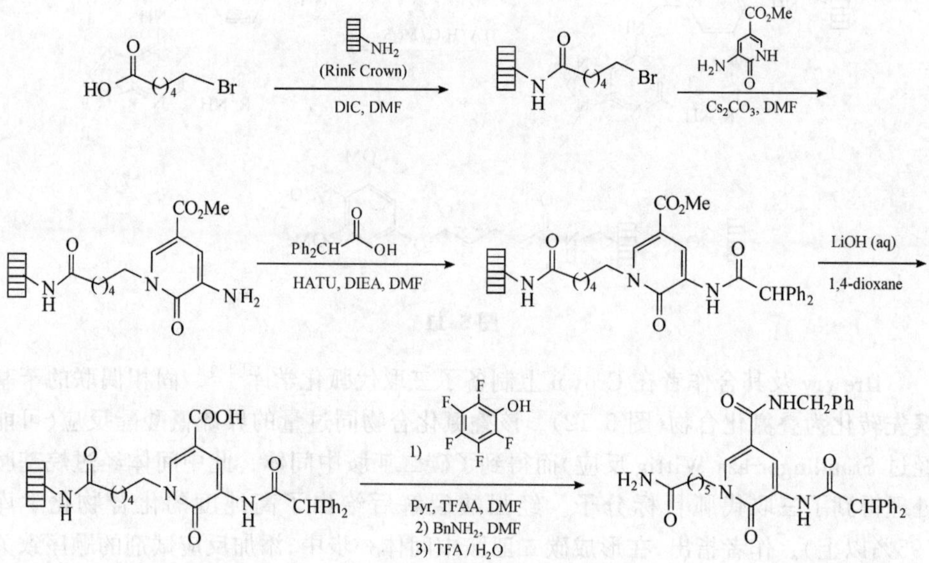

图 5.13

固相合成苯并咪唑是近年来较为热门的研究课题之一。Krchnak 等在 Crown 上合成了 96 个 2-位上带有芳胺的苯并咪唑[28]。合成起始于广泛应用的 4-氟-3-硝基苯甲酸。通过 4-氟-3-硝基苯甲酸的羧基负载在 Crown 上后，再用 8 种脂肪伯胺进行芳香亲核取代反应(图 5.14)。苯环上硝基用二氯化锡还原成为氨基后，与 12 个异硫氰酸酯反应环化，酸裂解得到了 96 个 2-芳香胺取代的苯并咪唑（平均纯度 83%）。特别值得一提的是作者首次使用了“项链”（necklace）方法来对每一个 Crown 进行标记，为利用 SynPhase 固相合成技术进行方便的“混合-均分”合成提示了一个新的方式（图 5.33，详见 5.6 节）。

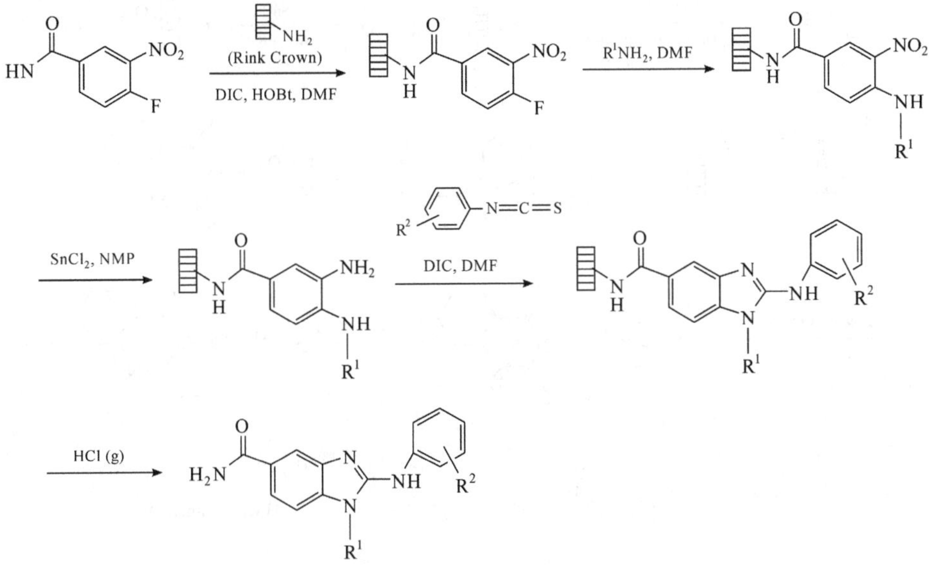

图 5.14

最近，Wu 等在 SynPhase Lantern 上合成了三取代的苯并咪唑[29a]。与广为应用的还原硝基、再环化形成苯并咪唑策略不同的是，Wu 等巧妙地将还原-环化一步完成，使得固相合成苯并咪唑更为简洁（图 5.15）。在还原-环化反应中，他们发现如果 R^2 是烷基，则最终产物中有相当量的苯并咪唑盐（benzimidazolium）产生。并且，固相偶联的苯并咪唑可以经烷基化转化为相应的苯并咪唑盐。

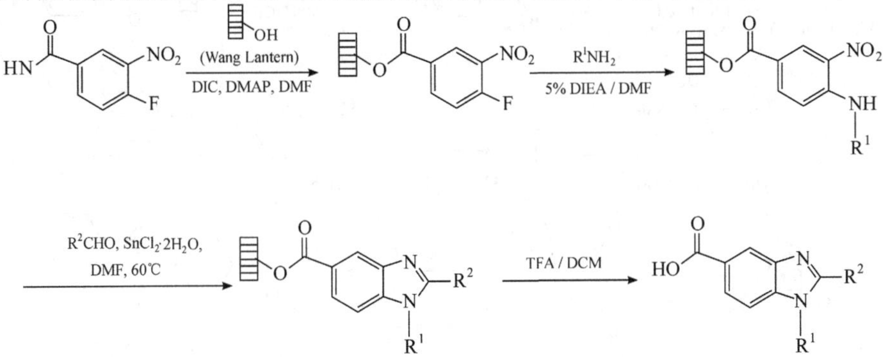

图 5.15

Makino 等[30]在 Lantern 上设计合成了高纯度的硫代喹唑啉酮化学库。经醚键或酯键连接到 Lantern 上的硝基化合物先用二氯化锡还原成为胺类化合物(图 5.16),然后再同甲氧羰基苯异硫氰酸酯反应,经环化得到了 2-硫羰基喹唑酮模板物,对硫羰基进行碱催化烷基化便得到了目标分子。

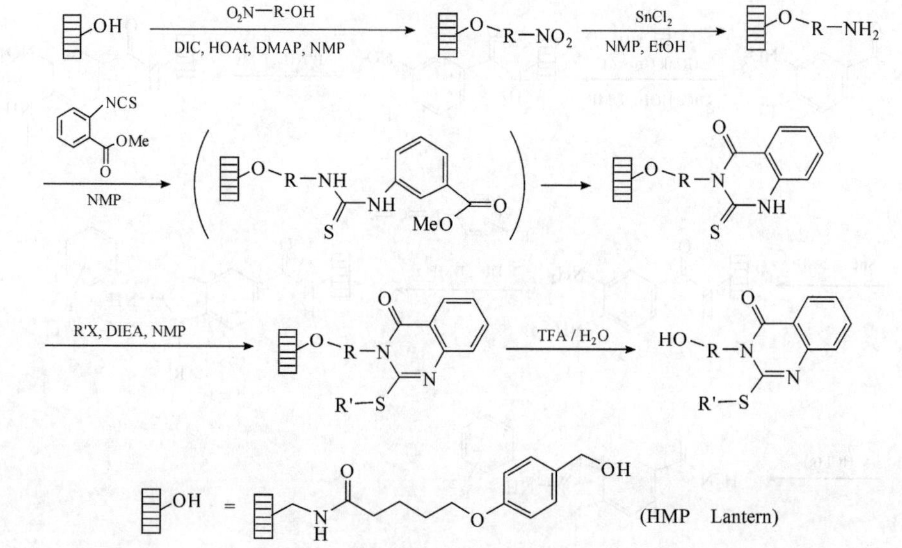

图 5.16

Makino 等还采用另一条途径在 Lantern 上合成了取代的喹唑啉酮化学库[31]。固相偶联的硝基苯经二氯化锡还原转化为相应的苯胺(图 5.17)。此苯胺先用邻硝基苯甲酰氯酰化,再经二氯化锡还原得到了可用于缩合反应的氨基二苯酰胺中间体。此中间体同活泼的取代原甲酸三甲酯反应环化得到了 2-取代喹唑

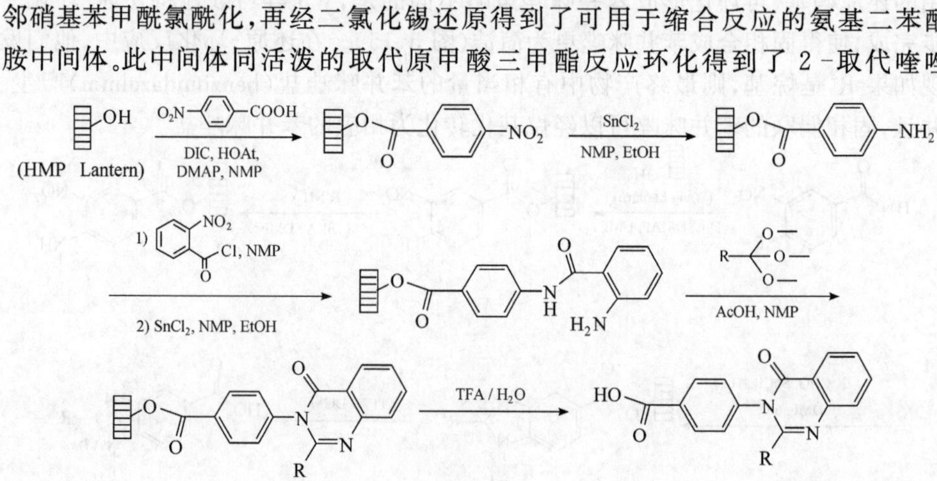

图 5.17

啉酮。

Grabowska 等在 SynPhase Gear 上对已经相当复杂的多取代鰓唑在支链上进行了修饰[32]。采用液相法制得的鰓唑模板物经 1-位羧基与 Rink 连接桥的缩合反应固载在固相上(Gear),见图 5.18。接下来的分子支链修饰包括:(1)用 Mitsunobu 反应将 5-位上的羟基转化为芳醚;(2)5-羟基经溴化后再同硫醇反应形成硫醚,再氧化为砜;(3)5-位溴化物经转化为叠氮化合物后,再还原为胺类,经烷基酰化和磺酰化后则得到了 5-位烷基酰胺和磺酰胺产物。以上合成的大部分产物纯度都在 90%以上。

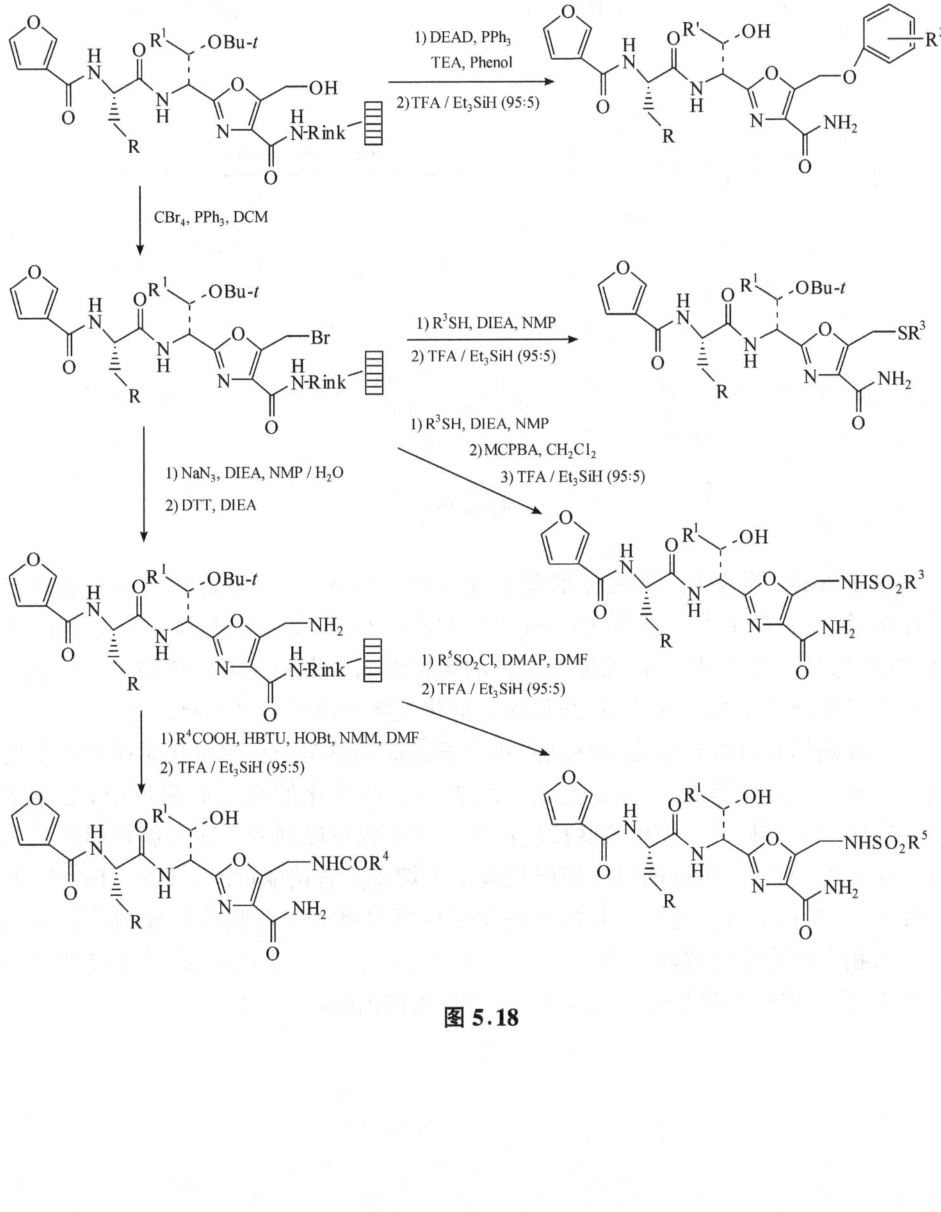

图 5.18

Tomasi 等最近报道了以保护丁二胺为起始原料来合成三胺化合物[33]。丁二胺是通过高活性的对硝基苯碳酸酯经酰化反应而连接到固相载体上的(图 5.19)。在接下来的碱催化烷基化反应中,他们发现甲醇钠加催化量的十八-冠醚用 DMSO 做溶剂是最佳的反应条件。此反应条件既有效地除去了磺酰胺氮上的质子,又不会导致 carbomate 键的断裂。

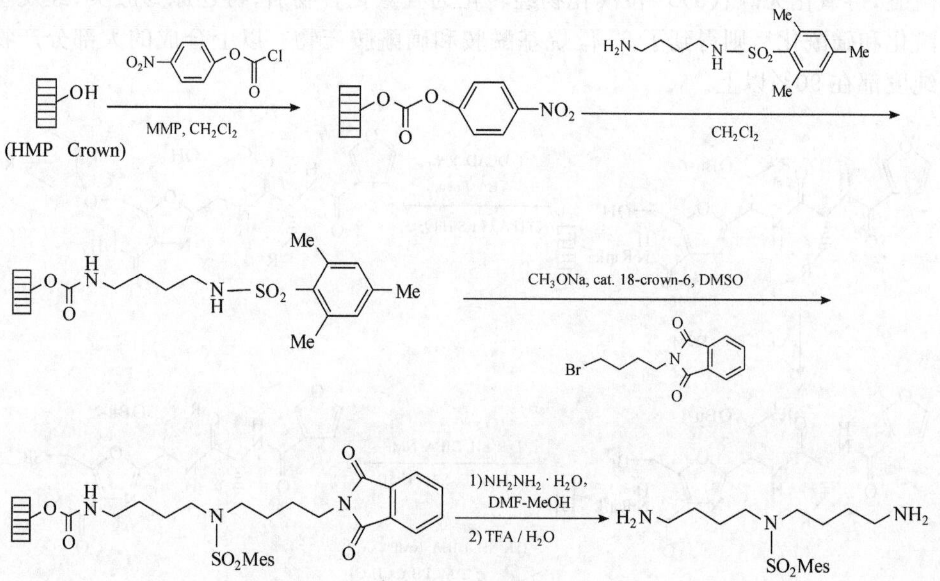

图 5.19

Rodebaugh 等合成了低聚糖的碳水化合物化学库[34]。起始的二糖是通过光敏连接桥 3-硝基苄基连接到 Crown 上的(图 5.20)。氯乙酰基经硫脲处理除去后,裸露的羟基与 1-位由正戊烯基保护的葡萄糖偶合得到三糖化合物。三糖化合物再经脱邻苯二甲酰基保护、乙酰化和光催化裂解给出了最终产物。

将成熟的有机液相反应转移到固相上来完成仍然是当今组合化学研究的重要内容。Wendeborn 等在 Crown 上成功地进行了钯催化的交叉偶联反应,形成了C—C键和C—X键[35]。固相偶联反应的芳香碘不仅可以同芳香硼酸偶合形成二芳香类化合物,而且还可以同烷基硫醇反应形成烷基芳香硫醚(图 5.21)。Takahashi 等发现[36]在 Crown 上用钯催化的羰基化反应可以将固相偶联的醇或伯胺有效地转化为相应的羧酸酯或酰胺(图 5.22)。他们还发现[37],用 Ru 催化的甲酰化反应可将 1,1-二取代的烯烃转化为 1,1-二取代的烯丙醛(图 5.23)。

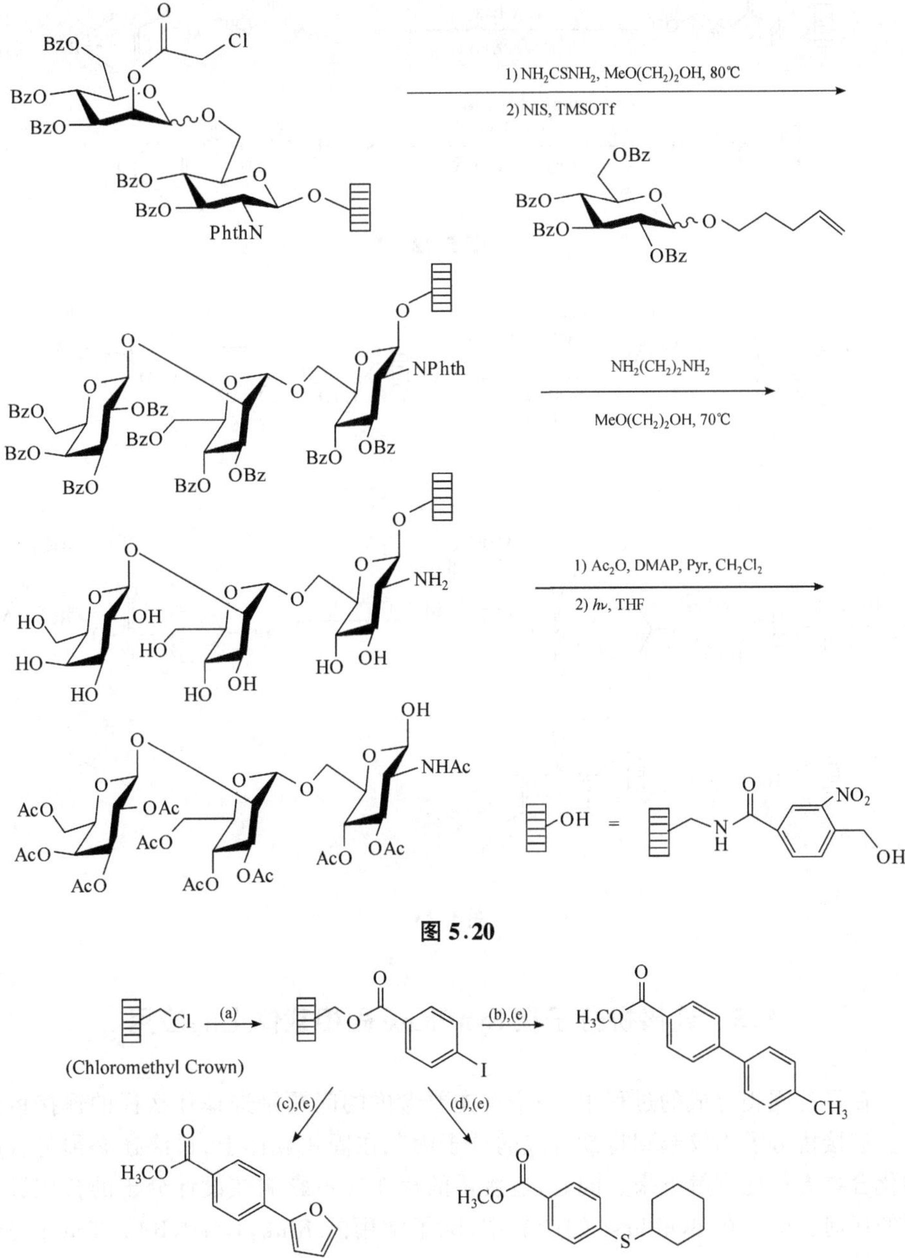

图 5.20

图 5.21

反应条件：(a) CsOOCPh4-I，DMF，50℃，18h；(b) 4-tolylboronic acid，K_2CO_3，THF∶H_2O (6∶1)，degas，then add $Pd(OAc)_2$；(c) 2-(tributylstannyl)furane，$Pd_2(dba)_3$，$AsPh_3$，THF；(d) Cyclohexanethiol，$Pd_2(dba)_3$，dppf，iPr_2NEt，DMA，60℃，24 h；(e) MeONa in THF∶MeOH (4∶1)，r.t.，20 h，then neutralize with Amberlite IRC-50 H+，filter，concentration or chromatography on silica gel

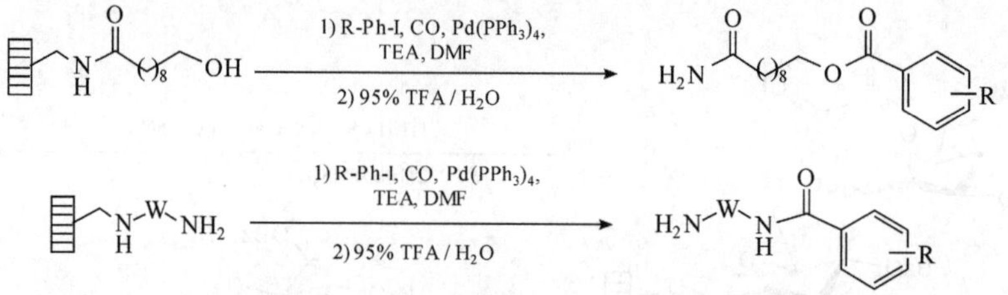

1) R-Ph-I, CO, $Pd(PPh_3)_4$, TEA, DMF
2) 95% TFA / H_2O

图 5.22

Trityl —Cl
i-Pr_2NEt, cat. DMAP
CH_2Cl_2

$Rh(acac)(CO)_2$
H_2 : CO (1:1)

TFA / CH_2Cl_2

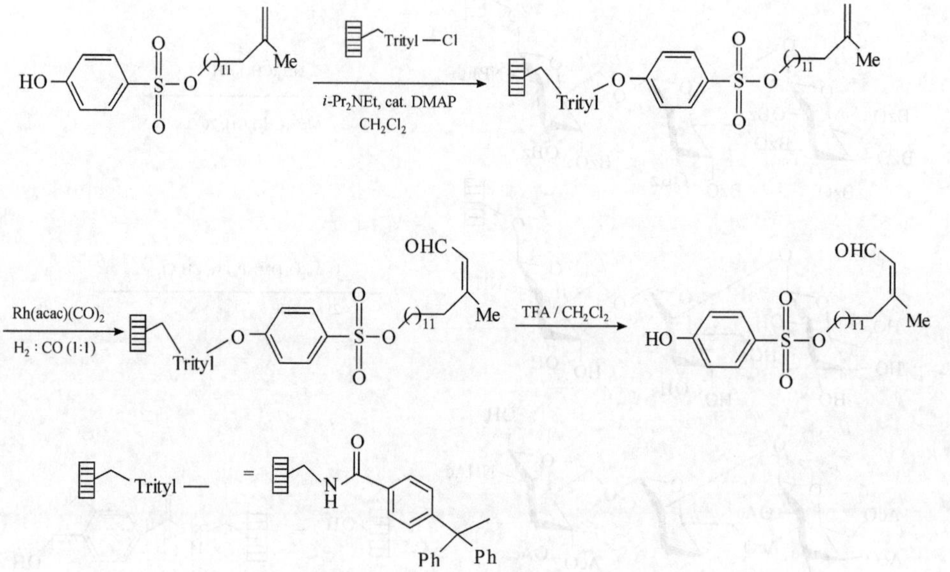

图 5.23

5.5 连接桥分子在 SynPhase 固相载体上的应用

在设计固相合成的过程中,一个首先要考虑的问题是选择什么样的连接桥分子。连接桥分子不仅起到将欲合成的分子固载在固相载体上,最终还必须将合成的化合物方便地裂解下来。同时,连接桥的存在应不影响在设计分子的合成过程中的任何反应。在 SynPhase 的产品中,除了常用的 Rink,HMP,BAL Trityl 等连接桥外,一些使用 Crown 或 Lantern 的研究小组还开发了其他一些连接分子,用于特定化学库的合成。

Ede 等[38]在 Crown 上将醛通过 1,3 -氧氮环戊烷中间体负载在固相上(图 5.24)。事实上,他们利用固相偶联的苏氨酸同醛反应形成了 1,3 -氧氮环戊烷后,再对有机分子改造。最后经酸断裂得到新的醛类化合物。值得一提的是，他们发现三氟乙酸在室温下不会完全打开 1,3-氧氮环戊烷，而含水的乙酸溶液能够有效地打开此环。以此为基础，确定了 5%醋酸水溶液在 60℃处理 30min 的最佳条件。显而易见，用这样一个含水的醋酸溶液作为裂解试剂时合成分子中的其他保护基可以先行用无水酸除去(如 TFA 除去 Boc)，而不用担心产物会过早地从固相上断裂下来。他们用此方法合成了一些多肽醛[39]。

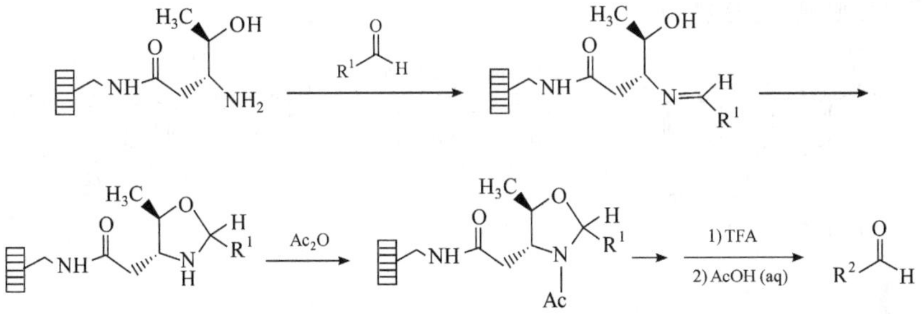

H_3C OH NH NH_2 R^1 H H_3C OH NH N H R^1

H_3C O H NH N H R^1 Ac_2O H_3C O H NH N R^1 Ac 1) TFA 2) AcOH (aq) O R^2 H

图 5.24

Ede 等[40]还在 Crown 上研究开发了胺羟基三苯基连接桥小分子用于异羟肟的合成(图 5.25)。α-溴乙酸用常规的偶联方法连接到固载化的羟氨基上，接下来的亲核取代反应使用了伯胺。再经磺酰化反应得到磺酰胺。用 1%的 TFA(三氟乙酸)处理便可得到带磺酰胺片段的异羟肟酸。

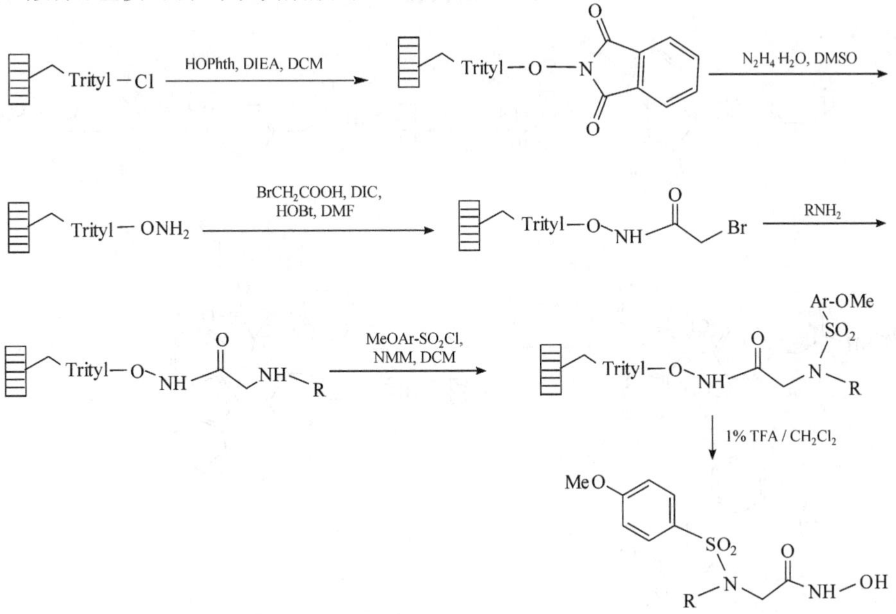

Trityl－Cl　HOPhth, DIEA, DCM　Trityl—O—N　N_2H_4 H_2O, DMSO

Trityl－ONH_2　$BrCH_2COOH$, DIC, HOBt, DMF　Trityl—O—NH　Br　RNH_2

Trityl—O—NH　NH—R　MeOAr-SO_2Cl, NMM, DCM　Trityl—O—NH　N—R　Ar-OMe　SO_2

1% TFA / CH_2Cl_2

MeO　SO_2　O　R—N　NH—OH

图 5.25

Tommasi 及其合作者[41]在 Crown 上发现了 Rink 连接桥分子一个不同寻常的用途。将亲核试剂通过 Rink 连接桥固载在固相上(图 5.26)。Fmoc 保护的 Rink 连接桥去 Fmoc 保护基后,用 70%的 TFA/DCM 溶液处理可得到一个相对稳定的碳正离子。该碳正离子可以被一系列的亲核试剂如醇、胺、羧酸等捕获,从而将这些亲核试剂固载到固相上。经过改造以后,这些新的"亲核试剂"可以再用 TFA 处理从树脂上裂解下来,并保留了原连接部分的官能团。因此,Rink 连接桥此时可以成为"无痕迹"连接桥分子。

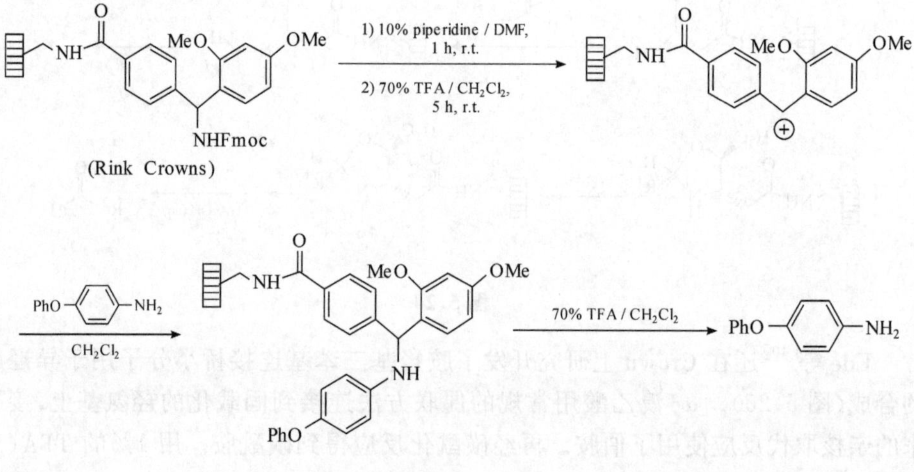

NH MeO OMe NHFmoc (Rink Crowns)
1) 10% piperidine / DMF, 1 h, r.t.
2) 70% TFA / CH_2Cl_2, 5 h, r.t.
NH MeO OMe ⊕
PhO NH_2
CH_2Cl_2
NH MeO OMe NH PhO
70% TFA / CH_2Cl_2
PhO NH_2

图 5.26

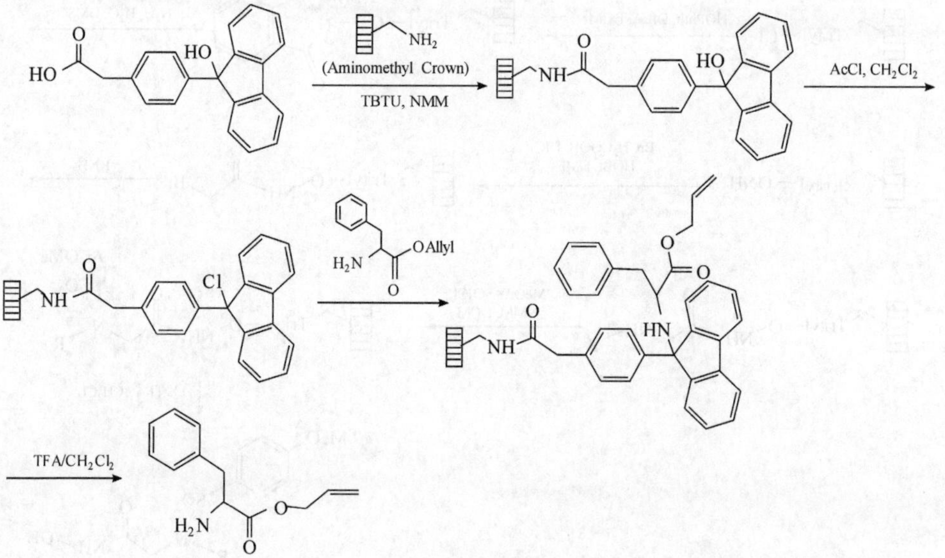

HO O HO
NH_2 (Aminomethyl Crown)
TBTU, NMM
NH O HO
AcCl, CH_2Cl_2
NH O Cl
H_2N OAllyl O
O O NH O HN
TFA/CH_2Cl_2
H_2N O O

图 5.27

另一种被称为PhFL的连接桥分子也能够将亲核试剂连接到固相载体上，它是由Bleicher等[42]研究开发的。液相方法制备的带有羧酸的芴醇经酰胺缩合反应连接到固相载体上后，再用酰氯处理得到了高度活泼的芳基芴氯。许多亲核试剂都可以取代氯原子而达到引入多样性分子的目的。TFA处理可以将经过“修改”过的亲核试剂再从固相上裂解下来(图5.27)。同Tommasi[41]等改进的Rink连接桥分子类似，PhFL在固相合成过程中也是一种“无痕迹”连接桥分子。

Tskahashi等报道了用4-羟基苯磺酸酯作为“无痕迹”连接桥分子将糖类化合物连接到Crown上的方法[43]。经分子修饰后的糖可用磺酸水解或亲核取代磺酸酯的方法从固相上断裂下来(图5.28)。

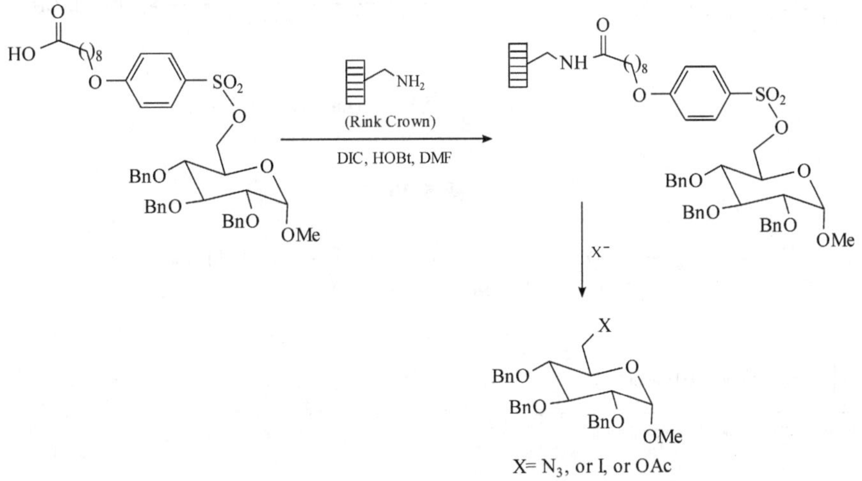

HO, O, SO$_2$, BnO, BnO, BnO, OMe, NH$_2$, (Rink Crown), DIC, HOBt, DMF, NH, X^-, X

X= N_3, or I, or OAc

图5.28

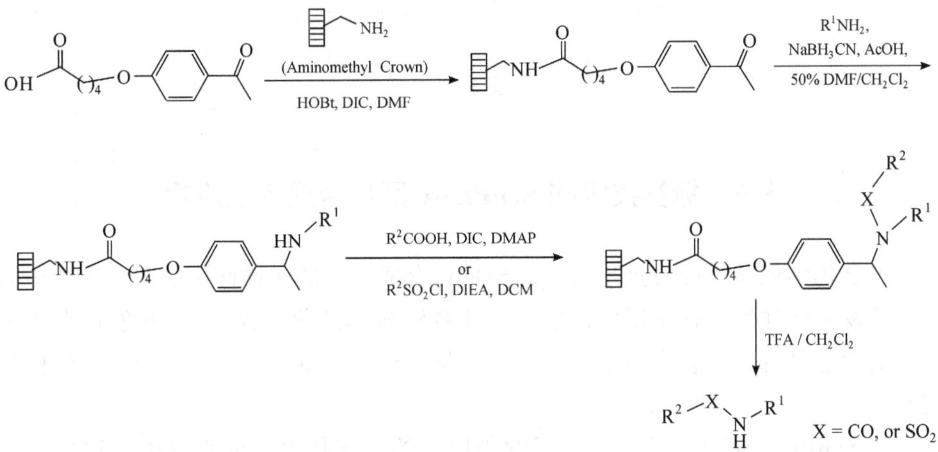

OH, O, NH$_2$, (Aminomethyl Crown), HOBt, DIC, DMF, NH, R^1NH_2, $NaBH_3CN$, AcOH, 50% DMF/CH_2Cl_2

HN, R^1, R^2COOH, DIC, DMAP or R^2SO_2Cl, DIEA, DCM, R^2, X, N, TFA / CH_2Cl_2

X = CO, or SO_2

图5.29

近来，Bui 等[44,45]在 Crown 上研究了甲苯酮作为连接分子的一系列用途。伯胺通过同甲苯酮的还原胺化后连接到 Crown 上，产生的仲胺经酰化或磺酰化而得到二级酰胺或二级磺酰胺化合物(图 5.29)。如果将甲苯酮转化成相应的羟乙基或胺乙基，就可以用于多肽的合成，分别得到羧基多肽和酰胺多肽(图 5.30，图 5.31)。

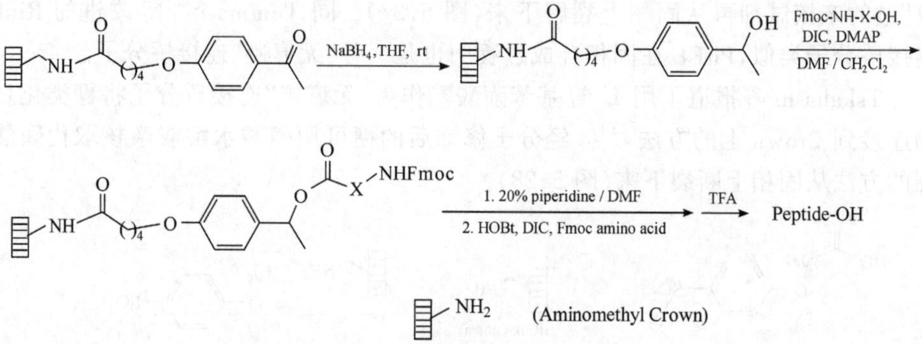

NaBH$_4$,THF, rt

Fmoc-NH-X-OH, DIC, DMAP, DMF / CH$_2$Cl$_2$

NHFmoc

1. 20% piperidine / DMF
2. HOBt, DIC, Fmoc amino acid

TFA

Peptide-OH

NH$_2$ (Aminomethyl Crown)

图 5.30

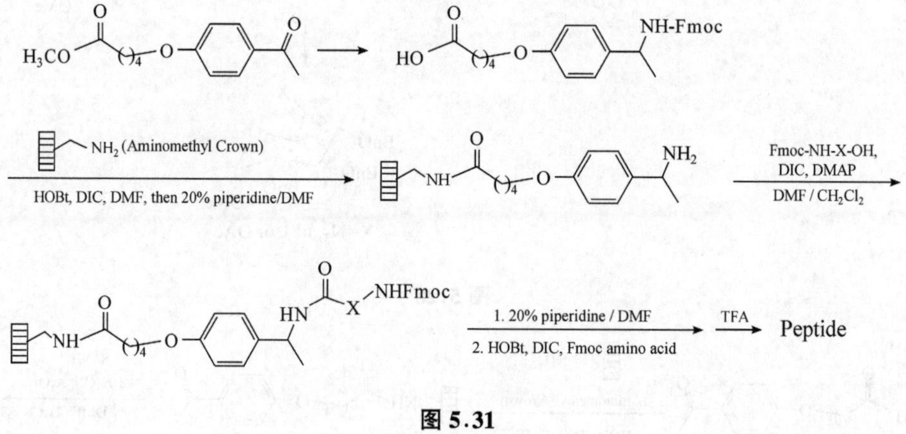

H_3CO … HO … NH-Fmoc

NH$_2$ (Aminomethyl Crown)

HOBt, DIC, DMF, then 20% piperidine/DMF

NH$_2$

Fmoc-NH-X-OH, DIC, DMAP, DMF / CH$_2$Cl$_2$

NHFmoc

1. 20% piperidine / DMF
2. HOBt, DIC, Fmoc amino acid

TFA

Peptide

图 5.31

5.6 标签技术在 SynPhase 固相合成中的应用

组合化学最显著的特点是可以同步平行合成大量的多样性化学库。除了前面介绍的发展多样性的化学反应以适合构建各种各样的化学库以外，开发在合成过程中准确记录每一个合成分子信息的技术是另外一个重要的研究内容——即标签技术。

在 SynPhase 固相合成产品上开发与应用的标签技术可分为三类：(1)多针技术；(2)颜色标记或其他标记法(如项链标记法)；(3)射频标记法。多针同步合成系统标记法采用的是 8×12,即 96 孔微量滴定板的格式。Lantern(或 Crown,Gear)可通过 Stem 固载在一个平板上(见图 5.1)。固相合成过程中的不同原料试剂可以通过相应的“阱”位(如 A2,F3 等)来确定。合成完成后,产物则断裂在相应的“阱”位中而达到记录的目的。显然,多针同步系统具有直观、易懂的特点,但其局限性也很明显。这种方法当然不能实现“混合-均分”的合成策略,另外每一个载体在每一步反应中要分别加入不同的试剂,常常是很少的量,使得操作很困难。同时,每一个载体的反应“历史”都需要分别记录下来,很烦琐。

通过不同的颜色标记的 Stem 来区别与不同起始原料反应的固相树脂载体虽然很方便,无污染。但由于颜色是有限的,对于大型化学库的合成有缺陷。如果在 Stem 上用颜色组合,配合 Cog 组合来标记化学库,可以用于中小型化学库的合成。见图 5.32。

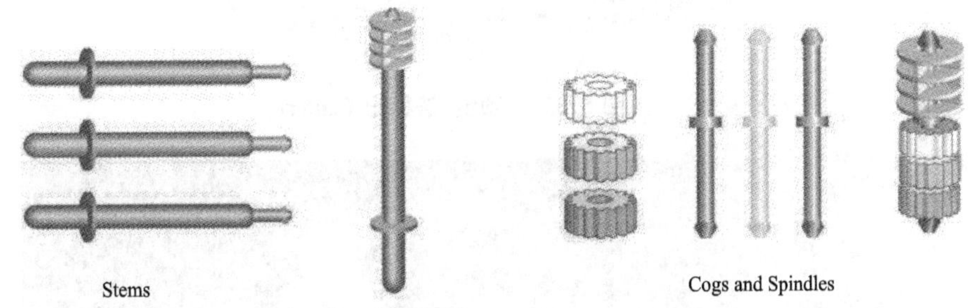
Stems
Cogs and Spindles
Stems, Cogs and Spindles are available in 8 different colours

图 5.32 使用有色的 Stem 及 Cog 来标记 Lantern 方法

Krchnak 等[46]巧妙地发明了“项链”法,见图 5.33。带有 R^1 的 Lantern/Crown 按一定的顺序串在一个聚丙烯线上(看起来像一串项链,故由此得名),然后同一个特定的构建单元反应引进 R^2。项链法最大的特点是非常直观与便宜,但其缺陷是对于三步以上(指涉及到与不同的构建单元反应的组合步骤)反应,化学库的合成由于分类的复杂性而容易引起混淆。

射频标签法是目前组合合成中最流行、最可靠的标记技术。在 Lantern 上用射频标记有两种方法:(1)将 transponder 先镶嵌到耐有机溶剂、耐高温的聚丙烯材料中,制成 TranStem™,然后再同 Lantern 连起来;(2)Transponder 可以直接镶嵌在 Lantern 中(图 5.34)。从公司买来的每一个 transponder(Banmer,德国)都有其特定的条码(类似于超市商场的条形码)。Mimotopes 开发的软件称为 TranSort™,可用于阅读每一个 transponder 的条码,并由此识别与之相连的 Lantern。

在实验操作过程中,实验人员用 TranSort™软件向计算机输入反应信息(反应步骤、构建单元等)。TranSort™可以根据将要合成化合物的数量和输入的信息计算出各种原料需要的量和 Lantern 的数目等。如使用 10×10×5 个构建单元时则须准备 500 个 Lantern。在同第一步的构建单元反应引入 R^1 之前,实验人员只要

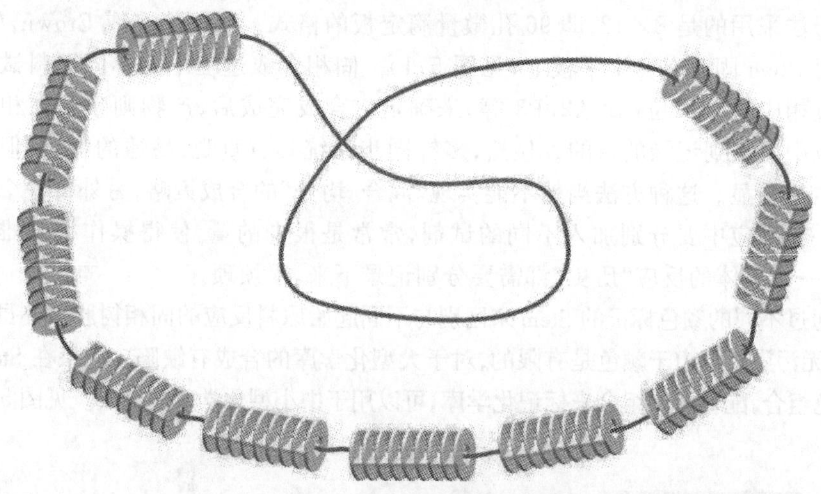

图 5.33 “项链”法标记 Lantern

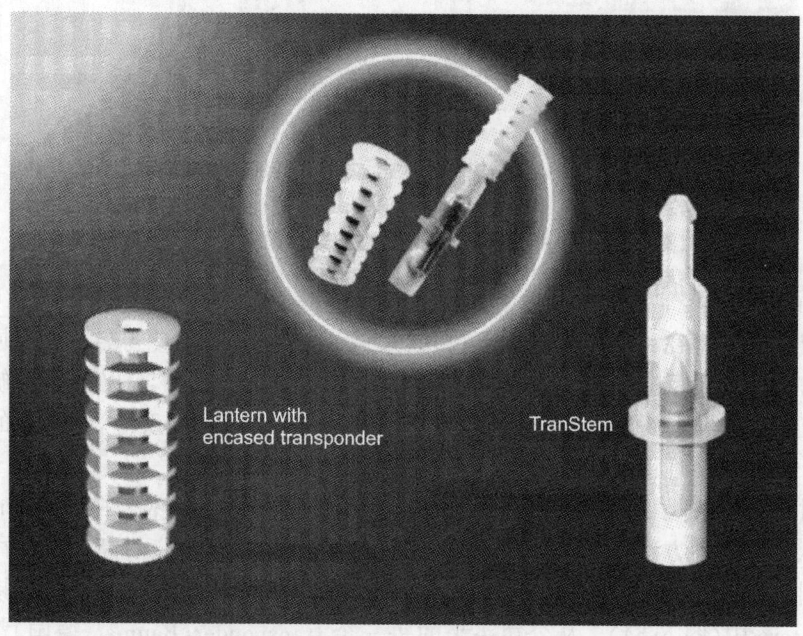

图 5.34 通过 TranStem 及 transponder 来标记 Lantern

用TranSort™先将装有 transponder 的 500 个 Lantern 分捡到 10 个反应瓶中(每个反应瓶中有 50 个 Lantern),然后分别同 10 个不同的构建单元反应。反应结束后,所有 500 个 Lantern 合并洗涤,在 TranSort™ 的帮助下再次分捡到 10 个反应瓶中,分别与第二组构建单元反应(图 5.35)。如此类推,直到完成全部合成,得到了

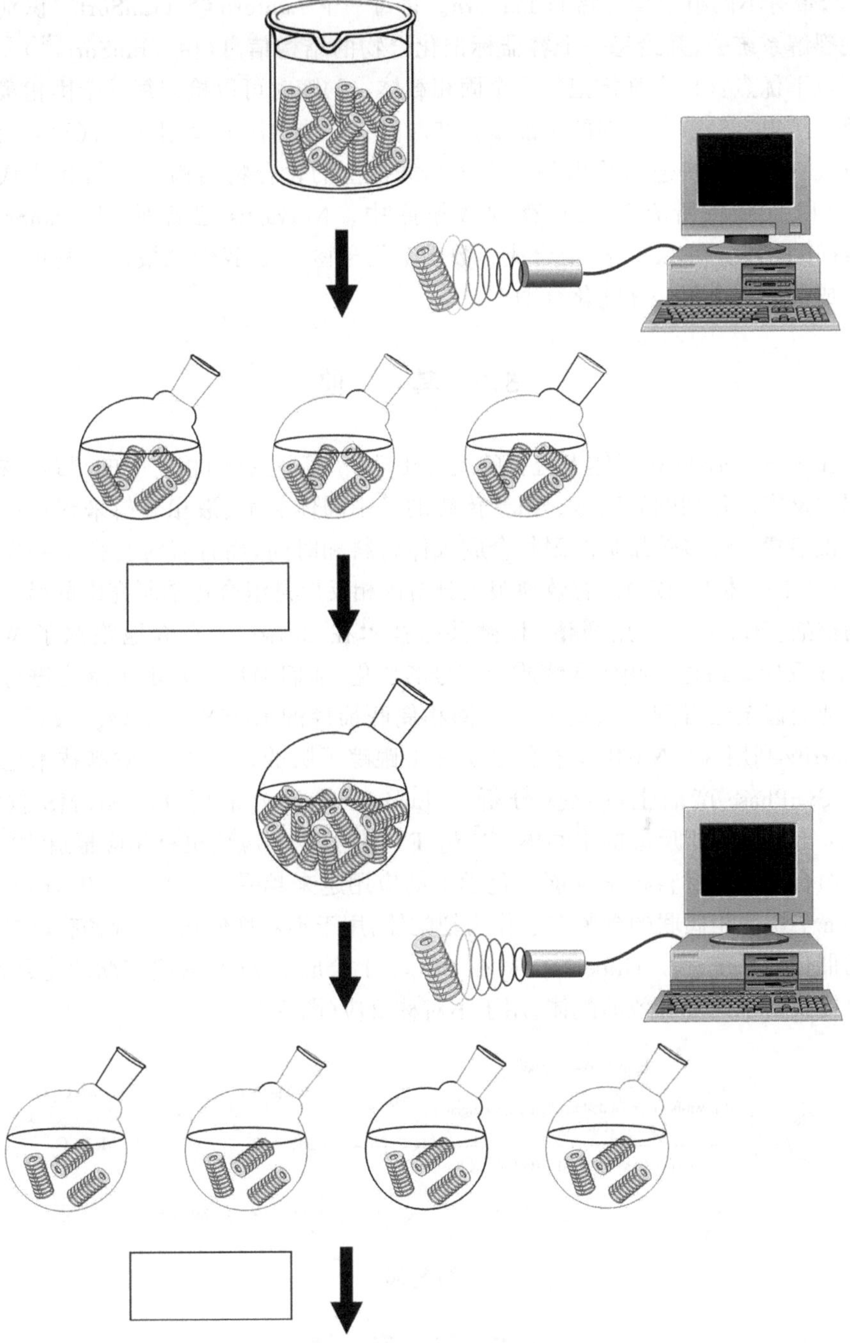

图5.35 在SynPhase Lantern上通过TranSort^{TM}辅助的"混合-均分"组合化学技术合成化学库的合成示意图

500 个带有不同组合化合物的 Lantern。将每一个 Lantern 经 TranSort™识别后放入到裂解系统去,并给每一个容器标记化合物的结构信息(由 TranSort™)。该系统有以下优点:(1)准确标记每一个固相载体;(2)随时可以检查每一个固相载体上的反应历史;(3)减少试剂的添加步骤和时间;(4)快速洗涤固相载体;(5)灵活的裂解方式;(6)可以快速地给出每一个固相载体上的化合物结构;(7)与其他软件相连,可以直接将所有信息储存到数据库中。Norvartis 已经使用 TranSort™/TransStem 系统在 Lantern 上合成了数千个化合物[47]。我们也报道了利用这一技术合成的 600 个苯并咪唑化合物[29b]。

5.7　其　　他

在 SynPhase 固相载体上进行的组合化学研究还包括固相反应的跟踪分析、固相偶联反应催化剂的研究等。由于传统的经中间体裂解、液相分析来跟踪反应情况不仅浪费了许多较昂贵的固相合成载体材料和时间,而且有时会得不到准确的结果(如中间体不稳定)。有效地跟踪分析固相反应是组合化学研究中的另一个主要的挑战。Chin 等[48]用质谱-核磁共振技术在 Crown 上有效地跟踪了 Wittig-Horner 反应。通过固相偶联醛质子信号的变化,他们确切地判定了反应进行的程度。他们甚至还得到了较高分辨率固相偶联烯烃的 COSY 二维谱。最近,Sefler 和 Gerritz 利用 MS-NMR 技术在 Crown 上跟踪了胍的合成[49]。质谱技术也已经用于 SynPhase 产品上的反应分析。Martinez 等报道了用 TOFSL-MS 技术在 Crown 上检测固相反应的中间体[50,51]。FT-IR 技术的应用也有相应报道[52,53]。

组合化学在材料科学及催化化学上的应用越来越受到重视。Gilbertson 等在 Crown 上用固相偶联的含膦多肽作为钯配体,用于不对称催化反应研究,以寻找有效的催化剂系统[54]。Gilbertson 等在 Crown 上合成了 77 个含膦多肽的化合物库,并最终找到了一个有效的配体,用于不对称反应(图 5.36)。

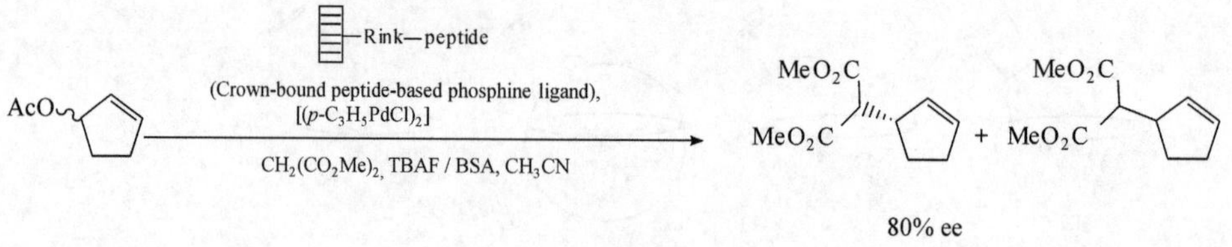

AcO—(cyclopentene) → (Crown—Rink—peptide) (Crown-bound peptide-based phosphine ligand), $[(p\text{-}C_3H_5PdCl)_2]$; $CH_2(CO_2Me)_2$, TBAF / BSA, CH_3CN → $(MeO_2C)_2CH$—(cyclopentene) 80% ee + $(MeO_2C)_2CH$—(cyclopentene)

图 5.36

5.8　结　束　语

Mimotopes 的 SynPhase 固相合成技术自 20 世纪 80 年代问世以来,已由最初的单一固相多肽合成发展为今天的包括固相多肽类化合物的合成、固相有机小分子的合成、固相清洁剂(scavenger)、连接桥分子的研究与开发以及标记技术的发展和应用等。通过对嫁接聚合物性能的不断改进,固相载体的负载量已由最初的 1μmol 提升到现在的 40μmol,75μmol 的水平。并且反应动力学更好、试剂利用率大大提高,同时操作更加方便。Mimotopes 的 SynPhase 技术已经得到了广泛的应用,也无疑对组合化学的发展做出了巨大的贡献。

参　考　文　献

[1] Geysen HM, Meloen RH, Barteling SJ, *Proc. Natl. Acad. Sci. U. S. A*. 1984, 81: 3998

[2] Geysen HM, Rodda SJ, Mason TJ, Tribbick G, and Schoofs PG, *J. Immunol. Methods*, 1987, 102: 259

[3] Pinilla C, Appel JR, and Houghten RA, *Methods Mol Biol*. 1996, 66: 171

[4] Frank R and Doring R, *Tetrahedron* 1988, 44: 6031

[5] Lebl M, *J. Comb. Chem*. 1999, 1: 2

[6] Rasoul F, Ercole F, Pham Y, Bui CT, Wu Z, James SN, Trainor RW, Wickham G, and Maeji NJ, *Biopolymers* (*peptide sciences*) 2000, 55: 207

[7] Merrifield RB, *J. Am. Chem. Soc*. 1963, 85: 2149

[8] Virgilio AA and Ellman JA, *J. Am. Chem. Soc*. 1994, 116: 11580

[9] Virgilio AA, Bray AM, Zhang W, Trinh L, Snyder M, Morrissey MM, and Ellman JA, *Tetrahedron* 1997, 53: 6635

[10] Dragovich PS, Zhou R, Skalitzky DJ, Fuhrman SA, Patick AK, Ford CE, Meador III JW, and Worland ST, *Bioorg. Med. Chem. Lett*. 1999, 10: 589

[11] Liu G, Zhang S-D, Xia S-Q, and Ding Z-K, *Bioorg. Med. Chem. Lett*. 2000, 10: 1361

[12] Roberts KD, Lambert JN, Ede NJ, and Bray AM, *Tetrahedron. Lett*. 1998, 39: 8357

[13] Polaskova ME, Ede NJ, and Lambert JN, *Aust. J. Chem*. 1998, 51: 535

[14] Gilbertson S, and Wang X, *Tetrahedron. Lett*. 1996, 36: 6475

[15] Gilbertson S, and Wang X, *Tetrahedron* 1999, 55: 11609

[16] Burgess K, Godbout C, Li W, and Payza K, *Bioorg. Med. Chem. Lett*. 1996, 6: 2761

[17] Burgess K, Li W, Linthicum DS, Ni Q, Pledger D, Rothman RB, *Bioorg. Med. Chem. Lett*. 1997, 9: 1867

[18] Perich JW, Ede NJ, Eagle S, and Bray AM, *Lett. In Pept. Sci*.1999, 6: 91

[19] Bunin BA, and Ellman JA, *J. Am. Chem. Soc*. 1992, 114: 10997

[20] Bunin BA, Plunkett MJ, and Ellman JA, *Proc. Natl. Acad. Sci. USA*. 1994, 91: 4708

[21] Bunin BA, Plunkett MJ, Ellman JA, and Bray AM, *New J. Chem*. 1997, 21: 125

[22] Stevens SY, Bunin BA, Plunkett MJ, Swanson PC, Ellman JA, and Glick GD, *J. Am. Chem. Soc*. 1996, 118: 10650

[23] Norman TC, Gray NS, Koh JT, and Schultz PG, *J. Am. Chem. Soc*. 1996, 118: 7430

[24] Gray NS, Kwon S, and Schultz PG, *Tetrahedron. Lett*. 1997, 38: 1161

[25] Gray NS, Wodicka L, Thunnissen A-MWH, Norman TC, Kwon S, Espinoza FH, Morgan DO, Barnes G, LeClerc S, Meijer L, Kim S-H, Lockhart DJ, and Schultz PG, *Science* 1998, 281: 533

[26] Drewry DH, Gerritz SW, and Linn JA, *Tetrahedron. Lett*. 1997, 38: 3377

[27] Linn JA, Gerritz SW, Handlon AL, Hyman CE, and Heyer D, *Tetrahedron. Lett*. 1999, 40: 2227

[28] Smith JM, Gard J, Cummings W, Kanizasai A, and Krchnak V, *J. Comb. Chem*. 1999, 1: 368

[29] a. Wu Z, Rea P, and Wickham G, *Tetrahedron. Lett*. 2000, 41: 9871; b. Wu Z, *Combinatorial solid phase synthesis of benzimidazols on SynPhase Lanterns using TranSort strategy*. 2000 Chinese Combinatorial Chemistry Symposium. Shanghai, China

[30] Makino S, Suzuki N, Nakanishi E, and Tsuji T, *Tetrahedron. Lett*. 2000, 41: 8333

[31] Makino S, Suzuki N, Nakanishi E, and Tsuji T, *Synlett*. 2000, 41: 1670

[32] Grabowska U, Rizzo A, Farnell K, Quibell M, *J. Comb. Chem*. 2000, 2: 475

[33] Tomasi S, Le Roch M, Renault J, Corebel JC, and Uriac P, *Pharm. Pharmacol. Commun*. 2000, 6: 155

[34] Rodebaugh R, Joshi S, Fraser-Reid B, and Geysen HM, *J. Org. Chem*. 1997, 62: 5660~5661

[35] Wendeborn S, Beaudegnies R, Ang KH, and Maeji NJ, *Biotec. Bioeng*. (*Comb. Chem*.) 1998, 61: 89

[36] Takahashi T, Inoue H, Tomida S, Doi T, and Bray AM, *Tetrahedron. Lett*. 1999, 40: 7843

[37] Takahashi T, Ebata S, and Doi T, *Tetrahedron. Lett*. 1998, 39: 1369

[38] Ede NJ, and Bray AM, *Tetrahedron. Lett*. 1997, 38: 7119

[39] Ede NJ, Eagle SN, Wickham G, Bray AM, Warne B, Shoemaker K and Rosenberg S, *J. of Peptide Sci*. 2000, 6: 11

[40] Ede NJ, James IW, Krywult BM, Griffiths RM, Eagle SN, Gubbins B, Leitch JA, Sampson WR, and Bray AM, *Letters in Peptide Sci*. 1999, 6: 157

[41] Tommasi RA, Nantermet PG, Shapiro MJ, Chin J, Brill WK-D and Ang K, *Tetrahedron. Lett*. 1998, 39: 5477

[42] Bleicher KH, and Wareing JR, *Tetrahedron. Lett*. 1998, 39: 4591

[43] Takahashi T, Tomida S, Inoue H, and Doi T, *Synlett* 1998, 1262

[44] Bui CT, Bray AM, Ercole F, Pham Y, Rasoul FA, and Maeji NJ, *Tetrahedron. Lett*. 1999, 40: 3471

[45] a. Bui CT, Bray AM, Nguyen T, Ercole F, Rasoul F, Sampson W, and Marji NJ, *J. of Peptide Sci*. 2000, 6: 49; b. Bui CT, Bray AM, Nguyen T, Ercole F, and Marji NJ, *J. of Peptide Sci*. 2000, 6: 243

[46] Smith JM, Gard J, Cummings W, Kanizsai A, Krchák V, *J. Comb. Chem*. 1999, 5: 368

[47] Giger R, *Cambridge Healthtec Institute Conference*, 1997, Barcelona, Spain

[48] Chin J, Fell B, Shapiro MJ, Tomesch J, Wareing JR, and Bray AM, *J. Org. Chem*. 1997, 62: 538

[49] Self AM and Gerritz SW, *J. Comb. Chem*. 2000, 2: 127

[50] Enjalbal C, Martinez J, Subra G, Combarieu R, and Aubagnac J-L, *Rapid Commun. Mass Spectrom*. 1998, 12: 1715

[51] Aubagnac J-L, Enjalbal C, Subra G, Bray AM, Combarieu R, and Martinez J, *J. Mass Spectrom*. 1998, 33: 1094

[52] Gremlich H-U, and Berets SL, *Applied Spectroscopy* 1995, 50: 532

[53] Gremlich H-U, *Biotec. Bioeng*. (*Comb. Chem*.), 1998, 61: 179

[54] Gilbertson SR, Collibee SE, and Agarkov A, *J. Am. Chem. Soc*. 2000, 122: 6522

[55] James IW, Wickham G, Ede NJ and Bray AM, "Solid-Phase Organic Synthesis"(K. Burgess, ed.), p. 195~216. Wiley-Interscience, New York, 2000

[56] Matsuda A, Doi T, Tanaka H and Takahashi T, *Synlett*, 2001, 1101

[57] Wu Z and Ede NJ, *Tetrahedron Lett*. 2001, 42:8115

[58] Giovannoni J, Subra G, Amblard M and Martinez J, *Tetrahedron Lett*. 2001, 42,5389

[59] Park K, Ehrler J, Spoerri H and Kurth MJ, *J. Comb. Chem*.2001,3:171

[60] Makino S, Suzuki N, Nakanishi E and Tsuji T, *SynLett*. 2001, 333

[61] Makino S, Nakanishi E and Tsuji T, T., *Tetrahedron Lett*. 2001, 42:1749

[62] Gerritz SW, *Current Drug Discovery*, 2002, 19

[63] Basso A and Ernst B, *Tetrahedron Lett*. 2001, 42:6687

[64] Phoon CW and Sim MM, *Synlett*. 2001, 697

[65] Izumi M, Fukase K and Kusumoto S, *Synlett*. 2002, 1409

[66] Orain D, Canova R, Dattilo M, Kloeppner E, Denay R, Koch G and Giger R, *Synlett*. 2002, 1443

[67] Ede NJ, *J. Immunol. Methods*, 2002,267:3

[68] Gerritz SW, Norman MH, Barger LA, Berman J, Bidham EC, Bishop MJ, Drewry DH, Garrison DT, Heyer D, Hodson SJ, Kakel JA, Linn JA, Marron BE, S. Nanthakumar SS and Navas III FJ, *J. Comb. Chem*. 2003, in press

[69] Wu Z, Ercole E, FitzGerald M, Senake, P, Riley P, Campbell R, Pharm Y, Rea P, Sandanayake S, Mathieu MN, Bray AM and Ede NJ, *J. Comb. Chem*. 2003, in press

[70] Wu Z and Ede NJ, *Tetrahedron Lett*. 2003, in press

(吴泽民)

主要作者简介

吴泽民　博士。毕业于苏州大学化学系，分别于上海有机化学所和The University of Wollongong, Australia获得硕士和博士学位。以后在The Australian National University从事博士后研究工作。现任Mimotopes(澳大利亚，墨尔本)高级研究员，SynPhase技术服务经理，主要从事有关固相组合化学的研究。

第二篇

高通量分析及纯化

第六章　组合化学合成中的分析方法

6.1 前　　言

合成高质量的组合化学库有赖于发展最佳的合成、分析、纯化手段和技术。在建立寻找和优化药物先导化合物的化学库时，我们一般采用固相和液相平行合成法完成合成工作，通常化学库大约含有 5000 个化合物左右。在我们优化最终产物的过程中涉及了一系列可行的、有效的及重现性好的“排演”设计研究过程。与传统合成化学的反应条件优化，从而提高单一反应收率的方式不同，组合化学的化学反应条件优化需要寻找一系列的反应条件，从而在化学库的合成过程中使多样性的反应均应得到较高的收率。虽然这是一个冗长烦琐的发展和优化化学反应方法的过程，并且消耗大量的时间和金钱，但它是组合化学合成的必要步骤。

我们的化学实验过程包括以下几个部分：合理的概念、可行的实验方法、优化一般的反应条件、确定构建单元、测试、设计化合物库及其合成。可以看出，每一步都需要各种分析方法以检验化学库合成的可行性。下面将讨论在组合库合成优化过程中我们所应用的一些分析方法。

6.2　可行性研究过程中的分析方法

为了有效地选择优化组合合成的化学反应条件，对将要使用的有机反应进行必要的探索是高质量完成化学库合成的基本步骤。在合成各种化学库时，我们一般采用液相合成或固相合成两种技术之一，或者两种技术混合使用。跟踪液相反应的方法早为众人熟知，但采用液相合成方法合成化学库时的最大挑战是每完成一个合成步骤后的分离纯化过程，需要有合适的分析技术指示组合纯化的效果。相反，采用固相有机反应的方法合成化学库时，跟踪固相合成反应十分重要。此时可以选用直接在固相载体上跟踪反应的方法，或者从载体上解离化合物后进行跟踪的方法。

6.2.1　固相载体上的分析方法

有许多分析方法可用于跟踪液相化学反应。但是，对于固相合成化学来讲，只有有限的几种方法可以应用。一般情况下，我们选用已知的有机化学反应来尝试固相组合化学库的合成。这是因为,这些反应已经在液相反应中得到充分优化,而当它们应用于固相反应时常能得到期望的固相载体结合的产物。因此,随后的分析只须确认期望的产物是否存在即可。通常我们采用下面四种方法中的一种或几种完成上述目的。

6.2.1.1 单个树脂珠的 FTIR 法

大部分的有机反应包括了官能基团的转换。这使得傅里叶变换红外光谱(Fourier transform infrared spectroscopy ,FTIR),特别是单个树脂珠的 FTIR 法成为跟踪固相有机反应的有效方法[1,2]。其好处是只须一个树脂珠而无须制备样品即可跟踪反应的进展,并可以在反应过程中的任意时刻进行快速地检测。尽管已有许多方法可以获得树脂样品的振动光谱,但我们发现采集单个树脂的发射光谱(transmission spectral)可以得到高质量、高重现性和高信噪比图谱。实验中,我们用两片石英玻璃将树脂压扁,然后测定它的透射光谱,以空的单片石英玻璃的透射吸收光谱为参比。进一步,我们使用聚苯乙烯的吸收峰为内标来修正因压扁树脂厚度不同所带来的信号变动。这一操作还消除了因树脂珠直径大小(50～100μm)所带来的饱和效应。与递减全反射测量法(attenuated total reflection,ATR)相比较,因为99%的固相反应发生在树脂内部,透射光谱实验能够更好地检测发生在树脂珠内部反应的情况。

单个树脂珠的 FTIR 法已经成功地应用到固相反应的各个阶段中,进行定性或定量的研究合成反应,包括起始原料的 QC[3],树脂负载量的测定[4],反应进行中的跟踪检测[5～11],固相反应动力学研究[6～11],优化不同系列的反应参数及离去条件[6,9～14]等。下面将举例简单地介绍应用该法在固相合成反应进行定性检测结果。

如 Scheme 1 所示,负载在树脂上的醛 2 由 Merrifield 树脂 1 和 4-羟基-2-甲氧基苯甲醛反应得到。2 经还原胺化得二级胺 3,3 再与多种亲电试剂反应形成酰胺 4、脲 5、酰胺 6 和硫酰胺 7[8]。树脂 1 转化为 2 时可通过检测醛基的 IR 吸收峰 2769 和 1682cm^{-1}确认(图 6.1),反应的转化率通过燃烧后进行分析氯元素的含量确定。氯元素在树脂 1 中的含量为 0.97mmol/g,而在 2 中小于 0.01mmol/g,从而可知转化率为 99%。由 2 到 3 可通过单个树脂珠的 FTIR 法检测,反应转化率可根据醛在 1682cm^{-1}波长的 IR 吸收峰积分面积进行估计。树脂 3 和 4 在 2273～2373cm^{-1}吸收信号是 borohydride 存在所致。合成 4～7 可通过检测单个树脂珠的 FTIR 谱分别在 1701,1678,1648 和 1737cm^{-1}上的吸收峰确认。

Scheme 1

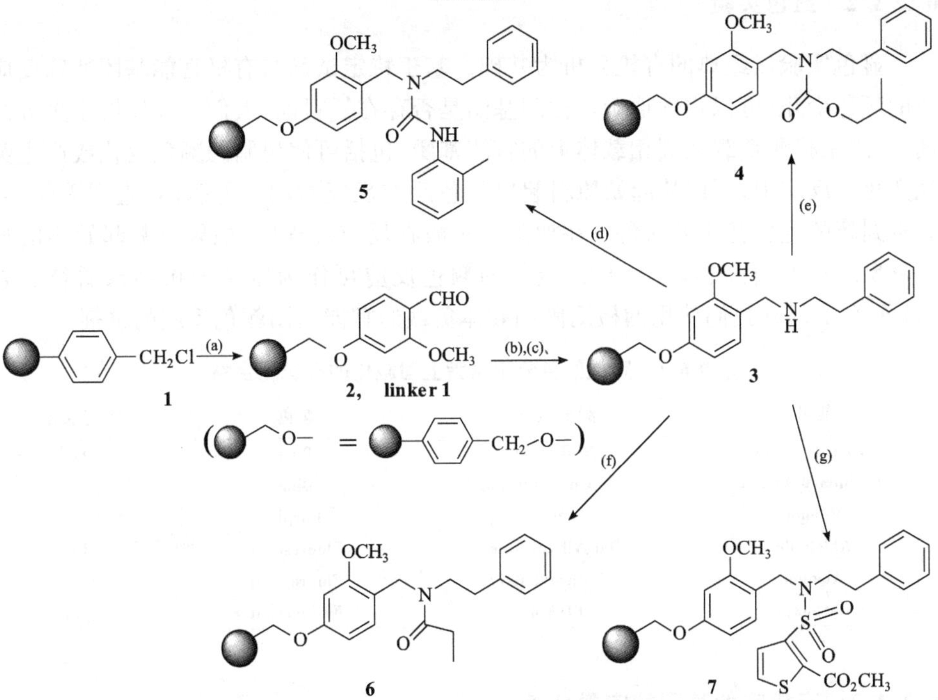

(a) 4-hydroxy-2-methoxybenzaldehyde, NaH, DMF; (b) $CH(OMe)_3$, phenethylamin; (c) $NaBH_4$, THF, EtOH; then MeOH, reflux; (d) o-tolyl isocyanate, DMF, 60°C; (e) isobutylchloroformate, DIEA, DCM; (f) propionyl chloride, DIEA, NMM, DCM; (g) carbomethoxythiophene-3-sulfonyl chloride.

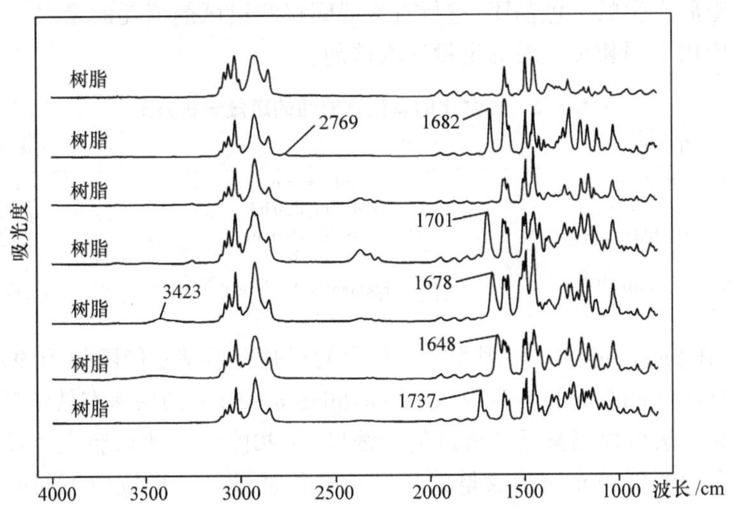

图 6.1　红外光谱跟踪检测反应的进展情况

6.2.1.2 显色实验

显色实验以经典的有机分析为基础。基于特定试剂与有机官能基团特殊反应时的颜色变化,可以定性地确定检测基团是否存在。目前,人们已经发展了少数试剂,可用来检测负载在固相载体上的官能基团,包括可使树脂的颜色变化或产生荧光变化。反应中,可以从起始原料起以颜色反应反复检测官能基团,直到消失,或者直到新的生色基团的颜色不在加深。一般在反应过程中,如果监测起始物的显色随反应进度而渐弱以至消失,定性的颜色反应可作为定量分析结果看待。表6.1列举了部分我们使用的检测固相载体负载的官能基团颜色反应的试剂。

表 6.1 定性颜色分析树脂上固载化的有机化合物

官能基团	测试试剂	颜色	参考文献
Primary Amine	Ninhydrin	Blue	[15]
Secondary Amine	Chloranil	Blue	[16]
Phenol	$FeCl_3$	Purple	[17]
Aldehyde	Dansylhydrazine	Fluorescent	[11]
Alcohol	9-Anthroylnitrile	Fluorescent	[4]
Carboxyl	PDAM	Fluorescent	[4]

6.2.1.3 有机官能基团的定量分析

定性反应是检测固相反应的不可缺少的部分,定量反应则是检测树脂负载量和化合物产率的重要手段。定量分析是通过精确测量试剂的特定反应与产物特定官能团反应后产生的生色基团,进行直接或间接测量试剂消耗的量[11]。表6.2列举了部分应用于固相反应时的定量反应试剂。

表 6.2 固载化的有机官能团的定量分析方法

官能团	试剂	参考文献
Primary Amine	Ninhydrin	[18]
Aldehyde	Dansylhydrazine	[11]
Alcohol	9-Anthroylnitrile	[4]
Carboxyl	PDAM	[4]
N, S, Cl, Br, I	Elemental Analysis	[19]

例如,在 Scheme 2 中,与固相树脂结合的羟基和羧基官能团(**8** 和 **9**)可以分别对 2 倍当量的 9-anthroylnitrile 和 1-pyrenyldiazomethane 的快速有效地反应进行直接分析。光谱法可以测量反应液试剂的浓度,再扣除在参比树脂表面试剂分子非共价键结合而产生的光谱吸收量就是树脂的负载量[4]。反应中不同时间羟基和羧基的绝对量打印在图 6.2 中(closed and open circles)。从图中可以看出 Scheme 2 中树脂上羟基和羧基量的变化。开始时羧基的浓度很低,而反应接近结束时羟

基的浓度变得很低。这些实验提供了一个快速高效定量分析羟基和羧基的方法。

Scheme 2

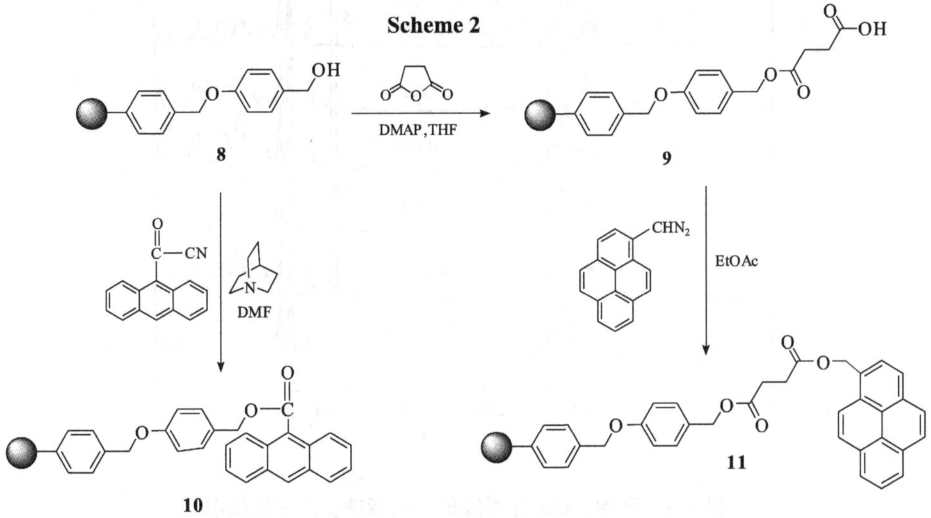

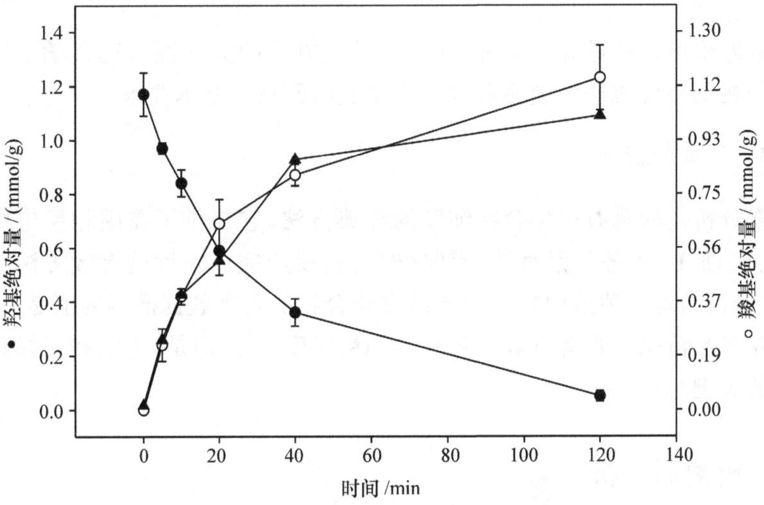

图 6.2　不同反应时间下树脂珠上羟基和羧基绝对量的变化

为了便于比较，对 Scheme 2 反应我们也采用了单个树脂珠 FTIR 法进行检测，结果见图 6.3。当反应进行过程中，8 的羟基 3578，3450cm^{-1}的伸缩振动峰逐渐消失了，而在 1735，1712 cm^{-1}处出现羧基伸缩振动峰和在 3300～2500 cm^{-1}出现宽的酸的特征吸收峰，证实了由羟基到羧基的变化。参考起始原料的负载量(图 6.2，三角符号)，我们积分和标准化了各个时间段的羧基伸缩振动峰面积。

这些结果证明了可以精确测定树脂上各种负载量时的不同官能基团。羟基官

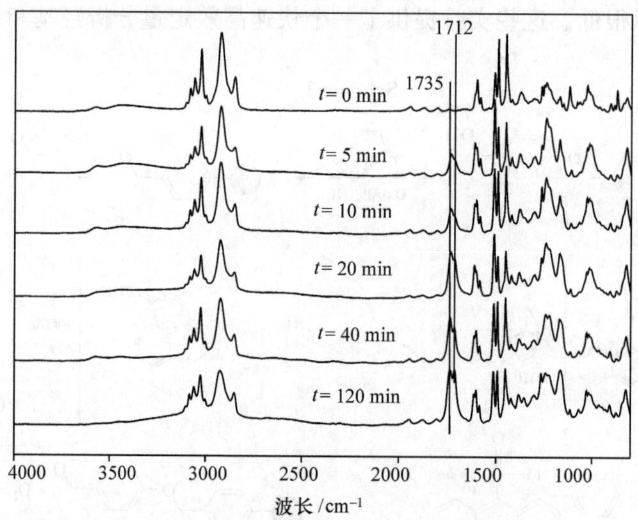

图 6.3　利用 FTIR 法跟踪单个树脂珠上反应的情况

(**8** 的羟基 3578,3450cm^{-1}伸缩振动峰逐渐消失,而在 1735 和 1712 cm^{-1}处出现羰基伸缩振动峰)

能团的最低检出负载量为 0.05mmol/g。这些方法的灵活性和动力学适用范围都可以达到在固相合成法中检测合成产物及起始原料的基本要求。

6.2.1.4　元素分析

元素分析是检测有机化合物纯度的经典方法,它提供了在固相反应中检测含有 N、S、F、Cl、Br、I 等元素官能团变化时有机反应完成程度的有效方法。研究表明,元素分析与理论值或由标准树脂结合化合物的光谱数据推得的值是一致的,并且该法在多数情况下具有良好的重现性和精确度[19]。但是,清洗和干燥是得到精确数据的关键。

6.2.2　解离后分析

解离后再进行分析中间产物或最终产物,从而跟踪固相反应结果,特别是对于鉴别非预期的产物或探索新的反应是极其重要的。HPLC 和 LC/MS 及其他一些方法常用于液相反应的检测中。

Scheme 3 列举了用 HPLC 分析的方法。如果形成 **13** 的反应进行完全,则 **13** 再与 4-甲基苯甲酰氯反应的产物只有 **15** 一个,在 HPLC 上应当只有一个主峰。否则,则可能得到第二个峰,即副产物 **16**。通常解离后反应主产物和副产物均可由 HPLC 检测到,如果有未确定的产物信号,可以利用 LC/MS。

Scheme 3

N-Boc-L-tryptophan, DIC, DMAP, NMM

12　13　12

COCl, DIPEA

14

$BuNH_2$

15　16

6.3　分析方法的可行性和预实验

研究增加构建单元数量反应条件的可行性是必要的。构建单元的多样性对于寻找先导化合物非常重要。而这些不同的构建单元之间的化学性质有很大的差异,因此,在选择构建单元时我们一般从以下两个方面考虑:(1)以计算的多样性为主要的选择依据;(2)以化学特性做实验的选择。下面主要讨论实验选择。

对于成百上千的构建单元只做其优化的反应条件的可行性研究或许是不够的,其他如溶解性就是一个很重要的影响因素。当实验规模放大时也会产生其他的问题,如大量反应混合物的充分摇动,促使反应加快等。为了能够使构建单元得到更好的利用,了解它们的特性、纯度及快速的鉴定其结构在合成化学库时都是极其重要的。

6.3.1　结构确认

期望化合物可以通过它的分子量很快得到确认。动态进样分析(flow injection analysis,FIA)质谱是广泛使用的连续分析方法之一。然而溶剂、污染物以及过量的试剂都可能在图谱上表现出来。如果它们的响应值较高,即使含量甚微也可能得到很强的信号。对于氢离子的分子竞争或许也会导致明显的信号压抑效应,此时就可能部分地或全部地擦去产物的信号。此时,LC/MS 就成为必不可少的手段。图 6.4 比较了 FIA(MS) 和 LC/MS/UV 分别鉴定两个 96 孔板的 176 个化合物结构的结果。发现如果以 FIA(MS)分析化合物的丰度为基峰的 20%时,或者在 LC/MS/UV 中以 UV214 为检测波长,其 LC 峰面积是总峰面积的 20%时均可确定化合物的生成(浅色为确定)。在这两个实验中,71%的化合物可由 FIA(MS)检测确定,82%的化合物可由 LC/MS/UV 检测确定。可见由于上面谈到的问题,有 11%的化合物以 UV214 检测含量超过 20%时,FIA(MS)却检测不到。结论是 LC/MS/UV 比 FIA(MS)更加优越。

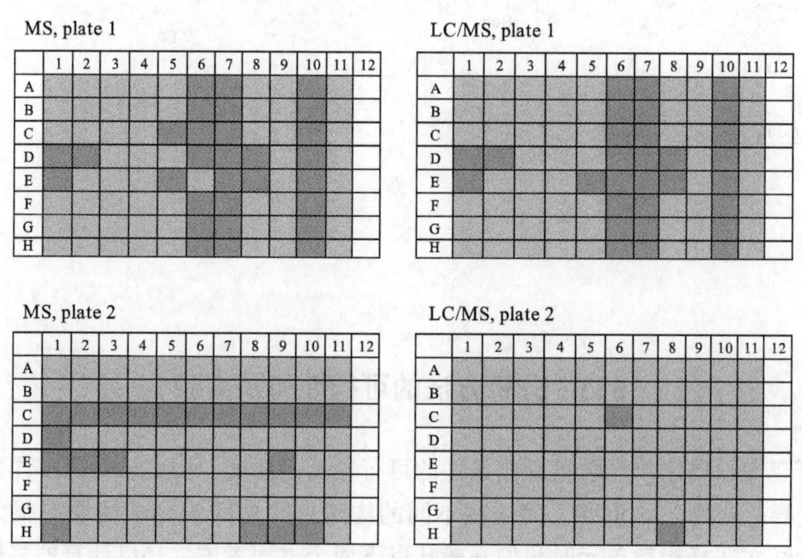

图 6.4 采用 MS 和 LC-MS 鉴定合成化合物时的结果比较

6.3.2 纯度测定

我们采用两种方法测定合成化学库中化合物的纯度。一种为绝对纯度,是指预期化合物在样品绝对质量中的百分比。另一种为相对纯度,是指以 UV214 或蒸发光散射(evaporative light scattering detection,ELSD)为检测器的 HPLC 产物峰面积与总的检测峰面积的百分比。

为了确定化合物的绝对纯度,需要制定纯样品的标准曲线。我们的实验中,每一个库需要分别合成、纯化 6 个标准化合物,其纯度由^{1}H、^{13}C 和元素分析等确定超过 99.6%。以这些标准化合物做出 HPLC 的标准曲线,并以此确定预期化合物的精确质量。具有相同结构的标准化合物在一般的条件下合成,再以 HPLC/UV 进行定量分析。从每个单个曲线就可知道每一个化合物的绝对质量,再与样品的总质量相比就得到每一个产物的绝对纯度。以上方法只适用于少量化合物的分析。

为了检测大量的化合物,我们采用 HPLC 的高分离效率和在线的 UV214 或 ELSD 为检测器来完成的。LC/UV214 的纯度测量方法以紫外吸收为基础,而产物和副产物都有可能产生吸收,从而容易引起误差。ELSD 法被认为是一种目前不需标准化合物而可作为高通量纯度分析的常用检测法[21~23]。然而我们发现 ELSD 法测得的纯度普遍高于 UV214 测得的数值,这可能是因为 ELSD 法不能定量的检测低分子量化合物[24]。图 6.5 显示了用 UV214、ELSD 法检测的 176 个化合物的纯度分析对比结果(深色为 ELSD 结果)。比较各种纯度分析方法,发现绝对纯度是更精确的纯度测量方法。同一样品由 UV214 和 ELSD 测得的绝对纯度常低于相对纯度,这可能是由于样品中含有溶剂、盐、三氟乙酸、树脂残余物等无法用 UV214 和 ELSD 法测到的缘故。

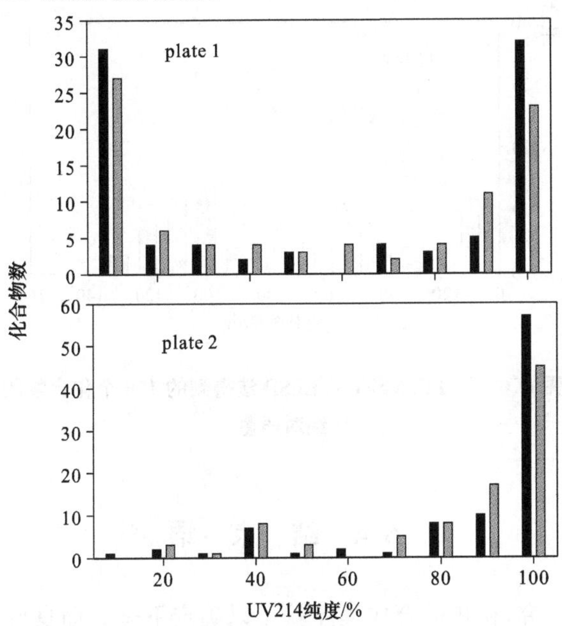

图 6.5　用 UV214、ELSD 法检测的 176 个化合物的纯度分析对比结果

6.3.3　产率分析

对于一个化学库来说,合成化合物的产率是很重要的。一个化合物的纯度很高但其产率很低,那么这个合成反应也是一个失败的反应。用前面提到的标准方法确定每个库中 6 个参考化合物的绝对质量,其相对 SD 为±5%。我们又以标准曲线及 ELSD 法检测到的单个峰的峰面积为基础，采用 LC/MS/UV/ELSD 法得到其绝对质量，标准曲线由 7 个不同化学库的 42 个化合物的标准曲线平均而得。该法的相对 SD 为 20%～28%[27]。以 LC/MS/UV/ELSD 法得到的 176 个化合物的绝对质量见图 6.6，与结构确认及纯度分析一致，plate 2 比 plate 1 的产率高。

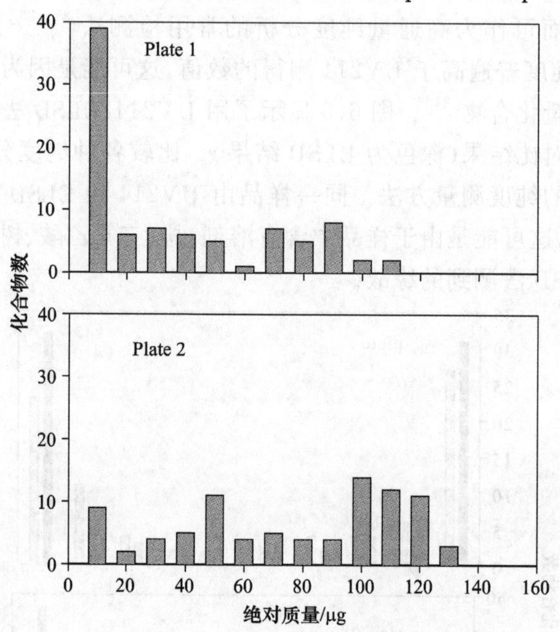

图 6.6 以 LC/MS/UV/ELSD 法得到的 176 个化合物的绝对质量

6.4 结 束 语

通过可行性研究，初步的合成程序就可以确定下来。而良好的定性和定量分析方法就会大大地方便这一研究过程。其他应用于检测固相反应的技术也可以作为组合化学的补充分析方法。“排演”实验调整了反应条件并使构建单元在构建化学库时更加有效。高通量的定性和定量分析方法能有效地分析合成的产物，并找到理想的合成方法，最终得到相对高质量的化合物库。

参 考 文 献

[1] Yan B, Kumaravel G, Anjaria H, Wu A, Petter R, Jewell CF Jr, Wareing JR, *J. Org. Chem.* 1995, 60: 5736

[2] Yan B, *Acct. Chem. Res.* 1998, 31: 621

[3] Yan B Sun Q, *J. Org. Chem.* 1998 63: 55

[4] Yan B, Liu L, Astor C, Tang Q, *Anal. Chem.* 1999, 71: 4546

[5] Coppola GM, *Tetrahedron Lett.* 1998, 39: 8233

[6] (a) Sun Q, Yan B, *Bioorg. Med. Chem. Lett.* 1998 8: 361

(b) Li W, Yan B, *J. Org. Chem.* 1998, 63: 4092

[7] Yan B, Yan H, *J. Comb. Chem.* 2001 3: 78

[8] Yan B, Nguyen N, Liu L, Holland G, Raju B, *J. Comb. Chem.* 2000, 2: 66

[9] Yan B, Sun Q, Wareing JR, Jewell Jr CF, *J. Org. Chem.* 1996, 61: 8765

[10] Yan B, Fell JB, Kumaravel G, *J. Org. Chem.* 1996, 61: 7467

[11] Yan B, Li W, *J. Org. Chem.* 1997, 62: 9354

[12] Yan B, Vibrational spectroscopy for optimization of solid-phase organic synthesis. Chapter 7 in "solid-phase organic synthesis", edited by Kevin Burgess, 2000, John Wiley & Sons, Inc.

[13] Li W, Yan B, *Tetrahetron Lett.* 1997, 38: 6485

[14] Yan B Analytical methods in combinatorial chemistry 2000, published by Technomic Publishing

[15] Kaiser E, Colescott RL, Bossinger CD, Dook PI, *Anal. Biochem.* 1970, 34: 595

[16] Vojkovsky T, *Peptide Research*, 1995, 8: 236

[17] Johnson CR, Zhang B, Fantauzzi P, Hocker M, Yager KM, *Tetrahedron*, 1998, 54: 4097

[18] Sarin VK, Kent SBH, Tam JP, Merrifield RB, *Anal. Chem.* 1981, 117: 147

[19] Yan B, Jewell CF, Myers SW, *Tetrahedron*, 1998, 54: 11755

[20] Mount J, Ruppert J, Welch W, Jain AN, *J. Med. Chem.* 1999, 42: 60

[21] Kibbey CE, *Molecular Diversity*, 1995, 1: 247

[22] Hsu BH, Orton E, Tang SY, Carlton RA, *J. Chromatogr. B.* 1999, 725: 103

[23] Fang L, Wan M, Pennacchio M, Pan J, *J. Combi. Chem.* 2000 2: 254

[24] Fang L, Pan J, Yan B, *Biotech. Bioeng. Combi. Chem.* 2001, 71: 162

（阎　兵，Liling Fang，Jianmin Pan 等）

主要作者简介

阎　兵　博士。于1982年毕业于山东大学，获学士学位。1986年赴美国留学，并于1990年在纽约哥伦比亚大学获得博士学位。在1993年加入Novartis制药公司之前，曾经先后在英国的剑桥大学和美国休斯敦的德克萨斯大学药学院从事有关博士后的研究工作。6年以后，他转入ChemRx Division of Discovery Partners International, Inc.从事组合化学、高通量合成、高通量分析和高通量纯化的研究。他的主要研究领域是药物发现和优化过程中的固相和液相组合合成、高通量的定性和定量分析以及化学库的高通量纯化。目前，他已经撰写和编著了3本图书并发表了67篇综述和研究论文。

第七章　质谱和液相色谱-质谱技术在组合化学中的应用

组合化学已经发展了一种新的寻找药物先导化合物的系统方法，其基本特点是合成和筛选大数目化合物。在过去的几年里，组合合成化学库的方法已经从“混合-均分”法逐步转向自动化或半自动化的平行合成法。组合化学的成功越来越依赖于相关领域研究内容的有效结合，包括合成化学、自动化、化学库的质量控制、生物筛选、活性化合物的结构确认以及构效关系的建立等等。分析技术在整个过程中起着非常显著的作用。因为，无论“混合-均分”法还是平行合成法都需要快速地确认所产生的化合物。由于具有高灵敏度和高通量的特点，液相色谱(LC)和质谱(MS)技术以及它们的联机技术(LC/MS)已经被广泛用来从复杂的组合化学或者自动合成仪合成的化合物中确定化学结构。核磁共振谱(NMR)、红外(IR)及紫外(UV)等光谱技术则可以提供关于化合物结构的互补信息。但这些技术一般较适用于分析单一化合物，因而不会有高通量。

药物先导化合物的发现和组合化学的发展同时也大大地加速了质谱和液相色谱技术的发展。本章中我们将要重点介绍高通量的 MS 和 LC/MS 技术，以及一些最新质谱技术在组合化学领域的各个阶段中的应用。

7.1　高通量的 LC/MS 方法和仪器

7.1.1　FIA-MS 与 LC/MS

如果给定了构建单元和化学反应的组合，得到的化合物数目通常是有限的。因此，只要能够测得产物的质量，往往可以直接无误地确定化学反应是否成功了。目前，质谱已经成为首选来追踪在化学库合成过程当中的信息，包括化学反应信息和化学库质量信息。由于在没有 HPLC 色谱柱的情况下可能实现更快速的分析，连续流动进样质谱分析(flow-injection mass spectrometric, FIA-MS)是否会得到与 LC/MS 相同的结果是一个常见的问题。但是，某些有机溶剂如二甲亚砜(DMSO)或其他试剂有可能干扰被分析物的离子化过程：如电喷雾离子化(ESI)、常压化学离子化(APCI)和基质辅助激光汽化离子化(MALDI)等，有时甚至会导致无法用常规离子化方法对化合物进行的分析。此外，由于在反应混合物中，不同的组分具有不同的离子化特性(如对质子的亲和性)，某一个组分的存在可能抑制另外一个组分的离子化，从而影响质谱的分析结果。另外一个不利的情况是在连续流动进样质谱的一级质谱中,离子碎片不易确认,尤其当这个离子碎片可能来自多种原生离子时识别则更为困难。这些现象在采用“混合-均分”组合化学法合成混合物,且具有同一基本骨架结构的化学库中最为常见。图 7.1 给出了摩尔含量相同的对乙酰氨基酚、待布卡因和另外两个化合物(每一个化合物 25μmol/L)混合物(图 7.1A),以及相同浓度下单一化合物(图 7.1B 和图 7.1C)的 flow-injection ESI-MS 结果。图 7.1B 中化合物的相对分子质量为613,图7.1C 中对乙酰氨基酚的相对分子质量为 151。在这两种情况下,614(m/z)$[M+H]^+$ 和 152(m/z)$[M+H]^+$ 的离子强度明显高于图 A 中对应峰。值得注意的是图 7.1A 和图 7.1B 中 586 (m/z)的质谱峰强度很相似,此时这种分析方法就无法区分该峰是来源于离子碎片(丢失了 CO)或者是杂质。另外,化合物质谱也无法确认质谱峰 215(m/z), 288(m/z) 和 514(m/z)来源。

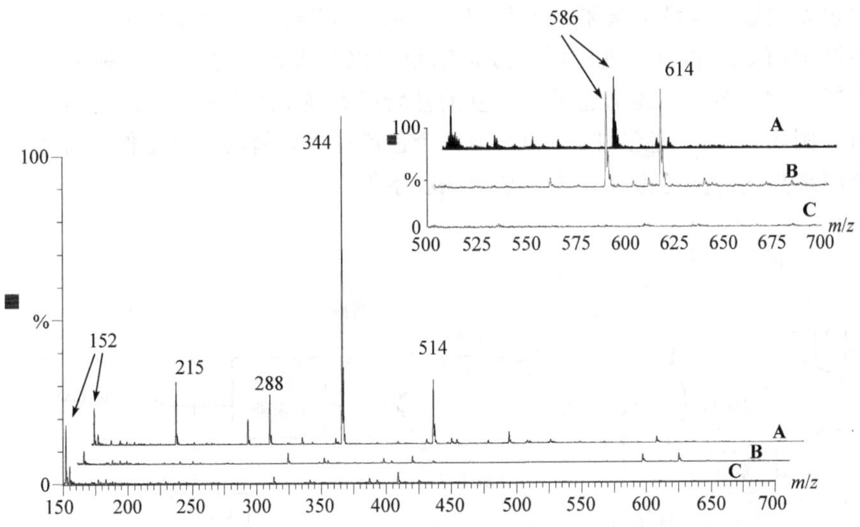

图 7.1 连续流动进样的混合物 ESI-MS 结果(A)以及一些单一组分的质谱结果(B,C)

LC/MS 提供了对上述所有问题最好的解决办法。不仅待分析混合物中的绝大部分有机溶剂都可以在梯度洗脱中分离除去,而且在选择了恰当的色谱柱和色谱条件后,反应混合物里的许多组分大都能被分开。对于那些分离的很好的组分,碎片离子峰和它们的源离子峰应当具有相同的色谱保留时间。例如,用 LC/MS 分析以上所述质谱图 B 中的样品,结果发现 586(m/z)和 614(m/z)具有不同的色谱保留时间。这表明前者来源于杂质。另一方面,215(m/z)、288(m/z)与 344 (m/z)具有相同的色谱保留时间,证明它们是待布卡因的 (343 Da)碎片峰。

尽管如此,单个化合物质谱中的信息(图 7.1B 和 7.1C)在混合物的质谱中(图 7.1A)大部分都能够找到,说明在没有溶剂的干扰下,FIA-MS 仍能够提供关于样品的定性信息。本章稍后将会介绍 FIA-MS 高通量分析的一项应用。

7.1.2 高通量的 LC/MS 系统

一种常见的高通量 LC/MS 系统示于图 7.2。泵可以选用 Shimudzu VP 系列、Gilson 或其他 HPLC 泵。在 ESI-MS 之前,一般都需装上一个色谱柱的变通阀和一个紫外检测器。通常选用 Gilson 215 的液体操作系统作为自动进样装置,因为它可以容纳 12 个 96 孔样品板,也可以更换不同种类的样品瓶。此系统的质谱常用带有 Turbo 离子源的 API150 或 API100。Turbo 离子源利用加热和快速气流来除去色谱洗脱液中的溶剂。该离子源与质谱的连接处装有喷嘴-锥型分离器(nozzle-skimmer)。该系统能够与高流速的 HPLC 匹配,而无须使用分流阀(splitter),一般也无须经常清洗分离器。质谱可用"Analyst"软件作为操作系统。它可以完全控制 HPLC 泵和自动进样器。分析结果可以很方便地通过多个视窗显示在计算机屏幕上。图 7.2 还描述了一个色谱柱转换系统,通过它可以提高样品分析的通量。例如,当一个色谱柱工作时,另一个色谱柱可以暂时脱离工作系统单独用第三个液泵高速清洗色谱柱并重新平衡洗脱条件。

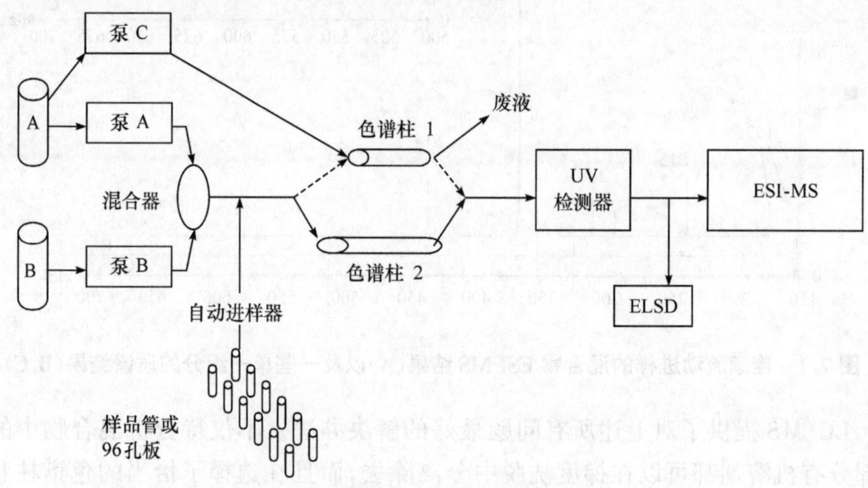

图 7.2 组合化学的高通量 LC/MS 流程示意图

还有另外一个可以达到高通量分析的方法。图 7.3 是我们实验室的一个开放使用 LC/MS 的分析系统示意图,主要用于合成化学试验阶段。由 HPLC、自动进样器、色谱柱六通阀、加热箱、并列光电管检测器(PDA)和一个电喷雾质谱仪组成。此系统与图 7.2 所示的根本不同点在于它采用低压溶剂的混合,只需要一个泵就可按比例调配四种溶剂。每一个溶剂输送管路都内装有一个脱气阀。显然,采用此系统,可以同时使用两种以上的溶剂,增大了方法的灵活性。

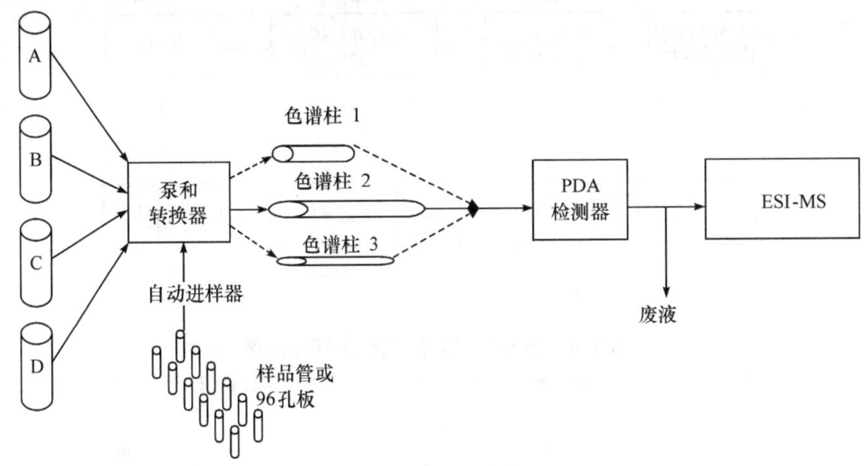

图 7.3 平行和自动色谱柱转换的 LC/MS 高通量系统

系统的溶剂泵、自动进样器、色谱柱加热箱全部整合在一个单元中,由 Masslynx 和 OpenLynx 软件操作系统控制。该系统同时也可控制 PDA 和 MS。一般情况下,自动进样器可容纳 48 个 2mL 样品瓶的进样板和 2 个 96 孔微型进样板。色谱柱的柱温一般控制在 50℃,它可以将不同的洗脱方法与不同的色谱柱联合成开放使用方法,使用者可以根据化合物性质的不同来选择特定的分析条件。质谱仪是一个带有 Z 型喷雾的单级四极杆系统。Z 型电喷装置以两个互为直角的锥型分离器以 90°角吸取喷雾云中样品。质谱记录仪设定扫描范围为 100～1500(m/z),并同时交换进行正电荷和负电荷扫描。正负扫描的数据分开储存。两次交换扫描的间隔是 0.1s。PDA 检测器的检测范围是 200～500nm。因此,一次分析可以同时得到三个色谱图:PDA 通道扫描代表的一组全扫描范围的紫外总吸收强度色谱图、ESI^+ 和 ESI^- 通道显示的总离子色谱图。从这三个通道中,可以很方便地得到单一波长的 UV 色谱图和单一离子的质谱色谱图。

为了达到高通量的目的,本系统采用平行操作方式来实现快速清洗柱前管道。自动化的 HPLC 系统一般不仅仅是将样品和溶剂移动通过色谱柱的单步工作,而且是由几个操作步骤组成。如果这些步骤按图 7.4 所示顺序进行,在进入下一个样品的程序前,一个 5min 的梯度洗脱约需 10min 才能够完成整个过程,因此其效率仅为 50%。图 7.4 中的时间是指在使用一个 2.1mm×50 mm 色谱柱,流动相流速为 600μL/min 条件下的时间。取样时间、机械移动和进样时间取决于选用的仪器。而冲洗时间和平衡色谱柱的时间则取决于机械系统、取样器的体积以及必要的冲洗次数(以避免交叉污染)。因此,对于特定系统,梯度洗脱时间越短,效率越低。

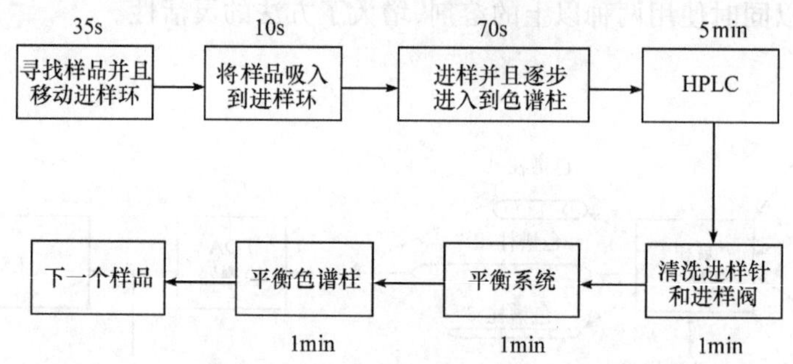

图 7.4 自动 HPLC 的执行步骤示意图

（时间是在图 7.3 系统的每一步操作时间基于一个 300μL 的系统体积计算而得）

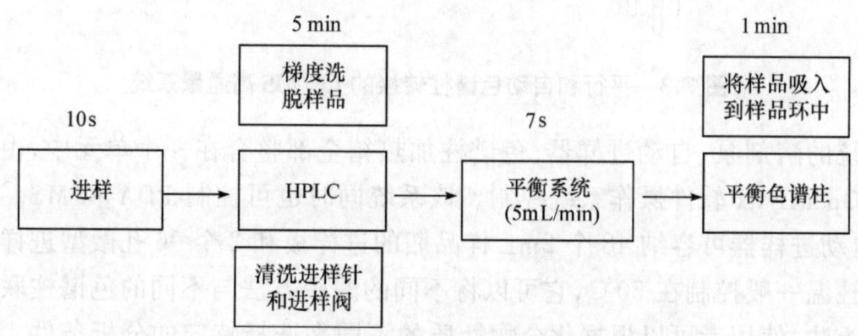

图 7.5 一个平行快速平衡 HPLC 的流程示意图

（时间是在图 7.3 系统的每一步操作时间或者基于一个 300μL 的系统体积计算而得）

图 7.5 是一个使用平行操作方法的示意图。这里，有一个开关阀可以使进样器和色谱柱预前的管路暂时脱离系统进行高流速的系统洗脱和平衡。由于色谱柱可以交替使用，以上所述一个 10min 的 HPLC 顺序操作程序此时仅需要 6.3min 即可完成，效率提高到 80%！值得强调的一点是 5min 的 HPLC 操作过程和 1min 的色谱柱平衡步骤是指在一定的流速下的结果。因此，同样的上述系统，如果流速是 900μL/min 时，色谱柱仅需 40s 即可达到平衡，对于一个 3min 的 HPLC 操作过程来讲，此时的效率仍为 76%。另一方面，如果 HPLC 操作过程是 1.5min 的话，系统的效率就重新降到 50%。此时，可以安装第三个泵来执行平行梯度洗脱和色谱柱预平衡过程，从而大大提高系统的利用效率。

7.1.3 "通用的"HPLC 方法

如果没有高速的 HPLC 方法就谈不上高通量 LC/MS 系统。近期发展起来的平行操作方式及色谱柱转换技术已经使 HPLC 方法的速度本身成为决定全系统效率的主要因素。组合化学中 LC 系统的关键问题是,由于合成化合物结构的多样性使得所需的溶剂和色谱柱会完全不同。组合化学合成化合物的量常常很少,且是在高通量的形式下完成。因而,对于每一个化合物的分析条件一一加以研究是不现实的。有必要发展一些适用于分析大部分化合物"通用的"方法,而这种方法或许对具体某个化合物并不完美。

对这些结构多样性的混合物进行高通量色谱分析并同时保持着适当的分离效果需要谨慎地平衡所有相关因素。色谱的分离度与塔板高成反比,理论塔板高度(H)与流动相线性流速(v)具有以下的关系

$$H = A + (B/v) + Cv \tag{7-1}$$

A、B 和 C 分别代表液相色谱中的主峰带变宽系数,包括:涡流扩散、分子纵向扩散和质量传递。对于一个给定的 HPLC 系统的色谱柱和流动相,当线性流速(v)低于 0.25cm/s 时,塔板高度一般会随着线性流速的降低而明显的降低;但当线性流速高于 0.5 cm/s 时,塔板高度随流速增加而增高[1]。由于大部分常规 LC/MS 方法属于后一种情况,高流速下进行的 HPLC 分离过程仍可达到预期的分离效果。

图 7.6 有三个正电荷电喷雾质谱的总离子色谱图,除其流速分别为 300,600 和 900μL/min 外,其他的实验条件均相同。在这些实验中,在 5、3.5 和 2.5min 内,溶剂流动的梯度为从 2%到 100%的有机相(B =80%乙腈,20%的异丙醇和 0.05%甲酸)。梯度升到 100% B 后保持适当时间,最后再回到 2%B。色谱分离

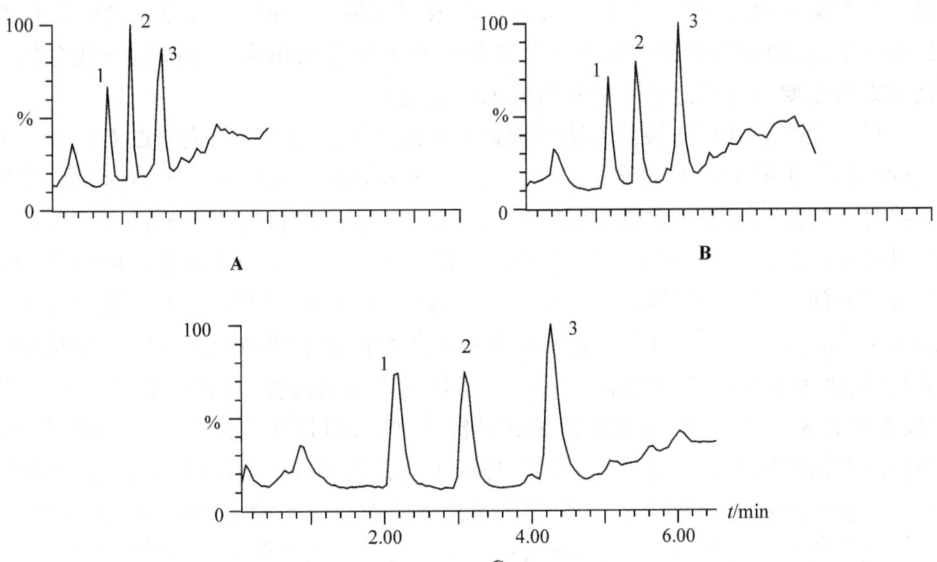

图 7.6 不同流速的 LC/MS 正离子流色谱图的比较

A. 900μL/min; B. 600μL/min; C. 300μL/min

度(R_s)可以按式(7-2)计算：

$$R_s = 2(t_2 - t_1)/(w_2 + w_1) \tag{7-2}$$

式中 t_2和 t_1是两个欲分析谱峰的保留时间，w_2和 w_1是峰底宽度。依据式(7-2)和图中的最后两个色谱峰，在流速为 300、600 和 900μL/min 时，色谱分离度分别为 2.9、2.5 和 2.0。利用本实验的其他色谱峰也可得到类似的结果。我们注意到在三个不同流速下，色谱峰容量(色谱工作时间除以平均峰底宽度)是相同的，说明高流速主要改变组分的相对保留时间，同时峰变窄。因此，混合物可用高流速、短时间的色谱方法分离并取得满意的效果。

LC 法另一个重要指标是它所适用的分子疏水性范围。换句话说，一个理想通用的 LC 方法应当能够同时适用于亲、疏水性分子以及大、中和小的分子。HPLC 色谱柱对不同类型的化合物有极不同的分离效果。针对分子亲疏水性的差异，可以选用 C4、C8 或 C18 色谱柱与各种流动相组合达到分离的目的(疏水性越强，色谱柱填料含碳量应当越高)，也可以利用不同的色谱柱填装技术来达到此目的。举例来讲，我们发现待布卡因和甘氨脱氧胆酸在其他条件相同时，在 Xterra MS C18 色谱柱上出峰时间比在 Luna C18 (2)色谱柱出峰时间早。这可能是由于 Luna 色谱柱内填装了惰性“疏水壳”封闭了 C18 链间裸露的硅羟基所致。

必须指出的是，许多因素都会影响 LC 的工作情况。图 7.7A 和 7.7B 是三个阴离子电喷雾的单离子色谱图。样品是含有牛磺脱氧胆酸(498.6 m/z)的混合物。三个实验顺序进行，但 C 是仅进缓冲液而无样品。很显然，分析物因滞留在色谱柱上，从而导致分析物在下一个洗脱过程中被检测出来。解决这一残存物问题的方法主要是选用总含碳量较低的 C18 色谱柱。

另一个改进分离效果的方法是选择不同组合的洗脱溶剂与离子配对试剂。溶剂的极性将影响 HPLC 的保留时间。然而，增加溶剂的强度不一定会使化合物早一些时间被洗脱出来。例如，当使用 Luna C8(2)色谱柱和含 20%异丙醇的乙腈为洗脱缓冲溶液时，对于理论极性值(clogP)在－6～＋5 的 7 个系列化合物中，HPLC 的保留时间相对于使用纯乙腈时发生了位移(在上述两种情况下，所有缓冲液中都加入了 0.05%甲酸)。图 7.8 显示出这些化合物在以上两种洗脱液中保留时间的变化(横轴为在纯乙腈中的保留时间)。虽然异丙醇的极性(极性指数为 4)比乙腈(极性指数为 5.8)较强(极性指数越高，极性越低)，但是加入异丙醇后其中两个化合物的滞留时间明显增加。而同时另外两个化合物却被提前洗脱出来。这些变化说明化合物的其他物理性质，如氢键的形成等也有可能影响 HPLC 的分离程度。

化合物与流动相、色谱柱填料的相互作用可包括离子作用、疏水效应和氢键作用等。此外，温度(色谱柱和流动相)、流速等物理参数也能够显著的影响化合物在色谱柱上的滞留行为。因此，很难准确地预测具体化合物的保留时间。虽然还没有一个通用的 HPLC 方法可以用于所有的化合物，但是有可能将化合物归类而找

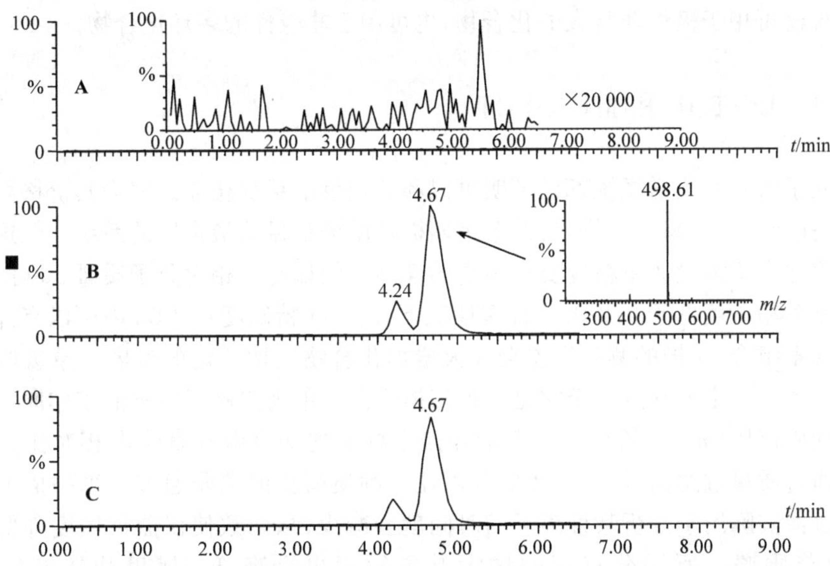

图 7.7　两次 LC/MS 的 498.6 m/z 离子流色谱图(A 和 B)以及第三次没有注射样品的 LC/MS 离子流色谱图(C)

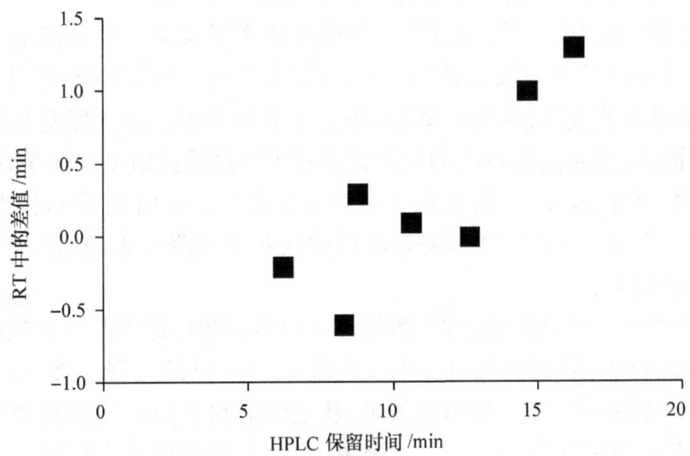

图 7.8　由于在乙腈流动相(B)里加入了 20%的 IPA 而引起的 7 个化合物保留时间的差异

到一种适用于某一类化合物的HPLC 方法。例如,C18 色谱柱与乙腈流动相合用一般可用于多肽类化合物。将这种半通用的HPLC 方法与自动化的色谱柱和方法选择结合起来是目前利用LC/MS 系统分析不同性质化合物最有效的方式。我们实验室建立的系统包括六个色谱柱、两种不同洗脱液组合及近十种梯度洗脱方法。

该系统既可用于极性非常大的化合物,也可用于非极性的多环化合物。

7.1.4　LC-TOF 和 MUX-LCT

几乎所有的质谱系统都已证明可以和液相色谱系统相连。因为其价格相对较便宜、性能稳定且易于维修,目前单级四极杆质谱是目前最常用的系统。但这样的系统仅适合于测量质量精度要求不高的样品。例如对于相对分子质量 500 的化合物通常其精确度低于 0.2 Da。许多情况下,由于在精确度 0.2 Da 内可以有许多不同的元素组合,这样的测量误差会大大增加化合物结构认定的难度。单级四极杆质谱的另一个主要缺点源于它是一种扫描质谱。单级四极杆质谱的工作原理是具有不同质荷比(m/z)的离子随着加在四个杆上的交流电和直流电相对比值的变化而通过质量过滤器,但一种比值只可让一种质荷比的离子通过。当扫描范围扩大时仪器实际用于分析某种离子的时间就会减少,从而致使仪器灵敏度降低。另外,随着质谱中所用分离度的增大其灵敏度也会降低。傅里叶转换质谱仪(FTMS)是 LC/MS 最高级一种形式。它用磁场和电场把离子"围团"并检测其总电荷以及它们的回旋运动频率。FTMS 已经可以做到测量相对分子质量超过 1 000 000[2] 的大分子,其质量测定的精确度可达百万分之一[3]。FTMS 的灵敏度已经可以达到阿摩尔(10^{-18})范围[4]。四极杆质谱通常会因要求高的分辨率而减少通过质荷过滤器的离子数,其结果是降低了灵敏度。而 FTMS 则通过较长的时间"聆听" 相同离子的"歌声"(频率)来提高质谱分辨率。由于那些相同的离子被重复多次检测,在达到高分辨度的同时也提高了测量的灵敏度。但是,由于在检测前需要"围团"和加速离子,目前的 LC-FTMS 系统分析时间并不比四极杆系统短[5]。同时高性能的 LC-FTMS 需要超导磁铁和分段降压系统,使得这类仪器费用较高且体积较大。

最近,由于电子器件的稳定性、数据的快速传输和存储以及操作软件技术的发展,飞行时间(TOF)质谱成为 LC/MS 系统一个理想的选择。图 7.9 是最新的 LC/TOF 设计系统示意图。简单地来讲,从电喷雾离子源产生的离子被四极杆或六极杆以及静电场镜头(static lenses)聚焦,然后脉冲到自由飞行区。这些离子团再经反射器反射,最后到达一个多通道的检测器(例如,MCP,即多通道检测板)。此时,LC/ESI 离子源中的连续离子流被转换为脉冲离子束而得以检测。当前市售的 LC/TOF 仪器一般每秒能够获得 5000 个以上的质谱,而一般的四极杆仪器每秒连续扫描质谱不超过 3 个(质荷比范围为 1500 m/z)。因此,TOF-MS 可以很好的与快速色谱方法配合。这种快速检测方法的灵敏度也比四极杆质谱高 100 多倍。除此以外,大部分市售的 LC-TOF 仪器在常规条件下都可获得 10ppm (1ppm$=10^{-6}$)或更好的精确度,同时质谱分辨率高于 5000(采用外加一点校正方法)。

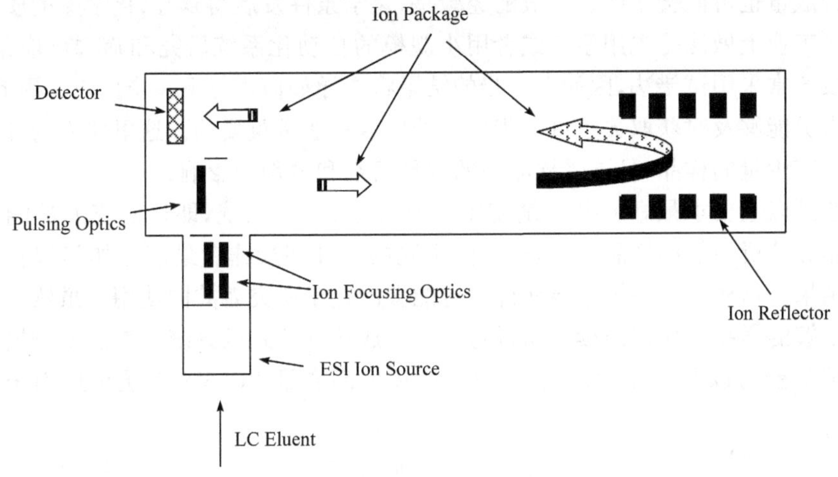

图 7.9　一个交叉的 LC-ESI-TOF 流程示意图

另外,多个 LC 系统还可与一个 TOF-MS 系统联机使用以便充分利用 TOF-MS 的检测速度。最近发展的 MUX 技术使得高达 8 个由 LC 通道分离出来的样品可以同时电喷雾电离,并通过旋转控制阀顺序进样进行 TOF 分析[6]。不同时间内以及从不同的通道内得到质谱结果分别由计算机处理、分类和储存。曾有报道使用一个 HPLC 系统和一个分流阀来控制以上系统中的 8 个 LC 通道并取得满意的结果。然而,这一设置在实践过程中还有许多问题,比如其中在一个通道内的任何一个出现问题(或麻烦)都会导致其他通道条件的改变。另一个潜在的缺点是所有的色谱柱都必须使用相同的流动相和梯度。必须指出的是,假如每个通道所用的时间是 100ms,每次喷嘴转动时间是 50ms,八通道系统的整个分析过程(duty cycle)需 1.2s,此时快速高压色谱的峰宽大约在 10s 左右。因此,若使用这种多通道电喷雾方法,则需用 TOF-MS 作为检测器才可以测得整个离子脉冲。扫描四极杆质谱则因速度不够快而不能够与其联用。然而,使用 TOF-MS 和 FTMS 固然可得到精确度和高分辨率,其所产生的数据量通常需要相当大和快速的数据存储、处理软件和设备。

7.2　化学合成条件探索阶段的开放式 LC/MS 系统

正如前面讨论过的,组合化学库可以看成一组通过化学反应结合起来的一系列的起始原料(构建单元)。为了保证化学库的质量,通常选择一些典型性的构建单元来建立合成化学库的反应条件。为确保最后的质量,可能会在这些条件基础上选用结构更多样化构建单元来合成一个初级化学库。这个初级化学库中的化合物的合成量也可能会多些。一般的经验是,化学条件发展得越好,化学库的质量就越高。工业上做法是先用手工或者用小规模的自动化系统研究和筛选反应条件。此阶段通常采用试错法,因而上一步的结果将指导如何进行下一步反应。因此,让研究人员能够及时获取关于每一步反应的信息是非常重要的。这里使用的分析技术应只需少量的样品,且不受样品中的常见溶剂和试剂的影响。

达到以上要求最好的办法是使用开放式 LC/MS 系统,即让研究人员能够独自操作和分析他们的样品。一般来讲,实验的设计和操作者最清楚如何解释所得到的结果。这样一个系统应当允许尽可能多的化学研究者共同使用。虽然不一定会有足够的样品使仪器连续工作,但是,一个成功开放式的系统应具有及时提供分析数据的能力以及可靠性。因此,以上所述的高通量 LC/MS 系统也适用于开放使用。

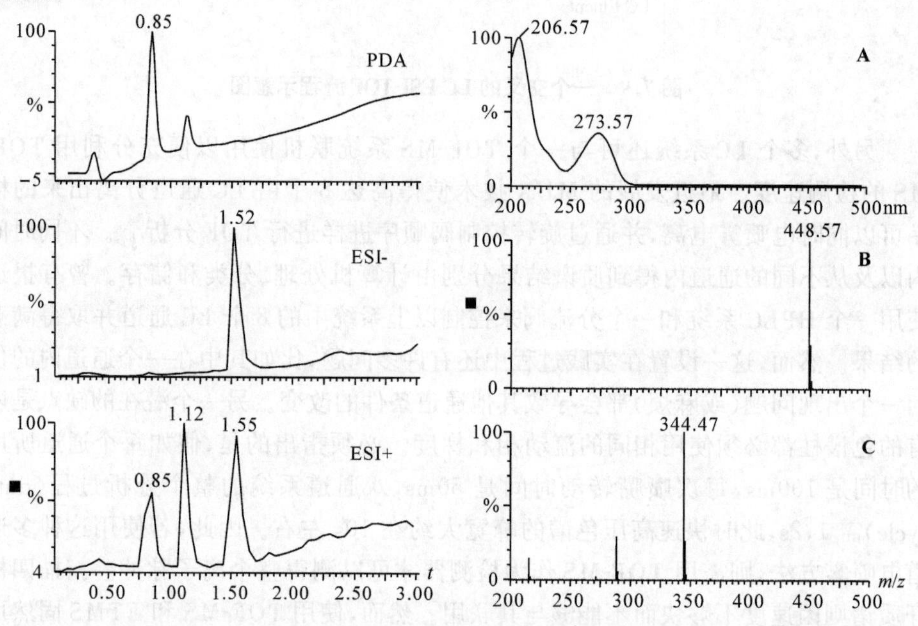

图 7.10　开放式 LC/MS 实验结果,同时得到了 UV 吸收、阳离子和负离子电喷雾离子图

图 7.10 给出了一个从流程图 2 获得 LC/MS 结果的例子。实验中采用的色谱柱是 Xterra 2mm×50mm C18 型,流动相流速为 900μL/min (其中 150μL/min 分流到质谱仪中),流动相梯度为 0～100% B/2.5min (B 为 80%乙腈,20%异丙醇;A 为 100%水),两种缓冲溶液中均含有 0.05%的甲酸。质谱进行阴阳极性交替扫描,分子量扫描范围设定在 100～1500 m/z,扫描时间为 1.5s,两次扫描间隔为 0.1s。并列光电检测器(PDA)的检测波长范围为 200～500nm。注射的样品内含有三个不同特性的组分。PDA 检测仅在 0.85min 和 1.13min 给出两个峰。图 7.10

中的右侧显示了峰的保留时间是 0.85 化合物的紫外吸收结果，见图 7.10A。最大的吸收分别在 206nm 和 273nm。混合物的三个组分中，只有一个化合物给出了阴离子电喷物质谱结果，见图 7.10B。同时，所有三个组分都在阳离子电喷雾质谱中有相应的峰。谱图 7.10C 显示了正电荷质谱结果，对应于保留时间为 1.12min 的峰，其分子加氢峰[$(M+H)^+=344$]和它的碎片峰都出现在谱图上。由此例可见，这个系统仅用一次短时间液相色谱就得到关于该混合物的多项分析结果：例如保留时间、紫外吸收、正电荷和负电荷离子化的质谱以及分子碎片峰。图 7.10A 和 C 代表它们相应的化合物只具有碱性官能团（才可能质子化），并可能含有共轭环（在 280nm 处有吸收）。图 7.10A 中的化合物可能具有亲水性质。另一方面，图7.10C 对应的化合物应当具有酸和碱两种官能团，但没有共轭的系统，并且疏水。以上这些信息和离子在质谱中的分裂情况对研究人员判断反应是否按着期望的方向进行大有帮助。也许，更重要的是有助于帮助分析反应失败的原因。

开放式 LC/MS 系统的另一个关键问题是它应满足各种化学合成的需求。在组合化学反应研究阶段中，化合物的分子质量一般在 50～1500 Da 之间，而其性质则可从极亲水性到强疏水性。比如，起始原料和试剂一般分子量较小，并可能是极性分子。其中的一些化合物或许在常规的 C18 色谱柱上吸附不是很好，而需要不同类型的色谱柱。我们实验室采用了一种色谱柱自动转换系统（如图 7.3 所示），它可以自动选择使用六根色谱柱。该系统为不同类型的化合物备有多种 LC/MS 方法供操作者使用，以满足对色谱分辨率、灵敏度、质量范围和质谱碎片不同的需求。在常规的实验中，研究人员只要在样品瓶中准备 50μL 的样品溶液，并放在带锥型内插管的样品瓶中即可。化学工作人员在 OpenLynx 软件显示窗口上输入样品的名称、样品的位置以及选择 LC/MS 方法。必要时，也可以选择进样的体积和输入所预期的质量数。样品名称自动成为文件名的一部分，并存于自动产生的工作报告中。样品的分析按输入的次序先后进行。由于 LC/MS 的计算机与公司的其他计算机联网，研究人员可以方便地从他们自己桌面上的计算机直接读取数据，或阅读分析报告。他们也可以利用单机工作站进行更详细的数据分析。

图 7.11 是对一个 96 孔样品板的分析报告。图中左上角是一个带有不同颜色的 96 孔板画面。分别表明得到了预期化合物；不存在感兴趣的质谱分子；其中有期望的化合物，但不是主要组分；没有收集到 LC/MS 数据。选择不同的孔时，屏幕上会随着显示其相应的样品名称（右上角）、出峰表格和发现的质谱数据、紫外吸收以及整个离子色谱图（阴阳离子）。从出峰表格中选择任何一个峰时都会得到它们相关的色谱和质谱数据。这样，在反应进行过程中研究人员就可以同步分析他们的样品，获得结果。一个系统每天可以自动分析 400 个 LC/MS 实验。

最后讨论一下开放式 LC/MS 系统中样品分析的交互污染问题。由于样品来自于不同的、且未确定的化学反应，其保留时间广泛，致使上一个实验的某些组分

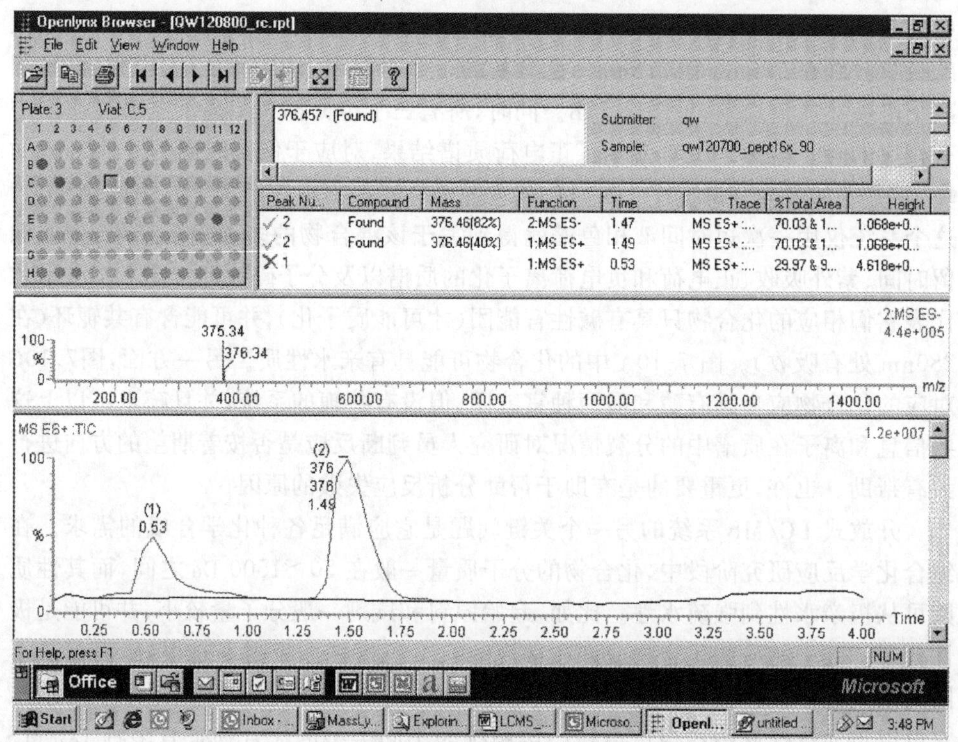

图 7.11　从 96 孔板中得到的开放式 LC/MS 结果桌面图

或许会在下一个分析实验中洗脱体现出来。浓度过高的样品也会污染色谱柱和质谱仪。因此，进样器的针头、管路和色谱柱的清洗应当编入工作程序中，以便在每一个进样的间隔里上述所有部件都能够得到严格的清洗。另一方面，已经证实 Z 型喷雾器和 Turbo 喷雾器是目前最耐用的。在 Turbo 喷雾源里，使用过量的热氮气快速地除去样品的溶剂，利用反向气体流动来阻止过浓的样品或盐对尖嘴-锥型分离器的污染。而 Z 型喷雾器则用热氮气夹住被电喷雾的 HPLC 流动质，并用分离器以 90°角取样。盐和其他的大粒子通常会在喷雾的方向上沉积在收集板上。同时，进入第一个取样分离器的带电液粒会继续进行溶剂挥发，并由第二个成 90°角的分离取样器带入质谱仪。若遵照正确的定期维修方法，二者都可以很好地应用于开放式系统。

7.3　用于组合化学库质量控制的 LC/MS

LC/MS 系统也广泛被用作评价化学库质量的工具。许多情况下，化学家首先合成小规模的化学库，以便在优化完化学反应条件后检验规模化生产或自动化生产的可行性(如果需要自动化系统的话)。当使用自动化化学系统或高通量的平行合成系统时,人为的错误、自动化装置的问题和化学上的未确定因素等都将可能影响最终化学库的质量。无论是在小规模检验时还是在最终化学库生产时通常都需要质量控制。对成品化学库的质量控制对保证用于生物筛选的化合物的多样性覆盖度至关重要。此时,常遇到的问题是:是否得到了预期的化合物?如果是,纯度如何?如果不是,得到的是什么?(有时还要回答)为什么?

高通量的 LC/MS 是质量控制的首选工具。从技术上来讲,质量控制系统与上述的优化化学反应条件时的系统一样。尽管紫外色谱也在许多地方仍得到应用,但现在挥发性光散射检测器(ELSD)越来越多地与 LC/MS 系统联合使用于评估化合物的纯度。ELSD 是一种破坏性的方法,此法将液体样品喷入一空腔中,从而形成微颗粒。这些小颗粒遇到激光光束而使激光散射。散射光的强度与 HPLC 保留时间的变化成为另一类色谱检测工具。尽管不同的物理性质或许会影响所形成粒子的大小而导致光散射强度的不同,ELSD 还是被认为是"通用"的检测器。其实,光散射之基于不同的物理性质的差异多少类似于紫外吸收之依赖于不同生色团的差异。

评价化学库有两种方法。最好的方法是利用 LC/MS 与 ELSD 或 CLND(化学发光氮检测器)相联分析所有的化合物。这样的方法常适用于小的化学库和一些由平行合成方法合成的化学库。然而,对于较大的化学库该法就不实用。例如,一个用三步"混合-均分"法合成的化学库(每步分别有 40、63 以及 10 个构建单元)将在理论上产生 25 200 个化合物。实际制备这样的化学库在合成时一般还要有三个简并度(即同一个化合物可能出现三次),以保证所有预期的化合物在统计学上都被合成出来并用于生物筛选。如果一个化合物需要 3min 时间进行分析的话,要分析这样的化学库,就需要一台 LC/MS 仪连续地工作 50 天,而化学合成工作或许不需要一个星期即可完成了!事实上,这种方法并不现实。

对这种化学库,通常使用统计抽样法和选择抽样法。第一种方法采用统计学方法或模型对样品或树脂珠进行随机分析。在一个发表的例子中指出[7],推荐分析的样品是一个最多选用构建单元数目的 10 倍(如 10×63=630 个样品需要分析),所分析化合物的百分比能够较确定的覆盖全部化合物计算值的 95%。此时,50%阳性结果可以转换成整个化学库的(50 ±4)%。此种方法分析范围的不确定性会随着分析样品数目的增多而降低。必须指出的是,此时必须平等和数字化的对待化学库中所有的化合物(如,"是"或"不是"),这样,其结果才具有统计学意义,也才可以用于统计学意义的检测化学库和(或)构建单元。

统计学的方法一般对大数目化合物的化学库较适用。上面的例子中,已经假设化学库内化合物的数目远远超过分析化合物的数目。生物筛选后经常会遇到的问题是某一化合物是否确实存在,或者存在的可能性有多大。许多情况下,有关单一构建单元或化学反应在化学库合成过程中的工作信息不仅提供了整个化学库的质量情况，而且也会探视到单一组分的情况。发展合理的采样和选择抽样分析法则是为提供这种信息而衍生出来的。这些方法没有固定的模式，而是取决于化学库的合成式样。让我们考虑以下一个 3×8×12 的化学库。通过将第一组构建单元放入到 96 孔板的所有孔中(共使用三个 96 孔板)，然后沿着竖排和横排分别加入第二、第三组构建单元的形式完成化学库的合成，见图 7.12。我们继续假设，已知三步合成中各有一个构建单元(A、B 和 C)反应没有问题。这样，我们或许仅分析这些已知反应良好的构建单元所在的整个横排和整个竖排的样品即可知道整个化学库的质量(见图 7.12 中所示)。用这一方法，总共只需分析 57 个样品即可达到所有构建单元至少分析一次的效果。图中标记横、竖交叉的地方应当含有结构为 A-B-C 的化合物，这个化合物可以作为化学库机械的指示点。如果该化合物不存在，则暗示出其他非化学的问题，如构建单元加错了位置。其中带标志的孔分别表明一种构建单元在化学反应中的情况。此外，这些分析孔中的紫外吸收及预期化合物存在与否可被用于反映整个化学库的质量，包括纯度问题。必须指出的是，如果反过来把最后一个构建单元置于所有的 96 孔中(第一、第二构建单元沿横、竖排放置)，则测试分析样品的数目就会增加到 120 个[i.e.，(3+8−1)×12=120]。作为对比，如果使用这样的选择抽样法来分析以上提到的“混合-均分”组合化学法制得的化学库，分析化合物的数目应当增加到至少 1020 个化合物[(40+63−1)×10]。全部 LC/MS 工作需要 51h，但仍然是在可接受和操作的时间范围之内。

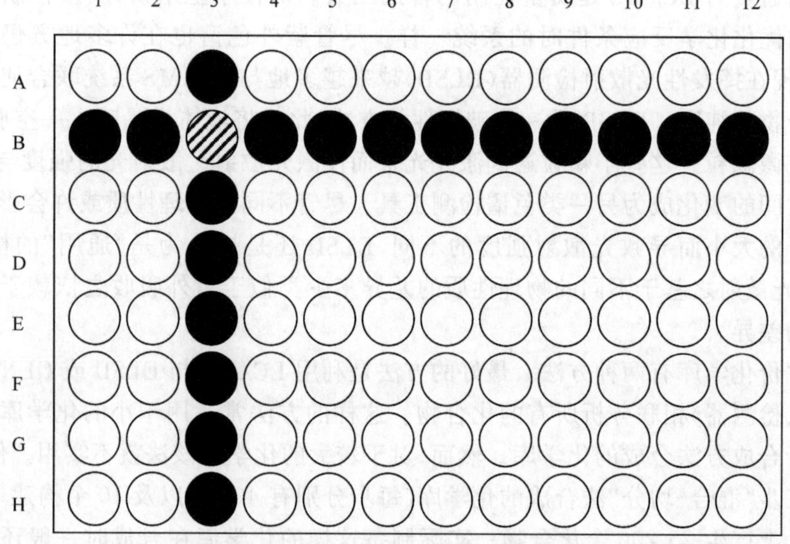

图 7.12 定量控制组合化学库的合理取样位置[8]

7.4 LC/MS 系统在混合物解析中的应用

生物筛选后的解析是获取感兴趣化合物结构信息的过程。它包括化学库中组分的分离、重新测定生物活性和化合物结构的确定等步骤。显然,用“混合-均分”方法合成的化学库需要解析方法,因为这些化学库合成的是混合物,并且相应的生物筛选也采用混合物的形式。由于存在副产物以及在化合物储存过程中可能的化学分解和相互反应,由平行合成方法得到的化学库也可能需要解析。需要注意的是,对于所测得的生物活性值而言,如果该活性是由含量仅占混合物10%的某一组分,则其实际活性值为所测得之 10 倍。为了解决这个问题,既可以在生物筛选之前纯化化合物,也可以在初筛后解析化学库化合物。将整个化学库纯化成单一化合物有时不仅浪费,甚至不必要。对于通用型化学库,可以预期其中 95%以上的化合物将没有生物活性。另外,这些化学库在用来进行生物筛选之前的储存过程当中如有任何化学变化都会导致假阴性结果,甚至给出错误的构效关系。正是由于可能存在的杂质和少量副产物,使得其他基于物理解码、化学追踪方法或者严格化学库质量控制方法的活性化合物鉴别方法有可能给出错误的结论。相反,由于仅需要纯化少数的样品和研究其构效关系,在生物筛选后进行解析似乎更为合理。

工业上已经使用反相 HPLC 来纯化组合化学产生的混合物。从分析规模[10]到半制备规模[9]的 HPLC 与高通量的精确质谱结合已经被广泛的用于化学库的组分分离[10]。在此,HPLC 洗脱液被按相等时间间隔收集到一系列容器中。每一个容器中的收集液再分为两部分:一部分用于生物筛选,另一部分用于质谱实验。这两部分在相同条件下被干燥,重新溶解并在几个小时内完成生物及化学测试以减少相同组分在初筛和解析测试之间可能发生的变化。

图 7.13 给出了化学库的复杂性。原设计中应有 4 种化合物。然而,在 HPLC 解析过程中,由于每一个设计合成化合物至少存在一个副产物,在谱图上实际给出了 8 个以上的峰。由于这些化合物的特性不确定,我们发展了一个“通用”的 HPLC 分离收集方法。此法中使用了 Luna C8 色谱柱(3mm×150 mm, 5μm),洗脱梯度为在 16min 内流动相 B 由 0 到 100%(B=80%乙腈,20%异丙醇和 0.05%甲酸,A=0.05%甲酸水)。从图中可以看出,成功的 HPLC 解析应当能够同时处理用于溶解样品的溶剂(此时是 DMSO)(见图 7.13 中的 A 峰),同时亲水性和疏水性的组分都应当分离开(图 7.13 中的 B 峰和 E 峰)。亲水性组分与 DMSO 峰的分离尤其重要,因为许多生物筛选实验对高盐浓度有限制,而 DMSO 中往往含有较高的盐。该法所覆盖的化合物浓度范围较广(图 7.13 中的 D 峰)并对所有组分有较好的色谱分离效果(图 7.13 中的 B 峰)。

由于多组分的存在以及非主要成分可能有更高的活性,HPLC 解析法不是只

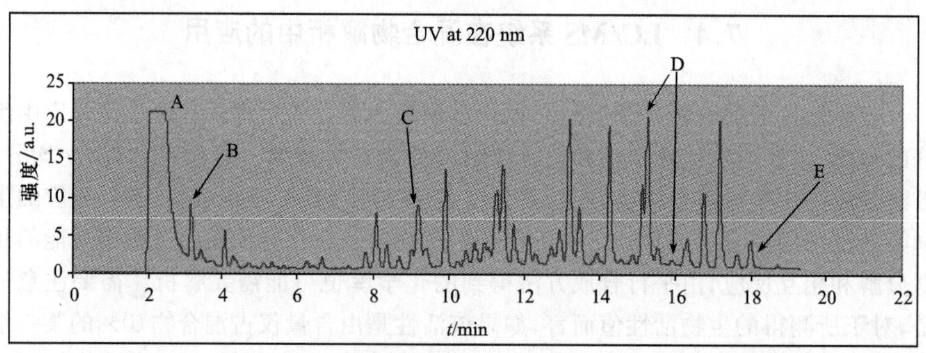

图 7.13 一个在 UV200nm 下的 HPLC 组合化学库的色谱结果

收集主要峰的洗脱液，而是采用按相等时间间隔收集的方法。最终组分收集需要在峰宽与色谱条件之间找到一种平衡。图 7.14 代表了一个 HPLC 收集 10 个峰的情况，同时也显示了时间刻度与组分时间（T_f）从 1/4 到 2 倍峰宽的关系。最理想的确认活性组分的办法应当是将混合物分离为纯化合物，收集在不同的孔中（即一个孔仅有一个化合物）。另一方面，将一个峰对应的组分分到太多孔时，可能会使得每个孔里化合物的数量太少，筛选不到应有的活性结果。除此之外，收集的组分数量越多，成本就越高。

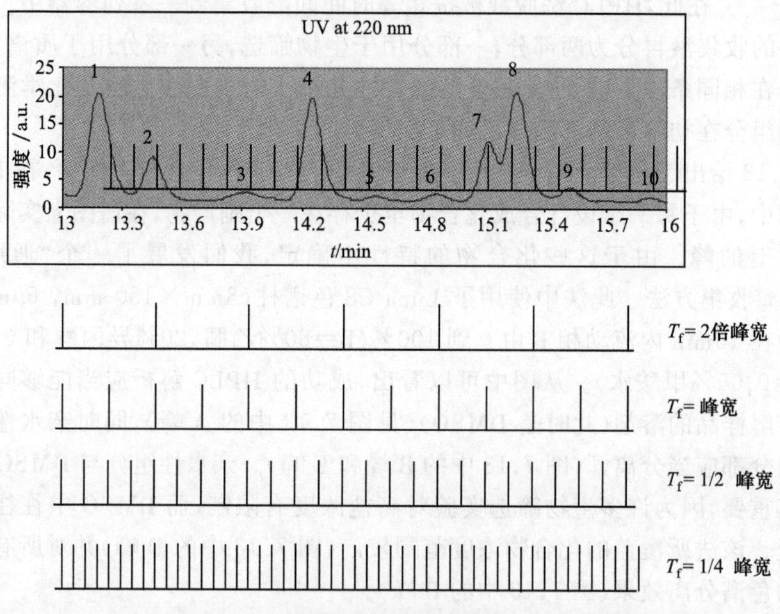

图 7.14 色谱峰宽与组分收集大小之间的关系

图 7.15 是把图 7.14 中的每个峰所覆盖的收集孔与收集时间与峰宽之比作图。当这个比值在 0.5～1.0 之间时，可以发现平均每孔中会有一至二种组分；或者说，每一组分将被分散到两个收集孔中。考虑到有些峰在梯度的末尾阶段会变宽以及在洗脱液从色谱柱到收集孔时间内峰也可能扩散加宽，上述例中的每孔收集时间设定为 0.2min。样品被收集到了 96 孔板的 88 个孔中(最后的一排孔用于筛选时加入对照样品和/或定量标准)。需要指出的是，虽然对有些样品可以得到很好的分离结果，但如果从理论上计算，完全分离 8 个任选的化合物至少需要 1 000 000 个塔板。这实际上是办不到的。

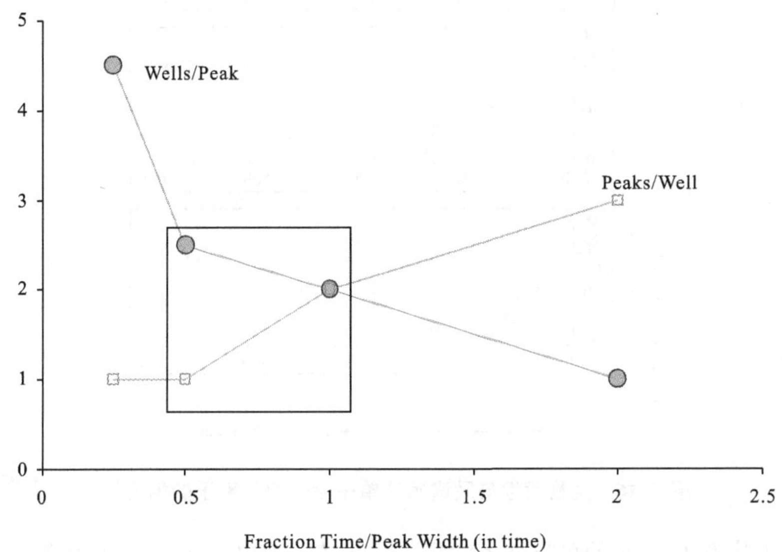

图 7.15　收集时间与峰宽之比值与每个峰所收集的孔数之间的关系

一旦确认某一孔中的化合物具有生物活性，流动进样飞行时间质谱(**TOF**)或者傅立叶转换质谱(**FTMS**)可用来确定其化学结构[10]。通常，在分析活性孔时，作为阴性对照至少也要分析该活性孔前一个孔和后一个孔样品。图 **7.16** 显示了一个假设的情况，此时生物活性化合物定位于孔 G5 和 H5，而质谱在两个孔里显示了三个不同的分子量。可以看到，因为按以上设计活性组分应当分布于两个或三个孔中(这里为两个)，所以活性的存在与否自动得到确认。另外，图中三种质量的分布只有质量 A 与生物活性分布相吻合，因此可以认定 A 是活性组分。其他两种质量的化合物虽然也出现在活性孔中，但有明显不同的分布，因而可以毫不含糊地将它们排除。以这种方式，由于分布关系的不同，即使是部分分离的组分也可以判断出哪一组分具有活性。类似的，若只有一个孔被检测出生物活性或一种质量只分布于一个孔中，则有可能是实验上的错误所致。另外，由于质量测定的精确度在

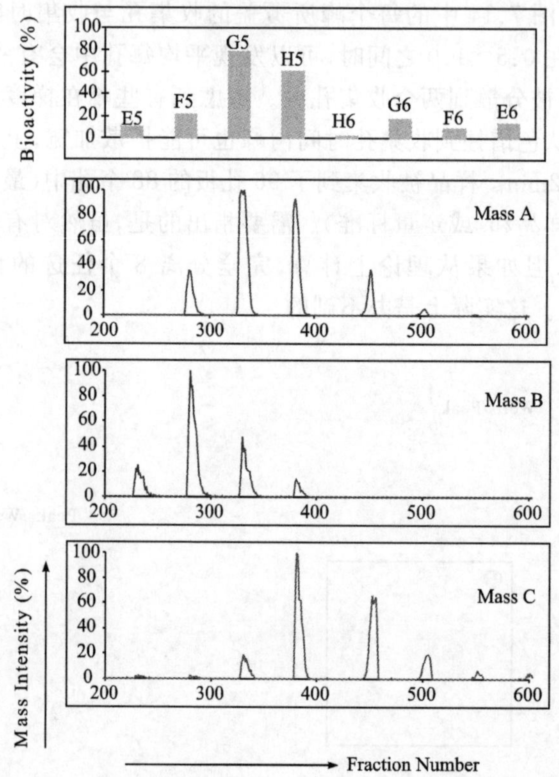

图 7.16 生物活性与质谱确认单一活性组分离子的相关性

10ppm 以内，结构认定的可靠性大大提高。这在未知的副产物显现生物活性时更加有用。以下的部分将要仔细讨论精确质谱的测量。

7.5 用于新药发现过程中的一些新的质谱技术

7.5.1 精确质谱的测量

无论是天然产物或是组合化学库，对有生物活性化合物的结构分析与确认都直接与先导化合物的产生以至整个药物的开发过程的速度紧紧相关。从天然产物中提取的化合物往往量很少，而从组合合成的化学库中筛选得到的活性化合物也许是副产物，或者在合成过程中由于没有采用解析方法，使得同一质量存在多种可能的化学结构。虽然当化学反应按照预期的方向进行时，从组合合成得到的化合物结构经常由测其相对分子质量就可以确定，但是，当需要了解副产物的结构时，质谱经常是研究人员的第一选择。

利用质谱解析化学结构的主要依据是某些元素的母离子或碎片的精确质量。所测定的精确质量(源离子或碎片离子)一定对应于某些元素组合,进而结合有关的化学信息(如所用的原料)就可以确定分子的结构。当分子质量大于 300Da(非法定单位,$1Da=1u=1.66054\times10^{-27}kg$)时(假设所包含元素为 C、H、O 和 S),计算表明[11]每一质量所对应的可能元素组合一般随着质量精确度的提高而大大减少(这里,图 7.17 中已把氮规则考虑在内)。如前面提到的,连续流动进样的飞行时间质谱已经发展到可在高通量条件下获得 10 ppm 的质量精确度,进而可以在高通量的形式下测量精确质谱。这与大部分目前在医药工业使用的基于单级四极杆的 LC/MS 和 MS/MS 系统相比显示了其优越性,后者的精确度一般仅可测得几百个 ppm。利用飞行时间质谱,在计算分子质量为 500Da 时,可能的元素组成已经由原来的几千个降到约 70 个。70 种元素组成的可能再加上组合化学合成中的原料和反应信息往往就可以准确地确定化合物结构。

图 7.17 中当分子质量超过 500Da 后曲线变陡,表明需要极高精确度的质谱才能确定分子质量大于 500Da 的元素组成。即使使用最先进的 1ppm 的精确质谱[3],对于分子质量分别是 600Da,500Da、400Da 和 300Da 时也仍然分别有 19、16、7 和 3 种可能的元素组成。希望尽快地获得大分子质量的结构不仅增加了难度,而且使用最现代的精确质谱也需要花费高昂费用。获得大分子离子的元素组成可以通过多级碎片方法而转化成确定小分子碎片元素组成的问题。图7.17中插入的小图是分别在 2ppm 和 5ppm 时元素组成的数量对质量的曲线。两条曲线显然相交于低分子质量的一端:可能的元素组成数从质量数 600Da 时的 79 降到质量数为 300Da 时的 5。事实上,当质量数低于 200Da 时,获得单一元素组合只需 10ppm 的质量精确度。因此,如果高质量数的离子可以被解离为小片段离子,就有可能利用这些可准确确定的小片段离子的元素组成“重新组建”成源离子的元素组成。这类似于将一个小箩筐放入到一个大箩筐,它们之间必须相互适应方可,因而只有有限的几种形状组合才能够满足这种要求。利用傅里叶转换离子回旋加速共振质谱仪(FTMS),结合多级碎片技术(MS^n)和精确质量测定的办法,这种“筐中筐”的结构解析方法已经被证明是可行的[11]。

图 7.18 显示了从组合化学库中得到一个化合物的全部 MS^5 质谱结果。实验中,四个内标化合物也全部被检测出来。被测量的分子离子为(517.2642±0.0021)Da,碎片离子为(385.17212±0.00051)Da。分离得到这个碎片后继续解离得到(357.18050±0.00051)Da 碎片峰。随后,检测到的两代碎片离子分别是(286.10612±0.00046) Da 和(106.06585±0.00098) Da。最后阶段的离子已经足够小,可以精确归属其单一的元素组成。对于那些中间阶段的离子,其限定则分别来自于由源离子和碎片离子所决定的上限和下限。图中圆圈显示了这种相互制约的关系和由此确定的每一步元素组合之差。即使由于质量数提高而导致质谱精

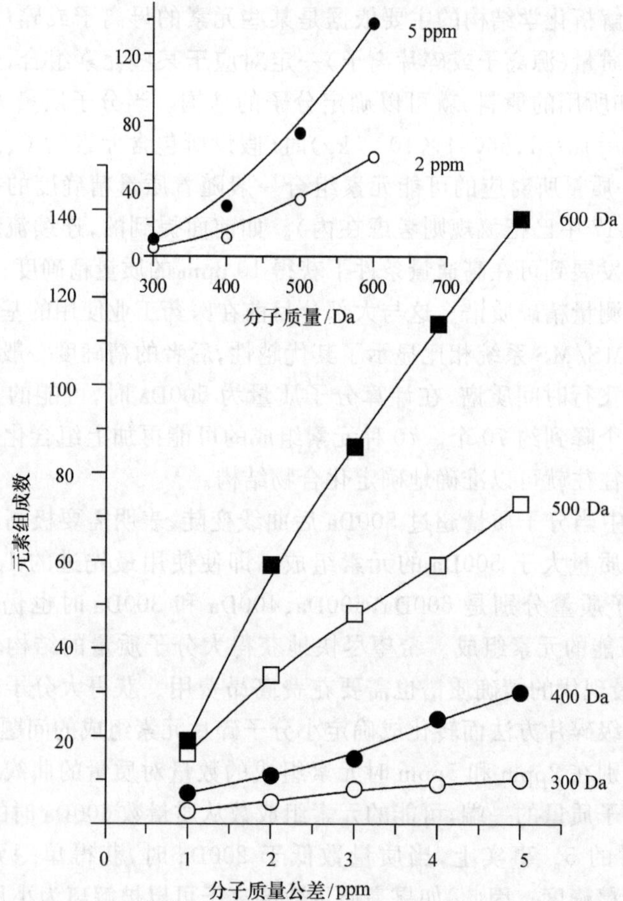

图 7.17 随着分子质量变大和在质谱测定过程中不确定因素的增多时对于给定质量数而产生可能的元素组成数目会大大提高，因而，在低分子质量的情况下有可能利用现代的高分辨质谱确定元素组成

（所有的这些结果仅限于含有 C，H，N，O 和 S 元素的化合物，同时氮规则可适用的情况下[11]）

确度下降，或者有些碎片质量测定不够精确，所有五个阶段的离子仍然都可以得到解析，并且归属到单一组成的源离子分子。否则，若只凭一级精确质量，这个源离子的质量测定至少需要 0.02ppm 精确度才可能有单一元素组合。

这个技术不仅可用到组合化学，而且可应用到天然产物和药物代谢方面。越精确的质量测定结果，就越不需要更多的化学信息去减少分子元素组成的可能性。相反，如果知道较多的化学信息，也可以使用不很精确的质谱数据解决化学结构问题。此时，可以扩展结合使用于 TOF-MS 和离子阱质谱。

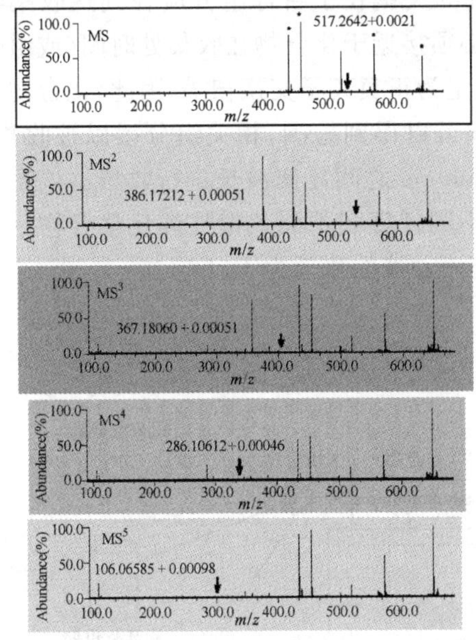

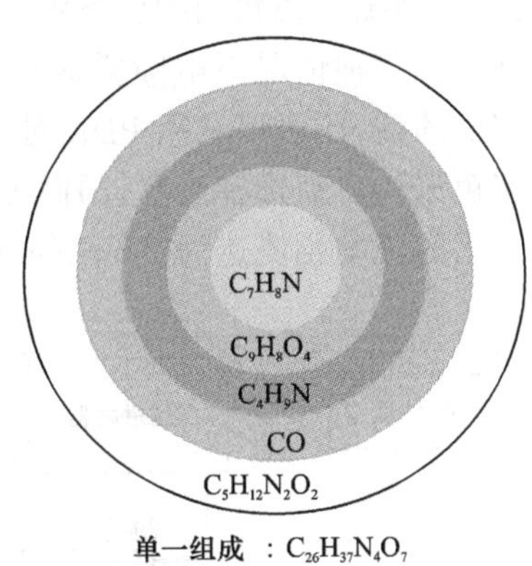

图 7.18　化合物为 517Da 的 FTMS 谱五次裂解过程，所有的测定结果都是在加入内标的情况下完成

(箭头指向的是照射(SORI-CID)位点，图的右侧表明利用“筐中筐”过程获得的每一个碎片单一元素组成[11])

7.5.2　利用 MS 对化合物的纯化

对于大多数的生物筛选来讲，筛选纯化合物是理想的状况。如前面讨论的，即使纯的化合物在储存过程当中也可能由于不稳定而分解，或者发生反应产生副产物，因此得到纯化合物往往很困难。然而，化合物纯度对准确的研究构效关系至关重要。近几年来，组合化学领域中利用色谱对化合物进行分析和纯化已经得到广泛的应用。尤其是为制备和半制备反相 HPLC 系统研究开发了许多不同类型的色谱柱和相应的配套装置。然而，大部分的系统都是基于时间或紫外吸收而收集组分的，而后还需要进一步的 LC/MS 分析以确定化合物的纯度和性质。

质谱可以与制备或半制备的 HPLC 联机，进而依据检测到化合物的质量进行组分收集[12]。我们实验室利用质谱控制对化合物进行纯化的过程示于图 7.19。如图中所示，从半制备 HPLC 出来的洗脱液被按 1000∶1 的比例分成两部分。其中大部分流动相被分配到组分收集器中，小部分的流动相由补充流动液带动经过并列光电管检测器到达质谱。当检测到感兴趣的质量数时(m/z)，质谱仪就指示制备 HPLC 的转换阀收集该组分。这一系统的关键在于目标组分应在到达收集器前为质谱所检测到。而且,色谱峰的峰形必须接近于化合物在收集处时间(或组分数)的分布情况。在我们的设备中,质谱设定为正负离子交换扫描,因此,化合物不管在其中任一种情况下电喷雾成离子后都可以得到检测,相关组分得以被收集。如果需要的话,还可以利用 PDA 对 200～500nm 之间任何波长进行收集。该系统还装有色谱柱自动选择装置,因而可以用不同梯度和不同色谱柱纯化化合物。一般所采用的流动相流速为 25mL/min,补充流动液的流速为 1mL/min。

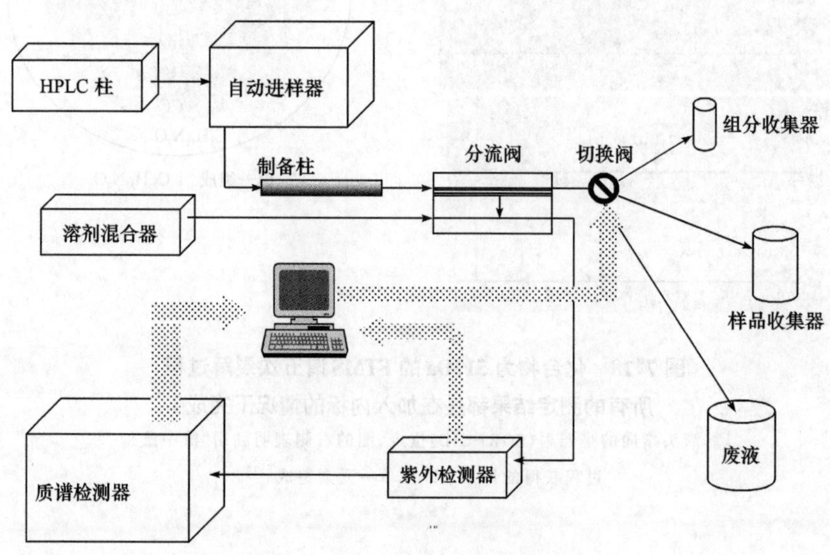

图 7.19　一个 MS 指导的纯化系统:用 MS 检测感兴趣的 mass(m/z)服务于启动组分收集器收集色谱洗脱液

图 7.20 所示为利用质谱作为引导纯化方法从混合物中纯化的一个化合物。左上角的插图是该混合物纯化前的 LC/MS 结果。显然,其中至少有 5 种组分。即使使用 10min 的 LC/MS 方法,所感兴趣的质量为 734Da 的化合物仍然被夹在两个副产物色谱峰中间无法分开。纯化这个样品所使用的 LC 梯度方法非常平:在 19min 内从 40% 到 50% 乙腈。所用色谱柱是 Nova Pak C18,尺寸为 19×300nm。这里共有 50mg 样品被打入柱中(应该注意到,样品的柱装容量可能取决于其溶解度、组分复杂程度及洗脱时间。在无峰重叠的情况下,一般这个柱子可以打入100～500mg 样品。对有些样品,我们甚至装到 1g。整个分离时间为 30min,其中包括用高有机成分流动相清洗柱子并再平衡)。图中 7.20A 和 B 分别为正、负离子总离子流色谱图,而 C 则是质量数为 735.4(正离子)的选择离子色谱图。右上方的 LC/MS 色谱图是纯化组分干燥后获得的(这是个 3min 的 LC/MS)。可以看出,纯化后的化合物不含 A 或 B 中任何副产物。

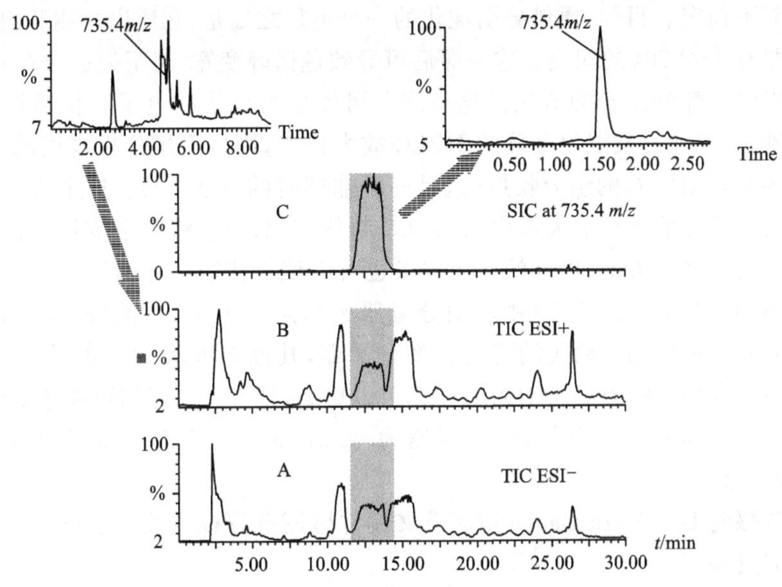

图 7.20 MS 指导的从一个非常复杂的混合物中纯化一个组成部分

本例子说明了质谱导引纯化技术是从具有相互重叠 HPLC 峰的样品中“抽出”一个组分的有效工具。该实验若改用紫外吸收来指导纯化，则需要以下若干步骤：(1)用 LC/MS 确认产物的存在；(2)用一种梯度实验来寻找较好的分离效果；(3)用多次 LC/MS 来寻找哪个收集液中含有所要的化合物；(4)重复步骤(3)直到获得满意的实验参数；(5)用这些参数在半制备水平上纯化样品；(6)用 LC/MS 再次确认这个收集组分的成分。可以看出，使用质谱导引方法，只用步骤(1)和(5)就够了。不仅仅大大减少了纯化所用时间，同时也避免了因多次试验而造成的样品损失。此时，半制备所用的条件是根据分析时所感兴趣的组分洗脱时的有机相比例而定。然而，由于半制备时的梯度平而又有相当大的范围，并且使用质谱时不管组分何时洗脱出来都可以收集。因此，纯化时任何的未知变化，包括峰意外推迟或样品过载都不会导致样品流失。

我们也曾研究过以上系统的另外一种运作方式，即使用一根 19mm×50mm 的色谱柱，每次装柱 10～20mg 样品，每个纯化过程为 10min 的正常梯度洗脱。若包括柱清洗和平衡，实际操作时间是 14min。如果一切正常运作，这个系统每天可纯化 100 个样品，是一个可用于药物发现的高通量手段。而以上所述的 30min 长的纯化方法则更适合于药物优化阶段。

质谱导引纯化也可以不用补充流动液，而是采用直接分流法[12]。这种方法可能因为分析物浓度过高(在进质谱处)而造成质谱仪或离子化器件被污染并/或导致电喷雾不稳定。目前,质谱导引纯化的一个不足之处是,在质谱检测和组分收集间最小要有 15～20s 的间隔。这一滞后可导致色谱峰变宽,甚至失去分辨率,并可能进一步引起部分化合物流失。这一问题可能要由更快的电子和机械设计来解决。另外,如果能够发展出准确的 HPLC 放大技术,则可采用分析规模的 LC/MS 间接指导制备 HPLC 的组分收集(这是一种非即时的方法[13])。这个方法因不使用分流装置而可能进行更大规模的 HPLC 制备纯化,但它将完全依赖于色谱方法的准确放大。另一方面,更好的分流技术也可以使直接质谱导引纯化的方法与较大规模 HPLC 接轨。图 7.19 中所用分流器比率为 1∶1000,目前较为常用。最近已有报道另一种使用转动阀的可变比率分馏器,其范围可从 1∶100 到 1∶100000。分流比率越高则意味着制备 HPLC 流速可以更高,即分离时间缩短和通量增高。

最后提醒读者的一点是,一个流速为 40mL/min 的流动相每天可能要产生 57L 的废溶剂!

作者感谢 Dr. Mark Gallop 审阅英文稿并感谢燕惠提供关于质谱引导纯化方面的数据资料。

参　考　文　献

[1] Hamilton RJ, Sewell PA, "Introduction to High Performance Liquid Chromatography", 2nd Ed, 1982

[2] (a) Beu SC, Senko MW, Quinn JP, McLafferty FW, *J. Amer. Soc. Mass Spectrom*. 1993, 4:190～192

(b) Bruce JE, Anderson GA, Hofstadler SA, Winger BE, Smith RD, *Rapid Commun. Mass Spectrom*. 1993, 7: 700～703

[3] Winger BE, Campana JE, *Rapid Commun. Mass Spectrom*. 1996, 10: 1811～1813

[4] Hofstadler SA, Severs JC, Smith RD, Swanek FD, Ewing AG, *Rapid Commun. Mass Spectrom*. 1996, 10: 919～922

[5] Senko MW, Hendrickson CL, Emmett MR, Shi SDH, Marshall AG, *J. Amer. Soc. Mass Spectrom*. 1997, 8, 970～976

[6] (a) de Biasi V, Haskins N, Organ A, Bateman R, Giles K, Jarvis S, *Rapid Commun. Mass Spectrom*. 1999, 13(12): 1165～1168

(b) Wang T, Zeng L, Kassel DB, *Comb. Chem. High Throughput Screening* 1999, 2(6): 327～334

[7] Dolle RE, at al. *J. Comb. Chem*. 2000, 2: 716～731

[8] Walle S, Issakova O, Nikolaev V, Wade S, Sepetov N, *Proceedings 46th ASMS Conf. Mass Spectrom. Allied Topics*, 1998, 1030

[9] Griffey RH, An H, Cummins LL, Gaus HJ, Haly B, Herrmann R, Cook PD, *Tetrahedron* 1998, 54: 4067～4076

[10] Connelly JA, Wu Q, *Proceedings 1st International Symposium on Synthesis, Screening and Sequencing* (*ACHEMA 2000*), May 22－27, 2000, Frankfurt am Main, Germany

[11] Wu Q, *Anal. Chem*. 1998, 70: 865～872

[12] Zeng L, Kassel DB, *Anal. Chem*. 1998, 70: 4380～4388

[13] Kibbey CE, *Lab Robotics and Automation* 1997, 9: 309～321

（吴钦远）

作者简介

吴钦远 博士。现任 XenoPort, Inc(Santa Clara, CA, USA)公司分析化学与信息化学部主任。XenoPort 是一个私立的生物药物研究公司,主要从事利用组合化学技术和高通量筛选技术寻找药物传输系统和释放系统。吴博士在 XenoPort 成立的初期即加入并负责建立了化学分析部门。在此之前,作为高级助理研究员他在 Aventis Inc.的组合化学研究中心 Selectide 工作(Arizona, USA)。期间,基于药物先导化合物的产生过程,他领导并启动了利用 HPLC 解析化合物化学库的项目。该计划在其实施的第一年时间里便针对 20 个生物靶点筛选 80～100 万个化合物,使得产生先导化合物的速度加快了 5 倍。目前该技术目前已经成为 Aventis 的核心技术并被其他部门采用。

吴钦远博士在厦门大学获得学士学位,并先后在 Illinois 大学获得了物理化学硕士和分析化学博士学位。获得博士学位后,他被美国能源部授予博士后奖金,并在 Pacific Northwest National Laboratory (Washington state, USA) Richard D. Simth 博士的研究室从事生物质谱工作。吴博士曾经两次分别被 Aventis 和 Illinois 授予特殊成就奖,现为 *Phi Kappa Phi* 和 *Sigma Xi* 会员。目前,他已经发表了 20 余篇研究论文和 20 余个国际会议大会报告论文。

第八章　组合化学中的高通量分析与高通量纯化技术

组合化学的出现为药物化学家提供了一种新工具，通过自动的固相和液相合成技术，在短短的时间内可以合成大量的化合物。合成速度的提高、分子多样性的增加为药物先导化合物的筛选提供了丰富的资源。随着生物技术和自动化技术的不断发展，高通量筛选技术日趋成熟，每天能够筛选成千上万样品的高通量筛选技术又促使组合化学加快了合成速度，使化合物库的数量急剧增加。现在从化学合成到活性筛选一个周期(图 8.1)只需几天的时间，整个过程的瓶颈从合成推移到分析和纯化。为了消除这个瓶颈的限制，就要求分析、纯化等过程也要相应地提高速度以适应这一变化。因此，高通量分析及高通量纯化成为一种必然。在组合化合物库的合成中，各种化合物的反应速率以及各步反应的速率的不同，导致目的化合物的收率相差很大。而且，目的化合物往往经多步反应而得，中间体、副产物都可能带到最终化合物库中，这样也会造成化合物库中各化合物的质量纯度相差很大。因此，高通量分析对正确评价化合物库，跟踪指导组合合成是非常关键和必要的。另一方面当样品的纯度不能达到直接活性筛选的要求时，为了准确测定新化合物的药理活性、研究构效关系、减少筛选过程的误差、提高筛选先导化合物的准确率及整个新药研发过程的效率，在合成之后也往往需要纯化。由于化学库中化合物的数量很多，要达此目的必须采用高通量的纯化方法。本章主要介绍了当前高通量分析及高通量纯化技术，同时对各种分析、纯化系统中有关问题加以讨论，并对一些新的技术进行简要地阐述。

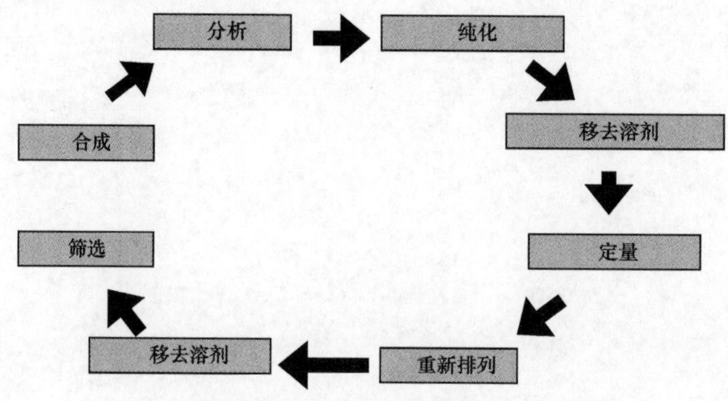

图 8.1　组合化学中从合成到筛选各过程示意图

8.1　高通量分析

当对组合合成化合物库的特征进行描述时，需要解决的问题有三个：

(1) 是否得到了目的化合物；

(2) 目的化合物的纯度是多少；

(3) 目的化合物的量有多少。

上述三个问题是高通量分析不可回避的任务，实现高通量分析的关键因素其一为速度，这是由高通量分析对象的数量决定的；其二为检测，因为组合化合物库具有分子多样性，化合物的结构千差万别，解决检测问题是高通量分析的另一关键所在。下面主要介绍：(1) 快速梯度 HPLC 系统；(2) 新型快速分离色谱柱；(3) 多通道 LC-MS 系统；(4)定量分析系统；(5) 高通量定性定量分析系统。

8.1.1　快速梯度 HPLC 系统

在高通量分析中，化合物库中的化合物具有分子多样性，样品之间性质差别很大，为了提高分析速度，缩短分析时间，并且防止由于极性差别大的样品很快洗脱下来或保留在色谱柱上影响下一次分析，常常使用快速梯度的洗脱方式。在快速梯度 HPLC 系统中，色谱参数不同于恒比例洗脱 HPLC 的参数，各参数之间的关系发生了很大变化，表 8.1 列出分离度(R_s)、峰容量(P)、梯度时间(t_g)、平均保留值(K^*)、梯度坡度参数(G_s)以柱效(N)之间的关系。

表 8.1　快速梯度 HPLC 系统各参数之间的关系

公式 1	$R_s=0.25(\alpha-1)\sqrt{N[K^*/(1+K^*)]}$	α——选择性 N——理论塔板数 K^*——平均保留值
公式 2	$P=1+t_g/w$	t_g——梯度时间 w——峰宽
公式 3	$K^*=20t_gF/[V_m(\Delta\%B)$	t_g——梯度时间 V_m——柱体积 F——流速 Δ%B——有机相的变化
公式 4	$G_s=V_m(\Delta\%B)/(Ft_g)$	t_g——梯度时间 V_m——柱体积 F——流速 Δ%B——有机相的变化
公式 5	$N=16\{[(2.3b+1)Gt_0]/(2.3bw)\}^2$	G——梯度压缩因子 b——梯度斜率 w——峰宽 t_0——死时间

从上述各梯度公式得知，实现快速分析的途径有三个：(1)缩短梯度时间(t_g)；(2)减小色谱柱的长度(L)；(3)增加流速(F)。

8.1.1.1 梯度时间

梯度时间 t_g的缩短、梯度坡度 G_s的增加，色谱峰的平均保留值 K^* 变小，并导致选择性 α 发生变化，使柱效相应下降。表 8.2 的实验数据是在 2mm×20mm 色谱柱上获得的结果，说明了降低梯度时间 t_g，增大梯度坡度 G_s都致使柱效下降，这可由 N 值和 K^* 值表现出来。

表 8.2 梯度时间 t_g和梯度坡度 G_s对分离的影响

t_g/min	G_s	K^*	N
1.5	1.6	12.5	2200
1.0	2.4	8.3	1200
0.8	3.0	6.7	670
0.5	4.8	4.1	300
0.3	8.0	2.5	140

8.1.1.2 色谱柱长度

在色谱柱的长度这个因素上，从传统分析柱的长度 30～10cm，缩短到现在 20～50mm的色谱柱，加上流速的增加，以及梯度时间的缩短，使分析时间只有 3～5min或更短，比传统的分析时间减少了近 90%。

如果保持梯度时间 t_g不变，缩短柱长 L 时，导致平均保留值 K^* 的改变，虽不影响选择性，但使整个分析时间缩短，同时也会使柱效下降。其分析时间缩短的多少与柱长缩短的大小成比例，说明缩短柱长是减少时间的有效途径。

8.1.1.3 流速

在快速梯度 HPLC 系统中，增加流速 F 可缩短分析时间，但会导致柱压升高。然而在增加流速同时，缩短柱长可使柱压回到正常。因此，增加流速依赖于柱子的长短。显然，同时改变流速和柱长时将会更有效的提高分析速度。提高流速可以获得较高的峰容量 P，而流速的大小要根据被分析物质及色谱柱尺寸而定。

表 8.3 流速和梯度时间对峰容量的影响

流速/(mL/min)	梯度时间/min					
	1.0	1.5	2.0	2.5	4.0	8.0
0.5				64	88	133
1.0		68	85	95	122	156
1.5	65	85	97	107	127	162
2.0	70	84	95	107	125	165

表 8.3 是在 Xterra MS C18 柱(2.1mm×30mm,3.5μm)上所得的实验结果。可以看出,峰容量(P)随流速的增加而增大,随梯度时间 t_g的缩短而减小。当流速在 1.5～2mL/min 范围时,峰容量值达到最佳值。因此,对于 2.1mm i.d.色谱柱,建议使用的流速为 2.0mL/min,这比通常认为应该使用的流速大很多倍。

8.1.1.4　粒度

梯度时间及色谱柱长度的缩短都会使柱效降低,影响分离效果。在提高分析速度的同时,为了保持原来的分离效果,Yung-Fong 等人介绍了实现快速分析而不降低柱效简单易行的方法:用短柱子填装粒度小的固定相,也就是使柱长/粒度保持一个恒定值,即 3cm/3.5μm,2 cm/2.5μm。使用粒度小的填料色谱柱,在快速梯度 HPLC 系统中有下列几点优势:

(1) 在高流速下保持较高的柱效;

(2) 单位长度的柱效更高;

(3) 小的柱体积缩短了达到平衡的时间。

但是使用粒度小的色谱柱最大的缺点是柱压高,粒度越小,柱压越大,从而限制了流速,影响到分析速度的提高。解决的方法是升高柱温,温度的升高可以通过线速度的增加使柱效提高。一般来讲,每升高 1℃流动相的黏度将降低 1%。而柱温升高的幅度是有限的,一般不超过 60℃,温度过高会影响化合物的稳定性,另一方面也造成色谱填料中键合相的流失。

在高通量分析中,为了节省时间提高效率,可以为组合化合物库中所有化合物开发一种通用的 HPLC 分析条件,这样可节省因开发分析方法所用的时间。通常使用快速梯度洗脱方式,流动相从高水相(>90%水)到高有机相(乙腈或甲醇),水相中常含有酸性修饰剂如三氟乙酸 TFA(0.1%)。

8.1.2　新型快速分离色谱柱——硅胶棒色谱柱

为了加快分离速度,色谱柱是实现高通量分析的一个关键因素。前面已介绍了降低柱长、增加流速及缩短梯度时间几种提高分析速度的有效途径,通过这些途径,分离速度虽得到了提高,但分离效果也往往会同时下降。为解决柱效与速度的矛盾,Merck 公司最新研制出一种 Chromolith^{TM} 色谱柱(50mm×4.6mm),利用极高纯度的烷氧基硅为材料,采用新的液溶胶技术,制备得到整体化的多孔硅胶棒色谱柱,硅胶棒具有大孔结构和中孔结构。这种相互交联多孔的结构,保证了流动相可以快速通过,而不造成大的反压。大孔中间的 13nm 的中孔保证了填料具有比颗粒型色谱柱更高的比表面积,从而使色谱柱在保证高柱效和低反压的条件下使用高流速。下面将举例说明这种新型色谱柱的几个特点。

8.1.2.1　高流速

硅胶棒色谱柱的最大特性是在高流速下保持高的分离效果，这对于常规的色谱柱是不可能实现的。如果要提高分离效果，就必须降低色谱填料的粒度或增加色谱柱的长度，这样必然导致柱压的增高，从而限制了高流速和较长色谱柱的使用，也就影响了分离速度的提高。而这种新型色谱柱在高流速下仍保持了很高的分离效果。图 8.2 显示了在流速为 4mL/min 的情况下，5min 内成功的分离了 5 种二氢吡啶类钙拮抗剂，各峰都得到了良好分离，结果令人满意。

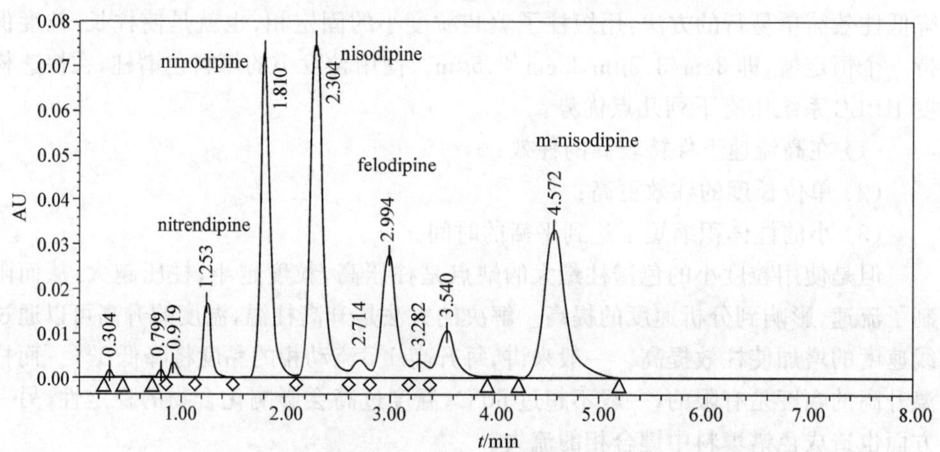

图 8.2　5 种二氢吡啶类钙拮抗剂的快速分离 HPLC 图谱

色谱条件：色谱柱：Chromolith^{TM} RP-18e(50mm×4.6mm)，流动相：乙腈-水(60∶40)，流速：4mL/min，检测波长：254nm

8.1.2.2　流速梯度

流速梯度对一般色谱柱来说是行不通的，这是由于柱压的限制，无法通过改变流速达到提高分离速度的目的。而对硅胶棒色谱柱来说，由于柱压低的特点，很容易实现流速梯度，而且在增加流速的同时，分离效果也不会降低。因此，可以通过流速梯度提高分离速度，达到快速分离的目的。

溶剂梯度是 HPLC 中加快分离速度的常用手段，通过增加有机相的比例，改变流动相的洗脱能力，使保留时间相差较大的各组分在较短的时间内都洗脱下来，以提高分离速度。但是，在进行下一次分离之前，必须对色谱系统进行平衡，以达到起始状态。色谱系统的平衡浪费了时间，降低了高通量分析的效率，因此，流速梯度比溶剂梯度更有优势，对于硅胶棒色谱柱来说，在保证分离效果的同时，很容易实现流速梯度以达到快速分离的目的。图 8.3 说明了用流速梯度实现快速分离，仅用 6min 的时间基本分离了 7 种四环素类药物，起始的流速为 2mL/min，在 4min 之后流速变为 5 mL/min，并保持 3min 后，返回到原始的状态，开始下一次运行，不需要平衡，节省了时间。

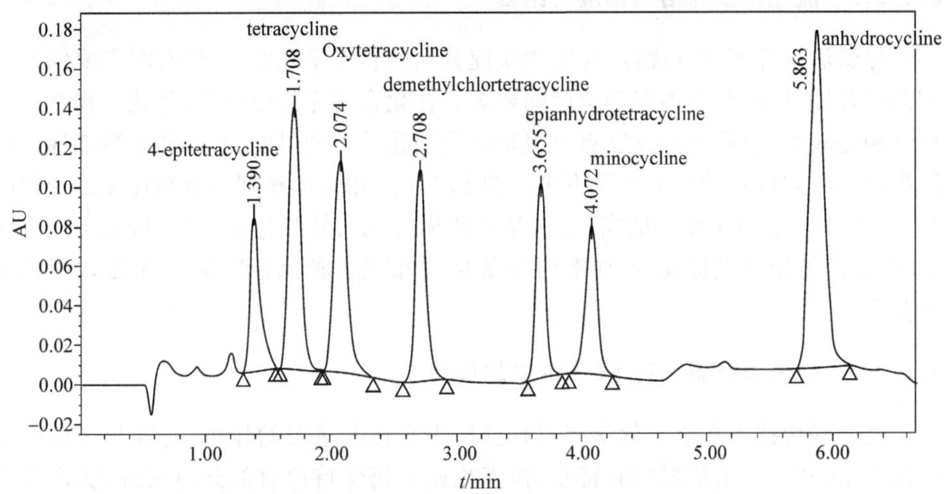

图 8.3　7 种四环素类药物快速分离 HPLC 图谱

色谱条件：色谱柱：Chromolith™ RP-18e(50mm×4.6mm)；流动相：0.15mol/L 草酸铵：0.07mol/L EDTA：DMF(55：20：25)；流速梯度：0～4min 2.0mL/min，4～4.5min 5mL/min，4.5～7min 5mL/min；检测波长：254nm

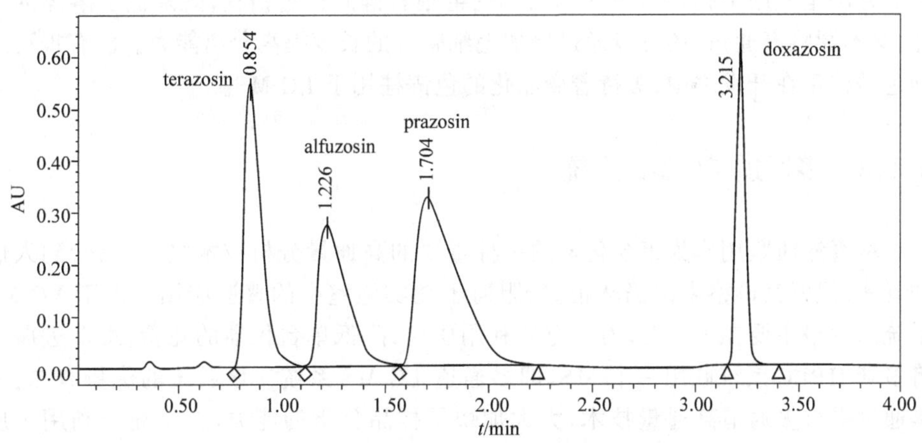

图 8.4　4 种 α_1-受体阻断剂快速分离 HPLC 图谱

色谱条件：色谱柱，Chromolith™ RP-18e(50mm×4.6mm)；流动相，乙腈：水(含 0.1％TFA)；检测波长，254nm；流速梯度：乙腈 / 水(含 0.1％TFA)

0min	0.4mL/min	2.5mL/min
2min	0.4mL/min	2.5mL/min
2.5min	1.5mL/min	2.5mL/min
4.0min	1.5mL/min	2.5mL/min

8.1.2.3　流速梯度与溶剂梯度的组合

尽管流速梯度有其优点，是实现快速分离的有效手段之一，但有时需要同时应用两种梯度，以达到分离度和速度的要求。在化合物库的分析中，各化合物之间的极性相差较大，单靠流速梯度有时很难达到快速分离的目的，必须使用溶剂梯度才能把保留时间较长的组分洗脱下来。图 8.4 是采用流速梯度与溶剂梯度二种梯度分离 4 种 α_1-受体阻断剂的实例，只靠流速梯度无法从色谱柱中将 doxazosin 洗脱下来，必须使用溶剂梯度，增加溶剂的强度，才能使 4 种化合物在 4min 之内得到基本分离。

8.1.2.4　硅胶棒色谱柱在 LC-MS 中的应用

液质联用技术在组合化学高通量分析中发挥着重要的作用，将硅胶棒色谱柱应用于 LC-MS 中更能发挥其特长，在高流速下仍保持原有的分离效果，实现高通量分析，同时也更好地利用质谱这一宝贵的资源。但是，高流速与电喷雾离子源质谱(ESI-MS)相连会出现不匹配现象，如电喷雾离子源(ESI) 所要求的最佳流速为 0.3～0.4mL/min，如果流速过大就必须通过分流，以减少进入 MS 中的量，而分流比增大会使 MS 信号变弱，造成灵敏度下降，甚至检测不到含量较少的组分，其解决的方法是使用微孔径(1～2mm i.d)的毛细管硅胶棒色谱柱，既降低了溶媒的消耗，又不影响高通量，还可以通过增加毛细管柱的长度提高分离能力。已有报道这种色谱柱正在开发之中，等待着商品化的色谱柱用于 LC-MS。

8.1.3　多通道 LC-MS 系统

尽管液质联用作为组合化学的一种重要的高通量分析技术之一，已受到人们的青睐，但就其价格来讲仍然很高，阻碍了在实验室中的普遍应用。由于 LC-MS 系统的价格主要在 MS 上，为了充分利用质谱，降低单台仪器的花费，最新进展是将多套 HPLC 系统联用一个 MS，即多通道 LC-MS 系统。该系统的优势有二：一是通过平行多通道高通量技术，大大加快了样品分析的能力，二是充分利用了质谱，降低了单台 LC-MS 的费用。图 8.5 为多通道 LC-MS 系统的示意图。

MUX 是 Waters 公司最新推出的 LC/MS 多通道接口技术。该技术采用分流方法，将 HPLC 流出的液体分成四份，分别进入位于四个并联流路的四个色谱柱中。通过色谱柱后的四个平行流路的样品首先经过四通道紫外检测器，之后分别进入特殊设计的 MUX 接口而在质谱检测器中得到检测。MUX 电喷雾接口(图 8.6)是在圆形挡板的直径处设有两个彼此相对的缺口。软件控制 MUX 接口进行旋转时，在每一时间点仅有一路 UV 检测器流出的液体通过缺口进入 ZQ 质量分

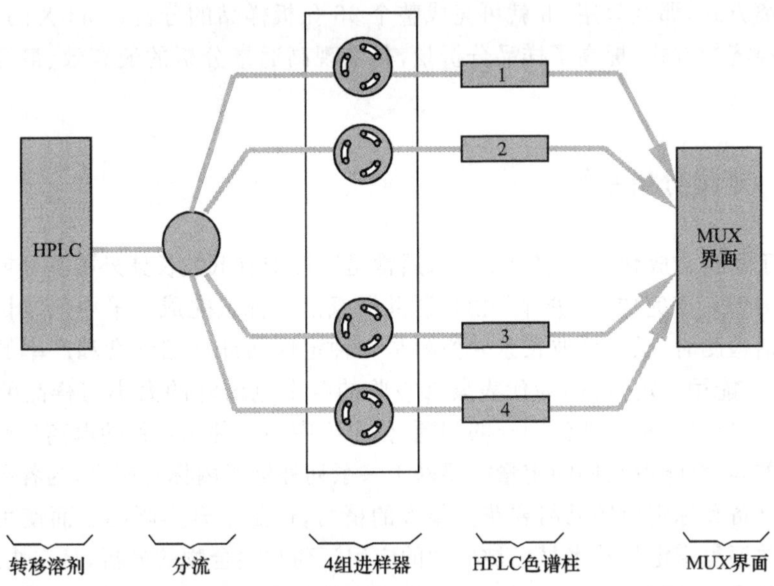

图 8.5　多通道 LC-MS 系统示意图

析器中得到检测。在快速旋转的同时,质量分析器不断检测来自不同通道的样品,软件实时收集相应的质谱信息。如此设计,相当于一台质谱检测器配四套 HPLC,可大大提高 LC/MS 系统的分析效率,每个通道的占用时间为 0.1s,每个通道的停滞时间为0.5s,这样一个周期为 0.6s。如果用这样多通道系统,采用 5min 的梯度

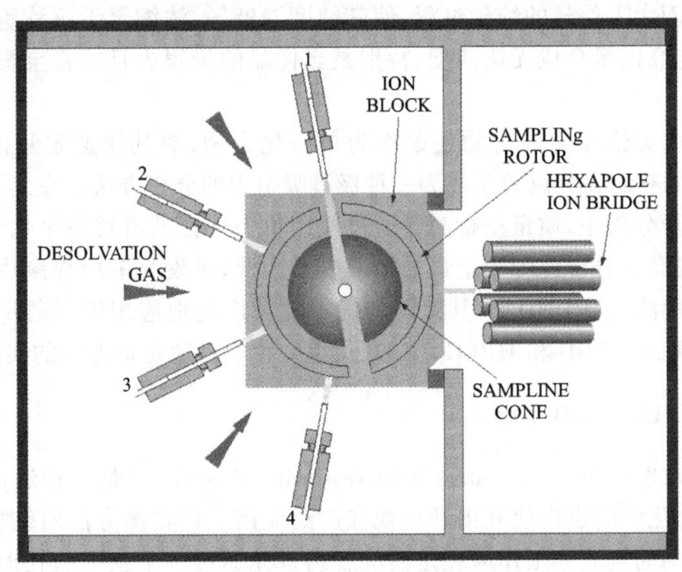

图 8.6　Waters 四通道 MUX 电喷雾接口示意图

洗脱分离方式,那么只用 2h 就可完成整个 96 孔板样品的分析。MUX 的出现,以灵活和经济的方式,提高了样品分析量,是实现高通量分析的最有效、最经济的手段。

8.1.4 定量分析系统

对于组合合成化合物的定量分析通常是通过带有低波长紫外检测器或质谱检测器的 HPLC 来完成的,少部分由核磁共振氢谱内标法完成。采用低波长紫外检测和质谱检测时,虽然低波长紫外检测是一种定性估计样品纯度和产率的简便方法,但是不能用于定量,因为代表紫外吸收的各个色谱峰的大小与样品的质量无关;用质谱检测定量会遇到同样的问题,化合物库中各种化合物的电离特性存在着很大的差异,意味着它们的定量需要基于一系列外标或内标对照品,为各种系列的化合物制备和标定对照品需要花费很多的精力,也是不合实际的。而使用内标法的核磁共振氢谱定量技术虽已被成功的应用于药物混合物的分析,具有快速、定量误差小的优点,但是,该技术对组合化学库中化合物定量时面临着一些不可避免的其他困难,包括样品分析前因无分离步骤,过多杂质共振峰的干扰可导致 ^{1}HNMR 技术定量的误差。而且,在给定化合物库中选择一个适合所有化合物定量的内标也比较困难。另外常规 NMR 定量的成本也是制约一些实验室的因素。这都会降低该方法的可行性。重量法也是定量的通用方法,但是常常由于杂质、盐和不挥发溶剂的同时存在,使测定的可信度大大降低,直接称重法在实际中无法应用。如果先通过烦琐而大工作量的纯化过程,使其纯度>95%,浓缩至干再称重,这种方法效率太低,与高通量合成无法匹配,特别是当样品的量很少且非常宝贵时,这种方法受到限制。

化合物库无论作为混合物还是作为单一化合物,对其快速定量的需求使得 HPLC 以其固有的高分离效率成为一种极具吸引力的分析方法。在组合化学的化合物库的定量分析中,质量型检测器通过使用单一外标就可对整个化合物库进行定量,从而提高了分析速度和定量的准确度。因此,蒸发光散射检测法(ELSD)和化学发光氮检测法(CLND)以其独特的优越性被广泛地应用于高通量定量,下面主要介绍 HPLC-ELSD 和 HPLC-CLND 在组合化学快速定量方面的实际应用。

8.1.4.1 HPLC-ELSD 系统

蒸发光散射检测(evaporative light scattering detection)是一种通用型质量检测方法,组合化学的出现使其得到重视和广泛应用。该检测方法对结构类似的化合物具有相同的响应。工作原理是柱洗脱物首先通过一个狭窄的孔形管,然后进入检测器,在孔形管中,洗脱物与高速惰性气体流混合并被雾化,雾化样品流进入加热的漂移管,漂移管保持足够的温度使流动相溶剂迅速汽化蒸发,留下一条狭窄的雾状非挥发性溶质由载气流携带进入检测区,样品颗粒散射光后得到检测。检测系统由一个 670nm 的激光器和一个光电二极管组成,它与漂移管成 90°角并与漂移管的中心轴垂直。溶质粒子流通过激光器发出的光束时引起光的散射,由光电二极管记录的散射光的强度与样品的质量成比例。

在已商业化的仪器中,一般来讲喷雾器的几何参数和光源的波长是固定的,只有雾化器气体流速和漂移管温度是可调节优化的参数。雾化器气体流速的大小,直接影响溶质粒子通过漂移管的速度,但更重要的参数是雾化器内的压力。雾化器内的气压影响液滴的大小,进一步又影响在加热的漂移管中形成的溶质粒子的大小。气体压力较高时形成的雾化溶剂液滴较小,因而溶质粒子的半径也较小。而溶质粒子小,检测器的响应值就弱。低流速导致溶质粒子具有较大半径,散射强度增强,但由于溶剂蒸发效率的降低却又使检测器噪音增加。因此,必须优化气体流速以获得最大的灵敏度。漂移管温度虽对在雾化溶剂溶胶中形成的溶质粒子的大小没有影响,但温度的变化影响流动相在检测器内的挥发程度。液滴挥发依赖于其半径的平方,所以雾化器内气体流速和漂移管温度都会影响溶剂蒸发速率。因而,选择合适的操作温度和气体流速是正确应用 ELSD 的关键。

HPLC-ELSD 系统已成功地应用于化合物库的分析, ELSD 具有对给定结构系列的大量化合物产生几乎相同的响应、对梯度洗脱的兼容性、卓越的可靠性及易于操作等优点。

(1) 一致的响应性:采用紫外检测法定量分析未知化合物是很困难的,因为紫外吸收峰的大小常常与样品的质量无关。ELSD 的通用响应性使得 ELSD 的响应值比紫外检测的响应值更能代表样品质量的多少。表 8.4 比较了八种甾体化合物的 RP-HPLC-UV 210nm 和正相 HPLC-ELSD 检测结果。二种方法都以 β-雌二酮为外标定量其他 7 种甾体化合物,UV 法定量误差最大为 78%,而 ELSD 法定量的最大误差仅为 22%。这是因为各化合物的摩尔吸收系数不同,紫外响应值相差较大,致使定量误差大;而 ELSD 表现出对同类化合物响应的基本一致性,其定量的精度取决于被分析物与对照物的结构相似性,如果选择的对照物比较适当,ELSD 的定量误差为 ±20%。另外, ELSD 与正相 HPLC 相连检测的误差要比反相 HPLC 检测的误差小,正相 HPLC-ELSD 用于组合化合物库定量分析更合适。

(2) 基线稳定性:快速梯度常用于组合化学的样品分析中,从高水相到高有机相急剧的变化会造成基线漂移和不稳定。特别在低波长紫外检测中基线常向上漂移,其原因是流动相随梯度的变化,有机相的比例逐渐增加,致使流动相的紫外吸收增加,而 ELSD 在检测前已将流动相蒸发掉,基线不会漂移或不稳。

蒸发光散射检测器(ELSD) 与紫外检测和/或质谱检测相比较,在组合分子库定量分析中有以下几个特点:

表 8.4 八种甾体化合物的定量误差

化合物	相对分子质量	UV法误差/%	ELSD法误差/%
雌酮	270.37	−7	4
β-雌二酮	272.39	—	—
去氢泼尼松	360.45	51	7
泼尼松	358.44	52	13
可的松	360.45	58	14
氢化可的松	362.47	61	8
4-雄烯-3,17-二酮	286.42	70	22
孕烯醇酮	316.49	78	1

① 检测的响应值基于样品的质量,对给定系列化合物产生一致的响应,使得ELSD能对未知化合物库进行定量;

② 与高通量分析的快速梯度相匹配,在快速的梯度变化条件下能保持基线的稳定;

③ 与价格昂贵的LC/MS相比,操作简单和费用低;

④ 定量误差的大小取决于分子的相似性,对结构差别大的化合物定量误差较小;

⑤ ELSD与正相HPLC相连接比较合适,对流动相的要求与LC-MS相同,应避免使用含不挥发性的缓冲液。

8.1.4.2 HPLC-CLND

化学发光氮检测法(CLND)是继蒸发光散射检测法(ELSD)之后又一种新的检测技术,专用于检测含氮化合物。CLND的优越之处在于等物质的量响应,使该检测器在没有对照品的情况下能准确定量未知物。据统计,在65 000种药物中,90%为含氮化合物,因此,CLND对新药物的研发具有重要的作用,特别对组合化学库,无论被分析物的结构、理化性质有多大差异,产生的响应值只与含氮量成比例,即响应值与含氮量之比是一个恒定值。只用一个已知结构的含氮化合物为外标,就可以对所有化合物进行定量。其工作原理见图8.7。样品在富氧的环境中,当加热到高温时(1050℃),发生完全氧化生成最简单的氧化物,包括H_2O、CO_2和NO。NO与臭氧O_3发生反应,生成激发态的NO_2,当激发态的NO_2回到基态时发射出光子,用光电倍增管检测而产生信号。CLND几乎能将所有的含氮化合物完全氧化到相同的状态,产生等物质的量的响应,只有N_2分子因所需的温度为1600℃是一个例外。

(1) 定量的验证:化学发光氮检测法CLND可对所有含氮化合物进行定量,其定量的准确性不依赖于外标化合物的结构是否与被分析物相似,任何一个含氮化合物都可用来作外标物。下面是用RP-HPLC-CLND对8种化合物进行定量分

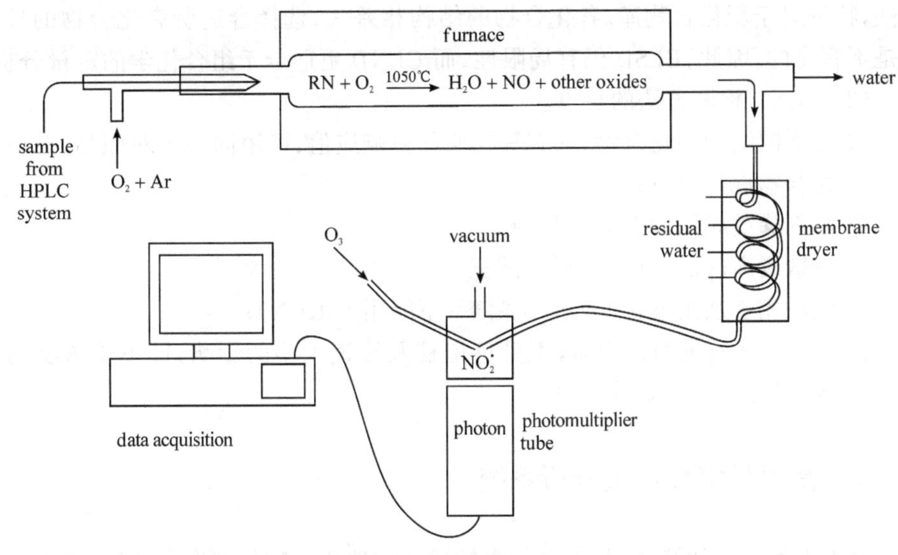

图 8.7　化学发光氮检测器 CLND 的工作原理示意图

析的结果。所试验的代表物为骨架结构、相对分子质量、氮原子及含氮基团的类型(伯、仲、叔、芳香胺、杂环、酰胺)均不同的化合物。实验结果见表 8.5。

表 8.5　8 种化合物 HPLC-CLND 定量结果

化合物	相对分子质量	含氮原子数	定量误差/%		
			50pmol	800pmol	3200pmol
diphenhydramine	291.8	1	12	6.9	6.5
doxepin	315.8	1	−13	−12	−8.9
chlorpheniramine	390.9	2	12	5.2	3.6
diphenylalanine	312.4	2	−1.0	7.2	9.2
triprolidine	332.9	2	−11	−12	−12
dibucaine	379.9	3	24	15	17
n-ALSD	349.2	3	—	—	—
caffeine	194.2	4	14	10	13
angiotensin Ⅱ	1046	13	−25	−21	−15

以 N-ALSN 为外标，在低、中、高三个不同含氮量情况下，定量误差各不相同，最大误差为 25％，最小误差为 1％，其均值为 11％。结果表明，不论化合物的结构相差多大，其定量的误差为20％左右，该方法的定量结果还是比较满意的。这是由于 CLND 是惟一的不用特定的外标，能对所有含氮化合物进行定量通用的方法。而 ELSD 虽为通用型检测方法，但其定量的精度取决于所用外标与被分析物的相

似性，特别对于新化合物库，各化合物的结构相差大，选择合适所有化合物的外标物是不容易的，因此，ELSD 仍有局限性，而 CLND 更适合于组合化学的定量分析。

(2) CLND 检测方法的特点：

① 对不同结构的化合物，都有等物质的量响应值，可用同一个对照品，对所有化合物进行定量；

② 溶剂梯度对 CLND 没有影响；

③ 灵敏度高(pmol/L)，线形范围宽；

④ 流动相必须用不含氮的有机溶剂(不能用 CH_3CN)；

⑤ CLND 是质量型检测器，不受色谱柱及流速大小的影响，即不受浓度的影响，只与注入的质量有关。

8.1.5　高通量定性定量分析系统

对于生物活性的筛选，最重要的是知道所筛选化合物的浓度和纯度，才能从测得的活性数据得到可靠的构效关系及效价。因此，高通量的定性定量分析对高通量筛选十分关键。目前在组合化学中应用最多为 LC-MS，然而液质联用技术只能提供纯度和化学结构确证方面的信息，无法对具有分子多样性的化合物库进行准确定量，无法解决上述的三个问题之中最难解决的定量问题。如果有定量的对照品，那么可用很多方法都可作定量分析的方法，但遇到量少而且新化合物时，对照品很难得到或是无法得到，因此要对这些新化合物定量就非常困难。高通量就是高效率，联用技术是提高效率的有效手段，将不同的定性定量仪器组合在一起联合使用，就可以达到相互补充，扬长避短，各显其能的目的。

8.1.5.1　LC-UV-MS-ELSD 系统

LC-UV-MS 是最常用的联用方法之一，LC 的高效分离特性加上 UV 检测，可以快速、灵敏的测定纯度，与 MS 的联用可以对新化合物进行结构的确定以鉴别化合物的存在。两者与 HPLC 联用，解决了纯度和鉴别两个问题，但两者都很难用于具有分子多样性化合物库的定量分析，因为找不到一个合适的定量对照品。而蒸发光散射检测器(ELSD)是一种通用型检测器，对化学结构相似的化合物有相同的响应，在没有定量的对照品时具有独特的定量功能，可用于未知结构的化合库定量分析。因此，LC-UV-MS-ELSD 系统解决了单独使用 UV，MS，ELSD 的局限性，能发挥各自的优势，最大程度获取各种化合物的结构和定量参数，一次进样就可完成对未知化合物的定性及定量工作。该系统各仪器之间比较匹配，ELSD 与 MS 的技术要求一致，所以在方法开发上容易同时满足二者的要求，是高通量分析中一套较好的联用系统。

8.1.5.2　LC-UV-MS- CLND 系统

LC-UV-MS-CLND 联用技术为快速对化合物库的鉴定纯度和定量提供了一个通用的方法，特别对不纯的样品和量极少的样品更是一个好方法。该技术不需要纯化制备过程，可直接对目的化合物、杂质和代谢物进行结构确定和定量分析，因此，LC-UV-MS-CLND 系统是新药研发的一个很有效的快速方法，也是高通量分析的最佳组合。一次进样可获得全部定性定量的数据，MS 提供了化学结构、分子量等数据，根据分子量、化学结构、CLND 的响应值，就可直接得到定量结果。

下面为一个 LC-UV-MS-CLND 应用实例，说明了该方法高效、快速定量的可靠性与可行性。样品为一个不纯的混合物，将样品溶解后，一次进样后就可获得定性定量的全部数据。通过 UV 检测，可获得该化合物的色谱纯度；通过 MS 检测，从所显示的分子离子峰及碎片裂解的信息，得到结构的信息，达到确定化合物的目的；再通过 CLND 检测器，就得到该样品的摩尔浓度。用测得的纯度及摩尔浓度结合活性测定的数据就可以得出该化合物的理论效价为 360nM。为了验证测定结果的准确性，用制备的方法分离制得该化合物(纯度＞95％)后，实际测定的效价为 320nM。由此说明可以不通过纯化，直接用 LC-UV-MS-CLND 系统测定新化合物的量并确定其效价，省去大量的纯化步骤，达到了高通量分析的目的。

8.2　高通量纯化

为了准确测定新化合物的药理活性、效价，对化合物的纯度必须有一个最低的要求，而对于组合化学库的纯度问题一直是学术界争论最多的议题之一。不同的公司以及不同的研究者答案各异。尽管没有统一的适合于筛选的纯度标准，但是，当一个化合物的纯度至少在 80％～90％之间时，才能真正反映该化合物的生物活性与化学结构之间的关系。在化合物合成过程中，往往使用多步、复杂、特殊的反应以达到合成分子多样性的目的，这样必然造成化合物库的收率低、副产物多等缺点。因此，在合成之后的一个重要过程是纯化，样品只有通过纯化才能进行活性筛选。经典的纯化常用重结晶法、制备薄层层析法(TLC)，但这些技术不能实现自动化，也就不能达到高通量的目的。

纯化是制备整个过程的瓶颈，解决的方法只有靠能实现自动化的液相层析分离技术，这样的系统包括低压闪电式分离系统和高压液相层析系统。然而只用一根色谱柱纯化大量的化合物是不可能的，需要多通道分离系统满足高通量的要求，增加纯化的数量，将多根色谱柱以并联方式(parallel)，或者一个接一个地串联方式(sequential)使用，可以大大增加纯化制备化合物的数量。其中多通道平行纯化系统更能最大地发挥高通量的优势，因而得到了重视和广泛的应用。高通量纯化系统的另一个发展方向是纯化过程的智能化,在没有人管的情况下能准确无误地从多组分中收集所要的组分,提高纯化过程的效率。下面就(1)平行闪电式纯化系统,(2)平行制备型 HPLC 系统,(3)质谱导引自动纯化系统,做一简要地介绍和讨论。

8.2.1 平行闪电式纯化系统

平行闪电式纯化系统(parallel flash purification system)是实验室中常用的快速分离技术之一,由于该系统具有高通量特点,因此在组合化学中起着很重要的作用。最初的闪电式色谱都是使用硅胶为填料的正相色谱系统,现在又出现了反相色谱系统。色谱柱的大小从 2g 到 200g,上样量由数毫克级到克级,规模可大可小,适应于新药开发的不同阶段的需要,已有几家公司生产商品化成套色谱仪,Isco公司推出了 Combi Flash 系列,其中 Opti X10 为 10 个色谱柱平行使用的分离纯化系统,可同时分离 10 个样品,每个色谱柱都可用各自的洗脱梯度。如果每个分离周期按 20min 计算,8h 可纯化样品 240 个(10×8×60÷20=240)。

在平行闪电式纯化系统中,一般使用硅胶正相层析系统,特别是对分离脂溶性大的化合物库进行纯化时更为实际。最初的闪电式色谱法是使用压缩空气使有机洗脱剂通过色谱柱,达到快速分离的目的,因此,只限于恒比例溶媒洗脱。这样的系统很难达到较高的分离效果。对具有分子多样性、性质相差大的化合物的分离更是无能为力,必须采用梯度洗脱方式以满足化合物库分析的分离度和高通量的要求。该系统在实际应用中应注意的技术关键有以下几点。

8.2.1.1 上样

在快速分离过程中上样是关键的一步,当上样量较大时就更困难。其方法有二种,即液体上样和固体上样。液体上样是指将样品溶解到小体积的有机溶剂中,然后直接注入到硅胶色谱柱。最常用的溶解样品的溶剂为二甲基亚砜(DMSO)和二甲基呋喃。这二种溶剂不但溶解的样品的种类多,而且溶解能力强,能达到比较高的浓度,有利于分离度的提高。但是,常常由于所使用溶解样品的溶剂极性较大,使样品在色谱柱上扩散比较严重,影响了分离效果。另一种上样方法为固体上样,将样品溶解并与干色谱填料混合,溶剂挥发后,直接填充到色谱柱上端。其优越之处在于消除了上样溶剂使色谱带扩散的作用,上样过程不影响分离效果。

8.2.1.2 梯度洗脱

为了实现高通量纯化的目的,通常使用梯度洗脱方式,使极性相差大的多组分混合物都得到很好的分离。所使用的溶媒系统一般为已烷和乙酸乙酯。当确定了洗脱方式和溶媒系统后,下一步需要选择梯度时间 t_g梯度坡度 G_s。图 8.8 实验说明了梯度时间和梯度坡度对三种磺胺类药物分离效果的影响。分离所用的溶媒系统为正己烷-乙酸乙酯,所用的梯度时间分别为 5min 和 10min,其分离效果大不相同。其原因可以从梯度公式得知,当梯度时间长时,峰容量(P)增大,前两个色谱峰的分离效果要比梯度时间短的分离效果好。当梯度时间短时,溶剂强度的变化加快,并导致选择性(α)发生变化,被分析物在色谱柱上没有充分地平衡,很快被洗脱下来,两峰之间的分离度(R)下降,因此,达不到好的分离效果。在梯度洗脱实验中,另一个应注意的问题是梯度坡度 G_s,图 8.9 表明使用的梯度坡度不同,即两种梯度的起始浓度的不同,其分离的效果相差甚远。一种方法是溶剂 B(乙酸乙酯)从 0 开始,一直增加到 100%。实验表明溶剂 B 在达到 80%之前,所有组分都不能被洗脱下来,因此,这一段梯度是无效的梯度,既浪费了时间,又造成色谱峰的扩散,其分离效果差;另一种方法是溶剂 B 从 75%开始,递增到 100%,同是 10min 的梯度时间,使三种磺胺得到很好的分离,且所用的时间少(12min 对比 19 min),还节省了有机溶剂的用量。

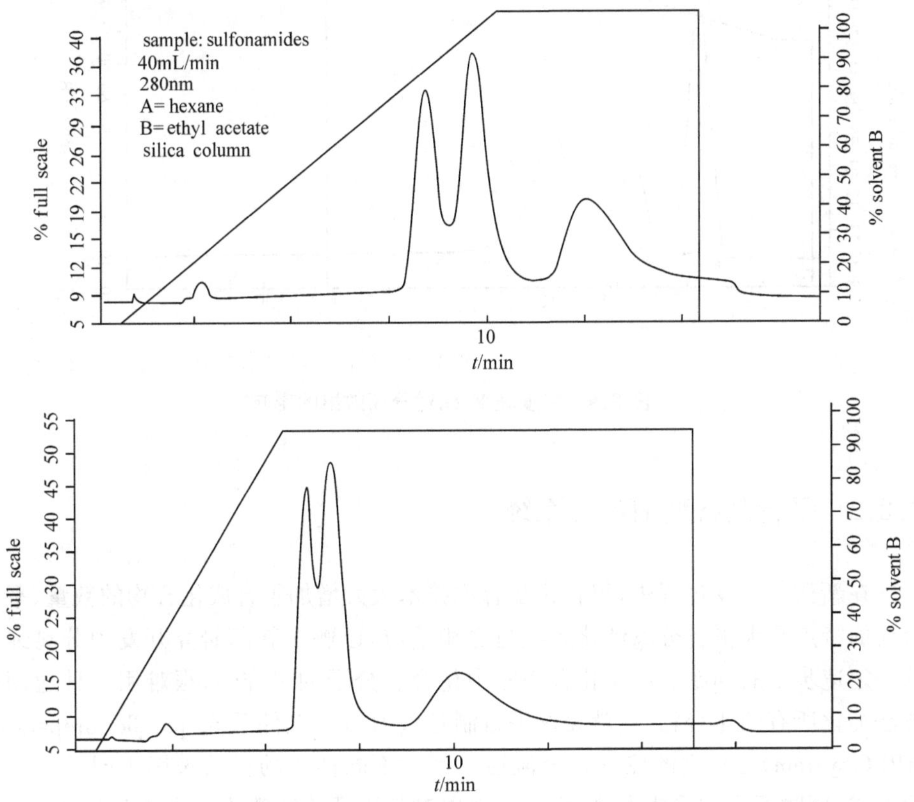

图 8.8　梯度时间 t_g对分离效果的影响

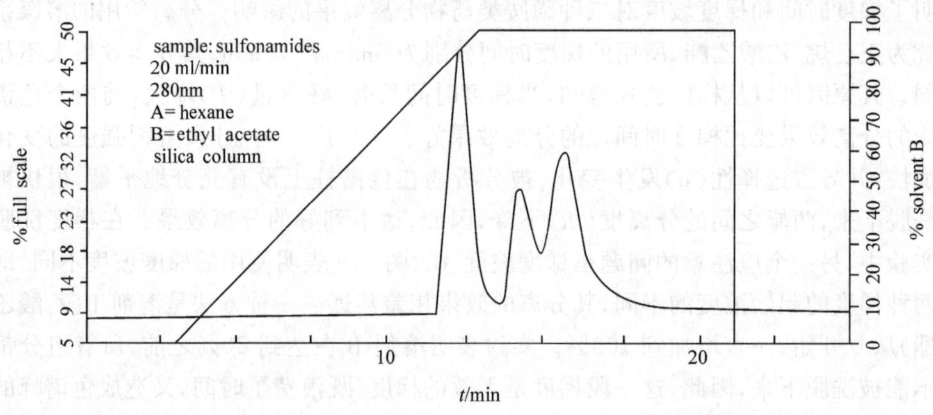

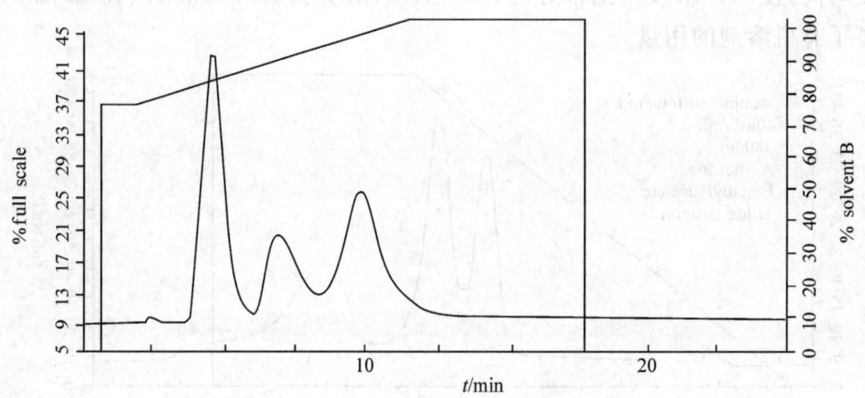

图 8.9 梯度坡度 G_s对分离效果的影响

8.2.2 平行制备型 HPLC 系统

在新药的开发过程中,组合化学合成技术大大增加了合成化合物的数量,平行合成的特点要求平行分离纯化系统与之相适应,以解决新药研究开发中分离纯化这一定速步骤的问题。由于化合物库中化合物分子的多样性,很难用一种通用的方法纯化所有的化合物,这就要求平行制备型 HPLC 软件系统(parallel preparative HPLC system)能独立的控制各个流道。针对不同性质的样品采用不同的梯度洗脱方式,同时不同的采集方式,也需要根据对各样品的纯度的不同要求设定不同的阈值。Dyax 公司开发了平行纯化 parallex flex HPLC 系统,该系统具有 4 根色谱柱,其中一根色谱柱用于序列纯化(sequantical),其他三根可以同时进行分离纯化

(parallel),使该系统以灵活的组合方式具有高通量特性。该系统对 96 孔板上合成样品可直接进样。各个色谱柱都可以单独控制,使用适合于各类样品性质的特定梯度曲线。应用该纯化系统,仅用 5h 的时间完成了 27 个类单萜酯化合物的纯化,化合物的纯度都达到了要求。

在 prep-HPLC 中,实验条件的选择非常重要。首先应根据所要制备量的多少选择色谱柱,当制备数毫克级的样品时,可选择 10mm×50mm,21mm×50mm 两种型号的色谱柱,其相应的流速分别为 10mL/min,40mL/min,上样量分别为 10mg,40mg。溶解样品一般以 DMSO 为溶媒,也可根据样品的特殊理化性质选择其他溶媒或通过调节 pH 值使样品溶解。为了实现高通量纯化的目的,一般使用梯度快速洗脱方式,溶剂 A 为含 0.1%TFA 水溶液,溶剂 B 为含 0.1%的乙腈或甲醇。根据高通量分析时各样品的色谱行为,选择合适的梯度参数(即梯度时间 t_g 和梯度坡度 G_s)对保证分离效果和纯化的高通量非常重要。根据梯度时间 t_g 与柱效的关系可知,缩短梯度时间 t_g 可以得到高通量,增加梯度时间 t_g 可以得到较好的分离效果,也就是较高的纯度。两者必须综合考虑,找到合适的平衡点,就能同时达到高通量纯化和符合筛选要求的样品(纯度>85%)的目的。

8.2.3　质谱导引自动纯化系统

在传统的纯化系统中,自动收集模式有色谱峰收集和时间收集二种,二种收集的方式各有其局限性和缺陷。色谱峰收集是靠 UV 吸收信号引导收集,如果要收集的组分没有 UV 吸收,就只能用时间收集,也就是将所有洗脱液按时间分成若干等份,不仅收集到所要的组分,而且会收到不要的组分,不管是色谱峰收集还是时间收集都会出现下面的问题:

(1) 当要收集很多样品(化合物库)时,需要很大的样品收集器和很多样品收集管。

(2) 需要再次分析(二级分析,通常用 FIA-MS 或 HPLC-MS)去检查每一个样品管,找出所要的组分。特别是当样品很多时,这种方法会花费大量的时间。

质谱引导的自动纯化系统(mass-directed autopurification system,见图 8.10)克服了上述二种收集方式的缺点,依据分子量信息直接收集所要组分,并且免去了对所收集组分的质量控制分析这一步,节省了时间,提高了效率。因此,每个样品管只有一个组分,这样收集的方式省去了大量的收集管,而且省去了纯化后的再分析以寻找所要的组分所在的样品管的分析时间。该系统能在夜间无人照管的情况下,自动地从混合物中制备数毫克级单一组分的化合物,如果纯化一个样品时间为 10min 或更短,那么每天可以纯化的样品达到 100 余个。

为了加快大量化合物库的纯化速度,我们实验室中装备了 Waters 质谱导引自

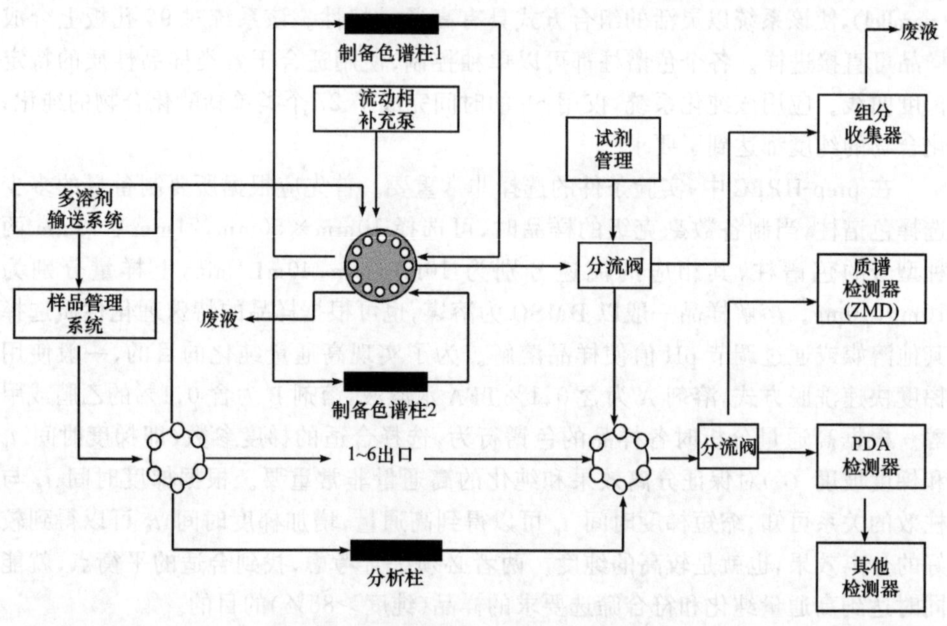

图 8.10 质谱导引自动纯化系统示意图

动纯化系统。该系统的优越之处在于只收集我们感兴趣的组分,在无人照管时能自动化地制备。该自动纯化系统由 Waters Fractionlynx 软件控制,只须设定所要收集的组分的分子量,软件会自动的判定$[M+H]^+$,$[M+NH_4]^+$,$[M+Na]^+$,$[M+K]^+$,$[M-H]^-$,$[M+Cl]^-$,$[M+CH_3COO]^-$,$[M+CF_3COO]^-$等各种正负加合离子,克服了因没设定其某一加合离子造成漏掉收集的问题,不管加合离子以什么形式出现,该控制系统能准确无误将设定的组分收集起来。图 8.11 为 Fractionlynx 系统收集组分的色谱图,图谱显示在纯化一个混合物时共收集了三个组分,各组分的分子离子 m/z 和收集管的位置都标在各色谱峰的下端,从图中还可以看到第三个色谱峰被收集到两个管中,可根据纯度要求决定峰末尾收集管的取舍。

表 8.6 是用 Waters PrepLC-MS 纯化化合物库的实验结果,实验中使用的色谱柱为反相 RP-C18,21.0mmI.D. * 50mm,将样品用 DMSO 溶解成 80mg/mL 的浓度,上样量为 20mg 左右,在无人照管的情况下,自动纯化了一个由 20 个样品组成的小分子化合物库。

实验结果表明,制备后有 18 个样品的纯度达到了筛选的标准(大于 85%),只有 2 个化合物的纯度低于该标准。分析制备前后样品的纯度变化情况发现即使制备前的纯度$<20\%$,经制备后纯度也能达到 85%以上。纯度主要取决于样品中各组分在色谱柱上的分离效果,组分之间的分离度高,得到的纯度就相应的高。在收率方面,主要取决于化合物在色谱柱上的行为,色谱行为好的化合物,可以获得较高

的收率,而那些在色谱柱上形成沉淀,部分保留或扩散严重的化合物收率比较低。

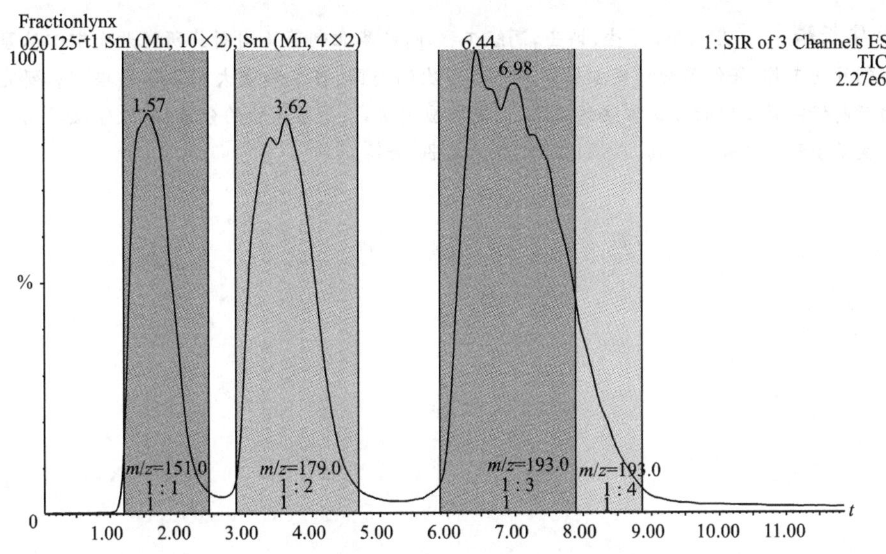

图 8.11　Fractionlynx 组分收集色谱图

表 8.6　质谱导引自动纯化化合物库的结果

样品编号	纯化前纯度/%	纯化后纯度/%	上样量/mg	精制后量/mg	收率/%
PQ－1	63.4	97.3	21.0	10.2	74.5
PQ－2	58.6	93.4	24.0	12.1	80.4
PQ－3	85.7	94.9	21.2	17.4	90.9
PQ－4	20.4	87.8	24.5	4.1	72.0
PQ－5	42.2	93.2	23.0	5.6	53.8
PQ－6	28.2	82.4	25.2	5.3	61.4
PQ－7	56.3	95.6	23.4	10.3	74.7
PQ－8	25.5	76.5	26.5	7.7	87.2
PQ－9	47.6	96.7	18.2	7.0	78.1
PQ－10	53.9	93.4	24.0	13.7	98.9
PQ－11	12.8	94.5	25.4	2.8	81.4
PQ－12	67.5	98.2	15.2	8.6	82.3
PQ－13	83.7	98.7	24.3	15.0	72.8
PQ－14	49.2	95.7	18.5	5.4	56.8
PQ－15	57.2	96.5	22.3	8.5	64.3
PQ－16	18.8	93.4	23.4	4.0	84.9
PQ－17	68.7	97.3	21.2	8.8	58.8
PQ－18	72.5	99.2	20.8	11.9	78.3
PQ－19	38.4	95.8	19.5	3.6	46.1
PQ－20	27.9	93.9	24.1	6.1	85.2

（牛长群,吕渭川）

主要作者简介

牛长群 男,1964年生,博士,高级工程师,在华北制药集团新药研究开发中心从事新药研制开发工作,任仪器分析室主任。曾先后多次到美国、日本和澳大利亚学习培训。研究方向为新药研究开发中新分析方法的建立、开发与应用研究;手性药物的分离、药效学及药动学研究。获多项科研成果及专利,在国内外发表论文20余篇。

第 三 篇

组合合成与生物筛选的整合

第九章 “一珠一化合物”组合化学法

9.1 前　言

“一珠一化合物”组合化学概念是由 Lam 等人[1]首先提出的，该法包括：(1)产生大数目的合成化学库；(2)设计特异性的生物、化学或物理筛选方式或方法；(3)分离阳性化合物并鉴定结构。“一珠一化合物”组合化学技术是由“混合－均分”法完成化学库的合成和制备的技术[1～3]。顾名思义，由此法制备的化学库中一个固体树脂珠上只悬挂了一个化合物。一般情况下使用的是 Tenta Gel 树脂，树脂珠直径大小为 100μm，负载量为 0.27mmol/g 树脂左右。因此，一个树脂珠上可以负载约 10^{13} 个化合物分子，约 100pmol。这种树脂珠-化学库的方式可直接用于特异性的生物筛选，如树脂珠上的结合筛选实验[1]，功能性筛选实验[4]等。也可以通过可在一定条件下裂解化合物的连接桥将合成化合物合成在树脂上，需要的时候再将化合物从树脂上裂解下来进行液相筛选[5]。无论是固相或液相筛选，阳性的树脂珠都可以被确认下来，进一步以简单的物理方式分离并鉴定化合物的结构。如果是多肽化合物，可以直接将单一一个阳性树脂珠放入到蛋白质自动测序仪的样品池中进行测序，确定多肽化合物的结构。反之，对于非肽化合物，利用现代技术手段如 MAS-NMR(magic angel spinning-NMR)、质谱-质谱，或利用光不稳定连接桥，或在特定化学条件下利用其他不稳定的连接桥等将化合物从树脂珠上裂解下来，再用质谱确认结构或编码-解码化学库等[6～9]。采用“一珠一化合物”组合化学的“混合-均分”合成方式可以在短时间内产生大数目的化合物。图 9.1 中是以20种天然氨基酸为例，经过数步反应可产生化合物的数目。图9.2是“一珠一化

X	$20^1=20$
XX	$20^2=400$
XXX	$20^3=8000$
XXXX	$20^4=160000$
XXXXX	$20^5=3200000$
XXXXXX	$20^6=64000000$
XXXXXXX	$20^7=1280000000$

图 9.1　使用 20 种天然氨基酸经过数步合成可产生化合物的数目

图中的 X 代表化学库随机的氨基酸组成。一个 X 表明有 20^1的化合物(氨基酸)。当经过两步反应而得到了 XX 化学库时代表的化合物数目为 $20^2=400$。依次类推七步反应可得到 $20^7=1280000000$ 个化合物。这样的化学库合成仅需要一个星期即可完成

合物”组合化学的合成、筛选报告以及物理挑选活性树脂珠技术的示意图。

“一珠一化合物”组合化学技术最初主要应用于多肽化学库的合成与筛选[1,2,10]。近几年来，人们已经报道了大量应用于合成与筛选小分子非肽、肽模拟物化学库[11～14]。后两者的各种合成方法、筛选策略以及结构确认的方法超出了本文的范围，读者如希望了解更多、更详细的内容，请参阅文献[14]。本文中，我们将利用多肽化学库中的几个例子，向读者详细介绍“一珠一化合物”组合化学技术的工作原理和实验步骤。

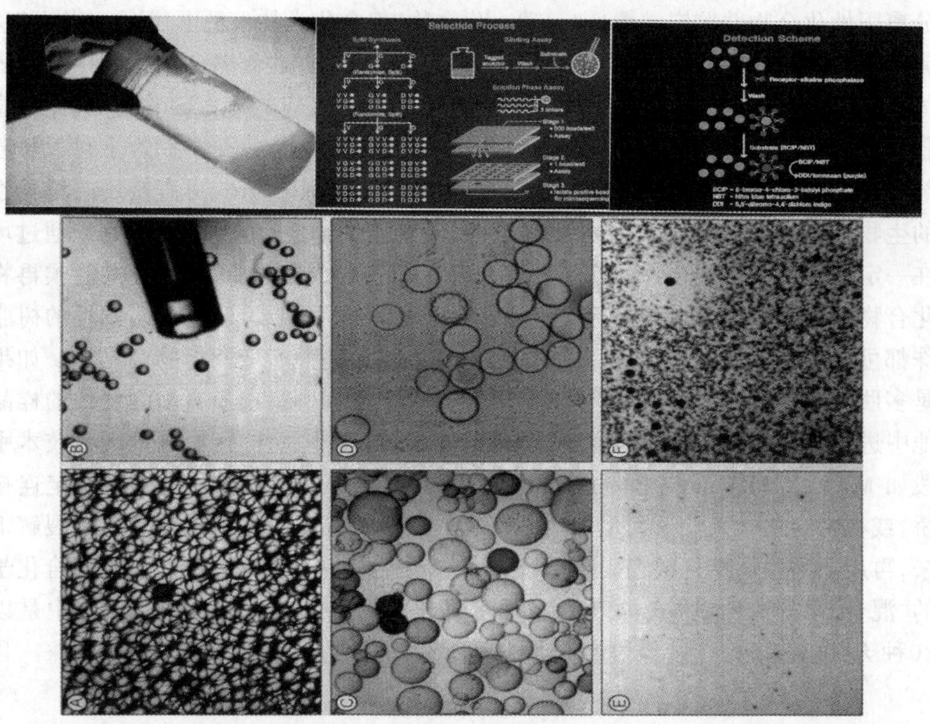

图 9.2　“一珠一化合物”组合化学的合成、筛选报告以及物理挑选活性树脂珠技术示意图

左上角第一个图显示了合成的化学库；中间是合成路线示意图以及采用分步裂解化合物的方式在液相中筛选化合物技术；右上角是在树脂珠上进行筛选的原理示意图。下面的六个图显示了筛选报告方式和物理挑选活性树脂珠技术。A 是显色报告技术；B 是在显微镜下的挑选技术；C 是荧光报告技术；D 是细胞结合报告技术；E 是同位素标记报告技术；F 是从树脂珠上裂解产生化合物的细胞增殖抑制实验技术

9.2 多肽化学库的合成

9.2.1 配制氨基酸溶液

由于在 DMF 或 NMP 中，Nα-Fmoc 保护的氨基酸、HOBt 溶液在 4℃下可以保存约 10d 以上，因此，实验中合成使用的试剂都事先配成溶液以方便取用。本实验中我们使用三倍当量过量的氨基酸、活化剂及添加剂来保证缩合反应完全。在制备化学库之前，以下列计算方程式计算所要使用试剂的量：

$$W_{aa}=\frac{(MW_{aa})(3L)(g)(N)}{X} \tag{9-1}$$

$$W_{HOBt}=(135.1)(3L)(g)(N) \tag{9-2}$$

$$V_{HOBt}=(0.7)(V')(X)(N) \tag{9-3}$$

$$V_{DIC}=\frac{(126.1)(3L)(g)}{(X)(0.806)} \tag{9-4}$$

式中，MW_{aa}为保护氨基酸的相对分子质量；L 为树脂功能基团负载量(mmol/g)；g 为使用树脂的量；N 为多肽化学库序列中的氨基酸残基数；X 为化学库合成过程当中每一步缩合反应使用的构建单元的总数(这里是选用保护氨基酸的种类数)；V'为每一个反应管中应当加入的氨基酸/HOBt/DMF 溶液的体积(100mg 的树脂我们一般加入 0.5mL 的氨基酸/HOBt/DMF 溶液)；0.806 为缩合剂 DIC 的比重；135.1 为添加剂 HOBt 的相对分子质量；126.2 为缩合剂 DIC 的相对分子质量。

式(9-1)用于计算全部化学库合成过程当中每一个氨基酸需求的总量；式(9-2)用于计算添加剂 HOBt 在全部化学库合成中需求的总量；式(9-3)用于计算 HOBt/DMF 溶液的体积；式(9-4)计算活化剂 DIC 在每一步缩合反应中每一个反应管需要的总体积。

9.2.1.1 制备多肽化学库所需的试剂

(1) 以下氨基酸的 α-氨基和侧链保护策略为：Fmoc-Arg(Pmc)-OH，Fmoc-Asn(Trt)-OH and Fmoc-Gln(Trt)-OH，Fmoc-Asp(OtBu)-OH and Fmoc-Glu(OtBu)-OH，Fmoc-His(Trt)-OH，Fmoc-Lys(Boc)-OH，Fmoc-Ser(tBu)-OH and Fmoc-Thr(tBu)-OH，Fmoc-Trp(Boc)-OH，Fmoc-Tyr(tBu)-OH。其他侧链未保护的氨基酸为：Fmoc-Ala，Fmoc-Phe，Fmoc-Gly，Fmoc-Ile，Fmoc-Leu，Fmoc-Met，Fmoc-Pro，Fmoc-Val。

(2) *N*-hydroxybenzotriazole·H_2O(HOBt·H_2O)。

(3) HPLC级 *N*，*N*-dimethylformamide (DMF)or *N*-methyl pyrrolidone (NMP)。

(4) 2.0 g Tenta Gel S NH_2树脂(0.27mmol/g)。

9.2.1.2 制备多肽化学库的实验步骤

(1) 合成一个六肽化学库,使用了 2.0 g TentaGel S NH_2树脂,使用的 19 种天然氨基酸(半胱氨酸除外)和其他试剂的计算量分别为：$W_{aa}=3\times0.27\times2.0\times7\times MW_{aa}/19=0.5968\times MW_{aa}$ mg； $W_{HOBt}=135.1\times3\times0.27\times2.0\times7=1532$ mg； $V_{HOBt}=0.7\times0.5\times19\times7=46.6$ mL[在每一步缩合反应中,每一个反应管加入0.5mL的氨基酸/HOBt/DMF 溶液(V')]； $V_{DIC}=126.1\times3\times0.27\times2.0/19\times0.806=13.4\mu L$。

(2) 称量固体试剂并放入到适当的带有刻度的试管中(如带有刻度的聚丙烯试管)。

(3) 用 DMF 溶解 1532 mg HOBt,注意控制最终体积为 46.6 mL(V_{HOBt})。

(4) 将 HOBt 溶液均匀(每份 2.45mL)分配到 19 个氨基酸试管中,待氨基酸溶解后小心地用 DMF 稀释到(V')×(N)mL 体积(本实验中为 3.5 mL)。在此过程中如有氨基酸不溶或难溶,可借助于超声方法来帮助溶解(或可用氨基酸的悬浮液直接加入到反应管中,但应注意混合均匀)。

9.2.2 线性多肽化学库的合成

一般来讲,我们使用 TentaGel 树脂(Rapp Polymere GmbH，Tubingen，Germany)作为化学库合成及筛选的载体。TentaGel 树脂由聚苯乙烯作为核心载体与聚乙烯醇(polyoxyethylene，PEG)接枝组成。聚乙烯醇连接桥官能团化后,适用于各种化学库的合成。该树脂的特点是它同时适应于有机合成条件和生物筛选的无机水相条件(具体内容可见前面章节,尤其第四章)。

理论上,*t*-Boc/benzyl 或 Fmoc/*t*-But 策略都可以用在 TentaGel 树脂上合成各类化学库。对于 *t*-Boc/benzyl 策略,合成最终肽化学库需要用 HF 除去侧链保护基。但由于 HF 高毒性而需要特殊的 HF 裂解装置和条件,同时可能对树脂连接桥聚乙烯醇有部分的裂解作用,因此我们一般推荐使用 Fmoc/*t*-But 策略在 TentaGel树脂上合成化学库。

有许多商品化的活化剂、添加剂可供在肽库固相合成中使用。如 *N*,*N'*-diisopropylcarbodiimide(DIC)，benzotriazol-1-yl-oxy-tris(dimethylamine)-phosphonium-hexafluorophosphate(BOP)，*O*-benzotriazile-*N*，*N*，*N'*，*N'*-tetramethyl-uronium-hexafluorophosphate(HBTU)，*O*-benzotriazol-1-yl-*N*,*N*,*N'*,*N'*-tetramethyluronium-tetrafluoroborate(TBTU)，benzotriozol-1-yl-oxy-*tris*-pyrrolidino-phosphonium-hexafluorephosphate (PyBOP) 和 bromo-*tris*-pyrrolidine-phosphonium hexafluorophosphate (PyBrOP)。但应当尽量避免使用 *N*, *N'*-dicyclohexylcarbodiimide(DCC),因为有毒并能够使部分人过敏,而且大部分有机和无机溶剂都难以溶解其不溶性的副产物(dicyclohexylurea,DCU),难以除去。

添加剂的作用是在氨基酸经活化剂脱水活化后首先与其反应生成相应的活化酯,以减少氨基酸在缩合反应过程中的消旋作用。HOBt 和 OPfp 酯是目前最为常用的两种活化酯添加剂。此处我们使用了 HOBt。当使用 BOP, PyBOP, TBTU, HBTU, 或 PyBroP 为活化剂、HOBt 为添加剂时,必须同时加入有机碱以中和上述活化剂产生的酸性副产物以保护氨基酸侧链保护基,如 Trt 和 *t*-But 等。我们一般推荐使用 *N*, *N*-diisopopylethylamine(DIEA), *N*-methylmorpholine(NMM)或 triethylamine(TEA)。此处我们阐述了使用 DIC 作为活化剂、HOBt 作为添加剂的肽化学库的合成方法,该法不需使用有机碱。

9.2.2.1 合成不含半胱氨酸的 19 种天然氨基酸肽化学库的试剂

(1) 按照 9.2.1 配置的氨基酸溶液。

(2) 25% 哌啶/DMF(*v*/*v*)。

(3) 三氟乙酸(Trifluoroacetic acid,TFA)。

(4) 茚三酮检测试剂:A. 5.0g 茚三酮溶解在 100mL 的乙醇中;B. 80.0 g 晶体苯酚溶解在 20mL 乙醇中;C. 体积比为 2%的 0.001mol/L 氰化钾水溶液在哌啶中。

(5) TentaGel S NH_2树脂(90～100μm),负载量:0.27mmol/g。

(6) *N*, *N*-diisopropylcarbodiimide(DIC)。

(7) 1,2-ethanedithiol(EDT)。

(8) 脱侧链保护基裂解液:Phenol∶Thioanisole∶H_2O∶EDT∶TFA=0.75∶0.5∶0.5∶0.25∶10(*w*∶*v*∶*v*∶*v*∶*v*)。

(9) 磷酸盐缓冲液(PBS buffer):137mmol/L 氯化钠,2.68mmol/L 氯化钾,8.0mmol/L 磷酸氢二钠和 1.47mmol/L 磷酸二氢钾,pH 7.4。

9.2.2.2 合成不含半胱氨酸的 19 种天然氨基酸肽化学库的实验步骤

(1) 量取 2.0g 的 TentaGel S NH_2 树脂(0.27mmol/g),并且用 HPLC 级的 DMF 溶胀 30min。

(2) 将溶胀好的树脂均分到 19 个反应管中[a]。放置 20min 后,小心除去上层的 DMF。

(3) 加入 0.5mL 的氨基酸/HOBt/DMF 溶液[b]。

(4) 加入由式(9-4)计算得到的 DIC。

(5) 室温下轻轻振荡缩合反应 1h。

(6) 从每一个反应管中取出少量的树脂放入到茚三酮测试微量反应管中。

(7) 用乙醇洗涤树脂后,进行氨基酸茚三酮测试[c,d]。

(8) 待所有的缩合反应完成后,合并所有的树脂并将它们转移到一个硅烷化的玻璃反应管中。该玻璃反应管底部带有一个砂心滤板,并安装了两通活塞装置,上部是磨砂盖。

(9) 用常规 DMF[e]洗涤 5 遍。

(10) 用 25%哌啶/DMF 处理两次,脱除 Fmoc 保护基,每次分别 15min。

(11) 再顺序用 DMF 洗涤树脂 6 次,甲醇 2 次、和 HPLC 级的 DMF 洗涤 6 次[f]。

(12) 重复上面步骤(2)～(11)直到完成全部缩合反应。

(13) 在脱除侧链保护基之前,重复步骤(10)和(11)先脱除 *N*α-Fmoc 氨基保护基。

(14) 最后,用 DCM 洗涤 5 遍,并真空干燥树脂 2h。

(15) 加入氨基酸侧链保护基裂解液 30mL,在室温下轻轻振荡反应 2.5h。

(16) 真空抽去裂解液,然后分别用 DMF,甲醇,DCM 和 DMF 各洗涤 5 次。

(17) 再分别用 30% H_2O/DMF、60% H_2O/DMF、100% H_2O 各洗涤一次,最后用 50 mmol/L 磷酸盐缓冲液洗涤 10 次。

(18)将合成的肽化学库在 4℃下于 0.05%叠氮化钠/PBS 溶液中保存。

[注]:*a*. 带有高密封性盖的聚丙烯或聚乙烯反应管。

b. 缩合反应一定要使用 HPLC 级或新蒸 DMF。

c. 移取微量的树脂到一个微量玻璃测试管中,用乙醇洗涤树脂 2～3 次。分别加入三种茚三酮测试试剂各一滴,在 100℃下加热 5min。蓝色的树脂或溶液是阳性结果,表明有氨基存在,缩合反应未完成。无色或淡黄色树脂和溶液表明为茚三酮检测阴性,无氨基保留,缩合反应完成。如果缩合反应在正常条件下未完成时,可适当延长反应时间,或真空抽去反应液后重新加入新鲜的氨基酸反应液和活化剂再反应 1h。

d. 由于脯氨酸是二级胺,茚三酮检测给出淡棕色的反应结果,与背景颜色无显著的差别。一般我们不再进行茚三酮实验检测脯氨酸氨基是否全部被缩合,而是采取双倍延长反应时间的方法来保证化学库的质量。

e. 此步我们建议使用一般价廉的 DMF 代替 HPLC 级或新蒸的 DMF。

f. 在最后三次洗涤时一定要使用 HPLC 级或新蒸的 DMF。

9.2.3 合成二硫键环化化学库

严格选择氧化条件和半胱氨酸的保护策略是形成二硫键环的关键。目前有三种方法可供选择,包括:(1)空气氧化法;(2)在极性溶剂中的 DMSO 氧化裸露巯基形成二硫键法;(3)碘在甲醇或乙酸中直接氧化保护 Cys(Trt)/Cys(Acm)形成二硫键法。我们推荐使用较为易处理的 DMSO 法制备单一二硫键化学库。如果欲合成含两对二硫键的化学库时,推荐使用 DMSO 法和碘氧化法。但在使用碘氧化法时,过量的碘需用维生素 C 还原除去。此处我们采用了 Fmoc-Cys(Trt)-OH 半胱氨酸保护策略。Trt 保护基可以很容易地用弱酸除去,在此条件下其他氨基酸侧链保护基安全。环化采用 DMSO 氧化法。

9.2.3.1 固相合成二硫键环化肽化学库所用试剂

(1) Fmoc-Cys(Trt)-OH。

(2) 三异丙基硅烷(triisopropylsilane, TIS)。

(3) 多肽裂解液:phenol∶thioanisole∶H_2O∶TIS∶TFA=0.75∶0.5∶0.5∶0.25∶10(w∶v∶v∶v∶v)。

(4) Ellman 试剂:4.0 mg 5,5′-dithio-bis(2-nitrobenzoic acid)in 1.0 mL of the 20 mmol/L sodium phosphate buffer, pH 8.0。

(5)氢氧化铵溶液。

(6)多肽合成试剂。

9.2.3.2 固相合成二硫键环化肽化学库的操作步骤

(1) 按 9.2.2.2 步骤在 2.0g TentaGel 树脂上合成肽化学库,将半胱氨酸残基插入到合适的位置。

(2) 按 9.2.2.2 除去肽库所有的 N 端及侧链保护基。

(3) 真空抽去裂解液后,分别用 DMF,甲醇,DCM,和 DMF 洗涤树脂各 5 次。

(4) 再用 30% H_2O/DMF,60% H_2O/DMF,和 100% H_2O 各洗涤一次后,用 Ellman 试剂测试巯基[a]。

(5) 预先配置 1.0L 氧化液 75∶5∶20=H_2O∶HOAc∶DMSO[b],并在合适的反应瓶中加入脱去所有保护的肽库树脂。在轻轻的搅拌下,室温氧化反应 48h,直到 Ellman 法检测巯基阴性。

(6) 用水洗涤肽库树脂 10 次,再用上述磷酸盐缓冲液洗涤 10 次。

(7) 将该肽库树脂保存在 4℃下的 0.05%叠氮化钠溶液/PBS 中。

[注]:[a]本步中,Ellman 测试结果必须阳性(黄色)。

[b]在加入 DMSO 之前用饱和氢氧化铵溶液调节 pH 值到 6.0。

9.2.4 合成 Lys 和 Glu 侧链环化肽化学库

通过氨基酸侧链的氨基和羧基酰胺环化可以制备不同类型的环化肽库。以下几种方法可供选择用于固相酰胺环化肽化学库的合成:(1)Boc-Asp-Ofm 或 Boc-Glu-Ofm[16] 和 Fmoc-Asp-OAll 或 Fmoc-Glu-OAll[17] 策略合成头尾环化化学库;(2)Fmoc-Asp(ODmab)-OH 或 Fmoc-Glu(ODmab)-OH 与 Fmoc-Lys(Dde)-OH 共同使用合成侧链环化肽化学库;(3)Boc-Asp(OFm)-OH 或 Boc-Glu(OFm)-OH 与 Boc-Lys(Fmoc)-OH 策略合成侧链环化化学库。Fm 保护基可以由 20% piperidine/DMF 溶液处理除去,而 allyl 保护基用 $Pd(PPh_3)_4/CHCl_3$: AcOH : *N*-mehtylmorpholine(37:2:1)混合试剂除去[18]。Dmab 和 Dde 对 2%肼/DMF 不稳定,本节中我们描述了利用 Fmoc-Lys(Dde)-OH 和 Fmoc-Glu(ODmab)-OH 为保护策略的侧链环化肽库合成方法。

9.2.4.1 合成 Lys 和 Glu 侧链环化肽化学库的试剂

(1) Fmoc-Lys(Dde)-OH 和 Fmoc-Glu(ODmab)-OH(Nova Biochem company)。

(2)Benzotriozol-1-yl-oxy-tris-pyrrolidino-phosphonium-hexafluorephosphate (PyBOP)。

(3) 1-hydroxy-7-azabenzotriazole(HOAt)。

(4) Diisopropylethylamine(DIEA)。

(5) 2% NH_2NH_2/DMF(*v*/*v*)。

(6) 其他多肽合成试剂同 9.2.2.1。

9.2.4.2 合成 Lys 和 Glu 侧链环化肽化学库的操作步骤

(1) 称取 2.0gTentaGel S NH_2树脂(0.27mmol/g)并用 HPLC 级 DMF 溶胀至少 0.5h。

(2) 降低树脂负载量。在 15mL 的 HPLC 级 DMF 混合 0.30μmol 的 Fmoc-Gly(89mg),0.31μmol 的 HOBt(42mg),以及 0.31μmol DIC(48.5μL)制备 Fmoc-Gly-OBt 活化酯。然后,将此活化酯溶液加入到盛有 TentaGel S NH_2树脂的反应瓶中,室温反应 2h 以上。该反应树脂经过 DMF 和 DCM 洗涤后,剩余的氨基用 15% 乙酸酐/DCM 封闭 30min。再经过 DCM 洗涤 5 遍后,树脂的负载量降低为 0.15mmol/g[a]。

(3) 用 25% 哌啶/DMF 处理树脂两次,每次 15min,脱去 Fmoc 氨基保护基。

(4) 彻底洗涤树脂后,进行肽化学库的合成。

(5) 在 15mL 的 DMF 中溶解 2.0 当量过量的 Fmoc-Lys(Dde)-OH(320mg)、加入 2.0 当量过量的 HOBt(81mg)和 2.0 当量过量 DIC(94μL),混匀轻轻振荡 15min 制成活化酯溶液。再与降低负载量的树脂在室温下一起反应 2h。

(6) 按照 9.2.2.2 的合成步骤(2)到(12)完成全部线性肽链的合成,将 Fmoc-Glu(ODmab)-OH 插入到希望环化的位置。由于该保护氨基酸较贵,建议缩合 Fmoc-Glu(ODmab)-OH 时同样使用两倍当量过量的试剂,即 Fmoc-Glu(ODmab)-

OH:735mg,DIC:94μL,HOBt 81mg 反应 3h。茚三酮测试必须阴性结果。

(7) 用 20%哌啶/DMF 除去 Fmoc 保护基。

(8) 将 5.0 倍当量过量的$(Boc)_2O$溶解在 20mL DCM 中,进一步同脱去 Fmoc 保护的肽化学库在室温下混合反应 2h,直到茚三酮测试氨基呈阴性。

(9) DCM 和 DMF 分别洗涤 5 遍后,用 2%肼/DMF(80mL/次)反应 2 次,每次 3min。

(10) 再用 DMF 洗涤树脂 6 次。

(11) 环化:5.0 倍当量过量 PyBOP、HOAt 和 10.0 倍当量过量 DIEPA 溶解于 25mL 的 HPLC 级的 DMF 中,加入到树脂里室温反应过夜。

(12) 侧链脱保护:30mL 9.2.2.2 步骤中的裂解液处理树脂 3h。

(13) 真空除去裂解液后,用 DMF、DCM、DMF 各洗涤一次,再用 30% H_2O/DMF, 60% H_2O/DMF, 100% H_2O 各洗涤一次,最后用磷酸盐缓冲液洗涤 10 次。

(14) 将环化肽库在 4℃下用 0.05%叠氮化钠/PBS 溶液保存。

[注]:[a]另外一种降低树脂负载量的方法:用 1.0 倍当量过量的 Fmoc-Gly 和 Ac-Gly(摩尔比 1∶1)与树脂在室温下反应 1h,然后再用 3.0 倍当量过量的 Fmoc-Gly 反应 1h。最终树脂负载量降低为原来的一半。

9.3 化学库的筛选

正如前文讨论的内容,“一珠一化合物”法可同时适用于固相筛选和液相筛选[1,4,14]。对于固相筛选,受体目标需要一个标记分子来反映受体目标和化学库化合物之间的相互作用情况。如酶、荧光探针或同位素标记的核等。变通的办法也可以采用生物基化的受体,进一步通过其与生物亲和素之间特异的相互结合转换为间接报告系统[19]。另一个途径可选用抗体与其市售标记的第二抗体的特异性结合为报告系统[20]。虽然,一般情况下进行筛选需要纯化的受体,但不是必不可少的。例如,在使用非常特异的标记第二抗体时,第一受体不必很纯。但是,无论使用哪一种筛选方法,关键是要设计不同的筛选方法来消除由单一一种方法造成的假性结果(包括假阳性和假阴性)。

除了使用可溶性受体进行筛选外,人们也可以考虑进行整体水平的筛选,如使用细胞、微生物等[21]。

应用此法,人们已经成功找到了蛋白质激酶抑制剂[4,22,23]、水解酶抑制剂[24,25]等。以下的实验内容中我们将详细向读者介绍筛选蛋白质激酶抑制剂的实验。寻找蛋白质激酶抑制剂筛选的原理是基于激酶可以从[γ-^{32}P]ATP 催化转移 γ-^{32}P 标记的磷酸基团到底物上,这种转移是共价转移。因此底物的磷酸化反应完成以后,未反应的酶等可以用较强烈的条件洗去。而被磷酸化的化合物(体现在每一个树脂珠上)经同位素曝光、确认活性树脂珠、分离活性树脂珠进行结构鉴定等步骤,从而很方便、快速地完成了群集筛选。以这样的方法,理论上每个星期可筛选几百万个化合物。而采用该法筛选水解酶底物的工作原理是在肽化学库的N端连接上"熄灭"分子和在C端连接上荧光分子。如果化学库中的肽底物连同N端的"熄灭"分子在水解酶的作用下被水解离去,就会导致留在树脂上的C端荧光分子发出荧光。在荧光显微镜下将活性树脂珠挑选出来即可直接进行结构鉴定。

"一珠一化合物"组合化学法也可被用来进行液相筛选。该法中树脂上的化合物通过在一定条件下选择部分裂解的连接桥合成到树脂上(包括化学和光敏感的连接桥)。有两条化合物释放途径可供选择。原位化合物释放方法中,树脂珠事先被固定在一定的位置上并可以识别,我们一般使用琼脂。此时,活性化合物代表的树脂珠可由此法追踪、鉴定化合物结构[26]。另一个方法是使用微孔板。将树脂珠平均分配到每一个微孔中去(从一个树脂珠/孔到500树脂珠/孔),然后将第一部分化合物释放到生物反应板的微孔中进行筛选。活性孔内的树脂珠进行第二次再分配,再释放第二部分化合物。这样一直到确认单一活性树脂珠后,留在树脂珠上的最后一部分化合物进行结构鉴定。该法需要设计、使用多步释放化合物的连接桥[5,27]。

9.3.1 受体连接到酶上的酶联显色筛选

9.3.1.1 仪器与试剂

(1) 肽库。

(2) 磷酸盐缓冲液:8.0 mmol/L Na_2HPO_4, 1.5 mmol/L KH_2PO_4, 137 mmol/L NaCl, 2.7 mmol/L KCl, pH 7.4。

(3) TBS缓冲液:2.5 mmol/L Tris-base, 13.7 mmol/L NaCl, 0.27 mmol/L KCl, pH 8.0。

(4) BCIP底物缓冲液:1.65 mg 5-Bromo-4-chloro-3-indoylphosphate(BCIP)溶解在10 mL 0.1 mol/L Tris-base, 0.1 mol/L NaCl, 2.34 mmol/L $MgCl_2$, pH 8.5~9.0。

(5) Gelatin:0.05%/水。

(6) 6.0 mol/L Guanidine-HCl, pH 1.0。

(7) Ligate-alkaline phosphatase conjugate。

(8) 50倍显微镜。

(9) 自动蛋白质测序仪(如ABI Model 477A, Applied Bio-system)。

9.3.1.2 操作步骤

(1) 转移1～10mL的肽库树脂到一个装有聚乙烯滤底的聚丙烯柱中[a],用水洗涤肽库树脂10遍。然后与0.05%(*w*/*v*)Gelatin/水混合,在室温下轻轻振荡1h。

(2) 用0.1%Tween/PBS充分洗涤肽库树脂。

(3) 用碱性磷酸酶标记的受体在0.05% gelatin/0.1% Tween/PBS中以适当的浓度在室温下包被肽库树脂。

(4) 再用0.1%Tween/PBS充分洗涤肽库树脂。

(5) 最后用TBS洗涤一次。

(6) 加入BCIP底物缓冲液后,将肽库树脂转移到10～20个聚苯乙烯的小盘中(直径10cm)。

(7) 室温下显色0.5～24h。

(8) 加入几滴1.0 mol/L HCl溶液酸化BCIP底物缓冲液停止显色反应[b]。

(9) 在亮光下先将显色较深的树脂珠挑选到一个小表面皿中[c]。

(10) 再在显微镜下将显色均匀的树脂珠挑选出来。

(11) 加入6.0 mol/L Guanidine-HCl, pH 1.0溶液脱色30min。

(12) 将单一树脂珠转移到蛋白质自动测序仪样品池中测序确定化合物结构[d]。

[注]:[a]所有的包被及洗涤步骤都在此柱内完成。

[b]实验过程中,如果出现太多的显色树脂珠时,应当将肽库树脂用DMF脱色后再重复筛选实验,减少阳性树脂珠的数目,以达到寻求结合最强化合物的目的。例如降低受体、底物浓度,缩短包被、显色时间等。

[c]本步中,许多未染色的树脂珠也可能被挑选出来。

[d]一般情况下,这样挑选出来的树脂珠应当先用DMF处理脱色后进行二次不同方法筛选。这样做会大大提高真正阳性结果的比例。

9.3.2 用酶联第二抗体报告未标记的受体与树脂上化合物之间的相互作用

9.3.2.1 仪器及试剂

(1) 大部分试剂与9.3.1相同。

(2) 结合缓冲液:16mmol/L Na_2HPO_4, 3mmol/L KH_2PO_4, 274 mmol/L NaCl, 5.4 mmol/L KCl, pH 7.2, with 0.1% Tween(*v*/*v*)and 0.05% Gelatin(*w*/*v*)。

(3) 碱性磷酸化酶标记的第二抗体。

9.3.2.2 实验操作步骤

(1) 按照 9.3.1.2 中第一步方法封闭肽库树脂珠。

(2) 用 0.1%Tween/磷酸盐缓冲液充分洗涤肽库树脂珠。

(3) 加入通常经 1∶5000 稀释的碱性磷酸化酶标记的第二抗体反应 1h。

(4) 再用上述的磷酸盐缓冲液- Tween 充分洗涤肽库树脂。

(5) 加入 BCIP 底物缓冲液后,转移肽库树脂到一个显色表面皿中。

(6) 按照 9.3.1.2 中的步骤(6)到(9)显色。

(7) 去除显色的树脂珠。

(8) 将未显色的树脂珠放入到另一个聚丙烯管中,用 6.0 mol/L Guanidine-HCl, pH 1.0 处理 20～30min。

(9) 经双蒸水洗涤 5 次后,再用 DMF 处理 30min 一次。

(10) 顺序用 30%、60%、到 100%水/DMF 依次洗涤。

(11) 最后用 0.1%Tween/PBS 洗涤 5 次。

(12) 再加入一定浓度未标记的受体在室温同样条件下包被 5h。

(13) 用 0.1%Tween/PBS 洗涤肽库树脂。

(14) 加入 1∶5000 稀释的碱性磷脂酶标记的第二抗体(同第三步)室温反应 1h。

(15) 先用 0.1%Tween/PBS 充分洗涤肽库树脂后,再用 TBS 洗涤一次。

(16) 如同 9.3.1.2 中步骤(6)～(12)步进行显色、分离、测序等步骤[a]。

[注]:[a]这样筛选得到的阳性化合物应当避免了化合物与碱性磷脂酶标记的第二抗体相互作用而产生的假阳性结果。

9.3.3 显色法和同位素标记法交叉筛选合成化学库

9.3.3.1 仪器和试剂

(1) 大部分试剂与 9.3.1.1 相同。

(2) 生物基化的受体。

(3) ^{125}I-标记的受体。

(4) 1.0%低凝胶化的琼脂糖/水(*w*/ *v*)。首先在微波炉里溶解琼脂糖,然后在 37℃下保持待用。

(5) X 射线胶片(如 Kodak X-OMAT LS)。

(6) Glogos Ⅱ autoradiogram 标签(Stratagene, La Jolla, CA)。

9.3.3.2 实验操作步骤

(1) 预先在 4℃下按摩尔比 4∶1[a]混合生物基化的受体与碱性磷脂酶标记的生物基亲和素至少 3h。

(2) 如 9.3.1.2 中步骤(1)和(2)处理树脂肽库。

(3) 将树脂肽库与生物基化的受体和碱性磷脂酶标记的生物基亲和素混合物在 0.05% gelatin/0.1% Tween /PBS 中于室温下包被 1～24h。

(4) 经过 0.1% Tween/PBS 充分的洗涤后，再用 TBS 洗涤一次。

(5) 如同 9.3.1.2 中的步骤(6)～(10)分离阳性树脂珠。

(6) 阳性树脂珠脱色，方法同 9.3.1.2 中步骤(12)。

(7) 脱色的树脂珠经 0.1% Tween/PBS 充分洗涤后，按照 9.3.1.2 中的步骤(1)用 0.1% gelatin 封闭树脂珠。

(8) 然后，这些脱除染色的树脂珠用 1∶5000 稀释的碱性磷脂酶标记的生物基亲和素包被 2h。

(9) 重复充分洗涤步骤(0.1% Tween/PBS)及最后的 TBS 一次洗涤后，加入 BCIP 缓冲液显色(9.3.1.2 中的(6)～(8)步)。

(10) 挑出并扔掉显色的树脂珠。

(11) 将无色的树脂珠再转移到一个 1mL 的聚丙烯反应管中用双蒸水、0.1% PBS/Tween 各洗涤 5 次，再用 TBS 洗涤 2 次。

(12) 选取一定浓度的^{125}I-标记的受体与这些树脂珠在 4℃下包被，同时用 TentaGel S NH_2树脂做阴性对照。

(13) 再用 0.1% Tween/ 2×PBS 洗涤 10 次。

(14) 将树脂珠悬浮于 1.0%热琼脂糖中(约 60～70℃)后，小心仔细地将树脂珠铺在一张玻璃板上，室温下空气干燥过夜。

(15) 将 Glogos II autoradiogram 标签贴到合适的位置上。

(16) 对 X 射线胶片进行一定时间的曝光。

(17) 对照标签的位置，仔细挑选曝光点所对应的树脂珠并将它们放入到一个聚丙烯材料的表面皿里。

(18) 微波加热熔解树脂珠周围的琼脂。

(19) 树脂珠用 TFA 处理 1h 后，水洗数次。

(20) 测序确定结构。

[注]：[a]每一个生物基亲和素分子有 4 个生物基分子结合位点。

9.3.4 筛选蛋白质激酶底物

9.3.4.1 仪器和试剂

(1) MES 缓冲液：30 mmol/L 2-(*N*-morpholino)ethanesulfonic acid，10 mmol/L $MgCl_2$，0.4 mg/mL bovine serum albumin(BSA)，pH 6.8。

(2) [γ-^{32}P]ATP(25 Ci/mmol)。

(3) 洗涤缓冲液：0.68 mol/L NaCl，13 mmol/L KCl，40 mmol/L Na_2HPO_4，7 mmol/L KH_2PO_4，pH 7.0，0.1%Tween-20(*v*/*v*)。

(4) 0.1 mol/L HCl。

(5) 1.0%低凝胶化的琼脂糖/水(*w*/*v*)[a]。

(6) X 射线胶片(如 Kodak X-OMAT LS)。

9.3.4.2 实验操作步骤

(1) 移取 1mL 肽库树脂放入到一个聚丙烯柱中，用双蒸水充分洗涤后，再用 MES 缓冲液洗涤数次。

(2) 加入 1mL 2×MES 缓冲液，其中含有 0.2～10μmol/L [γ-^{32}P]ATP 和蛋白质激酶。紧紧盖好柱子后轻轻振荡，在室温下反应 1～5h。

(3) 用洗涤缓冲液充分洗涤树脂后，再用双蒸水洗涤数次。

(4) 将^{32}P 标记的树脂肽库转移到一个装有 5mL 0.1mol/L HCl 反应管中，进一步在 100℃加热 15min 除去水解残留的[γ-^{32}P]ATP。

(5) 将该树脂肽库转移到带有聚乙烯滤板的聚丙烯反应管中。用缓冲液洗涤后，加入 30mL 1.0 %琼脂糖溶液(约 70℃)，轻轻振荡后使肽库树脂均匀悬浮在琼脂糖中。

(6) 将树脂肽库悬浮液均匀倒在一个干净的玻璃板上(约 16cm×18cm 大小)。经空气干燥过夜后，在适当的位置上贴上 Glogos Ⅱ autoradiogram 标签(注意：树脂珠不应过多，一般应该为均匀薄薄一层，以保证在随后取树脂珠时尽量减少取得阴性树脂珠。否则，可将肽库树脂珠均匀分布到几个玻璃板上)。

(7) 将 X 射线胶片曝光约 20～30h 后，仔细冲洗胶片。

(8) 在显微镜下仔细对准 Glogos Ⅱ autoradiogram 标签在胶片和玻璃板上位置后，用小刀片取下胶片上黑点对应周围的树脂珠[b]。

(9) 合并全部取下的琼脂包裹的树脂珠，再加入 30mL 热的 1.0 %琼脂糖溶液(约 70℃)。

(10) 15min 后，重复上述在玻璃板上铺树脂珠、曝光、冲洗胶片等步骤(此次铺在玻璃板上的树脂珠要均匀分散，易准确挑取单一树脂珠)。

(11) 重复步骤(8)和(9),仔细确认胶片上曝光点对应的单一阳性树脂珠的位置,小心取下单一阳性树脂珠并放入装有水的小表面皿中。微波加热溶去琼脂。

(12) 在显微镜下移取单一树脂珠到蛋白质测序仪的样品盒中测序确定序列。

[注]:[a]用微波炉加热溶解琼脂糖并保持在 70℃左右。

[b]由于此步中铺在玻璃片上的树脂珠较多,一般情况下,此时一个曝光点代表了许多树脂珠。

参 考 文 献

[1] Lam KS, Salmon SE, Hersh EM, Hruby VJ, Kazmierski WM, Knapp RJ, *Nature* 1991, 354: 82

[2] Houghten RA, Pinilla C, Blondelle SE, Appel JR, Dodey CT, Cuervo JH, *Nature* 1991,354: 84

[3] Furka A, Sebbstyen F, Asgedom M, Dibo G, *Int. J. Pept. Protein Res*.1991, 37: 487

[4] Wu JZ, Ma QN, Lam KS, *Biochemistry* 1994, 33: 14825

[5] Salmon SE, Lam KS, Lebl M, Kandola A, Khattri P, Wade S, Patek M, Kocis P, Krchnak V, *Proc. Natl. Acad. Sci. USA* 1993, 90: 11708

[6] Nikolaiev V, Stierandova A, Krchnak V, Seligmann B, Lam KS, *Peptide Research* 1993, 6: 161

[7] Ohlmeyer MHJ, Swanson RN, Dillard LW, Reader JC, Asouline G, Kobayashi R, Wigler M, Still WC, *Proc. Natl. Acad. Sci. USA* 1993, 90, 10922

[8] Brenner S, Lerner RA, *Proc. Natl. Acad. Sci. USA* 1992, 89: 5381

[9] Nicolaou KC, Xiao XY, Parandoosh Z, Senyei A, Nova MP, *Angew. Chem., Int. Ed. Engl*.1995, 34: 2289

[10] Geysen HM, Meloen RH, Barteling SJ, *Proc. Natl. Acad. Sci. USA* 1984, 81: 3998

[11] Thompson LA, Ellman JA, *Chem. Rev*. 1996, 96: 555

[12] Fruchtel JS, Jung G, *Angew. Chem., Int. Ed. Engl*. 1996, 35: 17

[13] Nefzi A, Ostresh JM, Houghten RA, *Chem. Rev*.1997, 97: 449

[14] Lam KS, Lebl M,.Krchnak V, *Chem. Rev*.1997, 97: 411

[15] Wahl F, Mutter M, *Tetrahedron Letters* 1996, 37(38): 6861

[16] Spatola AF, Romanovskis P, *Combinatorial peptide and nonpeptide Libraries: a handbook*, p 327. 1996, VCH Verlagsgesellschaft mbH, D-69451 Weinheim

[17] McMurray JS, *Pept. Res*.1994, 7: 195

[18] Catalog & peptide Synthesis Handbook(1997/1998), p. S33

[19] Lam KS, Lebl M, *Methods: A Companion to Method in Enzymology* 1994, 6: 372

[20] Smith MH, Lam KS, Hersh EM, Grimes W, *Molecular Immunology* 1994, 31: 1431

[21] Pennington ME, Lam KS, Cress AE, *Molecular Diversity* 1996, 2: 19

[22] Lam KS, Wu JZ, Lou Q, *Intl. J. Protein Peptide Res*.1995, 45: 587

[23] Lou Q, Leftwich M, Lam KS, *Bioorganic and Medicinal Chemistry* 1996, 4: 677

[24] Meldal M, Svendsen I, Breddam K, Auzanneau FI, *Proc. Natl. Acad. Sci. USA* 1994, 91: 3314

[25] Meldal M, Svendsen I, *J. Chem. Soc., Perkin Trans. 1*, 1995, 1591

[26] Salmon SE, Liu-Stevens RH, Zhao Y, Lebl M, Krchnak V, Wertman K, Sepetov N, Lam KS, *Molecular Diversity* 1996, 2: 46

[27] Lebl M, Patek M, Kocis P, Krchnak V, Hruby VJ, Salmon SE, Lam KS, *Intl. J. Protein Peptide Res*. 1993, 41: 201

(刘 刚,Kit S. Lam)

作者简介

Kit Sang Lam M.D., Ph.D.,现任加州大学戴维斯分校的内科系血液学和肿瘤学临床医学部门主任。Lam教授于1975年毕业于美国德克萨斯大学,1980年在威斯康星大学获得博士学位,1984年在斯坦福大学获得医学博士学位。Lam教授的主要研究领域是组合化学,是"一珠一化合物"组合化学概念和方法的发明人,现担任 Molecular Diversity, Combinatorial Chemistry and High Throughput Screening, IDrugs-the Ivestigational Drugs Journal 等杂志的编辑,是 Selectide Corporation, Tucson, Arizona 的创始人和顾问。Lam教授已经发表了100余篇有关研究论文,获专利10余项。

第十章 “一珠一化合物”组合化学方法筛选抗万古霉素耐药菌活性化合物

万古霉素是一种糖肽抗菌素，通过与糖蛋白合成启动子——胞壁酰五肽的C-端 D-Ala-D-Ala 形成高亲和力复合物，抑制了革兰氏阳性细菌细胞壁糖蛋白链的增长。目前，万古霉素是临床上治疗由于革兰氏阳性细菌引起的感染(如葡萄球菌感染[1]和肠球菌感染[2])并危及生命的最后一种药物。自从 1991 年首次发现和分离到万古霉素耐药菌后[3]，已经在世界范围内分离到了多种万古霉素耐药菌株[4]，向人类敲响了警钟。

二维核磁共振谱研究表明，在万古霉素与 D-Ala-D-Ala 之间形成了五个氢键[5]。事实上，溶液中的两个万古霉素首先自身背靠背地形成双聚体，然后以两个正面分别与两个 D-Ala-D-Ala 相互作用[6]，阻断了细胞壁糖蛋白的合成。然而，突变的革兰氏阳性细菌已经自身修饰 D-Ala-D-Ala 为 D-Ala-D-Lactate(由酰胺键转变为酯键)，从而，万古霉素与 D-Ala-D-Ala 酰胺键氢原子之间的氢键消失，致使万古霉素与其结合的能力下降了 1000 倍。因而，即使在万古霉素存在的情况下，突变的细菌仍能够合成细胞壁糖蛋白[7,8]。根据万古霉素的作用机理，我们假设并利用 D-Ala-D-Lactate 作为探针筛选合成化学库，以期寻找到新的高亲和力结合化合物。本章中，我们报道了采用“一珠一化合物”组合化学原理[9]建立的正交筛选方法，筛选得到新的抗万古霉素耐药菌活性化合物。

10.1 实验部分

10.1.1 实验材料

200～400 目的 2-氯三甲基氯化物树脂(2-chlorotrityl chloride resin)，负载量为 1.25mmol Cl/g，1.0% DVB 购自 Nova BioChem 公司。负载量分别为 0.27mmol/g 和 0.26mmol/g、90μm 的 TentaGel S NH_2和 TentaGel S OH 树脂购于 Rapp Polymere GmbH 公司。负载量为 0.3mmol/g 的 100～200 目的 Fmoc-Wang 树脂则购于 Advanced ChemTech，交联度为 1% DVB。200～400 目，负载量为 0.44mmol/g 的 Rink amide MBHA 树脂购于 Peptide International。D-乳酸钠盐和 D-乳酸购自 Fluka。所有其他带保护的氨基酸购自 Chem-IMPEX 公司，Fmoc-连接桥是根据文献[10]合成的。

氯胺T(chloramine T, Sigma)溶液是新配制的,浓度为1.0mg/mL,隔绝空气与避光保存(用箔纸封好)。2mg/mL的半胱氨酸磷酸盐缓冲溶液(pH=7.4)也是新配制的,同样隔绝空气避光保存。改性的TSA II^{TM} Trypticase Soy Agar购自Difico公司,其琼脂溶液则根据产品说明配制。革兰氏阳性细菌 *Enterococcus faecalis*(ATCC 51299,低水平万古霉素耐药菌)和 *Staphylococcus aureus*(ATCC 25923)购自于ATCC。购得的细菌株先在营养液中(nurtrient broth)中培养复活,经离心除去上清液后,于50%营养液和甘油混合液中在−78℃下保存备用。

10.1.2 固相合成biotinylated-linker-L-Lys(Ac)-D-Ala-D-lactate(BKal)和3-(4-hydroxyphenyl)propionic acid amide-linker-L-Lys(Ac)-D-Ala-D-lactate(HKal)探针化合物

将200mg 2-氯三甲基氯化物树脂(1.25mmol Cl/g)在室温下抽空干燥至少1h,然后再在5mL干燥过的DCM中充分溶胀30min。将45mg D-lactic acid溶于3mL DCM或DMF中,加入到装有树脂的反应管中,在室温下反应2h。用DCM/MeOH/DIPEA(17/2/1, *v*/*v*/*v*)混合物洗涤树脂3次,多余的Cl被MeOH封闭,而后分别用DCM、DMF、MeOH和DCM各洗涤3次,在真空下干燥乳酸取代树脂30min。

于10mL的圆底烧瓶中,将3.0倍当量过量的Fmoc-D-Ala(233.5mg)溶于3mL的DCM和几滴DMF中,再加入101.6mg的HOBt和117.8μL的DIC,室温下反应1h,反应过程是在干燥氮气流下进行的,以防潮气的影响。用减压旋转蒸发仪将DCM除去后,将残留物溶于3mL的DMF中,加入到含有D-Lactic acid树脂的反应管中,然后加入溶于200μL DMF中的3.4mg的DMAP,在室温下反应1h,将D-lactic acid的羟基酯化。进一步用20%的哌啶/DMF将树脂分别处理5min和15min,脱去Fmoc保护基,分别用DMF、MeOH和DMF各洗涤3次。再将307.9mg的Fmoc-Lys(Ac)、101.6mg的HOBt和117.8μL的DIC混合2min,加入到树脂中反应45min,重复上述脱Fmoc过程,然后加入407.25mg的Fmoc-linker、101.6mg的HOBt和117.8μL DIC,在室温下过夜,将Fmoc-Linker接到树脂上。

(1) 制备BKal树脂:将183mg的Biotin、101.6mg的HOBt和117.8μL的DIC加入到反应管中室温下过夜,Kaiser检测树脂为阴性后,先用DIPEA洗涤2次(每次5mL),再分别用DMF、MeOH、DMF和DCM各洗3次,然后在抽真空下干燥。

(2) 制备HKal树脂:将125mg的3-(4-hydroxyphenyl)propionic acid、101.6mg的HOBt和117.8μL的DIC加入到3-(4-hydroxyphenyl)propionic acid amide中反应1h,Kaiser检测树脂为阴性后,分别用DMF、MeOH、DMF和DCM各洗3次,然后在抽真空下干燥。

(3) 制备 BKal 和 HKal 探针化合物：室温下将上述方法制得的树脂分别用 2mL 的 95% TFA/H_2O 处理半小时，过滤收集反应液后，树脂再用 2.0mL 的 TFA 洗涤一次。合并两次的 TFA 溶液，用冰浴过的乙醚沉淀两次，在旋转离心机上沉淀，倒去上清液。残余物再用乙醚洗涤两次后，于室温下空气中干燥 1h。用少量 30%的 CH_3CN/H_2O 将合成的探针化合物溶解，经半制备的 RP-HPLC（Beckman System Gold，配有 126 NMP solvent module 和 166 NMP 检测仪）Vydac C18 柱纯化，流动相的流速为 8.0mL/min，梯度为 2.0 B/min（A：90% H_2O/CH_3CN + 0.1TFA；B：90%CH_3CN/H_2O+0.1TFA）。电喷雾质谱测定合成探针化合物的正确的相对分子质量分别为：BKal（found 860.3，calc. 860.4），HKal（found 781.3，calc. 781.2）。

10.1.3 固相合成 biotinylated-linker-L-Lys(Ac)-D-Ala-D-Ala(BKaa) 和 3-(4-hydroxyphenyl)propionic acid amide-Linker-L-Lys(Ac)-D-Ala-D-Ala(HKaa)探针化合物

采用标准的 Fmoc 化学策略[9]在 Wang 树脂上合成了 BKaa 和 HKaa。同上，合成的探针化合物经反相 HPLC 纯化后，由电喷雾质谱法确定正确的相对分子质量为：BKaa(found 859.3，Calc. 859.4)，HKaa(found 780.2，Calc. 780.3)。

10.1.4 固相合成 diacetyl-L-Lys-D-Ala-D-lactate(DKal)

将 D-乳酸接到树脂上以及将 D-Ala 酯化方法同上，利用 3 倍当量过量的 DIC 和 HOBt 将 Fmoc-Lys(Ac)或 Ac-Lys(Fmoc)接到 D-Ala-D-lactate 树脂上。用 20%吡啶/DMF 溶液分别处理 5min 和 10min 后，脱去 Fmoc 保护基。再用 DMF、MeOH、DMF 和 DCM 各洗 3 次后，抽真空下干燥。室温下加入 15%乙酸酐/DCM 反应 30min，将自由氨基乙酰化。用 2.0mL 的 5%TFA/DCM 处理树脂 10min 将肽裂解下来。过滤除去树脂后，在快速搅拌下小心加入 1.0mL 冷水使酸酐水解，减压旋转蒸发除去有机溶剂，残留物用 30%CH_3CN/H_2O 溶解，然后冷冻干燥。利用与上述相同的 RP-HPLC 方法纯化多肽化合物，利用 ESI-MS 确定正确的相对分子质量为：found 374.3，calc. 374.1。

10.1.5 碘化 HKal 和 HKaa

将 1.0μL 肽(HKal 或 HKaa)的磷酸盐缓冲液(33mg/mL，pH=7.4)加入到一个带有螺旋盖的聚丙烯小管子中，然后加入 65μL 50mmol/L 的 PBS(pH=7.4)。

在通风橱中,再加入 2.5mCi(一般为 10μL)$Na^{125}I$ / 0.01 当量 NaOH 溶液后,立刻加入新鲜的 25μL 1.0mg/ml 氯胺 T 溶液(1.0mg/mL),摇荡 30s,加入 250μL 2mg/mL 新鲜的半胱氨酸/PBS(pH=7.4),继续摇荡 30s 以阻断其碘化。然后小心地将反应液转移到一个短 LC-18 Supelclean 柱管中(Supelco 公司),先用双蒸水将碘盐洗去,在洗涤过程中用 γ-记数器来检测是否还残留碘盐,直至完全洗净。最后,用 5%～50%的 CH_3CN/H_2O 手工操作将碘化的肽洗脱出来,每一部分收集 10 滴,分别取出 5μL 用 0.5mL 的双蒸水稀释后,测其放射活性,将反射活性最强的部分合并在一起。

将 $Na^{125}I$ 换为 NaI 后精确重复上述反应步骤制得了 I-HKal 和 I-HKaa。经过完全相同的纯化和组分收集步骤,合并上面用 $Na^{125}I$ 标记时所收集到的两个组分进行质谱跟踪测定,结果给出了正确的相对分子质量,但是以混合物(酚羟基临位单碘化和双碘化产物)形式存在,比例约为单取代∶双取代=1∶3(碘同位素峰高相对比值)。MS:I-HKal:found 908.2,calc. 908.1;I_2-HKal:found 1035.1,calc.1035.3。I-HKaa:found 907.3,calc.907.1;I_2-HKaa:found 1034.3,calc.1034.2。同位素标记的化合物以此为证据,未再进行鉴定。

10.1.6 以 BKal 和 ^{125}I-HKal 作为探针正交筛选"一珠一化合物"化学库

将 2.9μL 的 BKal 或 BKaa(0.01μg/μL)与碱性磷酯酶标记的链球菌亲和素(alkaline phosphatase labeled-streptavidin,SA-AP,1μg/μL,Sigma)以摩尔比为 4∶1 混合,在 4℃下放置过夜。取 0.5mL 新鲜的化学库(约 10^7 个树脂珠/mL),分别用双蒸水和 PBS 洗涤 5 次,再用 5mL 0.05%明胶/PBS/Tween 溶液在室温下封闭 1h。经双蒸水和 PBS 各洗涤 5 次后,加入 BKal 或 BKaa 与 SA-AP 的混合物 PBS 稀释溶液(1∶5000=v∶v),室温下轻巧震荡 2h。分别用双蒸水、PBS 和 Tris 缓冲液各洗涤 5 次。然后,转移到 1.0%的琼脂糖/H_2O(60～70℃),混合均匀后倒入培养皿中,使树脂珠均匀地铺在底部。当温度降至 25℃时,琼脂糖凝固。加入将 5mL BICP/缓冲液(1.65mg 5-bromo-4-chloro-3-indoylphosphate(BCIP)溶在 10mL 的 0.1mol/L Tris-base,0.1mol/L NaCl 和 2.34 mmol/L $MgCl_2$,pH 8.5～9.0),在室温下放置显色。显色完成后,加入几滴 1.0 当量 HCl 终止显色反应。加热熔化琼脂糖,在显微镜下利用移液枪将均匀显色的树脂珠挑出来,置于装有 DMF 的聚丙烯反应管中,室温下震荡脱色 3h,再加入 95%的 TFA 脱色 1h。最后加入 8.0 mol/L 的 Gn.HCl 处理 30min。然后,分别用 H_2O、PBS/Tween 和 TBS(pH=8.0)各洗涤 5 次。将这些经脱色处理的树脂珠再与单独的 SA-AP 包被处理,重复上述显色步骤,挑选除去有色的树脂珠(这些显色的树脂珠是同 SA-AP 结合的假阳性结果)。

将阴性树脂珠用 0.05% 的明胶/PBS/Tween 在室温下封闭 1h，经双蒸水和 PBS 充分洗涤后，加入 ^{125}I-HKal/PBS(1∶200＝ v∶v)，在 4℃下放置过夜，用 Tenta Gel S NH_2树脂(负载量 0.27mmol/g，直径 90μm)作为空白对照。抽掉溶液后，将树脂在室温下用 100mmol/L 的 PBS 处理 10min，重复 3 次。然后，再用 50mmol/L 的 PBS 洗涤 10 次。将树脂悬浮在 1%琼脂糖/水(60～70℃)后，均匀地铺在一块干净的玻璃板上，令其自然冷却凝固。同位素标记的树脂珠用 X 射线胶片曝光后，在显微镜下摘出与曝光点对应的树脂珠，并放入装有水的小培养皿中。加热将琼脂糖溶解，再将树脂珠转移到装有 8.0mol/L Gn.HCl 的另一小培养皿中处理 30min。最后，将单个的树脂珠直接转移到蛋白质测序仪的样品池中，测定化合物的结构。

10.1.7 利用 19 种天然 L-构型氨基酸(半胱氨酸除外)在 TentaGel 树脂上合成“一珠一化合物”肽库

依据文献合成了全部化学库[9]，每一个化学库使用了 2g TentaGel S NH_2树脂，约含 100 万个化合物。肽库储存在 0.05% NaN_3/PBS 中(pH＝ 7.4)。下面是合成具有空间结构以及环肽库的几个策略，如用 pH 值为 6.0 的 20%DMSO/H_2O/HOAc(H_2O/HOAc ＝15∶1，v/v)在固相表面氧化 Cys 形成二硫键的环肽库；Fmoc-Glu(ODmab)和 Fmoc-Lys(Dde)形成酰胺键的环肽库；在肽链中间的脯氨酸合成了 β-转角化学库；Lys 可以形成两个枝链的肽库。

10.1.8 多肽化合物的合成及纯化

采用 Fmoc 化学策略，在 Rink MBHA 树脂或 TentaGel S NH_2树脂上分别合成了可裂解下来和固载化的肽化合物。在 TentaGel S NH_2树脂脱侧链保护基以及从 Rink MBHA 树脂上将肽裂解下来时使用相同的混合物(结晶酚/硫羟基苯甲醚/水/EDT/TFA＝0.75g/0.5mL/0.5mL/0.25mL/10mL)，并在室温下处理 6h。固载化的树脂肽保存在 0.05% NaN_3/PBS(pH＝7.4)里。从 Rink MBHA 树脂上裂解下来的多肽化合物用冰水冷却过的乙醚充分洗涤后，用 Beckman 的 RP-HPLC 仪在不同的色谱柱上进行分析、纯化，并用电喷雾质谱确定了正确的相对分子质量。

10.1.9 活性肽骨架的非肽衍生化

10.1.9.1 以 1,5-二氟-2,4-二硝基苯为连接桥的化合物非肽衍生化

采用 Fmoc 化学策略在 TentaGel S OH(0.26mmol/g)树脂上首先合成欲非肽

衍生优化的多肽骨架化合物。使用 20%哌啶/DMF(室温处理 20min)和 2% NH_2NH_2/DMF(室温处理 1min/次)脱去 Fmoc 保护基和 Dde 保护基后,加入 2 倍当量过量的 1,5-二氟-2,4-二硝基苯/DMF 溶液,室温下反应 1h。用 DMF 充分洗涤后,将树脂均匀分配到带有过滤装置的 96 孔反应板中,每孔平均 30mg 树脂(以起始树脂计算)。每孔再加入 100μL 的 1.0mol/L 烷基胺/DMF 溶液,震荡反应过夜。分别再用 DMF 和 DCM 充分洗涤后真空干燥 1h。每孔再加入 200μL 的 95%TFA/H_2O 溶液室温处理 3h,脱去侧链保护基。最后,用 50μL 的 0.1mol/L NaOH 在室温下处理树脂 15min,过滤收集母液。母液分别用 20μL 的 10% HOAc 中和,冷冻干燥。每孔样品用 30μL 的 DMSO 溶解待用。

10.1.9.2 以 3-氟-4-硝基苯甲酸为连接桥的化合物非肽衍生化

同上制得氨基裸露的树脂肽化合物。分别称取 3 倍当量的 3-氟-4-硝基苯甲酸、DIC 和 HOBt 溶于适量的 DMF 中制得活化酯溶液,再加入到盛有肽树脂的反应管中,在室温下反应 1h。DMF 充分洗涤后,将肽树脂均分到装有过滤装置的 96 孔反应板中,每孔 30mg。同上,重复加入上述烷基胺溶液、95%TFA/H_2O 处理、0.1mol/L NaOH 裂解化合物、HOAc 中和、冷却干燥、样品溶解待用。

10.1.9.3 还原胺化反应

上面制得的氨基裸露树脂与溶于原甲酸三甲酯 5 倍当量过量的醛在室温下反应 3h,过滤除去过量的醛及原甲酸三甲酯后,加入 20 倍当量过量的 $NaBH_3CN$/THF 溶液,在室温下反应过夜。同法处理,将最终化合物保存于 96 孔板中待用。

10.1.10 易感性抑菌实验

10.1.10.1 琼脂基上的易感性抑菌实验

称取 40g Trypticase Soy 琼脂(Difico 公司),溶于 1.0mL 的 55~60℃的水中,在 121℃下高温灭菌。移取 10mL 此溶液倒入直径为 100mm 的培养皿中,在室温下使其慢慢凝固,制得 3mm 厚的琼脂基,而后放置在 4℃冰箱中保存。羊血琼脂基直接购于 Difco 公司。将从 ATCC 购得的菌种先在营养液复活,经离心沉淀后,倾去上清液,沉淀于-78℃下保存在 50%的甘油和培养液混合液中。使用前移取一定体积的此溶液,用细菌培养液或生理盐水稀释到浓度为 10^5~10^6 CFU/mL。再用消毒棉签蘸少许细菌悬浮液,按三个方向均匀地将其接种在琼脂基表面上,放置 5min。最后,用消毒的镊子将直径为 1/4in(1in=2.54cm)的白色圆纸片(BBL 公司)轻轻摆放在琼脂基表面上,点上样品。15min 后移到 35℃的恒温箱中放置 16~18h。

10.1.10.2 MIC 的测定

将细菌用 Trypticase Soy 培养液稀释到 10^5～10^6 CFU/mL,取 1.0mL 加入到无菌管中。合成化合物按倍比稀释的方式加入到每一个试管中,化合物的起始浓度为 1000mg/L,终浓度为 2μg/L。在 35℃的恒温箱中,轻轻振荡下过夜后,利用 NCCLS 来测定合成化合物的 MIC 值[11]。

10.2 结果与讨论

组合化学是发现新药先导化合物的主要现代技术之一[13]。Lam 等人首次提出了“一珠一化合物”的组合化学方法[14],包括:(1) 合成可分离的、且大数量多化合物的化学库(“混合-均分”法[15]);(2)利用库中化合物一些特殊性质,建立起生物、化学或物理的筛选方法;(3)阳性化合物的分离及结构鉴定[10]。本章中,我们利用生物素和 ^{125}I 标记的 D-Ala-D-Lactate 作为探针化合物,设计了正交组合化学筛选法。

我们共设计合成了 18 个结构不同的肽库,包括直线型、转角型、分枝型和环型结构的化学库。采用 Fmoc 化学策略,在直径为 90μm 的 Tent Gel S NH_2 树脂上合成了这些肽库(见图 10.1)[8]。每一个树脂珠上负载约 100pmol 的单一化合物。该树脂是由聚苯乙烯作为基质,再嫁接聚乙烯二醇制成。聚乙烯二醇的高亲水性使其成为目前进行“On-Bead”筛选的最佳载体[13]。利用固相法我们首次合成了生物素和 ^{125}I 标记的 D-Ala-D-Lactate 探针化合物,见合成路线 I。生物素和 ^{125}I 与探针之间以我们研究组发展的亲水性连接桥[10]分隔开来,以尽量避免探针标记物对结合反应的干扰。在 D-乳酸的树脂上固载化时,我们利用了羟基与羧基亲核取代反应的差异,羟基未加保护,直接与高度酸敏的 2-氯三苯甲基树脂在弱碱 DIPEA(二异丙基乙胺)存在下,于 DCM 中反应,将 D-乳酸接在树脂上[利用溶于 DMSO 的 D-乳酸盐与二氯甲烷混合溶剂(v∶v=1∶9)也可以将 D-乳

1 XXXXX
2 xxxxxxx (D-amino acid library)
3 XXXXXXX
4 XXXXXXXXX
5 XXXXpXXXX
6 XXXXpXXXXX
7 XXXXXpXXXX
8 XXXXXpXXXXX
9 $(XXXX)_2K$
10 $(XXXXXX)_2K$
11 CXXXXXC
12 CXXXXXXXC
13 CXXXXXXXXXC
14 GluXXXXXXXLys (CO-NH)
15 GluXXXXXLys (CO-NH)
16 GluXXXpXXLys (CO-NH)
17 XXXpXXXpXXX
18 DprXXXXXXXDpr (O-N=C-CO)

图 10.1 采用“混合-均分”方法合成了多肽化学库

H-D-Lac-OH or H-D-Lac-ONa + Cl, Cl, (P) —DCM or DMSO/DCM 9:1(*v*/*v*)→ H-D-Lac-O, Cl, (P)

—Fmoc-D-Ala-Obt, DMAP/DMF→ Fmoc-D-Ala-D-Lac-O, Cl, (P) —Fmoc-Lys(Ac)-OH, HOBt, DIC/DMF→

—Fmoc- linker-OH, HOBt, DIC/DMF→ —Biotin-OH or HO–C$_6$H$_4$–(CH$_2$)$_2$COOH, HOBt, DIC/DMF→ Biotin- linker-Lys(Ac)-D-Ala-D-Lac-O, Cl, (P)

or HO–C$_6$H$_4$–(CH$_2$)$_2$CO-linker-Lys(Ac)-D-Ala-D-Lac-O, Cl, (P)

—95% TFA→ Biotin- linker-Lys(Ac)-D-Ala-D-Lac-OH

or HO–C$_6$H$_4$–(CH$_2$)$_2$CO - linker-Lys(Ac)-D-Ala -D-Lac-OH

HO–C$_6$H$_4$–(CH$_2$)$_2$CO - linker-Lys(Ac) -D-Ala-D-Lac-OH —Na^{125}I→

HO–C$_6$H$_2$(^{125}I)$_2$–(CH$_2$)$_2$CO -Linker-Lys(Ac)-D-Ala-D-Lac-O

linker=-NH(CH$_2$)$_3$O(CH$_2$CH$_2$)$_2$OCH$_2$CH$_2$O(CH$_2$)$_3$NHCOCH$_2$CH$_2$CO-

合成路线Ⅰ:Solid-phase synthesis of probes

酸接在树脂上]。**Fmoc-Ala-OH** 的酯化是在缩合剂(DIC)和催化剂(DMAP)条件下于室温完成。随后的肽链延长和生物基化采用了标准的 Fmoc 化学策略完成。

用95%的TFA/ H_2O 将合成的化合物从树脂上裂解下来。经半制备的HPLC纯化后制得BKal和HKal。在氯胺T存在下,用 $Na^{125}I$ 标记带有酚基官能团的邻位,经常压C18反相层析柱纯化最终得到了 ^{125}I-HKal。BKaa和HKaa的合成采用了Fmoc化学策略,使用了酸敏的Wang树脂。同位素标记方法同10.1.5操作方法。

正交筛选实验中,选用了链球菌生物素(streptavidin)和生物基(biotin)的特异性结合作为第一个报告系统。我们将生物基化的探针化合物与碱性磷酯酶标记的链球菌生物素预混(摩尔比为4∶1),封闭链球菌生物素与HPQ序列的结合[10]。实验中我们发现,底物BCIP在pH=9.0条件下显色速度较慢并且不均匀。原因是在碱性条件下,合成的探针化合物被水解,致使结合的链球菌生物素扩散降低了碱性磷脂酶在树脂珠上的浓度所致。为了阻止这种扩散,在底物显色前我们将树脂珠用1.0%的琼脂均匀地固定在表面皿底部。此时,即使合成探针化合物发生了水解,标记了的链球菌生物素仍然被固定在结合的树脂珠表面上。图10.2给出了改进后的实验结果,阳性树脂珠显色非常均匀。在显微镜下用移液枪将树脂珠挑选出来。经过DMF处理脱色后,重复上述筛选过程,但是只使用碱性磷酯酶标记的链球菌生物素与它们包被。再一次显色的树脂珠被视为在第一轮筛选中产生的假阳性结果。实验发现,大约100个树脂珠中,有3~5个可以与碱性磷酯酶标记的链球菌生物素再次结合(3%~5%)。将阴性树脂珠与 ^{125}I 标记的合成探针化合物(^{125}I-HKal)混合包被,并用Tenta Gel S NH_2 树脂作空白对照,经过仔细的洗涤后,树脂珠用琼脂基固定在干净的玻璃载玻片上。经过18h的X射线胶片上的曝光 ,约有10%的树脂珠再次显示了阳性(见图10.3)。

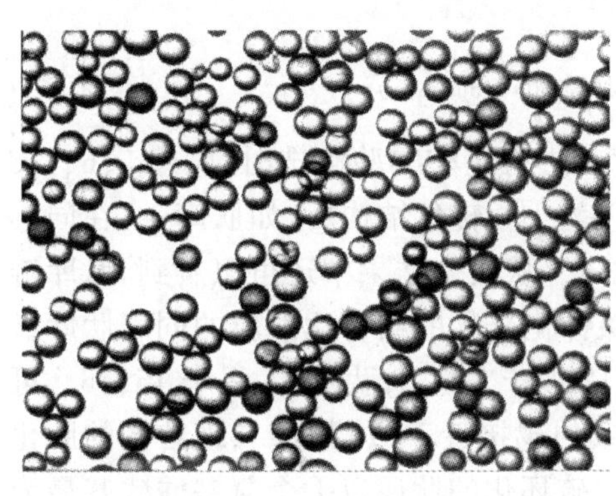

图10.2 固定被染色的树脂珠表明底物BCIP被水解为靛蓝单晶并沉积在树脂珠的表面上,只有染色最为均匀的树脂珠才被挑选出来

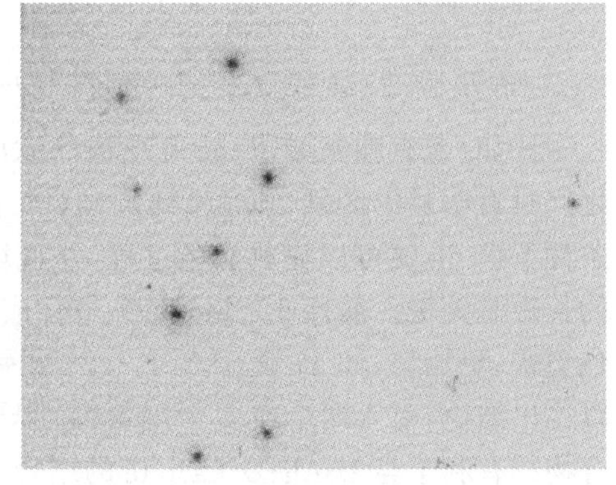

图10.3 X射线胶片被 ^{125}I-Hkal标记的树脂珠曝光成为一个点,大约有10%被包被的树脂珠转为阳性

表 10.1 是化学库的正交筛选实验结果。线性肽库与生物基化的 D-Ala-D-Ala 和 D-Ala-D-Lactate 都没有结合,因此,我们没有继续进行第二轮的同位素筛选实验。大部分非线性的化学库显示了结合作用,而构象限制条件越多,肽库与合成探针化合物的结合越强。

表 10.1 Colorimetic and radioactive assay of synthetic probes against random peptide libraries

Lib.	Biotin-probe assay(dev.18 h)		^{125}I-probe assay *	
	BKaa	BKal	HKaa	HKal
1	—	—		
2	—	—		
3	—	—		
4	—	—		
5	++	++	+	+++
6	++	++	+	+
7	++	++	+	+
8	+++	+++	++	++
9	+	+	+	+
10	++	++	+++	++
11	+	+	+	++
12	+++	+++	+	++
13	++	++	++	++
14	+++(6h)	+++(6h)	+++	++
15	+	+	++	+
16	+	+	+	+
17	+++(6h)	+++(6h)	+	+++
18	—	—		

* negative control(TentaGel S NH_2 resin, 0.27mmol/g,100μm diameter).

比如,含有脯氨酸 β-转角结构的肽库在进行正交实验筛选时,肽库 5、6、7、8 之间没有明显的区别(显色 18h)。但增加一个 β-转角结构后,如肽库 17 在同等条件下仅 6h 便可以完成显色过程,并且均匀。从实验结果中还可以看到,肽库链的长短是关键。肽库 12、14 和 17 与合成探针化合物的结合比对应的同属肽库显色更快、更均匀,如 17 强于 5、6、7、8;肽库 12 强于 11、13;肽库 14 强于 15、16。可以得出结论:引入两个或多个脯氨酸而导致的越接近于 α-螺旋二级结构的肽化合物越有利于与 D-Ala-D-Lactate 的结合;二硫环化的肽库以七个氨基酸残基最为有利;同样,内酰胺环化库内七个氨基酸残基有利于结合(肽库 14)。但是,引入脯氨酸限定构象时未发现明显的作用(肽库 16),可能是环内仅为六个氨基酸残基所致,亦或是由于合成难度增加造成环化产物不足所致。表 10.2 是 32 个测序结果,我们用"+"表示阳性结果。"+"号越多,表示结合越强。上述全部多肽经过在 Tenta Gel S NH_2 树脂上再合成后,70%的序列显示了重复性的阳性结果(见表

10.2)。

表 10.2 Peptides sequences from Kal probes(BKal and ^{125}I-HKal)

	Sequence	Confirmation			
		BKal	BKaa	^{125}I-HKal	^{125}I-HKaa
5-1	YSRHpYFMP	+	+	+	+
5-2	FRGPpHLAR	++	+	++	+
7-1	RRRVLpFYFK	+	+	+	+
7-2	RWKRQpFRTT	+	+	+	+
7-3	HIYKLpQNFG	+	+	+	+
7-4	KAPYRpQVFRG	−	−		
8-1	YSANDpKQRNH	−	−		
8-2	DAYDApVGDKG	−	−		
8-3	EGTVYpGRPIG	+	+	+	+
10-1	$(KHATPM)_2K$	+	+	+	+
10-2	$(FKKSST)_2K$	++	++	++	+
10-3	$(KRWVPL)_2K$	++	+	+	+
10-4	$(SPWRLL)_2K$	−	−		
10-5	$(FPWKWM)_2K$	+	+	+	+
12-1	CQHFFRGSC	++	−	++	−
12-2	CHQGRYITC	++	−	++	+
12-3	CRFLRWEHC	−	−	?	?
12-4	CDRYFGLRC	+	−	+	+
12-5	CRFFHEMRC	++	+	+	+
12-6	CVYRWREHC	+	+	+	+
13-1	CVVFRSFLKHC	+	+	+	+
13-2	CIDAMGIHAQC	−	−		
13-3	CKAAMKVKIWC	+	+	−	−
13-4	CITGAMFRDTC	−	−		
13-5	CGMRSPATKWC	−	−		
14-1	EHRRpHMK	+	+	++	+
14-2	EHRPpIIK	+	+	++	−
14-4	EHRRpYYK	++	+	+	+
17-2	IHGpHLRpMAH	++	++	++	+
17-3	HAYpKNIpWMG	+*	−	+*	+
17-5	HIHpRYSpHKH	+++(1h)	−(1h)	+++	+++
17-6#	HPQpMFKpMFG				

* weak binding. # non specific binding of HPQ sequence.

然而,将这些多肽化合物以可裂解的形式,经过再合成和纯化后,虽然利用电喷雾质谱研究表明，在中性的溶液中（10% CH_3CN/H_2O），纯化后得到可溶性的合成肽与 Ac-D-Ala-D-Lactate 形成了稳定的复合物（数据未列），但是在琼脂基上的易感性抑菌实验中都未显示抑菌阳性结果。我们认为一种可能是在电喷雾质谱中

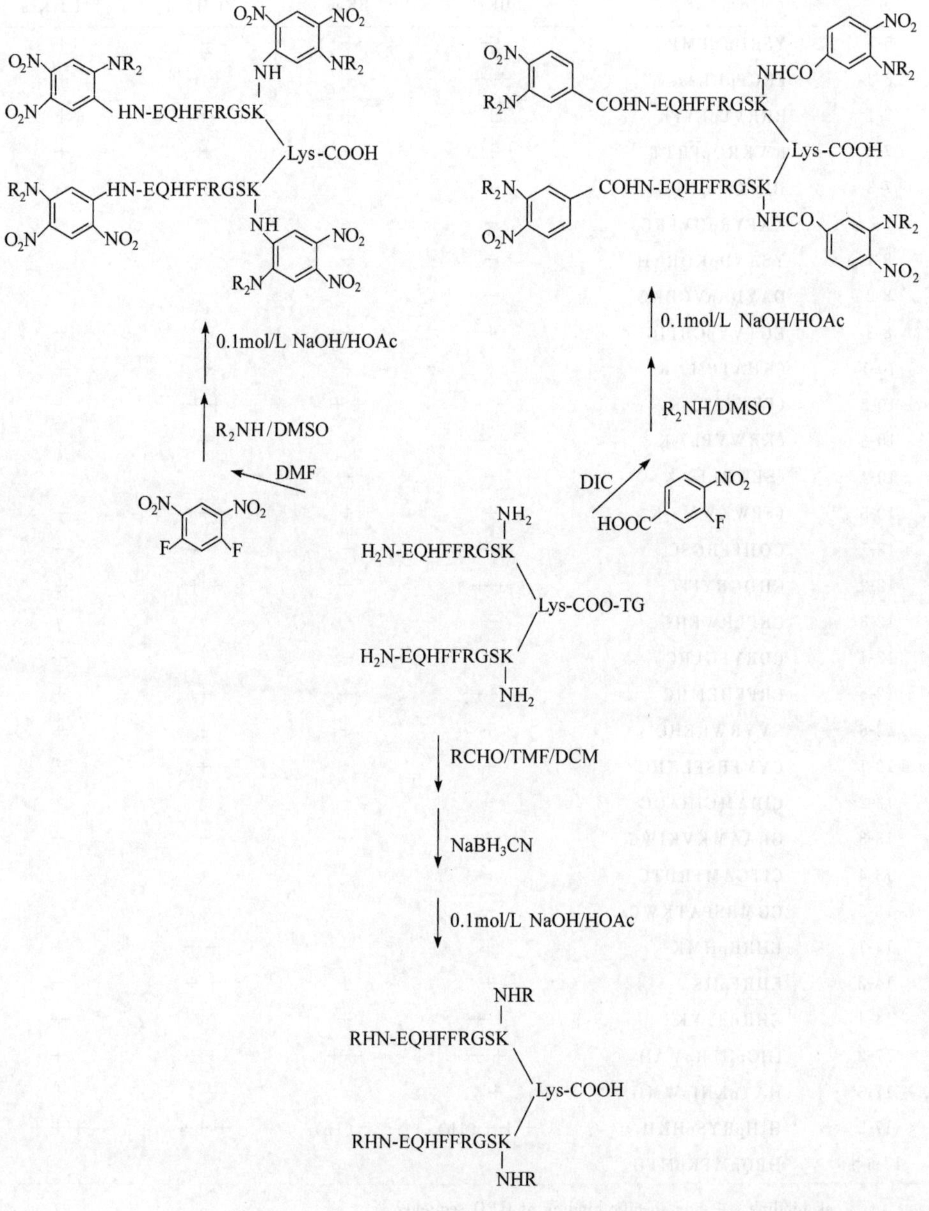

合成路线 Ⅱ **Chemical modification of peptide scaffold**

所形成的复合物仅是由于两个分子间的团聚，而非非共价结合(形成氢键)。另一种可能性是由于合成多肽的空间构象尚未足够限制。因此，我们进一步将这些多肽进行了二聚、环化或结构的非肽衍生化。合成路线Ⅱ是代表性的非肽衍生化学库合成示意图。我们共选用了150个非芳香胺和90个醛，共制得了480个衍生物。结构式Ⅰ化合物是从中发现的一个新化合物，显示了抑制低水平万古霉素耐药菌 *Enterococcus faecalis* ATCC51299(MIC 17.5μg/mL)和 *Staphylococcus aureus* ATCC 25923(MIC 6.25μg/mL)活性，见图11.4和图11.5。虽然该化合物尚未达到万古霉素的水平，但已经证实了设计筛选实验的合理性。目前，进一步的优化实验正在进行中。

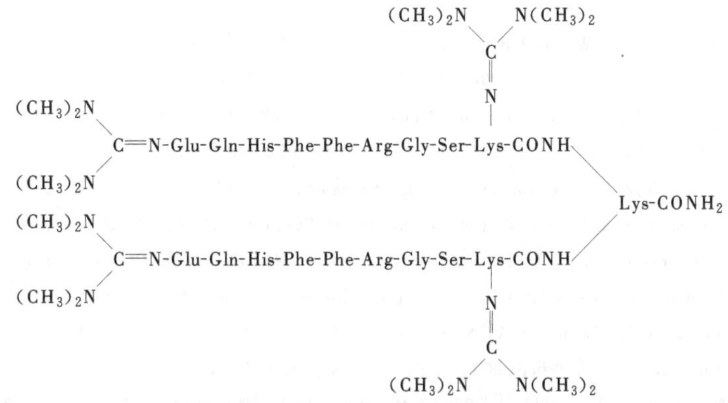

化合物结构式Ⅰ修饰过的多肽显示了对低水平万古霉素耐药菌 *Enterococcus faecalis* 和 *Staphylococcus aureus* 的抑制活性

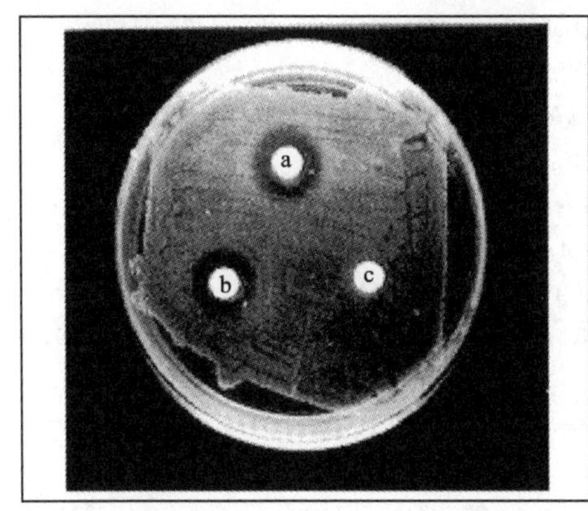

图10.4 结构式Ⅰ化合物对低水平万古霉素耐药菌 *Enterococcus faecalis*, ATCC 51299 (MIC 17.5μg/mL)的抑制实验结果

a,b和c分别代表了100μg Ⅰ,5μg万古霉素和一个阴性对照多肽化合物

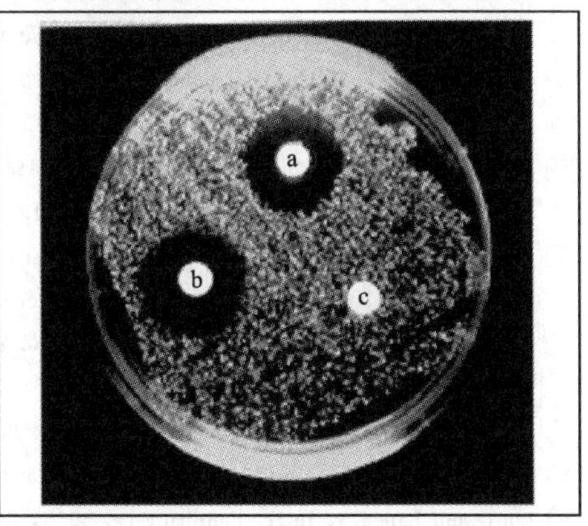

图10.5 结构式Ⅰ化合物对万古霉素敏感株 *Staphylococcus aureus*, ATCC 25923 (MIC 6.25μg/mL)的抑制实验结果

a,b和c分别代表了100μg Ⅰ,5μg万古霉素和一个阴性对照多肽化合物

10.3 结 论

"一珠一化合物"组合化学方法已经在多个领域得到了应用。本章中,我们设计并采用固相法合成了生物基化和 ^{125}I 标记的 D-Ala-D-Lactate 和 D-Ala-D-Ala 探针化合物。进而,设计了"一珠一化合物"组合化学正交筛选实验,发现了一个新的体外抑制低水平万古霉素耐药菌活性的多肽衍生物。

参 考 文 献

[1] Smith TL, Pearson ML, Wilcox KR, et al. *N Engl J Med* 1999, 340(7) : 493～501

[2] Martone WJ, *Infection Control and Hospital Epidemiology* 1998, 19(8) : 539～545

[3] Frieden TR, Munsiff SS, Low DE, et al. *Lancet* 1993, 342(8863): 76～79

[4] (a) Leclercq R, Derlot E, Duval J et al. *N Engl J Med* 1998, 319: 157～161

(b) Goossens H, *Infection Control and Hospital Epidemiology*, 1998, 19(8) : 546～551

(c) Hiramatsu K, Hanaki H, Ino T et al. *J Antimicrob Chemother* 1997, 40: 135～136

(d) Guiot HFL, Peetermans WE, Sebens FW, *Eur J Clin Microbiol Infec Dis* 1991, 10(1): 32～34

(e) Schwalbe RS, Mcintosh AC, Qaiyumi S, et al. *Lancet* 1999, 353(9154): 722

(f) Samet A, Bronk M, Hellmann A, Kur J, *J Hosp Infect* 1991, 41(2): 137～143

(g) Smith TL Pearson ML, Wilcox KR, et al. *N Engl J Med* 1999, 340(7): 493～501

(h) Singh-Naz N, Sleemi A, Pikis A, Patel KM, et al. *J Clin Microbiol* 1999, 37(2): 413～416

(i) Bell J, Turnidge J, Coombs G et al. *Commun Dis Intell* 1998, 22(11): 249～252

(j) Chiew YF, Ling ML, *J. Infect* 1998, 36(1): 133～134

(k) Guerin F, Perrier-Gros-Claude JD, Foissaud V, et al. *Presse Med* 1998, 27(28): 1472～1479

(l) Woodford N, *J Med Microbiol* 1998, 47(10): 849～862

(m) Fujita N, Yoshimura M, Komori T, et al. *Antimicrob Agents chemother* 1998, 42(8): 2150

[5] (a) Pastore A and Molinari H, *Biochemistry*, 1990, 29: 2271～2277

(b) Sheldrick GM, Jones PG, Kennard O et al. *Nature* 1978, 271: 223～225

[6] (a) mackay JP, Gerhard U, Beauregard DA, et al. *J Am Chem Soc* 1994, 116: 4573～4580

(b) Mackay JP, Gerhard U, Beauregard DA, et al. *J Am Chem Soc* 1994, 116: 4581～4590

(c) Beauregard DA, Williams DH, Gwynn MN, et al. *Antimicrobial Agents and Chemotherapy* 1995, 39 (3): 781～785

[7] Bugg TDH, Wright GD, Dutka-Malen S et al. *Biochemistry* 1991, 30: 10408～10415

[8] Reynolds PE, *Cell mol Life Sci* 1998, 54: 325～331

[9] Liu G and Lam KS, In H. Fenniri(Ed), 2000, Combinatorial Chemistry: a practice approach, pp. 33～50, Oxford University Press, Oxford

[10] Zhao ZG, Im JS, Lam KS, Lake DF, *Bioconj Chem* 1999, 10(3), 424～430

[11] orgensen JH, Turnidge JD, Washington JA, Antibacterial susceptibility tests: dilution and disk diffusion method. In manual of clinical microbiology, 7 th ed.; Murray PR, Barson EJ, Pfaller MA, Terover FC, Yolken RH, Eds.; SM Press: Washington DC, 1999, pp 1524～1543

[12] Arthur M, Reynold PE and Courvalin P, Glycopeptide resistant in enterococci, Trends microbial, 1996, 4: 401～407

[13] Lam KS, Lebl M, Krchnak V, *Chem Rev* 1997, 97: 411～448

[14] Lam KS, Salmon SE, Hersh EM, et al. *Nature*, 1991, 354: 82～84

[15] Furka A, Sebbstyen F, Asgedom M, et al. *Int J Pept Protein Res* 1991, 37: 487

（刘　刚，范业梅，赵占工，Kit S. Lam）

主要作者简介

刘　刚　博士。毕业于哈尔滨师范大学(1988 年)，于 1994 年在北京医科大学药学院获得理学博士学位。随后加入到军事医学科学院毒物药物研究所开始启动我国最初的组合化学研究工作，并于 1995 年到澳大利亚的 Mimotopes 公司接受了有关组合化学研究的短期训练。1997 年 1 月以博士后的身份加入 The Scripps Research Institutes 从事 HIV 合成疫苗的研究，同年 10 月开始分别以研究助理、高级研究助理的身份加入 Kit S. Lam 教授的实验室(University of California, Davis)继续从事组合化学、药物化学研究。2000 年 9 月受聘于中国协和医学科学院和中国协和医科大学药物研究所的“协和学者”特聘教授，开始组建组合化学与分子多样性实验室至今。

第十一章 液相法合成1,5-二烷氨基-2,4-二硝基苯化学库及从该库中筛选鉴定新的抑菌化合物

11.1 前 言

组合化学是目前寻找和优化药物先导化合物的现代方法之一[1~5]，树脂珠上原位结合或作用的筛选方法是“一珠一化合物”组合化学中非常有效的筛选方法[6~7]。但是有些生物筛选实验需要在液相中进行，而大多数化学库都是首先在固相载体上合成，而后裂解下来，再将该化学库用于液相生物学实验的。这类化学库的合成是通过洗涤每一次反应的固相载体，除去未反应物和副产物，最后加入裂解剂如三氟乙酸，将产物从固相载体上裂解下来。除了易挥发的裂解剂，如HF、NH_3或光敏连接桥外，其他裂解剂在生物筛选实验前必须除去。如果能利用液相合成法顺序地加入适当的结构单元合成化学库，而且反应后无需对树脂或产物作进一步的处理而直接用于生物筛选实验，是非常有意义的[8~11]。本章中，我们设计和利用液相法合成了DADN基本骨架化学库(图11.1)，并从该小分子化学库中筛选出了一系列具有抗菌活性的化合物。DADN的起始原料是1,5-二氟-2,4-二硝基苯(以下简称为DFDN)，该化合物从1984年起就被用于蛋白质交叉连接物[12]。DADN化学库的化学合成是基于硝基苯环上两个邻位氟取代基的高离去活性，利用两个相同或不同的胺顺序进行亲核取代两个氟后合成的DADN化学库。该同属的随机小分子化学库适用于不同目的的筛选实验。

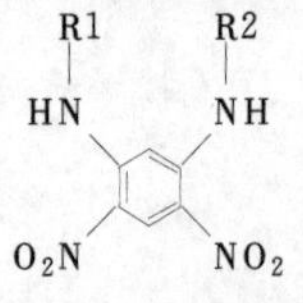

图11.1 1,5-二烷氨基-2,4-二硝基苯小分子化学库骨架

11.2 实验结果

11.2.1 化学库的设计和合成

DADN的设计是基于以下6个方面的考虑：(1)两个R基团能高效地偶联到芳香环上；(2)副产物少；(3)偶联反应在液相中而不是在固相中进行，这样就不需要冲洗树脂和裂解最终产物等步骤，只有少量的液体处理步骤；(4)留在产物中所用的溶剂和反应试剂不影响进一步的细胞生物筛选实验；(5)化学库中的化合物结

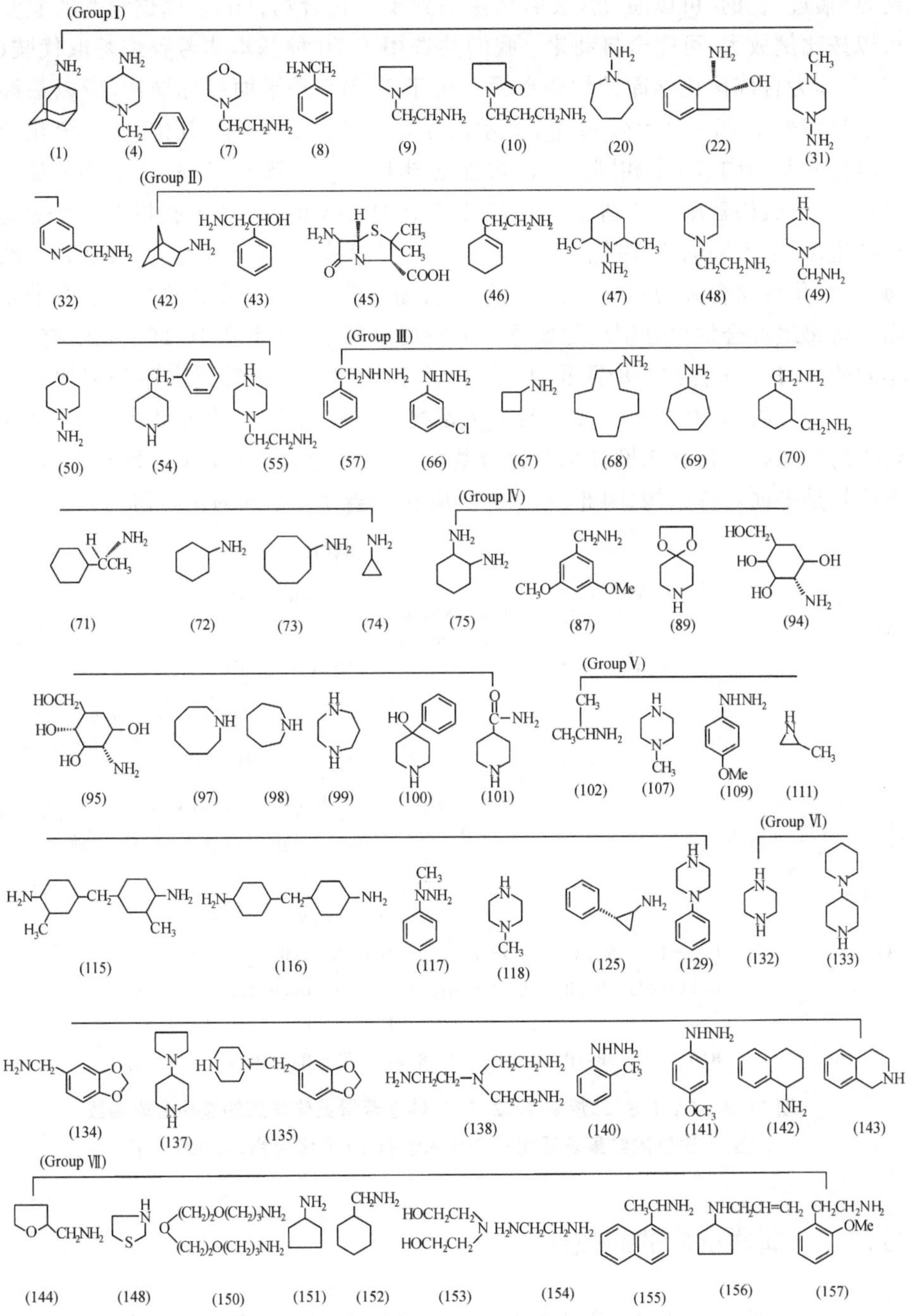

图 11.2　用于化学库合成的胺

70 个构建单元被分为 7 组，每一个组包含 10 个胺

构是"痕迹"化的,可以通过反复合成追踪到单一化合物;(6)合成过程和实验步骤可以按比例放大,可完全自动化。我们共选用了 70 种基本非芳香烷基取代胺(图 11.2)作为合成该化学库的构建单元。由于 DFDN 是平面对称结构,所以最终产物数量将少于 70×70=4900 个,实际化合物数目为 2485 个,其中 2415 个化合物的取代胺基不同,70 个相同。合成过程见图 11.3。步骤Ⅰ:按图 11.2 中的编码次序将 70 个胺构建单元分别加入到 70 个含有 DFDN 的孔中(96 孔板上),反应完成后产生 70 个不同的 1-烷氨基-5-氟-2,4-二硝基苯(以下简称为 AFDN)。然后每 10 个化合物合并为一组混合物(此时已知可能的 10 个化合物信息),共得到 7 组。将每组混合物再分别均匀地分配到新反应板的 70 个孔中,每个孔中有 10 个不同的 AFDN 化合物。步骤Ⅱ:再将 70 个胺构建单元按编码次序分别加入到每一个新反应板的 70 个孔中,7 个反应板都按此方法加入,共有 490 个含 10 个新化合物的反应孔。化学库设计每个化合物的终浓度为 0.01mol/L。如上所述,由于反应物是平面对称结构,因此,不同的反应孔中会存在相同的化合物。

(A)

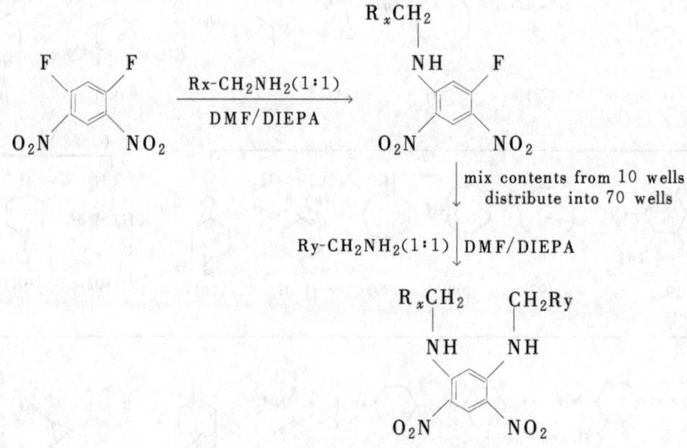

F F / O_2N NO_2 —— $Rx\text{-}CH_2NH_2(1:1)$ / DMF/DIEPA → R_xCH_2 NH F / O_2N NO_2

mix contents from 10 wells; distribute into 70 wells

$Ry\text{-}CH_2NH_2(1:1)$ DMF/DIEPA

R_xCH_2 NH CH_2Ry NH / O_2N NO_2

(B)

$R(1-10)-R_1, R(1-10)-R_2, R(1-10)-R_3, \cdots R(1-10)-R_{70}$

$R(11-20)-R_1, R(11-20)-R_2, R(11-20)-R_3, \cdots R(11-20)-R_{70}$

⋮ ⋮ ⋮ ⋮

$R(61-70)-R_1, R(61-70)-R_2, R(61-70)-R_3, \cdots R(61-70)-R_{70}$

图 11.3 (A)1,5-二烷氨基-2,4-二硝基苯骨架化学库的液相合成路线
(B)十进制的结果表明每一个孔内含有 10 个化合物,共 490 个孔

11.2.2 偶联反应的高效性

室温下,将 1∶1 当量的两个反应物混合 3h,胺能与 DFDN 中的第一个氟基发生完全的亲核取代反应,HPLC 谱图给出了未经纯化的单取代化合物的色谱峰,见图 11.4。每一个反应只有一个主峰,质谱证实了正确的产物。第二个氟的亲核取代反应比较慢一些,需要反应过夜,但仍然是定量的反应。图 11.5 和图 11.6 给出了 HPLC 最终产物的单个主峰和正确的质谱。在另一个实验中,我们将进行第一次亲核取代反应后的中间体混合(10 个化合物),第二个构建单元在室温下反应过夜后,用 HPLC 跟踪了反应情况。图 11.7 是反应 18h 后的结果,给出了 10 个特征主峰和几个微量小峰。进一步的 LC-MS 分析结果列于表 11.1,全部 10 个预期产物都得到了证实。经放大合成,在 C_{18} 柱上进行 HPLC 纯化后,采用 NMR 技术证明了 10 个预期化合物的结构,2 个代表性的化合物 NMR 实验结果见图 11.8。

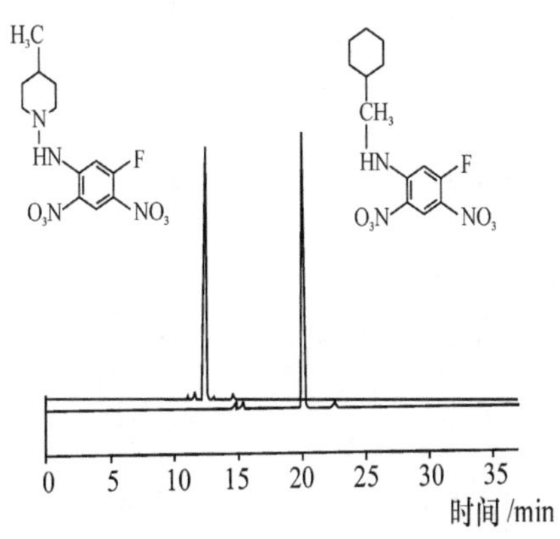

11.4　两个不同单取代反应的 HPLC 结果

单峰表明该反应是定量进行的

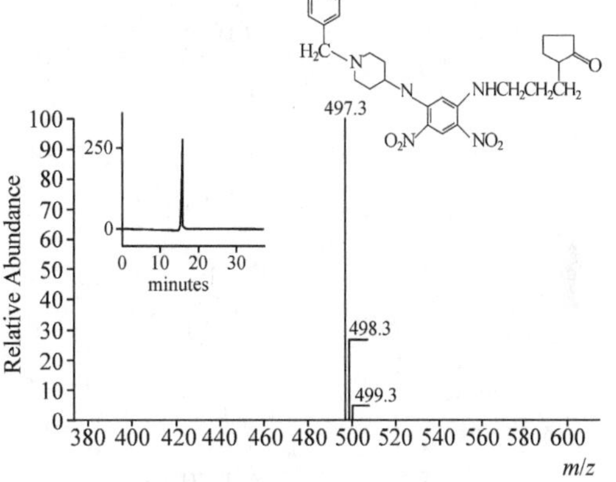

图 11.5　没有经过纯化的反应液直接进行 HPLC 跟踪检测(254nm 波长)双取代产物以及用 ESI 质谱确定的正确产物相对分子质量

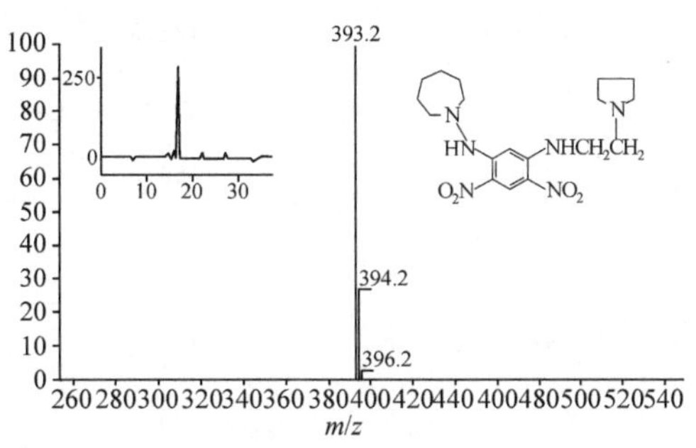

图 11.6　同图 11.5 用 HPLC 和 ESI 直接鉴定的另外一个化合物的结果

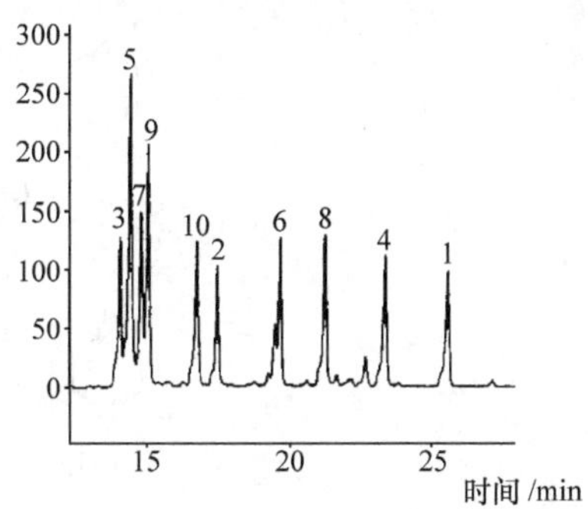

图 11.7　HPLC 分析的 10 个化合物亚库结果,同时用 LC-MS 鉴定了每一个峰对应的化合物相对分子质量

请按照峰号与表 11.1 中的结构对应

表 11.1 The physical data of A typical pool containing 10[1)]

Comp No.[2)]	R	M Wt (Cal.)	M Wt (Found)
1	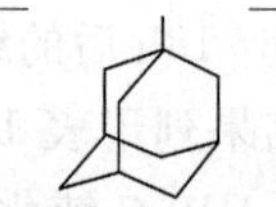	458.5	458.5
2	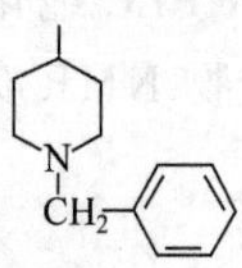 N, CH_2	497.6	497.5
3	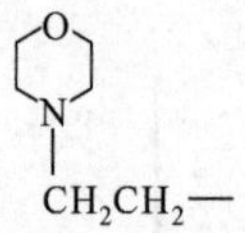 O, N, CH_2CH_2—	437.5	437.5
4	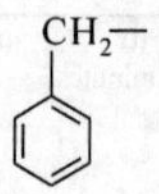 CH_2—	414.4	414.5
5	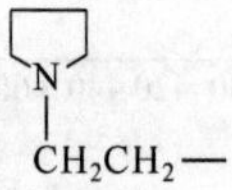 N, CH_2CH_2—	421.5	421.5
6	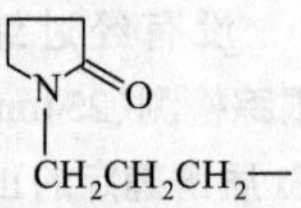 N, O, $CH_2CH_2CH_2$—	449.5	449.5
7	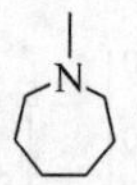 N	421.5	421.5
8	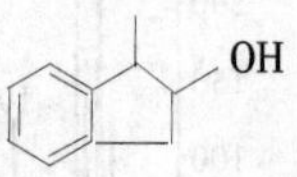 OH	456.5	456.5
9	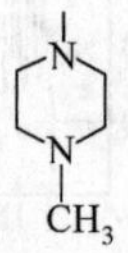 N, N, CH_3	422.5	422.5
10	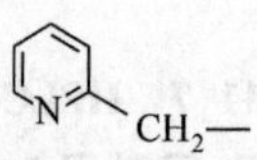 N, CH_2—	415.4	415.5

1) Basic Structure: 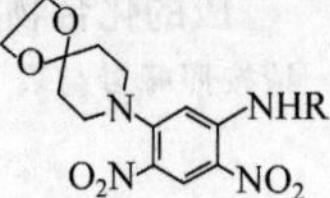

2) Comp No. correspond to those peaks in Fig 7

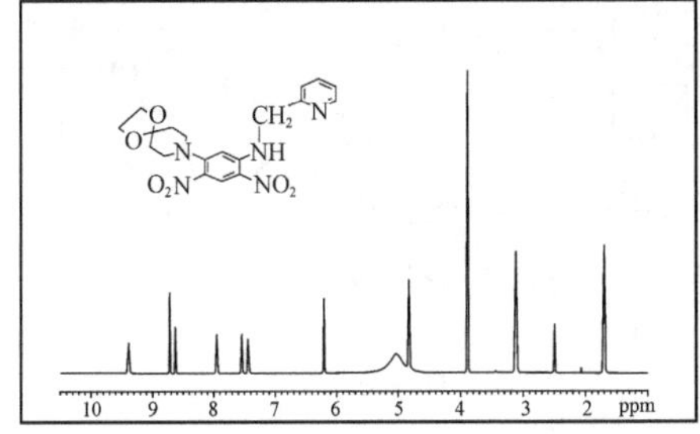

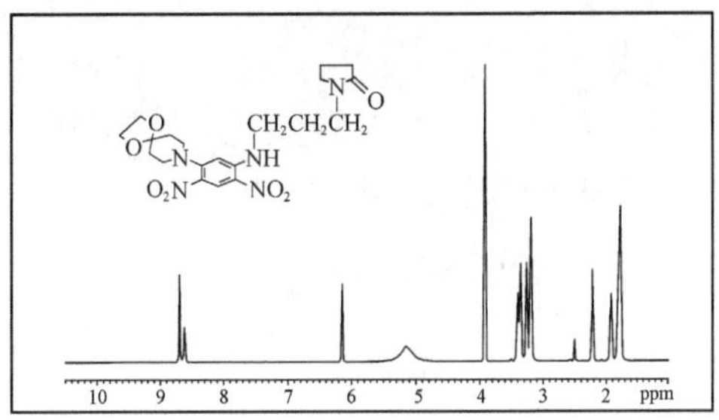

图 11.8　^{1}H-NMR 在 DMSO 中于 500MHz 核磁共振仪上(25℃)测定的化合物 6(左)和化合物 10(右)

11.2.3　从化学库中筛选抑菌剂

我们利用这 2485 个化合物的小分子化学库(每个化合物的终浓度为 10 μ mol/L)对金黄色葡萄球菌(ATCC25923)和低水平万古霉素耐药性大肠球菌进行了抑菌活性筛选实验。在 35 °C 下将细菌培养 18～24h 发现,在含有 115 号胺的 5 个孔中的细菌生长均被抑制,其中 4 个孔与 115 号胺在进行第二步反应时相关(图 11.3)。与这 4 个孔相关的第一步反应的取代胺分别是(图 11.2):group Ⅰ(胺构建单元:#1, 7, 8, 9, 10, 20,22, 31 和 32),group Ⅲ(胺构建单元 #57, 66, 67, 68, 69, 70,71, 72, 73 和 74),group Ⅳ(胺构建单元:#75, 87, 89, 94, 95,97, 98, 99, 100 和 101),以及 group Ⅵ(胺构建单元:#131, 133,134, 135, 137, 138, 140, 141, 142 和 143)。第 5 个活性孔是与 49 号胺和 group Ⅴ(胺构建单元:#102, 107, 109, 111, 115, 116, 117, 118,125 和 129)相关。我们将这 50 个可能呈阳性的化合物再用液相法重新单独合成,其中 10 个化合物再现了抑菌活性,其化学结构见图 11.9。由于 115 号胺上存在对称的胺基,为了确认它们的生物活性不是来自于 115 号胺与两个 DFNB 的交叉反应的产物,我们对上述 10 个活性化合物进行了固相合成。该法的优点是可以将其中的一个自由胺基先用固相载体保护起来,从而消除在液相合成过程中可能的交叉反应。我们选择了 2-氯三苯甲烷树脂为固相载体,合成路线见图 11.10。用 5%的 TFA/DCM 将产物从树脂上裂解下来后,电喷雾质谱结果表明其纯度超过了 95%,我们对此又作了进一步的最小抑制浓度实验和最小细菌浓度实验(表 11.2),用 8、9、32、49、70、73、75、99、132、137、115 号胺作为对比(在实验条件下,它们是非活性的),其中一些化合物不仅抑制了低水平万古霉素耐药性大肠球菌(ATCC51299),而且对金黄色葡萄球菌(ATCC25923)也有类似的抑制作用。

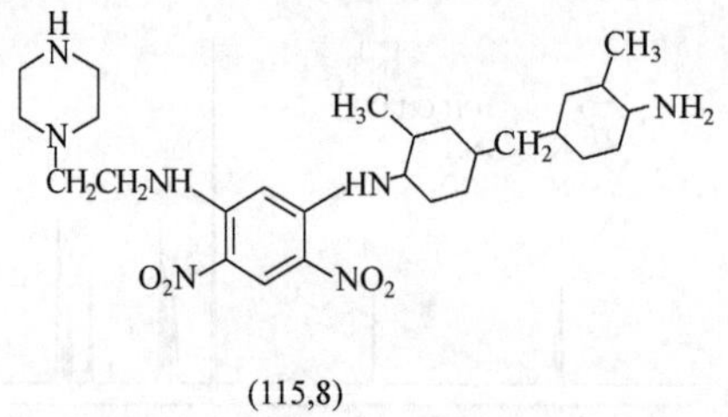

(115,8)

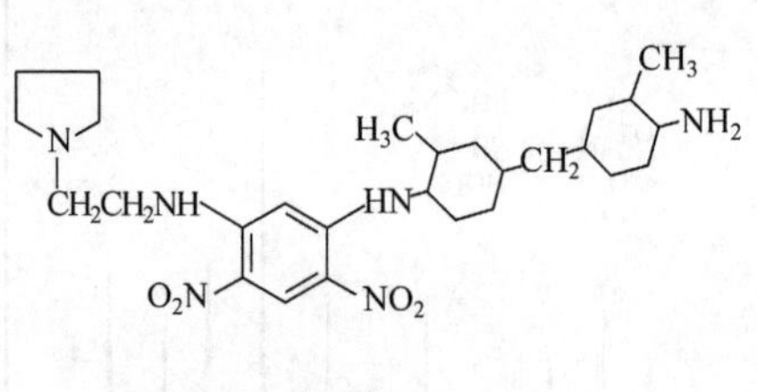

(115,9)

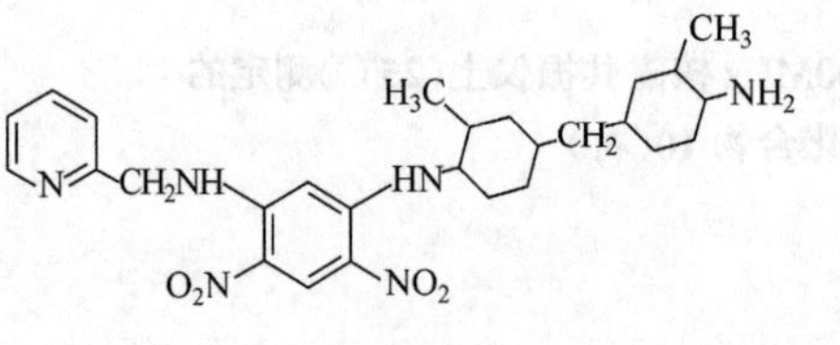

(115,32)

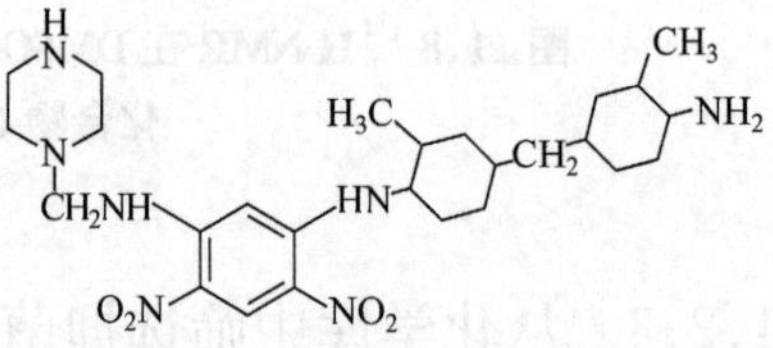

(115,49)

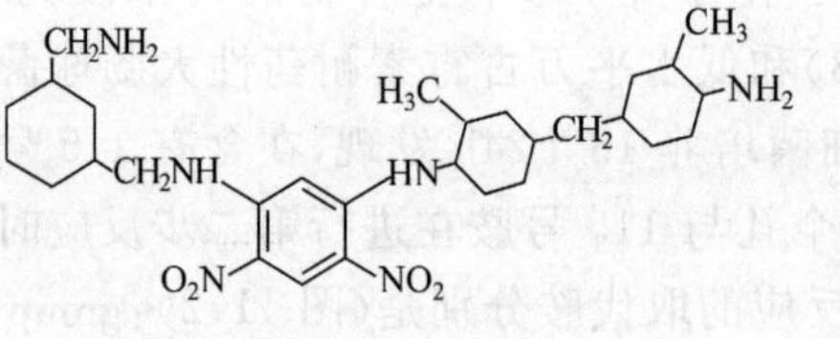

(115,70)

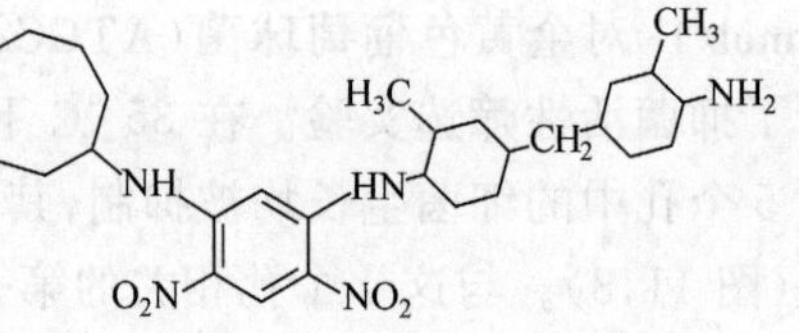

(115,73)

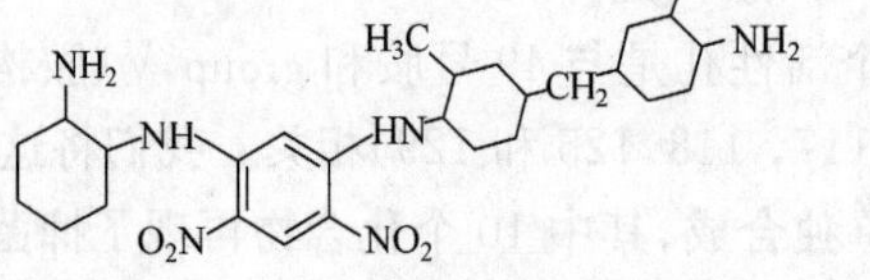

(115,75)

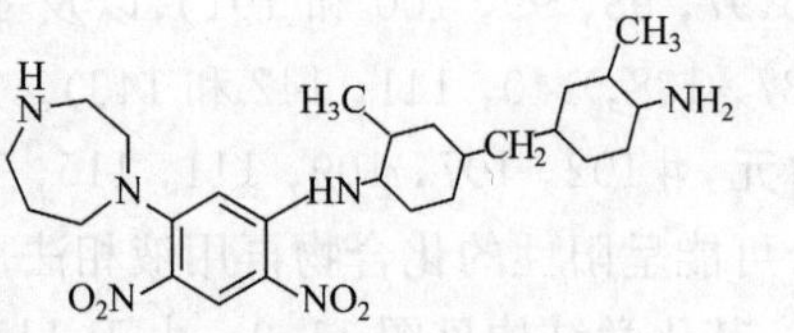

(115,99)

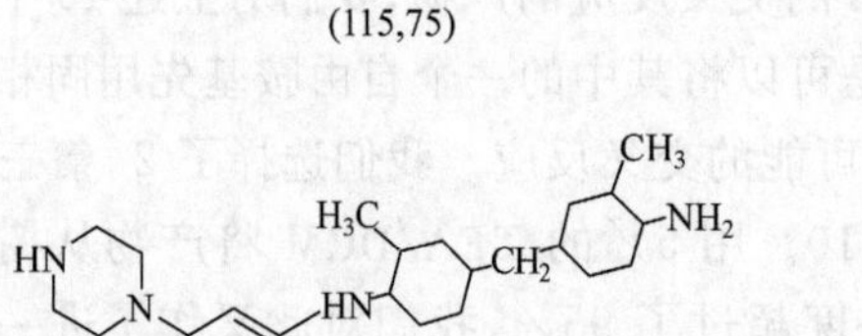

(115,132)

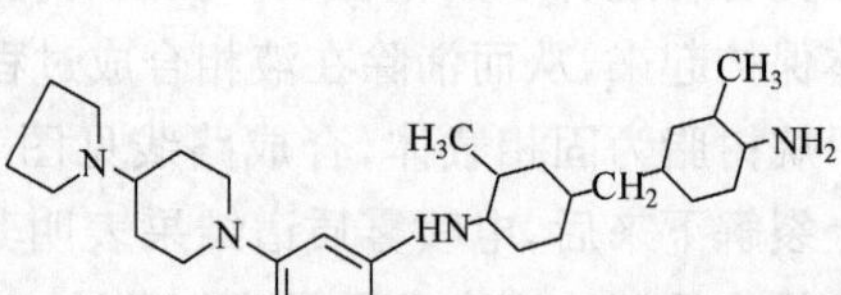

(115,137)

图 11.9 从化学库中识别的活性化合物(参看表 11.2 的生物活性结果)

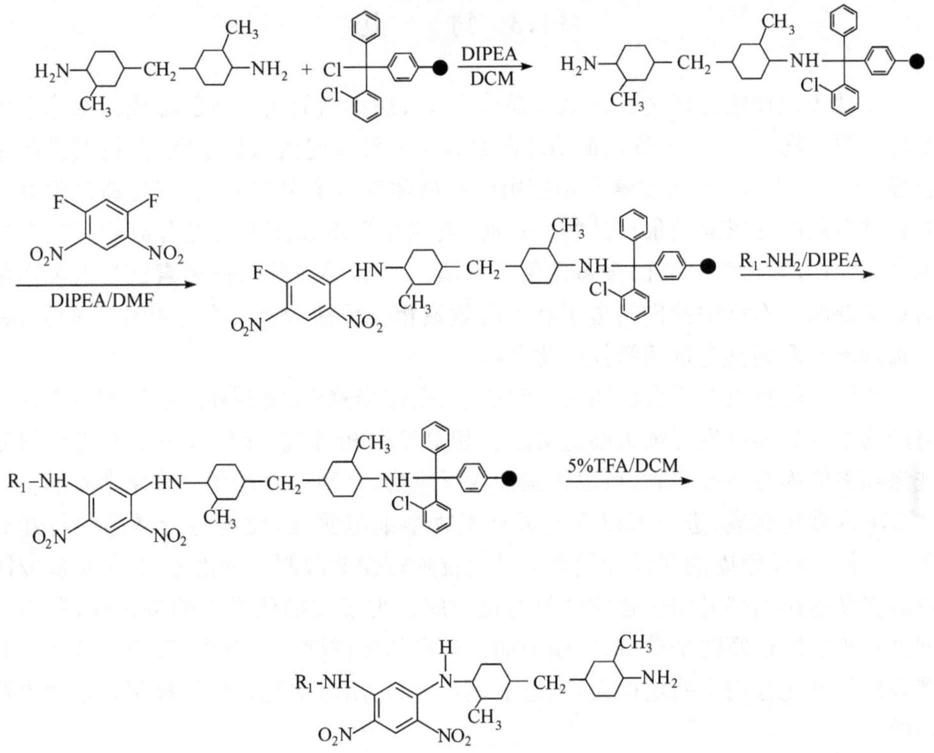

图 11.10　固相合成活性化合物的合成路线

表 11.2　新化合物的抗菌活性结果(参看图 11.9 的化合物结构)

	S. aureus(ATCC25923)		*E. faecalis*(ATCC51299)	
1.1 Code	MIC/(μg/mL)	MBC/(μg/mL)	MIC/(μg/mL)	MBC/(μg/mL)
115,8	85.0	170.0	42.5	85.0
115,9	31.45	>62.9	31.5	63.0
115,32	55.46	55.46	13.9	>27.8
115,49	51.18	102.4	25.6	51.2
115,70	34.5	69.0	15.9	>31.8
115,73	82.5	165.0	20.6	>41.2
115,75	11.09	22.18	5.5	11.0
115,99	18.36	36.72	9.2	18.4
115,132	26.25	>52.5	13.1	>27.8
115,137	97.8	97.8	24.5	49.0

11.3 讨 论

革兰氏阳性细菌耐药性越来越强[15,16]，致病细菌的耐药性已经成为临床上治疗的主要问题[17]。如金黄色葡萄球菌是人类一种普遍的致病细菌，其抗药性越来越强[15～17]。目前，万古霉素是治疗由金黄色葡萄球菌引起的、且有生命危险并对青霉素有耐药性感染的最后药物。然而，近期在日本临床上已经分离到了抗万古霉素，并且导致患者死亡的金黄色葡萄球菌[18～20]，寻找新的抗菌素已是人类面临的重要课题。本章中我们报道了利用高效液相合成法合成小分子化学库的方法，并筛选出一系列具有抗菌活性的化合物。

本研究的特点在于合成路线非常简单，操作步骤少，溶剂和反应试剂不需从最终产物中分离即可进行细胞筛选实验。相对于固相合成，该反应也不必进行树脂洗涤和裂解连接物等步骤，可以连续加入反应物，且易于自动化。该化学库的合成在24h内即可完成，进而可以立刻进行生物学细胞实验，无需进行样品的特殊处理。然而，该化学库的多样性受到了可变位置较少的限制。理论上，其他杂源或同源的交叉连接剂都可用于合成类似的化学库。为了增加化学库的多样性，我们计划进一步发展还原两个硝基，以便增加化学库的多样性。本章中，我们只使用了非芳香性氨基化合物为构建单元，理论上，也可以使用巯基化合物和羟基化合物为构建单元。

11.4 实验部分

一般方法：所有的氨基化合物和1,5-二氟-2,4-二硝基苯购于Aldrich。HPLC级的 N,N'-二甲基甲酰胺(DMF)购于Burdick & Jackson。HPLC是Beckman System Gold系统，125溶剂泵，168型二级管震裂检测器和507自动进样器。相对分子质量由Finnigan LCQ电喷雾质谱仪(DECA)测定。

11.4.1 化学库的合成

在35mL HPLC级DMF中溶解5g(24.5mmol)1,5-二氟-2,4-二硝基苯和2.2当量的 N,N'-二异丙基已基胺(DIPEA)，然后将它们均匀地分配到聚丙烯96孔深孔板(孔最大容积为1.2mL/孔)的70个孔中去，每孔0.5mL。将编有序号的70个溶于DMF中的等当量的氨基化合物溶液(1.0 mol/L,0.35mL)分别加入到每一个孔中。然后，盖好反应板，室温强烈振荡反应3h。再按照图11.3中编组的情况将每10个孔内产物混合在一起，一共得到7组混合物，每一组理论上含有10

个化合物。分别将每一组用DMF稀释到31.5mL后再均匀分到另外一个深孔96孔板中的70个孔中(每孔0.45mL),共得到7个新反应板。对应于每一个反应板,再加入上述编有序号的70个氨基化合物(每个孔加0.05mL,1.0mol/L)。待7个反应板全部加完后,盖紧反应板,在室温下强烈振荡反应过夜。这样产生的最终产物理论上为每个孔10个化合物,总浓度为0.01mol/L。由于第二步反应加入的氨基化合物也编有序号(见图11.2),因此,产生的化学库中化合物的第二个取代基与氨基化合物编码序号一一对应。

11.4.2　液相合成单一化合物

一般方法:在强烈搅拌下,于2mL溶有0.1mmol的1,5-二氟-2,4-二硝基苯(20.4mg)和0.22mmol的三甲胺(30.6μL)的DMSO或DMF中加入0.1mmol的1,4-dioxa-8-azaspiro[4,5]-decane(12.8μL)。在室温下反应30min后,再加入14μL的1-(3-aminopropyl)-2-pyrrolidinone(0.1mmol),室温反应24h。最终产物经用5mL HPLC级的乙腈稀释后,用HPLC在C18反相柱上进行分析。其纯度在三个紫外吸收波长下测得(220, 254, 280 nm)。流动相条件:梯度,在25min内缓冲液B由0%到100%(缓冲液A:0.1% TFA的水;B:0.1% TFA的乙腈)。样品产物经半制备的反相C18(Vydac)柱制备而得,结构分别由质谱和^{1}H-NMR谱确认。

11.4.3　固相合成活性化合物

将干燥的2-氯代三苯甲基树脂(1.12mmol/g)用5倍当量过量的115号胺和10倍当量过量DIPEA的DCM溶液在室温下反应1h,然后加入DCM/DIEPA/甲醇(体积比为17/1/2)的混合物以封闭没有反应的氯。用DMF洗涤5次后,将该含有115号胺固载化的树脂用2倍当量过量(相当于起初树脂的取代量)的1,5-二氟-2,4-二硝基苯和4倍当量过量且溶于DMF中的DIPEA处理1h,用DMF洗5次,甲醇洗3次,再用DMF洗5次。最后,加入5倍当量过量的且溶于DMF中的胺和10倍当量过量的DIPEA,在室温下轻轻振荡5h。反复用DMF洗5次,甲醇洗3次,再用DCM洗5次,抽空干燥1h。最终产物用5%的TFA/DCM处理树脂1h,减压蒸馏除去DCM,粗品在HPLC的C 18反相柱上进行分析,所有化合物的纯度超过95%,电子喷雾质谱也表明了其正确的相对分子质量。

11.4.4　抑菌实验

如前所述,抑菌实验是在圆底的96孔板中进行的。滴定实验结果表明,5%以下的 DMF 在 Mueller Hinton 培养液（DIFCO）中不影响细菌的生长。用于实验的化合物先以 DMF 稀释到 1.0×10^{-3} mol/L，在 96 孔板上的 70 个孔中，分别加入 180μL 的 Mueller Hinton 培养液，然后加入 10μL 已稀释的化合物，最后加入 10μL 培养的细菌（细菌的最终浓度为 1.5×10^{-6} CFU/mL，化合物的最终浓度约为 5.0×10^{-5} mol/L），将该板在 35℃下培养 18～24h，用目视观察细菌的生长情况。

11.4.5　最小抑制浓度（MIC）和最小被抑制细菌的浓度（MBC）

利用固相法（图 11.9）合成了具有活性的单一混合物，其 MIC 和 MBC 由以文献[13]，[14]所述的实验方法确定。一旦确定了 MIC，将上清培养液移入新的培养基上重新培养，以确定菌落（CFU）降低的百分数。当 99.9％的移植菌株被抑制时的化合物浓度为最小抑菌浓度。

参　考　文　献

[1] Gallop MA, Barrett RW, Dower WJ, Fordor SPA, Gordon EM, *J. Med. Chem*. 1994, 37: 1233

[2] Gordon EM, Barrett RW, Dower WJ, Fordor SPA, Gallop MA, *J. Med. Chem*. 1994, 37: 1385

[3] Houghton RA, Pinilla C, Appel JR, Blondelle SE, Dooley CT, Eichler J, Nefzi A, Ostresh JM, *J. Med. Chem*. 1999, 42(19): 3743～3778

[4] Liu G, Mu SF, Yun LH, Ding ZK, Sun MJ, *J. Pept. Res*. 1999, 54: 480～490

[5] Liu G, Yun LH, Wang JX, *Prog. Chem*. 1997, 9: 223～238

[6] Lam KS, Lebl M, Krchnj aják V, *Chem. Rev*. 1997, 97: 411～448

[7] Lam KS, Salmon SE, Hersh EM, Hruby VJ, Kazmierski WM, Knapp RJ, *Nature* 1991, 354: 82～84

[8] Underiner TL, Peterson JR, Synthesis tools for solution-phase synthesis. *A practical guide to combinatorial chemistry*; Czarnik, A. W., DeWitt, S. H., Eds.; American Chemical Society: Washington, DC, 1997, pp 177～198

[9] Merritt AT, Solution phase combinatorial chemistry. *Comb. Chem. High Throughput Screening* 1998, 1(2): 57～72

[10] Coe DM, Storer R, *Mol. Diversity* 1998～1999, 4(1): 31～38

（刘　刚，范业梅，J.R.Carlson，赵占工，Kit S. Lam）

第十二章 “集束网袋”组合合成法的发明以及胞壁酰二肽模板化合物化学库的合成

采用组合合成构建化合物化学库是目前寻找和优化药物先导化合物的现代方法之一[1~9]。有四种主要化学库形式,天然产物化学库、小分子化学库和肽模拟物化学库以及寡聚物化学库。目前主要有四种方法用于化学构建和筛选化学库:(1)生物表达生产寡聚物化学库;(2)平行固相合成及液相合成小分子化学库,该法需要化学库解析手段如重复途径、位置扫描途径,以及远位区分途径等;(3)混合-均匀和树脂珠表面上筛选法,如“一珠一化合物”、“一珠两化合物”组合化学法;(4)亲和层析筛选法。以上每一种方法都有它们各自的优缺点。本章中介绍我们发明的一种称做“集束网袋”的组合合成方法,并用此法合成了胞壁酰二肽(MDP)衍生物化学库。

12.1 固相合成胞壁酰二肽衍生物

胞壁酰二肽(MDP)是人体识别革兰氏阳性细菌,并产生免疫反应的最小有效单位[10]。由于 MDP 可以非特异性地刺激并激活巨噬细胞吞噬侵入人体的病毒、细菌、肿瘤等,MDP 代表了一类潜在的免疫治疗药物(增强或抑制)。然而,是由于高亲水性而导致的迅速排泄和很弱的穿透巨噬细胞细胞壁的能力[11]、致热源性[12]、非特异性诱导的自身免疫应答和炎症反应[13]等缺点限制了 MDP 在临床上的直接使用。人们已经采用液相法合成了许多 MDP 衍生物,并对它们的生物活性进行了研究[14]。其中代表性的几个化合物:GMDP[15]、Threonyl-MDP[16,17]、MTP-PE[18,19]、Murabutide[20]、Romurtide[21]和 B30-MDP[22]目前正在临床上使用或研究。

本章第一部分内容介绍了采用“多中心同步合成”法[23]固相合成了 MDP 及其衍生物。该法使用了 Chiron Mimotopes 公司的 Pin 为载体,负载量为 5~8 μmol/Pin。为了探索固相合成方法,我们首先合成了两个关键的构建单元:保护胞壁酸[24]和 Fmoc-D-isoGln **7**,路线如图 12.1。苄基保护的 D-构型的谷氨酸 **2** 由 D-构型谷氨酸 **1** 在 H_2SO_4存在下与苄醇反应得到,产率 58.9%。将由 $NaNO_2$制得的 Boc-N_3粗品在 HOAc 和 H_2O 中与 **2** 反应制得氨基保护的 Boc-D-Glu(OBzl)-OH **3**。化合物 **3** 进一步在无水 THF 中被 DCC 和 HOSu 活化制得 Boc-D-Glu(OBzl)-OSu **4** 活化酯。化合物 **4** 与 25% NH_4OH 进行胺化反应制得 Boc-D-isoGln(Bzl)**5**。化合物 **5** 的苄基在 5% Pd/C 条件下于 HOAc 中室温反应 3d 得到了 Boc-D-isoGln-OH **6**。用 50% TFA/DCM 除去 Boc 保护基后，用 Fmoc-OSu 在 20% $NaHCO_3$ 存在下处理 **6** 并在室温下反应 3d，得到了最终产物 Fmoc-D-isoGln **7**(总产率 76.7%，mp. 204～205℃)。MS(FAB+)，m/z(%)：369.1 $[M+H^+]$(60)，179.1 $[C_{14}H_{11}^+]$(100)。^1H NMR(300 MHz，$[D_6]$-DMSO，25℃，TMS)：δ=1.75～1.89(*m*，2H，CH_2)，2.24(*t*，^3J(H,H)=7.8Hz，2H；CH_2)，3.92(*m*，1H，CH)，4.19～4.27(*m*，3H，$CHCH_2$)，7.02(*s*，1H，CONH)，7.28～7.88(*m*，10H，8ϕH+CONH₂)，12.07(*s*，1H，COOH)。

合成路线Ⅰ Synthesis of Fmoc-D-isoGln

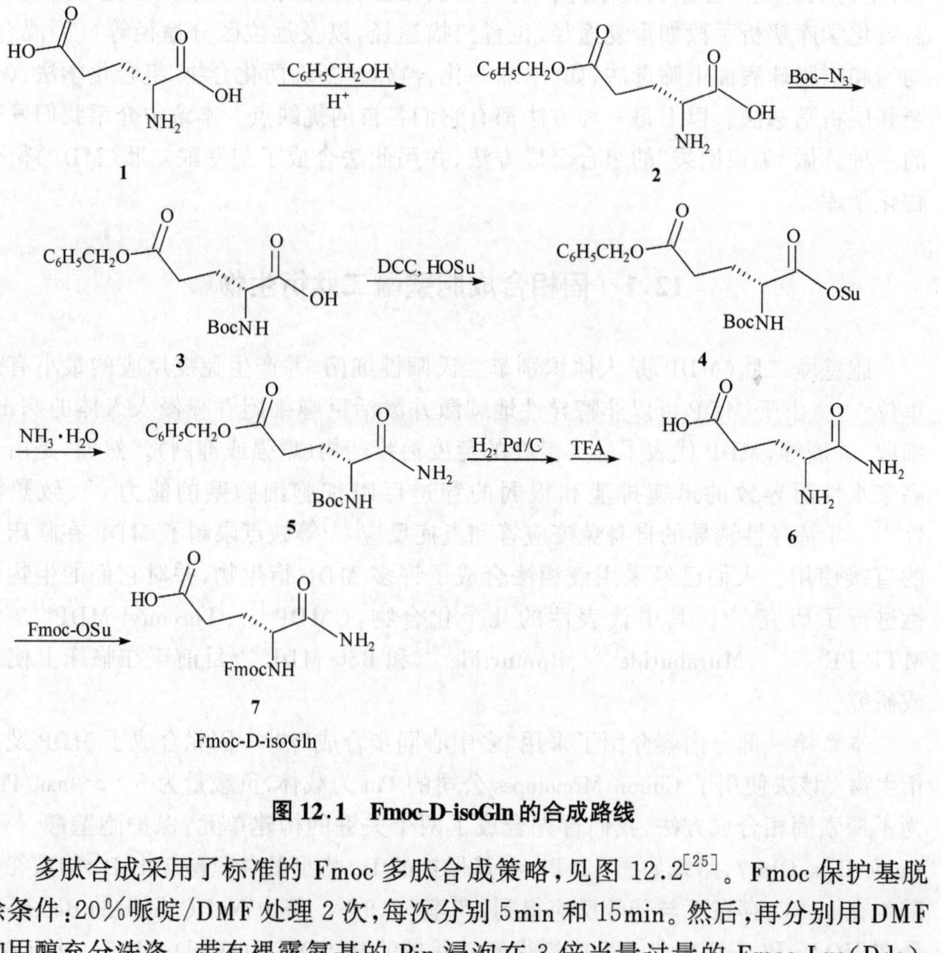

1 —($C_6H_5CH_2OH$, H^+)→ 2 —(Boc–N_3)→ 3 —(DCC, HOSu)→ 4 —($NH_3 \cdot H_2O$)→ 5 —(H_2, Pd/C; TFA)→ 6 —(Fmoc-OSu)→ 7

7 Fmoc-D-isoGln

图 12.1 Fmoc-D-isoGln 的合成路线

多肽合成采用了标准的 Fmoc 多肽合成策略，见图 12.2[25]。Fmoc 保护基脱除条件：20%哌啶/DMF 处理 2 次，每次分别 5min 和 15min。然后，再分别用 DMF 和甲醇充分洗涤。带有裸露氨基的 Pin 浸泡在 3 倍当量过量的 Fmoc-Lys(Dde)-OH、BOP、HOBt 和 NMM 溶液中 4h 后完成肽缩合反应。重复上述多肽合成步骤直到全部缩合反应完成。赖氨酸侧链保护基 Dde 用 2% NH_2NH_2/DMF 处理 2

次,每次 3min 除去。重复洗涤步骤后,裸露的氨基在 BOP(缩合剂)、HOBt(添加剂)以及 NMM(中和试剂)条件下与各种取代羧酸进行酰化反应过夜得到保护的 MDP 衍生物。最后,用 95% TFA/H_2O 处理 Pin 2h,经氮气吹干浓缩后用 60%的乙腈/水溶解、冷冻干燥得最终产物。所有的产物都经 HPLC 在 214 nm 波长下分析,流动相梯度为:B 在 20min 内从 0 到 100%;缓冲液 A:0.1% TFA/水,B:70% 乙腈/0.1% TFA 水。利用此法,我们一次合成了 60 个衍生物,纯度在 75%以上。合成化合物的相对分子质量由电喷雾质谱确定。表 12.1 代表了 14 个典型化合物的结构以及测得的正确相对分子质量。

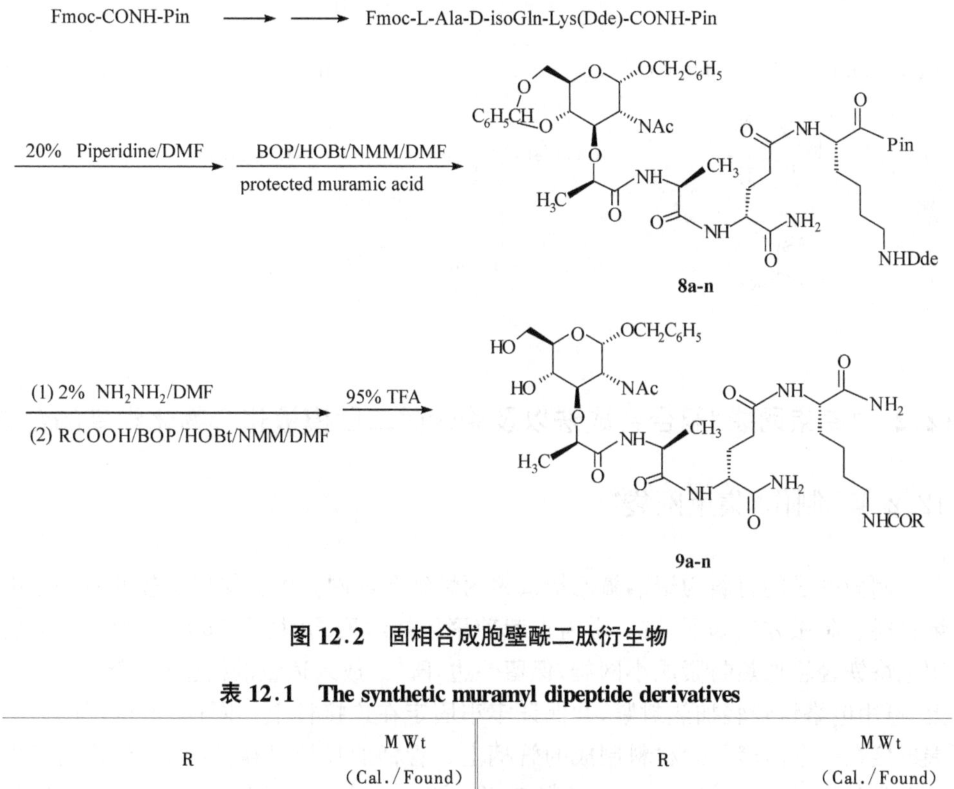

Fmoc-CONH-Pin ⟶ ⟶ Fmoc-L-Ala-D-isoGln-Lys(Dde)-CONH-Pin

⟶ 20% Piperidine/DMF ⟶ BOP/HOBt/NMM/DMF, protected muramic acid ⟶ **8a-n**

⟶ (1) 2% NH_2NH_2/DMF (2) RCOOH/BOP/HOBt/NMM/DMF ⟶ 95% TFA ⟶ **9a-n**

图 12.2 固相合成胞壁酰二肽衍生物

表 12.1 The synthetic muramyl dipeptide derivatives

	R	MWt (Cal./Found)		R	MWt (Cal./Found)
9a	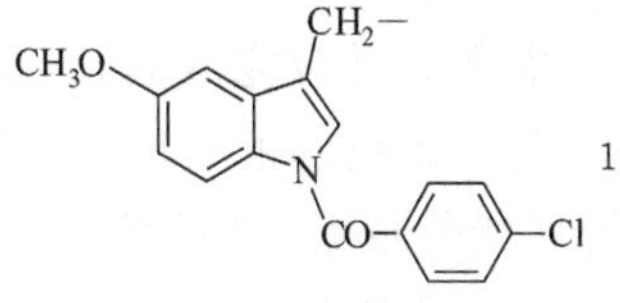	1049.7/1049.6	9c	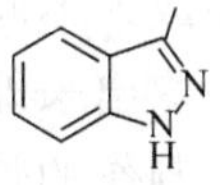	854.1/854.4
9b	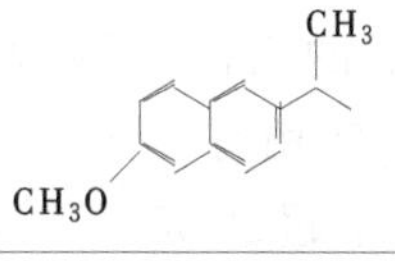	922.2/922.4	9d	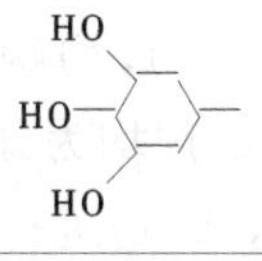	862.1/862.2

续表

	R	MWt (Cal./Found)		R	MWt (Cal./Found)
9e	$CH_3(CH_2)_{14}$—	948.4/948.5	9j	[xanthen-9-yl]	917.9/918.3
9f	[adamantyl]NHCOCH$_2$CH$_2$—	943.3/943.6	9k	[quinazolinone, $OCH_2C_6H_5$]	1063.9/1064.1
9g	CH_3CONH–[phenylene]–$NHCOCH_2CH_2$—	942.2/942.4	9l	Murmyl acyl	1075.4/1075.3
9h	[benzimidazol-2-yl]	854.1/854.2	9m	HO–[phenylene]–$NHCOCH_2CH_2$—	901.1/901.4
9i	[quinolin-2-yl]	865.1/865.4	9n	[phenyl]–$NHCOCH_2CH_2$—	899.2/899.3

12.2 “集束网袋”组合合成法以及胞壁酰二肽模板化合物化学库的合成

12.2.1 制作“集束网袋”

制做网袋的材料为聚四氟乙烯或聚丙烯细孔纱网。本文使用了较便宜的聚丙烯材料。制做方法如下：按一定需求裁剪聚丙烯纱网，孔径为 75μm。纱网折叠后用电烙铁轻轻加热封紧成小网袋，保留一边开口。放入适量的树脂后，套入连接杆上，再用电烙铁轻轻加热封紧，并保证牢牢固定在连接杆上。同样，连接杆的另一端再接在一个由聚丙烯材料制成的管柄上。管柄的长短可视情况而定，管内可以放入各种编码标签。比如，每一个构建单元设定一个数码并打印出来，每一个网袋内的反应可对应次序放入不同构建单元的编码数码。待全部反应完成后，只要将数码按相反次序一一取出来即可知道化合物的结构信息。在我们的实验中，由于我们使用了透明材料制作的管柄，因此，可以直接在管柄壁外观察得到编码信息。

实验中使用的各种取代羧酸购于化学试剂公司。本文所用保护氨基酸，缩合剂及树脂若非特别说明，均购于 ACT 公司。孔径 75μm 的聚丙烯网购于 Cole-Parmer 公司。所用试剂均为分析纯。溶剂纯化和干燥按《实用有机化学手册》(上海科学技术出版社，1981)进行，其中 DMF 减压蒸馏沸点不超过 55℃。样品熔点用毛细管法测定,温度计未经校正。

在进行 TLC 检测时,部分化合物不能用荧光、茚三酮、碘蒸气显色,可喷洒约 20%的浓硫酸酒精溶液后,加热至约 120℃显色。高效液相色谱仪组成为 Waters 泵、Spectra Physics UV1000 型紫外检测器及积分仪、ZORBAX 300 SB-C18 4.6mm ID×25cm 反相分析柱,高压液相分析条件为:梯度洗脱,洗脱液 A 为 0.1%TFA 水溶液,B 为 70%乙腈水溶液:0~20min,A:80%~0;20~25min,A:0;25~30min,A:0~80%;或 0~20min,A:100%~0;20~25min,A:0~100%。质谱仪型号为 Zabspec。

12.2.2 MDP 类似物与促吞噬肽衍生物的共轭物的合成

取 100~200 目的 Wang 树脂(AUSPEP 公司,100~200 目,0.85mmol/g),每一个网袋装入 10.0mg 树脂。称取 Fmoc-Lys(Boc)-OH:438.0mg,DCC:96.0mg,DMAP:11.0mg,用 3.3mL DMF 溶解后放入盛有树脂网袋的容器中,于 0℃反应 30min。然后,取出网袋,用 DMF(5min×2),DCM(5min×2)洗涤。再加入 10mL 10%乙酸酐的 DCM 溶液,在室温下封闭未反应的羟基 30min。树脂网袋经 DMF(5min)洗涤三次后,在室温下用 20%哌啶的 DMF 溶液脱 Fmoc 保护 25min。随后分别用 DMF(5min×2),CH_3OH(3min×2),DCM(5min×2)洗涤。肽缩合反应按照下列条件完成:分别用 5 倍当量过量的保护氨基酸、HOBT、HBTU 制得保护氨基酸活化酯溶液,室温反应 4h,重复前述洗涤、脱保护、洗涤、缩合等步骤,直至全部合成完成为止。最后,树脂网袋用干燥的 DCM 洗涤三遍,晾干树脂。再将树脂网袋浸入到一个盛有 0.5mL 裂解液[TFA∶EDT∶苯甲醚=38∶1∶1(*v*/*v*/*v*)]适当的反应瓶中,静置 3h。树脂网袋再转移到另一个盛有 0.5mL TFA 的容器中静置 10min。合并两次的 TFA 裂解液和 TFA 洗涤溶液,用氮气吹干。加入 6mL 无水乙醚∶石油醚(60~90)=1∶2 的溶液,封严,−40℃下放置 1h,离心,小心倾去上清液,残余物晾干,用 60%乙腈水溶液溶解后,进行 HPLC 及质谱分析。

12.2.3 二肽 N 端及 C 端接枝各种羧酸的 MDP 类似物的合成

以 0 系列化合物为例(见图 12-5),过程如下:取 Wang 树脂(100~200 目,0.8mmol/g)5.6g 放入适当的网袋中,封好网口,浸入 DMF 溶液溶胀 30min。随后将网袋浸入到溶于 20mL DMF 的 Fmoc-Ala-OHH_2O(2.999g)、HOBT(1.215g)溶液中。冰浴冷却下加入 DCC(2.04g)和 DMAP(111mg),自然升至室温,搅拌反应 48h。取出少量树脂用甲醇将 DCU 副产物洗净后,干燥。再准确称取 12mg 该树脂,加入 4mL 的 20%哌啶 DMF 溶液中,于室温下脱保护 20min。准确移取 200μL

该反应溶液加入到 2.8mL 的 20%哌啶 DMF 溶液中，在 290nm 下测紫外吸收。以 20%哌啶/DMF 溶液为参比，测得 $A=0.918$，计算结合率为 80%。剩余的网袋内树脂继续用大量甲醇洗涤除去 DCU。再经 DMF(5min×2)，DCM(5min×2)洗涤后，网袋树脂用 10%的乙酸酐/DCM 溶液在室温下处理 30min，封闭未反应的裸露羟基。以 DMF 充分洗涤后，脱 Fmoc 保护、洗涤、缩合、洗涤等肽缩合步骤同上。Fmoc-Lys(Dde)-OH 缩合采用下列条件：DMF 40mL、Fmoc-Lys(Dde)-OH 4.8g、HOBT 1.215g、HBTU 3.411g、NMM 1.49mL，缩合反应 4h。最后经 DCM 洗涤干燥后，分成数份，每份 10mg 放入各网袋中，在管柄中加入数字编码标签。分别称取 5 倍当量过量的取代羧酸化合物，置于标有号码的容器中。另称取同样 5 倍当量过量的 HOBT(1.173g)和 HBTU(3.289g)溶于一定体积的 DMF 中。将此溶液均分到各个装有树脂网袋的反应瓶中(注意：树脂网袋号码与反应瓶号码一致)，再分别加入 84μL NMM 室温反应 4h。取出全部树脂网袋，集束洗涤，用 2%的 NH_2NH_2/DMF 溶液脱保护 3min，DMF 洗涤。同样方法，接上设计的另一个取代羧酸构建单元。反应完毕后，用适当的溶剂充分洗涤，晾干。将各网袋放入 15mL 的离心管中，加入 0.5mL 裂解液[TFA∶EDT∶苯甲醚∶硫代苯甲醚∶水＝33∶1∶2∶2∶1(体积比)]，室温反应 2h。取出网袋，再用 TFA 洗涤网袋树脂，合并两次 TFA 溶液，用氮气吹干。加入 6mL 无水乙醚∶石油醚(60～90)＝1∶2 的溶液，－40℃放 1h，离心 6min，小心倾去上清液，残余物晾干。用 60%乙腈/水溶液溶解样品，进行 HPLC 及质谱分析。

12.2.4 MDP 的环肽类似物的合成

取 Fmoc-Rink 树脂(100～200 目，0.7mmol/g)0.5g 与物质的量为其 40%的 Fmoc-Lys(Dde)-OH 活化酯反应后，以醋酐封闭未反应的氨基。各取 30mg 加入网袋中，重复洗涤、脱保护、洗涤、接肽循环。Fmoc 保护氨基酸、HOBT、HBTU 各过量 6 倍，室温反应 4h。合成完毕后，用与合成 0 系列同样的办法切落，处理，进行 HPLC 及质谱分析。

Fmoc-D-Glu(All)-OH 中丙烯醇脱保护条件：网袋树脂在三丁基锡 0.65mL，乙酸 0.18mL，$Pd[P(C_6H_6)_3]_4$ 150mg，干燥 DCM 10mL 的溶液中放置 3h。

12.2.5 结果与讨论

12.2.5.1 "网袋集束"法的设计及应用

"网袋集束"的设计示意图见图 12.3。网袋由三部分组成：网袋、管柄和中间的连接部分。所有的材料可由聚四氟乙烯或聚丙烯制成，以保证对各种有机反应溶剂稳定。本文使用了聚丙烯材料。该网袋设计可放入 10～100mg 树脂，合成 5～

50mg 化合物。网袋的作用是容放各种目的 100 目以上的树脂，网袋的孔径（本文我们选用了 75μm 孔径网袋）保证了溶剂、过量的反应原料可自由的透过网袋，方便洗涤。网袋的制做和固定用一个电烙铁加热完成。管柄的目的有两个：一是编码，二是掌握操作。管柄中可设计放入各种编码方式。我们使用了数字编码的办法。选定多样性的构建单元以后，每一个构建单元可以编码一个字码，并打印在纸上。以合适的体积剪裁下来后，每一个反应网袋在连接相关的构建单元时便可将字码按次序放入管柄中。管柄部分使用透明聚丙烯材料，因此可以从外部直接观察到内装的字码信息。待全部合成完成后，只要按相反次序取出字码便会得到化合物结构信息。网袋和管柄之间的连接部分我们仍然选用了由相同的原料制成，但为实心部分。两端制有节头，方便固定。此连接部分主要目的是固定网袋和管柄，并保证不会脱落。该法的优点是既可以进行平行同步法合成，也可以进行“混合-均分”法合成。既可以用于全部或设计组网袋（集束在一起）与一种构建单元同时反应（混合合成），也可以每一个网袋与不同的构建单元分别反应（平行合成）。

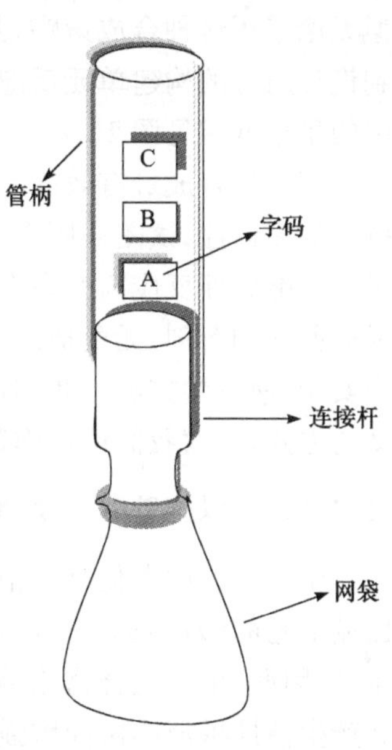

图 12.3 集束网袋结构示意图

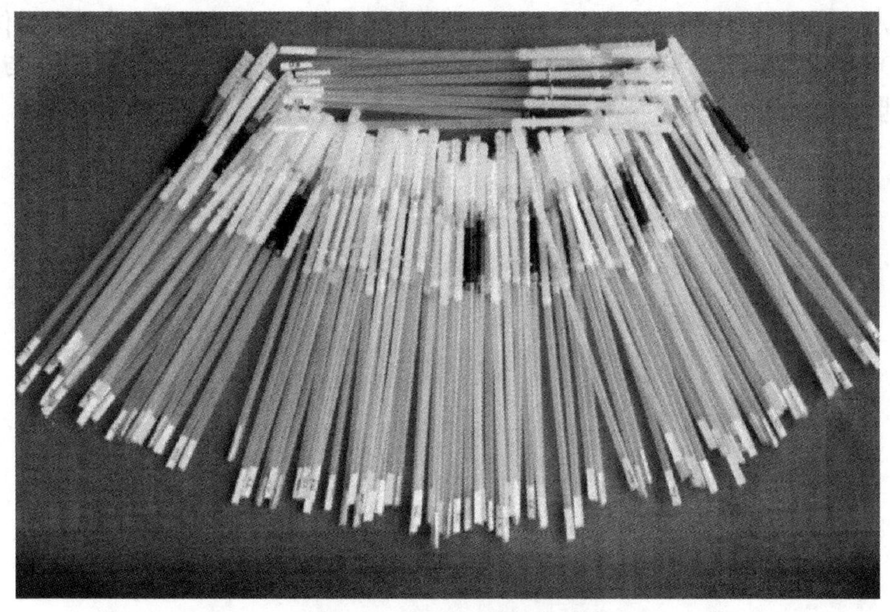

图 12.4 使用中的集束网袋

但无论采用哪种合成策略，其洗涤过程均可集束完成。洗涤完成后重新分配网袋到设计对应的构建单元反应容器时，重新加入新的字码，直至全部反应完成。使用中的集束网袋见图 12.4。

高通量合成最有效的手段是全自动合成。然而，限于有机合成反应以及反应条件的多样性，试图将所有合成进行全自动化非常困难，并且造价昂贵。同时，为了尽可能保证反应高产率自动化完成，全自动合成方式一般设计使用大大过量的反应原料和溶剂，无疑造成了浪费。因此，半自动的高通量合成方法仍然是目前最为实用、廉价的方法。我们设计的"网袋集束"法目前用于手动合成，但体现了半自动的方式，一次我们可操作数百个反应。

12.2.5.2　以胞壁酰二肽(MDP)为模板化合物的设计

胞壁酰二肽类化合物衍生物的多样性，如 muramyl-L-alanyl-D-isoglutamine 是巨噬细胞的激活剂，而 *N*-acetylmuramyl-D-alanyl-D-isoglutamine 是巨噬细胞的抑制剂，因此，单一化合物化学库在筛选过程中更能够代表化合物的真实结果，而不会产生活性抵消或协同增强造成的假性结果。本文中，根据分子多样性原则，采用平行合成法设计了具有不同结构特征的化合物。

12.2.5.2.1　二肽 N 端及 C 端衍生的胞壁酰二肽化合物

普遍认为在 MDP 的化学结构中，二肽(在本文中若非特别说明，均指 L-Ala-D-isoGln)是免疫佐剂活性部位，而胞壁酸的作用是与受体结合及保证二肽的药效构象，这一结论也被众多的二肽衍生物的活性所证实。MDP 可能有不止一种受体，MDP 衍生物体现出来的不同生物活性可能是因为其不同的构象或立体化学与受体相互作用而致。

R_2CONH (on Lys)
R_1CO-L-Ala-D-isoGln-Lys-L-Ala-OH　　0 series

R_2CONH (on Lys)
R_1CO-gly-L-Ala-D-isoGln-Lys-L-Ala-OH　　3 series

R_2CONH (on Lys)
R_1CO-NH$(CH_2)_2$-L-Ala-D-isoGln-Lys-(D,L)-Ala-OH　　4 series

R_2CONH (on Lys)
R_1CO-NH$(CH_2)_3$-L-Ala-D-isoGln-Lys-(D,L)-Ala-OH　　5 series

R_2CONH (on Lys)
R_1CO-NH$(CH_2)_4$-L-Ala-D-isoGln-Lys-(D,L)-Ala-OH　　6 series

R_2CONH (on Lys)
R_1CO-NH$(CH_2)_5$-L-Ala-D-isoGln-Lys-(D,L)-Ala-OH　　7 series

图 12.5　二肽 N 端及 C 端枝接各种羧酸的 MDP 类似物结构通式

在组合化学库的设计中,对分子多样性的要求随目的不同而有所改变。在寻找先导化合物时,应追求最大的分子多样性。而在优化先导化合物时,则尽量利用已知的构效关系,以活性结构成分为骨架,设计化学库。本文中,以二肽为基本骨架,我们设计了一类在二肽 N 端及 C 端通过酰胺化反应衍生胞壁酰二肽类似物,共 6 个系列,两个亚类化合物,基本骨架见图 12.5。

第一个亚类包括 0 和 3 两个系列,在二肽 N 端以丙氨酸的 α 氨基或连接臂甘氨酸的 α 氨基经过与取代羧酸构建单元(R_1COOH)酰胺衍生化;或在二肽的 C 端以 L-赖氨酰- L-丙氨酸的赖氨酸 ε-氨基为官能团酰胺衍生羧酸构建单元 R_2COOH。第二个亚类则包括 4、5、6、7 四个系列。在二肽 N 端分别以连接臂 β-氨基丙酸、4-氨基丁酸、5-氨基戍酸或 6-氨基已酸的 α-氨基接羧酸构建单元 R_1COOH,在二肽的 C 端以连接臂 L-赖氨酰-(D,L)-丙氨酸的赖氨酸 ε-氨基接羧酸构建单元 R_2COOH。在二肽 N 端接入线性氨基酸连接臂的目的是为了使各种羧酸构建单元(多为胞壁酸的生物电子等排体)与二肽保持不同的距离,以寻找与受体的最佳结合方式。

12.2.5.2.2 无糖 D-异谷氨酰胺 N 端及 C 端的衍生化

在 Pristovsek 等人提出的 MDP 药效构象中,D-异谷氨酰胺残基对 MDP 的活性最为关键。MDP 的药效构象中糖环上 2 位乙酰氨基的羰基、D-异谷氨酰胺残基的羰基、D-异谷氨酰胺残基氨基和 D-异谷氨酰胺残基的 δ-羰基是其与受体结合的关键位点,4 个结合位点中有 3 个在 D-异谷氨酰胺残基上,而丙氨酸上则一个都没有[4]。最近的研究结果也表明无糖二肽衍生物仍保持了高活性、无致热源性结果。因此,设计合成无糖部分的衍生物对消除 MDP 的致热源性副作用是有意义的。此处我们设计了 D-异谷氨酰胺 N 端及 C 端通过赖氨酸连接臂缩合各种取代羧酸构建单元的 MDP 模拟物,称为 X 系列。结构通式见图 12.6。

R_2CONH
|
R_1CO-D-isoGln-Lys-(D,L)-Ala-OH

X series

图 12.6 D-异谷氨酰胺 N 端及 C 端接枝各种羧酸的 MDP 类似物结构通式

12.2.5.2.3 MDP 的环肽类似物

环肽由于具有比相应的线形肽更稳定,对蛋白水解酶稳定,特异性高等特点,设计合成环化肽一直是人们非常感兴趣的研究内容。目前为止,尚无合成环化胞壁酰二肽结果报道。

在固相载体上合成环肽受到许多因素的影响。如:不同分子间可能发生的交叉缩合反应；固相树脂的溶胀能力不够时，则可能发生环化缩合困难；环化肽的序列和大小亦有可能对最终的产率产生影响等。本文中，我们采用“网袋集束”法设计并合成了几个通过侧链环化限制 D-异谷氨酰胺残基构象的化合物，结构见图 12.7。

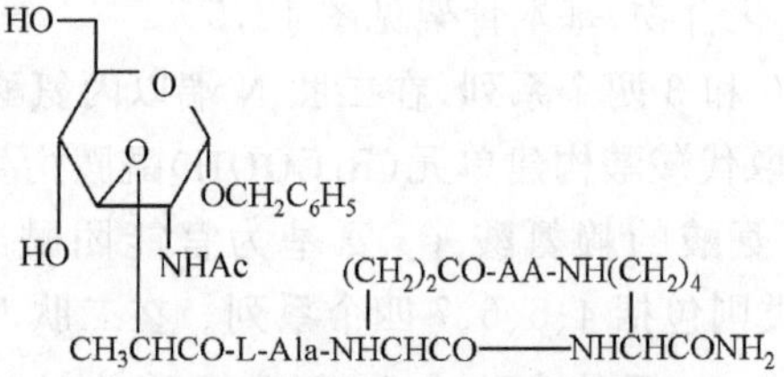

图 12.7　MDP 的环肽类似物结构式

12.2.5.2.4　MDP 类似物与促吞噬肽衍生物的共轭物

促吞噬肽（Tuftsin）的类似物（Thr-Arg-Pro-Lys-OH）由于能够与各种吞噬细胞，包括多形核白细胞、巨噬细胞和单核细胞结合，具有促进吞噬功能、启动免疫应答、促进细胞游走、抗肿瘤、抗菌等免疫活性。各种吞噬细胞，包括 PMNL、Mϕ 和单核细胞的表面都有特异的 Tuftsin 受体。Mϕ 表面有特异的甘露糖受体，有文献报道将 MDP 与甘露糖通过羧甲基葡聚糖结合后，能定向将 MDP 输送到 Mϕ，Mϕ 随后将之内吞，大大提高了 MDP 的活性。类似于上述实验结果，为了初步探索 MDP 与 Tuftsin 是否具有某种协同作用，我们设计了以下几个 MDP 与 Tuftsin 共轭物新分子，共 10 个化合物：

M1，MurNAc-Ala-D-isoGln-Thr-Arg-Pro-Lys-OH

M2，MurNAc-Ala-D-isoGln-Lys-Thr-Arg-Pro-Lys-OH

M3，Ala-D-isoGln-Thr-Arg-Pro-Lys-OH

M4，Ala-D-isoGln-Lys-Thr-Arg-Pro-Lys-OH

M5，MurNAc-Thr-Arg-Pro-Lys-OH

M6，MurHAc-Lys-Thr-Arg-Pro-Lys-OH

M7，MurNAc-Thr-D-isoGln-Thr-Arg-Pro-Lys-OH

M8，MurNAc-Thr-D-isoGln-Lys-Thr-Arg-Pro-Lys-OH

M9，MurNAc-Ala-D-Glu(OBzl)-Thr-Arg-Pro-Lys-OH

M10，MurNAc-D-Glu(OBzl)-Lys-Thr-Arg-Pro-Lys-OH

12.2.5.3　构建单元及设计化合物的合成

12.2.5.3.1　MDP 类似物与促吞噬肽衍生物共轭物的合成

采用 Wang 树脂和标准的 Fmoc 合成策略，用“网袋集束”法方便、简单地固相合成了 MDP 与促吞噬肽共轭物化合物，高产率、高纯度得到了目标化合物，见表 12.2。

表 12.2 MDP 与促吞噬肽共轭物粗品的纯度及相对分子质量

编号	M+/M	纯度/%(HPLC)	编号	M+/M	纯度/%(HPLC)
M1	1065.6/1065.3	85	M5	866.4/866.1	90
M2	1193.4/1193.4	70	M6	994.4/994.2	90
M3	700.4/699.7	85	M7	1095.3/1095.3	80
M4	828.3/828.0	90			

12.2.5.3.2 二肽 N 端及 C 端衍生化

我们选择赖氨酰丙氨酸为这类化合物在二肽 C 端接枝各种羧酸的连接臂。为此赖氨酸的 α-氨基和 ω-氨基侧链保护基团必须在反应条件下稳定。同时在树脂能耐受的前提下，以不同的方式脱除保护基，并对合成化合物的理化性质无影响。Dde 是新出现的氨基保护基，其脱除条件是 2% NH_2NH_2/DMF。设计的保护化合物在 Dde 脱除条件下稳定，并且与 Fmoc 一起可在不同的条件下选择性地除

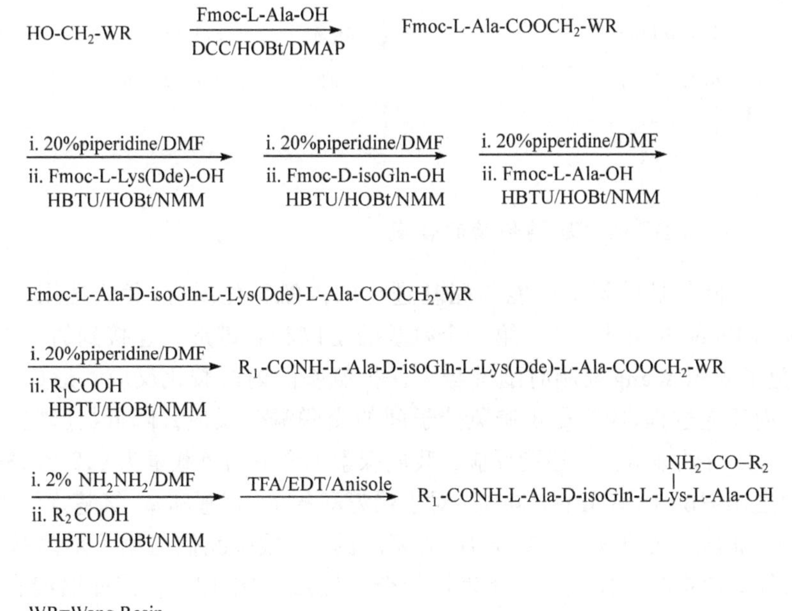

图 12.8 二肽 N 端及 C 端接枝各种羧酸的 MDP 类似物的合成路线

去(Fmoc 可用 20%piperidine/DMF 脱除,此时 Dde 稳定)。同样方法,使用 Wang 树脂,DMAP 催化下在网袋中以活化酯的形式将 Fmoc-L-Ala-OH 接到 Wang Resin 上。接肽反应同前。用 2%的 NH_2NH_2/DMF 溶液脱除 Dde 保护基后,再酰胺化取代 R_2COOH。最后,从树脂上切落得产物,合成路线见图 12.8。

表 12.3 中是合成化合物的分析结果。约 80%的合成化合物在液相色谱中都给出了主峰,且主峰具有期望的质谱分子离子峰。约 20%的合成化合物虽然在质谱中找到了正确的分子离子峰,但在液相色谱上未能给出主峰。

表 12.3 0 和 3 系列抽样检测结果

编号	M+/M	纯度/%(HPLC)	编号	M+/M	纯度/%(HPLC)
0AQ	957.1/957.0	75	0IM	758.4/757.8	80
0KE	694.0/694.1	85	3AO	1033.7/1033.1	85
0GH	716.1/715.8	90	3CK	923.4/923.5	
0PJ	725.2/724.8	70	3EG	722.8/722.8	90
0LN	875.4/875.0	75	3HP	790.1/789.9	85
0DQ	854.4/854.0	80	3JL	860.3/860.0	65
0MB	966.1/966.1	70	3ND	944.6/944.2	
0FA	1156.4/1156.4		3QM	833.3/832.9	70
0OC	877.5/877.2		3BF	1213.7/1213.5	
0PI	746.2/745.9	85			

12.2.5.3.3 MDP 的环肽类似物的合成

由于脱除保护的氨基可能与酯基进行的内酰胺化反应,我们选用了 Rink 树脂。采用 Fmoc-Rink 树脂时,第一个氨基酸是以酰胺键形式连接到树脂上的。因此,避免了采用 Wang 树脂时酯键与无保护氨基的内酰胺化反应。形成环肽是一个分子内反应过程,应当尽量避免分子间的交联酰化反应。降低树脂的官能基团负载量可以有效地减少上述副反应。我们探索了合适的负载量为 0.2~0.3mmol/g。缩合剂选用 HBTU/HOBt/NMM。对于赖氨酸的 α-氨基和 ω-氨基我们仍然选用了 Fmoc 和 Dde 保护方式。对于 D-谷氨酸的 γ-羧基我们选用了烯丙基保护基,脱除条件为 $Pd[P(C_6H_5)_3]_4$。代表性的合成路线如图 12.9。依此路线合成的 10 个环状化合物的纯度及其正确的分子离子峰见表 12.4。

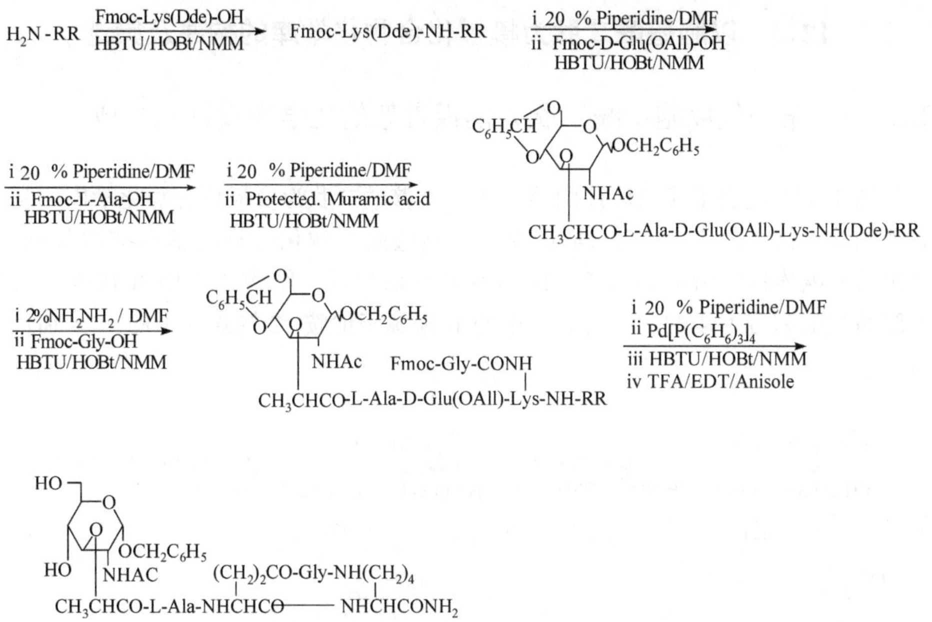

H_2N-RR —(Fmoc-Lys(Dde)-OH / HBTU/HOBt/NMM)→ Fmoc-Lys(Dde)-NH-RR —(i 20 % Piperidine/DMF; ii Fmoc-D-Glu(OAll)-OH HBTU/HOBt/NMM)→

—(i 20 % Piperidine/DMF; ii Fmoc-L-Ala-OH HBTU/HOBt/NMM)→ —(i 20 % Piperidine/DMF; ii Protected. Muramic acid HBTU/HOBt/NMM)→

C_6H_5CH O O $OCH_2C_6H_5$ NHAc

CH_3CHCO-L-Ala-D-Glu(OAll)-Lys-NH(Dde)-RR

—(i 2% NH_2NH_2 / DMF; ii Fmoc-Gly-OH HBTU/HOBt/NMM)→

C_6H_5CH O O $OCH_2C_6H_5$ NHAc Fmoc-Gly-CONH

CH_3CHCO-L-Ala-D-Glu(OAll)-Lys-NH-RR

—(i 20 % Piperidine/DMF; ii $Pd[P(C_6H_6)_3]_4$; iii HBTU/HOBt/NMM; iv TFA/EDT/Anisole)→

HO O O HO $OCH_2C_6H_5$ NHAC $(CH_2)_2CO$-Gly-$NH(CH_2)_4$

CH_3CHCO-L-Ala-NHCHCO——NHCHCONH$_2$

图 12.9 MDP 的环肽类似物合成路线

表 12.4 MDP 的环肽类似物检测结果

AA	Found/Caled	Purity/%	AA	Found/Caled	Purity/%
Gly	750.3/749.8	30.2	L-Ala-D-isoGln	892.5/892.0	20.1
beta-Ala	764.2/763.8	40.8	D-Ala-D-isoGln	892.3/892.0	60.7
$NH_2(CH_2)_3COOH$	778.2/777.9	70.1	L-Ala-D-Glu(OBzl)	983.4/983.5	80.3
L-Ala	764.5/763.8	70.5	L-Ala-L-isoGln	892.5/892.0	30.5
D-Ala	764.1/763.8	85.6	D-Ala-L-Gln	892.1/892.0	60.4

12.2.6 结论

我们首次设计了“网袋集束”合成技术，并用该技术合成了小分子胞壁酰二肽模板衍生物。该法具有以下特点：操作简单、制做方便、价廉、物理编码对合成无限制性条件、可分别执行同步平行合成和“混合-均分”合成方案。

12.3 以胞壁酰二肽为模板化合物化学库的构建及筛选

12.3.1 第一代以胞壁酰二肽为模板骨架的化学库设计及合成

图 12.10 代表了我们设计的第一代以胞壁酰二肽为模板化合物化学库的基本骨架结构。结构式 1～3[26,27] 是在保留了胞壁酰二肽化合物的基本结构基础上，通过赖氨酸连接桥衍生引入各种脂肪或芳香取代基。结构式 1 中 R 代表了对应的脂肪羧酸和芳香羧酸。结构式 2 中的 R 来源于伯胺，结构式 3 中的 R 分别代表

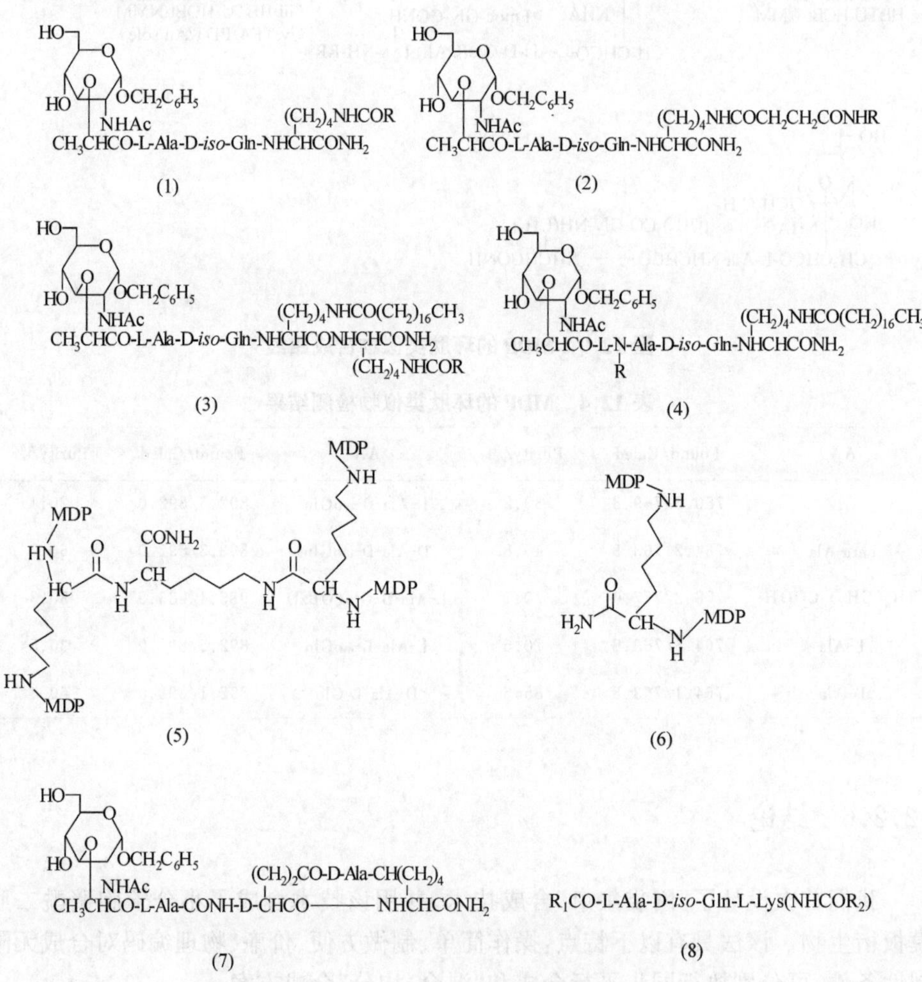

图 12.10 以胞壁酰二肽为模板骨架化学库

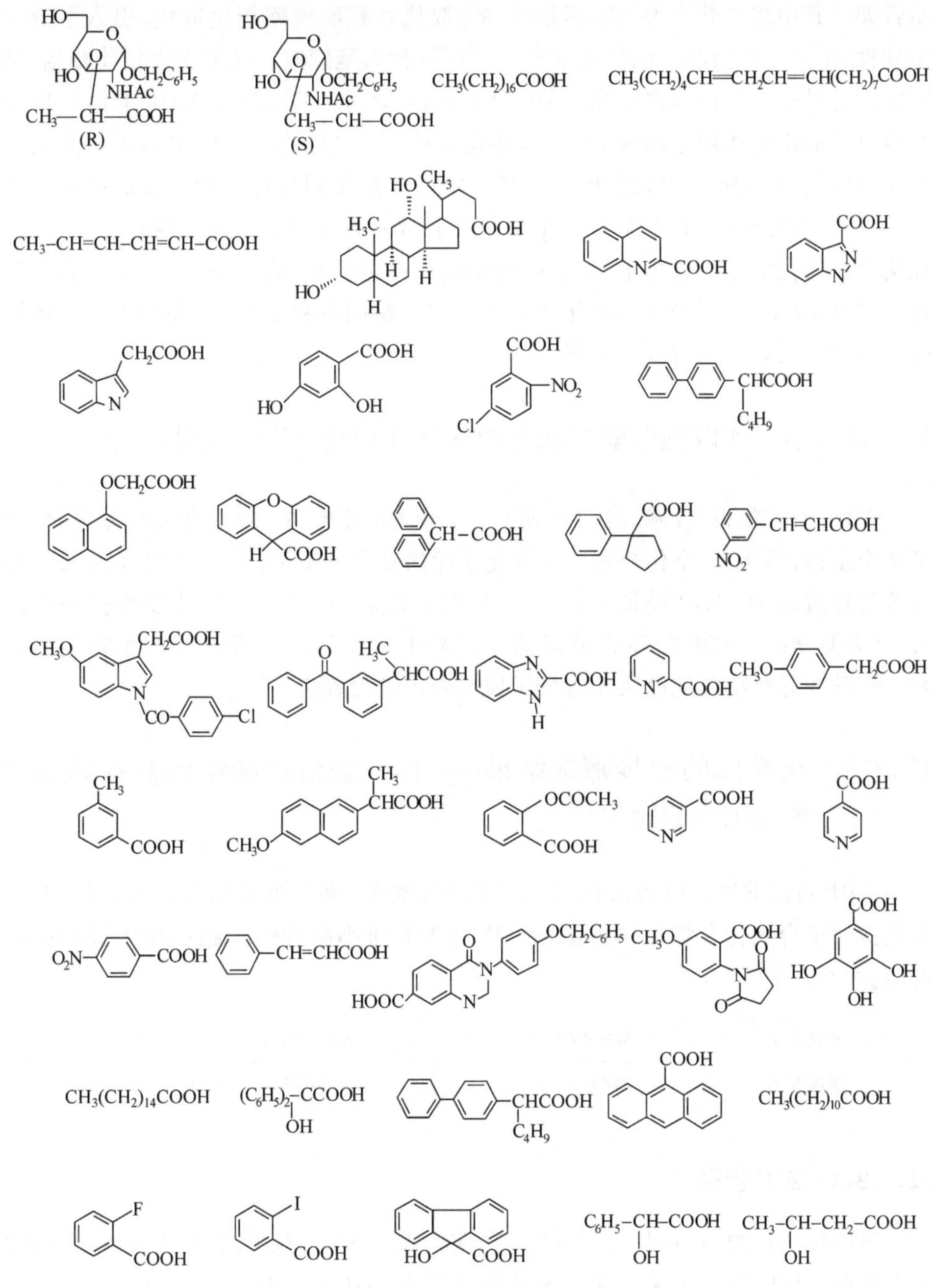

图 12.11 各种羧酸构建单元结构式

了吲哚美辛、萘普生和酮基布洛芬。结构式 4 设计为 *N*-取代肽模拟物化学库基本骨架。其中将二肽中 D-Ala 部分以 *N*-取代甘氨酸策略衍生取代,引入了分子多样性,R 来自于伯胺。结构式 5 和 6[28]则设计为胞壁酰二肽分子多倍体结构,试图探索通过化学共价多聚提高 MDP 分子浓度、疏水性等,改善 MDP 的活性以及减少分子的毒副作用。结构式(7)是环化结构[29],试图将关键的 D-isoGln 限定在构象稳定的环境中。结构式(8)是去掉可能引起热源副反应的糖部分后的化学库骨架[27]。结构式(1)中化合物的合成采用了第一部分中的合成路线和方法,我们在构建设计化学库时选用了 42 个取代羧酸为构建单元,见图 12.11。第一代设计化合物共 70 个,全部合成最终化合物由 HPLC 检测其粗品纯度,并用电喷雾质谱检测得到了正确的相对分子质量。

12.3.2 第二代以胞壁酰二肽为模板化合物化学库的设计及合成

利用“网袋集束”技术,我们合成了一个较大的胞壁酰二肽衍生物化学库,包含了 7 个系列,共 2103 个化合物。这些化学库的基本骨架包括:a. 二肽 N 端及 C 端枝接各种羧酸的 MDP 类似物;b. D-异谷氨酰胺 N 端及 C 端枝接各种羧酸的 MDP 类似物;c. MDP 的环肽类似物;d. MDP 类似物与促吞噬肽衍生物的共轭物。化学库化合物的纯度及相对分子质量未再进行鉴定。

12.3.3 化学库的初步筛选结果——体外激活巨噬细胞及吞噬小鼠肿瘤细胞的能力

MDP 可以非特异性地激活巨噬细胞杀伤肿瘤、吞噬外来病毒、细菌等。本节重点探讨了合成化合物在体外激活巨噬细胞并对小鼠肿瘤细胞吞噬生长的抑制能力。

筛选方法	Mϕ-MTT 法	作用时间 72h
细胞种类	P388	样品浓度 10^{-5}mol/L

12.3.3.1 实验步骤

昆明种小鼠数只,每只经口灌服 1%淀粉液(NS 配)2mL,于第 4 天放血处死,消毒皮肤,打开腹腔,用无菌注射器向每只注入 5mL 左右冷的 1640 培养液,轻轻按揉后,抽取腹腔水至无菌硅化试管中 ,以减少 Mϕ 黏附。细胞用培养液洗 2 次后,计数调整浓度为 4×10^6/mL。取 96 孔培养板,每孔加 Mϕ 和肿瘤细胞各

50μL,药液 10μL,每一浓度做 3 复孔。在 5% CO_2,37℃的条件下培养 72h,20μL 5%MTT/孔,3.5～4h 后,加 50μL 10%SDS-5%异丁醇－0.02mol HCl 三联液/孔,37℃过夜,测 OD_{570}值。

12.3.3.2 初步筛选结果

实验中以胞壁酰二肽为阳性对比物,其对小鼠肿瘤细胞的抑制率控制在 50%到 55%。当新化合物的抑制率在 70%以上时我们初步确认为阳性结果,并对该化合物进行再合成、纯化、再生物活性确认过程。目前初步得到的活性化合物正在进行进一步的动物体内研究,不在本文探讨之列。

参 考 文 献

[1] Geysen HM, Meloen RH, Barteling SJ, *Proc. Natl. Acad. Sci.* USA, 1984, 81: 3998

[2] Bunin BA, Ellman JA, *J. Am. Chem. Soc.* 1992, 114: 11997

[3] Moos WH, *Combinatorial Chemistry and Molecular Diversity in Drug Discovery*, 1998, Edited by Eric M. Gordon and James F. Kerwin, Jr., Publisher: WILEY-LISS, p ix.

[4] Ellman JA, Stoddard B, Wells J, *Proc. Natl. Acad. Sci.* USA 1997, 94: 2779

[5] Furka A, Sebestyen F, Asgedom M, Dibo G, *In Highlights of Modern Biochemistry*, *Proceeding of the 14 th International Congress of Biochemistry*, VSP. Utrecht, The Netherlands, 1988, Vol. 5, p47

[6] (a)Scott JK, Smith GP, *Science* 1990, 249: 404

(b)Cwirla S, Peters EA, Barrett RW, Dower WJ, *Proc. Natl. Acad. Sci. USA* 1990, 87: 6378

(c)Devlin JJ, Panganiban LC, Devlin PE, 1990, *Science* 249: 404

[7] (a)Lam KS, Salmom SE, Hersh EM, Hruby VJ, Kazmierski WM, Knapp RJ, *Nature* 1991 354: 82

(b)Houghten RA, Pinlla C, Blondelle SE, Appel JR, Dooley CT, Cuervo JH, *Nature* 1991, 354: 84

[8] Service RF, *Science* 1997, 277: 474

[9] (a)GlaxoWellcome, *Nature* 1996, 384. Supp, 1～5

(b)Rademann J, Jung G, Science 2000, 287: 1947

[10] Pabst MJ, Beranova-Giorgianni S, Krueger JM, *Neuro. Immuno. Modulation* 1999, 6: 261～283

[11] Merhi G, Coleman AW, Devissaguet JP, Barratt GM, *J. Med. Chem.* 1996, 39: 4483～4488

[12] Riveau G, Masek K, Parant M, Chedid L, *J. Exp. Med.* 1980, 152: 869～877

[13] Koga T, Kakimoto K, Kotani S, Sumiyoshi A, Saisho K, *Microbiol. Immunol.* 1986, 30, 717～723

[14] Baschang G, *Tetrahedron* 1989, 45: 6331～6360

[15] Palache AM, Beyer WE, Hendriksen E, Gerez L, Aston R, Ledger PW, de Regt V, Kerstens R, Rothbarth PH, Osterhaus AD, *Vaccine* 1996, 14: 1327～1330

[16] Hart MK, Palker TJ, Matthews TJ, Langlois AJ, Lerche NW, Martin ME, Scearce RM, McDanal C, Bolognesi DP, Haynes BF, *J. Immunol.* 1990, 145: 2677～2685

[17] Ivins BE, Welkos SL, Little SF, Crumrine MH, Nelson GO, *Infect. Immun.* 1992, 60: 662～668

[18] Kahn JO, Sinangi F, Baenziger J, Murcar N, Wynne D, Coleman RL, Steimer KS, Dekker CL, Chernoff D, *J. Infec. Dis.* 1994, 170: 1288～1291

[19] Keefer MC, Graham BS, McElrath MJ, Matthews TJ, Stablein DM, Corey L, Wright PF, Lawrence D, Fast PE, Weinhold K, Hsieh RH, Chernoff D, Dekker C, Dolin R, *AIDS Res. Hum. Retroviruses* 1996, 12: 683～693

[20] Bahr GM, Darcissac E, Bevec D, Dukor P, Chedid L, *Int. J. Immunopharmacol* 1995, 17: 117～131

[21] Namba K, Nakajima R, Otani T, Azuma I, *Vaccine* 1996, 140: 1149～1153

[22] Kaji M, Kaji Y, Kaji M, Ohkuma K, Honda T, Oka T, Sakoh M, Nakamura S, Kurachi K, Sentoku M, *Vaccine* 1992, 10: 663～667

[23] Geysen MH, Meloen RH, Barteling SJ, *Proc Natl Acad Sci* USA 1984, 81: 3998～4002

[24] Gross PH, Rimpler M, *Liebigs Ann. Chem.* 1986, 37～45

[25] Liu G, Mu SF, Yun LH, Ding ZK, Sun MJ, *J. Pept. Res.* 1999, 54: 480～490

[26] LIU G, ZHANG SD, XIA SQ, DING ZK, *Bioorganic & Medicinal Chemistry Letters* 2000, 10:1361～1363

[27] ZHANG SD, LIU G, XIA SQ, WU P, ZHANG L, *Journal of Combinatorial Chemistry* 2002, 4: 131～137

[28] ZHANG SD, LIU G, XIA SQ, *Chinese Chemical Letters* 2001, 12(10): 887～888

[29] ZHANG SD, LIU G, XIA SQ, WU P, *Chinese Chemical Letters* 2002, 13(1): 17～18

（刘 刚，张所德，丁 键）

第十三章　系统研究水蛭素活性C端的构效关系

13.1　前　　言

丝氨酸蛋白酶凝血酶[1]是血液凝固过程中的关键酶。它的多样性活性表现为:通过催化裂解纤维蛋白原成为纤维蛋白而启动血液凝固过程;活化同原凝血酶,如因子Ⅴ,Ⅷ, 和ⅩⅢ等;通过与特异性的血小板膜受体相互作用而活化血小板等。凝血酶与大分子底物、抑制剂以及协同因子的相互作用包括了多位点、非连续性区域的结合。这些位点包括:催化位点(catalytic site,CS),底物沟(substrate groove,SG),以及阴离子结合外位点(anion-binding exosite, ABE)。这种多位点与大分子的相互作用表明凝血酶是生物调控心血管疾病中凝血和溶栓的生物活性中心。

水蛭素是水蛭唾液中分泌的含有65个氨基酸残基的肽链蛋白质[2~4],其结构绘于图13.1。水蛭素是目前已知凝血酶最强的抑制剂。水蛭素与凝血酶通过形成一比一的高亲和力多位点结合复合物,封闭了凝血酶的全部活性中心。这种极强的生物结合使水蛭素成为临床上潜在的抑制剂。然而,水蛭素或其类似物,如

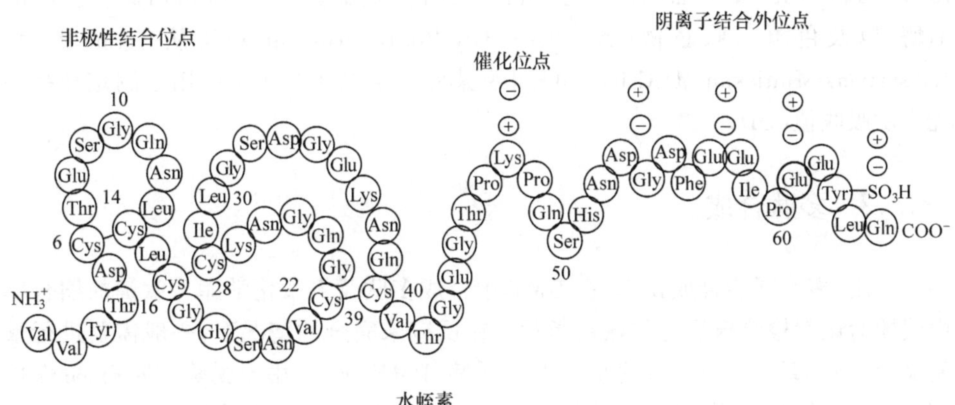

图13.1　凝血酶与水蛭素复合物的多作用位点

水蛭素结合在凝血酶的三个位点上:非极性结合位点、催化活性位点和阴离子结合外位点

PEG-hirudin 或者可以被凝血酶催化水解[5,6]，或者是在高浓度下出血率高于肝素[7]。基于以上原因，人们对水蛭素进行了许多的结构改造以改善其在临床应用的效果[8～17]。水蛭素 C 端 10 个氨基酸残基序列是保持其抑制凝血酶催化水解纤维蛋白原至纤维蛋白的活性关键部位，但不能抑制凝血酶的催化活性位点[18]。要保持合成多肽对凝血酶的多活性位点的抑制作用至少需水蛭素 C 端的 20 个氨基酸残基的长度[19～22]。本文采用了组合化学[23～28]中的“多针同步合成”技术[23]研究了它的构效关系。基于水蛭素羧端 20 个氨基酸残基的多肽为化学库的骨架共合成了由 20 种天然氨基酸替换的 400 个多肽，系统考察了化合物对凝血酶介导的纤维蛋白原凝固的抑制作用和凝血酶介导的酰胺水解活性影响的构效关系。

13.2 实 验

13.2.1 材料

从 Chiron Mimotopes 购买的 Pin 的负载量为 5～8μmol/pin。多肽合成全部采用 Fmoc 化学策略完成。保护氨基酸：所有的 α-氨基由 Fmoc 保护。丝氨酸、苏氨酸和酪氨酸的侧链羟基由叔丁基（*t*-Bu）保护；而叔丁基酯（*t*-OBu）用于保护谷氨酸和天冬氨酸侧链羧基；叔丁氧羰酰基（Boc）用于赖氨酸、组氨酸和色氨酸侧链保护基；2,2,5,7,8-pentamethylchroman-6-sulphonyl（Pmc）用于精氨酸侧链保护；三苯甲基（Trt）用于半胱氨酸侧链巯基保护。Benzotriazole-1-yloxytris（dimethylamino）phosphonium hexafluoro-phosphate（BOP）为反应活化剂，*N*-hydroxybenzotriazole（HOBt）和 N-methylmorpholine（NMM）为添加剂。纤维蛋白原、人 α-凝血酶，以及色源三肽底物（*N*-p-Tosyl-Gly-Pro-p-Nitroanilide）均从 Sigma 购得。Labsystems Multiskan MCC B40 MKⅡ型紫外扫描仪在本实验中用于测定样品的光密度吸收值（OD）。

13.2.2 多肽合成

采用“多针同步合成技术”在 DMF 中合成多肽及多肽化学库。肽键的缩合率由溴酚蓝试剂检测未反应的氨基指示。在反应未完全的情况下，一般需要进行重复缩合反应，直到反应全部完成。20%哌啶/DMF（*v*/*v*）用于脱除 Nα-Fmoc 保护基团。脱除氨基酸侧链保护基以及将合成多肽从树脂上裂解下来时经由混合试剂 trifluoroacetic acid（TFA）-ethanedithiol（EDT）-anisole-thioanisole-water（33∶1∶2∶2∶2，*v*∶*v*∶*v*∶*v*∶*v*）溶液处理树脂同步完成。肽裂解液经乙醚-石油醚（3∶1，*v*∶*v*）混合液析晶后，进一步用此混合液（此时含有 0.1% mercaptoethanol）洗涤两次，然后再用无水乙醚洗涤两次。将此粗品肽溶解于 30%乙腈/水中，一部分经 HPLC 分析纯度，另一部分经冷冻干燥得干粉肽。

每一天的合成计划由一个叫 PepMaker 的软件协助完成。该软件可以计算每一个缩合反应中的各种试剂、溶剂的用量，并且指示所要加试剂的位置和时间等。本实验中，我们选用了如下的实验条件：反应液体积：450μL，氨基酸浓度：100 mmol/L，物质的量比：BOP∶HOBt∶NMM =1∶1∶1.5，体积比因子：BOP∶HOBt =0.2∶0.8。这里的 NMM 预先加入到了 HOBt 溶液中。

13.2.3　纤维蛋白原凝固实验

检测纤维蛋白原的凝固形成过程由 Multiskan MCC/340 MKⅡ型光谱检测仪在 414 nm 下读数计算得到。在 200 μL 含有 0.1 mol/L NaCl、0.1% PEG 8000 的 50 mmol/L Tris-HCl、pH 7.6 的缓冲液中溶解 0.3mg 的人血浆纤维蛋白原，然后将其加入到 96 孔板中。再加入各种浓度的合成多肽化合物，终体积为 300 μL/孔。加入 100 μL 含有 0.042 μmol/L 人凝血酶的溶液后，启动反应。在设计的时间下读 OD 吸收值，再以下式计算化合物的抑制作用(%)：

$$\frac{\overline{OD}_{enzyme}-\overline{OD}_{peptides}}{\overline{OD}_{enzyme}}\times 100\%$$

$\overline{OD}_{peptides}$，$\overline{OD}_{enzyme}$是三孔的平均 OD 值，分别代表了加入多肽抑制剂和未加入多肽抑制剂对照孔。

13.2.4　酰胺水解实验

人 α-凝血酶催化水解色原三肽底物（*N*-*p*-Tosyl-Gly-Pro-Arg-p-Nitroanilide）的反应在 405 nm 下同样由 Multiskan MCC/340 MKⅡ型光谱仪测得。反应的终体积为 300 μL，酶和底物的终浓度分别为 0.083 μmol/L 和 80 μmol/L。反应启动前先包被 40 μL 人 α-凝血酶（0.025 mg/mL）和溶在 50 mmol/L Tris-HCl /0.1 mol/L NaCl 缓冲液（pH 7.6）的合成多肽 10min。然后，用同样的缓冲液将溶液稀释到 220 μL，再加入 80 μL 的色原底物（0.3 mmol/L）启动水解反应。在设计的时间内读吸收值。

13.3 结果和讨论

13.3.1 多肽合成

为了探索采用该方法高通量合成多肽化合物的条件，我们首先进行了预实验。同步一次合成了 7 个水蛭素羧端肽片段及它们的衍生物，结果见表 13.1。合成粗品多肽的纯度在 68%～80%之间。经在 C18 Vydac 柱上 HPLC 纯化后，所有合成多肽的结构由电喷雾质谱确认。

表 13.1 合成脱硫水蛭素 C 端肽衍生物

No.	Sequence[1)]	Purity/%[2)]	RT/min	MWt[3)](found)	MWt(calc.)
13	*Suc*-YEPIPEEA-Cha-E-NH_2	74	18.22	1328.6	1328.44
14	*H*-NDGDFEEIPEEYL-OH	71	17.86	1453.8	1454.5
15	*H*-ESHNDGDFEEIPEEYL-OH	75	17.63	1921.2	1921.95
16	*H*-fPRPGGGGYEPIPEEA-Cha-E-NH_2	80	18.43	1953.6	1954.17
17	*H*-fPRPGGGGNGDFEEIPEEYL-OH	68	18.23	2179.8	2180.32
18	*H*-TPKPQSHNDGDFEEIPEEYLQ-OH	70	17.23	2454.8	2455.38
19	*H*-fPRPQSHNDGDFEEIPEEYLQ-OH	72	18.41	2637.6	2637.80

1)大写字母代表 L-构型氨基酸，小写字母代表 D-构型氨基酸。*Suc* 代表琥珀酸，Cha 代表环己基丙氨酸；在多肽右端的-OH 或 NH_2-各自代表 C 端羧基和酰胺。

2)HPLC 分析条件：5 μm Merck lichrosphere 100RP-18(250×4mm)柱，流速：1.0 mL/min；缓冲液 A：0.1% TFA/水，缓冲液 B：0.1% TFA/60%CH_3CN-H_2O。洗脱梯度：2% B/min。

3)测试得到的相对分子质量由电喷雾质谱测出相对分子质量。样品溶解在 0.1% TFA/ CH_3CN-H_2O (30%CH_3CN)。

多肽 13 衍生于脱硫水蛭素 55～65 片段[29]，其中的 Leu 由非天然氨基酸 Cha 取代，并且其 N 端琥珀酰胺化。该肽已经被确认是凝血酶的阴离子结合外位点(anion-binding exosite，ABE)抑制剂。多肽 17[30]是一个双功能凝血酶抑制剂。该抑制剂大大地降低了凝血酶介导的纤维蛋白原凝固和水解活性。在其 N 端，fPRP 片段是凝血酶催化活性位点的特异配基，而 DFEEIPEEYL 片段来源于脱硫水蛭素的 C 端 55～65 片段。二者通过一个连接桥 GGGGNG 连接起来，该连接桥的长度适合二者同时结合到凝血酶阴离子结合外位点和催化活性位点所需的距离。多肽 14、15 和 18 是脱硫水蛭素的纯片段，分别为 desulfo hirudin52～65，desulfo hirudin49～65 和 desulfo hirudin45～65。多肽 16 和 19 是源于多肽 17 同样的设计、合成的。将 fPRP 片段和多肽 13 通过连接桥 GGGG(多肽 16)、或者 fPRP 和脱硫水蛭素片段(desulfo hirudin55～65)通过连接桥 QSHNDG(多肽 19)连接而成。

13.3.2　活性多肽的筛选

预实验合成的多肽生物活性结果见图 13.2～13.5。所有的多肽都经过纯化。图 13.2 表明，在 10μmol/L 时，肽 18 对于 α-凝血酶介导的纤维蛋白原的凝固抑制率（见表 13.1）约为 80%，但是，当多肽浓度从 0.01μmol/L，1.0μmol/L，3.0μmol/L，到 7.0μmol/L 时，肽 18 的抑制作用取决于多肽的量和反应时间。肽 18 在浓度为 3.0μmol/L、反应时间 6～12min 时，其 α-凝血酶介导的纤维蛋白原凝固抑制率在 66.9%～42.5%之间。由于我们的目的是根据多针同步合成粗品肽库来研究合成多肽的构效关系，需要选用最灵敏的实验条件。本文中我们选用了肽库中化合物浓度为 3.0μmol/L，反应时间为 10min 作为 α-凝血酶介导的纤维蛋白原凝固抑制实验条件，此时，天然脱硫水蛭素 C 端多肽（肽 18）大约抑制了 55% α-凝血酶的活性，见图 13.2。

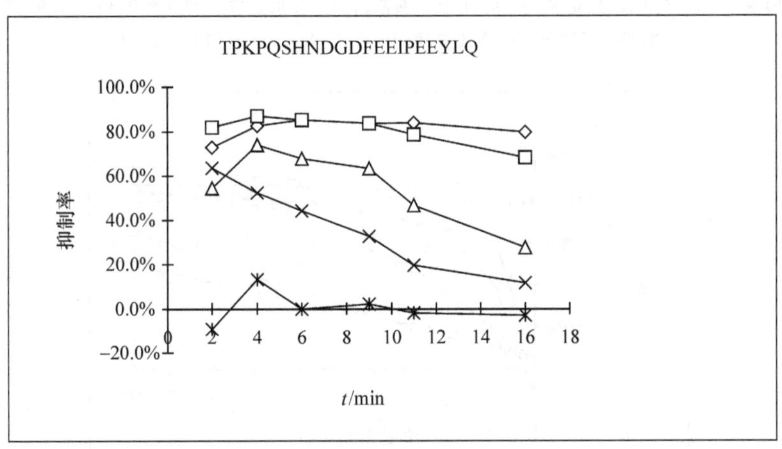

图 13.2　不同浓度下脱硫水蛭素 45-65(肽 18)对凝血酶介导的纤维蛋白原凝固抑制实验

0.01μmol/L(✳)，1.0μmol/L(×)，3.0μmol/L(△)，7.0μmol/L(□)，10.0μmol/L(◇)。当多肽浓度低于 7.0μmol/L 时，其抑制作用很明显是浓度和时间依赖性的关系。为了挑选一个最敏感的化学库筛选条件，多肽浓度为 3.0μmol/L 和凝固时间在 10 min 时被定为化学库筛选具体条件。此时脱硫水蛭素 45～65的抑制率为 55%。凝血酶和纤维蛋白原的浓度分别为 0.042μmol/L 和 1.5mg/mL。在没有多肽抑剂时，测得的平均 OD 值(10min)为 0.056。如文献[17]和[30]指出，本实验中低 OD 吸收值是可比值

天然脱硫水蛭素（肽 18）抑制了 α-凝血酶催化的三肽底物的水解（见图 13.3），显示其 N 端封闭了 α-凝血酶的催化活性位点。根据上述同样的理由，选用了化学库中肽化合物浓度为 2.0μmol/L 和反应时间为 10min 的条件考察了合成化学库化合物抑制 α-凝血酶的催化活性构效关系。

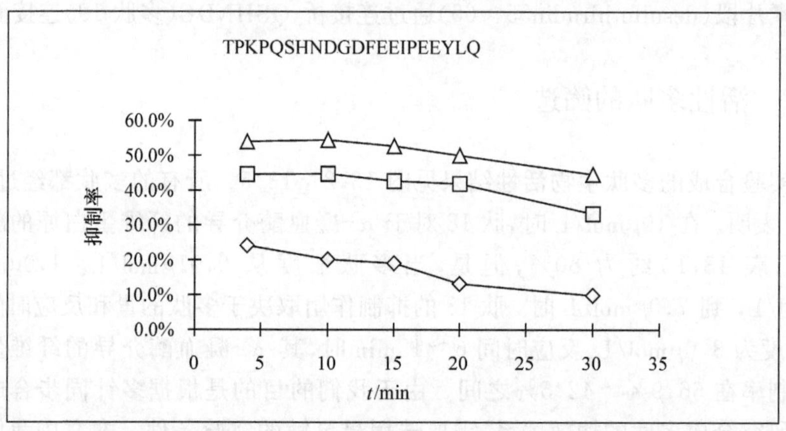

图 13.3　不同浓度下脱硫水蛭素45～65抑制凝血酶诱导的三肽色源底物水解实验结果（Tos-Gly-Pro-Arg-*p*NA）：0.2μmol/L(◇)，2.0μmol/L(□)，20.0μmol/L(Δ)

本实验设计为时间和浓度关系曲线结果。同理，多肽浓度 2.0μmol/L 和 10 min 反应时间被确定为筛选化学库的条件。此时，脱硫水蛭素 45～65 显示了对凝血酶诱导的色源底物水解有 45.6%的抑制率。凝血酶和三肽色源底物的浓度分别为 0.083μmol/L 和 80μmol/L

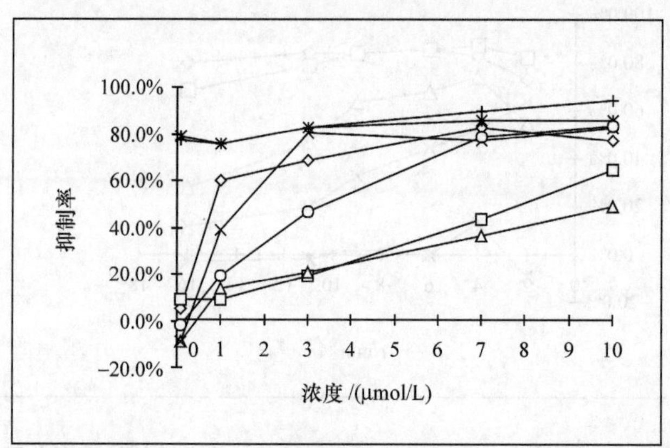

图 13.4　合成多肽对凝血酶介导的在 10min 时纤维蛋白原凝固抑制作用实验结果(%)

曲线分别代表了多肽 13(◇)；多肽 14(□)；多肽 15(Δ)；多肽 16(×)；多肽 17(＊)；多肽 18(○)和多肽 19(＋)分别在 0.01μmol/L，1.0μmol/L，3.0μmol/L，7.0μmol/L 和 10μmol/L 下的实验结果。脱硫水蛭素 C-端肽，如多肽 13、14、和 15 结合在凝血酶的阴离子结合外位点。拥有最佳连接桥的多功能多肽 17 和 19 显示了最强的起始抑制效果。虽然同样具有 fPRP 片段和 13 号肽片段，但 16 号肽显示了浓度依赖性的结果

图 13.4 给出了合成的纯肽对 α-凝血酶介导的纤维蛋白原凝固的抑制作用。虽然脱硫水蛭素的天然 C 端肽，如肽 14，15，18 含有水蛭素与凝血酶 ABE 结合片段，延长了 α-凝血酶介导的纤维蛋白原凝固时间。但是，多肽中含有凝血酶催化

位点特异性配基 fPRP 片段时，例如肽 17(连接桥为 GGGGNG)、肽 19(连接桥为 QSHNDG)所产生的双官能团肽大大地提高了多肽对凝血酶介导的纤维蛋白原凝固的抑制活性。说明，水蛭素 C 端和 fPRP 之间存在着协同作用。由非天然氨基酸修饰得到的肽 13(表 13.1)与天然 C 端脱硫水蛭素，即肽 14、15、18 相比增加了对凝血酶介导的纤维蛋白原凝固的抑制活性。虽然肽 13 的抑制活性远远高于肽 14(图 13.4)，但由肽 13 和 fPRP 片段通过 GGGG 连接得到的肽 16 抑制浓度只有达到 3.0 μmol/L 以上时，方显示与肽 17 和肽 19 类似的生物活性。这表明肽 16 中的连接桥尚未满足横跨凝血酶两个结合位点的要求，需要进一步的优化。

显然，不含凝血酶催化位点结合配基的合成多肽，如肽 13、14 和 15 不会显示对凝血酶催化色源三肽底物水解的抑制作用(图 13.5)。由水蛭素 C 端向 N 端延长得到的肽 18 对凝血酶的催化活性有一定的抑制作用，表明，脱硫水蛭素 N 端序列 TPKP 结合在凝血酶的催化位点上，但是较弱。相反，含有片段 fPRP 的肽 17 和肽 19 能很强地封闭凝血酶的催化位点。由于存在合适的协同作用，在低浓度下它们不仅抑制了凝血酶介导的纤维蛋白凝固，而且还抑制了凝血酶催化的色源三肽底物水解。

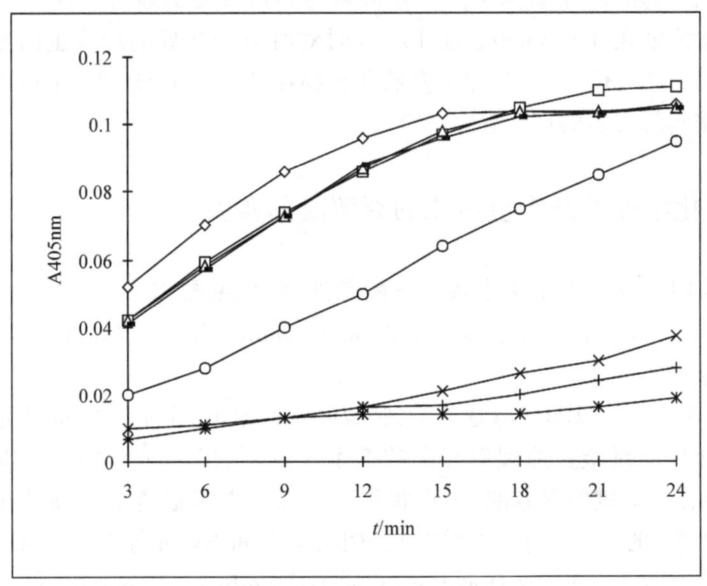

图 13.5　合成多肽在 20μmol/L 下对凝血酶诱导的色源三肽底物(*N-p*-tosyl-Gly-Pro-Arg-*p*-Nitroanilide)水解实验的抑制作用

在多肽 13(◇)、14(□)和 15(Δ)存在下，凝血酶立即催化水解色源三肽底物，因为上述三个多肽不含凝血酶催化活性位点特异性抑制肽片段 fPRP。它们的抑制曲线与无任何抑制剂存在下的标准曲线(－)重叠，表明它们无任何抑制作用。18 肽(○)显示了较弱的抑制作用。但是含有 fPRP 肽片段的 16 号肽(×)、17 号肽(⋇)和 19 号肽(＋)显示了强抑制作用

与凝血酶介导的纤维蛋白凝固抑制作用不同,肽 16 与肽 13 相比降低了色源三肽底物的水解速度(图 13.5)。虽然肽 16 在抑制由凝血酶诱导的纤维蛋白凝固过程中没有发现协同作用,但是在本实验较高浓度下存在着凝血酶两个活性位点上的结合竞争过程。

13.3.3 化学库的合成

本处合成了由 20 种天然氨基酸系统替换的脱硫水蛭素 45～65 片断化学库。化学库化合物的纯度和相对分子质量未再进行 HPLC 和 MS 分析。在筛选过程中粗品肽被看作纯化合物对待。每一个合成的多肽纯度如表 13.1 所证实的应在 68%到 80%之间。未替换的原始肽序列(脱硫水蛭素 45～65)也含在化学库中作为对照。在化学库中天然脱硫水蛭肽抑制凝血酶介导的纤维蛋白原凝固和凝血酶诱导的酰胺水解反应作用分别是 46.25%和 25.8%,比使用纯肽时测得的活性(分别是 54.3%和 45.6%)略低。因此,化学库中多肽只有在其测得活性高于或低于对照多肽化合物的活性 10%范围时才被认为是可接受的显著替代结果。图 13.6 显示了多肽浓度在 3.0 μmol/L 和 10min 时对凝血酶介导的纤维蛋白原裂解凝固的抑制作用。图 13.7 是化学库中多肽化合物在 2.0 μmol/L 和 10min 时对凝血酶诱导的酰胺水解实验的抑制率。

13.3.4 化学库的纤维蛋白原的裂解凝固实验

这里我们仅仅给出了文中条件下的筛选结果(见图 13.6,分别在 0.01μmol/L, 1.0μmol/L, 7.0μmol/L, 10μmol/L 和 0min, 5min, 15min, 20min, 及 25min 时测得的结果未列入本文中)。

从图 13.6 中可以非常清楚地看到,脱硫水蛭素 C 端的 55～65 位是保持多肽抗凝血酶介导纤维蛋白原裂解凝固的基本片段,尤其 Phe^{56}, Glu^{57}, Ile^{59}, Pro^{60}, Tyr^{63} 和 Leu^{64} 是关键的氨基酸,不可替代。有几篇文章报道了 C 端硫化和非硫化水蛭素 55～65 的构效关系[19,29,32,33]。Chang[34] 和 Rydel 等人[35,36] 指出,无论是用 S-DABITC (4-(*N*, *N*-Dimethylamino)-4′-isothiocyanatoazobenzene-2′-sulfonic acid)还是用 X 射线衍射作为探针研究都表明,水蛭素 C 端结合到 α-凝血酶 B 链上阴离子结合外位点(ABE),包括凝血酶 B 链上 5 个 Lys(Lys^{21}, Lys^{65}, Lys^{77}, Lys^{106}, and Lys^{107})。在水蛭素残基 63 位上 Tyr 的硫化使其亲和力大大增加[37,38],这是因为在凝血酶中无论是 Lys^{77}, Lys^{106}, 还是 Lys^{107} 理论上都能与硫化的水蛭素 Tyr^{63} 形成离子对,但是,脱硫水蛭素肽在位置 Tyr^{63} 上仍然可以以弱结合保护水蛭素中 Lys^{77}, Lys^{106} 和 Lys^{107}。这说明在 α-凝血酶和水蛭素之间存在着

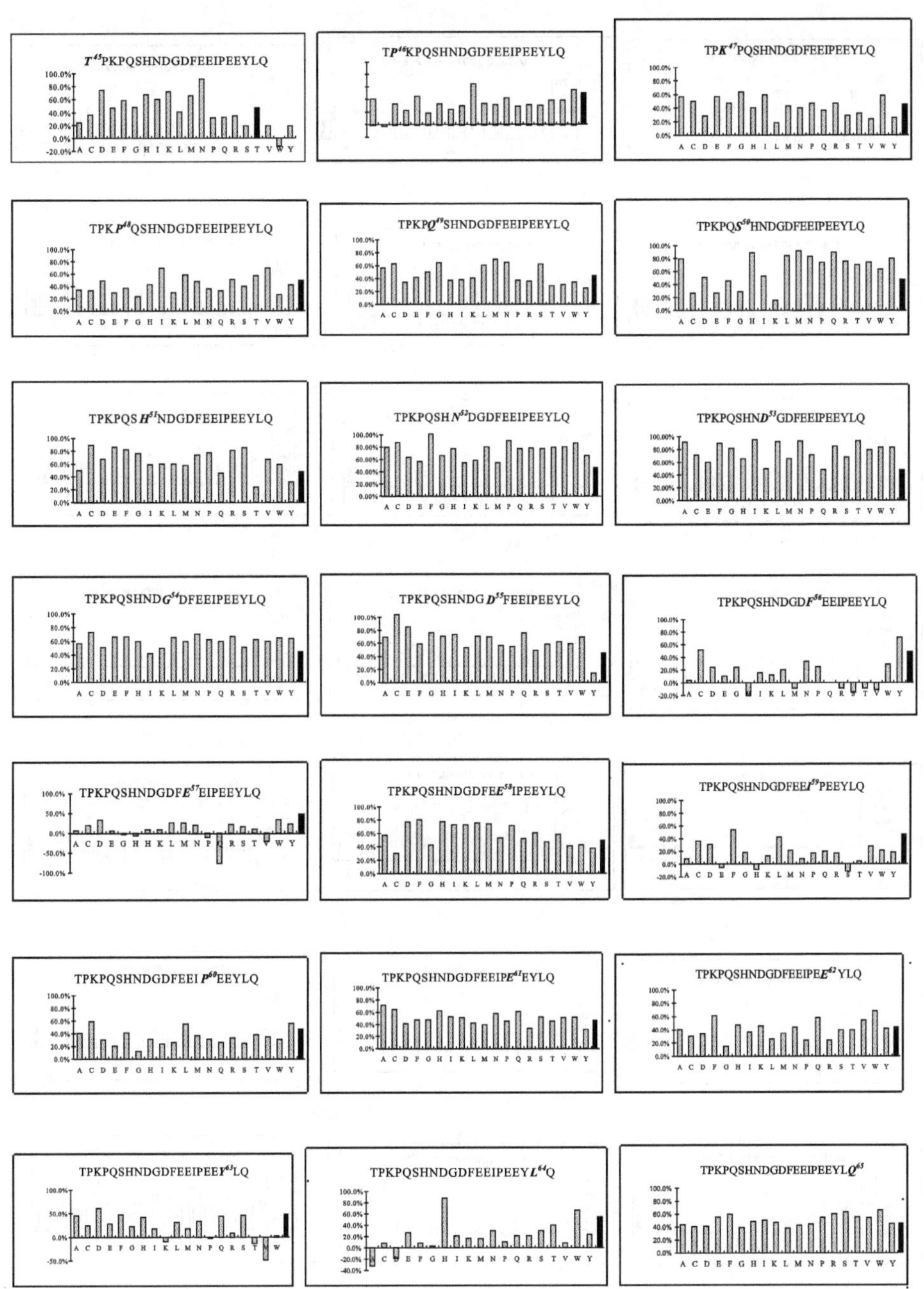

图 13.6　脱硫水蛭素 45-65 取代产物对凝血酶介导的纤维蛋白原凝固实验的影响结果

图中单一棒代表了每一个氨基酸取代后的抑制率，对比实验结果由黑色的棒代表。低于或高于对比多肽抑制率在10％以上时判定为活性结果

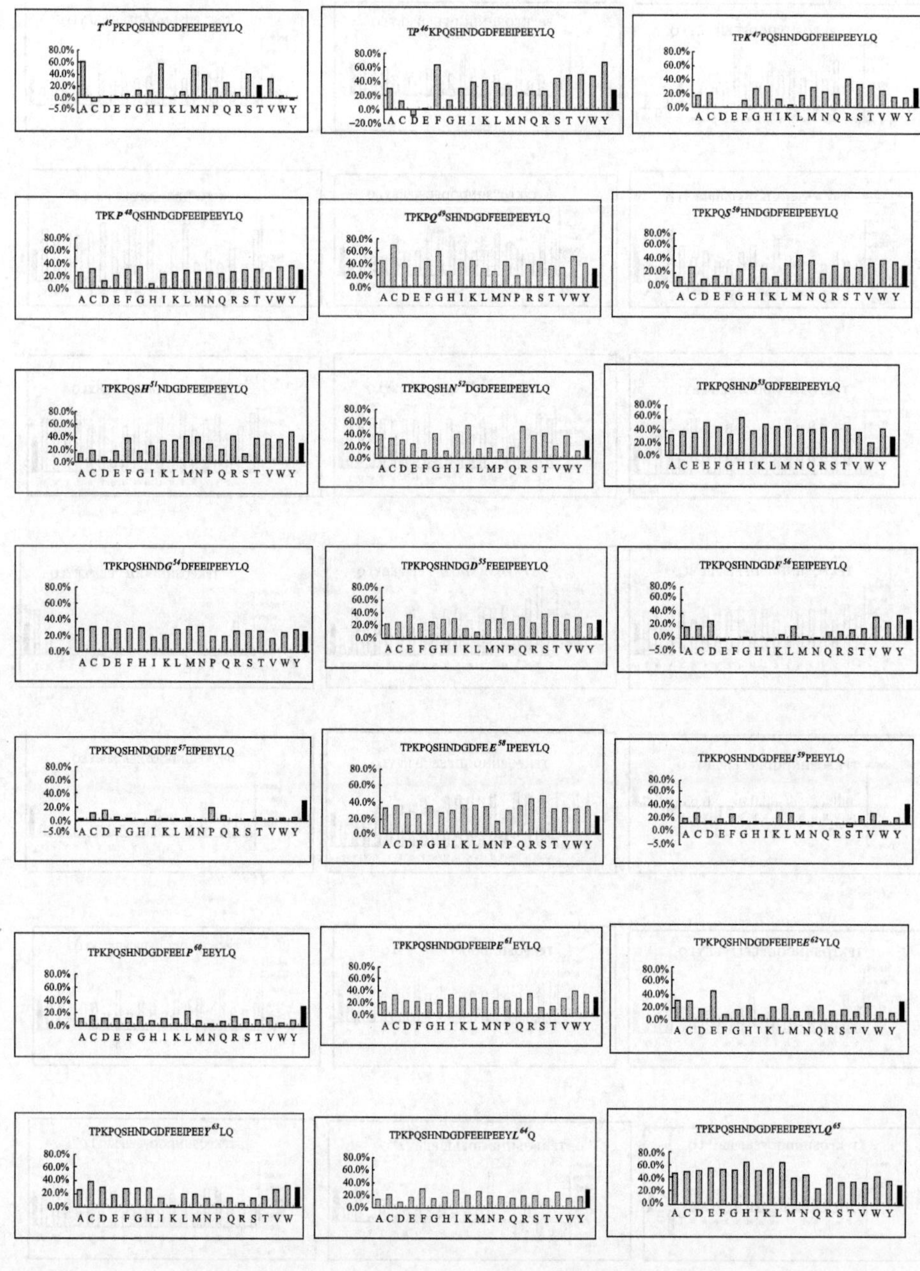

图 13.7 脱硫水蛭素 45-55 取代产物对凝血酶诱导的色源三肽底物水解抑制作用

同图 13.6,图中单一棒代表了每一个氨基酸取代后的抑制率,对比实验结果由黑色的棒代表。低于或高于对比多肽抑制率在 10%以上时判定为活性结果

多种相互作用。水蛭素的 Glu^{57} 在 4 个 Glu 氨基酸残基中是最重要的，当 Glu^{57} 以多数 L-氨基酸代替时，水蛭素 45～65 就失去了它的活性(图 13.6)。根据 X 射线衍射实验结果，Glu^{57} 不仅与 Tyr^{76} 的酰胺形成氢键而且与凝血酶的 Arg^{75} 形成一个离子对，甚至通过介质水分子与 Arg^{75} 相互作用[35]。如果 Glu^{57} 侧链的负性电荷被抵消，如由 Gln 置换，则其抑制率降低至－75%(图 13.6)。可以说明，这些相互作用是基于极性羧基的离子对作用。因此只有当具有类似羧基侧链的 Asp 替换得到的脱硫水蛭素[Asp^{57}]具有 33.3% 的抑制活性；Glu^{58}，Glu^{61} 和 Glu^{62} 被替代并不影响其抑制活性，特别是 Glu^{58}(图 13.6)。但是当 Glu^{62} 通过 Tyr 硫化取代时而得到更强的可能离子对作用时[39]，水蛭素 54～65 中[$Tyr(SO_3H)^{62}$，$Tyr(SO_3H)^{63}$]的 IC_{50} 为 0.3 μmol/L[40]，表明 $Tyr(SO_3H)^{62}$ 也同时参与了与 $Tyr(SO_3H)^{63}$ 离子配对过程。Phe^{56} 和 Ile^{59} 对凝血酶起了疏水的作用[13]，水蛭素中的 Phe^{56} 与凝血酶 B 链上的 Phe^{19} 和 Leu^{26} 作用，同样水蛭素 Ile^{59} 与凝血酶的 Leu^{60} 和 Ile^{78} 作用，对于保持脱硫水蛭素$^{45\sim65}$ 的活性也是非常重要的。当 Phe^{56} 被 Tyr 取代时，抑制率为 71.1%，这说明该位置需要一个 β-芳香-L-丙氨酰残基，与 Krstenansky 的结果一致[29]。当 Ile^{59} 被 Phe 和 Leu 替换时，其抑制率分别为 53.8% 和 42.3%，说明 59 位要求一个亲脂的 L-氨基酸。Tsuda 等人对 Ile^{59} 侧链所起的作用进行了研究[41]，他们认为 Ile^{59} 中 δ-CH_3，γ-CH_3 和 γ-CH_2 分子内和分子间的范德华力是主要的作用力来源，这与我们用 Leu 取代产生 42.3% 抑制作用的结果是一致的。但是，当 Phe 替代 Ile^{59} 时，凝血酶和水蛭素第 59 位之间相互作用可能存在不同的机理。根据 X 射线衍射结果，水蛭素 Pro^{60} 与凝血酶的 Tyr^{63} 和 Ile^{82} 相邻接[35]。我们的结果表明，水蛭素 60 位氨基酸被取代后并不影响凝血酶介导纤维蛋白原凝固活性(图 13.6)，但对于凝血酶催化水解色源三肽底物的活性抑制却大大降低(图 13.7)。目前，尚未清楚其原因。Tyr^{63} 能被 Asp(61.4%)，Phe(47.4%)，His(42.1%)，Gln(44.4%)，Ser(46.7%)替代，因此很难用它来确定构效关系。在 Leu^{64} 位置，杂环的 L-氨基酸替换能提高抗凝血能力，如 His(87.8%)和 Trp(65.8%)。水蛭素 C 端末尾的 Gln^{65} 与凝血酶的 Lys^{36} 形成了一个离子盐桥[35]，在此实验中，没有给出明显的构效关系结果。

13.3.5　酰胺水解实验

虽然在 X 射线衍射实验中，Pro^{46} Lys^{47} Pro^{48} 序列并不占据凝血酶的催化活性位点，但是 DiMaio[31] 研究确实显示脱硫水蛭素 45～65 抑制了 α-凝血酶催化三肽底物水解的活性。我们的初步实验也证实了脱硫水蛭素 45～65(肽 18)在 2.0 μmol/L、10 min 时对凝血酶的抑制率约为 55%。

为了研究合成的肽对 α-凝血酶催化位置的封闭情况，我们仔细研究了水蛭素羧端肽对凝血酶催化水解色源三肽底物的抑制情况。图 13.7 给出了合成肽在选定条件下的筛选结果。很显然,水蛭素羧端的 45～47 位排斥含侧链羧基的氨基酸,因为当用 Asp 和 Glu 替代 Thr^{45}、Pro^{46} 和 Lys^{47} 时,合成肽的抑制活性几乎为零。45 位也不能是碱性和芳香性的氨基酸,即 Lys, Arg(碱性氨基酸)和 Phe, Trp 或 Tyr(芳香性氨基酸)。但是,它可以被 Ala, Ile, Met, Asn, Gln, Ser 和 Val 取代。这表明小分子疏水脂肪族基团,如 Ala, Ile, Met 和 Val 中的甲基可能对于提高合成肽的抑制活性有利。值得注意的是,除了 Asp 和 Glu 以外,在 Pro^{46} 位上几乎所有的氨基酸取代都能提高合成肽的抑制活性,特别是当被 Phe 和 Tyr 取代时活性最高。这说明该位置上脯氨酸的转角结构不是必要的,但带有芳香 β-苯基团的 Phe 和 Tyr 能大大提高肽的抑制活性。47 位的正性电荷具有最重要的作用,因此,Arg 取代 Lys^{47} 肽时的抑制率仍为 39.9%。相反,带有负性电荷的 Asp 和 Glu 取代则使肽失去抑制活性。Sonder 等人[42]认为,含有 D-phenylalanine 残基的肽 fPRP 结合在凝血酶催化活性位点附近的疏水口袋中,精氨酸残基则结合在蛋白酶水解的特定位点上。因此,可以推断凝血酶的疏水镶嵌位点强烈排斥氨基酸残基侧链上极性羧基,Asp 和 Glu(图 13.7)。但是,根据 DiMaio 的实验结果,脱硫水蛭素 45～65(IC_{50}是 4.1±0.8 nm)[D-Phe^{45}-Arg^{47}-Pro^{48}] 中 Arg^{47}-Pro^{48}键易被 α-凝血酶催化缓慢裂解而发生断裂。因此,依据我们的研究结果,Pro^{48} 应当选用其他的氨基酸取代,如带有芳香 β-苯基团的 Phe 和 Tyr,甚至使用非天然氨基酸替换,不仅可以增加合成肽抑制剂对凝血酶蛋白水解的抵抗,延长合成化合物的寿命,而且可能会提高合成肽化合物对凝血酶的抑制活性。

Szewczuk[43]和 Hopfner[44]等人利用不同的 ω-氨基酸研究了连接桥的结构与官能团的关系,指明连接桥能连接凝血酶两个结合位点的最小长度是 12 个原子(原子间没有扭曲)。13 个原子的连接桥显示出最高的活性,而当使用 14～18 个原子的连接桥时,出现了竞争抑制作用。本文中,我们虽然没有说明最适宜的连接桥长度,但是从化学库的研究中发现,连接桥上进行的某些氨基酸替换可以提高合成水蛭肽活性。水蛭素氨基酸序列 49～54 位的 QSHNDG 片段是 12 个原子的连接桥,X 射线衍射研究和分子动力学模拟实验证实了抑制剂的连接桥和凝血酶之间存在着氢键的相互作用,例如,水蛭素的 Ser^{50} 与凝血酶的 Glu^{192} 通过一个 O-γ-氢键发生作用[35],凝血酶的 Leu^{40} 氢与双功能抑制剂连接桥的 7 位(羰基)和 5 位(NH 基团)形成了氢键[43]。在我们的研究中,很显然 Gln^{49} 需要被易弯曲的氨基酸取代,如 Gly(59.5%)和 Cys(69.3%),以增大结合活性。本实验的结果表明,水蛭素 Ser^{50} 上的氢与凝血酶 Glu^{192} 所形成的氢键不是关键性的,这是由于 Ser^{50} 可以被所有的天然氨基酸取代。但是,在 51 位上的芳香性很重要,例如,His^{51} 可以被抑制活性为 47%的 Tyr 取代。Asn^{52} 更易被碱性氨基酸取代,如 Lys(53.9%)和 Arg(52.4%)。如果酸性氨基酸 Asp^{53} 被疏水性的氨基酸 Phe 或 Ile 取代,则其抑制作用分别提高至51.7%和60.4%，Gly^{54}的取代不影响肽的抑制活性。

如所期望，对于多肽抑制 α-凝血酶催化活性，Phe^{56}，Glu^{57}，Ile^{59}，Pro^{60}，Tyr^{63}，Leu^{64}仍然是关键性的氨基酸(图13.7)。当Phe^{56}被除了Tyr(38.7%)和Val(36.7%)的氨基酸取代后，合成多肽对凝血酶催化位点失去了结合活性。只有当Glu^{57}被Asp修饰后，脱硫水蛭素45～65抑制活性剩下20.1%，说明酸性基团对水蛭素的59位极为重要。Ile^{59}(最高值为19.2%的Leu替换)和Pro^{60}(最高值为18.6%的Leu替换)也有类似的结果，证明了Glu^{57}，Ile^{59}和Pro^{60}同样对于合成多肽化合物抑制 α-凝血酶的催化活性至关重要。从图15.6和15.7还可以看出，Glu^{62}经Phe替换后导致了凝血酶全部活性的降低，这与Krstenansky的结论[29]相反。Krstenansky指出，删除61位或62位氨基酸的侧链酸性官能团后的多肽化合物活性降低了2到6倍，显示阴离子特性。而我们的研究没有发现在Glu^{62}位有任何阴离子性倾向，但芳香性有利于提高合成多肽的抑制活性。这里的假设是Phe的芳香环参与了与凝血酶的疏水性相互作用。Tyr^{63}不能用碱性氨基酸残基取代，脱硫水蛭素45～65[Arg^{63}]、脱硫水蛭素45～65[Lys^{63}]或脱硫水蛭素45～65[Pro^{63}]与凝血酶的Lys77、Lys106和Lys107之间正性电荷的相互排斥，降低了合成肽的抑制活性。

13.4　结　　论

C-端脱硫水蛭素(水蛭素45～65)是多功能凝血酶抑制剂，包含了凝血酶催化位点、阴离子结合外位点结合片段以及适合的连接桥。Phe^{56}，Glu^{57}，Ile^{59}，Pro^{60}，Tyr^{63}，Leu^{64}是抑制 α-凝血酶介导的纤维蛋白原凝固和 α-凝血酶诱导的酰胺色源三肽底物水解的关键性氨基酸残基。脱硫水蛭素45～65的N端封闭了凝血酶的催化位点，但它取决于水蛭素55～64结合紧密程度。45～47位由阴性离子氨基酸取代时降低了合成肽对凝血酶催化酰胺水解的抑制活性。Thr^{45}位倾向于被含有疏水性和脂肪甲基官能团的氨基酸替换，而Pro^{46}倾向于被含有β-芳香性官能团氨基酸残基替换，而47位需要碱性氨基酸残基，如Arg和Lys。48位的脯氨酸被替换后并不显著影响合成多肽的活性，表明酶催化可断裂的Arg-X键可以由对酶稳定的化学键替代。位置49～54是连接桥，它可以使合成抑制剂有效地跨越凝血酶的两个结合位点。虽然这个连接桥与凝血酶之间的氢键不是决定性的，但是从本文中的构效关系研究结果来看，这种氢键也可以提高抑制剂的活性。

参　考　文　献

[1] Davie EW, Fujikawa K, Kurachi K, Kisiel W, *Adv Enzymol Relat Areas Mol Biol* 1979, 48: 277～318

[2] Dodt J, Seemuller U, Maschler R, Fritz H, *Biol Chem Hoppe Seyler* 1985, 366(4): 379～385
[3] Johnson PH, *Annu. Rev. Med.* 1994, 45: 165～177
[4] Stone SR, Maraganore JM, *Method in Enzymology* 1993, 223: 312～337
[5] Maraganore JM, Adelman BA, *Coron. Artery. Dis.* 1996, 7(6): 438～448
[6] Topol EJ, *Am. J. Cardiol.* 1998, 82(8B): 63P～68P
[7] Fareed J, Callas D, Hoppensteadt DA, Walenga JM, Bick RL, *Med. Clin. North. Am.* 1998, 82(3): 569～586
[8] Klement P, Liao P, Hirsh J, Johnston M, Weitz JI, *J. Lab. Clin. Med.* 1998, 132(3): 181～185
[9] Lombardi A, Nastri F, Della MR, Rossi A, De Rosa A, Staiano N, Pedone C, Pavone V, *J. Med. Chem.* 1996, 39(10): 2008～2017
[10] Szewczuk Z, Gibbs BF, Yue SY, Purisima EO, Konishi Y, *Biochemistry* 1992, 31: 9132～9140
[11] DiMaio J, Ni F, Gibbs B, Konishi Y, *FEBS* 1991, 282(1): 47～52
[12] Kline T, Hammond C, Bourdon P, Maraganore JM, *Biochemical and Biophysical Research Communications* 1991, 177(3): 1049～1055
[13] Iwanowicz EJ, Lau WF, Lin J, Roberts DGM, Seiler SM, *J. Med. Chem.* 1994, 37: 2122～2124
[14] Skordalakes E, Elgendy S, Goodwin CA, Green D, Scully MF, Kakkar VV, Freyssinet JM, Dodson G, Deadman JJ, *Biochemistry* 1998, 37: 14420～14427
[15] Filippis VD, Quarzago D, Vindigni A, Cera ED, Fontana A, *Biochemistry* 1998, 37: 13507～13515
[16] Filippis VD, Vindigni A, Altichieri L, Fontana A, *Biochemistry* 1995, 34: 9552～9564
[17] Broersma RJ, Kutcher LW, Heminger EF, Krstenansky JL, Marshall FN, *Thrombosis and Haemostasis* 1991, 65(4): 377～381
[18] Maraganore JM, Chao B, Joseph ML, Jablonski J, Ramachandran KL, *J. Biological Chemistry* 1989, 264 (15): 8692～8698
[19] Maraganore JM, Chao B, Joseph ML, *Adv Exp Med Biol.* 1990, 281:177～183
[20] DiMaio J, Gibbs B, Munn D, Lefebvre J, Ni F, Konishi Y, *J Biol Chem.* 1990, 265(35):21698～21703
[21] Liu G, Wang JX, Guo L, Zhang SD, Yun LH, Xia SQ, Ding ZK, *Acta Pharmaceutica Sinica* 1996, 31 (8): 591～596
[22] Liu G, Mu SF, Yun LH, Ding ZK, Cong YL, Yin ZJ, *Chinese J. Med. Chem.* 1998, 8(1): 14～18
[23] Geysen MH, Meloen RH, Barteling SJ, *Proc. Natl. Acad. Sci.* 1984, 81(13): 3998～4002
[24] Gallop MA, Barrett RW, Dower WJ, Fordor SPA, Gordon EM, *J. Med. Chem.* 1994, 37(9): 1233
[25] Gordon EM, Barrett RW, Dower WJ, Fordor SPA, Gallop MA, *J. Med. Chem.* 1994, 37(10): 1385
[26] Liu G, Yun LH, Wang JX, *Progress in Chemistry*, 1997, 9(3): 223～238
[27] Liu G, *Chinese J. Med. Chem.* 1995, 5(4): 303～310
[28] Liu G, *Chinese J. Med. Chem.* 1996, 6(1): 73～78
[29] Krstenansky JL, Broersma RJ, Owen TJ, Payne MH, Yates MT, Mao STJ, *Thromb Haemost.* 1990, 63 (2): 208～214
[30] Maraganore JM, Bourdon P, Jablonski J, Ramachandran KL, Fenton Ⅱ JW, *Biochemistry* 1990, 29: 7095～7101
[31] Bourdon P, Jablonski J, chao BH & Maraganore JM, FEBS Lett. 1991, 214: 163～166
[32] Maraganore J M, Bourdon P, Jablonski J, Ramachandran KL, & Fenton IIJW, *Biochemistry*, 1990, 29: 7095～7101
[33] Krystenansky JL, Mao SJT, *FEBS Lett.* 1987, 211: 10～16

[34] Chang JY, *Biochemistry* 1991, 30(27): 6656～6661

[35] Rydel TJ, Ravichandran KG, Tulinsky A, Bode W, Huber R, Roitsch C, Fenton JW, *Science* 1990, 249(4966): 277～280

[36] Zdanov A, Wu S, DiMaio J, Konishi Y, Li Y, Wu LX, Edwards BFP, Martin PD, Cygler M, *Proteins: Structure, Function, and Genetics* 1993, 17: 252～265

[37] Stone SR, Dennis S, Hofsteenge J, *Biochemistry* 1989, 28(17): 6857～6863

[38] Naski MC, Fenton JW, Maraganore JR, Olson ST, Shafer JA, *J Biol Chem*. 1990, 265(23): 13484～13489

[39] Muramatu R, Komatsu Y, Nukui E, Okayama T, Morikawa T, Kobashi K, Hayashi H, *Int J. Peptide Protein Res*. 1996, 48: 167～173

[40] Okayama T, Muramtsu R, Seki S, Nukui E, Hagiwara M, Hayashi H, Morikawa T, *Chem Pharm Bull* (*Tokyo*). 1996, 44(7):1344～1350

[41] Tsuda Y, Szewczuk Z, Wang J, Yue SH, Purisima E, Konishi Y, *Biochemistry* 1995, 34: 8708～8714

[42] Sonder SA, Fenton Ⅱ JW, *Biochemistry* 1984, 23: 1818～1823

[43] Szewczuk Z, Gibbs BF, Yue SY, Purisima E, Zdanov A, Cygler M, Konishi Y, *Biochemistry* 1993, 32(13): 3396～3404

[44] Hopfner KP, Ayala Y, Szewczuk Z, Konishi Y, Cera ED, *Biochemistry* 1993, 32: 2947～2953

（刘　刚，慕少峰，恽榴红，丁振凯，孙曼霁）

第十四章　人脑乙酰胆碱酯酶的抗原表位研究

14.1 前　言

乙酰胆碱酯酶(acetylcholinesterase，AChE，EC 3.1.1.7)是神经系统的重要水解酶类，它可催化水解神经递质乙酰胆碱，从而维持神经冲动的正常传导，在神经生物学及毒理学中占重要地位。抗原表位(epitope)是仅次于酶活性中心的又一重要功能域。抗原表位可分为连续型(顺序型)和不连续型(构象型)两种。现今最广泛应用的定位抗原表位的方法是确定能与抗蛋白抗体有免疫反应的抗原分子中的肽段。肽合成技术的日新月异促进了利用合成肽法来筛选蛋白质的抗原表位。现已建立了依据蛋白质的一级结构利用肽合成方法来确定其连续性抗原表位[1,2]的成熟方法。人脑 AChE 已经提纯[3]，人 AChE 全序列已经报道[4]。人脑 AChE 的抗原表位的数目、定位、组成及抗原反应性尚未报道。本研究[23,24]采用组合化学多中心多肽合成技术来研究人脑 AChE 的抗原表位，并比较了与"Goldkey"软件预测的人 AChE 抗原表位的异同，同时检测了电鳐电器官 AChE 多克隆抗体与人脑 AChE 合成肽片的免疫交叉反应性。

14.2 材料与方法

14.2.1　材料和试剂

人脑组织在意外事故死亡后 24～48h 取材，－20℃保存；BALB/c 小鼠，6 只，雌性，平均体重 18～22 g；日本大耳白兔，2 只，雄性，2 kg 左右，中国军事医学科学院实验动物中心提供；所有保护氨基酸及合成肽所用试剂均为 Chiron Mimotopes 公司产品；链亲和素为 Sigma 公司产品；羊抗鼠 HRP-IgG 及羊抗兔 HRP-IgG，中国军事医学科学院微生物研究所产品；蛋白质 A-SepharoseCL 4B 购自 Pharmacia 公司；邻苯二胺，德国 Merck 公司产品；酶标板，Nunc 公司产品；其他试剂均为分析纯试剂。

14.2.2　人脑 AChE 的分离纯化及鉴定

采用长臂和短臂亲和层析柱分离纯化人脑 AChE[3]，分别测定匀浆上清液和各洗脱组分的蛋白质含量[5]及 AChE 活性。将纯化的人脑 AChE 进行 SDS-PAGE 电泳,分离胶为 10%,浓缩胶为 4%,蛋白银染显色。

14.2.3 小鼠抗人脑 AChE 抗血清的制备和纯化

第一天,每只小鼠腹腔注射人脑 AChE 30 μg(与等量的完全福氏佐剂混合)。两周后,腹腔注射人脑 AChE 30 μg(与等量的不完全福氏佐剂混合)。每间隔两周,加强免疫一次,共加强免疫三次。最后每只小鼠直接腹腔注射人脑 AChE 30 μg,一周后眼球取血。采用蛋白质 A-Sepharose CL 4B 亲和层析柱对所得抗体血清进行纯化。鼠抗人脑 AChE 抗体血清首先用 50% 饱和的硫酸铵沉淀,再用生理盐水透析 24 h。蛋白质 A 亲和层析柱(柱床体积为 16 mL),经 0.1mol/L 磷酸盐缓冲液(pH 8.0)平衡后,将透析后的样品上柱,4℃过夜。然后以平衡液洗脱杂蛋白质至基线平稳,以 0.1 mol/L 乙酸—0.15 mol/L NaCl 洗脱吸附于亲和层析柱上的抗体,紫外 280 nm 检测,按峰收集。洗脱出的液体立即以 1 mol/L Tris-HCl (pH 8.5)缓冲液中和至 pH 6.5。按公式:蛋白质含量(mg/mL)$=A_{280}$nm/1.4 计算所得纯化抗体的蛋白质含量,用 ELISA 法分别测定小鼠抗人脑 AChE 抗血清及纯化抗体的滴度。对纯化抗体进行还原及非还原条件下的 SDS-PAGE 电泳。

14.2.4 人脑 AChE 抗原肽库的构建

采用组合化学的多中心多肽合成技术[6]依照人脑 AChE 全长 583 个氨基酸序列合成由 n 至 $n+9$ 位氨基酸的十肽 574 个。整个十肽合成过程应用 Fmoc 法,通过洗涤,脱保护,偶联,脱保护的重复进行直至十肽合成完毕。为了提高免疫检测的灵敏度,对合成的十肽进行生物素化。肽的生物素化是在已合成的十肽的 N 末端按照上述多肽合成方法合成一个标准序列 SGSG(seryl-glycyl-seryl-glycyl)后再偶联生物素。最后将一部分合成的粗品肽进行电喷雾质谱鉴定。

14.2.5 人脑 AChE 抗原表位的识别

应用间接 ELISA 法筛选人脑 AChE 的抗原表位。将链亲和素以 PBS 稀释至终浓度为 5 μg/mL,每孔加 100μL,4℃过夜。甩干洗涤后,用 1% BSA 室温封闭 1h,以 0.05 mmol/L 碳酸盐缓冲液(pH 9.6)分别稀释各个十肽浓度至 60μg/mL,每孔加 100μL,4℃过夜。用 1% BSA 在室温封闭 1h 后,加入小鼠抗人脑 AChE 纯化多克隆抗体(9.4 μg/mL),每孔 100μL,37℃孵温 90 min。加入 1∶1000 羊抗鼠 HRP-IgG 100μL,37℃孵温 1h,加入底物溶液(0.04%邻苯二胺—0.035mol/L 柠檬酸—0.065 mol/L 磷酸钠缓冲液 pH 5.0—0.02% H_2O_2)，避光室温反应 15min，立即以 2mol/L H_2SO_4终止反应，以微量多道滴定扫描仪测定 492nm 消光值。每板均以 470 号肽为阳性对照，468 号肽为阴性对照。无抗原阴性对照以肽的包被稀释液代替，余同样品处理。

14.2.6　人 AChE 抗原表位的计算机辅助预测

应用“Goldkey”软件对人 AChE 的氨基酸序列的性质进行了研究[7]。根据对其亲水性，电荷分布，主链的活动性，抗原性统计分析以及二级结构预测等综合判断出人 AChE 的抗原表位，并将预测的人 AChE 抗原表位和实测的人脑 AChE 的抗原表位进行比较。

14.2.7　兔抗电鳐电器官 AChE 多克隆抗体的制备及纯化

采用亲和层析法[8]从中国丁氏双鳍电鳐电器官中分离纯化的电鳐 AChE 达 SDS-PAGE 纯，比活性 5600 U/mg，浓度为 1.11mg/mL。第一次基础免疫，1.0 mL电鳐电器官 AChE 与等量完全福氏佐剂混合，兔背部皮下多点注射。两周后加强免疫，1.0mL 电鳐电器官 AChE 与等量不完全福氏佐剂混合，皮下多点注射。四周后，直接注入抗原 1.11mg，背部皮下多点注射。一周后心脏取血。采用蛋白质 A-SepharoseCL 4B 亲和层析柱对所得抗血清进行纯化。用 ELISA 法分别测定小鼠抗人脑 AChE 抗血清及纯化抗体的滴度，并对纯化抗体进行还原及非还原条件下的 SDS-PAGE 电泳。

14.2.8　电鳐电器官 AChE 多克隆抗体与人脑 AChE 的抗原合成十肽的免疫交叉反应性

将链亲和素以 PBS 稀释至终浓度为 5.0μg/mL，每孔加 100μL，4℃过夜。甩干洗涤后用 1% BSA 室温封闭 1h。以 0.05mmol/L 碳酸盐缓冲液(pH 9.6)分别稀释各个十肽浓度至 60μg/mL，每孔加 100μL，4℃过夜。用 1% BSA 室温封闭 1h 后，加入兔抗电鳐电器官 AChE 纯化多克隆抗体(1.0μg/mL)，每孔 100μL，37℃孵温 90 min。加入 1∶1000 羊抗兔 HRP-IgG 100μL，37℃ 孵温 1h，加入底物溶液(0.04%邻苯二胺- 0.035 mol/L 柠檬酸- 0.065 mol/L 磷酸钠缓冲液 pH 5.0—0.02% H_2O_2)，避光室温反应 15min，立即以 2 mol/L H_2SO_4终止反应，以微量多道滴定扫描仪测定 492nm 消光值。每板均以 470 号肽为阳性对照，468 号肽为阴性对照。无抗原阴性对照以肽的包被稀释液代替，余同样品处理。

14.3 结　果

14.3.1 纯化的人脑 AChE 的鉴定

经亲和层析后，人脑 AChE 纯品纯化了 1753 倍，比活性为 1930 U/mg，活性回收率为 5%（表 14.1）。还原性 SDS-PAGE 电泳图中可见纯化的人脑 AChE 呈一条主带，分子质量为 67kDa（图 14.1）。

表 14.1　Puification of human brain AChE[1)]

	Volume /mL	Total protein /mg	Protein conc. /(mg/mL)	Total activity /U[2)]	Specific activity /(U/mg)	Recovery /%	Purification folds
supernatant	800	4760	5.95	5400	1.1	100	1
affinity chromatography							
short-arm	250	5.2	0.021	3750	721.2	69.4	656
long-arm	20	0.14	0.007	270	1928.6	5.0	1753

1)250 g human striatum and cerebellum were used. 2)U denotes μmol of acetylthiocholine iodide hydrolysed/min.

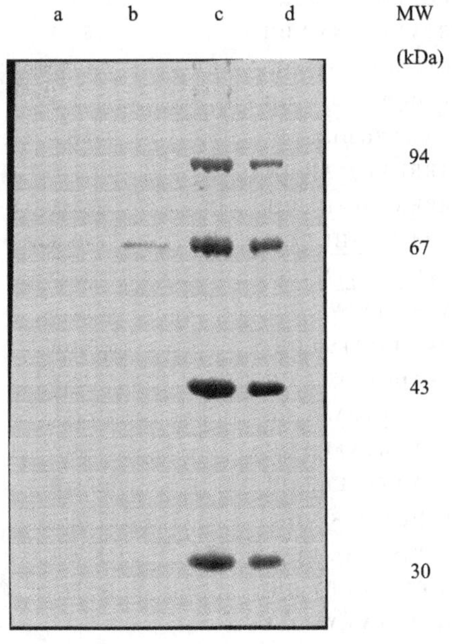

图 14.1　SDS-PAGE of purified human brain AChE

Silver staining: a. Purified human brain AChE; b. Human brain AChE authentic sample; c～d. Protein markers: alkaline phosphorylase b(94 kDa), bovine serum albumin(67kDa), actin(43kDa), carbonic anhydrase (30kDa)

14.3.2 鼠抗人脑抗血清的纯化及鉴定

测定小鼠抗人脑 AChE 抗血清的抗体滴度为 1∶12000。纯化的抗人脑 AChE 多克隆抗体在非还原状态的 SDS-PAGE 呈一条主带,分子质量为 150kDa,说明为 IgG,还原状态下呈轻、重两条区带,分子质量分别为 24kDa 和 53kDa。纯化多克隆抗体的产率为 4.7g/L 抗血清,测定纯化多克隆抗体的效价为 1∶8000。

14.3.3 多肽合成

采用固相多中心多肽合成技术合成了 574 个生物素化十肽,对一部分肽进行电喷雾质谱鉴定来支持合成肽的准确性(表 14.2)。

表 14.2 The synthetic biotinylated SGSG-decapeptides

No.	Sequence	MWt[1] (found)	MWt (cal.)
111	*Biotin-SGSG*PTPVLVWIYG-OH	1658.6	1658.84
121	*Biotin-SGSG*GGFYSGASSL-OH	1458.6	1459.46
143	*Biotin-SGSG*RTVLVSMNYR-OH	1752.0	1752.94
172	*Biotin-SGSG*GLLDQRLALQ-OH	1640.1	1640.78
173	*Biotin-SGSG*LLDQRLALQW-OH	1769.3	1769.93
234	*Biotin-SGSG*PWATVGMGE-OH	1549.2	1549.34
244	*Biotin-SGSG*ARRRATQLAH-OH	1692.5	1693.81
245	*Biotin-SGSG*RRRATQLAHL-OH	1735.3	1735.89
246	*Biotin-SGSG*RRATQLAHLV-OH	1678.3	1678.84
293	*Biotin-SGSG*SVFRFSFVPV-OH	1698.0	1698.87
294	*Biotin-SGSG*VFRFSFVPVV-OH	1710.1	1710.93
301	*Biotin-SGSG*PVVDGDFLSD-OH	1576.9	1577.09
418	*Biotin-SGSG*LAAQGARVYA-OH	1532.8	1533.63
421	*Biotin-SGSG*QGARVYAYVF-OH	1687.1	1687.81
423	*Biotin-SGSG*ARVYAYVFEH-OH	1768.2	1768.88
424	*Biotin-SGSG*RVYAYVFEHR-OH	1853.3	1853.99
430	*Biotin-SGSG*FEHRASTLSW-OH	1747.2	1748.80
468	*Biotin-SGSG*EEKIFAQRLM-OH	1810.6	1810.97
470	*Biotin-SGSG*KIFAQRLMRY-OH	1871.1	1871.10
471	*Biotin-SGSG*IFAQRLMRYW-OH	1929.6	1929.62
474	*Biotin-SGSG*QRLMRYWANF-OH	1930.3	1930.08
477	*Biotin-SGSG*MRYWANFART-OH	1830.1	1829.97
478	*Biotin-SGSG*RYWANFARTG-OH	1755.7	1755.83
479	*Biotin-SGSG*YWANFARTGD-OH	1713.4	1714.73
480	*Biotin-SGSG*WANFARTGDP-OH	1647.2	1648.67

续表

No.	Sequence	MWt[1)] (found)	MWt (cal.)
494	*Biotin-SGSG*DPKAPQWPPY-OH	1713.2	1712.90
495	*Biotin-SGSG*PKAPQWPPYT-OH	1698.3	1698.82
496	*Biotin-SGSG*KAPQWPPYTA-OH	1672.3	1672.88
523	*Biotin-SGSG*GLRAQACAFW-OH	1635.4	1636.67
531	*Biotin-SGSG*FWNRFLPKLL-OH	1847.4	1847.19
551	*Biotin-SGSG*RQWKAEFHRW-OH	1981.7	1981.39
552	*Biotin-SGSG*QWKAEFHRWS-OH	1888.1	1888.98
553	*Biotin-SGSG*WKAEFHRWSS-OH	1843.3	1843.89
554	*Biotin-SGSG*KAEFHRWSSY-OH	1880.4	1880.04
555	*Biotin-SGSG*AEFHRWSSYM-OH	1829.0	1828.89
558	*Biotin-SGSG*HRWSSYMVHW-OH	1903.4	1903.03

1) MWt found were determined by ionspray mass spectrommetry of VG spectrometer(UK). Samples were dissolved in mixture of 0.1% TFA/water and acetonitrile. The No. is dominated by the position of the first amino acid of each decapeptide. The underlined sequences are the minimum epitopes detected.

14.3.4 人脑 AChE 抗原表位的识别

用纯化的小鼠抗人脑 AChE 多克隆抗体筛选出人脑 AChE 的 14 个抗原功能区(图 14.2),并明确了抗原表位的定位及氨基酸组成(表 14.3)。

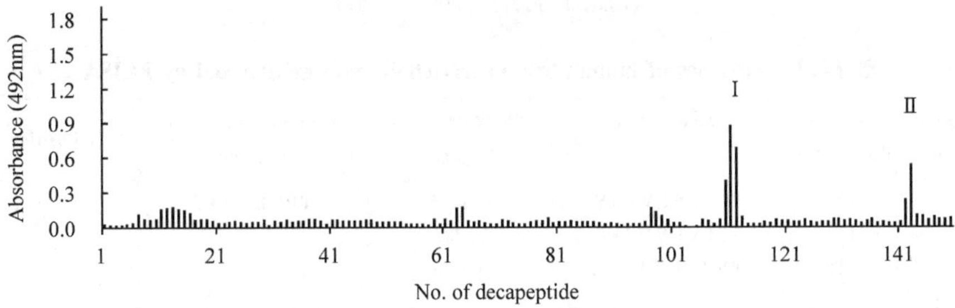

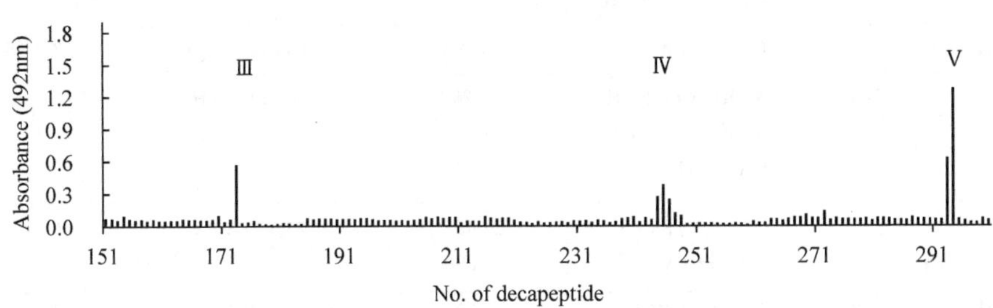

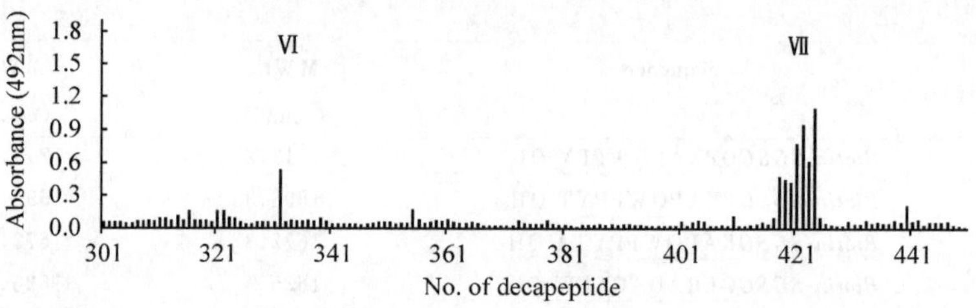

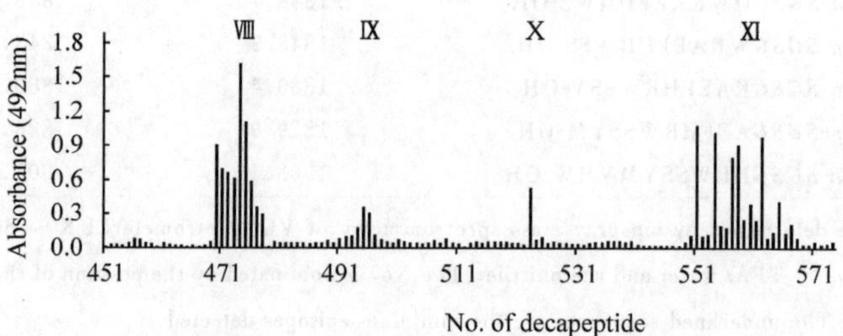

图 14.2 Antigenic domains(Ⅰ～Ⅺ)of the human acetylcholinesterase

Synthetic peptides were reacted with a 1/1000 dilution of mouse anti-human brain AChE polyclonal antibody (ELISA). Each synthetic peptide is nominated by the first residue number of the sequence. Decapeptide 470 (Biotin-SGSGKIFAQRLMRY-OH) and decapeptide 468 (Biotin-SGSGEEKIFAQRLM-OH) were set as the negative and positive controls in every microplate tested. Negative control: 0.08±0.03, (n=24). positive control :1.07±0.14, (n=24)

表 14.3 Epitopes of human brain acetylcholinesterase detected by ELISA

Antigenic domain	No. of decapeptide	Decapeptide	Immunoreactivity (A_{492}nm)[1]	Minimum Sequence of epitope	Position
Ⅰ	110	SPTPVLVWIY	0. 416	TPVLVWIY	112～119
	111	PTPVLVWIYG	0.899		
	112	TPVLVWIYGG	0.699		
Ⅱ	142	ERTVLVSMNY	0.256	RTVLVSMNY	143～151
	143	RTVLVSMNYR	0.551		
Ⅲ	173	LLDQRLALQW	0.593	LLDQRLALQW	173～182
Ⅳ	244	ARRRATQLAH	0. 299	RRATQLAH	246～253
	245	RRRATQLAHL	0.407		
	246	RRATQLAHLV	0.276		
Ⅴ	293	SVFRFSFVPV	0.655	VFRFSFVPV	294～302
	294	VFRFSFVPVV	1.299		
Ⅵ	332	KDEGSYFLVY	0.599	KDEGSYFLVY	332～341

续表

Antigenic domain	No. of decapeptide	Decapeptide	Immunoreactivity (A_{492}nm)[1)]	Minimum Sequence of epitope	Position
Ⅶ	418	LAAQGARVYA	0.500	RVYA	424～427
	419	AAQGARVYAY	0.474		
	420	AQGARVYAYV	0.442		
	421	QGARVYAYVF	0.796		
	422	GARVYAYVFE	0.968		
	423	ARVYAYVFEH	0.637		
	424	RVYAYVFEHR	1.124		
Ⅷ	470	KIFAQRLMRY	0.946	LMRY	476～479
	471	IFAQRLMRYW	0.729		
	472	FAQRLMRYWA	0.702		
	473	AQRLMRYWAN	0.646		
	474	QRLMRYWANF	0. 648		
	475	RLMRYWANFA	1.135		
	476	LMRYWANFAR	0.624		
Ⅸ	494	DPKAPQWPPY	0.216	KAPQWPPY	496～503
	495	PKAPQWPPYT	0.392		
	496	KAPQWPPYTA	0.345		
Ⅹ	523	GLRAQACAFW	0.564	GLRAQACAFW	523～532
Ⅺ	551	RQWKAEFHRW	1.109	QWKAEFHRW	552～560
	552	QWKAEFHRWS	0.397		
Ⅻ	554	KAEFHRWSSY	0.890	EFHRWSSY	556～563
	555	AEFHRWSSYM	0.385		
	556	EFHRWSSYMV	0.287		
XIII	557	FHRWSSYMVH	1.080	WSSYMVH	560～567
	558	HRWSSYMVHW	0.963		
	559	RWSSYMVHWK	0.984		
	560	WSSYMVHWKN	0.454		
XIV	562	SYMVHWKNQF	1.046	SYMVHWKNQF	562～571

1) Negative control(ELISA)：0.08±0.03. Samples with A_{492} higher than two-fold of the negative control are judged as positive reaction.

14.3.5 人 AChE 抗原表位的预测

已知“Goldkey”软件的命中率约 30%～40%。用此软件预测的人 AChE 的抗原表位与筛选出的抗原表位的一致率为 33%(表 14.4),符合"Goldkey" 软件的设计能力。同时发现所筛选出的抗原表位大多数位于亲水区和二级结构的 β-转角处,符合抗原表位所具有的特征。

表 14.4 Prediction of epitopes of human AChE by "Goldkey" software

Epitopes predicted		Epitope found	
No. of AA	Sequence	No. of AA	Sequence
4～6	EDA		
51～54	EPKQ		
87～93	NPNRELS		
105～110	YPRPTS		
		112～119	TPVLVWIY
		143～151	RTVLVSMNY
165～167	REA		
		173～182	LLDQRLALW
244～248	ARRRA	246～253	RRATQLAH
262～266	TGGND		
		294～302	VFRFSFVPV
332～335	KDEG	332～341	KDEGSYFLVY
348-351	KDNE		
390～394	DPARL		
		424～427	RVYA
461～466	PSRNYTA		
		476～479	LMRY
487～501	GDPNEPRDPKAPQ	496～503	KAPQWPPY
524	LR	523～532	GLRAQACAFW
546～553	LDEAERQW		
573～581	HYSKQDRC	551～575	RQWKAEFHRWSSYMVH WKNQFDHYS

14.3.6 兔抗电鳐电器官 AChE 抗血清的纯化及鉴定

纯化的抗电鳐电器官 AChE 多克隆抗体在非还原状态的 SDS-PAGE 呈一条主带,分子质量为 150 kDa,说明为 IgG。纯化多克隆抗体的产率为 3.5 g/L 抗血清,测定纯化多克隆抗体的效价为 1∶16000。

14.3.7 抗电鳐电器官 AChE 多克隆抗体与人脑 AChE 的抗原十肽的免疫反应性

实验结果表明抗电鳐电器官 AChE 多克隆抗体和人脑 AChE 的大部分抗原功能区有免疫交叉反应,14 个人脑 AChE 的抗原功能区有 10 个显示很强的反应性(表 14.5),说明二者具有共同保守的抗原表位(表 14.6)。

表 14.5 Cross-immunoreactivity of rabbit anti-narcine AChE polyclonal antibody with synthetic decapeptides of human brain AChE

Antigenic domains	* No. of synthetic peptides	Amino acid Sequences	Cross Immunoreactivity	
			rabbit anti-narcine AChE polyclonal antibodies	mouse anti-human AChE polyclonal antibodies
Ⅰ	110	SPTPVLVWIY	−(0.079±0.024)	++(0.416±0.037)
	111	PTPVLVWIYG	−(0.060±0.005)	++(0.899±0.057)
	112	TPVLVWIYGG	++(0.507±0.039)	++(0.699±0.046)
Ⅱ	142	ERTVLVSMNY	−(0.081±0.012)	++(0.256±0.041)
	143	RTVLVSMNYR	−(0.077±0.006)	++(0.551±0.055)
Ⅲ	173	LLDQRLALQW	−(0.078±0.018)	++(0.593±0.027)
Ⅳ	244	ARRRATQLAH	+(0.164±0.014)	++(0.299±0.043)
	245	RRRATQLAHL	+(0.180±0.031)	++(0.407±0.061)
	246	RRATQLAHLV	+(0.161±0.048)	++(0.276±0.035)
Ⅴ	293	SVFRFSFVPV	++(0.250±0.032)	++(0.655±0.037)
	294	VFRFSFVPVV	+(0.169±0.028)	++(1.299±0.045)
Ⅵ	332	KDEGSYFLVY	++(0.272±0.048)	++(0.599±0.023)
Ⅶ	418	LAAQGARVYA	−(0.104±0.026)	++(0.500±0.026)
	419	AAQGARVYAY	++(0.428±0.038)	++(0.474±0.031)
	420	AQGARVYAYV	++(0.357±0.033)	++(0.442±0.055)
	421	QGARVYAYVF	++(0.529±0.040)	++(0.796±0.110)
	422	GARVYAYVFE	++(0.546±0.083)	++(0.968±0.062)
	423	ARVYAYVFEH	++(0.540±0.115)	++(0.637±0.031)
	424	RVYAYVFEHR	++(0.823±0.057)	++(1.124±0.042)
Ⅷ	470	KIFAQRLMRY	++(0.811±0.048)	++(0.946±0.059)
	471	IFAQRLMRYW	++(0.800±0.055)	++(0.729±0.103)
	472	FAQRLMRYWA	++(0.816±0.064)	++(0.702±0.114)
	473	AQRLMRYWAN	++(0.492±0.053)	++(0.646±0.041)
	474	QRLMRYWANF	++(0.821±0.087)	++(0.648±0.038)
	475	RLMRYWANFA	++(0.742±0.070)	++(1.135±0.041)
	476	LMRYWANFAR	++(0.406±0.092)	++(0.624±0.042)

续表

Antigenic domains	* No. of synthetic peptides	Amino acid Sequences	Cross Immunoreactivity	
			rabbit anti-narcine AChE polyclonal antibodies	mouse anti-human AChE polyclonal antibodies
Ⅸ	494	DPKAPQWPPY	+(0.144±0.029)	+(0.216±0.069)
	495	PKAPQWPPYT	++(0.271±0.042)	++(0.392±0.043)
	496	KAPQWPPYTA	++(0.235±0.034)	++(0.345±0.037)
Ⅹ	523	GLRAQACAFW	−(0.075±0.025)	++(0.564±0.033)
Ⅺ	551	RQWKAEFHRW	++(0.747±0.075)	++(1.109±0.048)
	552	QWKAEFHRWS	++(0.239±0.040)	++(0.397±0.067)
Ⅻ	553	WKAEFHRWSS	++(0.215±0.040)	−(0.140±0.009)
	554	KAEFHRWSSY	++(0.421±0.086)	++(0.890±0.062)
	555	AEFHRWSSYM	++(0.225±0.033)	++(0.385±0.056)
	556	EFHRWSSYMV	++((0.212±0.032)	++(0.287±0.035)
XIII	557	FHRWSSYMVH	++(0.650±0.078)	++(1.080±0.016)
	558	HRWSSYMVHW	++(0.554±0.010)	++(0.963±0.038)
Negative2 control			0.071±0.010	0.080±0.03

$n=3$, means±SD; Absorbances of ELISA were given in parentheses. Ratio(A_{492} of sample/A_{492} of negative control)≥2 and≥3 denotes positive cross-immunoreaction(+)and strong cross-immunoreaction(++)respectively. * The No. is nominated by the position of the first amino acid from the N-terminus of the decapeptide.

表 14.6　Amino acid sequence alignment of AChE of Torpedo californica(torca), Torpedo marmorata(torma)and human brain. Antigenic domains of human brain AChE were underlined

```
torca-acche   --DDHSELLVNTKSGKVMGTRVPVLSSHISAFLGIPFAEPPVGNMRFRRPEPKKPWSGVW 58
torma-acche   --DDDSELLVNTKSGKVMRTRIPVLSSHISAFLGIPFAEPPVGNMRFRRPEPKKPWSGVW 58
human-acche   EGREDAELLVTVRGGRLRGIRLKTPGGPVSAFLGIPFAEPPMGPRRFLPPEPKQPWSGVV 60

torca-acche   NASTYPNNCQQYVDEQFPGFSGSEMWNPNREMSEDCLYLNIWVPSPRPKSTT-VMVWIYG 117
torma-acche   NASTYPNNCQQYVDEQFPGFPGSEMWNPNREMSEDCLYLNIWVPSPRPKSAT-VMLWIYG 117
human-acche   DATTFQSVCYQYVDTLYPGFEGTEMWNPNRELSEDCLYLNVWTPYPRPTSPTPVLVWIYG 120
                                                                 I
(110-121)
```

续表

torca-acche	GGFYSGSSTLDVYNGKYLAYTEEVVLVSLSYRVGAFGFLALHGSQEAPGNVGLLDQRMAL	177
torma-acche	GGFYSGSSTLDVYNGKYLAYTEEVVLVSLSYRVGAFGFLALHGSQEAPGNMGLLDQRMAL	177
human-acche	GGFYSGASSLDVYDGRFLVQAERTVLVSMNYRVGAFGFLALPGSREAPGNVGLLDQRLAL	180
	Ⅱ(142–152)　Ⅲ	
(173–182)		
torca-acche	QWVHDNIQFFGGDPKTVTIFGESAGGASVGMHILSPGSRDLFRRAILQSGSPNCPWASVS	237
torma-acche	QWVHDNIQFFGGDPKTVTLFGESAGRASVGMHILSPGSRDLFRRAILQSGSPNCPWASVS	237
human-acche	QWVQENVAAFGGDPTSVTLFGESAGAASVGMHLLSPPSRGLFHRAVLQSGAPNGPWATVG	240
torca-acche	VAEGRRRAVELGRNLNCNLN----SDEELIHCLREKKPQELIDVEWNVLPFDSIFRFSFV	293
torma-acche	VAEGRRRAVELRRNLNCNLN----SDEDLIQCLREKKPQELIDVEWNVLPFDSIFRFSFV	293
human-acche	MGEARRRATQLAHLVGCPPGGTGGNDTELVACLRTRPAQVLVNHEWHVLPQESVFRFSFV	300
	Ⅳ(244–255)　V(293–303)	
torca-acche	PVIDGEFFPTSLESMLNSGNFKKTQILLGVNKDEGSFFLLYGAPGFSKDSESKISREDFM	353
torma-acche	PVIDGEFFPTSLESMLNAGNFKKTQILLGVNKDEGSFFLLYGAPGFSKDSESKISREDFM	353
human-acche	PVVDGDFLSDTPEALINAGDFHGLQVLVGVVKDEGSYFLVYGAPGFSKDNESLISRAEFL	360
	Ⅵ(332–341)	
torca-acche	SGVKLSVPHANDLGLDAVTLQYTDWMDDNNGIKNRDGLDDIVGDHNVICPLMHFVNKYTK	413
torma-acche	SGVKLSVPHANDLGLDAVTLQYTDWMDDNNGIKNRDGLDDIVGDHNVICPLMHFVNKYTK	413
human-acche	AGVRVGVPQVSDLAAEAVVLHYTDWLHPEDPARLREALSDVVGDHNVVCPVAQLAGRLAA	420

续表

```
torca-acche    FGNGTYLYFFNHRASNLVWPEWMGVIHGYEIEFVFGLPLVKELNYTAEEEALSRRIMHYW 473

torma-acche    FGNGTYLYFFNHRASNLVWPEWMGVIHGYEIEFVFGLPLVKELNYTAEEEALSRRIMHYW 473

human-acche    QGARVYAYMFEHRASTLSWPLWMGVPHGYEIEFIFGIPLDPSRNYTAEEKIFAQRLMRYW 480

               VII(418-433)                                           VIII(470-485)

torca-acche    ATFAKTGNPNEPHSQES-KWPLFTTKEQKFIDLNTEPMKVHQRLRVQMCVFWNQFLPKLL 532

torma-acche    ATFAKTGNPNEPHSQES-KWPLFTTKEQKFIDLNTEPIKVHQRLRVQMCVFWNQFLPKLL 532

human-acche    ANFARTGDPNEPRDPKAPQWPPYTAGAQQYVSLDLRPLEVRRGLRAQACAFWNRFLPKLL 540

                                    IX(494-505)              X(523-532)

torca-acche    NATETIDEAERQWKTEFHRWSSYMMHWKNQFDHYSRHESCAEL 575

torma-acche    NATETIDEAERQWKTEFHRWSSYMMHWKNQFDQYSRHENCAEL 575

human-acche    SATDTLDEAERQWKAEFHRWSSYMVHWKNQFDHYSKQDRCSDL 583

                              XI(552-560)

               XII(556-563)

                  XIII(560-567)

                     XIV(562-571)
```

14.4 讨 论

研究蛋白质抗原表位的方法很多,如X射线晶体衍射技术,核磁共振,定点突变,蛋白质修饰,基因的克隆与表达等。X射线晶体衍射技术有利于阐明蛋白质的空间结构中抗原抗体相互作用的机制,但抗原抗体复合物的晶体不易得到;蛋白质修饰等方法也可用来研究蛋白质的抗原表位,但较复杂。许多蛋白质的一级结构已知，因而可以采用多肽组合化学固相合成方法，按照蛋白质一级结构中氨基酸顺序合成一系列一定长度的肽片，然后用相应的抗体筛选，所筛选出的是人脑 AChE 的非连续性抗原表位。20 世纪 80 年代以来，同步固相多肽合成技术得到充分的发展，可在短时间内合成不同长度及氨基酸顺序的肽，构建肽库。从肽库中用 ELISA（酶联免疫吸附实验）寻找蛋白质的抗原表位的方法已日渐成熟[9]。合成肽的筛选可用单克隆抗体或多克隆抗体。利用此种方法筛选的抗原有已明确三级结构的简单小分子抗原如：肌球蛋白，Myohemerythrin，高级结构未知的复杂的大分子抗原如：口蹄疫病毒外壳蛋白等[10~12]，均为研究抗原抗体相互作用机制及疫苗研制提供了有用的信息。Geysen HM 等用肽合成法筛选不连续性抗原表位也取得了一定的成果[9,13]。

用固相有机合成法合成各种各样的肽是研究蛋白质之间相互作用的一种重要工具，合成肽方法现已广泛应用在免疫学、激素-受体相互作用、疫苗研究等领域。任何能与抗蛋白抗体结合的肽均被认为是蛋白质的一个抗原表位。应用固相合成肽法来筛选蛋白质的抗原表位是基于 Geysen HM 以下观点[14]：(1)含有关键残基的短肽能够模拟蛋白质上的抗原表位；(2)多数情况下，几个关键残基与它的结合分子间形成的非共价键构成了全部结合能的绝大部分。也就是说，蛋白质的相互作用或识别是通过局部肽段间的相互作用来实现的。因为肽所含的氨基酸少，不具备像蛋白质那样形成复杂的高级结构，但合成的肽能够与抗蛋白质的抗体相互作用，就不能简单地认为肽在溶液中的构象是固定的，它可能具有某种伸展性，在特定的环境下形成某种特定的结构来与抗蛋白抗体相结合[15]。而且，产生的某些抗肽抗体能够与完整的蛋白质相结合，可用于疫苗研制[16]。

本文筛选出人脑 AChE 多克隆抗体所针对的 14 个抗原功能区，并明确了抗原表位的氨基酸组成和定位，C 端 4 个相邻的抗原表位部分地交叉重叠。这些筛选出的抗原表位中最短的氨基酸残基组成为 4 个，最长的为 10 个。文献报道连续抗原表位组成 90%为 6 个氨基酸，而约 10%为 6 个氨基酸以上[17]。应注意：应用不同的抗原表位的分析方法可能会得出不同长度的抗原表位，如基于抗原抗体复合物 X 射线衍射所得抗原表位含有 15～22 个氨基酸残基，而基于抗原抗体的免疫交叉反应的功能性研究的肽合成技术筛选出的抗原表位较短。这两种方法是对抗原表位的结构和功能不同侧面的研究，是相辅相成的，有利于对蛋白抗原性的全面了解[18]。多克隆抗体被认为很适合从肽库中筛选活性肽段[19]。多克隆抗体可认为是针对同一蛋白质的不同抗原表位的单克隆抗体的混合物，因此，多克隆抗体对筛选最主要抗原表位或一组抗原表位均有用。本文成功地采用纯化的小鼠抗人脑 AChE 多克隆抗体筛选出了人脑 AChE 的抗原表位。

关于实验有以下几个方面的说明[9]：(1)肽的含量在 pmol 水平，应用 ELISA 方法就会检出与抗体结合的肽段[20]；而且，肽的生物素化有利于提高酶联反应的灵敏度;(2)在抗体检测过程中并不需要高纯度的肽。大量的血清学实验是基于抗体与特定抗原反应的特异性。合成肽过程保证了抗体是主要与合成的特定序列的肽反应。我们合成的粗品肽的纯度为50%~70%[6],比较高纯肽与粗品肽的结果是一致的,但合成粗品肽的纯度的不确定性,也有其不利的一面;(3)在检测过程中,大量的肽可作为阴性对照。只要两个肽的顺序上相差一个或两个氨基酸残基,抗体可能就只与其中的一个肽结合而不与另一个肽结合,说明此种检测的特异性。可以把其中一部分(一般为25%)数值较低的肽的平均值作为阴性对照,或合成的不相关的肽作为阴性对照,二者的筛选结果一致。

我们筛选所得的抗原表位的边界可通过合成一系列不同长度的肽进一步确定。经过初步筛选,我们得到了关于AChE抗原表位的定位和氨基酸组成。各个氨基酸在抗原表位中是否是关键氨基酸可通过合成一定长度的各种肽,其中包含的每一个氨基酸用替代氨基酸(例如:D型氨基酸等)逐一代替,然后分别测定其结果。若抗原抗体反应消失,则被替代的氨基酸是关键氨基酸,直接参与和抗体的相互作用;反之,并不直接参与此种作用[9]。

当然,对于一个抗原表位的定位和组成的影响因素较多[9]。例如:研究较为深入和系统的Myohemerythrin是利用6个种属的动物进行免疫后筛选抗原表位。很明显,不同种属所得的结果存在明显差异,而且即使同一种属的不同动物所得结果也存在差异。

AChE是一多分子型蛋白质,不同种属来源及不同分子型AChE虽然Km值及催化特性无明显差异,但其一级结构存在差异。人脑AChE和电鳐电器官AChE一级结构中的氨基酸顺序有很大的相似性。我们发现抗电鳐电器官AChE多克隆抗体和大部分人脑AChE抗原表位有免疫交叉反应,这同以前发现的人脑AChE和电鳐电器官AChE有共同的保守的抗原表位的结构一致[21]。

AChE抗原表位不仅是免疫学研究的重要内容,对AChE结构和功能研究也有重要意义。抗原活性肽片及其相应的单抗和多抗作为精巧的探针今后可用于人脑AChE结构和功能的深层次的研究。而且,Brimijoin S等已报道了实验性AChE自身免疫性疾病的动物模型[22],并在探索临床上的相关疾病,故可从筛选得到的AChE抗原表位中寻找“致病决定簇”,开展其发病机理、诊断及治疗等研究。

参 考 文 献

[1] Chargelegue D, Obeid OE, Hsu SL *et al*. *J Virol* 1998, 72(3): 2040

[2] Rodda SJ, Maeji NJ, Tribbick G. Epitope mapping using multipin peptide synthesis. In: Morris G E ed. Mehods in Molecular Biology, Epitope Mapping Protocols. Humana: Totowa press, 1996. 66: 137

[3] Zhu MC, Xin YB, Sun MJ *et al*. *Science in China*, 1993, 36(10): 1207

[4] Soreq H, Ben-Aziz C, Prody S *et al*. *Proc Natl Acad Sci USA* 1990, 87(24): 9688

[5] 朱美财，军事医学科学院院刊，1991，15(2)：143

[6] Liu G，Wang JX，Guo L *et al*. *Acta Pharm Sin*，1996，31(7)：591

[7] 吴加金，蛋白质抗原表位的预测．见：吴加金主编．Goldkey 软件使用手册．北京：军事医学科学出版社 1993，pp.55～75

[8] 孙曼霁，高天栋，邢志勇等，生物化学杂志，1985，1(2)：47

[9] Geysen HM，Rodda SJ，Mason TJ *et al*. *J Immunol Meth*，1987，102(2)：259

[10] Geysen HM，Tainer JA，Rodda RJ *et al*. *Science*，1987，235：1184

[11] Geysen HM，Meloen RH and Barteling SJ. *Proc Natl Acad Sci USA*，1984，81：3998

[12] Geysen HM，Barteling SJ and Meloen RH，*Proc Natl Acad Sci USA*，1985，82：178

[13] Geysen HM，*Immunol Today* 1985，6：364

[14] Geysen HM，Rodda SJ，Mason TJ，*Mol Immunol* 1986，23：709

[15] Wright PE，Dyson HJ，Lerner RA，*Biochemistry* 1981，27：7167

[16] Niman HL，Houghten RA，Walker LA *et al*. *Proc Natl Acad Sci USA* 1983，80：4949

[17] Geysen HM，Rodda SJ，Mason TJ. The delineation of peptides able to mimic assemble epitopes. In：Porter Rand Whelan J(Eds.)，Synthetic peptides as antigens(Ciba Foundation Symposium 119)，Pitman London. pp.130～149

[18] Lambert DM，Hughes AJ，*J Theor Biol* 1988，133：133

[19] Yao ZJ，Kao M CC，Chung MCM，*J Protein Chem* 1995，14(5)：161

[20] Bittle JL，Houghten RA，Alexander H *et al*. *Nature* 1982，298：30

[21] Geysen HM，Rodda SJ，Mason TJ *et al*. *Science* 1987，288：1584

[22] Brimijoin S and Lennon A，*Proc Natl Acad Sci USA* 1990，87：9630

[23] Zhang XM，Liu G and Sun MJ，*Brain Res* 2000，868：157

[24] Zhang XM，Liu G and Sun MJ，*Brain Res* 2001，895：277

（张兴梅　刘　刚　孙曼霁）

第四篇

筛选与生物靶点

第十五章　抗艾滋病毒化疗药物的体外筛选

15.1　前　言

获得性免疫缺陷综合症(艾滋病，acquired immunodeficiency syndrome，AIDS)于20世纪80年代初在美国首次被发现。三年后,法国及美国科学家先后发现一种人类逆转录病毒为艾滋病病因。随后,该病毒被命名为艾滋病毒1型,HIV-1。1985年,又从非洲妓女身上分离出艾滋病毒－2型,HIV-2。1984年,HIV抗体酶联免疫法建立,1987年,第一个特异性抑制HIV复制的药物叠氮胸苷(AZT)正式用于临床。

短短20年,HIV感染逐渐从特定的人群向普通人群扩展,感染的区域遍及五大洲。到2002年底,全球四千万以上的人为HIV感染者,其中两千万人已死于艾滋病。HIV-1感染主要集中在非洲中南部、亚洲、东欧、拉丁美洲的一些国家和地区。中国目前约有100万HIV-1感染者,正处于HIV-1感染高速增长期。若不采取有效的防范措施,2010年将有数百万HIV感染者。HIV感染和艾滋病之所以如此肆虐,除了社会因素及人类认识误区外,概因缺少有效的预防和治疗性疫苗以及能够根治的化疗药物。到目前为止,尽管疫苗研制取得了许多进展,但是在五年内进行大面积的疫苗预防尚不切合实际。对比之下,抑制HIV复制药物的使用在抑制病毒复制、减轻患者的症状以及延长艾滋病人生存期方面的确取得了很好的效果。近两三年来,美欧发达国家HIV-1感染人数趋于稳定或有下降趋势。这与合理的联合使用特异的抗HIV-1化疗药物密不可分。到2002年底,总共16个化疗药物已经被美国食品和药物管理局(FDA)批准临床使用。

HIV是有膜的二十面体的核糖核酸(RNA)病毒,毒粒直径约为100～150nm,归于人类逆转录病毒(retroviruses)的慢病毒属(lentiviruses)。HIV全部核酸序列于1985年最终确定,基因长度为一万个碱基对(10kb)。它含有三个结构基因,即gag、pol和env，分别编码病毒核心基质蛋白、酶及外膜糖蛋白。此外,它的6个调节基因,即tat、rev、nef、vpr、vif及vpu(HIV-2为vpx)分别编码不同分子量的蛋白,从正反两个方向影响病毒复制。当HIV侵入人体后,它的外膜糖蛋白gp120与T4辅助淋巴细胞表面的CD4受体(第一受体)分子特异性结合而吸附于细胞。在一组辅助受体(第二受体,如CCR5、CXCR4)协助下,病毒外膜与宿主细胞膜融合而使病毒毒粒进入细胞。然后病毒脱去衣壳,裸露出核酸,病毒逆转录酶使RNA反转录为DNA,病毒整合酶又使双股DNA原病毒整合于宿主染色体的DNA内,形成 HIV 潜伏感染。当 HIV mRNA 翻译出大的融合聚蛋白后,病毒蛋白酶将它劈开加工而形成成熟的结构蛋白。最后,病毒 RNA 与结构蛋白结合,装配出新的病毒颗粒,以出芽的方式释放出细胞。HIV 完成上述周期需要 2.5 天。

从上述 HIV 复制的周期可清楚地看到病毒复制的关键阶段为病毒吸附与穿入,逆转录与整合,蛋白质翻译与加工以及病毒复制的晚期。特异性的抗 HIV 化疗药物就是针对上述关键靶点加以寻找与研究的。目前 16 种被批准临床使用的抑制 HIV 复制的药物分别属于 HIV 逆转录酶抑制剂和 HIV 蛋白酶抑制剂,一些备选药物还涉及 HIV 整合酶及 HIV 吸附进入细胞膜的早期相。

HIV 逆转录酶是 HIV pol 基因产物,它是一个异原二聚体,包含具有催化活性的 66－kd 和无催化活性的 51－kd 两个亚单位。p66/p51 催化遗传的 HIV RNA 合成 DNA,是一个依赖 RNA 的 DNA 合成酶。核苷类逆转录酶抑制剂是一组核苷化合物,它们首先进入被病毒感染的细胞,然后磷酸化形成具有活性的三磷酸化合物。目前被批准临床使用的核苷类逆转录酶抑制剂有七种,分别是齐多夫定(Zidovudine,3′-叠氮-3′-脱氧胸苷,AZT),Didanosine(双脱氧肌苷)(2′,3′-双脱氧肌基苷, DDI),扎西他宾(Zalcitabine,2′,3′-双脱氧胞苷,DDC),司他夫定(Stavudine,2′,3′-双脱氢-3′-脱氧胸苷,d4T),拉米夫定(Lamivudine,2′,3′-双脱氧-3′-硫胞苷,3TC),阿巴卡韦(Abacavir,(1S,4R)-4[2-氨基-6-(环丙基氨基)-9H-嘌呤-9-yl]-2-环戊烯-1-甲醇,1592U89,Ziagen)和瑞那拖韦(Tenofovir,R-9-(2-磷酸)甲氧丙基腺苷,PMPA)。其中,AZT 和 d4T 是病毒核酸复制天然底物脱氧胸苷的类似物。DDC 和 3TC 是脱氧胞苷的类似物,DDI 在吸收及磷酸化前转换成双脱氧腺苷,与瑞那拖韦一样,可视为脱氧腺苷类似物。阿巴卡韦的代谢途径特殊,但最终被细胞酶转换成为鸟嘌呤类似物的三磷酸盐,可视为脱氧鸟苷的类似物。这七种磷酸盐化合物由于是类似病毒核酸复制所需的天然底物,而且比天然底物更好地与逆转录酶结合,故可作为 HIV 逆转录酶竞争性抑制剂抑制 HIV RNA 基因的逆转录,即阻止 HIV 双链 DNA 的合成,使病毒失去推动复制的模板。此外,三磷酸化合物如 AZT-TP 插入 HIV 生长的 DNA 链时,可导致未成熟的 DNA 链终结,原因是插入的 AZT-TP 不能替代 3′-羟基与后续的核苷形成磷脂键,最终造成 HIV DNA 的合成受阻并进而抑制病毒的复制。不言而喻,这七种三磷酸化合物也竞争性抑制宿主细胞的 DNA 多聚酶活性,因此在临床使用时会产生依赖剂量的特异性毒性,但幸运地是它们对逆转录酶的亲和力远远大于对细胞多聚酶的亲和力。非核苷类逆转录酶抑制剂是一组与核苷无关,化学结构完全不同的特异性抑制 HIV-1 RT 的化合物,它们具有如下的特点:(1)这些化合物直接与 HIV-1 逆转录酶催化活性位点的 p66 疏水区结合,造成酶蛋白构象改变,导致酶失活,阻止 HIV-1 RNA 逆转录为 DNA;(2)这些化合物只针对病毒逆转录酶,而不抑制细胞多聚酶,所以毒性小;(3)这些化合物不需要在细胞内被磷酸化后成为有活性的特点使得它们在静止和活化的细胞或不同的细胞系具有不变的活性；(4)这些化合物也与细胞外的，如血浆中的逆转录酶结合，减少游离病毒毒粒的逆转录，从而降低病毒的传染性；(5)这些化合物选择性好，高度抑制 HIV-1，但不抑制 HIV-2；(6)这些化合物在体内外使用中会迅速产生耐药毒株，随之丧失临床益处，从而造成病毒负荷增加和 CD4＋细胞数目下降。目前被批准临床使用的非核苷类逆转录酶抑制剂有三个，即奈伟拉平（Navirapine）、地拉韦定（Delavirdine）和依法伟茨（Efavirirenz）。

HIV 蛋白酶是一个由 HIVpol 基因 5′端编码的含有 99 个氨基酸、旋光对称的天氡氨酸二聚体蛋白，酶活性点在二聚体界面形成，含有两个保守的催化天冬氨酸残基，每个残基来自一个单体。该酶活性位点被两个易弯曲的发夹结构覆盖，当 HIV-1 基因开始翻译出 Gag，Gag-Pol 聚蛋白时，蛋白酶自动从 Gag-Pol 聚合蛋白劈开分离，然后这个蛋白酶再劈开其余的 Gag，Gag-Pol 聚合蛋白，使之成为结构蛋白和功能酶。目前，被批准临床使用的蛋白酶抑制剂有 6 种，分别是沙奎那韦(Saquinavir)、利托那韦(Ritonavir)、茚地那韦(Indinavir)、奈非那韦(Nelfinavir)、安普那韦(Amprenavir)和罗匹那韦(Lopinavir)。这些肽类化合物或作为底物类似物竞争性抑制蛋白酶活性，或以其对称的结构抑制蛋白酶活性位点，或是基于 HIV 蛋白酶的结构而设计成的特异抑制剂。

尽管上述目前临床使用的 16 种特异性抗 HIV 化疗药物收到了较好的治疗效果，但是临床实践也表明这些药物并不能完全清除体内，特别是隐藏在静止淋巴细胞内的病毒，它们明显的毒副作用也往往会使患者停止用药。同时这些药物迅速诱生耐药毒株使初期的良好药效大打折扣。

目前，正在临床前发展的准新药有十几种，属于核苷类逆转录酶抑制剂的新药有缓释的司他夫定(Stavudine，d4T)，每天仅用一次的拉米夫定(Lamivudine，3TC)的同类物 Emtricitabine(FTC)，吸收迅速且耐受性能更好以及对 AZT-3TC 交叉耐药毒株有效的 Amdoxovir(DAPD)。属于非核苷类逆转录酶抑制剂包括能进入中枢神经系统的 Emivirine(MKC-2)和对 HIV-1，HIV-2 都有效的 SJ-3366 及 Efavirenzde的同系物 DPC-96 等。新的 HIV 蛋白酶抑制剂包括 Atazanavir(BMS-2326320)，它每天只服用一次，而且对第一代蛋白酶耐受毒株有效，是一个肽类化合物。Mozennavir(DMP-450)是一个非模拟肽的水溶性环尿化合物，对 Nelfinavir 耐受毒株有显著活性。Tipranavir 是一个与 Ritonavir 合用可大大提高抗 HIV 活性的新化合物。

与上述发展中的新药相辅相成的是，作用于不同靶点的新药也倍受瞩目，而早先寄予很大希望的 HIV 整合酶抑制剂因多种原因却发展迟滞。相比之下，阻止 HIV 进入宿主细胞药物的研究有了突破性的进展。正如本章开头所述，HIV 进入宿主细胞首先需要病毒表面糖蛋白 gp120 的外区与细胞表面糖蛋白 CD4 受体的

D1 区特异性结合，造成 HIVgp120/gp41 糖蛋白构象改变，暴露出与第二受体的结合点（gp120 V3 环是第二受体特异性的主要决定簇），使 gp120 与第二受体的亲合力增加 100～1000 倍。gp120 与第二受体 CCR5 或 CXCR4 中的一个结合进一步触发 HIV 外膜糖蛋白构象改变，使 gp41 的七个氨基酸反复片段形成卷曲结构（coiled-coil structure），强迫融合多肽进入靶细胞膜。理论上讲，任何干扰中断 HIV 外膜糖蛋白与第一或第二受体结合的物质和减活融合蛋白活性的物质都能抑制病毒进入和感染细胞。例（1）抗 CD4 抗体：针对 CD4 四个免疫区的单克隆抗体（MAbs）早已得到，而且检测了它们体外抑制 HIV 感染的能力。在这些单抗中，有些没有抗 HIV 活性，有些干扰主要组织相容性抗原Ⅱ型（MHC ciass Ⅱ）介导的免疫反应而造成免疫抑制，致使药物研究停止。只有 MAB5A8，一个与 CD4 D2 区结合后改变了病毒外膜糖蛋白的构象而达到非竞争性抑制膜融合的单抗一直被系统地研究。5A8 在体外表现出了极强地抑制 HIV 实验室株及临床株的复制以及细胞融合的活性，50%抑制浓度在 0.08～0.6μg/mL 范围内。体内试验也证明 5A8 明显减少猴艾滋病毒（SIV）载量，而且并不引起健康未感染猴子的免疫抑制。最近，5A8 与膜融合抑制剂的协同作用也得到证明，人体临床试用治疗已经开始；（2）第二受体（CCR5，CXCR4）抑制剂：理论上讲，直接使用化学因子阻断 HIV 与第二受体结合并进而抑制 HIV 复制是合理的，但实际上行不通。原因一是这些化学因子的循环半衰期较短，二是它们可产生炎症因子的天然能力可引发有害的副作用，因此对化学因子做必要的修饰是关键的一步。RANTES 是 CCR5 三个天然化学因子中抑制 HIV 进入宿主细胞最强的一个，改变它的 N 末端所产生的几个类似物已进入临床试验阶段。AOP-RANTES 是一个在 RANTES 上增加了一个氨甲戊烷（aminooxypentane）基的分子，对 CCR5 有较强的亲和力，抑制 HIV 活性也比 RANTES 自身高 10 倍，优点是没有产生化学因子诱导产生的信号传递，而这些信号的传递会造成炎症反应。最近，几个抑制 CXCS4 的小分子化合物的研究也非常活跃，包括 T22，AMD3100 和 ALX40-4C。T22 是一个 18 氨基酸多肽，可直接结合到 CXCR4 上，其中络氨酸-精氨酸-赖氨酸（Tyr-Arg-Lys）结构扮演抗病毒的关键角色。AMD3100 是一个真正的化学合成物，是一个双环已氨磺酸（bicyclam）衍生物，能直接与 CXCR4 结合，阻止病毒进入细胞。它已经被用于严重免疫缺陷综合症小鼠（SCID-hu mouse）模型的研究，并被证明具有抗 HIV 感染作用。ALX40-4C 是一个带有阳性电荷的 9 个修饰过精氨酸残基的模拟肽化合物，它能抑制 CXCR4 与病毒膜的结合。ALX40-4C 是第一个进入临床实验阶段的小分子抑制剂，初步结果表明即使用最大量时，也是安全的；（3）融合抑制剂：T-20 是一个 36 个氨基酸残基的多肽，它阻止病毒和细胞膜的融合。体外 T-20 抑制各种原发 HIV 株的 50%抑制浓度（IC_{50}）为 1ng/mL，与目前使用的抗逆转录病毒抑制剂无交叉耐药反应，而且与几个逆转录酶抑制剂和蛋白酶抑制剂均有协同作用。在 SCID-Hu 小鼠模型中，T-20使 HIV RNA 减少到检测水平之下。一个临床实验结果表明，T-20治疗32周，可使病人病毒负荷降低1.5～2.0 log，CD4细胞计数增加215/mL。目前三期临床实验正在进行中。T-1249是一个39氨基酸残基的HIV-1，HIV-2和SIV杂交的多肽，它与糖蛋白的结合部位不同于T-20，体外抗病毒活性是T-20的2～100倍，而且保持了对T-20耐受毒株的敏感性，目前正在进行Ⅰ/Ⅱ期临床实验。

寻找抗HIV感染的天然产物一直是医学科学家苦苦追求的目标。从热带雨林的一种树木中提取的化合物calanolide-A在细胞内抑制HIV复制，ID_{50}为0.1～0.4μg，并且对AZT等耐受毒株敏感。目前，这个天然化合物已用于试验治疗，连续14天对病人使用600mg，病毒核酸拷贝降低8.1倍，而且未发现诱生任何基因突变。calanolide-A属于非核苷逆转录酶抑制剂，与其他类型的抗HIV药物有明显的协同作用。从传统的中医药寻找抗HIV感染的药物越来越受到重视。其一，HIV感染复制，损伤肌体免疫功能，再引起机会性感染，最终导致死亡，与中医伤寒论和温病条例中所述的外感风邪，内陷伤阴的致病机理一致。中医辨证AIDS病人，多为热毒入里，血虚阴亏，以清热解毒，扶正固本和凉血补肾等中医治则。如小柴胡汤，复方丹参，丹参和银黄注射液等不仅在细胞培养内抑制HIV复制，而且可使AIDS患者提高免疫力，升高CD4细胞数目，改善症状。其二，用筛选西药的研究方法，已证明多种单味中药的水煎剂具有抑制HIV复制的活性，包括夏枯草、紫草、莲子草、牛蒡、淫羊霍、狗脊蕨、荤菜花、穿心莲、黄连、槐根、黄芩、地丁等。随后，对一些中药的提取成分如有机酸、多糖、植物蛋白、植物血凝素、黄酮类、恩醌类、多酚类、三萜类及生物碱也进行了深入研究，发现甘草甜素(glyzarrhiza)、金丝桃素(hypericin)、天花粉蛋白(tnrichosanthes)、苦瓜蛋白、黄芩苷(baicalin，BCL)、紫花地丁半乳磺化多糖、夏枯草硫酸多糖、紫草素、松塔P6、P7及澳洲粟树生物碱等不仅抑制HIV逆转录酶活性，而且在细胞培养中减少HIV抗原产生及保护HIV感染产生的细胞融合病变。这当中，对黄芩苷研究最深入。黄芩苷是抗HIV中药复方小柴胡汤的主要活性组成药黄芩的有效成分，它抑制HIV逆转录酶活性，在人外周血淋巴细胞和单核细胞培养中抑制HIV-1引起的细胞病变、细胞融合及核心抗原p24的产生。特别当细胞被黄芩苷预先处理后，已确定它抑制HIV 50%浓度为0.5mg/mL，当使用2.0mg/mL时，可使HIV核酸水平下降50倍以上。

尽管抗HIV的中医药研究有了一定进展，但至今没有一个中医药产品作为合法的药物被推上AIDS的临床研究，可能的原因包括：(1)目前研究的中医药抗HIV活性都比较弱，治疗指数低，因而无法与已知临床使用的HIV逆转录酶及蛋白酶抑制剂相比和竞争；(2)到底哪一种免疫反应对控制HIV感染起决定作用目前并未完全搞清。例如，某些融合抗体滴度的升高会促进病毒侵入细胞，某些淋巴因子如肿瘤坏死因子(TNF)分泌的增加反而加速HIV繁殖等。因此，即使多数中药产品有促进免疫活性,但尚未能够笼统地断言其完全有益于机体对 HIV 的抵抗;(3)中药质量受采集地域、时间、气候、加工等诸多条件的影响,往往有效成分的含量难以控制,造成结果不能满意地重复并难于制定质量控制标准;(4)绝大多数中医药是混合处方或提取物,尚未分离纯化成为单体化合物,无法确定药代动力学及药物作用的靶点,难于被其他实验室重复和被权威单位承认。目前的资料表明单独使用中医药制品治疗 HIV 感染尚缺乏充分的证据和明显的效果,在将中医药标准化的前提下,可考虑与其他化疗药物合并使用,以期达到抑制耐药毒株,加强患者免疫恢复,降低药物毒副作用及改善患者症状的目标。

发展新的特效抗 HIV 药物固然重要,但确立行之有效的治疗原则也很重要。(1)联合用药:一旦 HIV 感染的病人被药物治疗,就应该采用高效抗逆转录病毒治疗方案(highly active antiretroviral therapy,HAART),即联合用药。临床实践证明,两药或多药交替或同时使用比单一用药有明显的优点。这些优点包括由于增加了药物对病毒的作用靶点,因而产生了相加或协同的抗病毒能力;相加或协同时的抗病毒作用可适当减少单一药物用量,从而降低了单一药物的毒副作用,同时延缓了耐药毒株的产生。如用四种药物 AZT/DDI/3TC/Saquinavir 治疗 10 例病人,4 个月后病人血液及淋巴结内病毒载量下降了 3000 倍以上,随后 2 个月内便检测不到病毒抗原。此外,病人诱生干扰素能力增强,而分泌肿瘤坏死因子及白细胞介素 1 减少,细胞自发程序性死亡(apoptosis)降低,CD4 细胞数目平均上升 140/mL,而且症状明显改善;(2)开始治疗 HIV 感染的时机:大多数临床医生主张早期开始使用高效抗逆转录病毒的治疗方案,理由是早期治疗可更有效地抑制病毒复制。一个报告显示,以三药 Indinavir/AZT/3TC 联合治疗 HIV 急性、早期、中期及晚期感染患者 48 周后,病人血浆 HIV-1 RNA 减少至 50/mL 的百分数分别为 83%,80%,67%和 47%。此外,早期治疗也可以更有效地恢复免疫功能,上述报告也显示四组病人 CD4 细胞增加数目分别为 212,163,187 和 126。然而,另外一些临床医生根据临床实践主张晚期开始治疗,理由是即使使用最强的给药方案,也不能在短时间内(如三年)完全清除体内病毒。当血浆 HIV RNA 降至 50/mL,仍意味着体内有 250000 细胞有潜力复制病毒。更何况过早使用药物会过早产生耐药毒株,病人还要经受药物毒副作用及付高昂的药费。另外,实验治疗结果也已显示即使病人体内 CD4 细胞数目低于 350/mL 才开始治疗,也能完全恢复免疫功能。但不管争论如何,大家一致认为 HIV 载量和 CD4 细胞数目决定何时开始治疗;(3)更改治疗方案:在治疗 HIV 感染过程中,改变治疗方案经常是不可避免的,其原因包括药物衰竭,药物毒性及药物搭配不合适等,其中以药物衰竭最关键。所谓药物衰竭的定义是不充分的病毒抑制,如长期用药后病毒载量仍高于 500 或 1000/mL;不满意的 CD4 数目增加,如用药后一年内 CD4 数目增加不足 150/mL;不显著的临床症状改善等。造成药物衰竭的最主要原因是药物耐药毒株的产生。目前使用的16个抗HIV-1的药物无一例外地引起了病毒遗传变异,造成了药物耐受。当第一个用药方案失败时,不管是什么原因,改换新的方案势在必行,但不一定全部换成新的组合。临床观察发现,Indinavir/AZT/3TC衰竭只是3TC造成氨基酸M184突变,因此改变治疗只需换掉其中一部分;(4)终止治疗:尽管高效抗逆转录病毒的治疗对许多病人有效,但持续用药带来的毒性、昂贵的价格等常常使患者不能坚持下去。最近,一个新颖的治疗战略“结构性治疗中断”(structured treatment interruption,STL)倍受瞩目。所谓STL,就是周期性抗病毒治疗,即给药,停药,再给药,再停药的循环。医疗实践表明STL用于HIV急性感染患者时取得良好的效果。一个HIV急性感染者用DDI/hydroxyurea/indinavir三药开始治疗,7天后病毒载量趋于稳定。治疗后15～22天病人因附睾炎停药,结果病毒反跳而再次施用相同药物。后因患者患甲型肝炎而被迫于121～137天再次停药,此期间未发现病毒反跳。到176天,病人终止给药,在两年内血浆病毒维持在低水平。此期间,病人表现出较强的HIV特异性的细胞毒T-淋巴细胞(CTL)反应和HIV特异性的CD4细胞增生。对比之下,STL用于慢性HIV感染者未收到一致的好效果。

体外系统评价合成化合物、分离天然产物以及中药制品的抗HIV活性是发现抗HIV新药的关键一步。根据笔者近二十年的工作经验,深切体会到正确评价体外药效是一个复杂的系统工程,与条件设备、知识积累密切相关。但至关重要的是药物研究的实验设计必须科学化和标准化,不仅要保证数据的准确性和可重复性,而且结果要被国际、国内权威实验室及评审单位所接受。

限于篇幅的原因,本文没有全面介绍评价抗HIV药物的基本理论与实验技术,只是将最常用最基本的几项实验操作和注意事项给予较详细介绍。

体外抗HIV药物药效的评价一般包括体外无细胞系统和体外细胞系统两大部分。所谓无细胞系统是指对病毒的关键酶,如逆转录酶、蛋白酶、整合酶、核酸酶等酶活性抑制的研究及对HIV特异受体CD4、CCR5和CXCR4阻断的研究等。无细胞系统研究的最大优点是可在普通实验室内进行操作,而且可一次筛选较多的样品,但它的缺点是无细胞系统与细胞内的差异及细胞内及体内的差异会造成假阳性结果。此外,对某一个酶、某一个受体无效并不一定没有抗HIV活性的假阴性结果也时常发生。体外细胞系统研究包括的内容很多,如药物对HIV致细胞病变(CPE)的保护作用,药物抑制HIV感染细胞的融合(synthetia),药物抑制HIV核心抗原(HIV p24)的产生,药物减少HIV载量(HIV load)的能力及药物对HIV病毒滴度的影响等。其中药物对HIV致细胞病变的保护作用主要依靠人眼观察,具有较大的主观成分。药物对HIV感染细胞融合率的影响往往仅反映抑制病毒早期的复制,具有片面性。药物减少HIV载量能力的检测需要分子生物学技术,较为复杂。药物是否改变HIV病毒滴度需要培养分离病毒,较为费时。比较而言,检测药物使用后HIV p24的产生量具有简单和准确的优点。HIV p24是HIV gag 基因编码的主要壳蛋白，是 HIV 重要的结构蛋白。它的产量代表病毒毒粒的数量，也是病毒复制程度的标志。一个抗 HIV 药物，不管它靶向 HIV 复制的任何一期，都会引起 HIV p24 产量的变化，而且二者呈正相关关系。目前，检测 HIV p24 蛋白的方法有多种，如 Western Blot 等，但最常用的是用酶联免疫吸附实验（enzyme-linked immunosorbent assay，ELISA）法定量检测 HIV p24 的产量，并根据 HIV p24 的产生量确定药物抗 HIV 的活性。

15.2　实验部分

15.2.1　材料

15.2.1.1　细胞

人 T 淋巴细胞系，常用的包括 H9，CEM，C8166 等，可从美国 ATCC（The American Type Culture Collection，Rockville，MD，USA）购买。人外周血单核细胞（peripheral blood mononuclear cells，PBMC），从健康未感染 HIV 的志愿者采血，用 Ficoll-Hypaque 密度梯度离心方法分离 PBMC。U1 细胞系，从慢性 HIV 感染的人组织细胞淋巴瘤 U-937 克隆出的单核细胞系，它含有两个被整合的 HIV 原病毒（可从 ATCC 购买）。

15.2.1.2　病毒

HTLV-IIIB（人 T 淋巴细胞白血病病毒Ⅲ型 B，HIV 实验室株，美国国立癌症中心，Gallo 教授提供）；临床分离株：如 HIV-1 302076，HIV-1 302077，HIV-1 302143（从儿童 HIV 感染者分离的 HIV 原株，美国国立卫生研究院，NIH 提供）；HIV-1 302054，HIV-1 301714（从成人 HIV 感染者分离的 HIV 原株，美国国立卫生研究院，NIH 提供）。有时，也需要某些对已知抗 HIV 药物的敏感株与耐受株病毒，如 HIV-1 18(AZT 敏感株)，HIV-1 O18C（AZT 耐受株），Richman 教授提供。每个实验室可用自已分离的 HIV 株进行药物筛选实验。

15.2.1.3　药物

合成化合物，天然产物，中医药制品等。若药物溶于水，可将药物先用水溶解，继之用培养液稀释，保证 pH 值呈中性。若药物溶于二甲基亚砜（DMSO），应确保每培养孔中 DMSO 浓度一致，最多不能高于 0.5%(大于 0.5% 的 DMSO 可抑制细胞生长)。同时注意必须保证药物实验组与对照组的背景环境，特别是 pH 值一致。

15.2.2　评价药物抗 HIV-1 活性的方法

15.2.2.1　细胞

T 细胞系保持在 R-20（RPMI 1640，20%胎牛血清，100units/mL 青霉素，100μg/mL 链霉素，200 mmol/L L-谷氨酰胺）培养基内培养，每周换液两次，保持细胞对数生长和 95%以上的存活率。被分离出的 PBMC 用带有 5μg/mL PHA 的 R-3 培养基(RPMI 1640，20%胎牛血清，100 单位/mL 青霉素，100μg/mL 链霉素，200 m mol/L L-谷氨酰胺和 500 单位/mL 白细胞介素-2，IL-2）在 37℃，5% CO_2，95%湿度的孵箱内培养 48～72h，计数并悬浮在 R-3 培养基内备用。U1 细胞表达 HIV 的能力低，需用 5ng/mL 的肿瘤坏死因子(TNF-alpha)预先刺激培养 16h。用 PBS 洗 U1 细胞一次，然后悬浮 U1 细胞在 R-10 培养基内(RPMI 1640，10%胎牛血清，100units/mL 青霉素，100μg/mL 链霉素和 200mmol/L L-谷氨酰胺)。

15.2.2.2　病毒

所有的 HIV-1 病毒株应保存分装在液氮或－70℃的低温冰箱中。正式实验前，必须重新滴定它在所用细胞系统中的滴度，计算 50% 组织培养的感染剂量(tissue culture infectious dose，$TCID_{50}$)，确保病毒攻击量的准确适度。在 96 孔微量培养板内用检测 HIV-1 株在细胞培养液中 HIV-1p241 的产量来决定 TCID50 的具体实验设计，操作计算如下：在一个 96 孔平底微量培养板内标有 PBS 字样的孔中(见图 15.1)加入 200μL PBS 液体。将 HIV-1 原始悬液从 1∶8 始用培养液连续 4 倍稀释为 1∶32、1∶128、1∶512、1∶2048、1∶8192、1∶32768、1∶131072，然后在培养板 C、D 和 E 三行中的 2 到 9 排孔内分别加入 100μL 病毒稀释液，每个浓度 3 孔。将 100 μL 细胞悬液 (106/mL)依次加入含有病毒的所有 24 孔中，从 2 至 9 排的病毒最后的稀释度为4－1、4－2、4－3、4－4、4－5、4－6、4－7、4－8。在病毒感

	1	2	3	4	5	6	7	8	9	10	11	12
A	PBS	PBS	PBS	PBS	PBS	PBS	PBS	PBS	PBS	PBS	PBS	PBS
B	PBS	PBS	PBS	PBS	PBS	PBS	PBS	PBS	PBS	PBS	PBS	PBS
C	PBS	4－1	4－2	4－3	4－4	4－5	4－6	4－7	4－8	PBS	PBS	PBS
D	PBS	4－1	4－2	4－3	4－4	4－5	4－6	4－7	4－8	PBS	PBS	PBS
E	PBS	4－1	4－2	4－3	4－4	4－5	4－6	4－7	4－8	PBS	PBS	PBS
F	PBS	PBS	PBS	PBS	PBS	PBS	PBS	PBS	PBS	PBS	PBS	PBS
G	PBS	PBS	PBS	PBS	PBS	PBS	PBS	PBS	PBS	PBS	PBS	PBS
H	PBS	PBS	PBS	PBS	PBS	PBS	PBS	PBS	PBS	PBS	PBS	PBS

图 15.1　用 96 孔微量培养板检测 HIV-1 株在细胞培养液中产生 HIV-1 P24 的方法

染后第七天收获每孔无细胞上清液,用 ELISA 方法检测 HIV-1 p24 抗原产量。凡 HIV-1 p24 产高于 50 pg/mL 的孔记为阳性(+),低于 50pg/mL 记为阴性(-)。使用 Spearman-Karber 方法计算 TCID50/mL,公式为:TCID50/mL＝5×4[8＋(0.5 －1/3×阴性总孔数)]。

15.2.2.3 样品

建议在试管内将待试的样品以 1∶3 或 1∶4 连续稀释 7 次,浓度根据样品在不同溶剂内的溶解度及样品对细胞的毒性决定。第一管最高浓度可从毒性阴性剂量开始,第 8 管为培养液用于病毒对照使用。

15.2.2.4 实验设计

以 PBMC,HIV-1 O18A,黄芩苷 (BCL)系统为例。6×106 PHA-激活 48 h 的 PBMC 细胞悬液被 1500 RPM 离心,去除上清液。6000 TCID50 的 HIV-1018A/200μLR-3 培养基加入到上述 PBMC 中(1000 TCID50/106 PBMC)共同培养 2h。细胞用磷酸缓冲液 PBS 洗涤 2 次,随后 PBMC 用 R-3 培养基悬浮,此时,细胞浓度为 2×106/mL。抗 HIV-1 药物 BCL 被连续 7d 稀释,最高浓度为 1000 μg/mL,以下依次为 250、64、16、4、1、0.25 μg/mL。准备一个 96 孔平底细胞培养板,在中间三行 24 孔内各加入 100μL 上述 PBMC 细胞悬液,然后,BCL 从高到低浓度依次加入 3 孔,最后 3 孔加入同体积的 R-3 培养基作为对照。围绕这 24 孔的周遍各孔均加入 200μL PBS。将此 96 孔板置于 5%CO_2,37℃,95% 湿度的孵箱中培养。4 天后,从每孔收获 50μL 上清液,用于 HIV-1p24 抗原测定。

	1	2	3	4	5	6	7	8	9	10	11	12
A	PBS	PBS	PBS	PBS	PBS	PBS	PBS	PBS	PBS	PBS	PBS	PBS
B	PBS	PBS	PBS	PBS	PBS	PBS	PBS	PBS	PBS	PBS	PBS	PBS
C	PBS	PBS	1000	250	64	16	4	1	0.25	0	PBS	PBS
D	PBS	PBS	1000	250	64	16	4	1	0.25	0	PBS	PBS
E	PBS	PBS	1000	250	64	16	4	1	0.25	0	PBS	PBS
F	PBS	PBS	PBS	PBS	PBS	PBS	PBS	PBS	PBS	PBS	PBS	PBS
G	PBS	PBS	PBS	PBS	PBS	PBS	PBS	PBS	PBS	PBS	PBS	PBS
H	PBS	PBS	PBS	PBS	PBS	PBS	PBS	PBS	PBS	PBS	PBS	PBS

在作药物抗病毒活性的实验同时,可一并检测药物的毒性。检测药物毒性的设计与检测药物抗 HIV-1 活性的设计相似,只不过不用 HIV-1 O18 感染 PBMC 而已。在病毒细胞共同培养 4 天后,检测 H-3 掺入 PBMC 的能力,用以确定药物的毒性。

15.2.2.5 HIV-1 p24 检测

检测 HIV-1 p24 抗原的酶免疫测定(EIA)试剂盒有多家产品,如 Coulter (Miami, Florida, USA),NEN (Boston Massachusetts, USA)等。笔者个人认为 Coulter 公司的试剂盒尽管贵一些(每个 96 孔 kit 售价 250 美元),但操作简单省时,且配有洗板用的 Coulter 微板洗涤器和测量光密度值(OD)的 Coulter 微板读数器。所有操作可按说明书进行。若无微板洗涤器可手工洗涤。全程仅需要 3.5h。最后微板读数器在 450~570 波长范围内读出 OD 值,并换算成 HIV-1 pg/mL 和给出每个浓度三孔平均值。

15.2.2.6 药物 BCL 对细胞毒性的检测

体外药物对细胞毒性作用的检测方法有多种,如用 Trypan Blue 染色后计数死活细胞的比率;根据 3H-TdR 掺入计数细胞增生状况及 MTT[3-(4,5-dimethylthiazol-2-yl)-2,5-diphenylterazolim bromide]比色方法。3H 掺入需要同位素,有一定局限性。比较而言,MTT 比色法没有太多的条件限制,又能一次评价较多的样品,可作为常规使用。具体实验程序可参看文献 (Pauwels et al. 1988)。笔者所在实验室使用同位素方便,且有 Packard Instrument Company 生产的微板收获装置(microplate harvester)和微板液闪计数器 (microplate scintillation counter),因而我们常规采用 3H 掺入确定药物对细胞的毒性。具体操作如下:在细胞和不同浓度的 BCL 共同培养 4d 后,将 50μL 稀释在培养液中的 3H-Thymidine (1 μCi) 加入其中每一孔,随后培养 6h。用 microplate harvester 收获并用 microplate scintillation counter 检测 CPM 值。

15.2.2.7 药物抑制 HIV-1 50%的浓度 (IC50),药物对细胞 50%毒性的浓度 (CC50) 和治疗指数 (therapeutic index, TI) 的计算

在得到 HIV-1p24、3H-TdR 掺入值之后,计算 IC_{50},CC50 及 TI 值势在必然。比如当 BCL 与 PBMC,HIV-1 O18A 共同培养 4d 后,HIV-1p24 抗原产量(三孔平均值) 如下:

BCL/(μg/mL)	1000	250	64	16	4	1	0.25	0.064	0
HIV-1p24/(ng/mL)	4.1	4.3	22.5	144.0	332.4	299.1	285.0	372.4	303.9

计算 IC_{50}的方法有几种,我们实验室采用"Calculation of Receptor KI and IC_{50} of Chou" 软件 (Dose-Effect Analysis with Microcomputers Copyright 1985, 1987. Joseph Chou and Ting-Chao Chou)。计算结果 BCL 的 IC_{50}为 17.2 μg/mL。若手头

无此软件,也可用下列方法进行计算。首先计算药物各个浓度的保证百分率(PP),公式如下:PP=(1－药物处理 HIV p24 值/病毒对照 HIV p24 值)×100%。根据这个公式,上述 BCL 各个浓度的 PP 分别为 98.7%,98.6%,92.6%,52.7%,0%,1.6%,6.3%,0%。在计算 IC_{50}之前,先明确几个概念:(1)HPP(highest PP):比 50%保证率高且最接近 50% 的保证率;(2)LPP(lowest PP):比 50%保证率低且最接近 50%的保证率;(3)稀释倍数 d (dilution factor)。计算 IC_{50}公式为 $\lg IC_{50}$=HPP 浓度－(HPP－50)/(HPP－LPP)×lg d. 具体到 BCL 这个药物,$\lg IC_{50}$=lg16－(52.7－50)/(52.7－0)×lg4=1.20－2.7/52.7×0.60=1.20－0.03=1.17,IC_{50}=14.8μg/mL。两个方法计算出的 IC_{50}值有一定的差距,笔者个人认为 Chou 的计算法更准确一些。当 BCL 和 PBMC 共同培养 4d 之后,3H 的三孔 CPM 平均值如下:

BCP-1/(μg/mL)	1000	250	64	16	4	1	0.25	0.064	0
3H′/(CPM 值)	1836	14856	10144	9742	14867	18135	17643	21341	17151

计算 CC_{50}的方法与计算 IC_{50}的方法相同。按照 Chou 软件的程序计算,BCL 对 PBMC 的 CC_{50}为 167。治疗指数 TI=CC50/IC_{50}。具体到此例,TI=167/17.2=9.7。TI 越大,表明药物抗 HIV-1 的效果越好。

15.2.3　评价两个药物抗 HIV-1 的协同活性的方法

HIV/AIDS 临床治疗实践已证明,使用一个药物会迅速造成病毒株的耐受性和药物对机体的毒性。因此,两个或两个以上的药物合并使用不仅能延缓药物耐受株的产生,而且因降低每一个药物的使用剂量也可使药物毒性减少。本文以 AZT 和一个中药提取物 DYD 的协同抗 HIV-1 O18A 研究为例加以说明。

15.2.3.1　准备细胞,病毒及药物(如上述)

15.2.3.2　实验设计

两个药物协同抗 HIV-1 的设计像一个棋盘,在一个 96 孔板中具体运作如图 15.2。

必须强调 AZT 与 DYD 应保持相同的稀释率,这里我们使用 1∶4 稀释度。此外,每孔应保持相同的 200μL 容积。在细胞病毒和药物共同培养 4 天后,收获细胞的上清液,用 EIA 方法确定 HIV-1 p24 产量。

（DYD μg/mL）

	1	2	3	4	5	6	7	8	9	10	11	12
A	PBS	PBS	PBS	PBS	PBS	PBS	PBS	PBS	PBS	PBS	PBS	PBS
B	PBS	PBS	0	0.32	1.25	5.0	20.0	80.0	PBS	PBS	PBS	PBS
C	PBS	0	X	PBS	PBS	PBS	PBS	PBS	PBS	PBS	PBS	PBS
D	PBS	0.005	PBS	X	PBS	PBS	PBS	PBS	PBS	PBS	PBS	PBS
E	PBS	0.02	PBS	PBS	X	PBS	PBS	PBS	PBS	PBS	PBS	PBS
F	PBS	0.08	PBS	PBS	PBS	X	PBS	PBS	PBS	PBS	PBS	PBS
G	PBS	0.32	PBS	PBS	PBS	PBS	X	PBS	PBS	PBS	PBS	PBS
H	PBS	1.28	PBS	PBS	PBS	PBS	PBS	X	PBS	PBS	PBS	PBS

（AZTnM）

图 15.2　两个药物协同抗 HIV-1 的活性检测

X：指出相对应浓度的 AZT 和 DYD 加入同一孔中

15.2.3.3　协同指数(combination index)的计算

在 AZT 和 DYD 这个例子中，HIV-1 p24 抗原产生量测定结果见表 15.1。

表 15.1　p24 抗原产生量的测定结果

	DYD	0	0.32	1.25	5	20	80	μg/mL
AZT	0		249.9	18.4	118.4	222.4	202.3	210.1
	0.005		181.0	189.2				
	0.02		204.9		161.5			
	0.08		161.7			118.4		
	0.32		60.3				16.9	
	1.28 nM		10.8					4.5

利用 Chou 的软件程序，计算出单独使用 AZT 的 IC_{50} 为 0.060 nmol/L，坡度(S)为 0.77818；单独使用 DYD 的 IC_{50} 为 10.2 μg/mL，坡度(S)为 0.88146；当 AZT 与 DYD 按上述比例合用时，IC_{50} 为 0.027，坡度(S)为 0.94898。有了上述结果，使用 Chou 和 Talalay 的"The multiple-drug analysis"软件系统计算联合治疗指数 CI 值（Chou et al.，The median-effect principle and the combination index for quantitation of synergism and antagonism，In：San Dieago：Academic Press，1991：61-102)。CI 值<0.9 时指示产生了协同作用；0.9<CI 值<1.1 指示产生了相加作用；CI 值>1.1 指示产生了拮抗作用。这里，AZT 与 DYD 合用的 CI 值只有

0.0097,这表明二者之间具有极强的协同抗 HIV-1 的作用。

综上所述,我们利用 EIA 方法能够对一个未知的药物样品(AB)做出如下的评价(见表 15.2)。

表 15.2 样品 AB 抗 HIV-1 活性的研究

	IC_{50}	CC_{50}	TI	CI
在细胞系和 HIV-1 实验室株	×	×	×	
在 PBMC 和 HIV-1 临床分离株				
对已知抗 HIV-1 药物敏感株	×	×	×	
对已知抗 HIV-1 药物耐受株	×	×	×	
在 HIV-1 整合的细胞	×	×	×	
与其他抗 HIV-1 药物的联合应用				×

使用 HIV-1 p24 抗原产量的检测法对一个药物作了上述研究后,根据结果,可以科学地判断这个药物是否具有抗 HIV-1 活性,并且可进一步开展体内实验研究。在此基础上,可用检测病毒学指标(HIV-1 的 $TCID_{50}$,HIV-1 核酸拷贝数)直接确证此药物抗 HIV-1 复制的活性。也可通过酶(逆转录酶,蛋白酶,整合酶等)抑制实验,对受体(CD4、CCR5、CXCR4 等)阻断实验以及融合抑制实验等探索该药的作用机制。这些内容不在本文范围之内,可参看"Antiviral Methods and Protocol"一书(Derek Kinchington, Raymond F. Schinazi, Human Press, 2000)。

由于 HIV 感染的特殊性,即严重损伤机体的免疫功能,一个药物如果既能有效地抑制 HIV 复制,又能恢复机体的免疫功能是最为理想的。中医药制品抗 HIV-1 复制的能力一般较合成化合物低,但优势在于往往有调节免疫功能的作用。因此,评价一个中药制品抑制 HIV 复制活性的同时,评价它对免疫功能的影响也非常有意义。研究结果表明,抗 HIV-1 抗体并不能有效地阻止 HIV 感染,中和抗体对 HIV-1 的迅速变异无可奈何,有些融合抗体甚至会加速 HIV 的进入与传播。细胞因子的作用更为复杂,如白细胞介素 2、12 以及干扰素等抑制病毒复制,但白细胞介素 1、6 以及肿瘤坏死因子(TNF)却加速 HIV 复制。与体液免疫相比,实验与临床数据已证明细胞免疫在限制 HIV 复制上起着重要作用,特别是 HIV 特异的细胞毒 T 淋巴细胞(cytotoxic T lymphocyte, CTL)的作用最为关键。然而,体外直接检测药物对 CTL 活性的影响比较困难,因为 CTL 功能受组织相容性抗原(HLA)匹配的限制。笔者认为,检测药物影响 T 辅助细胞(T4)对非特异的抗原及 HIV-1 特异抗原的反应最合宜。这不仅仅是其检测方法简单,无 HLA 相容限制,更重要的是 HIV-1 主要破坏 T4 细胞,若一个药物能恢复 T4 细胞功能,无疑有利机体对 HIV 感染的抵抗。此外,CTL 的效应受 T4 细胞的辅助,一个药物增加 T4 功能,将间接提高 CTL 抗 HIV 能力。

15.2.4　淋巴细胞增生测定

15.2.4.1　材料

15.2.4.1.1　细胞

人外周血单核细胞(PBMC),从健康无 HIV-1 感染的人或从 HIV-1 已感染的病人外周血用聚蔗糖-泛影葡胺(Ficoll-Hypaque)密度梯度离心法分离得到。培养基使用 RPMI-10%,包括 RPMI,100 unites/mL 青霉素,100μg/mL 链霉素,10%热灭活的人 AB 血清(Gemini Bio-Products, Woodland, CA USA),10mmol/L HEPES buffer 和 L-glutamine 200 mmol/L。

15.2.4.1.2　抗原

非特异性的抗原:植物凝集素(phytohemagglutinin, PHA),美洲商陆有丝分裂原(pokeweed, PWM),刀豆球蛋白(concanavalin, ConA),抗 CD3 抗体。HIV-1 特异的抗原:HIV-1 gp 160、HIV-gp120、HIV-1p24、HIV-nef 等。所有的抗原都稀释在 RPMI-10% 培养基中。

15.2.4.1.3　药物样品

溶在 RPMI-10% 培养基中。

15.2.4.1.4　Tritiated thymidine (3H-TdR)

NEN Life Science Products, Inc (BostonMA, USA)。

15.2.4.2　测定流程

获得肝素化全血,分离 PBMC,PBMC 加入到 96 孔板中,样品加入到相应孔中,加入各类抗原,将 3H-TR 加入各个孔,收获并计数,分析数据并计算 SI (stimulation index)值。

15.2.4.3　操作步骤

以一个中药样品 Z 和 PHA 抗原为例。

(1)准备一个圆底 96 孔微量培养板,按照如下的设计将 100 μL PBMC (100 000 cells),50 μL 不同浓度的 PHA 和 50μL 不同浓度的中药样品 Z 加入相应的孔中。

	1,2	3,4	5,6	7,8	9,10	11,12
A	PBS	PBS	PBS	PBS	PBS	PBS
B	PBS	100,000 PBMC PHA 5μg/mL	100,000 PBMC PHA 5μg/mL Z 200μg/mL	100,000 PBMC PHA 5μg/mL Z 40 μg/mL	100,000 PBM C PHA 5μg/mL Z 8μg/mL	PBS
C	PBS	100,000 PBMC PHA 1μg/mL	100,000 PBMC PHA 1μg/mL Z 200 μg/mL	100,000 PBMC PHA 1μg/mL Z 40 μg/mL	100,000 PBMC PHA 1 μg/mL Z 8 μg/mL	PBS
D	PBS	100,000 PBMC PHA 0.2 μg/mL	100,000 μg/mL PHA 0.2 μg/mL Z 200 μg/mL	100,000 PBMC PHA 0.2 μg/mL Z 200 μg/mL	100,000 μg/mL PHA 0.2 μg/mL Z 200 μg/mL	PBS
E	PBS	100,000 PBMC only	100,000 PBMC Z 200 μg/mL	100,000 PBMC Z 40 μg/mL	100,000 PBMC Z 8 μg/mL	PBS
F	PBS	PBS	PBS	PBS	PBS	PBS
G	PBS	PBS	PBS	PBS	PBS	PBS
H	PBS	PBS	PBS	PBS	PBS	PBS

微孔培养板被放在37℃,5% CO_2和95%湿度的培养箱中培养6天,之后,每孔加入25 μL (1 μCi)3H-TdR,孵化6 h。用 microplate harvester 收获并随后用 microplate counter 计数 CPM 值。

(2)SI 值计算。a.实际的 CPM 值＝实际组平均 CPM 值－对照组(仅有 PBMC 的孔)CPM 值。b. SI＝(实验组实际的 CPM/对照组 CPM 值)。在 PBMC, PHA,中药 Z 这个研究实验中,平均 CPM 值如下:

	1,2	3,4	5,6	7,8	9,10	11,12
A	0	0	0	0	0	0
B	15324	59623	39760	21491	0	0
C	9870	43701	28692	17634	0	0
D	3953	29674	18763	10942	0	0
E	854	927	809	776	0	0
F	0	0	0	0	0	0
G	0	0	0	0	0	0
H	0	0	0	0	0	0

根据上述计算 SI 方法，相应的 SI 值如下：

	1,2	3,4	5,6	7,8	9,10	11,12
A	—	—	—	—	—	—
B	16.9	68.8	45.5	24.1	—	—
C	10.6	50.1	32.6	19.6	—	—
D	3.6	33.7	20.8	11.8	—	—
E	0	0.09	0	0	—	—
F	—	—	—	—	—	—
G	—	—	—	—	—	—
H	—	—	—	—	—	—

(3)结论：中药 Z 本身并不影响 PBMC 的增生，但它明显提高 PBMC 对 PHA 的增生的反应。

如果具备 P-2^{+} 实验室和能采到 HIV-1 感染病人的血液，最好分离病人 PBMC，随后用非特异性抗原或 HIV-1 特异性抗原刺激 PBMC 并检测药物对其影响。HIV-1 感染的病人免疫抑制，T4 细胞数目及功能均低于正常水平之下。如果实验结果证实一个中药制品能提高 SI 值，表示这个药物能使被病毒破坏的免疫反应重建，这显然利于病人临床症状的改善。此外，如果具备条件，直接检测一个药物对 HIV-1 特异的 CTL 活性影响是非常诱人的。我们实验室开展了这方面的研究，主要的难度在于需首先检测细胞的 HLA 类型，克隆 CTL 细胞又需要一些特殊的试剂及较长的时间，具体可参看“HIV Protocol”（Nelson Michael and Jerome H. Kim, Human Press, 1999）。

（张兴权）

作者简介

张兴权 博士。毕业于中国协和医科大学(1970 年)及其研究生院(1981 年)。1984～1986 年，以 WHO Fellow 身份于美国匹兹堡大学进修；1989～1990 年为美国哈佛大学高级访问学者；1990 年至今在美国科州医学中心工作，担任 Research Associate Professor，同时被聘为中国医学科学院医药生物技术研究所客座教授，主要从事抗病毒，特别是抗 HIV 化疗及免疫药物研究，是美国 AIDS 药物临床实验治疗组成员。发表论文 50 余篇，有两本关于 HIV/AIDS 专著。

第十六章　新药发现和筛选的药靶选择

21世纪是生命科学大发展的时代。以信息技术和遗传工程技术为代表的新技术革命正在席卷全球。随着人类和其他种属基因组序列测定的完成,生命科学研究领域进入所谓“后基因组”时代。信息技术与生物科学新技术的充分融合正在导致新药研发领域发生革命性的变化。一个代表性的改变是新药研发将从以前的功能到基因模式转变为基因到功能模式。随着功能基因组学、功能蛋白质组学、生物信息学的出现和发展,成千上万由基因组研究发现的基因以及它们的产物蛋白质分子功能将很快得以阐明,这将为新药发现和发展提供数以千计的潜在药靶。发现和确认具有重要病理生理功能的生物分子作为新药研发的药靶已经成为新药研发项目成功与否的关键。另一方面,过去二十年生命科学各领域的研究进展神速,对细胞、组织和系统复杂的基本生命活动有了更深入的了解。这些研究不但使人们对疾病的发生和发展机制有了更透彻的认识,而且为新药研发指出了方向,提供了机会。新药发现和发展正在进入它的黄金岁月。与本书其他章节从化学角度考虑和讨论新药研发不同,本章试图从生物医学的角度着重讨论如何寻找、发现和选择供新药发现和筛选的药靶。

16.1　新药发现和筛选的一般特点[1~11]

16.1.1　现代制药工业的特点

现代制药工业具有周期长、高投入、高风险和高回报的特点。即使在欧美等发达国家,研究、开发新药也被认为是高风险的赌博。每年,全球的跨国药物公司投入了成百亿的美元以寻找、研究、开发新的和更好的药物。以美国为例,从临床前期研究到最终获得联邦食品药品管理局(FDA)的批准,成功开发一个新药的代价是:平均耗时13年;平均耗资约3.5亿美元;需要筛选5000～10000个多样性化合物(1/5000～1/10000的成功率!)(图16.1)。据统计,即使在最终开发成功、获准进入市场的药物里面,有近50%的药物其销售产值仍然不能偿还巨大的研发经费。然而,丰厚的回报是使新药研发这一既耗时又耗资的马拉松式的工作得以坚持下来的主要动力。一个开发成功的新药其年产值平均可达1～10亿美元并可在专利权保护下维持12～14年。同时,一个新药的成功开发会产生极大的社会效益。因此正是这种周期长、高投入、高风险和高回报的特点导致研究和开发新药几

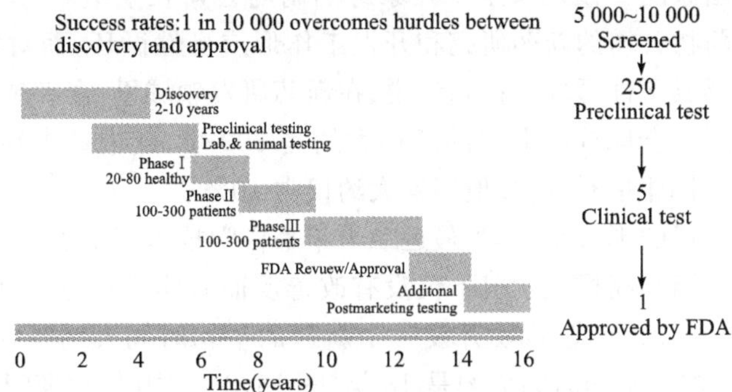

图 16.1　新药研究发展的时间过程和成功率

新药研发不仅是一漫长的过程，而且从发现具有潜在药物作用的化合物到批准进入市场的药物只有 1/5000～1/10000 的成功率

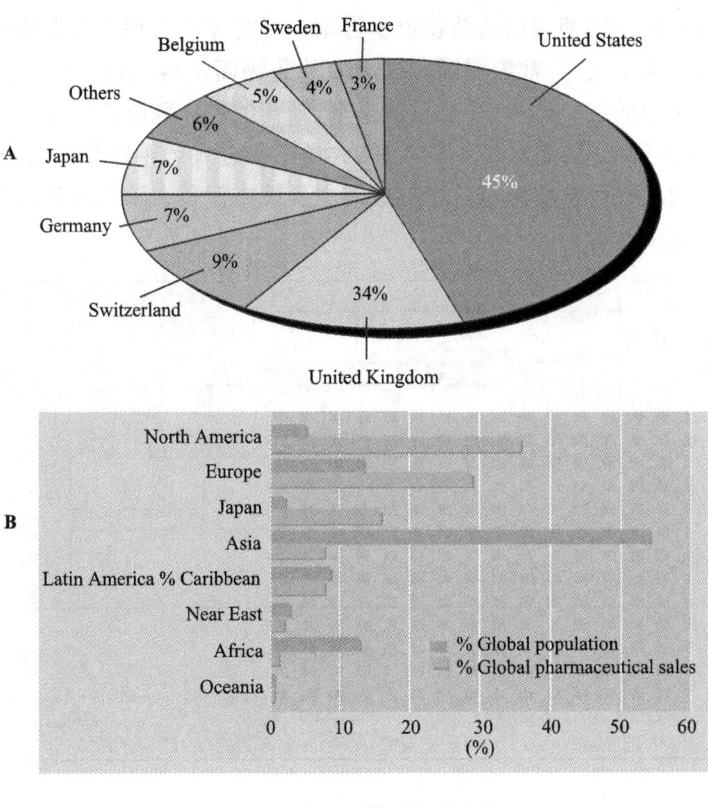

图 16.2　A. 全球药物份额

B. 全球人口和药物销售的关系

资料来源：PhRMA Industry Profile，1999

乎被欧美富裕国家的少数几家至十几家跨国制药公司长期垄断(图 16.2)。这个特点也使跨国药物公司的新药研究和开发工作形成良性循环,而对发展中国家制药工业而言则形成恶性循环。换句话说,在新药研发领域里,富者越富,穷者越穷。据统计,过去十年,全球首次上市的新药大约是 300 个,其中日本约占 10%,美国占 45%,欧共体十国占 35%,其他国家大约仅占 10%。

一个值得注意的现象是,尽管最近二十年来科学技术获得了空前巨大的进步,新药研发的长周期和高投入状况不仅没有改善反而有明显地延长和增加的趋势。例如,20 世纪 60～70 年代,成功开发一个新药的平均时间大约是 9 年,但是到了 1990～1998 年,这个平均时间大约是 13 年(图 16.3)!同时,这期间所需要的资金投入也比以前大大地增加了。从图 16.3 还可以看出,新药开发四期中最明显延长的时间是临床研究阶段以及临床前研究阶段。这是因为药物研发过程越来越复杂,政府对药物研发的管理越来越严格。而越来越多需要药物治疗的疾病是慢性病,例如高血压,糖尿病,肥胖症,神经精神疾病等,常常需要长期用药。这一类药物必须具有比那些短期服用的药物更少毒副作用时才能为病人长期耐受。加上这一类病人多是老年人,常常需要同时服用多种药物而使得药物－药物相互作用引起的临床副作用增加。显然,在可见的未来,新药的临床和临床前研究时间和花费并没有降低的可能。随着经济不断发展,人类正在进入老年社会,对新药的需求也越来越高。现代制药工业应付这个挑战的主要策略就是在单位时间里争取找到并成功开发出更多的新药。

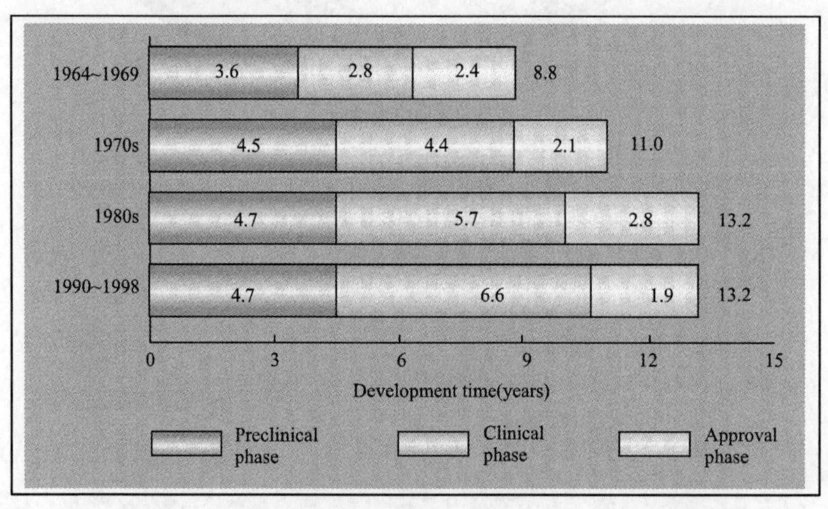

图 16.3　新药研究发展的周期没有随技术进步而明显缩短

16.1.2 新药的来源和研发过程

对大量含潜在药物的有机或无机化学物质进行随机或定向筛选一直、并且将继续是寻找新药的主要方式。但是,随着基于分子机理或基于生物功能新药研发模式的出现,已经将生物信息学、基因组学数据库、分子细胞生物学和传统的生物化学、药理学以及药物化学等学科有机地整合在一起,使得对可以成为药物物质的认识被大大扩充,因此药物的来源大大地增加。目前,新药通常可以自下述物质获得:

(1) 天然产物的提取物,包括植物(例如中草药),动物和海洋生物的提取物。数目巨大的各种天然产物及其提取物,正在日益变成新药开发的重要资源而获得人们的重视。但是要将这些成分极其复杂的天然产物提取物最终开发成临床上有治疗作用的新药,其研发过程既耗时又耗资。从天然产物的提取物中寻找新药的主要问题之一是随着提取物中有效成分的纯度增加,不是提取物原有的生物学活性逐渐丧失,就是毒副作用增大到不可忍受的程度。这也是为什么长期的中草药研发工作没有获得显著成果的重要原因。

(2) 遗传工程和蛋白质工程的产物,包括改造过的脱氧核糖核酸(DNA)和核糖核酸(RNA),治疗性单克隆抗体,治疗性免疫疫苗等。遗传工程和蛋白质工程的产物无疑是目前新药开发的热点,据统计,美国正式投放市场的生物工程药物已经达到一百多种,进入临床试验的有五百多种。我国生物技术的研究开发起步较晚,但跟踪仿制发展迅速。经过十多年的努力,在基础设备,尤其是在小试、中试方面缩小了与国外的差距,目前已有十多种基因工程药物和一种疫苗批准上市,已基本做到国外有的产品我国也已上市或正在研究开发中。需要指出的是,遗传工程和蛋白质工程的产物也需要经过新药研究发展的全过程才能最终成为临床用药进入药物市场。而开发遗传工程和蛋白质工程产物所需要的时间和所耗费的金钱至少不比开发其他来源的药物少。开发完成后的药物生产成本则远远超过其他来源的药物而导致药价昂贵。这类药物还有其他的问题,包括不能口服或口服不便,难以到达所需发挥作用的部位,作用时间短促等缺点。

(3) 化学合成产物。目前临床上使用的大部分药物是化学合成的小分子物质,并且在可见的未来仍将是新药的最主要来源。但是,几乎绝大多数已经合成的小分子化合物资源被各个跨国制药公司所垄断(以专利保护的形式)。这是因为一些大制药公司收集并建立了大量各种结构的化学合成化合物化学库(chemical library),如美国墨克(Merck)公司的化学库包含 60～65 万个化合物,Glaxo Wellcome 公司的化学库有 20 多万个化合物。这些化学库中的化合物是各种新药筛选项目的首要化合物来源。这些化合物绝大部分为小分子,可能筛选出具有潜在治疗价值的化合物。此外，从初筛开始，化学库中化合物的结构与活性关系清楚，可以进行大量类似物的合成与筛选。所幸经由新技术（例如本书所述的组合化学）合成的数量无限的新化合物尚未被这些跨国药物公司所垄断。

新药研发过程通常可以分为新药发现和发展两个阶段。这两个阶段常常相互重叠并无明显界限。但是一般可以把新药发现阶段看作是临床前研究阶段而新药发展阶段可以看作是临床Ⅰ～Ⅳ期试验阶段（图 16.3）。新药发现阶段的首要任务是辨认并确定正确的药靶。传统上这个任务常常是不自觉或被动进行的。许多药物的药靶是由于多年的临床经验或临床观察的结果。还有一些药靶是由于先获得了有效治疗药物然后对其进行药理机制研究时才被发现的。因此，现代制药工业的发展形式主要是由化学所推动，然后经过药理学和临床科学实践所指引的过程。可以预见，这种新药研发模式还会继续存在和发展。但是主动地、有目的地利用现代生物医学研究结果和用由此发展出来的技术去寻找正确的药靶将成为今后新药研发过程中的主要方式。

在获得并确认正确的药靶之后，根据药靶的生物学和生化学特点，同时考虑作为潜在配基的结构特点就可以开始设计新化合物。目的是要找到有苗头的先导化合物并对其优化。典型的过程是首先对大量的化合物进行随机筛选，这些化合物主要来自各个制药公司的化学库、各种天然产物的提取物和遗传工程或蛋白质工程的产物，从中发现先导化合物（lead compound）。所谓的先导化合物就是那些被受体结合实验或其他筛选实验证明与药靶如细胞膜受体或酶具有某种程度亲和力或具有某种生物活性的化合物。一旦发现有苗头的先导化合物，将再由药物化学家进行化学修饰（化学结构的细小修改）。对化学修饰后的先导化合物进行再筛选。经过多次地如此反复（一般估计每一个化合物需耗时二星期和耗资 7500 美元），直到最初的先导化合物结构被修饰达到具有所期待的药理学性质、或更强的药效、或更高的选择性、或较低的毒副作用和更大的生物利用度等。虽然目前临床上使用的许多重要药物是由这种方式所获得，但是它们已经被证明是一种耗时和耗资，因而效益低下的方法。更重要的一点是由于各种化学资源，特别是药物公司的化学资源库已经被反复高强度地筛选而变得日益枯竭。因此为了增加发现新药的机会，降低新药开发成本，最简单和最直接的事情就是在单位时间内设法找到更多的多样性新化合物。

16.1.3 新技术和新方法可能改变新药的来源和研发方式

在巨大的经济利益和日益增加的健康需求的双重压力驱使下，最近十年以来大量的新技术不断涌现并应用到新药研发领域。例如，一种有可能极大地改变上述新药研发方式的新技术——组合化学和与之相适应的筛选方法，高通量筛选

(high throughput screening),已经被引入新药研发领域。组合化学的全面目标是以更便宜的方法生产大量的新化合物分子并对其进行高速度、自动化、大批量筛选。组合化学的潜力是巨大的:典型的评估数字大致是每个化学家每月可合成3300个化合物,每个化合物的成本是12美元。组合化学的巨大潜力可以从以下的事实窥见一斑:通过组合化学合成的新化合物分子已经超过了历史上所合成过的全部化合物分子总和,而组合化学才诞生不过十余年。所以,几乎所有主要的跨国药物公司都已投入了巨大的人力和物力来发展和应用这种新技术;另一方面组合化学的出现已经导致了很多新的药物公司的诞生。

在新药开发过程中,除了需要有足够的化合物供筛选外,合成什么化合物分子来进行筛选也是困难和具挑战性的工作。如上所述,10000个普通的化合物分子中仅仅一到两个化合物可能被最终开发成为药物。最近的研究表明,某些类型的化合物具有从中找到新药的更大的潜力。例如,在几类由细菌,真菌和植物的生物合成系统产生的天然化学产品中,特别是多聚酯(polyketides)类天然化合物,其新药开发的成功率可达到百分之一,即筛选一百个化合物就可能发现一个新药。不过,这些天然化学产品也已经被反复地高强度地筛选而变得逐渐无金可淘。为应对此种挑战,人们在结合组合化学技术和遗传工程技术的基础上,创立了一门新技术:组合生物合成(combinatorial biosynthesis)。组合生物合成通过对天然产物生物合成通道酶蛋白的基因进行改造来生产天然产物的类似物(非天然产物)。由于可供改变的天然产物生物合成通道的酶蛋白基因位点是无限的,因此组合生物合成提供了一种有潜力能产生出无限数量的新化合物分子的新方法。此外,这种技术具有的最大特点是可以改变药物化学方法很难或不能改变的天然产物结构上的原子。可以预见,组合化学和组合生物合成结合高通量筛选技术将在未来的新药开发领域发挥极大的作用。

16.1.4　互补的方法是最“合理”的药物设计方法

合理设计药物是新药研发工作者和制药工业的长期梦想。狭义的合理设计药物指的是在对药靶分子三维结构了解的基础上,在电子计算机辅助下设计药物的一种方法。由于技术上的限制,这一类药物合理设计至今仍然只是一个目标而非现实。但是我们可以从更广义的意义上来理解合理设计药物:相对于上述的随机筛选找药的方式,合理设计药物就是在分析推理的基础上开发药物。换言之,就是在了解疾病过程的分子细胞生物学机制和病理生理过程的基础上有针对性地开发治疗该疾病的药物。最近二十年以来生物医学研究领域的巨大进步使人们对核酸和蛋白质一类生物大分子的结构和功能有了更深入的了解。的确,由于分子生物学研究的进展和向其他学科的渗透,特别是人类细胞基因组的逐步解码和调节机制的阐明,人们对生物系统的结构成分及功能,细胞膜受体信号传导通道和信号传导机制的了解,有了极大的增加。这些知识导致了对药物作用原理的深入了解,因此显著增加了合理药物设计的可能乃至新药开发的成功率。换言之,生物医学研究领域的巨大进展为许多疾病的药物治疗展示了巨大的前景;原来无药物治疗的疾病可能得到药物治疗,原来有药物但是治疗效果不理想的疾病可能得到更好的药物治疗。这些进展使人们有可能从生物学和医学的角度深入探讨合理设计化学药物的问题,从而增加新药开发的可能和成功率。目前有多种化学的和生物学的合理设计药物的方法。这些方法各有优缺点。经验已经显示,同时应用几个相互补充的方法,组合成所谓基于机制的药靶确定和新药发现也许是最“合理”的药物设计方法。

16.2 后基因组时代新药研发的特征和对策[12~19]

长期以来,新药研究发展过程是由药物化学和药理学所驱动。这种模式一般是首先仔细合成化合物,经由化合物再寻找合适的生物药靶。但是这种寻找新药的模式正在发生变化,即药物研究发展将主要由生物学研究结果来驱动。人类(和其他种属)基因组计划的实施和顺利完成正在使新药研发发生革命性的变化。高通量的基因测序已经确定了数以万乃至十万计的新基因序列。分子遗传学,功能基因组学,蛋白质组学和生物信息学的快速进展正在发现越来越多功能清楚的生物学分子。虽然这其中只有有限的基因及其产物(包括核糖核酸和蛋白质)可能被证明会成为与疾病发生和发展相关的分子药靶,但是这个数目也比现在全部的药靶之和还多好几倍。因此,后基因组时代新药研发的主题是以药靶作为起始点寻找与其相互作用的药物。在这一节,我们简要讨论后基因组时代新药研发的这一特征,了解为什么选择和确认新的分子药靶已经变得如此关键。在此基础上再进一步讨论药靶的分类,药靶选择的标准以及药靶的确认。

16.2.1 选择正确的药靶是新药研发过程中最关键的决定

在药物研发过程中,除了考虑怎样获得药物外,也需要考虑药物在人体内的作用对象——药物受体,因为药物在进入人体后必须同人体细胞表面或细胞内的各种药物受体结合,发生相互作用后才会改变细胞生物学反应,进而产生治疗作用。绝大多数的人体药物受体是蛋白质,它们包括各种细胞跨膜受体(G 蛋白偶合受体和多肽类生长因子受体)、细胞核受体和各种蛋白酶。此外有少量药物受体是核糖核酸,脱氧核糖核酸或多糖分子。这些药物受体就是所谓的药靶。有人分析计算了迄今为止所有临床药物总共针对的药靶不超过五百个,其中 45% 是 G 蛋白偶合受体，28％是各种蛋白酶。蛋白类激素和细胞活性因子各占 7％；5％是各种离子通道蛋白；细胞核受体和脱氧核糖核酸各占 2％(图 16.4)。2001 年发表的人类基因组序列草图估计整个人类基因组包含大约 34000～140000 个基因。按照上述传统药靶分类计算潜在的药靶将达到 6500 个左右，其中大约 2000 个是 G 蛋白偶合受体，1000 个离子通道蛋白，3500 个蛋白酶(其中大约 2000 个蛋白激酶)和大约 160 个细胞核受体(图 16.4)。目前，生物医学研究重点已经从发现新的脱氧核糖核酸序列，产生大量遗传信息的研究转到从大量的遗传信息发现和确定基因产物的结构和功能；再由那些具有显著生物学功能的基因及其产物中寻找哪一个或哪些能成为新药发现的新药靶。研究重点转移的结果是新的分子和生物化学药靶正在以指数的方式激增，几乎每周对已知疾病就有一种新的潜在的治疗方法被发现。显然，人类基因组学和蛋白质组学的进展为新药发现提供了巨大的机会和广阔的前景。由于有几千个蛋白质分子可以用作潜在的药靶，药靶的选择和确认已经成为并将继续是新药研发过程中最关键的部分。因此，后基因组时代新药发现领域

A

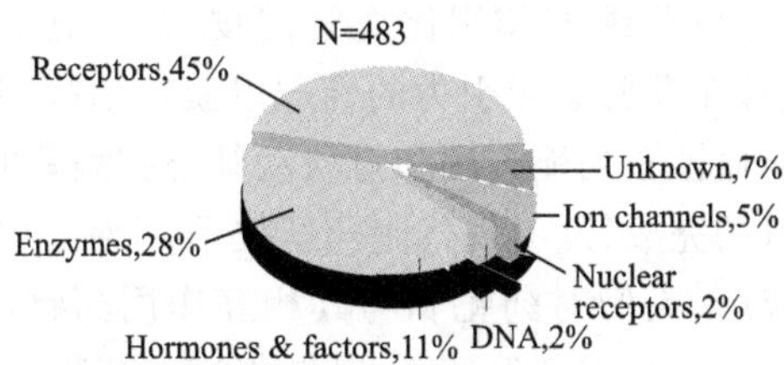

B

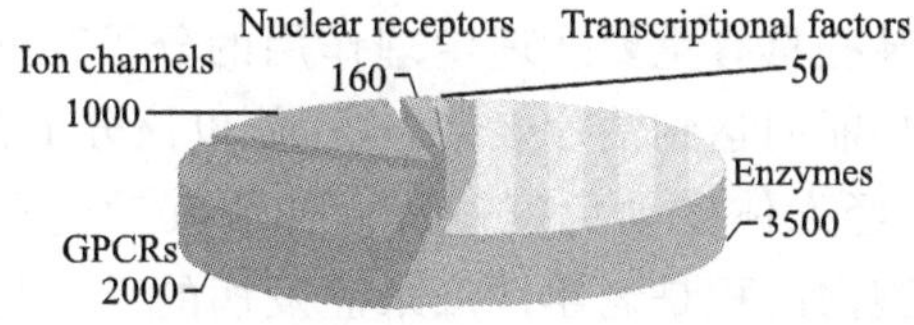

图 16.4　A. 现有药物的已知全部药靶不到五百个；
B. 人类基因组成功解码将成十倍增加新药研发药靶的数目

(图采自 Drews J，*Science*，2000)

的主要挑战之一是药靶太多。换言之,如何从数目巨大的潜在药靶中发现和确定正确的药靶是后基因时代新药研发的关键。

后基因组时代发现和确定新的药靶模式也发生了显著的变化。传统上为发现新药而寻找分子药靶一直是生物学驱动的。首先,与生理功能或疾病过程有关的酶或受体被分析并从动物组织中分离。经过纯化,并在放射配基结合检测或其他技术的监测下,最终克隆编码这些分子药物靶的基因。随后这些基因在重组宿主内表达,证实预期的活性,并被用于高通量化合物筛选或合理药物设计。这一过程被称为从"功能到基因"的新药筛选过程。此过程耗时、费力且效率低下。但是,这种模式的优点是常常能获得生物学或生理学功能非常清楚的靶点。高通量基因测序的发明可以快速辨认成千上万但是大多数功能不明的基因。因此,从事新药发现的科学家面临的重大挑战是从这些功能不明的基因中发现潜在的治疗性药靶。这个新药发现的模式已经从原来的"从功能到基因"过程转变成"从基因到功能筛选"的过程。虽然这一模式的实际应用才刚刚开始,但许多成功的例子已经开始出现。特别是在所谓蛋白质(包括多肽和治疗性单克隆抗体)治疗领域。例如,利用新模式已经为孤独性 G 蛋白偶合受体 GPR-14 发现和确定了与其对应的同族配基神经多肽 urotensin Ⅱ。Urotensin Ⅱ是到现在为止发现的最强大的神经性血管收缩活性物质,其对血管收缩的作用比血管内皮素-1 还强十倍以上。因此,GPR-14/urotensin Ⅱ应该是非常有吸引力的药靶以获得治疗与血管收缩异常有关的疾病,包括高血压,充血性心功能衰竭和冠状动脉心脏病等的药物。

基因组学项目的完成,加上现代制药新技术,生物工程技术和生物信息技术的迅速发展和广泛应用,人们对药靶和与其相互作用药物的认识也呈现出多样性。即使以同一药靶作为起始点开发新药,其获得潜在药物的途径、方法和手段已经比以往任何时候都多。许多分子靶既可以被选择作为小分子化合物的药靶,也可以被选择作为多肽、蛋白质、核糖核酸、脱氧核糖核酸的药靶。例如,细胞膜生长因子既可以作为发现和发展小分子化合物的药靶,通过抑制其酪氨酸蛋白磷酸化而获得潜在治疗效益,也可能成为发展治疗性抗体的药靶,通过受体-抗体的相互作用而获得治疗效益。某些具有重要病理生理作用的分子靶既可以作为药靶,为潜在药物直接抑制它的功能而达到治疗效果,也可能以该分子靶本身作为"药物",先在体内引起免疫反应,经人体主动免疫过程而抑制其功能再获得治疗效果。例如,Aβ-多肽在神经细胞内沉积是老年性痴呆症发病的重要病理改变(原因或结果),以 Aβ-多肽为药靶,发展小分子化合物以抑制 Aβ-多肽在脑神经细胞内堆积是治疗老年性痴呆的潜在治疗途径。同时,研究人员最近发现以 Aβ-多肽作为疫苗,主动免疫老年性痴呆的动物,能显著改善动物脑神经组织的淀粉样改变,降低神经细胞萎缩,明显改善动物的学习和记忆能力,为预防老年痴呆症提供了新的可能。前面已经提道,越来越多需要药物治疗的疾病是慢性病,例如肿瘤,高血压,糖尿病，肥胖症，神经精神疾病。近年研究提示这些疾病的一个显著特点是其发病和发展可能涉及好几个以上的基因产物(分子靶)，被称为多基因疾病(polygenic diseases)。因此，发现和发展治疗这些疾病的药物可以选择不同的分子靶作为药靶，针对不同的药靶再选择合适的新药研发策略。这为所谓基于分子机制的新药研发奠定了基础。

16.2.2　药靶的分类和选择药靶的标准

药靶是上述各种来源的天然或合成的化学物质进入人体后在组织、细胞和分子水平与之相互作用产生治疗作用的结构。传统的或者狭义的药靶可以根据其结构分成蛋白质，核糖核酸和脱氧核糖核酸，以及多糖和脂类等。蛋白质药靶包括各种细胞膜受体，细胞膜受体控制的离子通道蛋白，细胞核受体和各种蛋白酶(表16.1)。各种细胞膜受体或膜受体控制的或离子闸门控制的各种离子通道由于分布在细胞膜表面，药物不需进入细胞即能与之相互作用是最常被选择作为药靶的。各种在代谢通道中有重要作用的蛋白酶，细胞核受体，核糖核酸和脱氧核糖核酸分布在细胞浆或细胞核内，药物需要首先通过细胞膜和核膜才能与之相互作用产生药物效应。随着分子细胞生物学研究的深入，细胞生物学活动和生理功能与各种细胞内功能成分和结构成分之间的关系正在逐渐清晰。例如在细胞生物学功能调节过程中发挥了重要作用的各种细胞信号传导通道和网络正在日益清楚地呈现在我们面前。介导许多重要细胞功能，例如细胞生长，分化，增殖，凋亡和老化等的信号传导通道以及关键成分可能成为重要的药靶，为新药发现和发展提供巨大的潜在机会。这一类药靶可以被称为功能性药靶。相对应地，有许多潜在药靶或者是由于其分子结构改变，或者是与其他物质相互作用发生改变而影响细胞生物学或生理学功能，进而产生治疗效应，这一类药靶可以视为结构性药靶(表16.1)。

表16.1　药靶的不同分类例子

传统药靶分类	功能性药靶	结构性药靶
蛋白质药靶	基本细胞生命活动相关的药靶	蛋白质-蛋白质相互作用
细胞膜G蛋白偶合受体家族	调节细胞增殖的关键成分	蛋白质聚合
细胞膜离子通道蛋白家族	调节细胞凋亡的关键成分	蛋白质磷酸化和去磷酸化
细胞膜多肽类生长因子受体家族	调节细胞分化的关键成分	蛋白质/DNA相互作用
细胞活素受体	调节细胞老化的关键成分	蛋白质/RNA相互作用
各种蛋白酶	调节细胞周期的关键成分	各种RNA高级结构
细胞核受体	重要生理功能相关成分作为药靶	各种DNA高级结构
多糖类药靶	重要疾病或综合症相关成分药靶	DNA/RNA相互作用
脂类物质药靶	重要组织器官所含成分作为药靶	
RNA/DNA药靶		

如上所述，新药研发的过程通常可以分为新药发现和新药发展两个不同的阶段。为新药研发选择正确的药靶既是新药研发过程的起始步骤，也是新药研发中最关键的步骤之一，应该给予全面认真的考虑。下面所列几个问题以及对这些问题的解释可以作为新药研发时选择药靶的参考标准。

(1) 整个新药研发项目是否排除了想像成分？任何新药研发项目都是期望获得能预防或治疗某种疾病的有效药物。所谓想像成分指的是这种期望和满足这种期望的措施之间的落差。例如，我们现在几乎天天可以听到这样的说法："只要我们知道了某个基因的 DNA 序列就能发现新药"。但是，实际上至今没有人能证明这一说法。从发现基因到确定其病理生理功能，再到获得能与之相互作用的潜在药物，经过临床前和临床新药发展试验的不同阶段，直到最终被证明具有预防或治疗疾病的效应是一漫长的过程。除非我们知道并经过客观科学的方法确定该基因或基因的产物具有重要的生理和病理生理功能，改变它的功能会引起显著的生物学后果，否则，任何新药研发项目建立在上述不切实际的想像基础上都是极不明智的冲动而已。

(2) 是否有化学开始点？由于化合物仍然是最主要的药物来源，在选择药物靶的时候就要考虑是否存在能与药靶相互作用的"起始"化合物。例如，选择细胞膜或细胞核受体作为药靶的新药研发项目就比较容易获得优良的化学起始点。而各种激素、神经递质或生长因子等本身也可以作为化学起始点。除了考虑小分子化合物以外，制备相应的单克隆抗体或合成多肽类化合物也可能是化学起始点。当选择的药靶是细胞内功能性蛋白质时，由于蛋白质药物很难穿透细胞膜到达作用部位，发展单克隆抗体或多肽药物就是非明智之举。当核糖核酸或脱氧核糖核酸分子被考虑为药靶时，则可以利用其结构互补的特点，合成结构顺序对应互补的寡核苷酸单链，等等。

(3) 是否有相应的生物检测方法？有了化学开始点，就要考虑是否存在相应的检测方法对化合物与药靶的相互作用进行定性和定量的检测。同样，选择细胞膜或细胞核受体作为药靶时，激素、神经递质或生长因子等内源性化合物与受体相互作用所引起的生物化学和生理学变化提供了很好的检测系统。这一选择优点之一是它们常常能提供高选择特异性的检测系统和方法。比较理想的是某一相互作用系统同时有几种以上的检测方法可供选择。如果检测方法能对几种不同动物种属的药物/药靶相互作用进行检测，这些方法就更有价值。药物研发经验表明，如果被检测的化合物能获得与动物种属无关的活性，其结果常常能可靠的预测该化合物是否能在人体内产生作用。

(4) 能否在人体内证实由实验室确定潜在药物的特异性？一般来讲，从选择药物靶一开始时就应该考虑如何在人体内检测待研发药物与该药靶的相互作用。能否在人体内证明从实验室发现待研化合物的特异性作用是药物研发项目成败的关键内容之一。例如，在研发与中枢神经系统疾病有关的药物时，由于与受体相互作用的激素和神经递质等存在于大脑，很难甚至不可能在人体内证实由实验室发现的待研药物在中枢神经系统的特异性作用。但是存在于大脑的激素和神经递质等也常常存在于内脏器官内，因此待研药物对中枢神经系统的特异性作用可以在这些周边器官验证。

(5) 是否有与这种特异性相应的临床疾病或症状？在选择确定一个药靶之前应该设想研发出来与之相互作用的特异性药物是预防或治疗什么疾病。不应该让任何商业的判断或者社会的因素涉及这种纯专业问题。

16.2.3　药靶的检验和确认

在了解了什么是药靶和如何辨认药靶后，下一个关键的步骤是对所获得的药靶进行检验和确认，也就是说能够在不同系统和不同模型上证明潜在的药物与药靶发生特异性相互作用时会产生治疗效果。新药研发项目是投资很大、风险很高、时间很长的过程。能够在开发的早期确定药靶的有效性对新药研发项目的顺利进行具有关键的作用。在后基因组时代，药靶的确认对新药研发项目尤其重要。虽然已经克隆了数以千计、甚至数以万计的具有潜在生理和病理生理功能的基因，但是它们的生物学功能和可能的病理生理作用仍然不清楚。因此，哪些基因或基因产物蛋白质具有关键的生理或病理生理功能，它们受到药物作用时可以改变其功能，进而会产生什么样的临床效果等等都需要经过严格而仔细的论证和检验。只有那些经过检验而被确认具有重要的病理生理作用，在与潜在的药物发生相互作用后会产生显著治疗效果的细胞分子(或者细胞或组织成分)，才能成为新药研发项目有用的靶点。幸运的是，近年来生命科学领域的巨大进展和新技术、新方法呈现爆炸式的增长为从多角度、多层次和高效率地检验和确认药靶的有效性提供了可能。

以任何生物分子为药靶的新药研发项目都是一个与时间相关的动态过程。因此，对药靶的检验确认可以在新药研发的不同阶段进行，而在不同阶段进行的药靶检验确认涉及了不同的技术和方法。传统的新药研发当然也涉及药靶的检验和确认，只是这种检验和确认的过程常常是非主动进行的，涉及的技术和方法也相对简单明了。后基因组时代对药靶的检验和确认过程是主动和积极的，常常从新药研发项目的一开始即发生。更重要的是，新发现大量潜在的药靶远比以前任何时候的药靶确认更困难，作用更复杂，临床效果更加不确定。因此，传统（或者经典）的药靶检验确认技术和方法在后基因组时代的药靶基因确认过程中仍然发挥了关键的作用。实际上，使用在药靶检验确认过程中的各种后基因组时代的新技术和新方法是对传统技术和方法的补充和完善而非代替。表 16.2 按照新药研发的时间过程列出了药靶检验确认的不同阶段,以及有关的各种技术和方法。

表 16.2　药靶检验和确认的不同阶段以及相关技术方法

传统药靶确认方法	药靶确认的阶段	后基因组时代药靶确认
	基于疾病假设选择的药靶	人类遗传学和动物遗传学
生物化学		基因组系列数据库
		生物信息学
	与生理或病理生理相关的药靶	人类和动物组织库(banks)
		蛋白质组织定位(免疫组化)
		mRNA 组织定位(原位杂交)
		蛋白质组学
检测技术	基于疾病生物学机制相关的药靶	细胞生物学(过度或不表达靶分子)
		发育生物学
		生化药理学
		蛋白质-蛋白质相互作用数据库
药物化学	药物的临床效应在动物体内获得证明	新的疾病模型
		转基因动物和基因敲除动物
		抗体制备技术
		生物标记物
		毒理基因组学
药理学和毒理学	临床新药试验证明药物作用	单核苷酸变异多形性(polymorphisms)数据库
		疾病遗传学数据库
		基因型(genotyping)技术
		蛋白质组学

16.3　细胞膜G蛋白偶合受体作为药靶[20～30]

多细胞生物的各种细胞具有对外界环境改变作出反应的能力。同时这些不同的细胞之间也具有相互交流的能力。细胞膜跨膜受体是把细胞外信号传递到细胞内并引发细胞生物学反应的主要装置。最近二十年的研究证明,细胞辨认和接受各种信号分子的细胞膜受体,根据其结构特点,大致只有四到五大类。其中 G 蛋白偶合受体是最大的一类细胞跨膜受体。目前已经发现的人类 G 蛋白偶合受体至少超过 300 个,这还不包括感受不同气味的 G 蛋白偶合嗅觉受体。估计人类基因组有一个包含 2000～3000 个以上的 G 蛋白偶合受体成员的大家族(大约为基因组的 1%),其中 500～1000 个以上 G 蛋白偶合受体成员与感受气味的受体无关,可能成为寻找新药的潜在药靶。G 蛋白偶合受体家族的结构和功能呈现极大的多样性。G 蛋白偶合受体能辨认和传导的信号分子包括光、离子、气味、各种小分子如氨基酸、核苷酸、多肽和蛋白质等等。它们能调节酶的活性、离子通道的开关、物质进出细胞的转运等等。这些化学和物理信号引起什么细胞活动取决于介导这些信号的受体分布在哪些器官和系统的组织细胞。G 蛋白偶合受体介导的细胞生物学反应参与调节人体主要的生命活动,包括神经、血压和循环、消化吸收、生殖生长等功能。G 蛋白偶合受体介导的细胞生物学反应异常涉及许多危及人类健康疾病的发病学,像心脑血管疾病、肿瘤、代谢内分泌异常、消化吸收异常和炎症反应等。因此,长期以来,各种细胞膜 G 蛋白偶合受体一直是新药研发的重要靶标。临床上许多常用的药物是作为 G 蛋白偶合受体的配基而发挥作用的。它们或是 G 蛋白偶合受体的激动剂,或是 G 蛋白偶合受体的拮抗剂。据最近的药物工业分析报告指出,目前全球处方药市场中大约一半是以各种 G 蛋白偶合受体为药靶的药物。例如,以 27 个不同 G 蛋白偶合受体为药靶的 38 个上市出售的药物,1999 年全球营业额达到 230 亿美元。由于 G 蛋白质偶合受体配基(包括激动剂和拮抗剂)的化学易行性已经被证明,因此利用 G 蛋白偶合受体成员作为药靶开发新药的项目有较大的成功机会。可以预期,今后 G 蛋白偶合受体将仍然是新药设计和开发的最重要药靶。

16.3.1　作为药靶的 G 蛋白偶合受体家族的结构特点

比较不同 G 蛋白偶合受体的氨基酸序列就会发现,不同序列的各亚家族 G 蛋白偶合受体都包含一个共同的核心区域结构:七条跨膜双股螺旋链(7TM,TM Ⅰ-Ⅶ)。在细胞内侧面,7TM 经由三到四条长短不一的环形短链(i1,i2,i3 或 i4)相连,在细胞外侧面,则由三条环形短链与之相连(e1,e2,e3)。大多数 G 蛋白偶合受体的 e1 和 e2 各有一个半胱氨酸残基,它们之间形成了二巯键,对维持受体的 7TM 构象起到了重要的作用。此外,不同的 G 蛋白偶合受体其细胞外 N 端区域结构和细胞内 C 端区域结构呈现不同的氨基酸序列和长度,与这些受体各有不同的特异功能有关。研究已经证明,7TM 构象改变与受体激活有关。配基与受体结合使 7TM 由无活性的构象转变为活化的构象。而不同构象的改变是由 7TM 中的 TM-Ⅲ、TM-Ⅵ的 α-螺旋相对方向决定的。G 蛋白偶合受体核心区域结构的构象改变常常导致细胞内 i2 和 i3 环形短链的构象改变,这是 G 蛋白偶合受体辨认和激活 G 蛋白的关键位置(图 16.5)。

G 蛋白偶合受体大家族的氨基酸序列并没有相似性。根据氨基酸的序列的差别和结构特点,G 蛋白偶合受体可以被分成三大组类[31]。第一组包括大多数 G 蛋白偶合受体。这一组受体又可以再次分成 1A、1B 和 1C 三个亚组。1A 组包含的受体是可以与小分子配基相互作用,例如视网膜的感光受体、感受气味的嗅觉受体、肾上腺素能受体家族等等。配基的结合部位是在 7TM 的内部。1B 组的受体是与多肽配基相互作用。配基的结合部位是在 N 端,细胞外环形结构或 7TM 的上面。1C 组的受体是与糖蛋白激素配基相互作用。受体有一大的细胞外区域结构供配基作为结合部位。而且,配基也与细胞外环形结构 e1 和 e3 接触。第二组 G 蛋白偶合受体有与 1C 组受体相似的形态学,但是并没有氨基酸序列的同一性。它们的配基是高分子量激素如高血糖素。第三组 G 蛋白偶合受体包括谷氨酸受体、钙离子受体和 GABA-B 受体等。近年来一些新发现的 G 蛋白偶合受体具有与上述三大组受体不同的氨基酸序列和其他结构特点,它们已经被分为第四和第五组 G 蛋白偶合受体。

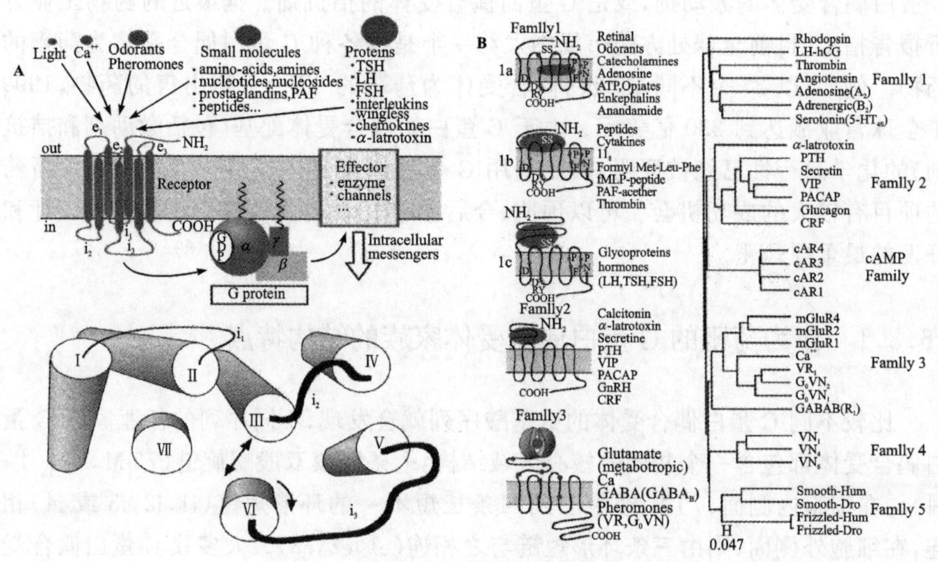

图 16.5 G 蛋白偶合受体结构模式图

(图采自 Bockaert etal, *EMBO J*, 1999)

16.3.2 G 蛋白偶合受体信号传递通道和分子药靶

由于具有重要的理论意义和极大的应用价值,G 蛋白偶合受体介导的细胞生物学反应和 G 蛋白偶合受体的信号传导机制是最近二十年生命科学的热门研究领域。图 16.6 显示了 G 蛋白偶合受体信号传导的一般过程。G 蛋白偶合受体的内源性激动剂(第一信使)包括激素、细胞/体液因子和神经递质。激动剂必须首先与受体结合,通过 Gs 蛋白激活腺苷酸环化酶,增加细胞内第二信使环一磷酸腺苷(cAMP)。环一磷酸腺苷激活蛋白激酶 A(PKA),蛋白激酶 A 能使细胞内许多蛋白质磷酸化,进一步引起相应的细胞生物学反应。另一方面,某些激素如儿茶酚胺、血管紧张素Ⅱ、内皮素-1、抗利尿素等,与相应受体结合后,通过 Gq 蛋白介导,可激活磷脂酶 C(PLC),进而将细胞膜内的磷脂酰肌醇(PIP_2)水解生成第二信使 IP_3 和 DG。当 IP_3 与内质网膜表面上的 IP_3 受体结合后使细胞内游离 Ca^{2+} 离子升高,Ca^{2+} 离子通过与钙调蛋白结合,然后再激活钙调蛋白依赖性蛋白激酶($PKCa^{2+}$ * CaM),进而磷酸化靶蛋白,引起一系列细胞反应。在这里,磷酸化的蛋白质或 Ca^{2+} 被称为第三信使。DG 是细胞在受到信号刺激后,肌醇磷脂水解的瞬间产物。DG 能激活蛋白激酶 C(PKC)。活化的蛋白激酶 C 可引起其底物蛋白磷酸化,引发各种细胞反应,包括细胞分泌、肌肉收缩、蛋白质合成及细胞生长等。由

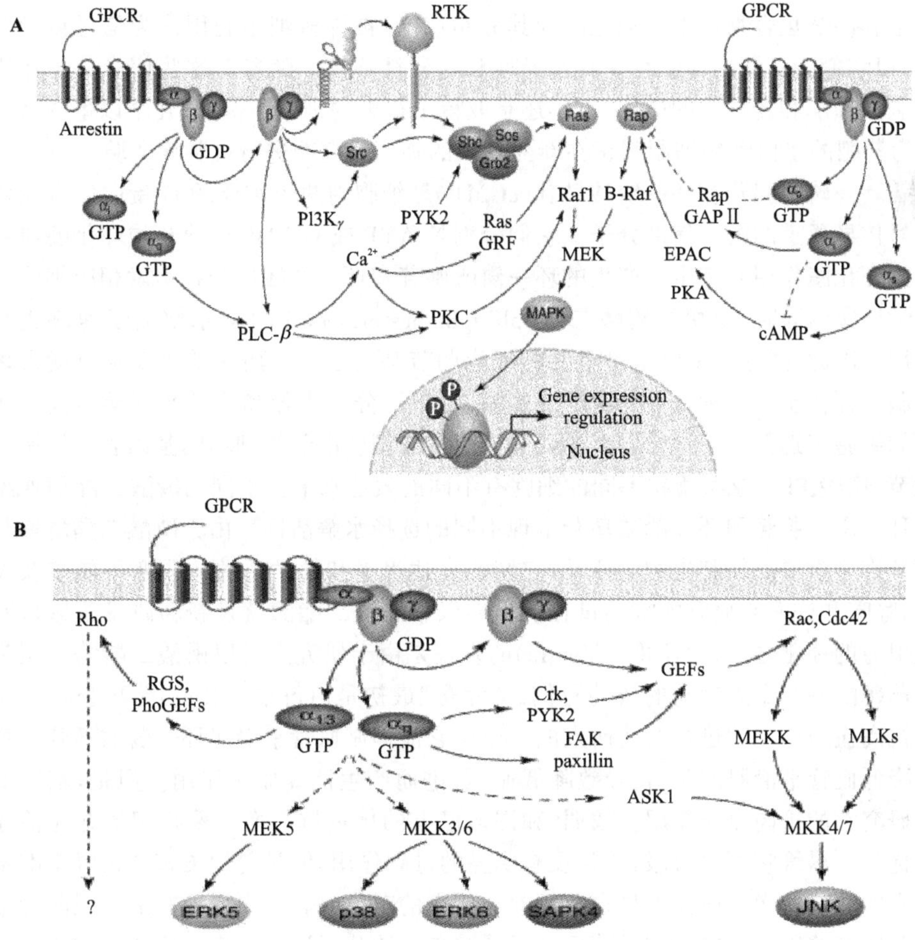

图 16.6　A. 传统的 G 蛋白偶合受体介导的信号传导通道;B. 新发现的 G 蛋白偶合受体介导的信号传导通道;生长因子受体介导的信号传导通道也可以被 G 蛋白偶合受体利用

(图采自 Marinissen etal, *TIPSs*, 2001)

细胞外不同的第一信使启动 G 蛋白偶合受体介导的细胞生物学反应时首先经过与膜受体的结合，然后增加细胞内的各种第二信使和/或第三信使最终完成细胞外到细胞内的信息传递。近十年的研究证明，许多原来认为只供多肽类生长因子受体传导信号的通道也可以被各种 G 蛋白偶合受体利用(图 16.6)，使 G 蛋白偶合受体信号传导的网络获得极大地扩充。这种不同受体信号传导通道之间的交叉联系不但使细胞调节更迅速有效，而且也使细胞调节精确而经济。从药靶的角度看，虽然许多重要 G 蛋白偶合受体的信号传导成分如腺苷酸环化酶、蛋白激酶 A、Ca^{2+} 活化的蛋白激酶和蛋白激酶 C 等被视为重要的药靶，但是由于它们存在于细胞内而不容易被化合物攻击。加之因为其分布广泛，被许多细胞利用作为信号传导分子，以它们为药靶的药物往往其选择性和特异性不高。随着对这些信号分子作用机制的理解和新技术的应用，近年还是取得了很大的进展。例如，几个以蛋白激酶 C 为药靶的蛋白激酶抑制剂正在新药发展的临床研究期进行抗肿瘤实验。

环一磷酸腺苷和环一磷酸鸟苷(cGMP)是细胞内两个重要的 G 蛋白偶合受体信号传导通道的第二信使分子。它们分别是 ATP 或 GTP 经由腺苷酸环化酶或鸟苷酸环化酶作用而产生。产生的环一磷酸腺苷和环一磷酸鸟苷在引发相应细胞生物学反应的同时，很快被磷酸二酯(phosphodiesterases, PDEs)水解而迅速终止其作用。因此，磷酸二酯酶也是重要的细胞调节基质之一。药理学研究很早就发现细胞内存在至少一种以上的磷酸二酯酶。以后，分子克隆和分子药理学研究证明不同细胞表达至少十一种以上的磷酸二酯酶亚型。由于受到不同基因表达机制的调节，这些 PDE 亚型酶在不同的细胞有不同的表达水平。不同的磷酸二酯酶亚型对环一磷酸腺苷和环一磷酸鸟苷呈现不同的选择水解活性。由于磷酸二酯酶参与调节许多重要的细胞生物学活动，它们的表达水平和酶学活性的改变可能涉及炎症、哮喘和许多心血管疾病的过程。长期以来磷酸二酯酶就是新药研发领域最有吸引力的药靶之一。“伟哥”(Viagra)的发现是由于研究人员以磷酸二酯酶亚型为新药靶的一个令人激动的成功范例。“伟哥”最初是由辉瑞(Pfizer)药物公司以口服抗高血压药立项进行新药研发的。由于它能抑制血管平滑肌环一磷酸鸟苷降解而降低血管平滑肌的张力，导致降低血压，进而产生抗高血压作用。但是，临床实验研究它的抗高血压作用比较弱，和许多已有的优良抗高血压药物相比并无治疗学优势。尽管它可以口服，并且没有明显的毒副作用，但是仍然被该公司置于准备放弃的境况。幸而研究人员在分析参与研究的对象(病人)中发现有部分服药者报告其原有的阳痿适应症在服药后获得了改善。该公司迅速改变了这个药的研发方向，最终得到了商业上获得极大成功的药物“伟哥”。现在知道，周围血管的平滑肌主要表达第Ⅱ和第Ⅲ型磷酸二酯酶(PDE2 和 PDE3)，而阴茎内的血管平滑肌主要表达第Ⅴ型磷酸二酯酶(PDE5)。“伟哥”是一相对选择性的第Ⅴ型磷酸二酯酶抑制剂，它能选择性抑制第Ⅴ型磷酸二酯酶增加细胞内环一磷酸鸟苷蓄积，导致阴茎血管平滑肌松弛,从而改善了阴茎的勃起功能。值得一提的是,这个药对血管平滑肌表达的第Ⅱ和第Ⅲ型磷酸二酯酶的抑制作用则成为该药的主要心血管副作用。它引起的散光副作用则与其抑制眼底表达的第Ⅵ型(PDE6)磷酸二酯酶有关。目前,抗阳痿疗效更高,副作用更少的第二代选择性磷酸二酯酶抑制剂已经在新药临床发展的后期。同时,作用于中枢多巴胺 D1 和 D2 受体的激动剂(例如 apomorphine)也已经被发现具有良好的抗阳痿效果。

16.3.3 细胞跨膜 G 蛋白偶合受体亚型为药靶

一个相对快捷辨识药靶的方法是从许多传统的药靶,例如各种细胞膜受体和酶获得新的药物筛选靶点。分子克隆使人们发现各种细胞膜受体和酶的结构不均一性远比以前的认识大得多。这些受体和酶并非以单一的受体或单一的酶存在,而是由几个结构上密切相关的亚型或同工酶组成家族的方式存在。每一个受体亚型或每一个同工酶都是潜在的药靶,介导更加特异性的药物作用。这一事实为发现选择性更高的新药提供了大量优良的潜在药靶。细胞膜 G 蛋白偶合受体大家族是利用蛋白质分子结构不均一性特点从传统药靶中寻找新药靶的一个好例子。

肾上腺素能受体是膜 G 蛋白偶合受体家族中的一个分支,它们介导体内应急激素和神经递质儿茶酚胺的生理作用,参与调节神经、血液循环、呼吸、消化代谢等重要的生命活动。以肾上腺素能受体为药靶筛选得到的药物是许多重要疾病包括高血压、心律失常、缺血性心脏病、充血性心力衰减、哮喘、良性前列腺肥厚等的临床治疗药物。在肾上腺素能受体被纯化和被分子克隆以前,这一族受体在药理学上已经被分成 α_1,α_2,β_1 和 β_2 四类。随着 20 世纪 80 年代中期 β 受体被克隆,至今已经发现人体细胞表达至少九种不同的肾上腺素能受体亚型,它们分别是三种 α_1 亚型(α_{1A},α_{1B},α_{1D}),三种 α_2 亚型(α_{2A},α_{2B},α_{2C})和三种 β 亚型(β_1,β_2,β_3)。发现存在九种不同的肾上腺素能受体亚型不但对理解这些受体精确的生理作用有重要的意义,而且为发展选择性更高的肾上腺素能受体拮抗剂提供了优良的靶点。以 α_1 肾上腺素能受体为例,由于其拮抗剂通过抑制 α_1 肾上腺素能受体使前列腺内平滑肌舒张而产生利尿作用,因此常用于治疗良性前列腺肥厚以缓解病人的症状。但是由于血管平滑肌的收缩也主要是由 α_1 肾上腺素能受体调节,因此 α_1 拮抗剂治疗时会引起低血压,心跳加快等副作用。药理学和分子生物学研究揭示存在至少三个 α_1 肾上腺素能受体亚型,同时发现前列腺内平滑肌主要表达 α_{1A},也表达少量 α_{1D},但是不表达 α_{1B}。与此相反,血管平滑肌主要表达 α_{1B}和少量 α_{1D},但是不表达 α_{1A}肾上腺素能受体亚型。因此以 α_{1A}为药靶设计高度选择性的拮抗剂将为良性前列腺肥厚病人提供副作用更少的治疗药物。几个这样的拮抗剂已经开始用于良性前列腺肥厚临床适应症的治疗。

分子克隆研究，特别是基因组序列测定证明不但人类细胞膜表达多种G蛋白偶合受体亚型是一种普遍现象，而且其他膜受体例如离子通道，生长因子受体和细胞核受体也存在多种受体亚型。这些受体在不同的组织或细胞内以不同的表达水平表达不同的受体亚型，它们的这些差异表达受到不同的基因或蛋白表达调节机制的控制。大量的研究工作证明受体亚型在不同组织或不同细胞的差异表达以及不同的调节机制是与这些组织或细胞对同样的外来刺激产生不同反应的重要原因，因此具有显著的病理生理学和治疗学意义。因而，结论是大量而且介导产生高度选择性药物作用的药靶可能会来自这些受体的不同亚型。表16.3列出了一些典型的G蛋白偶合受体、生长因子受体、离子通道、激素受体的原有亚型和最近受体亚型的分类。

表16.3 作为潜在药靶的G蛋白偶合受体，生长因子受体，离子通道和细胞核受体亚型

受体	原有亚型	新的亚型
腺苷受体	A1	A1, A2a, A2b, A3, A4
多巴胺受体	D1,D2	D1, D2, D3, D4, D5
乙酰胆碱M受体	M1, M2	M1, M2, M3, M4, M5
内皮素受体	ET	ET_A, ET_B
组胺受体	H1, H2	H1, H2, H3
5-羟色胺受体	5-HT	5-HT_{1A}, 5-HT_{1B}, 5-HT_{1C}, 5-HT_{1D}, 5-HT_{1F}, 5-HT_2, 5-HT_{2F}
前列腺素E2受体	EP1, EP2, EP3	EP1, EP2, EP3, EP4
神经生长受体酪氨酸激酶	神经生长因子受体	TrkA, TrkB, TrkC
$GABA_A$受体	GABA	$\alpha_1,\alpha_2,\alpha_3,\alpha_4,\alpha_5,\alpha_6$
雌激素受体	ERR	ERR1, ERR2

16.3.4 以偶联化的G蛋白偶合受体或受体亚型为药靶

受体激活是G蛋白偶合受体介导的细胞生物学反应的第一步。近年来，在试图从受体水平的结构功能改变研究受体的信号传导机制过程中，人们发现如同多肽类生长因子受体一样，两个G蛋白偶合受体分子之间发生配基引起的偶联甚至是三个或以上受体分子的多聚化也是一个相当常见的现象。已经证明两个受体单位的偶联对很多的生长因子、激素或神经递质引起的细胞生物学反应是不可缺少的步骤。受体偶联化是指受体在受到激动剂刺激后，两个受体单位以共价或者非共价的方式偶联结合在一起的现象。近年的工作表明G蛋白偶合受体的偶联化是细胞调节受体介导细胞生物学反应的重要方式之一。已经发现受体的偶联化参与调节许多G蛋白偶合受体介导的反应，例如阿片受体介导的神经细胞活动、血管紧张素 AT1 受体介导的血管平滑肌收缩等。近年发现细胞膜上常常存在好几种不同的受体,而同一种受体又有不同的亚型。有趣的是不但同一个 G 蛋白偶合受体亚型可以发生偶联(同一性偶联)结合,不同的受体之间或受体亚型也可以偶联结合在一起(杂合性偶联)再介导下游的细胞生物学反应。如果受体激动剂稳定偶联受体的构象,则受体抑制剂可能支持受体保持在单分子的状态,反之亦然。

如上所述,由于 G 蛋白偶合受体是临床现有大多数药物的主要药靶,G 蛋白偶合受体以配基活化引起的同一性或杂合性偶联方式介导激素、神经递质和其他信号分子的细胞生物学反应对新药发现和筛选具有重要的实际意义。现有的许多 G 蛋白偶合受体为药靶的激动剂或拮抗剂药物是以单体分子(monomeric molecule)形式与受体相互作用,产生治疗效果的。可以设想,如果通过化学合成方式把两个单体分子化合物相连,甚至可以把不同的单体化合物合成在一起,也许会获得比原有的药物治疗效果更好,毒副作用更小的新药。实际上,很久以来,药物化学家已经有意或无意使用共价偶联的方式,将现有的单体药物通过化学方法结合在一起来设计药物。例如,去甲肾上腺素(noradrenaline)是 α-和 β-肾上腺素能受体激动剂。当两个去甲肾上腺素分子被偶联合成为已烷双异丙基肾上腺素(哮平灵,hexo-prenaline)时,则成了选择性 β_2-肾上腺素能受体拮抗剂,后者已经作为支气管扩张药广泛用于临床。再例如,苯并二氢吡喃(chromanyl)衍生物是很弱的 β-肾上腺素能受体拮抗剂,但当两个单分子苯并二氢吡喃基衍生物被偶联合成为 nebivolol 后,成为选择性 β_1-肾上腺素能受体拮抗剂,作为抗高血压药物目前正在进行临床试验。偶联合成单体药物成二聚体药物除了可能形成新的药物以外,由此产生的二聚体药物其药理性能(例如药物强度和选择性)还可以得到显著改善。当研究人员把两个阿片受体激动剂四肽脑啡肽通过一个多甲基链连接形成新八肽(脑啡肽)时发现,这个新的二聚体药呈现对 δ 型阿片受体极高的选择性,而它的前体(单体)四肽脑啡肽则是 μ 型阿片受体的选择性激动剂。此外,虽然目前对 G 蛋白偶合受体偶联或多聚体的形成机制仍然不甚了解,但是研究人员认为,以选择性妨碍 G 蛋白偶合受体偶联化做药靶的化合物可能成为另一类调节 G 蛋白偶合受体功能的新药。

16.3.5 为孤立性 G 蛋白偶合受体寻找配基

迄今已经发现近 300 个左右 G 蛋白偶合受体的基因序列。其中 190 多个是已知的 G 蛋白偶合受体,它们被大约 70 个内源性生理配基活化。另外有 110 个 G 蛋白偶合受体,由于没有发现它们对应的内源性生理配基,因而被称为孤立性受体(orphan receptors)。随着基因组测序的完成,至少还会发现数以百计新的孤立性 G 蛋白偶合受体,它们代表一类重要的潜在药靶。为了了解这些受体的功能和潜在治疗学作用,需要为这些受体寻找到它们相应的内源性配基(可能并非都是新配基)或合成激动剂。这也是以孤立性G蛋白偶合受体为药靶,寻找和发现新的治疗药物的第一步。如果内源性配基或合成激动剂活化受体引起的生物学反应与生理或病理生理过程相关,则这些配基或合成激动剂就是新药研发最好的起始物。

目前已经使用几种方法来寻找这些受体的内源性配基。例如利用已知受体的配基(包括激动剂和抑制剂)对结构高度相似(比如50%以上相同的氨基酸序列)的孤立性G蛋白偶合受体进行药理分析可能会发现孤立性G蛋白偶合受体的生理学配基。采用此种方法已经发现了孤立性受体edg3和edg5是S1P受体相关受体。不过,这种方法的局限性在于以氨基酸序列相似性作为标准并不总是能够做出正确的预测。第二种常用的方法是分析确定受体表达的方式与所推测配基表达方式之间的关系来为该推测的基因配上药理学确定的受体。此法已经确定了孤立性受体RDC7和RDC8的生理性配基是腺苷(adenosine),而它们分别是腺苷受体A_1和A_{2A}。第三种方法是利用各种受体能测定法对组织提取物进行分析,然后在此基础上对可能的配基进行分离、纯化和分子特征分析。这个方法为孤立性受体nociceptin、hypocretins、apelin、ghrelin和催乳素释放激素受体找到了内源性配基。第四种方法是使用大量已知的配基来随机测试孤立性受体以获得配基和受体之间的偶然匹配,此即所谓的反向药理学方法(图16.7)。下面以美国史克公司如何发现孤立性受体(orexins 1/2)和它们的内源性配基orexin多肽,以及为黑色素浓缩激素(melanin-concentrating hormone,MCH)找到对应受体的实例。

为了寻找孤立性G蛋白偶合受体的内源性配基,研究人员首先建立了能够表达足够孤立性G蛋白偶合受体的细胞系统。50个稳定转染不同的孤立性G蛋白偶合受体基因的HEK293细胞株(即每一细胞株表达一种孤立性受体)作为待测系统,受到经高压液相层析分离的各种(大鼠)组织提取物的刺激。利用细胞内Ca^{2+}离子移动来高通量检测各种组织提取物对受体的作用。为了区别来自细胞内源性受体的反应,3个不同的转染细胞株(每个表达不同的孤立性G蛋白偶合受体)被一一检测。只有那些出现在单一细胞株特有的信号才被进一步研究。试验发现来自大鼠脑不同部分提取物中的几个在一个转染细胞株上引起反应,此细胞株表达HFGAN72,是来自人脑的EST中发现的一个孤立性G蛋白偶合受体。纯化这些脑组织活性部分则发现两个多肽,分别被称为orexin-A(OX-A)和orexin-B(OX-B)。OX-A是一个三十三个氨基酸残基的多肽,其N端是焦性谷氨酸,C端酰氨化。四个半胱氨酸残基形成了两个分子内二巯键,被确定是孤立性G蛋白偶合受体HFGAN72的内源性激动剂,被命名为OX1R。OX-B是二十八个氨基酸残基的多肽,46%的氨基酸与OX-A相同。其C端也已经酰氨化。随后OX-A cDNA的克隆发现OX-A和OX-B是由同一个基因编码,即OX-A和OX-B是被首先表达成前多肽,然后像很多已知的生物活性多肽一样在两个氨基酸残基之间发生所水

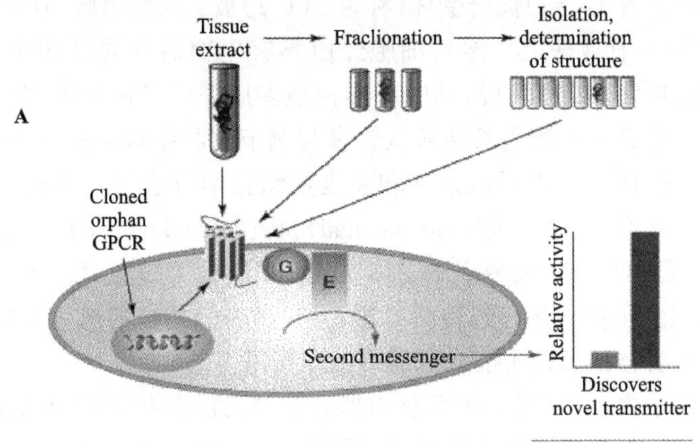

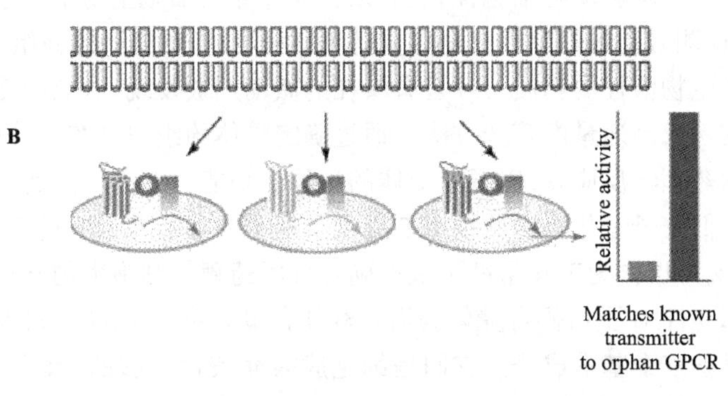

图 16.7 A. 为孤立性 G 蛋白偶合受体寻找配基成而发现新药的研究方法示意图;B. 利用反向药理学模式为孤立性 G 蛋白偶合受体寻找配基的方法示意图

(图采自 Civelli et al, *TINSs*, 2001)

解产生的两个多肽片断。由于 OX-B 对 HGFAN72 的作用远不如 OX-A 的作用,因此,提出 OX-B 受体存在的可能性。以 OX1R(HFGAN72)的序列经过对基因数据库进行查找获得了 OX-B 受体(OX2R)。研究发现 OX1R 有 64%的氨基酸与 OX2R 相同。原位杂交和免疫组织化学分析老鼠脑组织发现含 OX 的神经元存在于下丘脑的侧叶和后叶。由于下丘脑侧叶区与调节进食行为有关,因此 OX-A 和 OX-B 可能参与调节进食行为。为了证实这一假说,将 OX-A 注射到雄性老鼠的侧脑室,发现它显著刺激动物的进食行为。看来,OX-A 受体的潜在拮抗剂可能是肥胖和糖尿病治疗药物。

作为上述研究孤立性 G 蛋白偶合受体项目的一部分,一个长度为 353 个氨基酸残基的人类孤立性 G 蛋白偶合受体(称为 SLC-1)被从人胚胎脑 cDNA 文库克隆并表达在 HEK293 细胞株上。然后细胞经由具有生物活性的已知化合物,包括 500 种神经多肽的筛选处理发现,其中环形神经多肽黑色素浓缩激素引起细胞内钙显著升高。黑色素浓缩激素长期被认为参与调节食物摄取和能量平衡,但是一直没有发现它的受体。采用原位杂交和免疫组织化学方法第一次将 SLC-1 定位于下丘脑的两个神经核、中线核(ventromedial)和腹中核(dorsomedial),都与进食有关,证明 SLC-1 是黑色素浓缩激素的受体。进而成功地为黑色素浓缩激素与其受体 SLC-1 匹配建立了高通量筛选检测方法,寻找潜在的拮抗剂成为可能。潜在的黑色素浓缩激素受体拮抗剂可能对肥胖有治疗作用。

上述两个例子提示,以孤立性 G 蛋白偶合受体为潜在药靶的新药研发项目可以从为这些受体寻找天然或合成性激动剂开始。其过程一般是首先用这些受体基因稳定或临时转染哺乳动物细胞株,然后以受体介导的细胞生物学反应(例如细胞内钙动员)来检测激动剂的活性。这些受体激动剂可能来自于各种组织细胞提取物或大量已知生物活性的物质。一旦有潜在的激动剂被发现,对应的受体/激动剂模型就可以构建成高通量的筛选方法。通过确定受体的组织分布和分析评价对应于组织分布的药理学反应,可以了解受体的生物学功能。在进行高通量的筛选时,也为早期发现低分子量化合物的拮抗剂提供了现实的可能性。反过来一旦这种拮抗剂被发现,又可以作为工具帮助更快地确定分子药靶的细胞生物学功能。因此,为了保证以孤立性 G 蛋白偶合受体为潜在药靶的新药研发项目顺利进行,筛选系统至少应该具备三个基本成分。它们是细胞膜表面表达足够的、具有功能的孤立性受体的细胞系统;多样性的纯化配基和高质量的组织提取物;基于自动化的确定细胞激活的通用检测方法。

16.4　细胞膜离子通道蛋白作为药靶[31～45]

细胞膜离子通道是调节控制离子跨细胞膜运动的孔洞性蛋白装置,它们参与调节细胞的各种生理活动。离子通道可以被分为非闸门性离子通道,直接闸门性离子通道和第二信使控制的离子通道三大类。直接闸门性离子通道又分为电压敏感型离子通道(如钠,钾,钙和氯离子通道)和配基敏感型离子通道(如乙酰胆碱-,谷氨酰胺-,γ-氨基丁酸-和甘氨酸-敏感的离子通道)。本节仅对近年来电压敏感(voltage-gated)离子通道的研究进展,特别是与临床治疗学和新药研发相关的某些显著进展,从药靶选择的角度加以讨论。至于配基控制的离子通道受体,多属于 G 蛋白偶合受体家族,已在前一节讨论。以各种离子通道蛋白为药靶的药物已经在临床获得广泛的应用,特别是用于治疗许多心血管疾病、神经精神疾病以及肌肉运动异常的疾病。近年发现越来越多的人类和动物疾病与各种离子通道功能异常相关,它们通常是由于编码离子通道蛋白的基因发生突变而引起的,这些疾病被称为(离子)通道病(channelopathies)。随着基因组学研究的进展,人们已经发现了更多的离子通道基因以及产物,并确认它们与疾病的发生和发展有关,将为寻找新药提供大量潜在的药靶。

16.4.1 离子通道的一般结构和功能特点

电压敏感型阳离子通道包括钾离子通道、钙离子通道和钠离子通道基本上都是由一个形成离子孔洞的 α-亚基和一个或几个辅助性亚基组成。这几种电压敏感型离子通道的 α-亚基都包含四个均一性的区域结构(Ⅰ~Ⅳ),每一区域结构又是由六个跨膜片段组成(S1~S6)。这几个离子通道的 α 亚基基本上都在第五和第六跨膜片段之间形成离子孔洞。第四跨膜片段(S4)则常常因为含碱性氨基酸残基成为高度带电荷的电压感受器,感受细胞膜动作电位变化而引起离子通道蛋白发生构象改变,致使离子通道闸门开启、关闭或失活。四个 α-亚基组装成功能性电压敏感的离子通道(图 16.8)。除了离子通透功能和闸门功能,α-亚基也含有离子通道激动剂或拮抗剂的结合位点。钾离子通道家族,钙离子通道家族和

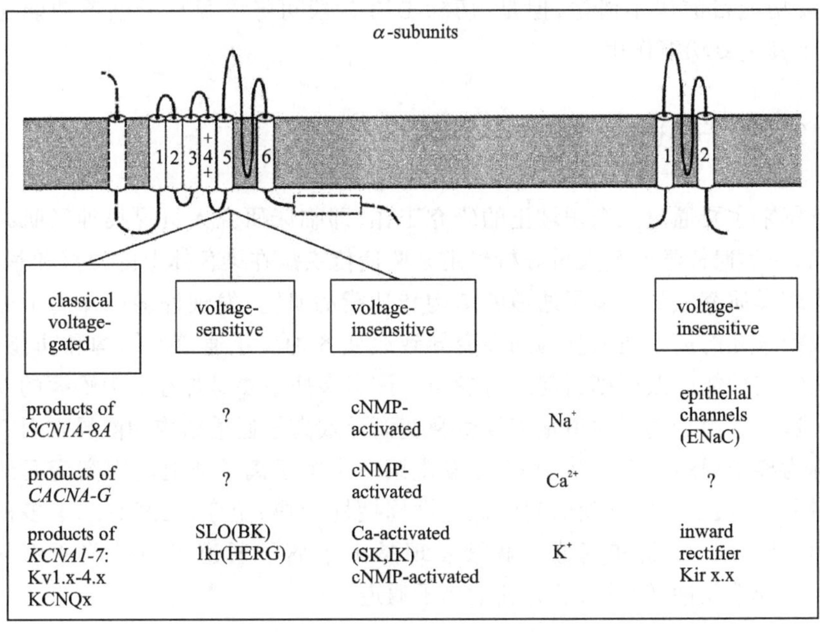

图 16.8 细胞膜阳离子通道结构模式图:α-亚基

(图采自 Lehmann-horn etal, *Physiol Rev*, 1999)

钠离子通道家族中的每一成员 α-亚基都具有不同的结构和功能。例如,至少有十个不同的电压敏感型钙离子通道 α-亚基基因已经被克隆,它们中的每一个都与特异性的钙离子电流相关,常常表达在不同的组织细胞,介导不同的细胞生物学功能。类似地,不同离子通道有不同数目的辅助性亚基,这些辅助性亚基也有不同的结构和功能。一般而言,辅助性亚基通过调节离子通道在细胞膜表面的表达和离子通道蛋白复合物组成,或者通过改变电压/动力学依赖的离子流等方式影响 α-亚基的功能,因此也被称为调节性亚基。

电压敏感型阴离子通道如氯离子通道具有与上述电压敏感型阳离子通道完全不同的结构。人类电压敏感型氯离子通道家族包含至少九个成员,它们被命名为 CLC1 到 CLC7 以及 CLCKa 和 CLCKb。CLC1 主要表达在骨骼肌,在调节骨骼肌兴奋方面发挥了重要作用。CLC2,CLC3,CLC4,CLC6,CLC7 表达在多种组织,而 CLC5,CLCKa 和 CLCKb 主要表达在肾脏,涉及调节氯离子跨上皮转运。不同电压敏感型氯离子通道蛋白含 650～1000 个氨基酸不等,相对分子质量为 75～130kDa。研究发现每一氯离子通道含 8～12 个跨膜片段(D1-D3 和 D5-D12)。与前述阳离子通道比较,氯离子通道并没有类似于阳离子通道跨膜片段中 S4 电压感受器的跨膜片段存在。另有 D4 片段位于细胞膜外面和 D13 片段位于细胞膜内。D4 片段功能目前仍不清楚,但是,切除 D13 片段可导致氯离子通道功能完全丧失,提示其重要功能作用。

16.4.2 离子通道基因突变引起离子通道病

近年来主要通过三个领域里的研究工作,即临床研究人员寻找神经肌肉疾病的原因,人类遗传学研究人员分析确定某些遗传疾病在染色体上的位点和基因,以及电生理学研究人员对离子通道的结构和功能的研究,发现许多已知离子通道基因和以前未知的离子通道基因的突变导致改变各种离子通道的结构和功能;而离子通道结构功能的改变则引起或者参与了许多疾病主要是神经肌肉疾病的发生和发展。这一类由于离子通道基因发生突变而导致离子通道结构功能异常引起的疾病被称为离子通道疾病。从 1991 年发现第一个由于离子通道基因突变而致病的疾病(钙离子通道基因突变引起的低钾性周期性麻痹)至今,已经有二十多种以上的神经、骨骼肌、心肌和其他疾病被发现是由于离子通道蛋白缺陷所引起(表 16.4),分别涉及钠,钙,钾,氯和其他离子通道。

16.4.2.1 钾离子通道病

钾离子通道是最多样性的细胞膜离子通道大家族。过去十年中,至少已经克隆了50种人类和150种其他种属钾离子通道基因。根据钾离子通道的结构以及

表 16.4 离子通道基因突变引起的各种疾病

疾 病	离子通道	突变的离子通道或亚基基因
神经元疾病		
偏瘫性偏头痛	钙	CACNL1A4
阵发性共济失调(EA2)	钙	CACNL1A4
脊髓小脑共济失调	钙	CACNL1A4
阵发性共济失调伴肌纤维颤搐(EA1)	钾	KCNA1
良性家族性新生儿惊厥(BFNC)	钾	KCNQ2, KCNQ3
普遍性癫痫伴发作性高热	钠	SCNB1
夜间发作的额叶癫痫症	氯	CHRNA4
Startle 病(hyperekplexia)		GLRA1
Jervell and Lange-Neilson (JLN) 综合症	钾	KCNE1, KCNQ1
常染色体显性耳聋 (DFNA2)	钾	KCNQ4
不完全性 X 染色体相连先天性稳定型夜盲症(XICSNB)	钙	CACNF1
骨骼肌疾病		
高钾性周期性麻痹	钠	SCN5A
先天性肌强直病	钠	SCN4A
钾激活的肌强直	钠	SCN4A
低钾性周期性麻痹	钙	CACNL1A3
A.R. (Becker's) 肌强直	氯	CLCN1
A.D. (Thomsen's) 肌强直	氯	CLCN1
恶性高热	钙	RYR1 (CACNL1A3)
中枢性髓样疾病	钙	RYR1 (CACNL1A3)
先天性 myesthenia 综合症	氯	CHRNA1
心肌疾病		
QT 间期延长综合症 1	钾	KCNQ1
QT 间期延长综合症 2	钾	HERG
QT 间期延长综合症 3	钠	SCN5A
QT 间期延长综合症 4	钾	染色体 4q25-27
QT 间期延长综合症 5	钾	KCNE1
QT 间期延长综合症 6	钾	MiRP1
特发性室性纤维颤动	钠	SCN5A
Jervell and Lange-Neilson 综合症	钾	KCNE1, KCNQ1
胰腺疾病		
婴儿持续性高胰岛素低血糖症 (PHHI) (家族性高胰岛素血症)	钾	KCNJ11
肾脏疾病		
第Ⅰ型 Bartter's 综合症	钠	SCL12A1
第Ⅱ型 Bartter's 综合症	钾	KCNJ1
第Ⅲ型 Bartter's 综合症	氯	CLCNKB
肾结石	氯	CLCN5

功能，它们可以被大致分类为电压敏感型钾离子通道，钙离子敏感型钾离子通道和内向整流性(例如 ATP-敏感型)钾离子通道三大类。不同类型的钾离子通道成员表达在可兴奋和非兴奋细胞，在调节许多重要细胞生物功能的信号过程中发挥了关键作用。这些细胞功能包括神经递质释放、心率调节、胰岛素分泌、神经元兴奋、平滑肌收缩和细胞容积调节等。随着对钾通道的分子多样性、分子结构和细胞生物学反应调节的深入研究，发现许多疾病与各种先天性和获得性钾离子通道蛋白缺陷导致的钾离子通道功能异常有关。这些疾病涉及的器官系统包括中枢神经系统和骨骼肌，心血管，肾脏，胰腺等 (表 16.4)。

已经发现的神经系统钾离子通道病大多与电压敏感的钾离子通道基因突变而致的离子通道功能异常有关。阵发性运动性共济失调(EA)是常染色体显性疾病，患者因运动或情绪性压力引起阵发性共济失调伴肌纤维颤搐。根据发作时间和严重性而分为两型。第Ⅰ型阵发性运动型共济失调(EA1)常见于儿童，发作时间短暂而症状较轻微。遗传分析已经发现 EA1 定位于染色体 12p，是由于编码脑和周围神经系统电压敏感型钾离子通道基因 KCNA1 突变而致。碳酸酐酶抑制剂乙酰唑胺可以有效地减少此种病人的共济失调发作，但是并非通过作用于钾离子通道。能使钾电流向更负电位方向改变或增加钾电流幅度的药物应该能够预防共济失调和肌肉强直。第Ⅱ型(EA2)多发生于成人，共济失调发作时间以小时计并且症状严重但少见肌纤维颤搐。EA2 是由于钙离子通道 CACNA1A 突变所致，定位于染色体 19p13。

良性家族性新生儿惊厥(BFNC)是出生最初六个月婴儿中发生的一种特发形式的癫蹰，属于常染色体显性遗传疾病，分为 BFNC1 和 BFNC2，已经被分别定位于染色体 20q 和 8q，分别是由于编码钾离子通道的基因 KCNQ2 和 KCNQ3 突变所致。研究发现 KCNQ2 和 KCNQ3 亚基共同形成所谓 M(muscarine，毒蕈硷)通道。现在知道，M 通道是调节神经兴奋性的最重要的机制之一，因为它在确定兴奋性阈值、冲动性质和神经元对突触的输入反应方面发挥了关键作用。生理情况下，神经递质乙酰胆碱经过激活 M1 受体抑制 M 通道。M1 受体激动毛果芸香碱(pilocarpine)引起的癫蹰发作可以被 M1 拮抗剂哌仑西平(pirezepine)抑制。大量试验证明 M 通道在控制癫蹰发作方面发挥了关键作用。因此，直接或间接作用于 M 通道的药物可能是治疗癫蹰发作的有效药物。

遗传性耳聋综合症，包括杂合性遗传病 Jervell 和 Lange-Neilson(JLN)综合症和常染色体显性耳聋 (DFNA2)分别是由钾离子通道 KCNQ1/KCNE1 和 KCNQ4 基因突变导致钾离子通道功能异常引起的。KCNQ1 基因已经被定位于染色体 11p15.5，表达在内耳毛发细胞和心脏。因此，KCNQ1 突变引起的 JLN 综合症既引起耳聋也引起心脏 QT 间期延长综合症。KCNE1 基因则定位于染色体 21q22，编码一个与 KCNQ1 钾通道相互作用的钾离子通道亚基以形成内向整流性钾通道,后者的功能是使钾离子转入内淋巴。KCNQ4 是表达在外耳毛发细胞的钾离子通道亚基,它们能把毛发细胞内的钾离子转入上皮细胞。

除离子通道基因突变导致通道功能异常而引起的神经肌肉疾病,其他原因引起的钾通道功能异常也可以引起或者参与这些疾病的过程。例如,获得性肌肉强直是由于病人体内产生抗电压敏感型钾离子通道的抗体所致。这些抗体与肌肉的钾离子通道蛋白相互作用减少钾电流而延长神经动作电位,后者引起神经递质释放增加而导致肌肉过度兴奋。低钾性周期麻痹(HOPP)是 L -型电压敏感的钙离子通道基因 CACNA1S 突变所致常染色体显性疾病。近年研究发现肌肉 ATP -敏感的钾离子通道功能异常也参与了该病的发生。

钾离子通道对心脏的兴奋具有关键作用,因为不仅心脏动作电位的复极化与钾离子通道介导的钾电流有关,而且心室肌特有的长动作电位(因此具有较长不应期)也是由内向整流钾通道控制的钾电流决定的。遗传分析和其他电生理研究揭示几种钾离子通道亚基基因突变是 QT 间期延长综合症的病因。QT 间期延长综合症是遗传性心脏电兴奋传导异常疾病,由于心室复极化时间延长或延迟导致在心电图上表现为 QT 间期延长而得名。病人常常因为室性心动过速,室性心律失常而导致昏厥发作甚至猝死。根据发病机制不同,至今已经有 Ⅰ 到 Ⅵ 型 QT 间期

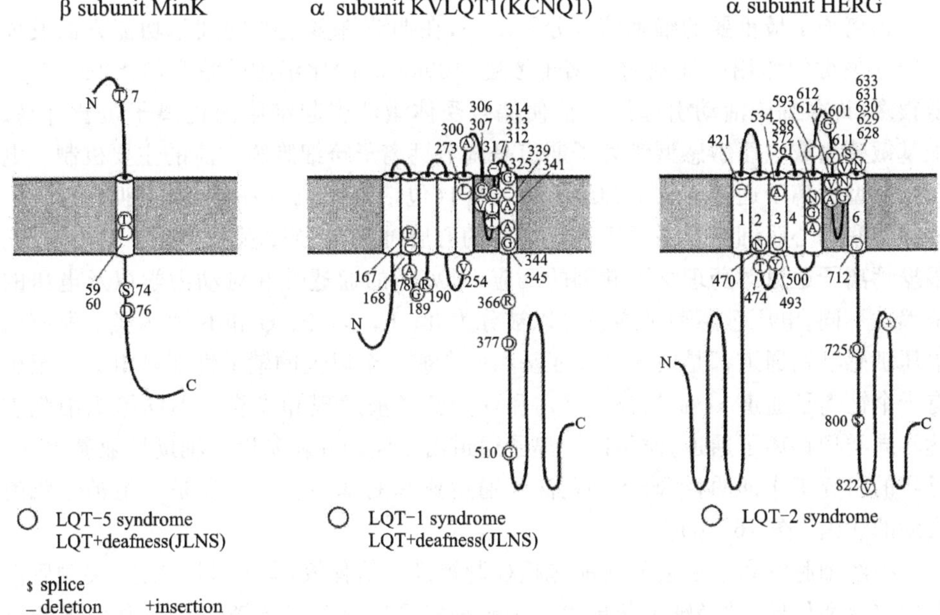

图 16.9　心肌和内耳钾离子通道结构模式图

图示几种因钾离子通道基因突变而引起钾离子通道病(长 Q-T 间期延长综合症)的突变部位

(图采自 Lehmann-horn etal, *Physiol Rev*, 1999)

延长综合症被发现和确定(表 16.4) (图 16.9)。除第Ⅲ型外,其余都与钾离子通道基因突变有关。β-肾上腺素能受体拮抗剂已经被用于治疗第Ⅰ和第Ⅱ型 QT 间期延长综合症,因为病人常常因为肾上腺素能应激反应而发病。ATP-敏感型钾离子通道在连接细胞代谢与细胞膜电活动方面发挥了关键作用。当血糖升高引起胰腺 β细胞代谢增加,因而增加细胞内 ATP/ADP 比值,导致 ATP-敏感钾通道关闭和细胞膜去极化,使得电压-敏感型钙离子通道激活,升高细胞内钙离子浓度,促进胰岛素分泌。反之,血糖降低导致细胞内 ATP/ADP 比值降低而开放钾离子通道,导致细胞膜超极化,抑制胰岛素的分泌。近年发现编码 ATP-敏感型钾离子通道亚基的基因突变导致胰岛素分泌异常和分泌过度。婴儿持续性高胰岛素低血糖症 (PHHI)是常染色体隐性疾病,表现为胰岛素不规则的过度分泌导致低血糖、昏迷和严重的脑损害。遗传连接分析证明胰腺 β细胞调节胰岛素分泌的 ATP-敏感型钾离子通道复合物基因突变是 PHHI 的病因。胰腺 β细胞 ATP-敏感钾离子通道也是由四个磺脲受体 SUR1 亚基与四个内流钾离子亚基 Kir6.2 组成的八聚体结构。发生在 SUR1 亚基的二十八种突变和 Kir6.2 亚基的两种突变已经被分别发现可以引起 PHHI。

16.4.2.2 钙离子通道病

钙离子是最重要的细胞信号分子之一,在调节许多重要的细胞功能方面发挥了极为关键的作用。细胞内钙离子浓度(100nmol/L)比细胞外浓度(1～2mmol/L)低很多,许多细胞活动引起第二信使偶合受体激活引起细胞内钙离子短暂升高。配基敏感型或电压敏感型钙离子通道是调节钙离子跨细胞膜内流的主要机制。电压敏感型钙离子通道在调节神经兴奋、肌肉(包括骨骼肌,平滑肌和心肌)的兴奋-收缩偶联和心肌细胞及浦野氏系统细胞的心脏冲动传导过程中发挥了中心作用。根据钙离子通道对药理学阻断剂的反应,对离子的通透性和对动力学以及电压的依赖性不同,电压敏感型钙通道可以被分为 T, L, N, P, Q 和 R 六大类。所有的电压敏感型钙通道都是由一个 α 亚基和一个或一个以上的辅助性亚基组成。至少有十个钙离子通道 α-亚基(α_{1A}～α_{1I} 和 α_{1S})已经被发现和克隆。不同组织细胞表达不同类型钙离子通道,而不同钙离子通道由不同的 α 亚基以及辅助性亚基组成。近年的研究工作证明,编码各种钙离子通道亚基的基因发生突变是一组神经肌肉疾病的病因 (图 16.10)。

神经细胞钙离子通道的功能包括控制神经递质释放,调节基因表达,突触后信号的整合和传导,神经轴突长出等。编码神经系统钙离子通道蛋白的基因突变可以引起神经信号传导通道的异常,最常见的是由于细胞内钙离子增加或减少对神经细胞产生的细胞毒作用。人类不完全 X 染色体相连先天性稳定夜盲症(xIC-SNB)是一种杂合性非进行性疾病,由于光受体细胞和二级神经元之间突触传递的

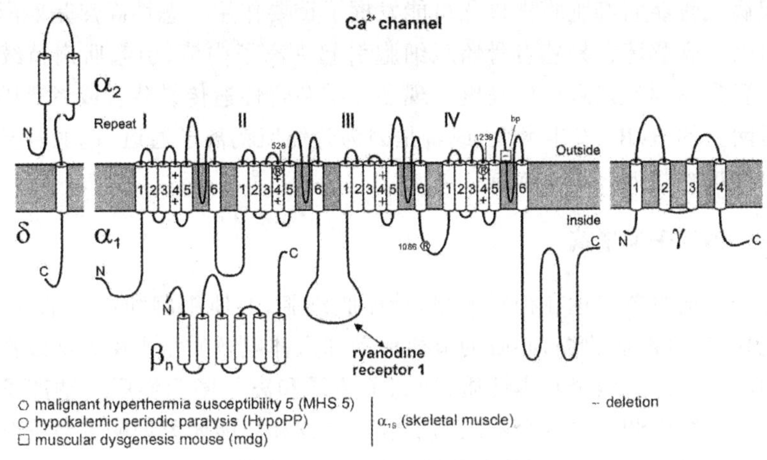

图 16.10　钙离子通道结构模式图

图示几种因钙离子通道基因突变而引起钙离子通道病(例如恶性高热,低钾性周期性麻痹等)的突变氨基酸所在部位(图采自 lehmann-horn etal, *Physiol Rev*, 1999)

改变导致病人表现为夜视力受损,以及不同程度白天视力减退。现在已经知道,不完全 xICSNB 是由于视网膜 L-型钙离子通道的 α_{1F}亚基基因发生突变的结果。而钙离子通道的 α_{1A}亚基基因发生突变则导致常染色体显性遗传性偏瘫性偏头痛,第二型阵发性共济失调,第六型脊髓小脑共济失调和发作性进行性共济失调。此外,编码钙离子通道 α_{1A}亚基的基因缺陷也与小白鼠的隐性遗传性神经疾病蹒跚症和严重的共济失调症有关。神经细胞电压敏感型钙离子通道辅助性 β-亚基基因突变也可以引起不同疾病。例如,发生于小白鼠的隐性遗传病昏睡症(Lethargic)是编码 β_4辅助性亚基基因因为插入性突变导致该亚基与相应钙通道 α-亚基相互作用的氨基酸系列发生改变所致。

肌肉钙离子通道基因突变导致的离子通道功能异常已经被发现是显性遗传疾病低钾性周期性麻痹(HOPP),恶性高热和中枢性髓样疾病(CCD)的原因。研究证明这些疾病是由于钙离子通道基因突变在引起肌肉的兴奋一收缩偶联环节的功能异常所致。骨骼肌细胞浆膜的电兴奋引起细胞内存储在内质网的钙离子释放,钙离子然后激活收缩蛋白导致肌肉收缩。兴奋-收缩偶联过程中的两个关键蛋白分子是细胞浆膜上的 dihydropyridine 受体(DHPR)和内质网上的 ryanodine 受体(RyR),前者是含 α_{1S}亚基的电压敏感型钙离子通道,后者是由四个相同亚基组成的钙离子释放通道。肌肉细胞膜去极化引起 DHPR 构象改变激活 RyR。HOPP 是显性遗传疾病,病人常因运动或许多能降低血钾的因素引起周期性发作的躯干和四肢肌肉乏力伴血钾降低。HOPP 的发病机制仍然不清楚,但是遗传分析证明发生在骨骼肌钙离子通道 α_{1S}亚基基因上的三个点突变导致改变骨骼肌钙通道功能而引起病人骨骼肌细胞膜去极化可能发挥了重要作用。恶性高热是麻醉药致死的主要原因。麻醉药在易感者骨骼肌细胞引起钙离子内流，引起肌肉持续强烈收缩而使体温升高到足以致死的高度。现在证明杂合性遗传易感者或者是因为其骨骼肌内质网上的 RyR1 发生突变，或者是因为骨骼肌钙离子通道 α_{1S} 亚基基因发生突变导致增加细胞内钙离子浓度。

16.4.2.3 钠离子通道病

钠离子通道主要表达在神经细胞，骨骼肌细胞，心肌细胞和肾脏细胞，在调节神经细胞兴奋，骨骼肌收缩，心脏的节律活动和人体电解质水平衡方面发挥了重要作用。钠离子通道有两个基本性质，即离子传导和离子闸门性质。钠离子通道蛋白的特殊区域结构调节这两个不同的功能。结构和功能研究证明神经细胞钠离子通道由形成离子孔洞的 α_1 亚基和辅助性的 β_1 亚基以 1∶1 比例组成（图 16.11）。β_1 亚基对钠通道的闸门开启和关闭速度有重要的调节作用。近年的研究发现，这两个钠离子通道亚基的基因突变都可以引起钠离子通道蛋白功能异常，是导致癫

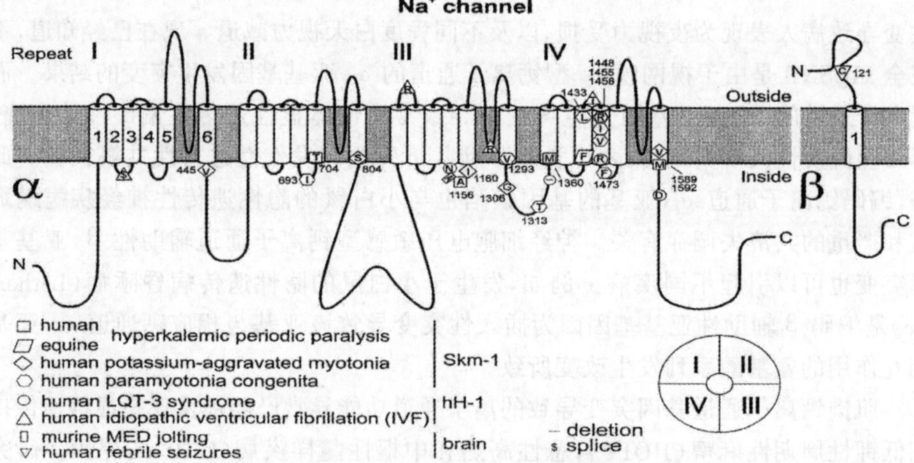

图 16.11 钠离子通道结构模式图

图示几种因钠离子通道基因突变而引起钠离子通道病（例如高钾性周期麻痹，第Ⅲ型长 Q-T 间期延长综合症和其他神经肌肉病变）的突变氨基酸所在位置（图采自 Lehmann-horn etal，*Physiol Rev*，1999）

痫发作、第Ⅲ型 QT 间期延长综合症和高钾性周期性麻痹的病因。癫痫发作是大量脑神经元细胞同时过度兴奋性活动的结果。临床症状取决于发生异常电兴奋活动的脑神经细胞的部位和范围，常包括意识丧失、持续或节律性肌肉收缩、刻板姿势运动、视觉或体位幻觉等。本病见于 1% 的人口，儿童更常见，常常被急性发热性疾病诱发。最近，Sheaffer 等描述了一个不平常的家族，其家族成员发生癫痫的

比例达到了三分之一。随后,Mulley 以及同事发现这个家族成员的癫蹫发作与十九号染色体相关。遗传分析发现电压敏感型钠离子通道的 β_1 辅助性亚基基因 SCN1B 定位在此;癫蹫发作的家族成员的 SCN1B 基因发生一个碱基对的替换,导致其产物蛋白氨基酸序列出现一个氨基酸改变。突变的 β_1 亚基丧失了对钠通道闸门开启和关闭的调节能力而引起持续的钠离子内流导致神经元过度兴奋而出现癫蹫发作。

第Ⅲ型 QT 间期延长综合症也是由于编码心肌电压敏感型钠离子通道 α_1 亚基的基因 SCN5A 突变引起心肌钠离子通道灭活过程变慢。在心肌细胞动作电位的末期(平台期),有一小的钠电流,钠通道灭活变慢将增加这一内流钠电流。因此钠通道灭活变慢将推迟使心肌复极化,动作电位延长而使动作心律失常。类似地,编码骨骼肌电压敏感型钠离子通道 α_1 亚基的基因 SCN4A 突变已经被发现是高钾性周期性麻痹(HyperPP),先天性肌强直(PC)和钾加重性肌强直(PAM)等疾病的病因。目前,已经发现二十种致病性突变出现在人类骨骼肌钠通道基因,其中四种与 HyperPP 相关,九种与 PC 有关,六种与 PAM 相关。不过,所有二十种突变都导致骨骼肌钠通道快速灭活过程变慢。此外,也有的突变影响钠通道慢灭活过程或改变钠通道电压依赖性等。这些改变都导致产生持续的内向钠电流从而增加骨骼肌兴奋性(肌强直)或降低骨骼肌兴奋性(肌无力)。

16.4.2.4 氯离子通道病

氯离子和其他阴离子通道只是近年来才获得重视,因为除早已知道的调节细胞渗透压和牵张反应,调节氯离子浓度(细胞 pH)和稳定细胞膜电位等功能外,它们的治疗学意义和病理生理作用并不清楚。目前,已经克隆了三类结构完全不同的氯离子通道家族,它们是电压敏感型氯离子通道,囊性纤维化跨膜传导调节物(CFTR)以及相关离子通道,配基(如 γ-氨基丁酸和甘氨酸)敏感型氯离子通道。目前,有四种氯离子通道病已经被确定,除囊性纤维化病是由于对正常呼吸道功能有重要作用的 CFTR 通道异常所致外,其余三种都与电压敏感型氯离子通道有关,它们是 CLC-1 氯离子通道异常引起肌肉强直症,肾脏细胞 CLC-5 氯离子通道异常所致肾结石和电压敏感型氯离子通道 CLCKb 的基因 CLCNKB 发生突变导致第Ⅲ型 Bartter 氏综合症。

编码人类骨骼肌氯离子通道的基因 CLC-1 发生突变导致两种形式的肌肉强直(myotonia),即常染色体显性遗传性肌强直(myotonia congenital,Thomsen 氏病)和常染色体隐性全身性肌强直(generalized myotonia,Becker 氏病)(图 16.12)。在同一基因发生的突变之所以能引起显性和隐性两种形式的肌强直是因为 CLC-1 通道由一个以上亚基组成。当一个正常亚基与一个突变亚基形成杂合二聚体离子通道时,突变的亚基降低或取消离子通道功能。因此,某一特定突变是否引起显性

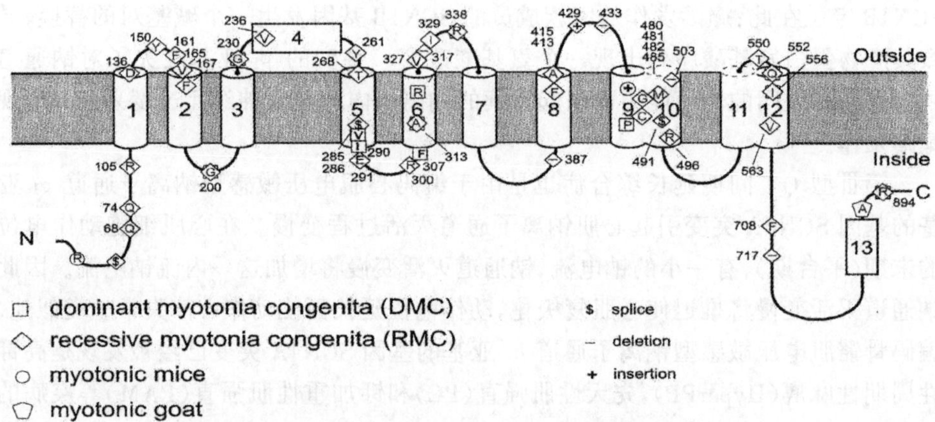

图 16.12　骨骼肌氯离子通道(CLC-1)结构模式图

图示几种因氯离子通道基因突变而引起氯离子通道病的氨基酸位置;这些阴离子通道疾病包括人类常染色体显性和常染色体隐性肌强直,以及只发生在动物的肌强直疾病

(图采自 Lehmann-horn etal, *Physiol Rev*, 1999)

或隐性形式的肌强直,取决于突变如何改变离子通道复合物的功能以及改变的程度。电生理学研究发现单一神经刺激在正常骨骼肌纤维只能引起一次动作电位,但可以在肌强直病人的肌纤维上引起一系列重复动作电位。在正常骨骼肌,氯离子通透大约占静息膜离子通透的 80%。氯通道功能异常导致氯离子通透缺乏使得肌纤维输入电阻增加。因此,一次小的钠电流足以引起动作电位,从而增加肌肉的兴奋性。

肾结石是常见病,影响 12%的男性和 5%的女性。结石形成的原因主要是由于过量的盐(主要是钙盐)从过度饱和的尿中沉淀出来。45%的高钙尿症病人是家族性的,经 X 染色体遗传。遗传分析发现三种形式的高钙尿症,包括 Dent 氏病,X 染色体隐性结石症和 X 染色体隐性低磷酸血症佝偻病都定位于染色体 Xp11.22,这导致发现肾脏氯离子通道基因 CLCN5 并且证明该通道基因突变是三种高钙尿症的病因。最近,日本科学家发现发生于日本儿童中的一种近曲肾小管病也是由于肾氯离子通道基因 CLCN5 突变所致。由氯离子通道基因突变而引起高钙尿症是相当令人意外的发现,因为此前一般认为该症应该与肾脏处理钙离子功能异常相关。因此,氯离子通道在肾脏的钙处理功能方面发挥了重要作用。

Bartter 氏综合症是常染色体隐性遗传病,表现为严重的盐丧失,从而导致细胞外容积降低、低血压、高钙尿、低钾血症和碱中毒。三种不同离子通道的基因发生突变可以导致 Bartter 氏综合症,它们分别是钠离子通道基因 SCL12A1 引起的第Ⅰ型,钾离子通道基因 KCNJ1 引起的第Ⅱ型和氯离子通道 CLCNKB 引起的第Ⅲ型 Bartter 氏综合症。人体水电解质平衡的重要调节机制是肾脏浓缩功能。肾脏浓缩功能主要是通过亨利氏厚壁升支细胞对钠、钾和氯离子的重吸收。厚壁升支细胞顶膜表达的 Na-K-2Cl 协同转运蛋白(cotransporter)同时主动回收一个钠,一个钾和两个氯离子进入细胞,回收的氯离子经表达在另一面 basolateral 膜的 CLCKb 氯离子通道离开细胞进入血液循环。CLCKb 氯离子通道异常降低协同转运蛋白活性,导致细胞对钠,钾和氯离子的重吸收丧失。

16.4.3　细胞膜离子通道蛋白作为药靶

发现多种疾病是由于离子通道基因缺陷引起的离子通道蛋白功能异常所致。人类和其他种属基因组测序发现大量新的离子通道基因,以及最近成功建立的钾离子通道三维晶体结构,不但极大地增加了人们对离子通道的研究兴趣,也为获得治疗这些疾病的方法提供了可能性。特别重要的是这些研究提示各种离子通道具有广泛的生理和病理调节功能,因此,以各种离子通道蛋白或其辅助亚基为药靶,为新药发现和发展提供了广阔的前景。近年来以钾离子通道为药靶,通过激活或阻断不同组织器官的不同类型钾通道蛋白功能以获得治疗学作用并发现新的治疗药物的工作获得了显著进展。除此之外,另外两个重要的发现对推动寻找以钾通道为药靶的研究也产生了极大地推动作用。其一是发现第三类抗心律失常药和抗糖尿病药磺酰脲(sulfonylureas)是以特异性钾离子通道拮抗剂而分别发挥其治疗作用;其二是近年来的研究提示,无论是钾离子通道激动剂[又称为钾通道开启物(ope-ners)]或者是钾离子通道阻断剂都有可能成为治疗心脑血管、神经肌肉、免疫系统、激素分泌、甚至毛发生长等多种疾病或症状的潜在药物。本节仅简要介绍以 ATP -敏感型,钙离子敏感型和电压敏感型三类钾离子通道作为药靶的钾离子通道开启物和阻断剂的潜在临床应用进展(表 16.5)。

合成的小分子化合物具有钾离子通道开启作用最初是通过研究抗糖尿病药磺酰脲类化合物尼可地尔(Nicorandil)和 cromakalim 的血管舒张作用机制而被发现的。尼可地尔和 cromakalim 引起冠状动脉和肠系膜动脉平滑肌细胞膜电位超极化而导致血管平滑肌舒张的作用与膜钾电流增加相关。非选择性钾通道抑制剂普鲁卡因(procaine)能阻断它们增加钾电流和平滑肌舒张的作用。随后的工作发现选择性 ATP -敏感型钾通道抑制剂能特异性抑制这些化合物的作用。电生理研究证明尼可地尔和 cromakalim 引起的钾通道开放和钾电流增加可以被细胞内升高的 ATP 所抑制。因此,抗糖尿病药磺酰脲类化合物被证明是特异性 ATP -敏感型钾离子通道开启物,它们具有抗心绞痛和抗高血压作用。随着发现存在多个 ATP -敏感型钾离子通道的亚型以及发现ATP-敏感型钾离子通道在不同组织器

表 16.5　以钾离子通道为药靶的潜在治疗药物

作为药靶的钾通道类型	治疗适应症	潜在药物或化合物
钾通道开启物		
ATP-敏感型钾通道	高血压	Pinacidil
	缺血性心脏病	Diazoxide, BMS180448
	心衰	Nicorandil
	哮喘	Aprikalim
	秃头症	P1075, Minoxidil
	尿失禁	ZM244085, ZD6169, WAY133537
	勃起功能异常	PNU83757
钙敏感型钾通道	脑缺血	BMS-204352, NS2004
	缺血性心脏病	NS1608, NS1619
	安定药,尿失禁,尿频	NS8
KCNQ2/KCNQ3	癫蹫	Retigabine
钾通道阻断剂		
ATP-敏感型钾通道	室性心律失常,心衰	HMR1098,HMR1883
	第Ⅱ型糖尿病	Tolbutamide, Chlorpropamide, Glibenclamide Glipizide, Nategliniide, Repagliniide
电压敏感型钾通道(Kv1.3)	免疫抑制剂	CP30308408,UK78282
电压敏感型钾通道(Kv1.5)	心房纤维颤动	CP30308408,UK78282
其他电压敏感型钾通道(Kv)	多发性硬化症	Fampridine
	癫蹫,脑缺血	BIIA0388
hERG/Ikr	心房纤维颤动/扑动	Dofetilide
	心律失常	Ibutilide, Almokalant, E4031, MK499
Iks 和 Ikr	心律失常,心绞痛	Ambasilide, Azimilide
I_{TO}	心律失常	Clofilium
KCNQ3/KCNQ4	老年痴呆症	DMP543

官表达不同的亚型,在磺酰脲类化合物基础上发展出选择性和特异性更强的第二代 ATP-敏感型钾离子通道开启物。这些药物除了作用于血管平滑肌和心肌的钾离子通道而具有抗高血压,抗心律失常和抗心衰作用外,还可能用于治疗哮喘(呼吸道平滑肌),生殖泌尿道疾病(尿道膀胱平滑肌)和消化道疾病(胃肠道平滑肌)等。随着更多其他钾离子通道的结构功能被发现和阐明,已经发现以钙离子敏感型钾通道或以电压敏感型钾通道为药靶的离子通道开启物。例如,钙敏感型钾通道开启物 BMS-204352 已经被发现具有神经保护作用而正在临床新药发展的末期,用于预防脑缺血性中风引起的脑损伤。选择性泌尿道平滑肌钙敏感型钾通道开启物 NS8 正在试用于治疗尿失禁和尿频等泌尿道疾患。至于以脑神经细胞电压敏感型钾离子通道 KCNQ2/KCNQ3 为药靶的钾通道开启物 Retigabine 则正在临床新药发展的第Ⅱ期,试用于治疗癫蹫发作,因为它能激活由 KCNQ2/KCNQ3

形成的 M 通道，增加 M 电流。这些工作提示激活 M 通道是寻找抗癫蹯药物的有效新途径。

另一方面，以各种 ATP - 敏感型钾离子通道为药靶，通过抑制钾离子通道功能，使细胞膜电位去极化的钾离子通道阻断剂也正在获得广泛的重视。抗糖尿病药磺酰脲类格列本脲(glibenclamide)和格列吡嗪(glipizide)用于治疗Ⅱ型糖尿病已经三十多年，现在知道这些化合物也是胰腺 β 细胞 ATP - 敏感型钾离子通道阻断剂。在此基础上新一代选择性更高、副作用较少的的 ATP - 敏感型钾离子通道阻断剂正在发展，不仅可以用于治疗Ⅱ型糖尿病(胰腺 β 细胞钾通道)，也可能用于治疗室性心律失常(心脏细胞表达的钾通道)或用作利尿药(肾脏细胞表达的钾通道)。主要表达在人类淋巴细胞的电压敏感型钾离子通道 Kv1.3，已经成为发展免疫抑制药的优良药靶而获得广泛关注。选择性钾离子阻断剂使 T 细胞的膜电位去极化，抑制钙离子内流从而抑制 T 细胞活化导致产生免疫抑制作用。许多自蝎毒和海葵中分离出来的多肽是特异性 T 细胞 Kv1.3 阻断剂，具有强大的免疫抑制作用。更多非多肽类化合物也显示了对 Kv1.3 的抑制作用，但是从中获得具有所期望的免疫抑制药物应该具备的药理作用强度，选择性和临床药理学性质的钾通道抑制剂仍然需要大量工作。心脏细胞表达的电压敏感型钾离子通道是发现和发展抗心律失常药物的优良药靶。的确，发现和发展新一代具有第Ⅲ类抗室性心律失常作用又无明显血流动力学副作用的药物很可能产生自心脏电压敏感型钾离子通道阻断剂。前面已经提道，表达在神经细胞的电压敏感型钾离子通道主要是由 KCNQ2/KCNQ3 组合成的称为 M 通道的杂聚体。神经递质乙酰胆碱通过激活 M1 受体抑制 M 通道以及 M 电流。研究发现，Linopirdine 以及类似物增加脑组织乙酰胆碱释放，改善动物的学习和记忆能力。目前，这些化合物正在作为口服有效的抗老年痴呆症药物于临床新药发展的不同阶段进行测试。

除各种钾离子通道外，其他电压敏感型离子通道包括钙离子，钠离子和氯离子通道蛋白一直都是新药研发的潜在药靶。随着更多新的离子通道基因被发现，以及随着对这些离子通道的结构和功能的进一步阐明，更多以这些离子通道为药靶的新药将为许多疾病提供新的治疗方法。例如，最近发现氯离子通道阻断剂 NS3623 能有效治疗动物镰刀状细胞贫血症，因为它通过抑制细胞膜氯通道而被动地降低红细胞钾离子丧失，因此增加红细胞容积。而血红蛋白 S 的聚合和镰刀状细胞的形成是与细胞内其浓度成正比的。红细胞容积增加导致降低血红蛋白聚合而减少镰刀状细胞的形成。这些研究提示应用氯离子通道阻断剂来控制镰刀状细胞的丧失为治疗镰刀状细胞贫血症提供了新途径。

16.5　细胞膜生长因子受体和信号传递通道成分作为药靶[46～65]

与G蛋白偶合受体相比，生长因子受体的天然配基生长因子是大分子蛋白质或多肽，而非小分子激素、神经递质甚至更小分子量的其他配基。以前述选择药靶的标准来衡量，特别是从药靶的化学开始点考虑，生长因子受体似乎并非新药研发的理想药靶。实际情况也的确如此。除天然或重组的生长因子本身作为药物用于临床外，很长时间以来，虽然有相当数量的小分子化合物作为生长因子受体抑制剂用于实验室研究，但是还没有几个真正以生长因子受体为药靶的化学药物被用于临床疾病的治疗。近年来这种情况正在随着对生长因子受体结构和功能的深入了解，特别是随着许多生长因子受体介导的信号传导通道被阐明而发生改变。过去的20年里，生命科学领域内的许多重要进展，特别是与人类生老病死相关的基本生物学问题都或多或少与生长因子及其受体的功能有关。因此，以生长因子受体及其信号传导成分为药靶将为新药研发提供巨大的机会。

16.5.1　生长因子及其受体的结构特点

生长因子、生长因子受体和受体介导的信号在多细胞的机体里参与调节细胞的相互作用，使得细胞的生命活动受到高度协调控制。其中特别重要的是生长因子通过刺激或者抑制细胞增殖和分化参与调节细胞的生长、老化和死亡等基本的生命活动。同时，这些复杂的细胞调节网络也同机体对感染和伤害等应激反应有关。另外，它们也参与调节胚胎的正常发育。自从1986年发现上皮生长因子，1987年发现神经生长因子以来，又陆续发现了更多涉及调节不同细胞增殖的多肽类生长因子，已经形成一个数目以百计的大家族。不过，介导生长因子生物学活性的细胞膜受体只有几大类。例如，根据生长因子受体的结构和功能特点，生长因子受体被分成受体酪氨酸激酶家族(或称为酪氨酸蛋白激酶受体)，第Ⅰ型和第Ⅱ型细胞活素受体家族等。本文主要以受体酪氨酸激酶家族为例加以讨论。多肽类生长因子可以通过旁泌性(即由一细胞释放作用于另外一细胞)和自泌性(即由一细胞释放作用于细胞自身)两种方式影响细胞增殖分化。靶细胞对特定生长因子的最终的反应取决于受到刺激时细胞的来源，致使一些生长因子对同一细胞产生完全不同的反应。这种情况可以在造血细胞髓样分化期间发生。同一生长因子对不同发育阶段的细胞引起不同的反应，包括从细胞增殖到诱导前体和成熟细胞分化等。此外，不同浓度的生长因子可以引起某一特定细胞产生完全不同的细胞生物学反应等。

生长因子与其受体相互作用而激活细胞内生物化学信号通道链式反应的结果

常常是激活或抑制一组对细胞生长具有关键作用的基因表达。由于多肽类生长因子不能跨过脂溶性的细胞膜,所以基本的问题是生长因子受体是如何把生长因子的信号传递到细胞内各个相关部位的。生长因子受体的激活常常是由于配基(生长因子)引起受体形成二聚体或多聚体的结果。有时受体形成二聚体是由于左右对称的两个配基分子与两个受体分子结合、相互作用的结果(图 16.13)。与此相反,有些受体的配基如上皮生长因子家族成员是单分子方式发生作用。不过,即使如此,也是两个配基分子以左右对称的方式与两个上皮生长因子受体相互作用引起细胞生物学反应(图 16.13)。另一种二聚体的例子是两个生长因子分子分别与一个高亲和力受体和一个低亲和力受体分子结合产生作用。例如成纤维细胞生长因子及其受体。许多传统的生长因子(例如上皮生长因子,成纤维细胞生长因子和胰岛素样生长因子)与其受体结合增加酪氨酸蛋白激酶活性(PTK)。所有酪氨酸蛋白激酶受体(PTK-R)都是由把细胞内蛋白激酶区和细胞外部分开的单一的跨细胞膜结构构成。这些结构包括一个或几个 Ig-样、上皮生长因子样或黏连蛋白类Ⅲ-样结构。受体的催化(激酶)部分具有最恒定的氨基酸序列。在这恒定的部分,结构上的特点包括 ATP-结合位点和一个酪氨酸残基作为磷酸化时主要的磷酸盐接收位点。

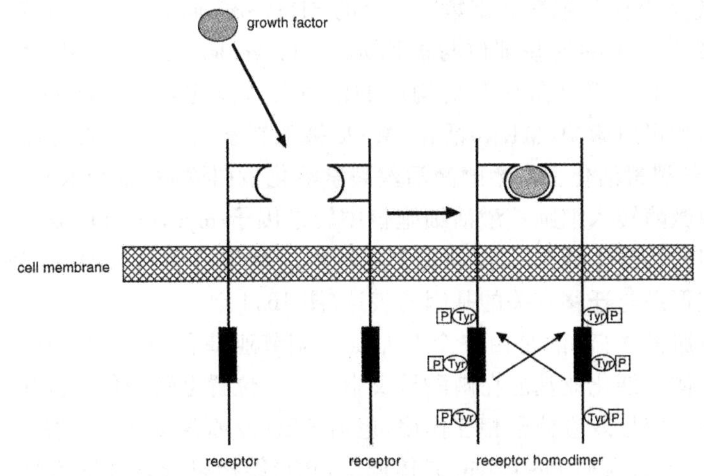

图 16.13　生长因子受体模式图

图示基因配基(生长因子)与生长因子受体结合而引起的受体二聚体形成以及生长因子受体的细胞膜内部分磷酸化(图采自 Favoni etal, *Pharmacol Rev*, 2000)

16.5.2　信号传导通道,信号功能和潜在药物作用部位

配基引起的酪氨酸蛋白激酶受体二聚体的形成导致生长因子受体被激活。受

体胞浆部分并置使得受体的蛋白激酶区域结构能互相磷酸化二聚体伙伴受体的胞浆部分(图 16.13)。这称为受体的自主磷酸化。酪氨酸蛋白激酶受体自主磷酸化涉及两个不同种类的酪氨酸残基。第一个发生在细胞内激酶区恒定部分的酪氨酸残基。目前还不完全清楚这个自主磷酸化是怎样被引起的。分析有两个可能性，一个是单分子受体有低的基础激酶活性,并足以磷酸化并激活二聚体形成时的同伴受体。后者导致发生交叉磷酸化。另一个是受体二聚体里受体细胞内区域结构之间的相互作用可以诱发构象改变致使激酶活性增加。第二个受体自主磷酸化位点通常位于受体细胞内激酶区外面,其基本的功能是为下游信号传递分子提供结合点。能与这些磷酸化的部位结合的信号分子其氨基酸序列内常常含 Src -同族结构- 2(SH2)基团或含有磷酸酪氨酸结合基团(PTB)。SH2 是由大约 100 个氨基酸折叠形成的蛋白质亚结构基团,其表面能辨识磷酸酪氨酸和羧基末端的 3～6 个氨基酸。PTB 结构已经发现存在于 Src 蛋白的氨基末端。这个分子开关蛋白也含 SH2 结构基团,与 ras 激活有关。PTB 结构比 SH2 结构长。和 SH2 结构相反,它在氨基末端的范围内识别磷酸化酪氨酸。其他含 SH2 结构的信号分子包括磷脂酶 Cγ、磷酸异戊脂- 3 蛋白激酶(phosphatidylinositol-3′-kinase, PI3K)、$p21^{ras}$-GT-Pase -活化蛋白和生长因子受体结合- 2 蛋白(Grb2)。

Grb2 是含有能与脯氨酸富集区结合的 SH3(Src -同族结构- 3)结构域蛋白质分子。Grb2 分子上的这些部位与被称为 sos (sevenless)的分子相互作用,后者能使 ras 活化,导致一系列蛋白激酶构成的信号链式反应：ras 活化 raf-1 蛋白,raf-1 使丝裂素活化蛋白激酶(MEK)活化,MEK 被丝裂素活化蛋白激酶按顺序活化的 raf-1 活化;丝裂素活化蛋白激酶激活丝裂素活化蛋白激酶(MAPK)。活化的丝裂素活化蛋白激酶转入细胞核激活细胞核中转录因子 myc,jun 和 fos。fos 和 jun 转录因子之间的相互作用形成转录复合物 AP1。AP1 启动一系列与细胞增殖和分化以及细胞形态与迁移有关的基因的表达(图 16.14)。

磷脂酰肌醇 3 -激酶是由一个 85kDa 的调节亚基和一个 110kDa 的催化亚基组成的二聚体。催化亚基能在磷酸异戊脂的 D-3 位置上磷酸化。催化反应的产物能与多个下游信号效应分子相互作用,包括丝氨酸/苏氨酸蛋白激酶和酪氨酸蛋白激酶上的 SH2 结构和 Pleckstrin 异体同形(PH)结构以及各种细胞骨架蛋白分子等等。大量证据证明从磷酸异戊脂- 3 蛋白激酶到丝氨酸/苏氨酸蛋白激酶 Akt/PKB 的信号通道介导磷酸异戊脂- 3 蛋白激酶的细胞生物学反应,包括抑制细胞凋亡。虽然 Akt/PKB 防止细胞凋亡的准确机制仍然没有完全了解,一般认为 Akt/PKB 可能通过磷酸化并且抑制细胞程序性死亡相关的蛋白质分子以保证细胞生存(图 18.7)。从药靶的角度看,当生长因子与细胞膜生长因子受体相互作用,经过酪氨酸激酶蛋白受体的磷酸化,中间经过许多所谓信号传导传感器或分子开关的信号转换、切变,导致由蛋白激酶链式反应组成的不同信号传导通道被激

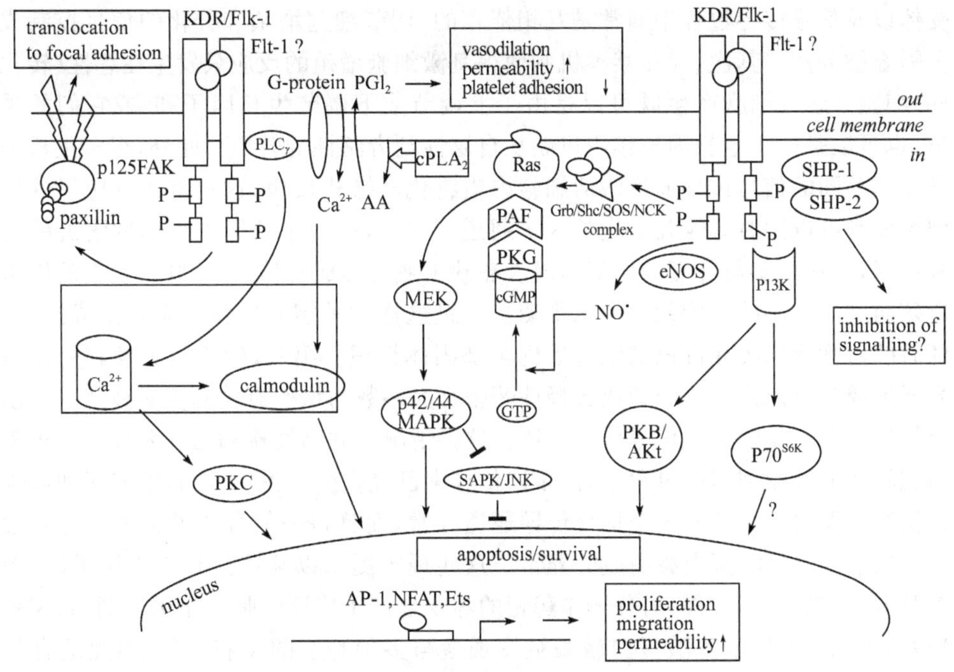

图 16.14 生长因子受体介导的信号传导通道

图示在血管形成过程中具有重要作用的生长因子(生长因子,KDR/Flk-1)与相应受体结合而引发从细胞膜到细胞核内的链式反应以及由此引起的各种生物学反应(图采自 Griffioen etal, *Pharmacol Rev*, 2000)

活,直到信号传导进入细胞核,引发与细胞增殖、分化、凋亡和其他生长相关的基因表达增加等步骤中,都有重要的信号蛋白分子成为潜在的药靶(图 16.14)。

16.5.3 以生长因子受体及其信号传导通道成分为药靶——广谱或选择性药靶

从药靶的角度来看生长因子受体信号的传导,需要注意以下几个特点。第一,细胞生长因子受体信号传递通道的遗传和发育异常与多种慢性疾病,特别是与生长异常相关的肿瘤或癌的发生密切相关。以肿瘤为例,与人类肿瘤相关的癌基因或前癌基因中 80%编码的蛋白质是蛋白质酪氨酸受体以及受体信号传导通道成分。而增加蛋白酪氨酸激酶受体活性也与许多非恶性疾病如银屑病,乳头状瘤,血管再狭窄和肺纤维化等相关。因此,以酪氨酸蛋白激酶受体以及信号传导通道为药靶的新药研发比较适合针对所谓增殖性疾病来寻找新的治疗药物。第二,与生长因子受体以及信号传导通道相关的疾病是多环节、多步骤的过程,而且常常涉及多受体系统和多层次信号传导成分的异常。以肿瘤的发生和发展为例,生长因子受体以及信号传导过程中通常是互相依存的,调节细胞增殖和分化的信号控制成分需要被分离。其次,存在某种机制使得刺激细胞增殖的反应只发生在恶性(转化的)细胞。恶性细胞产生既可以是由于上调节或下调节生长因子和/或它们的受体,也可以是由于生长因子作用机制从自泌性到旁泌性的转换。此外,很多生长因子使用共同的信号传导通道激活细胞内生物化学链式反应,这些链式反应里的任何突变都可以同时影响几个生长因子通道。加之,一些生长因子能诱发附近的血管扩展,潜在地参与肿瘤的血管形成。在缺少血管形成的情况下,肿块表面的细胞增殖与肿瘤中心的细胞死亡形成平衡。一旦这样的肿瘤开始释放血管生成因子,随后的血管形成将允许癌细胞传播到全部固体组织。第三,生长因子及其受体信号通道成分可能是广谱药靶或选择性药靶。大多数与增殖有关的疾病涉及一个以上的生长因子受体以及信号传导通道。这种情况在肿瘤性疾病尤其明显。在正常细胞转变成肿瘤细胞的过程中,许多遗传异常已经发生。另一方面,银屑病和血管再狭窄的发生不仅涉及多个信号传导通道异常,而且每一信号通道又可能有超过一个以上的酪氨酸蛋白激酶成分异常。这些现象提示以某些具有广泛作用(或者涉及多种疾病发病过程)的分子作药靶的药物会产生广泛的临床作用。例如,IGF-1受体和 Src 家族酪氨酸蛋白激酶被发现参与多种肿瘤的发病过程,因此适合作为具有广谱作用的酪氨酸蛋白激酶抑制剂的药靶。在酪氨酸蛋白激酶家族中还有几个这样涉及多种肿瘤和其他增殖性疾病的例子。例如,上皮生长因子受体表达过度不仅是几乎所有上皮类肿瘤的标志,而且上皮肿瘤还过度表达上皮生长因子受体家族的其他成员,包括 HER1/2/3。与此同时,伴随 EGFR 的过度表达,细胞常常同时过度表达上皮生长因子,导致持续增加刺激上皮生长因子受体依赖的信号通道。上皮生长因子受体信号增加也是银屑病和 HPV16/18 引起的乳头状瘤的标志。因此,发现以上皮生长因子受体酪氨酸蛋白激酶为药靶的新药 Tyrphostins 被视为是寻找酪氨酸蛋白激酶抑制剂的重大成就,因为它有可能成为治疗多种肿瘤或非肿瘤增殖性疾病的广谱抑制剂。另一方面,某些疾病也可能只与某一特定酪氨酸蛋白激酶活性相关。例如,慢性粒细胞性白血病的慢性期,费城染色体的产物 Bcr-Abl 融合蛋白被认为是白血病的原因,而 Jak-2 则与其他形式的白血病的发生相关。因此,以 Bcr-Abl 融合蛋白或以 Jak-2 为药靶的酪氨酸蛋白激酶抑制剂分别对这两型白血病呈现高度的选择性抑制作用。不过对大多数肿瘤而言,单一酪氨酸蛋白激酶的抑制剂可能并不足以根除肿瘤。结合其他作用机制的药物常常能获得更好的治疗效果。

16.5.4 生长因子受体信号传导通道作为药靶——链式考虑

选择生长因子及其受体介导的信号传导通道作药靶可以考虑从最上游的生长

因子开始。目前主要通过发展能与生长因子结合的小分子化合物，以“中和”生长因子的生长促进作用。例如苏拉明(suramin)是一个高度带电荷的多阴离子化合物。这个化合物从第一次世界大战时就用于治疗锥虫病和盘尾丝虫病。近年的研究发现它具有很强的抗肿瘤作用。它的这一作用主要是通过妨碍生长因子与其受体结合产生生长刺激作用。临床前和临床药物发展研究证明苏拉明能抑制 EGF、FGF、IGF、TGF 和 PDGF 等多种生长因子与其受体相互作用，是一个“广谱”生长因子拮抗剂。但是由于过大的毒副作用以及难以预测的药代动力学性质(例如高度血浆蛋白结合)限制了苏拉明的临床应用。目前已经合成了一系列苏拉明的类似物，进一步化学改造后部分化合物正在新药发展的各个阶段进行检验，初步结果令人鼓舞。

选择生长因子受体作为药靶的优点是受体配基无需进入细胞即可发挥治疗作用。由于生长因子受体的天然配基是大分子蛋白质或多肽，以生长因子受体为药靶设计小分子化学药物的化学开始点并无吸引力。目前一些所谓以生长因子受体为药靶的小分子化学药物主要是通过阻断受体型蛋白酪氨酸激酶的方式产生治疗作用。另一种很有发展前景的方式是发展抗生长因子受体的单克隆抗体。这种治疗性单克隆抗体通过与生长因子受体的特异性结合，妨碍生长因子与其受体结合而抑制受体介导的链式信号反应。如前述，许多恶性肿瘤细胞表达过量的生长因子受体。因此，以生长因子受体为药靶的单克隆抗体正在获得广泛的重视(也见下文治疗性单克隆抗体)。

由于受体型蛋白酪氨酸激酶催化的下游靶蛋白分子上的酪氨酸残基磷酸化对于信号传导是绝对必须的步骤，抑制这一过程能有效地抑制受体酪氨酸激酶的活性。另一方面蛋白酪氨酸激酶受体信号传导通道的许多蛋白质成分也具有酪氨酸蛋白激酶活性。这些非受体酪氨酸蛋白激酶也在细胞增殖过程中发挥了关键作用。经过最近十余年的研究，已经合成或发现了数以千计的酪氨酸蛋白激酶抑制剂。其中绝大部分仅仅只作为研究工具用于体外试验以阐明各种生长因子受体及其信号传导机制。少数一些进入了临床前试验的化合物，主要是针对上皮生长因子酪氨酸激酶的抑制剂，或因为不能获得满意的药效动力学作用(药效，选择性)，或因为药代动力学性质(吸收，代谢)问题，或因为毒理学和化学合成困难等而没有进入新药临床发展阶段。目前，有七个小分子化合物已经完成了临床前试验，正在新药发展的不同临床试验阶段进行试验。还有几个化合物正在新药发展的临床前末期试验阶段。值得注意的是，这些化合物的大多数是所谓 ATP 竞争抑制剂，即通过同 ATP 竞争酪氨酸蛋白激酶催化区域结构上的结合部位发挥抑制作用。研究证明，酪氨酸蛋白激酶 ATP 结合部位是合理药物设计的优良药靶。

正常情况下，受体酪氨酸蛋白激酶催化的酪氨酸残基磷酸化能够被蛋白磷酸酶(磷酸酪氨酸蛋白磷酸酶，PTP)快速中止。因此以磷酸酪氨酸蛋白磷酸酶为药靶的蛋白磷酸酶活化剂能够激活该类酶,迅速中止活化的生长因子信号,抑制细胞增殖。目前,可以用作磷酸酪氨酸蛋白磷酸酶活化剂的化合物包括甾体以及非甾体抗雌激素药(antiestrogens)和生长激素释放抑制因子(somatostatin)。甾体和非甾体抗雌激素药常常用于治疗乳腺癌。近年发现它们对乳腺癌的抑制作用不仅与其抗雌激素作用有关,而且与其能妨碍生长因子信号传导有关。进一步的工作证明甾体和非甾体抗雌激素药抑制乳腺癌细胞增殖与它们能激活细胞膜磷酸酪氨酸蛋白磷酸酶有关。同样具有抗雌激素作用的雄激素并不激活膜磷酸酪氨酸蛋白磷酸酶,它们也不能抑制生长因子介导的信号传导。相反,特异性磷酸酪氨酸蛋白磷酸酶抑制剂原钒酸钠(sodium orthovanadate)能防止抗雌激素药引起的细胞生长抑制作用。生长激素释放抑制因子可以抑制许多细胞生物学活动,包括细胞增殖。由于天然生长激素释放抑制因子的半衰期只有三分钟,目前主要是使用它的类似物治疗各种人类肿瘤疾病。现在知道,生长激素释放抑制因子以及它的类似物的生长抑制作用是由于激活磷酸酪氨酸蛋白磷酸酶。这种作用可以导致活化的上皮生长因子受体去磷酸化从而抑制该受体介导的信号传导。

转录因子(transcriptional factor)活化和调节相关基因表达既是许多生长因子信号传导通道的最后步骤,也是生长因子的主要生物学功能效应。基因组学研究证明,人类基因组三到四万基因的协调表达对于正常生长发育和生理功能是最基本的条件,而协调的基因表达是由序列特异性的转录因子调节的。转录因子主要通过影响 RNA 聚合酶Ⅱ结合到特定基因上游的 DNA 转录调节区发挥作用。转录因子活性的异常改变可能与一些多致病因子疾病或综合症,包括代谢内分泌疾病,心血管疾病,血液病,免疫异常,神经精神异常,感染和肿瘤等发病有关。转录因子活性异常改变既可以是由于生长因子(或其他信号传导通道)信号传导通道某个(些)环节改变而引起,也可以是由于转录因子本身发生基因突变或表达异常而致。对这些疾病,选择攻击某个基因或基因产物(如酶蛋白,受体等)作为药靶常常并不能获得十分有效的治疗效果。相反,选择以调节控制一组与疾病病理生理相关基因的特定转录因子为药靶,可能会获得更好的治疗效果。的确,几年前还认为直接或间接影响转录因子活性的药物并非很有吸引力。但是,现在以发展各种转录因子为药靶的小分子化学药物已经成为寻找新药的活跃领域。

16.5.5 重要的信号传导通道成分作为药靶

生长因子以及受体介导的信号之所以引起细胞生长和分化是由于它们能增加与生长过程有关的基因表达。反过来,改变生长因子和生长因子受体,或受体信号传导过程中的重要成分的表达也是调节细胞生长、分化的重要机制。显然,以改变生长因子和受体表达为药靶是寻找抗肿瘤和非恶性增殖性疾病药物的重要领域。

近年在对生长因子以及受体的基因表达和转录机制的研究时发现雌激素增加许多生长因子和生长因子受体的表达。甾体和非甾体抗雌激素通过与雌二醇竞争雌激素受体而防止生长因子和生长因子受体合成的增加，导致生长抑制。例如三苯乙烯衍生物 Tamoxifen 以及它的活性代谢产物 4-羟基-他莫昔芬(Tamoxifen)能阻断雌激素引起的上皮生长因子受体和胰岛素样生长因子-Ⅰ(IGF-Ⅰ)受体的表达。同时它也能降低血循环中的 IGF-Ⅰ的浓度。目前这个药是治疗乳腺癌的首选内分泌药物。几个以他莫昔芬为基础的化学合成类似物(据说是克服了他莫昔芬具有的内在雌激素活性和快速发展耐药性的缺点)正在新药发展的不同阶段进行试验。而维生素 A 以及相关的衍生物也是通过妨碍生长因子以及受体的生物合成而具有抗肿瘤作用。例如维甲酸抑制乳腺癌细胞增殖，其作用机制与它们能抑制雌激素诱导的生长因子 TGF-A 和 IGF-Ⅰ受体表达有关。另一个曾经因其具有致畸胎作用而成为药物研发史上里程碑式的著名药物反应停(thalidomide)，最近被发现是非常有效的抗肿瘤和抗自身免疫疾病的药物。反应停的抗肿瘤活性与其抑制内皮细胞生长因子 bFGF 和 VEGF 引起的血管生成(angiogenesis)有关；而其抗免疫或抗自家免疫疾病则与它能抑制细胞活素(cytokine)组织坏死因子 α(TNFα)的表达有关。1998 年，美国 FDA 已经批准该药用于治疗麻风结节性红斑(NEL)。目前，反应停已经成为治疗 NEL 的首选药。此外，反应停对几个与组织坏死因子 α 活性增加相关的疾病，包括结核杆菌传染、器官移植和宿主疾病、关节炎、系统性红斑狼疮、多发性硬化症、克罗恩氏病、肿瘤和艾滋病相关的恶性疾病等具有治疗作用。

从图 16.13 可见，生长因子受体的细胞膜内区域结构磷酸化为下游信号传递成分提供了结合部位。许多小分子蛋白质能与这些磷酸化了的部位结合，通过它们对不同信号的辨认识别和信号分配功能，确定激活那些下游信号传导通道并通过这些信号传导通道将细胞外不同信号传送至细胞内不同部分。这些小分子蛋白质被称为传感器或分子开关。近年的工作证明这些小分子蛋白可能是优良的潜在药靶。例如小分子鸟苷酸结合蛋白(G 蛋白)RAS 就是这样一个药靶。由于 RAS 蛋白在许多生长因子受体信号传导过程中的中心作用，过去十年一直是生命科学的许多领域的研究焦点。刺激许多生长因子和细胞活素受体导致 RAS 蛋白活化，活化的 RAS 蛋白激活几个下游 RAS 效应器，再激活几个重要的蛋白激酶信号传导通道，包括 RAF-1/MAP 激酶通道、MEKK/JNK 通道、RAC/RHO 通道和 PI3K/PKB 通道，分别调节生长相关的基因表达、细胞分化、细胞迁移和降低细胞凋亡等。RAS 蛋白在正常和肿瘤细胞生长过程中发挥了极为关键的作用。例如，大约在 30%的人类各种恶性肿瘤中，特别是前列腺癌和直肠癌，由于突变的癌基因 RAS 表达的突变产物 RAS 蛋白被锁定在活化状态而导致细胞增殖失控是肿瘤发生的主要原因。已经发现三种 RAS 前癌基因(H-ras，N-ras 和 K-ras)。RAS 癌基因则表达四个 21-kd 蛋白分子(H-Ras,N-Ras,K-Ras4A 和 K-Ras4B P21[RAS])。表达的前 RAS 蛋白必须经过转录后化学修饰才能定位在细胞膜内表面发挥其分子开关的作用。在前 RAS 蛋白转变为功能性 RAS 蛋白过程中要经过 4 步化学修饰反应。其中第一步反应,即经法呢基转移酶催化,在 RAS 蛋白的 C 端苏氨酸残基上加上半分子法呢基二磷酸(法呢基异戊二烯),是 RAS 蛋白最重要的转录后修饰。经此修饰,RAS 蛋白才能定位在细胞膜内侧。此步反应称为法呢基化反应。进一步的研究证明法呢基转移酶催化的法呢基化反应可能是好几个重要的蛋白信号分子转录后化学修饰的步骤。在这些发现的基础之上,法呢基转移酶被药物合理设计选择成为攻击 RAS 蛋白的药靶,用于几类法呢基转移酶抑制剂的合成。选择性法呢基转移酶抑制剂能特异性地抑制 RAS 蛋白介导的多条生长因子受体信号传导通道,可能成为恶性肿瘤的重要的潜在治疗药物。

细胞内蛋白质磷酸化是由蛋白激酶催化的。蛋白质磷酸化是细胞内调节蛋白质功能最重要的方式。蛋白质磷酸化可以使细胞快速地从一种活动状态转变到另外一种活动状态。近年的工作证明细胞通过蛋白质磷酸化这种方式来调节基因表达、细胞增殖、细胞凋亡和细胞分化等重要的生命活动。蛋白质磷酸化也是细胞对外界信号,包括激素和生长因子以及其他体液因子作出反应的主要机制。细胞对外界环境改变的反应和对营养改变的反应也都是通过蛋白质磷酸化调节的。例如,丝氨酸/苏氨酸蛋白激酶链式反应是连接生长因子受体信号传导从分子开关到细胞核或其他细胞部位之间的重要环节。此外,细胞周期各个阶段的所有调节事件都与细胞周期依赖的蛋白激酶引起的蛋白质磷酸化/去磷酸化有关。蛋白激酶在细胞信号传递过程和细胞生物学功能调节过程所具有的关键作用极大地刺激了学术界和药物工业界寻找以各种蛋白激酶为药靶的药物的热情。这些药物可能是蛋白激酶的抑制剂,或者是蛋白激酶的激活剂。与细胞内其他酶蛋白相比,蛋白激酶的数目很大,每一个人细胞内含有高达二千种蛋白激酶分子。至今已有几百个蛋白激酶的基因和蛋白质序列被确定下来。因此,为每一个或每一类蛋白激酶找到强大而特异的抑制剂是相当困难的任务,尤其考虑到蛋白激酶存在于细胞内,蛋白激酶抑制剂需要穿过细胞膜才能发挥作用。例如,相当长一段时间以来,研究人员一直认为以蛋白激酶 ATP 结合部位为药靶的 ATP 竞争性抑制剂只能是缺乏选择性的蛋白激酶抑制剂,因为各种蛋白激酶 ATP 的结合部位具有高度相似的结构。但是最近五六年以来的显著进展证明这种观点是缺乏根据的。新技术,特别是建立在各种蛋白激酶三维结构研究基础之上的分子改型(molecular remodeling)和基于结构的药物设计(structure-based drug design)方法的采用,已经极大地改善了蛋白激酶抑制剂的研发现状。研究各种蛋白激酶的三维晶体图形时发现,虽然所有已知结构的活化蛋白激酶其 ATP 结合部位的“活化构象”都非常相似,但是各种非活化蛋白激酶 ATP 结合部位的“非活化构象”却呈现极大的多样性。正是这种多样性为高亲和力和高选择性蛋白激酶抑制剂提供了理想的靶点。根据这些构象差异,研究人员设计合成了许多能穿过细胞膜的小分子选择性蛋白激酶抑制剂。许多抑制剂的抑制常数(K_i)达到了微摩尔(micromolar)范围。在这些工作的基础之上,传统的药物公司和生物技术公司设计合成了许多作用更强,选择性更高的蛋白激酶抑制剂,其抑制常数达到了纳摩尔(nanomolar)甚至更低的水平。几个抑制剂正在新药研发的临床前期和临床各期进行试验(表 16.6)。可以预见,在未来的十到二十年,以各种蛋白激酶为药靶的选择性药物将为许多疾病和综合症提供新的治疗方案。

表 16.6　竞争性 ATP 结合部位蛋白激酶抑制剂

药　靶	药　名	公　司	新药临床试验期
Bcl-Abl 融合蛋白	STI571	Novartis	Approved
CDKs	L86-8275	Hoechst	Ⅰ
上皮生长因子受体	BIBX1382	Boehringer-Ingelheim	Ⅰ
上皮生长因子受体	PKI 166	Novartis	Ⅰ
上皮生长因子受体	CP358,774	Pfizer/ OSI	Ⅱ/Ⅲ
上皮生长因子受体	PD0183805	Warner-Lambert	Ⅰ
上皮生长因子受体	ZD1839	Zeneca	Ⅱ/Ⅲ
MEK	PD-184352	Warner-Lambert	临床前/Ⅰ
PKC/ Trk	CEP2563, CEP701	Cephalon/ Kyowa Hakko	Ⅰ/Ⅱ
PKC	UCN-01	Cephalon/ Kyowa Hakko	Ⅱ
PKC	STI412	Novartis	Ⅱ
PKCβ	LY-333531	Lilly	Ⅲ
PDGF-Rβ	SU6668	Sugen	Ⅰ/Ⅱ
PDGF-R	SU101	Sugen	Ⅲ
Raf	ZM336372		临床前/Ⅰ
VEGF-R	CGP79787	Novartis/Schering	Ⅰ
VEGF-R	CP564 959	Pfizer/OSI	临床前
VEGF-R	SU5416	Sugen	Ⅱ
VEGF-R	ZD4190	Zeneca	临床前

16.6　细胞核受体作为药靶[66～75]

细胞核受体,也称核激素受体,是细胞内介导甾体激素、维生素 A(类视黄醇)或维生素 D 衍生物、甲状腺激素和脂肪酸代谢中间产物等脂类物质生物学反应的大家族。它们在调节细胞生长、分化、发育、生殖、体内物质代谢和机体生理功能方面发挥了关键作用。与细胞膜受体如前述 G 蛋白受体和生长因子受体相反,细胞核受体存在于细胞内。这些细胞内的受体与其相应的激素配基结合然后发生构象改变称为变形,成为活化的受体。配基激活的受体能够辨认并与特异,并称为激素反应成分(hormone response element, HRE)的 DNA 序列结合,致使激活或抑制 RNA 聚合酶Ⅱ引起的基因转录。不同激素配基与不同细胞核受体结合产生不同的细胞生物学反应,相同的激素配基与不同细胞的相应受体结合也可以产生不同的细胞生物学反应。更复杂的是在同样的细胞,不同的激素配基与相同的受体结合产生不同的生物学反应。但是,配基-核受体结合后产生一个对所有已知核受体家族成员的共同反应,即改变相应核受体所调节的基因的转录活性。因此,细胞核受体也被称为基因转录活化因子(transcriptional activator)或转录因子。需要指出的是,核受体类转录因子只是几大类转录因子中的一小部分,属于所谓锌指类转录因子家族(zinc finger superclass of transcriptional factor)。本节只对近年来有关细胞核受体研究的某些进展,从药靶的角度进行简要讨论。

16.6.1 细胞核受体的一般结构特点

根据系统发生分析结果,核受体可以分成三大类。第一类包括雌酮受体(ER)、孕酮受体(PR)、雄性激素受体(AR)、糖皮质激素受体(GR)和盐皮质激素受体(MR)。第二类核受体包括甲状腺激素受体(TR)、维生素 D3 受体、全反式黄酸和 9-顺式黄酸受体。第三类主要由所谓孤立性核受体组成。尽管细胞核受体大家族成员引起的生理学反应多种多样,迄今为止所有被发现的细胞核受体都有相似的结构。根据蛋白质序列相似性,每一细胞核受体蛋白分子可以被分成 A 到 F 六个区域结构。从氨基末端开始是 50～500 个氨基酸残基的氨基末端变异区 A/B。这一部位主要能与各种蛋白激酶相互作用,与受体控制基因的转录激活有关。接着是由大约 70 个氨基酸残基组成的,氨基酸序列高度保守的苏氨酸富集区 C,这个部位常常是 DNA 结合部位(DBD)。再接下来是由 45 个氨基酸残基组成,功能仍然不明的 D 区。最后是氨基酸中度保守的羧基末端 E/F 区,长度大约是 200～250个氨基酸。这一区是所谓多功能区,它含有受体的配基结合部位(LBD)。这一区也含有使核受体从胞浆到胞核转位功能和受体二聚化反应有关的信号。LBD 还被发现作为分子开关吸引辅助活化因子参与核受体控制的基因转录调节(图 16.5)。此外,许多核受体的羧基末端也包含一个具有 DNA 结合功能的锌指状结构。这个氨基酸序列高度恒定的区域结构常常被低 STRINGENCY 杂交技术利用来分离相关的细胞核受体。核受体 DNA 结合区域结构的第一个锌指状结构的氨基酸形成 α 螺旋并在 DNA 分子大凹槽与相应的 DNA 共有序列发生分子接触和结合。DNA 结合和转录活化试验发现,虽然 DNA 激素反应成分(HRE)是被细胞核受体大家族的大部分成员识别并能与之结合的 DNA 序列,但是每一类细胞核受体 DNA 反应成分的共有序列(consensus sequence)仍呈现相当的差别。例如，第一类核受体包括糖皮质激素、盐皮质激素、黄体酮和雄激素受体等都能通过与共有序列为 $GGTACA(n)_3TGTTCT$ 的激素反应成分(HER)相互作用而激活基因转录。第二类核受体如类视黄醇和甲状腺激素受体的 DNA 反应成分 $TCAGGTCA(n)_{1-4}TGACCTGA$ 与雌激素受体反应成分 $AGGTCA(n)_3TGACCT$ 相似。DNA 结合与转录活化是可分离的功能。例如，甲状腺激素受体能结合到雌激素受体反应成分，但是并不导致雌激素受体反应成分控制的基因转录激活。

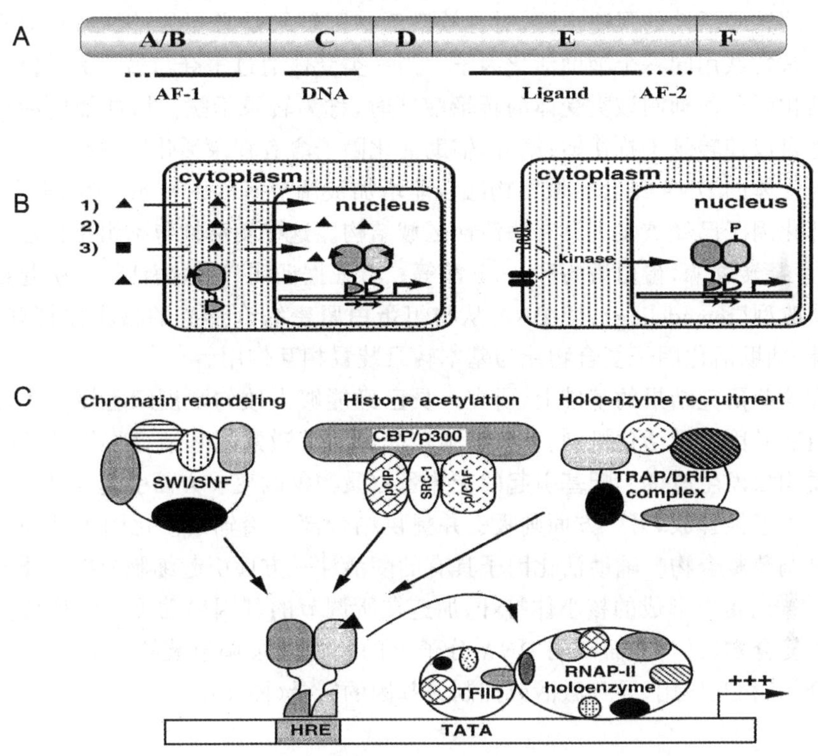

图 16.15　A. 细胞核受体分子结构模式图；B. 配基依赖的细胞核受体激活(左侧)，非配基依赖的细胞核受体激活(右侧)；C. 细胞核受体活化过程

图示各种细胞核受体辅助调节因子(辅助活化因子或辅助抑制因子)在配基存在下形成具有不同生物活性的复合物；这些复合物再与细胞核受体相互作用导致激活(或抑制)其他基因转录装置(图采自 Aranda etal, *Physiol Rev*, 2001)

多年来大量的研究一直在试图阐明核受体是通过什么机制改变其控制的基因转录活性的。虽然许多核受体直接与基本的转录装置如 TFIIB 相互作用，但是这种相互作用仍然不足以解释核受体引起的基因启动子的活化。最近的研究发现核受体转录因子需要通过与一类所谓辅助调节因子(coregulator)的调节蛋白，包括辅助活化因子(coactivator)和辅助抑制因子(corepressor)相互作用才能产生转录活化作用。甾体受体辅助活化因子-1(SRC-1)是第一个被克隆和详细分析的辅助活化因子。迄今至少有十几个辅助活化因子或辅助抑制因子被发现。辅助调节因子的结构各不相同,为核受体信号传导通道的多样性提供了进一步的调节机制。作为一类具有相似作用的调节分子,这些核受体辅助活化因子具有许多共同的功能特点。第一,核受体以配基依赖的方式同辅助调节因子发生相互作用;第二,辅助活化因子增加基因转录活性,而辅助抑制因子降低基因转录活性;第三,辅助活化因子是基因转录活性的限速步骤,对有效激活基因转录是必要的;第四,几类不同的核受体常常共用同一个辅助活化因子。当一类受体通过争夺与另一类受体共用的辅助活化因子而抑制该类受体的转录活性时,称为转录干扰。增加辅助活化因子的表达可以使转录干扰逆转;第五,辅助活化因子含有转录活化区域结构。把这种结构与受体的 DNA 结合区域结构融合能增加被调节基因的转录活性;第六,几个辅助活化因子已经被发现具有酶活性区域结构。这些酶活性包括组蛋白乙酰基转移酶,甲基转移酶,蛋白激酶和 ATP 酶等。有证据证明,这些酶活性可引起细胞核染色质改型(remodeling),使 DNA 从与组蛋白紧密缩合形成的核小体打开,以便核受体-辅助活化因子复合物能与基本转录装置相互作用。

在这些研究结果的基础上,研究人员已经能够大致勾画出细胞核受体信号传导通道和基因转录活化机制:一旦细胞核受体与其激素配基结合将导致核受体的蛋白质构象发生改变。配基引起的受体蛋白质构象改变一方面引起与其相连的辅助抑制因子被释放,另一方面则吸引并提供结合部位给辅助活化因子共同形成基因转录调节复合物。辅助活化因子具有的酶活性一方面引起细胞核染色质改型并使 DNA -组蛋白形成的核小体打开,加速在所调节的基因启动子上游形成更大的蛋白质复合物,另一方面则同 DNA 分子上的基本转录调节装置(如 RNA 聚合酶Ⅱ复合物)相互作用,导致激活或抑制该基因的转录(图 16.15)。

16.6.2 细胞核受体作为新药发现的药靶

几乎所有天然细胞核受体的配基早已广泛应用于临床治疗各种内分泌、代谢、炎症、自身免疫等相关疾病或临床综合症。而细胞核受体也是发展抗激素治疗的优良药靶。例如,各种抗雌激素作用的抑制剂已经成功地应用在肿瘤和内分泌疾病治疗的方案中。不过,以前根据经典激素作用机制而认为这些抑制剂只是作为竞争性拮抗剂与雌激素竞争核受体结合部位的看法是过于简单了。例如,抗雌激素药 Tamoxifen 是用于治疗乳腺癌的雌激素受体抑制剂。但是,在骨组织,这个药可以刺激雌激素受体。该药也能防止绝经期妇女雌激素降低后的心脑血管危险。进一步的分析发现,Tamoxifen 在不同细胞引起不同的雌激素受体介导的反应,是由于它与雌激素受体形成的复合物在不同的细胞被不同地辨认。根据蛋白水解酶消化敏感试验结果,不同的雌激素受体抑制剂与受体结合后可以形成不同的构象,不同构象的受体-抑制剂复合物产生不同程度的转录激活。因此,这些雌激素受体抑制剂不仅是受体的竞争性拮抗剂,而且是能够通过改变受体构象,影响受体与辅助活化因子和辅助抑制因子相互作用的"主动性拮抗剂"。

由于核受体辅助活化因子和抑制因子在核受体信号传导过程中发挥了如此重要的作用,以细胞核受体-辅助活化因子复合物为药靶寻找新的核受体抑制剂正在受到越来越多的重视。从药靶的角度来看,选择辅助活化因子作为药靶寻找干预核受体介导的基因转录药物是合乎前述药靶标准的。由于多种辅助活化因子具有蛋白酶活性,因此每一种酶都是研发新的抗转录作用药物的优良靶点。例如,许多现存的乙酰基转移酶抑制剂,甲基转移酶抑制剂,蛋白激酶抑制剂和 ATP 酶抑制剂等,如果化学上是属于脂溶性的物质,能够容易地进入细胞膜和细胞核,则可能是寻找新作用的化学开始物。而这几类酶学活性检测都有成熟的方法。另外,酶作用阻断后对核受体介导基因转录的影响也可以相当容易地被检测出来。除了以酶活性作为药靶,选择核受体-辅助活化因子复合物相互作用作为药靶也是可行的。研究已经证明,许多辅助活化因子在与不同细胞核受体相互作用时是通过其氨基酸结构的一个或者是多个 Leu-X-X-Leu-Leu 序列结构与核受体分子的某一特定结构如激素结合区内 AF-2 区域结构发生相互作用。利用这一特性,研究人员通过组合合成方法已经成功地建立了多肽化学库,从中筛选发现了高亲和力的多肽拮抗剂,能选择性抑制雌激素核受体-辅助活化因子复合物的相互作用,降低雌激素受体活化介导的基因转录。

16.6.3　为孤立性细胞核受体寻找配基

虽然在细胞膜 G 蛋白受体一节中已经对孤立性受体进行过讨论,实际上,孤立性受体概念的提出最初是源于对细胞核受体的有关研究。研究人员对那些由分子克隆获得的基因产物其氨基酸序列结构似乎属于细胞核受体大家族但是缺乏确定的天然激素的蛋白质分子称为孤立性细胞核受体。从第一个孤立性核受体被克隆,经过近十年的研究,特别是基因组测序的开展,导致发现了许多孤立性细胞核受体。例如,在线虫、果蝇和人类这三种已经完成基因组测序的多细胞生物基因组中,分别存在不同数目的细胞核受体。线虫有 270 个,果蝇有 27 个,而人类细胞大约有 60 个孤立性细胞核受体,分属于 19 个亚型(已知的细胞核受体分属于 11 个亚类)。与此同时,研究人员通过所谓"反向"内分泌学的方法,即通过使用克隆的核受体作为筛选靶,在寻找细胞核受体配基的同时,也逐步阐明了这些受体的生理功能以及可能的病理生理作用。

与以前已知的,以甾体类核受体为代表的受体相比,孤立性核受体除了表现与已知受体相似的结构特点外，还有以下几个重要特征。第一，许多几年前还被称为"孤立性"的核受体已经或者正在被发现存在与其配对的内源性配基，这些配基主要是天然的脂类如脂肪酸和胆固醇代谢中间产物分子。因此，这些受体被称为非甾体性或第二代甾体性核受体。第二，所有这些配基激活的核受体在与所调节的基因 DNA 发生高亲和力结合时，需要与另一个核受体 RXR 形成杂合性二聚体。换言之，核受体 RXR 是所有 11 类孤立性核受体介导信号传导通道的共同成分。第三，所有已知的孤立性核受体都具有重要的生理和病理意义，正在受到广泛的注意和研究，有可能成为治疗许多重要疾病，特别是有关代谢异常、炎症、肿瘤等疾病的潜在药物的药靶。表 16.7 列出了目前正受到广泛研究的几类重要孤立性细胞核受体，初步确定或者推测的受体配基，以及它们作为潜在药靶的相关疾病或药物。

表 16.7　孤立性细胞核受体，受体配基以及它们作为潜在药靶的领域

孤立性核受体	天然性配基	合成配基	潜在药靶的领域
BXR	胚胎安息香酸盐		
CAR 配基灭活受体	雄烷醇，Androstenol		有待确定的雄性激素新生理作用；细胞色素 P450 相关的药物代谢
FXR 细胞核胆酸受体	胆酸如鹅胆酸（CDCA），法呢醇	维生素 A 衍生物 TTAPB	调节胆酸平衡
LXRα 肝脏 X 受体 LXRβ	24(S)25－环氧胆固醇，24(S)-羟胆固醇		饮食胆固醇调节胆固醇转化成胆酸的限速酶
过氧物酶增殖因子活化受体	饱和/非饱和脂肪酸	降血脂药	动脉粥样硬化，肥胖，糖尿病
PPARα PPARγ PPARδ	多不饱和脂肪酸， 饱和/非饱和脂肪酸	降血糖药（TZDs）	糖尿病，高血压，炎症
PXR 孕烷受体	甾体类激动剂/抑制剂	C21 合成甾体	细胞色素 P450 相关的药物代谢
RXR 9－顺维甲酸受体	9－顺维甲酸		与所有孤立性细胞核受体相关的功能
SXR	C－18，19，和 C－21 甾体	合成性 C－18，C－19 和 C－21 甾体	细胞色素 P450 相关的内源性激素，甾体和其他药物代谢

与孤立性 G 蛋白偶合受体的研究相仿，为了寻找以孤立性核受体为药靶的新药，首先需要了解这些受体的生物学功能，确定它们对应的内源性配基。许多经典的核受体功能如配基结合，DNA 结合，配基依赖的辅助活化因子补充，以基因活化

转录等可以被许多广泛应用的分子细胞生物学检测方法来确定。这些方法包括重组(基因)蛋白表达,电泳迁移变换(electrophoretic mobility shift assay)和各种检测蛋白质-蛋白质相互作用的方法。从这些试验获得的相关知识,研究人员就可以为寻找孤立性核受体的配基设计出合理的检测方法。为孤立性核受体寻找生理配基是具有挑战性的工作。所有核受体的天然配基都是脂溶性小分子。因此,以细胞组织脂溶性提取物、脂溶性天然和合成化合物以及化学库做资源,寻找孤立性核受体的配基是目前最合理的步骤。最广泛使用的配基筛选方法是所谓基于细胞的报告检测法(cell-based reporter assay)。培养的细胞被孤立性核受体的 cDNA 和荧光素酶报告基因短暂转染。然后,细胞与上述潜在配基来源物质共育,配基依赖的荧光素酶活性被用来检测潜在配基的存在。任何经由这种方法确定的潜在配基则可以进一步由标准的配基受体结合分析方法证实其特异性以及饱和性结合的特征。近年来几个新的配基受体结合分析方法克服了脂溶性物质倾向形成"微团"而难于被标准的配基-受体结合方法分析的缺陷,已经成功地用来分析和寻找孤立性核受体的配基。

过去几年,一类称为过氧化物酶体增殖因子-活化受体(permo proliferator-activated receptors, PPARs)的孤立性核受体经过上述方法的研究,不但发现了它们的潜在生理配基是脂肪酸或其他脂类物质代谢中间产物,而且发现这些受体在调节脂肪细胞分化以及在脂肪酸存储和分解代谢中发挥了中心作用。进一步的研究发现这些受体可能在几类重要的脂肪代谢异常相关的疾病,如肿瘤、炎症、糖尿病和动脉粥样硬化等具有重要的病原学作用而受到广泛的关注。至少已经发现了三个 PPAR 受体亚型,即 PPARα、PPARγ 和 PPARδ。这些受体亚型的结构具有上述其他孤立性核受体所具有的共同基本特征以及信号传导通道的共同特点。它们都具有相似的从氨基末端 A 到羧基末端 F 的六个区域结构;三个受体亚型都需要与另一个核受体 RXR 形成二聚体才能达到以高亲和力与 DNA 结合的目的。最近,几个与 PPAR 介导的基因转录相关的辅助活化因子也已经被发现。更重要的是几类以前不知道作用机制,但是广泛用于临床的药物如降血脂药 Fibrates、抗糖尿病药 Thiazolidinediones 等已经被发现分别是核受体 PPARα 或 PPARγ 的药理激动剂。这些发现不仅是为这些广泛应用的药物寻找到了它们的药靶,而且为设计、寻找新的抗代谢失常,抗高血压和抗糖尿病药物开辟了新的途径。

16.7　功能性蛋白质作为药靶[76~94]

所谓功能性蛋白分子指的是在细胞膜内外具有明显生物学活性或病理生理功能的蛋白质分子。无论是功能或者结构,这一类蛋白质都具有复杂的分子多样性。但是,当它们作为药靶与潜在的药物相互作用后,都导致与其相关的细胞或组织功能发生改变,从而产生治疗效应。针对不同的药靶,合成小分子化合物和多肽、各种治疗性单克隆抗体、治疗性免疫疫苗和经工程改造过的核苷酸分子等都可能成为合适的药物。

16.7.1 蛋白酶同工酶

从已经用作药靶的各种蛋白酶的同工酶中寻找新药靶也有很多成功的例子。环氧化酶(COX)是前列腺素合成过程中的关键限速酶。临床上广泛应用的阿斯匹林和非甾体类抗炎药物就是以这个酶作为药靶发挥作用的。长期以来认为该酶只有一种形式存在于细胞。药理学研究提示和分子克隆技术证实至少有两种环氧化酶,即环氧化酶-1和环氧化酶-2存在于各种细胞。进一步的研究发现环氧化酶-1和环氧化酶-2基因表达受不同调节机制控制。环氧化酶-1以结构基因形式普遍表达在大多数细胞,而环氧化酶-2则只有在受到诱导剂作用时才会表达。因为常见的环氧化酶-2诱导剂包括各种炎症介导因子、各种生长因子和激素,这种差异表达具有重要的治疗学意义。阿斯匹林和非甾体类抗炎药物是非选择性的环氧化酶抑制剂。发现并发展选择性的环氧化酶-2抑制剂既能产生与非甾体类抗炎药同样的药物治疗作用,同时也可能会产生比非甾体类抗炎药少得多的副作用。现在几个选择性的环氧化酶-2抑制剂已经开始应用于临床。应用的结果表现了很好的临床抗炎性作用,但胃肠道副作用却比非甾体类抗炎药少很多。存在两种环氧化酶同工酶,而两种酶受到不同调节机制控制导致不同细胞的差别表达也为临床合理用药提供了理论基础。例如,人类血小板只表达环氧化酶-1而不表达环氧化酶-2,因此以环氧化酶为药靶的抗血小板药如阿斯匹林是通过抑制环氧化酶-1发挥作用的。阿斯匹林是一个相对选择性 环氧化酶-1抑制剂,对环氧化酶-1的抑制作用比对环氧化酶-2的抑制作用强150～200倍。因此,当阿斯匹林用作抗血小板药治疗动脉血栓性疾病如急性心肌梗塞,心绞痛和缺血性脑血管病等时,其剂量比用作抗炎药治疗关节炎等疾病时要小得多。的确,近年大规模临床试验证据表明当阿斯匹林用来预防心脑血管疾病时,每日50～85mg产生的保护作用与每日1500mg的保护作用是一样的。因此小剂量阿斯匹林既能达到降低心脑血管疾病的危险又能大大减少胃肠道和出血的副作用。

16.7.2 治疗性单克隆抗体

自从第一个单克隆抗体(mAbs)于1975年问世至今已经四分之一个世纪。最初,单克隆抗体主要用于临床诊断和研究蛋白质结构、功能和表达。的确,单克隆抗体的诞生导致生物领域的基础研究和医学领域的临床诊断发生了革命性的变化。现在单克隆抗体已经广泛应用于各种临床疾病的诊断,病理改变的定位和疾病治疗效果的判断等。各种基于抗体的免疫检测方法在可预见的未来将仍然是最常用的临床诊断方法和成长最快速的生物工程技术领域。另一方面,从一诞生,由于单克隆抗体能够以高度选择性和高度特异性的方式辨认其对应的靶抗原蛋白并与之相互作用,导致靶抗原蛋白功能丧失,利用单克隆抗体治疗人类疾病一直是研究人员的希望。尽管经过长期和巨大的努力,但是收效甚微。直到 1994 年才有第一个治疗性单克隆抗体抗 CD3(OKT3)被批准进入药物市场用于急性器官移植后的排斥反应。最近五年,试图获得治疗性单克隆抗体的努力获得了重大进展。使用新技术新方法生产的各种治疗性单克隆抗体不仅在实验室获得了令人信服的证据,而且在临床新药发展的不同阶段也获得了令人鼓舞的治疗效果。目前又有至少七个治疗性单克隆抗体被批准用于人类疾病的治疗,更多治疗性单克隆抗体正在临床新药发展的不同阶段被试用。被治疗性单克隆抗体治疗的疾病或症状已经增加为包括各种恶性肿瘤,各种病毒和细菌性感染疾病,免疫或自身免疫疾病,各种炎症所致疾病,代谢内分泌疾病,血液疾病,心脑血管病和神经精神疾病等。正在发展中的治疗性单克隆抗体为许多原来无药物治疗或有治疗药物但是治疗效果不佳的疾病提供了潜在的选择(见表 16.8)。以各种功能蛋白质为抗原性药靶的治疗性单克隆抗体为临床治疗学展示了崭新的前景。

表 16.8 正在不同新药研发阶段的治疗性单克隆抗体

适应症	抗原性药靶	抗体名	抗体类型	新药临床试验期
病毒感染性疾病				
鲁斯氏肉瘤病毒(RSV)	F 蛋白	Synagis	人类化 (IgGI)	批准 (1998)
HIV	糖蛋白 120(GP120)	PRO542	CD4 融合抗体	Ⅱ
乙型肝炎	乙型肝炎病毒	Ostavir	人	Ⅱ
巨细胞病毒 (CMV)	CMV	Protovir	人类化 (IgGI)	Ⅲ
中毒性休克	TNF-α	MAK-195(Segard)	鼠	Ⅲ
	CD14	IC14	?	Ⅰ
肿瘤性疾病				
血管生成	VEGF	Anti-VEGF	人类化 (IgGI)	Ⅲ
卵巢	CA125	OvaRex	鼠	Ⅲ
直肠	17-IA	Panorex	鼠	批准 (1995)
肺	抗-idiotypic GD3	BEC2	鼠 (IgG)	Ⅲ
乳腺	抗原	Herceptin	人类化 (IgGI)	批准(1998); Ⅲ
头颈部肿瘤	HER2/neu	IMC-C225	人鼠杂交 (IgG)	Ⅲ
肉瘤	上皮生长因子受体	Vitaxin	人类化	Ⅱ
急性髓样白血病	αVβ3 integrin	Smart M195	人类化 (IgG)	Ⅲ

续表

适应症	抗原性药靶	抗体名	抗体类型	新药临床试验期
慢性淋巴细胞白血病	CD33	Campath IH (LDP-03)	人类化 (IgGI)	Ⅱ
非何杰金氏淋巴瘤	CD52			
	CD20	Rituxan	人鼠杂交 (IgGI)	批准 (1997)
	CD22	LymphoCide	人类化 (IgG)	Ⅰ/Ⅱ
	HLA	Smart ID10	人类化	Ⅰ
	HLADR	Oncolym (Lym-I)	鼠	Ⅲ
心脑血管疾病				
脑中风	β2-integrin	LDP-01	人类化 (IgG)	Ⅱa
抗血栓	凝血因子 VII	Corsevin M	人鼠杂交	Ⅱ
抗血管再阻塞	糖蛋白 IIb/IIIa 受体	ReoPro, Abciximab	人鼠杂交	批准 (1994)
		CDP860	人类化 $F(ab')_2$	Ⅱ
心肌梗塞	PDGFβ 受体	Anti-CD18	人类化 $F(ab')_2$	Ⅱ
	CD18			
银屑病	IL-8	ABX-IL8	人	Ⅱ
	CDIIa	Anti-CDIIa	人类化 (IgGI)	Ⅰ/Ⅱ
	ICAM-3	ICM3	人类化	临床前
	CD80	IDEC-114	Primatized	Ⅰ
	CD2	MEDI-507	人类化	Ⅰ
	CD3	Smart anti-CD3	人类化(IgG)	Ⅱ
类风湿性关节炎(RA)	补体 C5	5GI.I	人类化	Ⅱ
	TNF-α	D2E7	人	Ⅲ
	TNF-α	CDP870	人类化 (Fab)	Ⅱ
	TNF-α	Infliximab	人鼠杂交 (IgGI)	批准 (1999)
	CD4	IDEC-151	Primatized (IgGI)	Ⅱ
	CD4	MDX-CD4	人 (IgG)	Ⅰ
克罗恩氏病(Crohn's)	TNF-α	Infliximab	人鼠杂交 (IgGI)	批准 (1998)
	TNF-α	CDP571	人类化 (IgG4)	Ⅱ
自身免疫疾病	CD3	Smart anti-CD3	人类化	Ⅱ
	CD4	OrthoClone (OKT4A)	人类化 (IgG)	Ⅱ
系统性红斑狼疮	C5	5GI.I	人类化 (IgG)	Ⅰ/Ⅱ
	CD40L	Antova	人类化 (IgG)	Ⅱ
	CD40L	IDEC-131	人类化	Ⅱ
溃疡性结肠炎	α4β7	LDP-02	人类化	Ⅱ
自身免疫性出血疾病	CD64 (FcγR)	MDX-33	人	Ⅱ
哮喘/过敏症	IL-5	SCH55700	人类化 (IgG4)	Ⅱ
	IL-5	SB-240563	人类化	Ⅱ
	IL-4	SB-240683	人类化	Ⅱ

续表

适应症	抗原性药靶	抗体名	抗体类型	新药临床试验期
	IgE	RhuMab-E25	人类化（IgGI）	Ⅲ
	CD23	IDEC-152	Prim'ed	Ⅰ
移植对宿主疾病	CD147	ABX-CBL	鼠（IgM）	Ⅲ
	CD2	BTI-322	大鼠（IgG）	Ⅱ
	CD2	MEDI-507	人类化	Ⅱ
器官移植排斥反应	CD3	Smart anti-CD3	人类化	Ⅱ
	CD25	Zenapax	人类化（IgGI）	批准（1997）
	CD25	Simulect	人鼠杂交（IgGI）	批准（1998）
	β2-integrin	LDP-01	人类化（IgG）	Ⅰia
	CD4	OrthoClone	人类化（IgG）	Ⅱ
	CD147	（OKT4A）	鼠（IgM）	Ⅲ
	CD18	ABX-CBL	鼠 $F(ab')_2$	Ⅲ
		Anti-LFA-I		
多发性硬化症	VLA-4	Antegren	人类化（IgG）	Ⅱ
	CD40L	IDEC-131	人类化	Ⅱ
青光眼外科	TGF-β2	CAT-152	人	Ⅱ

导致治疗性单克隆抗体研发过程发生转折性变化的原因是遗传工程技术的巨大进步。正是通过这种技术使得产生自小白鼠的单克隆抗体被转变成为鼠-人杂交的单克隆抗体(chimeric mAbs)(34%的氨基酸来自小白鼠)。这个转变使得妨碍单克隆抗体用于治疗人类疾病的主要障碍,即重复应用引起人对鼠(抗体)的免疫副反应,大部分被克服。以后,利用遗传工程技术进一步产生了所谓人类化(humanized mAbs,仅5%～10%的氨基酸来自小白鼠)单克隆抗体。现在,通过使用分子生物学技术如噬菌体表达(Phage Display)技术或遗传工程技术如转基因动物,人们已经能常规地生产100%的人类单克隆抗体(human mAbs),用于治疗各种人类疾病。经过改造的单克隆抗体除了显著降低其免疫源副作用外,它们的治疗学效果、体内循环半衰期和其他治疗性副作用等药理学和药代动力学性质也有明显的改善。例如,来自小白鼠的单克隆抗体其体内半衰期不到二十个小时,鼠-人杂交的单克隆抗体其半衰期延长到数天,而完全人类单克隆抗体的半衰期可长达三周!

治疗性单克隆抗体主要通过三种机制产生治疗作用。第一,单克隆抗体与靶蛋白分子结合并相互作用导致阻断靶蛋白分子介导的生物学作用,产生治疗作用。目前许多正在研发的,用于治疗自身免疫疾病或为了获得免疫抑制作用的单克隆抗体,主要是通过这种机制产生治疗作用。例如,在使用抗肿瘤坏死因子α单克隆抗体(Infliximab)治疗风湿性关节炎和克罗恩氏病时,抗体首先与肿瘤坏死因子α结合进而阻断其致炎症的作用,减轻了病人的症状如关节疼痛和组织液渗出等等。抗 CD25 单克隆抗体被证明对器官移植后的排斥反应有显著的治疗作用，这种作用是由于它能阻断免疫系统中配基-受体相互作用后引起的排斥反应。而正在发展用于治疗病毒性感染疾病的单克隆抗体也是由于它们能阻断抗原性靶蛋白介导的生物学反应而发挥治疗作用的。

第二种机制是利用单克隆抗体高度选择性和特异性的辨识功能，借助其抗原蛋白靶到达并辨认宿主细胞，再通过不同的机制对其进行攻击而产生治疗作用。使用单克隆抗体治疗恶性肿瘤所要达到的临床终点作用是杀灭肿瘤细胞。这与治疗自身免疫性疾病所要达到的免疫抑制作用是不一样的。现在知道单克隆抗体主要是通过激活宿主的补体系统产生细胞毒杀灭作用。此外，单克隆抗体也通过吸引其他细胞效应器例如中性杀灭细胞和巨噬细胞去攻击肿瘤细胞。不过，有研究证明宿主细胞表达的调节蛋白可以防止正常和肿瘤细胞被抗体攻击（中和作用）。为了克服单克隆抗体对细胞的杀灭作用不强的问题，把某些具有细胞毒性的物质与单克隆抗体结合，利用单克隆抗体的高度选择性和特异性辨识功能将这些细胞毒物质携带到所期望的组织和细胞，再由这些细胞毒物质发挥细胞杀灭作用。这就是所谓单克隆抗体的“生物导弹”作用。

第三种机制是治疗性单克隆抗体利用宿主细胞信号机制达到它们的治疗作用。许多治疗恶性肿瘤的单克隆抗体除了通过能在肿瘤细胞周围吸引攻击性效应器产生细胞毒杀灭作用，也能通过激活宿主肿瘤细胞的信号系统产生治疗作用。第一个例子来自对抗个体基因型（idiotype）（抗 Id）单克隆抗体的研究。这种抗体对 B 细胞淋巴瘤的显著抑制作用与它能激活细胞内蛋白质分子酪氨酸磷酸化呈现明显的正相关。体外实验也发现 B-细胞受体与抗 Id 抗体的交联导致正常和恶变的细胞生长静止和死亡。类似的现象也可以在小白鼠淋巴瘤实验模型上获得证实。例如，虽然 BCL1 瘤细胞在经过抗 Id 抗体治疗，引起长期休眠后仍然表达表面 Id 受体，但是其细胞内几个关键的信号蛋白分子的表达水平发生了明显改变。其他的证据来自临床上治疗淋巴瘤和实体瘤获得成功的两个抗体，抗 CD20 和抗 HER2 抗体的研究。抗 CD20 抗体与 CD20 发生交联后引发宿主肿瘤细胞信号传导通道被激活，包括引起酪氨酸蛋白激酶磷酸化和活化磷酯酶 Cγ（PLCγ），上调节原癌基因 c-myc 表达等反应。在实体肿瘤，抗 HER2 单克隆抗体通过与宿主肿瘤细胞的上皮细胞生长因子类受体发生交联，然后激活细胞内与生长相关的信号传导通道如酪氨酸蛋白激酶磷酸化和 MAPK 激酶磷酸化，引起细胞生长静止和细胞程序性死亡（细胞凋亡）。另一个令人关注的进展是上述所谓信号单克隆抗体，像抗 CD20 或抗 HER2 能增加肿瘤细胞对许多常用的抗肿瘤药如脱氧核糖核酸反应药和放射疗法的敏感性。因此这一类治疗性单克隆抗体与其他抗肿瘤药物或方法相结合，例如抗 HER2 抗体与放射疗法结合能对乳腺癌的治疗产生强大的相加效果。

随着人类基因组计划的如期完成和蛋白质组研究的快速进展，利用现代遗传工程技术和蛋白质工程技术，许多以前未知的蛋白质功能将被揭示，更多适合作为治疗性单克隆抗体的抗原性蛋白质药靶将会被发现和确认。因此，以治疗性单克隆抗体，遗传工程蛋白质药物和更多的多肽药物为代表的所谓蛋白质疗法正在并将继续获得前所未有的发展机会。近年来使用治疗性单克隆抗体的经验表明，除了(由于)本身具有的高度特异性和高度选择性外，治疗性单克隆抗体在用药安全性方面也明显优于传统的小分子化学药物。此外，对于小分子化学药物较难产生作用的药靶，如通过干预蛋白质-蛋白质相互作用产生治疗作用，治疗性单克隆抗体也具有明显的优势。有人预测，未来十到二十年内，以功能性蛋白质为药靶的蛋白质药物会成为临床主流治疗药物，进入药物市场的新药中可能50%是蛋白质药物，而其中80%是治疗性单克隆抗体。

16.7.3 以肿瘤抗原为药靶：抗肿瘤免疫疫苗

尽管发现人类肿瘤的发生与发展与免疫功能异常相关已经超过半个世纪，肿瘤的免疫治疗仅仅是人们的一个梦想。20世纪80年代美国国立肿瘤研究所(NIC)的Steven Rosenberg等进行将肿瘤病人实体瘤内的T淋巴细胞(tumor-infiltrating lymphocyte, TIL)同细胞活素IL-2一道转入自体肿瘤病人从而逆转肿瘤细胞生长的试验，第一次清楚地证明免疫系统在肿瘤治疗中的重要作用和肿瘤免疫治疗的可行性。肿瘤免疫治疗的另一个重要进展是研究发现并鉴定了许多人类肿瘤抗原存在于恶性黑素瘤(melanoma)和其他肿瘤。发现人类肿瘤抗原为发展肿瘤疫苗、进行肿瘤免疫治疗开辟了新的前景。

大量研究证明机体对移植的肿瘤和异体移植组织产生体液性免疫反应(由B淋巴细胞介导)而非细胞免疫反应(由T淋巴细胞介导)。治疗性单克隆抗体用于治疗肿瘤的研究已经证明，除针对肿瘤细胞表达的生长因子抗体外，治疗性抗体对实体肿瘤的生长抑制作用非常有限。免疫研究显示，T淋巴细胞与靶细胞接触时，T淋巴细胞表面的受体首先与靶细胞表面的多肽抗原决定簇-MHC(major histocompatibility complex)复合物结合。现在知道具有杀灭功能的T淋巴细胞(细胞毒T淋巴细胞)表达CD8分子，能辨认第Ⅰ型MHC分子结合的多肽抗原决定簇，而表达CD4分子的T淋巴细胞(T helper cells)主要辨认第Ⅱ型MHC分子结合的多肽抗原决定簇。如果靶细胞表面存在辅助刺激分子(costimulatory molecules)如B7或CD28，T细胞被活化成为功能性T细胞。反之，如果靶细胞表面没有辅助刺激分子，T细胞可能丧失免疫攻击能力甚至进入凋亡阶段。虽然早期研究显示肿瘤细胞能引起肿瘤特异性的免疫应答，但是人类免疫系统并不能自然地根除肿瘤。肿瘤细胞之所以能逃脱免疫监视是由于肿瘤细胞表面缺乏辅助刺激分子和MHC

分子,因此,肿瘤细胞是非常差的免疫源。在早期肿瘤免疫治疗的尝试过程中,几种细胞工程方法,包括增加肿瘤细胞表面表达 MHC 分子和辅助刺激分子,放射性照射过的肿瘤细胞与辅助佐剂混合使用,或使肿瘤细胞分泌细胞活素等已经被使用以增强肿瘤细胞的抗原性(致免疫功能)。此外,也有人利用树状细胞(dendritic cells)的强大抗原性能而将肿瘤抗原与其混合,甚至将肿瘤细胞与 DC 制备成杂交细胞以改善肿瘤细胞的抗原性。目前仍然有几个临床早期新药实验正在进行,以检验这些改进方案的实际治疗效果。

肿瘤抗原最初是通过使用抗恶性黑素瘤的细胞毒 T 淋巴细胞筛选 cDNA 文库而被发现和确定的。更多分子遗传学和/或分子免疫学方法已经被用来发现和鉴定新的肿瘤抗原。到目前为止,已经发现的肿瘤抗原可以被分为 $CD8^+$ T 淋巴细胞识别和 $CD4^+$ T 淋巴细胞识别的肿瘤抗原两大类(表 16.9)。$CD8^+$ T 淋巴细胞识别的肿瘤抗原又可以分为四类。第一类肿瘤抗原是表达在黑素瘤和正常黑素细胞的所谓黑素瘤分化抗原,是黑色素合成通道的蛋白酶。第二类是表达在许多肿瘤细胞但仅仅表达在正常精原细胞的肿瘤抗原。第三类肿瘤抗原正常情况下低水平表达在许多正常细胞但是以很高水平表达在不同肿瘤细胞。以上三类肿瘤抗原因为既表达在肿瘤细胞,也表达在正常细胞,因此被称为肿瘤相关抗原(tumor-associated antigen, TAA)。第四类肿瘤抗原是所谓特异性抗原,仅仅见于某些特定的肿瘤细胞。除了发现和确定了许多肿瘤抗原,更重要的是在肿瘤病人体内可以检测出抗相应肿瘤抗原的免疫反应。因此,利用肿瘤抗原在肿瘤病人身上引起更强的免疫反应以杀灭肿瘤细胞是可能的。肿瘤免疫治疗可以被分为主动免疫或被动免疫两种方式。肿瘤抗原的发现对这两种方式都产生了影响。肿瘤的被动免疫治疗是将具有抗肿瘤活性的 T 淋巴细胞直接输入肿瘤病人体内达到抑制肿瘤生长的治疗目的。不过,早期的临床试验结果是令人失望的,因为肿瘤细胞致免疫应答能力低下,由此激活的 T 淋巴细胞其细胞杀灭作用很差。如上所述,尽管将滤入肿瘤性 T 淋巴细胞同细胞活素 IL-2 一道输入肿瘤病人导致肿瘤生长的逆转,而且比单独使用 IL-2 的治理效果要好得多,但也只对小部分肿瘤病人有效。现在,由于能够在体外克隆并且扩充 T 淋巴细胞以获得大量对肿瘤细胞具有较高杀灭活性的 T 淋巴细胞,而遗传和细胞工程方法也能进一步改善这些细胞的抗肿瘤功效,使得肿瘤被动免疫的治疗效果获得了明显改善。另一方面,肿瘤的主动免疫治疗也经历了类似发展过程。在发现肿瘤抗原之前,肿瘤的主动免疫治疗是使用自体或异体肿瘤细胞或肿瘤细胞提取物以引起抗肿瘤的免疫反应。但是,由于肿瘤细胞所含抗原分子有限而难以在人体内引起达到治疗效果的免疫反应。许多方法被用来改善肿瘤细胞致免疫力低下的缺陷,包括将肿瘤细胞或提取物与不同辅助佐剂混合使用,使肿瘤细胞表达细胞活素(如 G-MCSF,肿瘤坏死因子)等。不过,至今很少有证据证明人体能产生抗肿瘤细胞的免疫 T 淋巴细胞。但是发现并克隆人类肿瘤抗原为发展表达人类肿瘤抗原的合成或重组肿瘤主动免疫疫苗，进行肿瘤免疫治疗开辟了新的前景。

表 16.9　两类 T 淋巴细胞识别的人类肿瘤抗原

抗原	肿瘤类型	抗原	肿瘤类型
$CD8^+$淋巴细胞识别抗原		Carcinoembryonic 抗原	多种肿瘤
Ⅰ. 黑素瘤-黑色细胞分化抗原		P53	多种肿瘤
MART-1	黑素瘤	Her-2/neu	多种肿瘤
GP100	黑素瘤	Ⅳ. 突变性抗原	
Tyrosinase	黑素瘤	β-catenin	黑素瘤
Tyrosinase related protein-1	黑素瘤	CEA	结肠癌
Tyrosinase related protein-2	黑素瘤	CDK-4	黑素瘤
黑色细胞刺激激素受体	黑素瘤	Caspase-8	头颈部肿瘤
Ⅱ. 肿瘤-精细胞抗原		KIA0205	膀胱癌
MAGE-1	黑素瘤，其他肿瘤	HLA-A2-R1701	肾细胞癌
MAGE-2	黑素瘤，其他肿瘤	$CD4^+$淋巴细胞识别抗原	
MAGE-3	黑素瘤，其他肿瘤	Ⅰ. 非突变蛋白抗原决定簇	
MAGE-12	黑素瘤，其他肿瘤	gp100	黑素瘤，其他肿瘤
BAGE	黑素瘤，其他肿瘤	MAGE-1	黑素瘤，其他肿瘤
GAGE	黑素瘤，其他肿瘤	MAGE-3	黑素瘤，其他肿瘤
NY-ESO-1	黑素瘤，其他肿瘤	Tyrosinase	黑素瘤，其他肿瘤
Ⅲ. 非突变共享抗原		NY-ESO-1	黑素瘤，其他肿瘤
α-Fetoprotein	多种肿瘤	Ⅱ. 突变蛋白抗原决定簇	
Telomerase catalytic protein	多种肿瘤	Triosephosphate isomerase	黑素瘤，其他肿瘤
G-250	多种肿瘤	CDC-27	黑素瘤，其他肿瘤
MUC-1	多种肿瘤	LDLR-FUT	黑素瘤，其他肿瘤

传统免疫疫苗是以灭活的细菌或病毒材料引起免疫反应而达到预防细菌或病毒性传染病的目的。肿瘤免疫疫苗包括预防性和治疗性疫苗两种。目的是经过宿主的肿瘤抗原产生特异性免疫反应从而达到预防或抑制肿瘤生长。利用分子遗传技术和克隆的肿瘤抗原，已经成功地制得了五种不同类型抗肿瘤的预防和治疗性疫苗，它们分别是通过多肽，热休克蛋白，脱氧核糖核酸和核糖核酸，遗传修饰的微生物和树状细胞引起的抗肿瘤疫苗(表 16.10)。

多肽类疫苗：直接注射合成的肿瘤抗原多肽与辅助佐剂可以引起人体免疫反应(细胞毒 T 淋巴细胞反应)。多肽作为抗原的主要优点是方便易得，价格低廉。为了改善其免疫能力不足，常常需要与不同的辅助佐剂合用。多肽类作为疫苗使用的另一个局限是多肽很容易被体内多肽酶降解，因此很难引起长期免疫反应。也许改进多肽合成方法可能会增加多肽抗原的抗多肽酶消化降解作用。

表 16.10 常用的肿瘤免疫疫苗产生方法

疫苗抗原类型	优 点	缺 点
多肽	容易制备,方便选择,价格低廉	免疫效率低,免疫特异性单一,容易被多肽酶降解
热休克蛋白	免疫效率高,能够引起特异性 T 淋巴细胞反应	只适合产生抗自身肿瘤的免疫反应
DNA/RNA	容易制备,方便选择,价格低廉,便于长期免疫治疗	免疫效率低
病毒/细菌	高效的免疫原,可能终身免疫	临床治疗效果差,可引起抗病毒/细菌抗体
树状细胞	高效的免疫原	制备不容易,使用不方便,价格较贵

热休克蛋白:当纯化热休克蛋白(包括 GP96,HSP90 和 HSP70)时,常常有不同的多肽(取决于不同细胞)与其相随。这种性质被称为热休克蛋白的分子伴侣作用。使用热休克蛋白-相联多肽免疫动物不但可以引起强烈地针对相联多肽的 T 细胞免疫反应,而且激活的 T 淋巴细胞也攻击该热休克蛋白-相联多肽所纯化的细胞。利用这一性质,热休克蛋白-相联多肽复合物已经在不同肿瘤的动物模型上被用作肿瘤免疫治疗的疫苗而获得了成功。其主要缺点是只适合用来产生抗自身肿瘤的免疫反应。

DNA/RNA 疫苗:DNA/RNA 疫苗是把插入了编码肿瘤抗原或其他病原基因的细菌质粒溶解在生理盐水内直接用作肌肉注射。细菌质粒通常含有一个强大的病毒操纵子,能在被注射的宿主体内直接表达该基因。一个替代的方法是使用基因枪把吸附在金珠上的 DNA 直接射入宿主体内。临床研究证明,DNA 和 RNA 疫苗最明显的特点是它们能长期低水平表达肿瘤抗原,由此能够满足肿瘤的长期免疫治疗要求。但是到目前为止,DNA 和 RNA 疫苗的致免疫能力仍然有待获得明显改善后才能为肿瘤提供有效的免疫治疗。

病毒和细菌疫苗:经过遗传修饰的病毒载体系统已经用来转移不同的病原基因进入宿主体内。使用病毒的 DNA 载体系统最近受到更多的关注。主要特点是病毒和细菌可以引起人体细胞和体液免疫反应,因此它们是高效的免疫原。缺点是它们常常引起抗病毒或抗细菌的抗体,因此中和了病毒或细菌作为肿瘤抗原的治疗作用。这可能是抗肿瘤重组病毒疫苗临床效果不好的主要原因。各种改进过的抗肿瘤重组病毒疫苗正在进行临床测试。

树状细胞:树状细胞是最高效的抗原表现细胞(antigen-presenting cells, APCs)。因为它们表达高水平的第Ⅰ和第Ⅱ型 MHC 分子以及辅助刺激分子,能引起强烈的抗原特异性反应。几个研究组利用 DC 的这一特性,在肿瘤动物模型和肿瘤病人身上成功地引起抗肿瘤免疫反应,抑制肿瘤生长。体外细胞工程改造

DC 使其表达人类肿瘤抗原，以及利用其他方法增加 DC 细胞的抗肿瘤抗原性可能为某些肿瘤的免疫治疗提供新途径。

16.7.4　以功能性蛋白分子为药靶：核酸相似物和脱氧核糖核酸诱饵的治疗作用

利用核酸分子与蛋白质靶分子结合并抑制其活性的概念来自于早期对 HIV 基因疗法的研究。在这些研究中，使用核糖核酸配基作为“诱饵”(decoys)，去竞争性地抑制与 HIV 转录相关蛋白质的活性以达到阻断病毒复制的目的。TAR 和 RRE 诱饵被首先表达在细胞内，然后与 HIV 核糖核酸结合蛋白 tat 和 rev 结合并抑制其活性。这个探索性的研究不仅证明核糖核酸诱饵可以用作抗病毒药，而且在更普遍的治疗学意义上提示短的核糖核酸分子能够特异性地与蛋白质结合并抑制其功能。以后，研究人员又使用双股链脱氧核糖核酸诱饵来抑制许多转录因子的活性。目前，应用核酸的组合化学数据库经体外筛选 SELEX 方法所获得的核酸分子配基，称为核酸相似物(aptamers)，正在成为新药研发的又一活跃的领域。理论上任何具有重要生理和病理功能的蛋白质都有可能成为高度选择性、高度亲和力的核酸相似物的药靶。前述用于对抗 HIV 感染的 RRE 诱饵已经开始进入临床药物发展阶段。而利用双股链脱氧核糖核酸作为转录因子的诱饵进而攻击抑制转录因子以获得治疗性效果也开始受到重视。

16.7.4.1　核酸相似物

核酸相似物是化学修饰过的寡核苷酸经 SELEX 过程分离后的产物。所谓 SELEX 过程是这样的：核糖核酸数据库(library)与待研究的靶蛋白共育，然后分离与靶蛋白结合的核糖核酸分子与数据库内其他未结合的核糖核酸分子，扩增获得的核糖核酸，从而产生新的富集核糖核酸化学库。核酸类似物与天然核酸有相似的成分，但是其 2′-位上的糖分子已经被修饰，增加了对血和组织内核酸酶的耐受性。核酸类似物是球形分子，与抗体一样，它们能以很高的亲和力与靶蛋白分子结合而不是像反义核酸药和核糖体酶一样以核糖核酸分子为药靶。这种耐受核酸酶的核酸相似物常常由 25～40 个核苷酸组成，其平均相对分子质量大约是 8～17kDa，介于小分子多肽(1 kDa)和单链抗体片断(scFV's；大约 25 kDa)之间。与治疗性抗体比较，核酸相似物的优点在于它们可以经由化学合成来产生，更容易被工程改造以适应各种应用目的。

高度亲和力的核酸-蛋白质相互作用要求核酸和蛋白质的功能基团之间特异性互补接触。由于介导蛋白质-核酸相似物相互作用的互补接触部位所具有的特异性三维结构安排不大可能为其他蛋白质分子取代，因此相似物与其靶蛋白分子的结合具有很高的特异性。例如,针对蛋白激酶 C 的不同亚型产生的核酸相似物能够区别辨认具有很高氨基酸序列相似性的各个亚型。再例如,尽管活化的凝血因子Ⅶa,Ⅸa,和Ⅹa这三个凝血因子都共有相似的区域结构,但是针对活化的凝血因子Ⅶa产生的相似物对因子Ⅶa的选择性结合比对因子Ⅹa的选择性结合大 500 倍,而比对因子Ⅸa的选择性结合则超过 1000 倍以上。

虽然理论上任何具有重要生理和病理功能的蛋白质都有可能成为核酸相似物的药靶,不过根据目前生产核酸相似物技术的现状,特别是由于对核酸类似物治疗学作用的研究才刚刚开始,为治疗性核酸相似物寻找合适的药靶是其成功的关键一步。目前的研究提示,理想的药靶是细胞外的、与急性临床情况相关的蛋白分子,而该临床疾病没有替代治疗方法。例如,凝血和血栓形成过程中的关键成分凝血酶或其他蛋白水解酶;与血管内膜增生相关的多肽生长因子,控制细胞增殖的细胞周期调节蛋白;血管生成过程中的关键生长因子如 VEGF 和其他蛋白质分子等等都是核酸相似物的优良药靶。

16.7.4.2 脱氧核糖核酸转录因子诱饵

随着对基因表达机制了解的增加,以及基因表达在正常生长发育和病因学中的重要作用,基因表达的转录因子和其他调节性蛋白分子作为潜在干预治疗的药靶正日益受到学术界和工业界的重视。转录因子是细胞核蛋白,作为基因表达的关键调节因子,它们能辨认并与脱氧核糖核酸分子上相应的序列结合,导致增加或降低基因表达水平。调节基因表达是细胞控制生长、分化、老化和凋亡的基本过程。双股脱氧核糖核酸链诱饵通过序列的互补方式可以选择性地与脱氧核糖核酸分子上的序列结合。由于转录因子的脱氧核糖核酸结合部位被诱饵所占领,使得转录因子蛋白质不能与靶基因的操纵子序列结合,因而改变了基因表达。第一个利用寡脱氧核苷酸诱饵干预基因表达的报告出现于 1990 年。以后,利用双股链脱氧核糖核酸作为转录因子的诱饵,并以此抑制转录因子活性而获得的治疗性结果也开始受到重视。利用寡脱氧核苷酸诱饵干预基因表达作为一种潜在治疗方法的动物研究出现于 1995 年。研究人员利用含转录因子 E2F1-6 结合位点的寡脱氧核苷酸诱饵成功地在 E2F 家族的六个成员中辨认出转录因子 E2F-1 并与之结合,阻断了它对几个重要细胞周期基因的上调节作用。后者对血管平滑肌细胞周期和有丝分裂是关键的。因此转录因子 E2F-1 的脱氧核糖核酸诱饵在血管内皮损伤动物模型上成功地抑制血管平滑肌细胞的增殖和血管内膜的增生。在这些发现的基础上,研究人员相继对转录因子 E2F-1 的 DNA 诱饵在防治人静脉血管移植(静脉搭桥)失败的潜在治疗作用进行了动物试验和早期临床试验。结果表明转录因子 E2F-1 的脱氧核糖核酸诱饵能显著降低静脉搭桥失败率。目前,已经进入新药发展的临床Ⅱ/Ⅲ期试验阶段。

表 16.11　转录因子作为药靶的潜在治疗学应用

转录因子	细胞生物学作用	潜在治疗应用
AP-1	细胞生长，分化	血管内膜增生，心肌细胞生长/分化
AP-2	cAMP 和 蛋白激酶活化，视黄酸反应	细胞增殖
CarG box	心肌细胞分化	心肌炎，心衰
CREB	cAMP 反应	CAMP 活化反应，肿瘤
E2F	细胞增殖	血管内膜增生，肿瘤，血管形成，炎症，肾小球性肾炎
GRE/HER/MRE	糖/盐皮质激素引起的反应	甾体激素相关的疾病，乳癌，前列腺癌等
Heat shock RE	热休克反应	细胞刺激反应如缺血，缺氧
HIF-1	缺氧反应，血管形成	抗血管形成(抗肿瘤)
MEF-2		
NF-κB	细胞活素，白细胞黏附分子表达，氧化刺激反应，cAMP 和 PKC 活化，Ig 表达	炎症，免疫反应，移植排斥，缺血再灌流损伤，肾小球性肾炎
SRE	生长因子反应	细胞增殖/分化
SSRE	牵张反应，生长因子，血管活性物质反应，黏附分子	血管内膜增生，静脉搭桥再阻塞，侧支循环形成
Sterol response element	LDL 受体表达	高胆固醇血症
TAR/tat	病毒复制	HIV 感染
tax	病毒复制	HTLV 感染
TGFβ response element	TGFβ 引起的反应	细胞生长/分化，细胞迁移，血管形成，血管内膜增生，细胞凋亡，细胞间质产生
VP16	病毒复制	疱疹病毒感染

基因表达和基因调节机制的研究已经发现越来越多的核转录因子。迄今，至少已经确定了三千种不同的转录因子并收入相关的数据库。根据这些转录因子的结构和/或与其调节基因的 DNA 序列相互作用的特点，可以将它们大致分为四大类：(1)含碱性区域结构的转录因子家族，例如 AP-1 和 CREB；(2)含锌协调 DNA 结合区域结构的转录因子家族，例如 SP1，Egr 和前述核受体转录因子；(3)含螺旋-转-螺旋结构的转录因子家族，例如 PDX1；(4)含 β-scaffold 结构，与小凹槽接触的转录因子家族，例如 NF-κB，STAT，P53 等。其中许多转录因子以及它们所调节控制的基因表达在病因学和病理生理过程中发挥了重要作用，适合作为转录因子脱氧核糖核酸诱饵的药靶(见表 16.11)。针对这些药靶的脱氧核糖核酸诱饵的特点，或许可以为许多重要疾病或临床症状提供新的治疗方案。不过，以转录因子为药靶的脱氧核糖核酸诱饵作为药物存在重大的缺陷。首先，某一特定基因表达的调节涉及多个转录因子，或某一特定转录因子可以参与多个基因表达的调节，使

得转录因子的脱氧核糖核酸诱饵缺乏选择性。当所攻击的转录因子靶需要局限于某一组织或器官时,全身给药将导致广泛的细胞组织摄取,引起显著的副作用。其次,如何使双链脱氧核糖核酸诱饵达到其作用部位细胞核是另一个重要局限性。目前仍然需要利用各种载体。

16.8　核糖核酸(RNA)和脱氧核糖核酸(DNA)作为药靶[95～111]

如上所述,目前临床应用的大多数药物是通过同体内蛋白质分子相互作用而产生治疗作用。寻找和选择蛋白质分子药靶来设计药物在相当长时间内将一直是新药研发领域的主流。不过近年来对选择核糖核酸和脱氧核糖核酸作为药靶来发展新药的兴趣正在显著地增加。例如,基因疗法中利用核糖核酸或脱氧核糖核酸分子作为治疗药物正成为学术界和工业界的热门研究领域。虽然研究工作也发现如何让基因有效地转染进入细胞是如此出人意料地困难,还有其他诸如副作用,安全等问题。但令人惊喜的是,对核酸生物化学性质的研究显示核糖核酸和脱氧核糖核酸化合物可能具有巨大的治疗学潜力。其一,核糖核酸和脱氧核糖核酸类化合物分子本身有可能成为治疗许多重要疾病的潜在药物。与基因疗法中核酸分子的使用不同,它们无需基于病毒的基因转染载体,甚至完全无须任何基因转染方法的帮助(见功能蛋白质药靶—核酸类似物)。其二,细胞内核糖核酸和脱氧核糖核酸分子是潜在的优良药靶。以它们为目标的新药研发有巨大的机会,为许多重要疾病提供有效的治疗药物。而以核糖核酸和脱氧核糖核酸为药靶的潜在药物已经被称为分子药物或革命性的药物。它们既可以是如上所述的天然核酸分子,也可以是合成的寡核苷酸或其他小分子化合物。这是一个组合合成化学大有用武之地的领域。本节主要讨论以核糖核酸和脱氧核糖核酸作为药靶来研发新药的某些进展情况。

16.8.1　核糖核酸药靶

以核糖核酸作为药靶研发新药是一尚未开发的治疗学新领域。除某些天然抗生素外,很少主动地选择核糖核酸作为药靶来设计药物。核糖核酸在许多重要的细胞生物学过程包括蛋白质合成、信息核糖核酸剪接、转录调节和反向复制等发挥了关键作用。天然或化学合成的小分子通过与核糖核酸相互作用,可以阻止其他生物大分子如蛋白质或核糖核酸与其结合;或通过抑制核糖核酸的催化活性或改变核糖核酸的三维结构构象而影响核糖核酸的生物活性。因此,以核糖核酸为药靶是合乎上述药靶选择标准的。核糖核酸如同脱氧核糖核酸,它们都是蛋白质的遗传密码载体。与蛋白质或脱氧核糖核酸相比,选择核糖核酸作为药靶有几个明显的优点。核糖核酸如同蛋白质一样存在于细胞浆中，因而比脱氧核糖核酸更易于被药物所攻击。而一个核糖核酸分子可以产生许多个蛋白质分子，攻击核糖核酸分子应该比攻击蛋白质分子更为有效。此外，核糖核酸比脱氧核糖核酸呈现更大的结构多样性，缺乏脱氧核糖核酸所具有的损伤修补机制。这些性质使得核糖核酸药靶具有更好的药理学适用性。

长期以来以核糖核酸作为药靶来设计药物之所以没有获得足够的重视，主要是由于缺乏对核糖核酸结构和功能的了解。近年来，随着核糖核酸合成技术和体外核糖核酸作用评价技术（如 SELEX，systematic evalution of ligands by exponential enrichment)，高解析度 NMR 核糖核酸结构测定技术，以及组合合成化学方法等的极大进展，寻找以核糖核酸为药靶并通过与之发生相互作用的有机小分子在新药研发领域获得了极大地关注。随着对人类、细菌和其他种属基因组的了解增加，已经发现了更多的核糖核酸功能。使用小分子化合物攻击核糖核酸将成为新药研究发展的前沿领域。几个以核糖核酸为药靶的小分子化合药早已经商业化。例如，氨基糖苷类的新霉素和大环内酯抗生素红霉素等等。一段时间以来，以信息核糖核酸(mRNA)为药靶并使它灭活的反义核苷酸药物已经获得了重要进展。第一个反义核酸药 Fomivirsen 已经于 1998 年被美国食品和药品管理局(FDA)批准进入临床，用于治疗巨病毒性眼底炎适应症。

16.8.1.1 以信息核糖核酸作为药靶

信息核糖核酸是十分具有吸引力的药靶。除上述核糖核酸药靶所具有的共同优点外，理论上，以预防和治疗各种疾病为目的来选择信息核糖核酸作为药靶具有无限多的选择性；而以信息核糖核酸作为药靶的药物，由于具有与药靶结构互补的特点，应该比传统的药物有更高的选择性和特异性。近年的研究表明，至少有四种主要的方法可以利用信息核糖核酸作为药靶达到抑制基因表达，从而获得所期望治疗学作用的效果。第一种是利用寡核苷酸提供替换性的结合位点（所谓"圈套"），使正常与信息核糖核酸相互作用从而稳定信息核糖核酸结构的蛋白质分子被该寡核苷酸封闭，导致信息核糖核酸的稳定性降低，最终被降解破坏。第二种是近年才发展出来的研究基因功能和表达的新方法，即核糖核酸干预(RNA interference, RNAi) 法或转录后基因静止法。本法是将基因特异性的双链核糖核酸引入细胞，后者通过仍然有待阐明的机制，导致该基因的信息核糖核酸降解，妨碍基因表达。第三种是利用蛋白体酶(ribozyme)的催化切割性质来攻击信息核糖核酸靶，从而特异性地抑制基因表达。第四种是最为人所熟悉的，已经获得显著进展的反义核酸法。通过引入反义核酸或反义寡核苷酸(antisense oligonucleotide, AS-ONs) 进入细胞，以华生-克拉克(Watson-Crick)杂交互补的形式相互作用，与所攻击的信息核糖核酸某些区域的序列形成互补的双股信息核糖核酸链。由于双链信息核糖核酸不能被翻译成蛋白质，导致该基因的表达被抑制或封闭。近年来的研究也发现反义核酸诱导的核糖核酸酶 H 识别并切割信息核糖核酸分子，从而使其降解并丧失功能是反义核酸药的另一重要作用机制。此外，反义核酸药结合到信息核糖核酸剪接供体或受体部位可导致信息核糖核酸剪接停止，从而终止基因表达。反义核酸药物也可以攻击脱氧核糖核酸分子，抑制它的复制和转录等。

以信息核糖核酸作为分子靶的反义核酸常常被当作抗基因(或基因敲除)的研究工具之一，用于基因表达和蛋白质功能的研究。在新药研发领域，反义核酸药与其靶信息核糖核酸的相互作用也是鉴定和确认新药靶的重要手段。反义核酸也可能成为重要的潜在治疗药物用于治疗各种细菌性和病毒性感染、代谢内分泌疾病、心血管系统疾病、各种癌症或肿瘤和神经退行性疾病等等。在设计反义核酸药时，无论是从药靶信息核糖核酸的角度还是从合成寡核苷酸药物的角度看，都有一些特殊的问题和不同的选择需要加以考虑才有成功的可能。例如，特定信息核糖核酸药靶的选择，就应该从新药研发项目的角度，根据上述选择药靶的标准进行全面考虑。其他重要的问题还包括诸如在考虑如何通过正确的给药途径使反义核酸药进入所期望的细胞，有必要在设计反义核酸药时考虑选择合适的药物载体等。这些问题超出了本文的讨论范围，有兴趣的读者可以参考相关的文献。本文仅从药靶的角度对如何选择信息核糖核酸作用部位加以讨论。

信息核糖核酸在活细胞内以低耗能的线性聚合体折叠成二级结构形式存在。加上与细胞浆的蛋白质相互作用，使得信息核糖核酸的大部分序列被遮盖，而只有很少暴露的序列可与其他分子进行杂交反应。因此设计反义核糖核酸时，必须首先为反义核酸药物探测合适信息核糖核酸可反应部位的序列。最近报道的一个探测系统是利用核酸酶 H 对信息核糖核酸切割产生的片段作为反义核酸药合适的杂交部位。首先，将合成的与特定信息核糖核酸某些部位序列互补的寡核苷酸混合物加入到细胞提取物，然后加入核酸酶 H 进行切割反应。反应后的产物进行反向 PCR 分析。所获得的转录物(信息核糖核酸)的反向 PCR 产物将显示那个(那些)寡核苷酸与信息核糖核酸杂交产生易受核酸酶 H 切割的序列，进而获得信息核糖核酸可与反义核酸杂交反应的序列。这个方法与电子计算机辅助的测序方法相结合，可以快速得到可靠的结果。其他技术和方法也正在试用于探测合适信息核糖核酸可反应部位的序列，例如分子 beacons 被用来帮助确定部位的选择等。

虽然以信息核糖核酸作为分子药靶的反义核酸药物在理论上的优势无懈可击，但实际上仍然有许多具体问题和困难有待解决和克服。因此，与其他化学药物一样，开发这些药物并非易事。首先，理论上设想的某反义核酸药物与其相对应的特定信息核糖核酸相互作用从而只选择性的阻断该基因表达的能力还从来没有获得令人信服的证实。实际上这种相互作用常常产生一些非反义作用(包括副作用和治疗作用)。即使由此产生的某些非反义作用具有治疗价值，但它们通常是不可预知的。因此,难以据此来合理设计药物。其次,所有其他化学药物应该具备的药效动力学和药代动力学性质对反义核酸药是同样的。但是随着人们对基因表达调节机制的认识不断加深,同时,对反义寡核苷酸合成方法的不断完善,以信息核糖核酸作为药靶的反义核酸药物将会为临床提供新的选择性更高、更有效的治疗药物。

16.8.1.2　以核糖体作为药靶

核糖体是细胞内与蛋白质合成有关的重要核糖核酸。它们是核糖核酸与蛋白质的复合物。不同种属细胞的核糖体是由大小不同的亚单位组成。例如,在真核细胞核糖体是由二个亚基即 30S 单位和 50S 单位组成,某些原核生物核糖体是由 16S 和 24S 二个亚基单位组成等等。原核生物核糖体的 16S 核糖核酸成分是最早被确认作为小分子化合物的药靶。而许多现在广为应用的抗菌素如巴龙霉素(Paromomycin)、链霉素和奇放线菌素(Spectinomycin)均是通过与 30S 亚单位上的核糖核酸相互作用而产生抗菌作用的。最近的研究已经在原子水平上获得了核糖体的三维结构晶体构象。由于对核糖体核糖核酸结构的了解有了重要的进展,使得对以它们作为药靶药物的作用机制有了更深入的了解。而后者则为设计这类药物提供了基础。

由于核糖体是细胞内蛋白质合成的重要成分,核糖体核糖核酸是许多抗菌素的一个关键的药靶。许多不同的抗生素如氨基糖苷类与细菌的核糖体核糖核酸的功能位点结合导致翻译过程的错码而产生抗菌作用。但是由于这类药物对人类有很大的毒性副作用,加之细菌对它们极容易产生抗药性,因此大大限制了它们的临床应用。对核糖体结构和功能的研究发现,这类药的药靶细菌核糖体核酸上与药物结合的位置与人类核糖体核酸上对应的位置只有一个碱基的差异。这可能就是这类药物对人类产生高度毒性作用的结构基础。进一步的研究表明,细菌之所以迅速对这类药物产生抗药性是由于细菌生产一种酶,后者能改变药物的结构而使得药物不能与其药靶核糖核酸结合。因此改变药物的设计使其不仅能与核糖核酸结合,而且能抑制细菌中可改变抗菌素结构的酶。初步结果证明这种双功能的药物能有效杀灭耐药细菌。

博来霉素(Bleomycin)是 20 世纪 60 年代分离的具有抗肿瘤作用的天然药物,用于治疗鳞状细胞癌和恶性淋巴瘤等。这个药以前被认为是瞄准脱氧核糖核酸为药靶而产生治疗作用的。现在的研究显示该药也可以核糖核酸为药靶,因为它选择性地切割核糖核酸分子的特定部位从而破坏了该核糖核酸分子的功能。研究人员正在使用博来霉素作为结构模板构建博来霉素类似物化学库,用以筛选只切脱氧核糖核酸而不切核糖核酸的博来霉素选择性类似物,或反过来筛选只切核糖核酸而不切脱氧核糖核酸的类似物以求获得更高特异性的抗核糖核酸或抗脱氧核糖核酸的药物。为达此目的,需要构建含 10 万个以上博来霉素类似物的化合物化学库,而组合合成化学将在这方面发挥关键的作用。

16.8.1.3 以催化性核糖核酸作为药靶

天然核蛋白体酶(或核糖酶,ribozymes)是具有催化活性的核糖核酸分子,它们能切割核糖核酸链之间的磷酸二酯键而无需蛋白质酶的协助。如上所述,一方面,研究人员正在研究利用核蛋白体酶的催化切割性质来攻击信息核糖核酸靶,以特异性地抑制基因表达。适合作为核蛋白体酶的核糖核酸靶包括致病性病毒或细菌、肿瘤和遗传疾病等相关的基因。核蛋白体酶的作用机制类似于反义核酸,它们通过华生-克拉克杂交互补的形式与其底物信息核糖核酸结合并对其产生结构特异性的切割作用。另一方面,催化性核糖核酸也被发现是很好的药靶。例如,细菌体内的催化性核糖核酸,包括第一组基因内区(the group I intron)、锤头状蛋白体酶(hammerhead ribozyme)和肝炎病毒 δ(hepatitis delta virus)的核蛋白体酶等都是氨基糖苷类抗菌素的药靶。研究证明第一组基因内区是十分吸引人的药靶。它们分布在几个人类基因组内不存在的致病微生物的基因组内。第一组基因内区核糖核酸具有的催化活性能对其进行自我剪接。氨基糖苷类抗菌素通过与鸟苷酸辅因子结合对第一组基因内区的自我剪接产生非竞争性抑制。而结核放线菌素家族的大环多肽类抗菌素如紫霉素则与鸟苷酸辅因子竞争 G 结合部位,从而抑制第一组基因内区核糖核酸催化活性。根据这些研究结果,可以利用一个由第一组基因内区而发展出来的核蛋白体酶高通量筛选系统来快速鉴定以催化性核糖核酸为药靶的小分子抑制剂,发现新的抗菌药物。

在氨基糖苷类抗菌素抑制的天然核蛋白体酶中,来自肝炎病毒 δ 的催化性核酸对该病毒的复制具有关键作用。由于肝炎病毒 δ 在乙型肝炎病人感染中发挥了作用,激起人们以肝炎病毒 δ 为药靶寻找新抗肝炎药物的兴趣。由于锤头状核蛋白体酶的三维结构已经被阐明,人们利用其寻找抑制剂和研究功能核糖核酸相互作用的重要模型。氨基糖苷类抗菌素对锤头状核蛋白体酶和肝炎病毒 δ 核蛋白体酶的抑制作用是由于携带阳离子的氨基糖苷抗菌素与二价镁离子静电竞争的过程,后者为核蛋白体酶的催化活性所必须。研究氨基糖苷抗菌素,锤头状核蛋白体酶以及二者形成复合物的分子动力学激活过程,发现氨基糖苷抗菌素带电荷的氨基基团和锤头状核蛋白体酶镁离子结合部位之间是结构互补的。进一步的研究揭示,在其他氨基糖苷类抗菌素-核糖核酸复合物中,核糖核酸的金属离子结合部位和氨基糖苷类 A 环和 B 环氨基基团之间的特异性接触常常伴随不同程度非特异性的相互作用,这可能与不同药物和药靶的相互作用有不同的亲和力有关。对氨基糖苷类药物和其药靶相互作用的研究提示,氨基糖苷类的糖类衍生物可能是为筛选以催化性核酸为药靶时进行组合化学合成的标准合成骨架。

16.8.1.4　以 HIV 病毒复制相关的 RNA 成分为药靶

HIV 病毒复制取决于两个调节蛋白质分子的功能，即刺激转录的 TAT 和促使未剪接和部分剪接的病毒信息核糖核酸排出细胞核的 REV。现在知道这两个调节蛋白通过结合到病毒信息核糖核酸分子内环结构部位发挥作用，即 TAT 结合到反式活化区（TAR）形成蛋白-核糖核酸复合物（TAT-TAR），而 REV 则与 REV 反应成分（RRE）结合形成复合物 REV-RRE。最近的研究表明由于这两个复合性调节成分在 HIV 感染过程发挥了关键作用，使它们成为寻找新的抗 HIV 药物的潜在药靶。对几个 HIV 病毒的 REV 多肽- RRE 核糖核酸复合物和 TAT 多肽- TAR 核糖核酸复合物的 NMR 研究发现，两个蛋白质分子都是结合到核糖核酸分子的深口袋内。蛋白质与核糖核酸的结合导致核糖核酸的构象发生改变使得核糖核酸的结构变得更有序。当小分子化合物与这些结构顺序结合会使核糖核酸结构被锁定在这样一种构象以致 TAT 和 REV 调节蛋白不能与之结合，降低或取消病毒转录和转录后处理等，因此抑制病毒的生长。其他研究结果也提示，两类 REV-RRE 相互作用的抑制剂，即联苯呋喃类（Diphenylfuranes）和氨基糖苷类，当结合到核糖核酸上时引起 RRE 的构象发生显著改变。

16.8.2　脱氧核糖核酸药靶

与核糖核酸相反，以脱氧核糖核酸作为药靶研发药物已经超过半个世纪。目前临床上应用的几大类抗肿瘤药物以及抗病毒/抗细菌药物中，许多是以脱氧核糖核酸作为药靶，通过与脱氧核糖核酸分子相互作用而破坏其结构或妨碍其功能而产生抗肿瘤或抗感染作用的。包括以环磷酰胺和丝裂霉素为代表的烷化剂，以博来霉素为代表的脱氧核糖核酸链剪切剂，以阿霉素和放线菌素 D 为代表的交联剂和以色霉素和氨茴霉素为代表的脱氧核糖核酸（凹槽）修饰剂等等。当然，在这些不同类型作用机制的药物中许多能对脱氧核糖核酸产生混合作用。上述这些脱氧核糖核酸反应类药物最初都是经过体外细胞毒筛选方法，例如使用 L-1210 白血病细胞而被发现具有细胞杀灭作用，进而发展成为抗肿瘤药物的。由细胞毒筛选方法获得的这一类抗脱氧核糖核酸反应（或细胞毒）药物的最大缺陷就是它们的抗肿瘤作用的选择性很差。

为了获得选择性高、毒副作用更小、以脱氧核糖核酸为药靶的新一类抗肿瘤、抗病毒和抗细菌的药物，辨认和证实脱氧核糖核酸分子上的药物受体（即药靶）成为非常关键的一步。任何新药研发项目的最终目的是所获得的特异性药物能以足够高的选择性与其受体结合产生期望的药理作用而没有明显的副作用。近年来核酸生物化学、分子生物学和细胞生物学的研究已经证明脱氧核糖核酸分子的药物受体是脱氧核糖核酸分子上序列相关或功能相关的特殊结构。因此选择脱氧核糖核酸分子的特异性序列或特殊结构为药靶正在日益受到人们的重视。这一节将讨论近年来以脱氧核糖核酸为药靶研发新药的一些新进展,主要是如何通过利用小分子与脱氧核糖核酸分子的高级结构相互作用来设计和发现新药。因此,在讨论以脱氧核糖核酸为药靶研发新药的策略或方法之前,有必要对脱氧核糖核酸分子作为药靶的结构特点作一简略介绍,以方便讨论。

16.8.2.1 脱氧核糖核酸作为药靶的结构特点

从药靶的角度看脱氧核糖核酸结构,脱氧核糖核酸是以脱氧腺嘌呤-胸腺嘧啶(dA-dT)或脱氧鸟嘌呤-胞嘧啶(dG-dC) 重复配对的二核苷酸相连形成华生-克拉克双股螺旋链形分子。在碱基配对的二核苷酸经磷酸二脂键相连时形成交替出现的脱氧核糖核酸分子"凹槽"。这些大小凹槽是序列特异性脱氧核糖核酸结合蛋白的辨识结构。一些序列选择性的药物常常是通过与该部位的辨识结构相互作用产生药理作用。DNA 分子大小凹槽内的辨识和非辨识序列结构之间的区别是序列相关的脱氧核糖核酸分子构象变化。在细胞核内,脱氧核糖核酸是以基因组的形式存在。基因组脱氧核糖核酸常常与非特异性蛋白分子如组蛋白和特异性蛋白分子如转录因子以及其他调节蛋白结合,装配形成染色体。

根据严格的药理学定义,受体应该具有辨识和引发反应两方面的功能。因此,脱氧核糖核酸分子上的大部分结构序列只是接受体(acceptors)而非受体(receptors),因为配基虽然能辨识它们但不能引起反应。但是在脱氧核糖核酸的调节区和调节上游区的确存在有药理学意义的受体序列,它们能被调节物如转录因子和脱氧核糖核酸以及核糖核酸辨认并引发随后的反应,如转录或复制等。另外,研究发现在脱氧核糖核酸分子的 AT 或 GC 富集区内可以形成许多不平常的结构,这些结构可能是潜在的药靶。例如,鸟苷酸富集区内序列能够形成四股螺旋链结构;同鸟嘌呤-胞嘧啶序列[d(C-T)$_n$—d(A-G)$_n$]可以形成三股螺旋链结构(C∶G∶T);而染色体末端常常由于呈现 G 富集链而形成分子内高级结构等。这些不平常的结构可能同减数分裂(四股螺旋链结构)、转录调节(三股螺旋链结构)和染色体维持(G 富集链)等功能有关。显然,这些结构序列也是寻找选择性药物的潜在药靶。

脱氧核糖核酸序列的化学修饰常常发生在特异的脱氧核糖核酸-蛋白质结合部位。这种化学修饰也增加或降低蛋白质同脱氧核糖核酸的结合。例如,序列特异性脱氧核糖核酸结合药物能改变脱氧核糖核酸-蛋白质结合区的结构和构象而增加或降低蛋白质结合能力,因而增加或降低它们控制调节的能力。此外,脱氧核糖核酸-蛋白质相互作用后引起的脱氧核糖核酸结构和构象改变(形成的新结构和构象)也可能为发现新的脱氧核糖核酸交联剂提供潜在的药靶。由于这些结构仅仅只出现在蛋白质结合到脱氧核糖核酸分子以后,因此增加了药物对药靶的选择性。

16.8.2.2 以脱氧核糖核酸二级结构为药靶

原核和真核生物包括人类的脱氧核糖核酸分子内的单链区可以形成二级结构。脱氧核糖核酸分子内的二级结构常常出现在与脱氧核糖核酸转录功能有关的部位,例如启动子和上游调节成分结合部位。这些二级结构常常以发夹(hairpin)或十字形(cruciform)结构形式出现,为蛋白质转录因子与脱氧核糖核酸的相互作用提供特异性辨识部位和高亲和力结合部位。在几个不同种属包括人类的某些基因启动子区发现存在脱氧核糖核酸单链区。单链脱氧核糖核酸区常常形成二级结构。例如在真核细胞、血小板生长因子基因、上皮生长因子基因和原癌基因 c-myc 都已经发现其启动子存在这种由脱氧核糖核酸单链形成的二级结构。在几个不同种属的细胞内发现并纯化了发夹结构和/或十字形结构特异性结合蛋白质分子。这些结果提示调节性二级发夹结构或十字形结构可能与调节基因转录有关。因此基因调节区内的二级结构可能成为特异性结构药靶,提供发现能阻断或增强相关基因转录药物的机会。研究已经证明单链脱氧核糖核酸形成的二级结构是几个常用的小分子转录抑制剂的药靶。例如抗肿瘤药 Actinomycin D(AMD)通过妨碍转录因子对单链 DNA 区的辨认,阻断转录因子 SP1 与原癌基因 c-myc P1 启动子结合。另一方面,以 DNA 二级结构为药靶的小分子也可能通过稳定这些二级结构增加转录因子与启动子的结合,导致上述调节基因转录。

16.8.2.3 以脱氧核糖核酸四股螺旋结构为药靶

近年,其他一些具有显著潜力成为寻找脱氧核糖核酸相互作用药靶的脱氧核糖核酸二级结构正在受到重视。研究发现某些部位的脱氧核糖核酸序列是嘌呤富集区并形成连续的鸟嘌呤链(GGGG),后者可以形成 DNA 四股螺旋结构,称为G-4螺旋(G-quadruplex)。这种二级结构常常出现在染色体的末端,即端粒体区以及某些原癌基因的转录调节区。生理浓度的单价阳离子 K^+ 和 Na^+ 已经被发现能稳定 G-4 螺旋结构,可能通过与重叠的四股 DNA 链之间的羰基上八个氧原子相互作用。体外实验证明,根据分子性状和螺旋链的走向,存在好几种不同形式的 G-4 螺旋。不过是否这些不同的 G-4 螺旋存在于体内则仍然有待证明。最近,已经发现了几个 G-4 螺旋特异性结合蛋白,其中有些功能与加速 G-4 螺旋的形成有关。目前的研究提示,细胞内既存在可以促进形成 G-4 螺旋形成的机制,也存在能清除它们的机制。G-4 螺旋的出现常常与几个重要的细胞生物学功能包括复制、重组、转录和端粒 DNA 分子延长等相关,因为这时的双股 DNA 可能会出现局部和短暂的分离,为 G -富集链形成 G-4 螺旋提供了机会。

G-4 螺旋的生物学功能正在得到阐明。线性染色体特异性的末端呈现为一长的双股串联重复序列之伸展和一短的单链 G 富集 3′-末端悬垂(称为端粒,telomeres)。因为端-端熔合和侵蚀可能引起基因组的不稳定和细胞老化,保持单链 3′-末端悬垂的完整对细胞的生存是重要的。证据显示在这一单链 G -富集 3′-末端悬垂形成 G-4 螺旋,螺旋可以保持其 3′-末端悬垂的完整。此外,G-4 螺旋结构也被发现与端粒酶化的端粒 DNA 延长有关。在某些重要原癌基因的操纵子或其他调节区存在 G 富集序列,因此可以形成 G-4 螺旋结构。所形成的 G-4 螺旋结构可能参与这些基因的转录调节。最近的研究工作提示 G-4 螺旋结构可能作为原癌基因 c-Myc 转录启动的顺式(cis)调节成分发挥作用。另一方面,G-4 螺旋结构也被发现能阻断核糖核酸多聚合酶与其 DNA 调节区的结合,因此如果短暂形成的 G-4 螺旋结构不快速清除,可能导致基因转录的停止。由于这两个部位具有重要的生物学功能,G-4 螺旋结构作为 DNA 结构特异性分子辨识区(药靶)来研发小分子药物可能为抗基因的化学疗法和原位细胞抑制染色体端粒酶功能提供新途径。已经发现几个不同类型结构的化合物可以同 G-4 螺旋结构相互作用,进而影响相关的 DNA 分子的生物学功能。例如 2,6-diamidoanthraquinone,二萘嵌苯(perylene)和 porphyrins。有兴趣的读者可以进一步参考相关文献。

16.8.2.4　基于双股链脱氧核糖核酸特殊序列为药靶-加合物的作用

寡核苷酸短链能够以序列特异性方式结合到双股螺旋脱氧核糖核酸分子内形成三股螺旋脱氧核糖核酸链。适合引入第三条链的结构是脱氧核糖核酸分子内的大口袋区。利用其序列辨识特性在脱氧核糖核酸分子内加入额外一条核酸链形成三股螺旋正在成为设计抗基因药物的新靶点。同时,也可为分子生物学研究基因表达提供新的方法。两个明显的缺陷限制了这种方法的应用。首先,为了形成 C＋GC 三股螺旋链需要比较低的 pH 条件。其次,由此形成的三股螺旋链不如相应的双股螺旋结构稳定。然而,较低 pH 值的困难可以通过应用各种能辨认 GC 碱基对但是无须依靠 pH 的脱氧核糖核酸碱基类似物来替代原先的碱基对。同样,三股螺旋链不稳定的问题也可以通过应用新的碱基类似物,对核糖核酸链骨干进行化学修饰,或使用三股螺旋链特异性结合配基等得以改善。

参　考　文　献

[1] Drews J, *Science* 2000, 287: 1960～1964

[2] Giorgianni SJ (ed): The importance of innovation in pharmaceutical research. Pfizer J. 1999, 3: 4～32

[3] Terstappen GC, Reggiani A, *Trends Pharmacol Sci* 2001, 22: 23～26

[4] Bumol TF, Watanabe AM, *JAMA* 2001, 285: 551～555

[5] 蔡年生:我国新药研究开发的进展与分析.中国新药杂志,1999,8(6)

[6] 袁伯俊,吴浩:我国新药研究与开发的现状、问题和对策

[7] Borchardt JK, *Mod Drug Dis* 1999, 2: 22～29

[8] Borman S, *Chem Engin News* 2000 78: 31～37

[9] Emilien G, Ponchon M, Caldas C, Isacson O, Maloteaux JM, *QJM* 2000, 93: 391～423

[10] Berry S, *Trends Biotechnol* 2001, 9: 239～240

[11] Edwards AM, Arrowsmith CH, Pallieres BD, *Mod Drug Dis* 2000, 3: 34～44

[12] American Chemical Society: The pharmaceutical century. Ten decades in drug discovery 2000, Supplement to ACS Publications.

[13] Black JW, Receptors as pharmaceutical targets. In Foreman JC and Johansen T (eds.) Textbook of receptor pharmacology. pp. 277～285, CRE Press, 1996, Florida

[14] Douglas SA, Ohlstein EH: Human urotensin-Ⅱ, *Trends Cardiovasc Med* 2000, 10:229～237

[15] McMaster G, *Med Res Rev* 2000, 20: 187～188

[16] Ohlstein EH, Ruffolo RR Jr, Elliott JD, *Annu Rev Pharmacol Toxicol* 2000, 40: 177～191

[17] Debouck C, Metcalf B, *Annu Rev Pharmacol Toxicol* 2000, 40: 193～207

[18] Civelli O, Reinscheid RK, Nothacker HP, *Brain Res* 1999, 848: 63～65

[19] Naaby-Hansen S, Waterfield MD, Cramer R, *Trends Pharmacol Sci* 2001, 376～384

[20] Marinissen MJ, Gutkind JS, *Trends Pharmacol Sci* 2001, 22: 368～376

[21] Edwards SW, Tan CM, Limbird LE, *Trends Pharmacol Sci* 2000, 21: 304～308

[22] Sautel M, Milligan G, *Curr Med Chem* 2000, 7: 889～896

[23] Salahpour A, Angers S, Bouvier M, *Trends Endocrinol Metab* 2000 11: 163～168

[24] Bouvier M, *Nat Rev Neurosci* 2001 2: 274～286

[25] Civelli O, Nothacker HP, Saito Y, Wang Z, Lin SH, Reinscheid RK, *Trends Neurosci* 2001 24: 230～207

[26] Howard AD, McAllister G, Feighner SD, Liu Q, Nargund RP, Van der Ploeg LH, Patchett AA, *Trends Pharmacol Sci* 2001 22: 132～140

[27] Wilson S, Bergsma D, *Drug Des Discov* 2000, 17: 105～114

[28] Bockaert J, Pin JP, *EMBO J* 1999, 18: 1723～1729

[29] Zhong H, Neubig RR, *J Pharmacol Exp Ther* 2001, 297: 837～845

[30] Civelli O, Nothacker HP, Saito Y, Wang Z, Lin SH, Reinscheid RK, *Trends Neurosci* 2001, 24: 230～237

[31] Cooper EC, Jan LY, *Proc Natl Acad Sci USA* 1999, 96: 4759～4766

[32] Benatar M, *QJM* 2000 93: 787～797

[33] Bockenhauer D, *Curr Opin Pediatr* 2001 13: 142～149

[34] Shieh CC, Coghlan M, Sullivan JP, Gopalakrishnan M, *Pharmacol Rev* 2000 52: 557～594

[35] Felix R, *J Med Genet* 2000 37: 729～740

[36] Lorenzon NM, Beam KG, *Kidney Int* 2000, 57: 794～802

[37] Grant AO, *Am J Med* 2001 110: 296～305

[38] Reeves WB, Winters CJ, Andreoli TE, *Annu Rev Physiol* 2001, 63: 631～645

[39] Fahlke C, *Kidney Int* 2000, 57: 780～786

[40] Vandenberg JI, Lummis SC, *Trends Pharmacol Sci* 2000, 21: 409～410

[41] Curran ME, *Curr Opin Biotechnol* 1998 9: 565～572

[42] Szewczyk A, Marban E, *Trends Pharmacol Sci* 1999 20:157～161

[43] Lawson K, *Kidney Int* 2000, 57: 838～845

[44] Ashcroft FM (ed.): Ion channels and disease. Academic Press, 2000, San Diego
[45] Coghlan MJ, Carroll WA, Gopalakrishnan M, *J Med Chem* 2001, 44: 1627～1653
[46] Prenzel N, Fischer OM, Streit S, Hart S, Ullrich A, *Endocr Relat Cancer* 2001, 8: 11～31
[47] Gibbs JB, *Science* 2000, 287: 1969～1973
[48] a) Gibbs JB, *J Clin Invest* 2000 105: 9～13;
b) Evans DB, Traxler P, Garcia-Echeverria C, EXS 2000, 89: 123～139
[49] Adjei AA, *Curr Pharm Des* 2000, 6: 361～378
[50] Toledo LM, Lydon NB, Elbaum D, *Curr Med Chem* 1999, 6: 775～805
[51] Traxler P, Furet P, *Pharmacol Ther* 1999, 82: 195～206
[52] Cherrington JM, Strawn LM, Shawver LK, *Adv Cancer Res* 2000, 79: 1～38
[53] Gourley M, Williamson JS, *Curr Pharm Des* 2000, 6: 417～439
[54] Graves JD, Krebs EG, *Pharmacol Ther* 1999, 82: 2～3
[55] Ono-Saito N, Niki I, Hidaka H, *Pharmacol Ther* 1999, 82: 123～131
[56] Levitzki A, *Pharmacol Ther* 1999, 82: 231～240
[57] Goldman JM and Melo JV, *NEJM* 2001, 344: 1084～1086
[58] Favoni RE, DeCupis A, *Pharmacol Rev* 2000, 52: 179～206
[59] Leonard DM, *J Med Chem* 1997, 40: 2971～2990
[60] Crul M, de Klerk GJ, Beijnen JH, Schellens JH, *Anticancer Drugs* 2001, 12: 163～184
[61] Druker BJ, Lydon NB, *J Clin Invest* 2000, 105: 3～7
[62] Bishop AC Buzko O, Shokat KM, *Trends Cell Biol* 2001, 11: 167～172
[63] Garcia-Echeverria C Traxler P, Evans DB, *Med Res Rev* 2000, 20: 28～57
[64] Reed JC, *Trends Mol Med* 2001, 7: 314～319
[65] Garbay C, Liu WQ, Vidal M, Roques BP, *Biochem Pharmacol* 2000, 60: 1165～1169
[66] Rosenfeld MG, Glass CK, *J Biol Chem* 2001 Jul 17
[67] Aranda A, Pascual A, *Physiol Rev* 2001, 81: 1269～1304
[68] Davis RA, Hui TY, *Arterioscler Thromb Vasc Biol* 2001, 21: 887～898
[69] Lee KC, Lee Kraus W, *Trends Endocrinol Metab* 2001, 12: 191～197
[70] Lobaccaro JM, Repa JJ, Lu TT, Caira F, Henry-Berger J, Volle DH, Mangelsdorf DJ, *Ann Endocrinol* (Paris) 2001, 62: 239～247
[71] Emery JG, Ohlstein EH, Jaye M, *Trends Pharmacol Sci* 2001, 22: 233～240
[72] Wagman AS, Nuss JM, *Curr Pharm Des* 2001, 7: 417～450
[73] Niesor EJ, Flach J, Lopes-Antoni I, Perez A, Bentzen CL, *Curr Pharm Des* 2001, 7: 231～259
[74] Williams C, *Curr Opin Biotechnol* 2000, 11: 42～46
[75] Blumberg B, Evans RM, *Genes Dev* 1998, 12: 3149～3155
[76] Merluzzi S, Figini M, Colombatti A, Canevari S, Pucillo C, *Adv Clin Path* 2000, 4: 77～85
[77] Vaughan TJ, Osbourn JK, Tempest PR, *Nat Biotechnol* 1998, 16: 535～539
[78] Maloney DG, *Ann Oncol* 1999, 10: 619～621
[79] Glennie MJ, Johnson PW, *Immunol Today* 2000, 21: 403～410
[80] Todryk SM, Tutt AL, Green MH, Smallwood JA, Halanek N, Dalgleish AG, Glennie MJ, *J Immunol Methods* 2001, 248: 139～147
[81] Rosenberg SA, Nature 2001 411: 380～384

[82] Zeng G, Wang X, Robbins PF, Rosenberg SA, Wang RF, *Proc Natl Acad Sci USA* 2001, 98: 3964～3969

[83] Rosenberg SA, *Cancer J Sci Am* 2000, Suppl 3: S200～S207

[84] Cohen EP, *Trends Mol Med* 2001, 7: 175～179

[85] Przepiorka D, Srivastava PK, *Mol Med Today* 1998, 4: 478～484

[86] Hipp JD, Hipp JA, Lyday BW, Minev BR, *Cancer vaccines: an update. In Vivo* 2000, 14: 571～587

[87] Tamura Y, Peng P, Liu K, Daou M, Srivastava PK, *Science* 1997 278: 117～120

[88] Toulme JJ, *Curr Opin Mol Ther* 2000, 2: 318～324

[89] Hoppe-Seyler F, Butz K, *J Mol Med* 2000, 78: 426～430

[90] Brody EN, Gold L, *J Biotechnol* 2000, 74: 5～13

[91] Sullenger BA, *J Clin Invest* 2000, 106: 921～922

[92] White RR, Sullenger BA, Rusconi CP, *J Clin Invest* 2000, 106: 929～934

[93] Mann MJ and Dzau VJ, *J Clin Invest* 2000, 106: 1071～1075

[94] Usman N and Blatt LM, *J Clin Invest* 2000, 106: 1197～1202

[95] Uiiu E, Tschudi C, *Trends Pharmacol Sci* 2000, 43～46

[96] Smalheiser NR, Manev H, Costa E, *Trends Neurosci* 2001, 24: 216～218

[97] Sharp PA, *Genes Dev* 2001, 15: 485～490

[98] Lewin AS, Hauswirth WW, *Trends Mol Med* 2001, 7: 221～228

[99] Hermann T, Westhof E, *Curr Opin Biotechnol* 1998, 9: 66～73

[100] Hermann T, Patel DJ, *Science* 2000, 287: 820～825

[101] Borman S, *C & CN* 2000, 78: 54～57

[102] Jen KY, Gewirtz AM, *Stem Cells* 2000, 18: 307～319

[103] Wadkins RM, *Curr Med Chem* 2000, 7: 1～15

[104] Fox KR, *Curr Med Chem* 2000, 7: 17～37

[105] Winters TA, *Curr Opin Mol Ther* 2000, 2: 670～681

[106] Han X, Gao X, *Curr Med Chem* 2001, 8: 551～581

[107] Jenkins TC, *Curr Med Chem*. 2000 7: 99～115

[108] Han H, Hurley LH, *Trends Pharmacol Sci* 2000, 21: 136～142

[109] Hurley LH, Wheelhouse RT, Sun D, Kerwin SM, Salazar M, Fedoroff OY, Han FX, Han H, Izbicka E, Von Hoff DD, *Pharmacol Ther* 2000, 85: 141～158

[110] Kerwin SM, *Curr Pharm Des* 2000, 6: 441～478

[111] Simonsson T, *Biol Chem* 2001, 382: 621～628

（胡卓伟）

作者简介

胡卓伟 M.D.,Ph.D.,现为 Biozak Inc. 负责产品研究和发展的副总裁(VP for R&D)。1977 年毕业于中国湖南医科大学医学系。1979 年考入湖南医科大学硕士研究生班,从事心血管药理研究,包括高血压和心肌缺血的药物治疗。1986 年到美国加州大学洛杉矶分校作博士后访问学者,从事临床高血压和心血管临床药理研究。并于 1988 年考入斯坦福大学分子细胞生理学专业博士班,主要研究 G 蛋白偶合受体介导的血管平滑肌细胞收缩去敏化分子机制。1992 年获分子细胞生理专业理学博士学位。从 1992 年起在斯坦福大学医学院工作至 2000 年。历任研究科学家,高级科学家,高级副研究员和高级研究员,主要从事分子细胞生物学和分子药理学研究。已发表原始研究论文三十五篇;参与编写《分子生物学方法》,《药理学》,《临床药理学》,《受体药理学》等专著和教科书六本。从 1995 年起担任美国辉瑞制药公司(Pfizer Inc.)临床前研究顾问至今。

第十七章　高通量药物筛选

17.1　前　　言

早期 IUPAC 对药物化学的定义为:药物化学是一门在分子水平上对具有生物活性的化合物的发现、发展、鉴定及其活性作用方式阐释的学科。尽管药物化学的重点在于强调药物(drug),但药物化学的研究不仅仅局限于药物,同时还包括活性化合物(bioactive compound)、药物代谢产物及相关化合物的研究、鉴定及合成等[1]。因而,现代药物化学的工作主要集中于药物发现和药物开发两个方面(图 17.1)[2],包括:

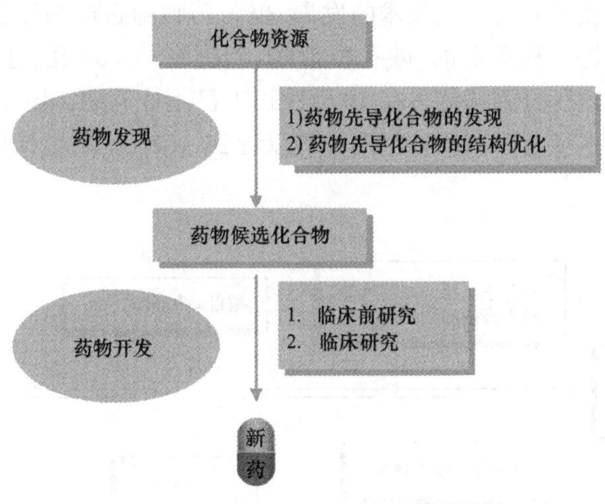

图 17.1　发现与开发药物的基本步骤

(1)先导化合物的发现(lead discovery):从化学合成、天然资源、生物技术等方法鉴定的活性化合物,也就是通常意义上所说的先导化合物(lead compound)。

(2)结构修饰与改造(lead optimization):对先导化合物进行结构改造以提高活性、选择性或降低毒性等。这一时期的主要工作是确定化合物结构与活性的关系(structure activity relationship,SAR),从而找到可进入临床研究的化合物。

(3)后期发展(development):对某些化合物合成路线的进一步优化以利于大量生产,药物代谢动力学、药物性质的进一步改造,为临床研究提供足够的信息。

尽管以上几点同等重要,但通常处于瓶颈位置的还是第一步,即先导化合物的发现。可以说，发现药物先导化合物是一切研究工作的起点。现阶段产生先导化合物的主要方法还是依赖于对大量化合物进行的随机筛选，因而，基于现代分子生物学、细胞生物学技术以及现代仪器自动化技术而产生的高通量筛选(high throughput screening, HTS)，以及HTS在近几年内的快速发展则代表了现代发现药物先导化合物的主要趋势。

“高通量筛选”一词在现代药物研究中是指运用自动化的筛选系统在短时间内、在特定的筛选模型上完成数以千计，甚至万计样品的活性测试[3]。一般而言，日筛选能力应在1万次以上方可以称为高通量筛选。20世纪80年代，分子生物学、细胞生物学和基因工程技术的快速发展，使科学家对人类疾病的认识达到了分子水平，随后基于这些知识而建立的筛选模型的不断出现从根本上改变了现代药物发现的现状[4,5]。人类基因组计划的实施和最终完成，将为药物化学研究者提供更多的机会，比如现在一条致病基因从发现到建立一个成熟而实用的筛选模型所需的时间已大大缩短，这更为药物化学家提供了强有力的工具。

现代计算机技术和自动化技术的发展，也为药物筛选的高度自动化和规模化提供了强大的支持。从早期的96孔板形式，到现在的384孔、甚至1536孔板系统，都已逐步商品化，日筛选能力在10万次以上已不成问题。图17.2显示了现代高通量筛选的基本流程示意图。从图中可以看到，HTS主要包括以下三个方面的工作：

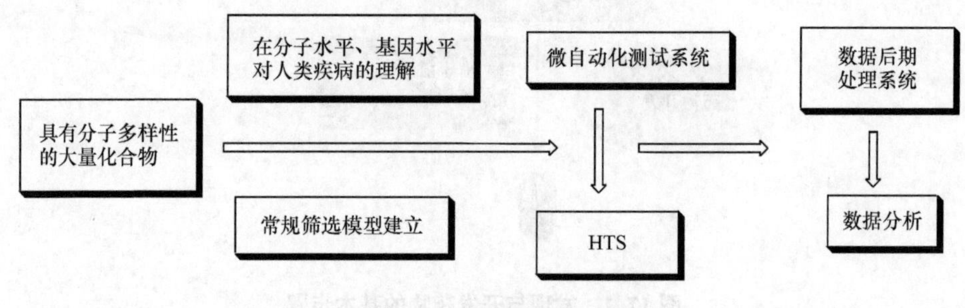

图17.2　高通量筛选流程图

(1) 样品制备；

(2) 模型建立；

(3) 自动化及相关数据处理系统。

下面将分别就这三方面的做详细的阐述。

17.2　高通量筛选的样品制备

随着以分子生物学为主流的生命科学研究的进展，对于与人体信息系统的组成、信号传导有关的分子家族、信号传导过程等已经逐步得到前所未有的认识。人们正在逐步解明一些信息的主要传导过程以及具体环节，从而大大加深了人们对于疾病发生机制的了解，为人类利用各种新的手段干涉这些功能性系统的紊乱，从而防治疾病的产生和发展展现了宽广的前景。随着人类基因组、蛋白质组、生物信息学研究的发展，成百上千个与疾病密切相关的分子靶点已经或将被阐明，其中相当一部分将被开发成为药物筛选的新模型。这些新靶点和相应药物筛选模型的不断涌现，对传统的化学合成提出了挑战，大量样品的需求呼唤着化学合成和药物化学的革命。20 世纪 90 年代初，组合化学应运而生[6～7]，它改变了单个合成、分步纯化的传统方法，大大提高了化学合成的速度和效率，使一个化学工作者可以在一年合成化合物的数量从不足一百个提高到几千个甚至上万个，从而大大地缩短了先导化合物发现的进程。

除了组合化学，大自然是另外一个能够提供具有结构多样性小分子有机化合物的主要来源。实际上，这一重要来源在组合化学产生之前，直至今天一直有许多成功的例子。天然产物经典的获取方法是按照分离纯化、结构鉴定、活性测试的模式进行的，非常费时，而且效率低下，远远不能满足现代高通量筛选的需要。这在一定程度上影响了天然产物在近年来的药物研究中受重视的程度。但是，如果从结构多样性的角度考虑，大自然可能给予我们的结构多样性远远高于组合化学，因而天然产物或天然来源样品的重要性至今仍然不容忽视[8]。实验证明，细菌和高等植物可以生物合成具有明显结构多样性的二级代谢产物，再经过组合化学的策略进行修饰即可产生大量的更具多样性的化合物库供高通量筛选。可以说也是现代天然产物化学研究中的新的切入点。

尽管许多天然产物在一些特定的生物模型上被筛选过，但至今还没有多少化合物在所有现存的模型上被广谱筛选过的事实似乎给我们这样一种信息：随着新的药物筛选模型的不断涌现，一些已知的天然化合物可能会被发现具有全新的生物活性。所以，结合高通量筛选，建立系统的天然化合物库(nature product pool)同样重要[9]。

由于高通量筛选可在短时间内处理大量的样品，对于植物粗提物，如果运用特定标准的操作程序，进行简单的层析分配，除去可能的造成假阳性或假阴性的成分(如丹宁)便可产生大量的适用于高通量筛选的植物提取物库。一般方式为第一步采用与纯化合物相似的微孔板储存模式，在各种不同的筛选模型上进行生物活性的初步筛选确定活性部位；第二步是采用类似的方法再集中于某一活性部位进行分离和筛选等步骤，进而找到活性的单体化合物。尽管这与经典的植物化学方法没有太大的区别，但由于结合了高通量筛选，在短时间内可以处理大量的药用植物提取物，因而大大提高了发现活性单体的概率。

由于传统植物提取物制备方法的限制，得到的样品在用于高通量筛选时，往往产生很多不确定的因素，大大影响了 HTS 结果的可靠性。近年来改进的方法是采用全自动 HPLC 技术，可将 1～5g 的植物粗提取物进行快速的分离分配，规模可以高达一次得到 300 个以上的组分收集物。此时，单个组分收集物的组成已经较前面的粗提物大为简化，甚至是纯化合物。其特点是充分保留了天然样品的生物多样性，同时，尽可能地简化了单个孔中样品的复杂性。

尽管如此，在特定的筛选模型上发现一个天然组成的样品为"Hit"时，如何确定活性单体仍然是一项费时且较具挑战性的工作。但 LC-MS 和 LC-NMR 技术的发展似乎大大缩短了这一进程。其优点在于短时间内，以极其微量的样品收集尽可能多的结构信息，再与由已知结构的化合物组成的数据库进行对比，有可能快速地确定活性单体的化学结构。

17.3 高通量药物筛选模型的建立

20 世纪 90 年代，药物筛选所针对的分子靶点不超过 500 个。随着生物学、功能基因组学、蛋白质组学和药理学的发展，我们将会发现越来越多的与疾病相关的新靶点。针对某一特定靶点，设计一种体外或体内生物活性检测方法并使之适用于高通量筛选便是所谓的模型建立工作。这一工作决非简单，为了实现高通量筛选的有效性，所应用的检测方法必须准确、重现性好并能够自动化。将一个具有生物学特点的疾病靶点转变成为体外筛选模型，不仅需要深入了解疾病和筛选结果相关性的生物学和生物化学基础，还要了解在实现高通量筛选时涉及到的工业化程序方法，包括自动化、工程学及海量数据的获取与分析等。对这两个不同着眼点的小心把握是任何高通量筛选工作取得成功的关键。

高通量筛选的靶点来源于基础科学对于一种疾病或症候表现出来的细节进行细致研究后的理解和发现。根据这些结果，我们可以选择其中关键的生物效应环节进行干预。这些靶点通常是酶(如蛋白酶、转录酶)、相互作用的蛋白质以及细胞信号传导和转录过程中起作用的受体等。如今，越来越多的靶点未经确定生物学特性就已经建立起相关的筛选模型，这些通过基因组技术发现的靶点可能与疾病有着非常好的相关性，虽然当先导化合物发现进程已经开始的时候，除了基因序列外，我们对它的功能还是一无所知，但筛选工作仍然可以进行，所发现的活性化合物可以成为一种用于阐明这些靶点结构甚至功能的工具。从这个意义上来说，高通量筛选正在成为发现成熟靶点的先导分子和发现新的化学分子以阐明新的疾病靶点药理学作用的双重工具。

高通量筛选有两种基本的检测方式，包括体外生化检测方法和细胞水平检测方法。通常通过体外生化检测方法进行筛选的靶点包括酶、受体、蛋白质与蛋白质的相互作用等；细胞水平的检测方法主要用于信号传导通路相关的靶点（包括受体、离子通道）以及为发现抗生素设计的筛选模型。无论应用何种检测方式，筛选通常以 96 或 384 孔板的形式，通过显色反应、荧光、化学发光以及同位素检测技术测量生物反应的终点。

17.3.1　体外生化检测

通常用体外生化检测方法进行筛选的靶点是与疾病相关的关键性酶、受体以及蛋白质与蛋白质的相互作用[10～11]。

在专门设计用于寻找酶靶点抑制剂的筛选中，待检测化合物与酶混合后，加入特殊底物，通过检测产物上的标记物或产物自身独特的光谱学特性（光吸收、荧光、化学发光等），观察产物的形成情况。如果存在抑制剂，观察到的信号会显著减弱（或增强）。以酶为靶点进行高通量筛选的优化及标准化涉及以下几个步骤：确定反应条件（如缓冲液、pH、温度）、天然或合成的底物、酶动力学、信号窗口的评价以及对已知抑制剂的反应情况等。可应用于不同酶靶点的检测方法如图 17.3 和图 17.4 所示，这些方法在底物转变为产物后，分别使用了显色反应、荧光或放射性化学的方法等。适用的靶点不仅包括蛋白酶、激酶和磷酸酯酶，也包括其他酶类，如 DNA 连接酶和解旋酶。

经典的受体结合实验通过使用放射性同位素标记的配体完成，常用的标记物有^{3}H 和^{125}I 等。膜类受体可通过从自身表达该受体的细胞或组织中获得，也可以通过从高效表达该受体的工程细胞株中获得。但无论通过何种方式，关键还是要建立起适合的条件，从而产生可溶并且保留与天然配体结合能力的受体或膜悬液[12]。制备受体过程上的差异经常会严重影响其与配体的亲和力，例如工程细胞株的生长条件、天然组织的来源及收集、缓冲液、pH、离子强度以及缓冲液添加剂等等。典型的受体结合实验是放射性物质标记的配体和受体的拮抗剂或激动剂的竞争性结合。与受体结合的配体经过与自由的配体分离后，通过测定其同位素的强度（代表了结合的强度）便可以确定激动剂或拮抗剂的结合活性。目前高通量筛选配体与受体结合实验中采用的检测方法往往是通过膜过滤或亲近闪烁检测技术（SPA）[13]来完成检测结合与未结合标记配体比例的，两者都可采用 96 或 384 孔板进行。目前已有文献报道采用 1536 孔板通过成像技术进行检测的方法[14]。

蛋白与蛋白的相互作用在实现蛋白质功能以及信号传导和细胞周期性调控中起着重要的作用[15]。许多疾病的病理涉及异常的信号传导过程，需要通过抑制特

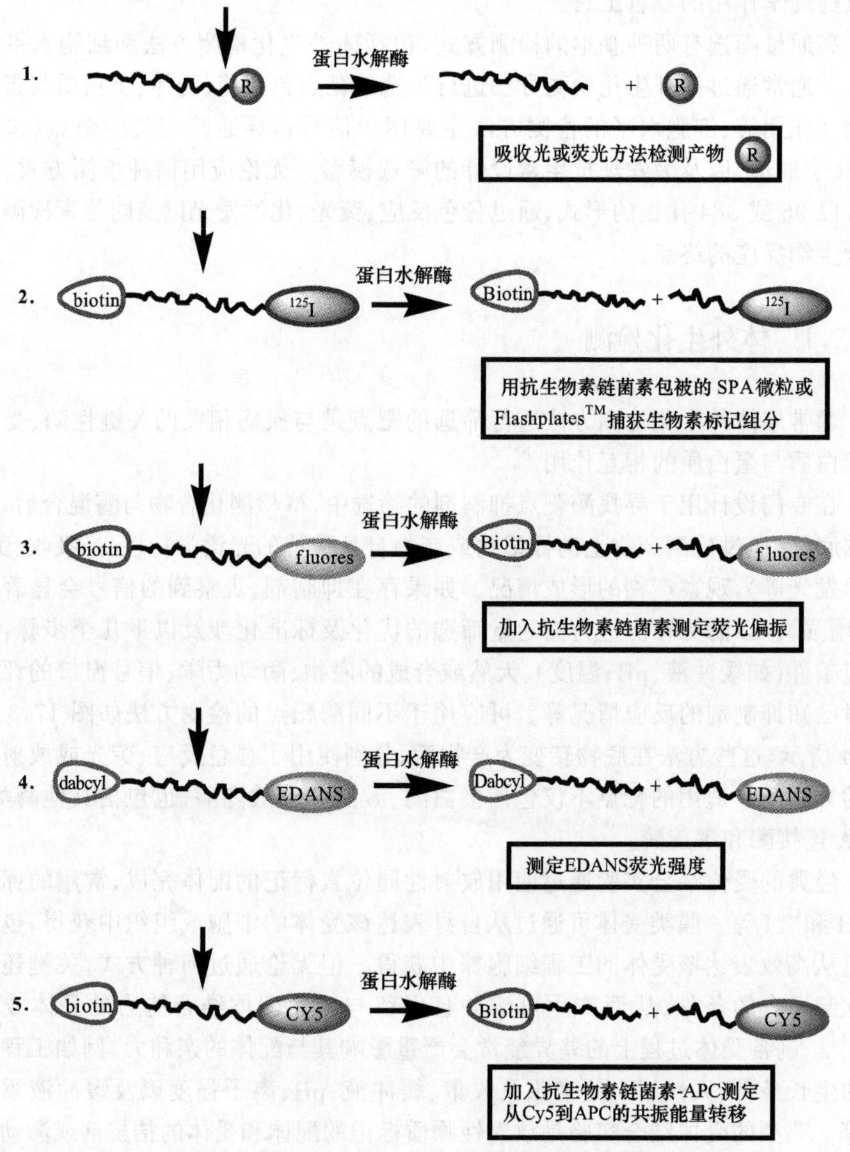

图 17.3　常用的蛋白水解酶检测模型示意图

（简单的“混合、测量”模式，便可以适合于高通量筛选）

殊的蛋白质与蛋白质相互作用方可实现治疗的目的。这类靶点的筛选可通过标记其中一种或全部两种蛋白质并应用合适的检测技术测定其结合程度而完成。SPA、均相时间分辨荧光（HTRF）以及 EIA 方法都能实现这类筛选[16,17]。由于蛋白质之间相互作用时的表观结合亲和力比典型受体与配体的结合亲和力相对较

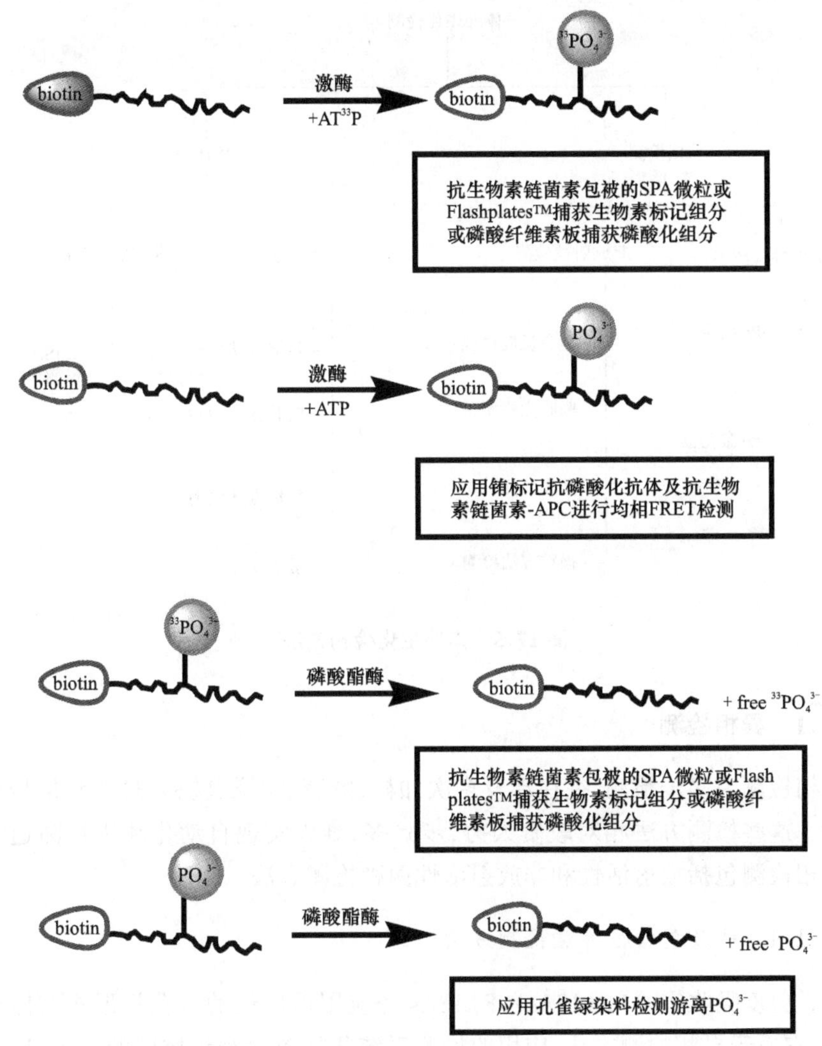

图 17.4　常用的激酶和磷酸酯酶检测模型示意图

（同样，简单的“混合、测量”模式，便可以建立起高通量筛选方法）

弱，均相非分离方法（SPA、HTRF）要优于可能会改变蛋白结合平衡的 ELISA 方法和膜过滤方法。

体外生化检测方法包括从简单到复杂的多个系统，这一方法的优点在于化合物更容易接近靶点、化合物的作用靶点和作用机制非常明确、易于降低筛选成本、易于使用更新的技术、易于微量化和自动化。

体外生化检测方法包括异相检测和均相检测两种方式（见图 17.5），下面将分别加以详细介绍。

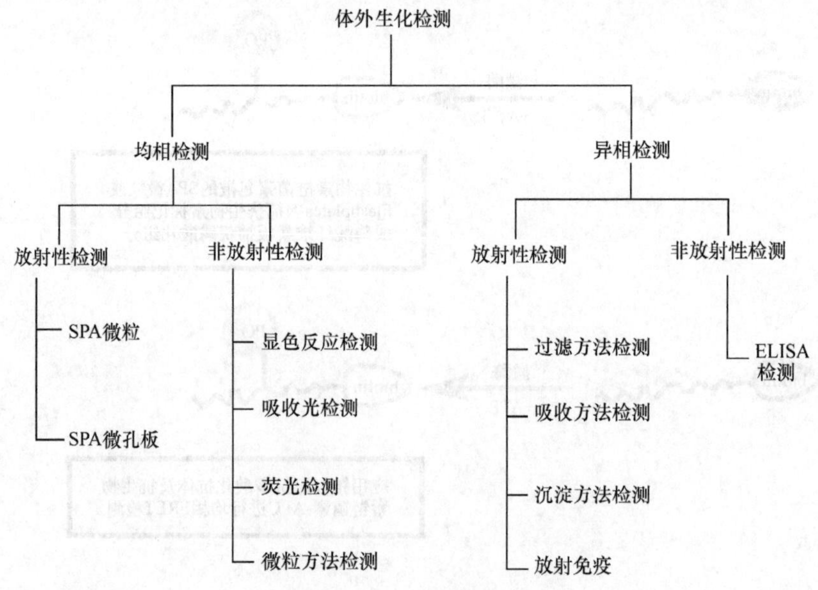

图 17.5 体外生化检测方法

17.3.1.1 异相检测

异相检测为多步检测,往往涉及多次加样、孵育、洗涤、转移、过滤和信号读取等步骤。这些检测方法相对较费人力、步骤多,难以实现自动化和进行高通量筛选。异相检测包括放射活性和非放射活性两种检测方法。

17.3.1.1.1 非放射活性异相检测方法

酶联免疫吸收实验(ELISAs):ELISAs 是应用最广泛的多孔板形式的体外检测方法,它属于异相检测方法,应用的检测系统往往包含辨识抗原的一抗,以及可与适当底物反应并可以放大信号的二抗。在检测中,底物被包被在微孔板表面上,进行的酶反应将底物转化为产物,通过特异性抗体与板表面上的产物结合,再通过与标记的二抗相互作用而引入的信号报告系统得到活性结果(标记的二抗与其特异性底物反应后产生了颜色、荧光或化学发光等信号)。因此,每一步的结合和酶催化反应都需要多次重复的洗涤以除去多余的试剂。

另一种较简单的酶联免疫检测方法是将底物联结在微孔板的孔表面,底物在酶催化作用下形成的新产物与标记的特异性抗体结合便可达到检测目的。例如,在蛋白质酪氨酸激酶活性的检测中,微孔板表面被包被有多聚谷氨酸-酪氨酸(4∶1)肽底物,该底物与蛋白激酶反应后,肽中的酪氨酸被磷酸化。该磷酸化产物可与标记铕的酪氨酸磷酸化抗体结合，再经洗涤、增强剂处理等步骤便可以通过荧光酶标仪读出光吸收值(激发光 320 nm，发射光 615 nm)[18]。

17.3.1.1.2　放射活性异相检测方法

利用放射性标记化合物进行检测的方法应用得非常普遍，虽然处理时有很大的危险性并产生放射性废物，但这种方法非常灵敏和准确。受体与配体的结合实验直到今天仍然延用放射性配体的检测方法就是一个典型的例子。蛋白磷酸化的检测方法主要用[^{33}P 或^{32}P]-ATP 作为放射性磷供体。放射性产物与放射性底物分离的经典方法包括过滤、吸收和沉淀，但这些方法的通量相当低。

过滤检测：传统的方法中，放射性产物与放射性底物的分离是通过玻璃纤维膜过滤后再经数次洗涤完成的。膜经室温晾干后被转移到一闪烁瓶中，加入闪烁剂并通过闪烁计数仪计数。随着 8×12 过滤系统的出现，96 微孔板中的反应物经一张大滤膜过滤和洗涤，加入闪烁剂后，滤膜可通过 Beta 微孔板液闪仪计数。如今，新一代的 96 孔过滤板(Packard，Meriden，Millipore)和过滤装置更利于快速的分离和洗涤。这种装置的特点是在洗涤后，可以晾干微孔板，底部封闭的同时加入闪烁剂，通过 MicroBeta(Wallac)或 Topcount(Packard)的微孔板液闪仪计数。显然，该法已经显著地提高了筛选通量。

吸收检测：在蛋白酪氨酸激酶的检测方法中，磷酸化的底物通过离子间的相互作用被磷酸纤维素膜捕获。也可以应用生物素(biotin)标记的肽作为底物，此时磷酸化的底物被链球菌素(avidin)膜或抗生物素链菌素(streptavidin)包被的过滤板捕获，通过洗涤除去过量的[^{33}P 或^{32}P]-ATP，通过闪烁瓶或微孔板方式经液闪仪便可以计数[19]。

沉淀检测：在经典的酶法检测中，放射性标记的同位素从底物转移到接受体蛋白上后，放射性标记的产物经三氯乙酸沉淀分离、过滤和洗涤等步骤后，滤膜转移到闪烁瓶中，加入闪烁剂后进行计数。在金合欢醇转移酶的检测中，就是通过三氯乙酸沉淀的方法检测^{3}H-金合欢醇旁磷酸盐转移到金合欢醇转移酶的活性。

17.3.1.2　均相检测

由于在均相反应系统中存在着反应速度快、易于实现高通量以及对大分子底物构象产生较小影响等特点，HTS 迫切要求发展均相检测方法。该方法的特点明显，比如可以减少操作步骤，实现快速读数，并能在高密度孔板中进行，易于实现自动化等。

均相检测技术中一个重要的特点是，除了一些试剂需要事先吸附于固相表面，其他所有的反应成分均可共存于溶液中，经一定时间孵育后，可由检测仪直接读取信号而无需其他步骤。由于荧光信号具有非常灵敏、易于检测、适于微量化，以及荧光检测对环境和人体不会造成有害污染等诸多特点，目前大多数的均相检测方法都是建立在荧光标记技术基础上的。近几年里，纳米技术得到了迅猛发展，出现了 DNA 微阵列芯片、量子点、纳米颗粒等新材料，也为建立一些以荧光、化学发光、放射性同位素为基础的新的均相检测方法提供了机遇，出现了在超高密度板中进行超高通量筛选(uHTS)的技术。目前发展的基于荧光技术的检测法包括：(1)荧光强度检测法，如：荧光生成检测法、荧光淬灭检测法、荧光淬灭弛豫检测法；(2)荧光偏振检测法(FP)，利用偏振信号与分子大小成正比的原理进行检测；(3)荧光共振能量转移检测法(FRET)；(4)均相时间分辨荧光检测法(HTRF)、均相时间分辨荧光共振能量转移检测法(TR-FRET)或 Lance 检测法。这些方法均是利用荧光共振能量从供体分子转移至受体分子来进行检测的；(5)荧光聚焦显微技术；(6)荧光成像分析；(7)荧光报告系统，如绿色荧光蛋白(GFP)和 β-内酰胺酶报告系统。除了荧光检测外，还出现了一些以电化学发光、化学发光为基础的均相检测方法。另外，放射性同位素均相检测法则包括以下几类：(1)亲近闪烁检测法(SPA)已被广泛应用。同位素标记的生物分子能够识别包被在 SPA 颗粒上的特异性蛋白或抗体，当两者靠近时就能产生闪烁信号，从而可以检测；(2)Flashplate，闪烁体包被在微孔板的孔壁上，闪烁体上固定有特异性的抗体或受体，当有同位素与之结合时，就能产生信号，而未被结合的同位素也无需从溶液中分离出来；(3)Cytostar 检测技术；(4)将 SPA 和显像技术结合在一起的 leadseeker 技术。此外，如表面等离子体谐振技术也正在逐步地应用于均相检测，使之更能满足于 HTS 的要求。下面将详细介绍这几类均相检测的方法。

17.3.1.2.1 荧光检测法

荧光基团大致可分为两类：内在固有的荧光基团和外源性结合的荧光基团。许多生物分子带有天然的荧光基团(固有荧光基团)，如：所有的氨基酸中，色氨酸所产生的荧光最强，蛋白质所产生的荧光 90% 是来自于色氨酸。蛋白质的吸收光谱位于 280nm 处，最大发射光谱介于 320～350nm 间。但在溶液中能产生荧光的色氨酸，在整个蛋白质分子中发射的荧光强度却非常微弱。当待测大分子本身的荧光团不够强烈而无法检测时，可结合一些荧光染料以加强其光谱特征。目前，大多数生物大分子的检测，都是采用这种外源荧光法。广泛用于标记蛋白质和核酸的荧光染料主要有：荧光素(fluroescein)、罗丹明(rhodamine)、德克萨斯红(Texa Red)、BODIPY 等。这些荧光染料的激发光及发射光都比较长，因而可以使本底荧光干扰降低到最小。

1. 荧光强度检测法

依据荧光强度的变化进行检测，如：在荧光生成检测法及荧光淬灭弛豫检测法中，反应后荧光强度增加；在荧光淬灭检测法中，荧光强度减弱。该方法操作简便，适于微量化。但是由于测定的是总的荧光强度，待测化合物的自身荧光和内滤效应可能会干扰测定结果，但这种干扰又很难被检测并消除掉。

1) 荧光生成分析

反应物无荧光，如：methylumbelliferyl、ANS、*bis*-ANS、核酸特异性染料等的衍生物，反应后生成能发射荧光的产物（即从衍生物中释放出来的游离荧光染料），以荧光强度增加的程度作为定量依据。通过使用机械手、液体处理系统及酶标仪可使荧光检测完全实现自动化，日筛选能力可达5万～10万次。下面就以β-葡糖醛酸酶、核酸酶活性测定为例详细介绍这种分析方法。

β-葡糖醛酸酶的测定：荧光生成底物MUG(4-methylumbelliferyl-D-glucuronide)在β-葡糖醛酸酶的作用下水解生成4-甲基香豆素(4-MeU)[20,21]。该产物只有在其羟基基团电离后才能发射荧光，该羟基的pK_a为8～9。因此当pH＞10时，产物4-MeU便可发射荧光，信号强度正比于酶活性的大小。使用微孔板荧光酶标仪读取数据，激发光355nm，发射光465nm。该法与比色法相比灵敏度高100倍。使用384孔板也能取得与96孔板相似的检测效果。β-葡糖醛酸酶的荧光检测法步骤简单，无需洗涤分离，并且在均相系统中反应，达到终点速度快，适用于微量化，可在384、甚至1536孔等高密度微孔板中进行筛选。

核酸酶活性的测定：分子探针技术的发展拓宽了荧光染料的应用范围（可以用它对原来不能发射荧光或荧光很弱的一些物质进行荧光检测）。一些特殊的试剂（荧光探针）与dsDNA、ssDNA或RNA特异性结合后，量子产率增加，使荧光信号加强。PicoGreen能与dsDNA特异性结合，发射荧光，信号强度不受溶液中同时存在的ssDNA、RNA影响。因此，利用PicoGreen就可以检测出溶液中皮克级水平的dsDNA(22)。OliGreen则可特异性结合ssDNA及寡核苷酸，发射荧光信号。RiboGreen可与RNA特异性结合，用于溶液中RNA的定量检测[23]。核酸酶和聚合酶的活性检测就是利用特异性核酸结合荧光染料来进行的。

RNase H能将RNA单链从RNA-DNA杂交链中水解下来。RNase H均相检测法中使用的特异性染料是PicoGreen。测定步骤如下：底物poly r(A)-d(T)12-18与RNase H在37℃下孵育60 min，添加PicoGreen终止反应后读取结果。由于PicoGreen能与RNA-DNA杂交双链中的DNA特异性结合并发射荧光，当RNA在RNase H的作用下从杂交链上水解下来后，能与PicoGreen结合的DNA-RNA杂交双链量减少，最终酶的作用导致了荧光信号的减弱。

这类检测方法均可在96、386甚至更高密度微孔板中进行。但其缺点在于：若被测化合物能嵌入DNA-RNA杂交双链中，或者是本身带有颜色，都会干扰检测，产生假阳性。然而，这种非放射、简易的均相检测方法往往可用于初筛，假阳性结果可在以后的进一步复筛中消除。

2）荧光淬灭检测法

淬灭剂与荧光物质共价结合，使荧光强度减弱或消失。若反应能去除共价结合的基团，则游离的荧光物质又可重新发射荧光，信号增强，荧光淬灭作用则被解除。

肽酶的测定：许多胺类荧光染料，如 7-氨基-4-甲基香豆素、7-氨基-4-氯甲基香豆素、6-氨基喹啉、罗丹明 110(R-110)、*N*-(4-氨甲基)苯基-罗丹明 110、5-(或 6-)氯甲基罗丹明 110 和 6-氨基-6-去氧荧光素，作为分子探针可与氨基酸或多肽共价结合，但结合后自身的光谱特性被改变，发生荧光淬灭。例如罗丹明的双酰胺类衍生物作为蛋白酶的特异性底物已被广泛用于液相及活细胞水平的酶活性检测。当两段多肽分别共价结合到罗丹明两端的氨基上后，能抑制后者的光吸收及其荧光的产生，使 R-110 发生荧光淬灭。无荧光的双酰胺-R-110 在肽酶的作用下分别切去两端多肽，则重新产生荧光物质 R-110[22]。在 pH=3 及 pH=9 的条件下，由于分别产生了 R-110 单胺衍生物及 R-110，因此有比较稳定的荧光信号。

2. 荧光偏振检测法

荧光偏振(fluorescence polarization，FP)是一种均相检测技术，其定量依据是在特定的条件下，FP 信号与荧光分子的大小正相关(图 17.6)。

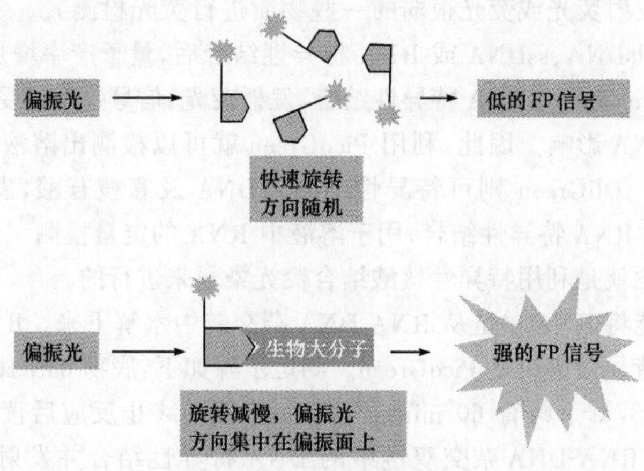

图 17.6　荧光偏振原理

荧光物质被偏振光激发后，所发射的也是偏振光。荧光基团的偏振是由于分子发生了定向极化，且与激发光的偏振方向有关。溶液中的荧光分子受偏振光激发后，发射光偏振的程度反映了荧光基团在光吸收和发射间隙的旋转程度。FP 是研究溶液中分子间相互作用非常有效的一项技术[24～30]。

所有的 FP 酶标仪都是以 mP 为度量单位(1 个偏振单位 =1000mP)。荧光总强度等于检测器取平行于起偏器的方向和垂直于起偏器方向的发射光强度之和，而偏振度是发射光强度的一个比值，因此无方向性，其大小并不取决于发射光的绝对强度或是荧光基团的浓度，而是由分子大小决定的。若荧光分子很小，当有偏振光照射到每个快速旋转或滚动的分子时，小分子各自发射出荧光，方向随机，FP 值低。若荧光分子较大，能保持相对静止，发射光也就能保持一定的偏振度，FP 值高[28,29]。理论上，荧光素的 FP 最小可为 0，最大可至 500 mP。但在实际测量中，所能观察到的小分子的最小 FP 值为 40～80 mP，而由大分子得到的实验最大 FP 值为 100～300 mP[29,30]。但这个测量范围也足以使检测精确可行，因为 FP 信号作为一个比值有着很好的重现性。FP 检测不同于其他的方法，后者的测定效果往往取决于信噪比值的大小，而在 FP 检测中，重要的则是 $\Delta p(p_{max}-p_{min})$。一般认为 $\Delta p>100$ mP 时，效果较好。若 $\Delta p>150$ mP，就是一个非常高效的检测系统了。

FP 作为一种均相检测方法，反应试剂简单，读数方便，反应速度快，很快就能达到平衡，易于自动化。。用于共价标记的荧光染料衍生物中最常用的是荧光素衍生物，对其研究也已比较深入。荧光素有较高的荧光吸收率和优异的荧光发出效果，水溶性好，最大激发波长接近氩离子谱线中的 488nm。其他常用的荧光试剂，包括：BODIPY、Texas Red^{TM}、Oregon Green、Rhodamine Red^{TM}、Rhodamine Green^{TM}等等。目前已有市售商品作为生物分子共价结合试剂。许多生物技术试验室已经合成了一些常用的多肽和核酸荧光衍生物，也有一些公司提供相似的服务。这些试剂比较稳定，一次大批量筛选所需的所有试剂往往可一次性配置保存。FP 检测只需一个示踪物，由于测定结果是一个比值，外界干扰、荧光强度及有色化合物均不会影响检测结果。

FP 检测法可分为三类：第一类，一个带有荧光基团的小分子结合到一大分子上，生成了一个更大的带有荧光基团的复合物，从而获得 FP 信号。如蛋白质-DNAP、抗原-抗体、DNA-DNA、DNA-RNA、蛋白质-蛋白质间的相互作用[27,29～32]及受体-配体的特异性结合[33～35]等。第二类，将一个相对较大的荧光大分子(带荧光基团的大分子)剪切成一个较小的荧光分子，从而引起 FP 信号的消减。如：核酸酶、解旋酶和蛋白酶活性检测法[36～38]。第三类，易化(间接)检测法。即荧光分子与抗体偶联使 FP 信号增强或削减。如蛋白酪氨酸激酶(protein tyrosine kinases, PTKs)及蛋白酪氨酸磷酸酯酶(protein tyrosine phosphatases, PTPs)。在过去的 10 年里，FP 与竞争性免疫相结合测定药物及激素活性的方法已广泛应用于临床试验室。下面就详细介绍一下这几类 FP 检测方法(见图 17.7)。

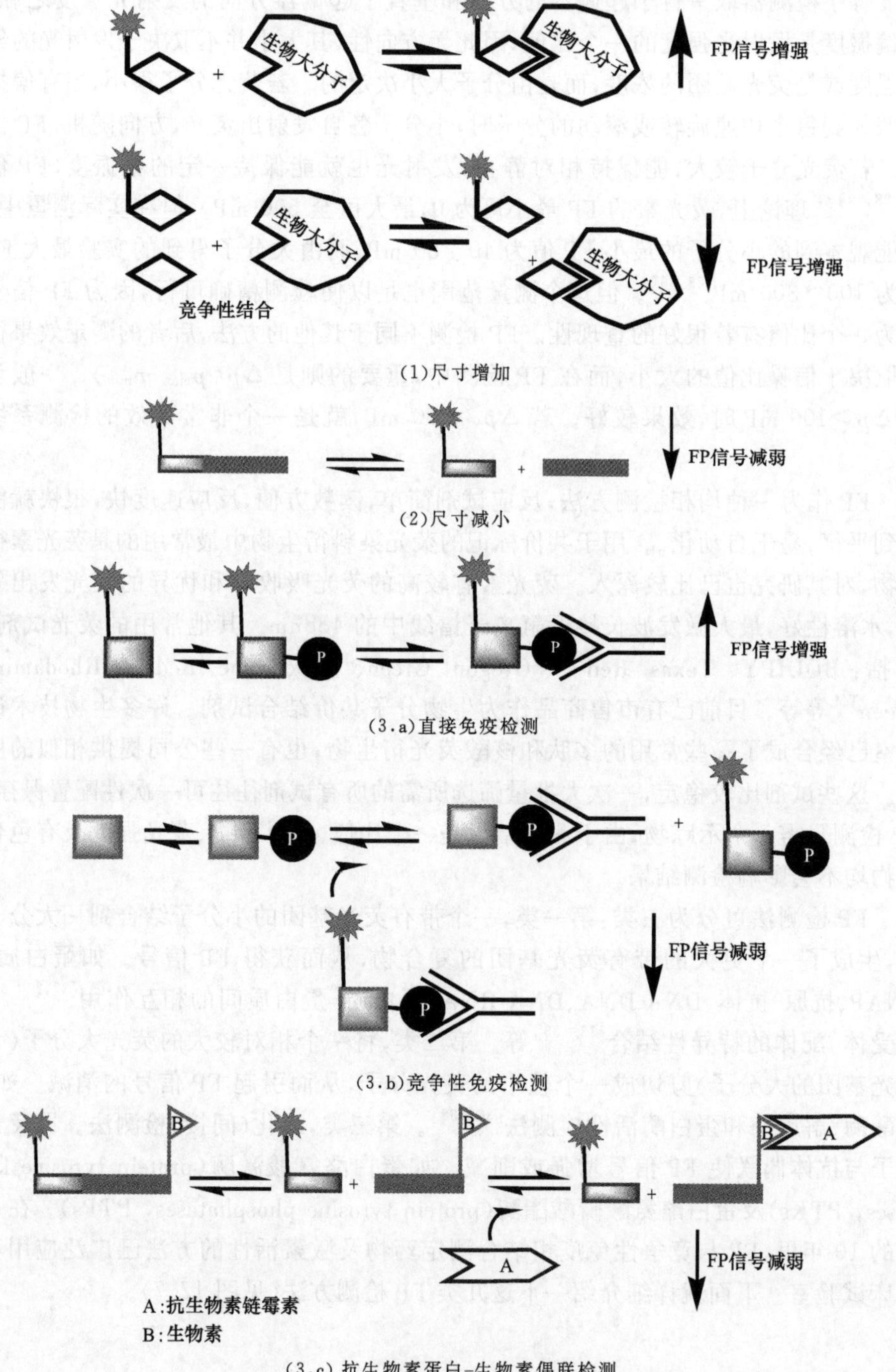

图 17.7　几类荧光偏振筛选模型示意图

1) FP PTKs 测活法

Seethala 和 Menzel 建立了第一个有效的 FP-PTKs 直接测活法。该方法利用反应中产生的磷酸化的荧光素-多肽(fl-phos-peptide)与抗磷酸化酪氨酸抗体结合形成免疫复合物,引起 FP 信号加强(见图 17.8)。FP-PTK 直接测活法只能使用一种多肽底物,且须要大量的抗磷酸酪氨酸抗体(PY 抗体)。为了克服这些问题,建立了 FP-PTK 竞争免疫测活法。在这个方法中,通过激酶反应产生磷酸化的多肽或蛋白,与带荧光基团的磷酸肽示踪物(fl-磷酸肽)竞争 PY 抗体。在这类测活方法中,激酶的活性导致了 FP 信号的丧失。

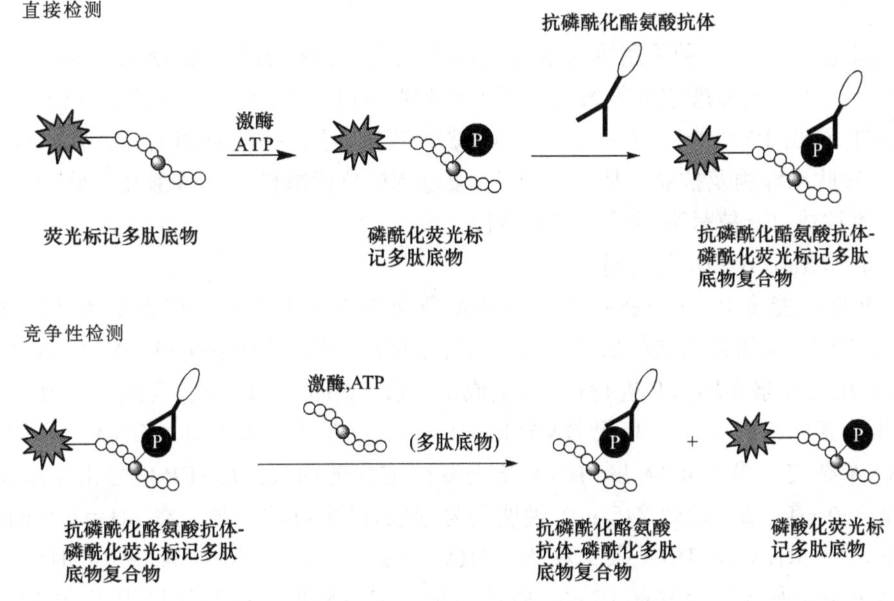

图 17.8　蛋白酪氨酸激酶荧光偏振检测方法

在 FP-PTK 竞争免疫测活法中,多肽底物与 PTK(LCK)、ATP、fl-磷酸肽(示踪物)、PY-54 磷酸酪氨酸抗体共同置于反应缓冲液中,室温孵育后,通过 FP 酶标仪可直接读取 FP 值。

与过去常用的激酶测活方法($^{32}PO_4$转移法、ELISA 或 DELFIA)相比,FP-PTK 竞争免疫测活法具有方法简单、无放射性、高灵敏度、无需分离底物和产物的优点。该方法稍加改变就能适用于磷酸酯酶活性检测,实践证明非常有效。由于简便快速,FP-PTK 和 FP-磷酸酯酶测活法很适合于 HTS。

2) FP-丝氨酸/苏氨酸激酶活性检测

以 FP、HTRF、DELFIA、ELISA 和 ECL 为基础的非放射性 PTKs 活性测定,往往要使用高亲和性的抗- PY 特异性抗体,但由于无法得到磷酸丝氨酸和磷酸苏氨酸的特异性、高亲和力的抗体,这些方法都无法应用于丝氨酸/苏氨酸激酶活性的筛选。近期出现了一种普遍适用于测定激酶活性的 FP 法。该方法原理如下:在蛋白激酶催化下,底物肽被 ATP-γS 硫代磷酸化,接着用碘乙酰 LC-生物素化硫代磷酸基团,最后与抗生物素链菌素孵育,测定 FP 信号。FP 信号的增强程度正比于产物的生成量。由此方法测得的 H-89(一种竞争 ATP 的 PKA 竞争性抑制剂)Ki 值约为 60 nM,与文献报道的数据相似。但这种 FP 法的缺点在于硫代磷酸基团的生物素化作用需要很长的时间(大约 8h)。然而这种方法可应用于微量板,优化后能使用均相系统,因此它可以作为$^{32}PO_4$转移测活法的一种比较好的替代方法。

最近,出现了一种采用抗磷酸丝氨酸单克隆抗体检测蛋白激酶 C(PKC)活性的方法。含有丝氨酸或苏氨酸的特异性底物肽,在同时存在二酰甘油、磷酰丝氨酸的条件下,由 PKC 催化与 ATP 反应而被磷酸化,孵育一段时间后,加入 EDTA、fl-磷酸肽示踪物及抗肽抗体终止反应,通过酶标仪读取数据。磷酸化产物与示踪物竞争抗体,FP 信号强弱反比于酶活性。

3) RNase H 的活性筛选

RNase 能将 RNA 单链从 RNA-DNA 杂交链中解离下来。首先制备荧光素-RNA-DNA-生物素杂交链底物。方法如下:*Hind* Ⅲ线性化 pSP65 cDNA,转录为 RNA,用荧光素 12-UTP 进行标记,生成了一段 52 mer fl-RNA。合成一段互补的 5′-生物素标记的 52mer 寡聚 DNA(bio-DNA)。在退火温度下,bio-DNA 与 pSP65 fl-RNA 杂交。当 fl-RNA-bio-DNA 杂交双链结合链球菌素后,FP 信号由 105 mP 增至 350 mP。Δp 达到 245 mP,说明信号很强,结果可信度高。在 pH=8.0 的条件下,将 fl-RNA-bio-DNA 杂交双链与 HIV RNase H 于 37℃下孵育一定的时间,加入终止缓冲液后继续孵育 15min,通过酶标仪读取数据。在酶的作用下,RNA 从 RNA-DNA 链上水解下来,fl-RNA 也就不再结合于抗生物素链球菌素-生物素标记 DNA 链复合物上,因此 FP 信号随着酶活性的增加而降低,可从 306 mP 降至 110 mP。结果证实这一方法检测信号强,重现性好,适合于 HTS。

4) 蛋白酶检测法

标准 FP-蛋白酶活性测定试剂盒使用荧光素标记的 α-酪蛋白作为底物(panvera and molecular probes)。相关的大分子-荧光素底物的 FP 信号很高,当在蛋白酶解切作用下产生较小的标记片段时,则产生较弱的 FP 信号。但由于底物 fl-酪蛋白在 pH 低于 7 时不稳定,为了能使 FP 检测法适用于各种蛋白水解酶,出现了一种新的非 pH 依赖性的底物 BODIPY-α-酪蛋白,后者可在 pH=2～11 的范围内使用。γ-氨基丁酸氨基端经生物素修饰,羧基端标记上 5-(4,6-二氯三嗪)氨基荧光素,由此衍生得到的肽类底物,也可用于检测。底物与抗生物素链菌素结合后 FP 信号加强。但在蛋白酶的作用下被剪切后,产生带有荧光素但与生物素分离的短肽片段，导致 FP 信号减弱甚至消失。

3．荧光共振能量转移检测

荧光共振能量转移(fluorescence resonance energy transfer，FRET)是指荧光供体受激发后不发射出光子而将激发的能量转移到荧光受体的现象。这种方法可检测生理状态下相互作用分子之间的距离[39]。产生 FRET 需要满足三个条件：荧光供体和受体之间距离接近(10～100Å)；供体的发射光谱与受体的激发光谱必须有重叠；供体和受体之间迁移偶极子的方向必须平行。在大多数情况下，供体与受体标记的荧光染料是不同的，供体的荧光会因为受体的存在而发生淬灭。一般荧光素和四甲基罗丹明(tetramethylrhodamine)之间发生 50%有效能量转移所需距离为 55Å，EDANS 和 DABCYL 之间为 33Å，IAEDANS 和荧光素之间为 46Å。FRET 主要用于淬灭分析或与淬灭相关的分析。

例如，蛋白酶检测。一段羧端标记 EDANS 而氨基端标记 DABCYL 的肽链，EDNAS 发出的荧光会被受体 DABCYL 淬灭。当内部淬灭的底物被切割，供体和受体分开时，就会导致荧光强度的大幅上升，荧光强度与底物被水解的程度成比例。因此蛋白酶的活性也可以通过监测荧光强度的变化而获得。许多蛋白酶活性分析用的方法都是 FRET[40]，如胰蛋白酶，艾滋病病毒蛋白酶，丙型肝炎病毒蛋白酶，人巨细胞病毒蛋白酶。

4．均相时间分辨荧光 HTRF™/LANCE™(TR-FRET)检测

时间分辨荧光技术(time-resolved fluorescence，TRF)是基于镧系元素如铕(Eu)、钐(Sm)、铽(Tb)、镝(Dy)等具有较长荧光寿命的特点发展而来的。当铕螯合物(Euk)供体与受体之间距离小于 100Å，且供体发射光谱与受体激发光谱有重叠时，则发生 FRET。均相时间分辨荧光就是利用这一原理进行均相检测的方法。这项技术也被称为时间分辨荧光共振能量转移(TR-FRET)或镧系螯合物激发(LANCE™)技术。大多数荧光物质的荧光寿命非常短(一般为几微秒)，一些来自分析组分、酶标板、光散射、生物样品或化合物的干扰也是一些短暂的荧光。为避免这些干扰，可以利用较长荧光寿命(100～1000μs，无偏振)的镧系螯合物作为荧光能量供体，受体也经过别藻蓝蛋白(allophycocyanin)或荧光素的修饰，供体较长的荧光寿命在能量转移时可以使受体也具有较长的荧光寿命。因此，能量转移时受体发射光的消失时间与供体发射光消失时间成正比，而与供受体间的距离成反比。这种方法延长了荧光检测时间，可以降低短暂荧光所引起的干扰背景。

Eu^{3+}、Su^{3+}、Tb^{3+}、Dy^{3+}等稀土元素自身的荧光团很少，为了便于检测，需要与其他物质形成复合物。铕可以通过形成巨多环(macropolycyclic)Euk 来增加其荧光强度并防止荧光淬灭[41～44]。Euk 有很合适的结合臂可与肽、蛋白质、核酸形成共价复合物。Advant 公司生产的新的 Eu^{3+} 和 Tb^{3+} 螯合物也很有效。它利用的是 LANCE 技术[44]。荧光共振能量在发射光为 613 nm 时从铕螯合物转移到更长

波长的受体如别藻蓝蛋白 XL665 或 Cy5 上或在发射光为 492 nm 和 545 nm 时从铽螯合物转移到不同受体上，如四甲基罗丹明、黄嘌呤或荧光素等。

在 HTRF/LANCE 分析中，有三种标记方法：直接法、间接法、半直接法。与标记 FP 类似，在直接标记法中，镧系螯合物供体和别藻蓝蛋白、罗丹明或荧光素受体被直接标记在参与反应的分子上。在间接标记法中，供体与受体荧光团被标记到参与第二反应的大分子上，如相互作用的抗体-二抗或生物素-抗生物素链菌素。半直接标记法是直接标记法和间接标记法的结合。HTRF/LANCE 分析可用于很多方面，如 DNA-DNA、RNA-DNA、DNA -蛋白、蛋白-蛋白、受体-配体之间的相互作用、核酸酶或蛋白酶的水解反应、聚合酶的合成反应以及一些蛋白的修饰反应(如激酶)等。

在 PTK 检测中，生物素标记的肽底物被 PTK 磷酸化，铕标记的磷酸化酪氨酸抗体结合到磷酸化后的生物素标记的肽底物上[45]。生物素标记的肽底物再与抗生物素链菌素标记的 XL665 或 Cy5(APC -抗生物素链菌素)相结合(图 17.9)。由于两个荧光团距离非常近，能量从 Eu^{3+} 转移到复合物上。一般情况下，如果磷酸化酪氨酸抗体(PY 抗体)很好，信噪比可以达到 20 或更高。在间接标记法中，PY 抗体(未被 Eu^{3+} 标记)与生物素标记的磷酸化的肽底物相结合，此复合物再与常规试剂如 Eu 标记的蛋白 G 或 Eu 标记的蛋白 A 结合(图 17.9)，荧光共振能量就从 Eu 转移到结合了抗生物素链菌素的 APC 上。尽管这种方法的信号要比直接法低很多(信噪比约为 10)，但由于使用常规试剂且比较简单，所以也很实用。

HTRF/LANCE 分析是一种无放射、均相、敏感且无需分离步骤的分析方法。通过控制合适的检测时间，可以降低背景干扰，供体激发过程中受体发射光可以排除，因此可以检测到全部的能量转移信号。当镧系供体与别藻蓝蛋白受体距离很近时能量发生转移，受体发射光持续时间较长，信号可用于识别生物分子反应。若受体(XL665)与供体 Euk 或其他镧系螯合物靠得不够近，在665 nm 时会发出可被仪器检测到的很短暂的信号，分析中也可能存在颜色和其他荧光化合物的干扰，但可以通过测量特异的受体信号与供体 Euk 等镧系螯合物之间的信号比来消除。HTRF/LANCE 方法所用的试剂安全稳定，可用 96、384 和 1536 孔板进行检测，且易于自动化，所以非常适合 HTS 和 uHTS。其局限性在于如果无法使用常规的标记试剂，则相互作用的两个生物分子必须直接结合到供体和受体上，这一点比较复杂和困难。另一局限性在于供体和受体的选择范围有限。

5. 荧光关联光谱

荧光关联光谱(fluorescence correlation spectroscopy，FCS)是一种新的统计物理的分析技术，是从分子复合物中处于不规则运动状态的荧光分子中获取定量信息。FCS 可以监测纳升体积中微小浓度分子间的相互作用，运用均相技术可以在纳米范围内检测溶液中细胞表面或细胞中的分子间相互作用，因而是最具潜力的

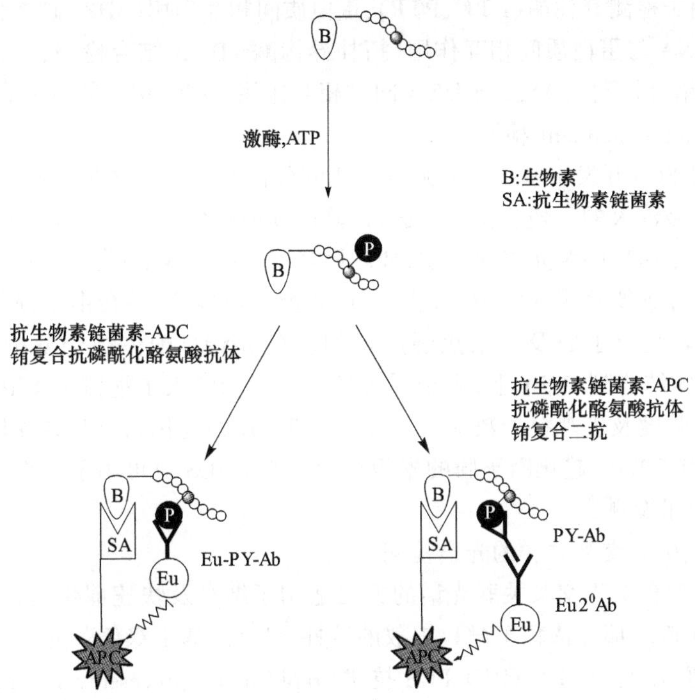

图 17.9　均相时间分辨荧光 HTRF™/LANCE™(TR-FRET)检测原理

检测技术。在FCS中,单束汇聚激光照在很小体积的物质上(一般是纳升),处于布朗运动中的单一分子在扩散通过受照射区域的过程中会发射出荧光光子,每一光子可以被高灵敏度的单光子检测器以时间分辨的形式记录下来并通过自动关联技术进行分析[46~47]。由此得到诸如浓度、每一分子的扩散时间(与分子的大小和形状相关)以及每个分子的亮度等信息。因此,这些时间依赖性荧光信号间的自动关联可以区别扩散快慢不同的粒子,通过扩散时间和快慢分子间的比率可以直接计算出结合及催化活性。

Evotc与 Smith Kline Beechem、Novartis 联合开发了几种针对不同靶蛋白的FCS检测技术,包括质量依赖(mass-dependent)和非质量依赖(mass-independent)的荧光检测方法。

1) mass-dependent 检测

用 FCS 可以在分子水平上基于荧光强度或荧光偏振技术进行配体与受体结合的检测,受体包括膜受体和核受体。其中膜结合受体可以来源于活细胞的表面、制备的细胞膜或细胞提取物。基于 FCS 的筛选已应用于 EGF 受体、乙酰胆碱受体、甲状腺受体。已有报道以荧光酪蛋白为底物通过检测荧光总强度和以荧光生物素标记肽为底物通过检测荧光的偏振进行基于 FCS 检测蛋白酶活性的方法。

FCS 也可用于检测其他酶(PTK、PTP)、蛋白质间相互作用(SH2-磷酸化酪氨酸结合检测)、DNA 与蛋白质间相互作用(拓朴异构酶-DNA 结合检测、甲状腺激素受体与 DNA 结合检测)、DNA 与 DNA 间的相互作用(模板-引物间的结合检测)等。

2) mass-independent 检测

现已用 FCS 开发出基于荧光强度变化的分析方法。在这些分析方法中,荧光底物原本是被淬灭的。随着反应的进行,淬灭逐渐减少,分子的亮度和荧光的总强度则增强。蛋白酶的荧光淬灭底物,如四甲基罗丹明(TMR)荧光素淬灭肽或抗生物素链菌素淬灭罗丹明绿(RhGn)肽,一旦被蛋白酶切开,就会由于淬灭减少而使荧光强度、表观粒子数及共聚焦强度增加。在 RNA-配体结合分析中,标记了 RhGn 的配体结合到 RNA 上,由于周边环境的影响淬灭了配体上 RhGn 的荧光,共聚焦荧光强度及表观粒子数降低。标记了 TMR 的趋化因子与其受体相互结合后,使结合有 TMR-趋化因子膜的累积亮度增加。FCS 也可用于 7 次跨膜受体的 Ca^{2+} 内流功能检测。

3) 双色荧光交叉关联的光谱检测

另一种双色荧光交叉关联光谱的方法适用于结合及快速催化速率的研究,它不像传统的 FCS 那样依赖于微粒扩散的特性[48,49]。基于双色荧光交叉关联光谱的原理,人们开发出的 RAPID FCS 技术(rapid assay processing by integration of dualcolor FCS)可以在很短的分析时间内进行快速灵活的检测,这种敏感、均相的荧光分析方法可用来检测反应或相互作用时分子的离散或集结,将 FCS 拓展至 uHTS。

FCS 应用于微小体积(1～10 μL 分析体积)的检测,适用于 uHTS。对于细胞提取物的分析,读取时间为 5～10s,而对于溶液只需 1～2s。FCS 通过检测荧光标记分子扩散性质的变化和确定相互作用的浓度,可以对其分子动力学和反应动力学进行研究。FCS 同时还可获得大量分子参数,从中选取最强的信号变化进行分析。利用 FCS 监测分子作用的强度、粒子数、偏振、能量转移和荧光寿命等的多种检测方法和技术应用非常广泛。在药物的研发过程中,大多数的靶点都可利用 FCS 进行检测。虽然这项技术已有 25 年的历史,但近期才被应用到 HTS 中,未来 FCS 在 uHTS 方面将是一项很有前途的技术。

6. 荧光报告检测

在药物开发的研究中,报告基因被用于转录、受体功能及代谢规律的研究[50]。利用基因融合可以很容易地检测到受体或配体门控性离子通道的激活对大量基因在转录水平上的变化。报告基因构件中含有可诱导控制报告基因表达的反应元件。一般情况下,一个通常无活性的强启动子受到受体激活调控反应元件的控制,并被融合到报告蛋白的编码区。报告蛋白包括绿色荧光蛋白、β-内酰氨酶、荧光素酶(luciferase)、β-半乳糖苷酶(galactosidase)、氯霉素乙酰转移酶(chloramphenicol acetyltransferase)和碱性磷酸酯酶(alkaline phosphatase)。

1) 绿色荧光蛋白

绿色荧光蛋白(GFP)是一种含有 238 个氨基酸残基的荧光蛋白,它能自发地发出稳定的荧光。天然的 GFP 荧光强度较低,有多种光吸收,并且从蛋白表达到获得全部荧光需要延迟 4h。经改良形成的一些新的 GFP 突变体则分别具有不同的特性,荧光亮度也得到增强并适用于哺乳动物细胞的克隆载体。因为不同的 GFP 突变体具有不同的特性,可以在同一细胞中存在两种 GFP。它们可用于 FRET 法检测蛋白与蛋白之间的相互作用。已有报道在两个相连的不同 GFP 之间进行 FRET 蛋白酶活性的检测方法[51]。红移 GFP 异变体(RSGFP4)的 C 端融合到含有 Factor Xa 蛋白酶切割位点蛋白链的 N 端,蓝移 GFP 异变体(BFP5)的 N 端融合到该蛋白链的 C 端,能量从 BFP5 转移到 RSGFP4。Factor Xa 蛋白酶将蛋白链切割成两个 GFP 后,能量转移降低。因此,BFP5(450 nm)和 RSGF4(505 nm)的发射光则随蛋白酶活性的增加而增加。

2) β-内酰氨酶报告分析系统

源于大肠杆菌的 β-内酰氨酶相对分子质量为 29kD,是氨苄抗性基因 *Amp* 的表达产物,能水解青霉素和头孢菌素。最近报道了一种能通透细胞膜的酯衍生物 CCF2/AM,作为 β-内酰氨酶的底物,可用于定量检测基因的转录,并被用作报告基因进行转录活性的均相 HTS 检测[52]。当在 409 nm 处激发香豆素,通过 FRET 作用则会引起荧光素在 520nm 处发出绿色荧光,当 β-内酰氨酶在 3′位置切割荧光素时,FRET 的作用将终止,香豆素则在 447nm 产生发射光,从而淬灭了荧光素的绿色荧光并出现蓝色荧光。因此 β-内酰氨酶切割底物时可以终止底物的 FRET 作用使荧光由绿色变为蓝色。β-内酰氨酶报告基因的反应元件或启动子必须被构建到能稳定表达所需受体的细胞系内。Jurkat 细胞能稳定转染 M1 蕈毒碱受体和具有细胞巨化病毒启动子的活化 T-细胞核因子(NF-AT)-β-内酰氨酶报告基因。加入能通透细胞膜的 β-内酰氨酶底物 CCF2/AM 后,诱导的 β-内酰氨酶的活性可以通过绿色荧光到蓝色荧光的改变来加以测量。β-内酰氨酶活性的诱导依赖于乙酰胆碱的浓度及孵育时间[52]。通过 450/530 nm 的发射光之比测量 β-内酰氨酶的活性还可以提高精确度。已有报道用 β-内酰氨酶报告基因系统在 3546 孔检测板上做细胞水平 G 蛋白偶联受体筛选实验。因而,利用 β-内酰氨酶报告基因活性分析的方法对受体和配体门控离子通道的筛选具有重要意义。

7. 荧光成像

荧光成像(fluorescence imaging)技术不像一般的酶标仪那样一次只读一个孔,酶标板上所有孔(96、384、1536 孔)的数值能由 CCD 照相机同时读取,在亚秒时间范围内就可以记录动态变化,这是成像技术的特点。

1）高容量筛选

高容量筛选(high content screening，HCS)使用荧光试剂通过 Arrayscan 系统对细胞进行分析，可以获取细胞内靶点活性的空间和时间信息[53]。HCS 产生的信息对体内实验前进行的先导结构的优化有重要的指导作用。目前主要有两种 HCS：(1)使用固定细胞与荧光抗体、配体或核酸探针进行分析；(2)使用活细胞与多色荧光指示剂和生物传感器进行分析。

HCS 已经成功地被应用于研究药物诱导的细胞内组分动态分布。在转染了带有人源糖皮质激素受体的绿色荧光蛋白(GFR-hGR)的细胞中，可以用 HCS 研究 GFR-hGR 由于药物诱导从细胞质转移到细胞核的过程[53]。采用该法可以定量地检测每个细胞的转移情况。同时，Arrayscan 的两个附加荧光通道可以平行测定两个附加参数，如其他受体或细胞内的变化等。因而，HCS 不仅可用于细胞凋亡的多参数测量，还可以提供许多参数信息，如核大小和形状的变化、核 DNA 成分、线粒体电位以及在药物诱导细胞死亡过程中肌动蛋白细胞骨架的重排等。

HCS 是一项很有前途的技术，它可以应用到分子水平的检测中，如信号传导途径和细胞的功效研究等。它可检测固定细胞的终点反应，也可以持续检测活细胞的动态活性，两个附加通道还可以同时检测两种附加参数。HCS 还可以进行亚细胞检测，从而获得区域中每个细胞的数据。这项技术仍处于发展前期，没有公开的筛选数据。

2）荧光共聚焦显微镜成像

随着共聚焦激光扫描显微镜、激光扫描技术、数字成像方法和可成像荧光染料技术的发展，除可进行固定的荧光标记生物样本的成像外，还可以进行单或多波长下的多荧光标记、活细胞成像以及多维显微等[54]。共聚焦激光扫描显微镜、多荧光标记、免疫荧光和原位杂交荧光已作为成熟的技术应用于基因表达图谱以及 DNA、RNA 和蛋白表达的筛选中。

SEQ Ltd.设计出了一种适用于均相细胞水平检测的快速荧光共聚焦显微镜。它可以同时激发出双色激光并且检测三色图像。贴在板底的细胞(例如表达所需受体的细胞)与标记了荧光染料如荧光素和 LDS751(一种非特异性的核酸染料)的配体相互作用。LDS751 发射光产生的影像可以用于单个细胞的结合活性分析。结合活性成像与第二成像的重叠产生了受体活性的假色图。通过图像分析可获得大多数检测的实时数据。其他的检测包括转录因子的作用和激动剂激活的钙离子瞬时水平的检测，但这项技术仍有待发展，目前无筛选数据。

3）荧光成像酶标仪

荧光成像酶标仪(fluorescent imaging plate reader，FLIPR)可进行细胞荧光分析的高通量筛选。FLIPR 可以在亚秒范围内同时读取酶标板上所有孔荧光信号的动态变化。它可以测量很短暂的信号，如应用钙指示剂 calcium Green-1 和 Fluo-

3 所显示的分子内钙的释放，它还可测量基于荧光素酶报告分析的化学发光等。

由于 FLIPR 可同时稳定读取板上所有孔，因而可以做实时动态分析。实时动态数据为药物开发提供了有意义的药理学信息，也为药物-受体相互作用提供了动力学信息。它可检测功能反应，提供药物亲和性、有效性及功能等相关信息，同时还可区分完全激动剂、部分激动剂和拮抗剂。

4) 荧光微量分析技术

荧光微量分析技术(fluorometric microvolume assay，FMAT^{TM})是由 PE Biosystems 开发的。它使用 Cy5 为荧光标记物，用红色 633 氦/氖激光激发。在这项技术中，激光聚焦到板上每一个孔的底部，除了未结合的微粒和背景荧光，每个细胞或微粒的荧光都可以被检测到。而背景荧光的干扰则在最后的数据处理中除去。FMAT 适用于完整细胞或基于微粒的均相检测系统，无需洗脱未结合的部分。这套系统可使用 96 孔、384 孔和 1536 孔板。FMAT^{TM}分析可以用两个 PMT 以双色方式检测单一细胞或多标记细胞及微粒。

FMAT^{TM}使用无放射性的荧光标记，可用于检测细胞毒性、功能分析(如细胞因子控制的 ICAM-1 检测)、G 蛋白偶联受体结合实验、激素核受体检测、酪氨酸/丝氨酸/苏氨酸激酶活性的检测、蛋白质与核酸间相互作用以及蛋白质与蛋白质之间的相互作用等[55]。因为较多的洗涤和孵育步骤，ELISA 实验不能够适用于 HTS，但可以通过 FMAT 改为基于微粒的均相检测方法。在典型的 IL-8 荧光联免疫吸收实验(FLISA)中，包被微粒的第二抗体与单克隆抗- IL - 8 抗体复合，并与样品、生物素标记的多克隆抗- IL - 8 抗体和标记了 Cy5 的抗生物素链菌素一起孵育(图 17.10)。样品中 IL - 8 被互相配对的抗体对夹住，标记了抗生物素链菌素的 Cy5 结合到多克隆抗体的生物素上。微粒复合物的荧光(排除了未结合的抗生物素链菌素 Cy5 和背景荧光)由 FMAT^{TM}系统检测。FLISA 仅使用 ELISA(包

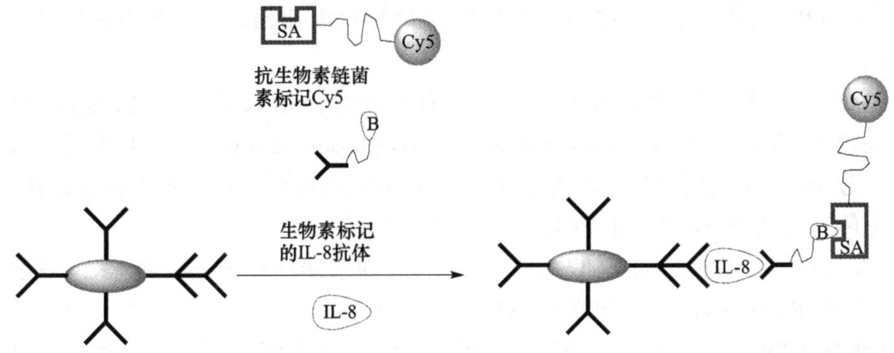

图 17.10　IL-8 FAMT 免疫检测原理示意图

被在板上)中 1%的抗体量,节省了大量试剂。与 ELISA 多步洗涤和孵育步骤相比,FLISA 是通过一步孵育进行分析的,而且它与 ELISA 有相同的敏感度。FMAT^{TM}还可应用以在单孔内发展不同微粒大小或荧光团的复合检测(同时进行多个检测)。虽然 FMAT^{TM}属于均相检测系统,但由于成像系统一次只读一个细胞,读取 384 孔或 1536 孔高密度板往往需要几分钟,限制了通量。

17.3.1.2.2 化学发光

在电化学发光中,使用钌螯合物与生物物质结合,当被合适的电压刺激,经过氧化-还原反应,就能发出特定波长的光。ORIGEN^{TM}是 IGEN International 的注册商标,已发展成为一个多通道的检测平台。应用于生物学研究的化学发光利用了萤火虫的荧光素酶。荧光素酶催化荧光素和 ATP 反应,结果释放出光子。化学发光的半衰期已由几秒大大延长至几小时,使之在均相高通量检测中的应用得到了长足的发展。

1. 电化学发光

由 IGEN 发展的电化学发光(electrochemiluminescence, ECL)检测技术已经作为专利技术进入市场。ECL 利用稳定的钌螯合剂(TAG),在三丙基胺(TPA)存在的条件下,由低电压促发,发生化学发光反应[54]。ECL 可以用于定量测定两分子间的特异性结合。ECL 反应过程中,在一个电极上加有低电压,导致钌金属离子 Ru^{2+}发生环氧化-还原反应,Ru^{2+}由三联吡啶(tris-(bipyridine))螯合,过量的三丙基胺是第二个反应物,在氧化过程中逐渐消耗,用于再生钌螯合物。示踪分子钌螯合物结合了抗体,并被固定于聚苯乙烯磁性颗粒表面,由一移动磁铁所加的磁场带到电极上。TPA 处于流动相中,加电压后,钌螯合物和 TPA 同时发生氧化-还原反应。TPA 失去一个质子,成为还原态,转移一个电子给钌离子,使之成为激发状态,随着衰变至基态,放出一个光子,可在 620 nm 处检测到[55~56]。还原态的 Ru^{2+}在 TPA 的协助下循环再生,使 ECL 的信号得以加强,可用 ORIGEN 分析仪读数。

目前有 4 种钌螯合物可方便地与各种生物分子形成共价结合,包括 TAG-amine,TAG-hydrazide,TAG-maleimide 和 TAG-phosphoramidite。ECL 可用于大分子、小分子的免疫结合实验(如激素、第二信使和药物等[57]),酶-底物相互作用,受体-配体相互结合,核苷酸和 PCR 产物的定量等。

在蛋白酪氨酸激酶的 ECL 检测中,多肽底物末端被标记上生物素,酪氨酸磷酸化抗体(PY)被标记上三联吡啶 NHS 酯钌(Ⅱ)络合物 。100μL 体系中生物素化多肽与 ATP、Mg^{2+} 、PTK、钌标记的 PY 抗体和抗生物素链球菌素包被的磁性颗粒(M280 Dynabeads)共同孵育 30min,加入 200 μL 淬灭缓冲液后即可读取数据。由一个自动进样器吸取一定体积(125～1000 μL)的反应液泵入流动池,磁铁靠近铂电极,吸引抗生物素链菌素包被的磁性颗粒吸附于电极上,反应液中的多肽底物通过标记的生物素与抗生物素链菌素结合,通过磷酸化的酪氨酸残基与 Ru^{2+}-抗酪氨酸磷酸化抗体结合,从而将 Ru^{2+} 带近电极。在电极上加上小于 2V 的电压,即开始氧化还原反应并发射光子,在 1s 内由 PMT 读数。流动池仅经缓冲液冲洗,便可用于下一样品的测量。

ECL 是一项有潜力的技术,可被广泛用于多种类型的检测,如全血、培养液、粗提物和膜提取物等。这一技术的有效检测距离较长,应用的是非同位素标记的小分子底物。在检测过程中,样品流过流动池,通过洗去自由的 Ru^{2+} 标记分子,则能得到高信噪比的结果。然而,ECL 不能用于实时动态检测,并且由于信号只有在电极上方 30～50 nm 范围内才能产生,因此不能用于高效的全细胞实验。ECL 设备最高可在 10min 内完成 96 孔酶标板的读数,适用于均相的高通量筛选。

2. 化学发光

化学发光是指在化学反应中,反应物在转变为产物时以放出光子的形式释放能量。已有报道将快速均相化学发光端粒酶杂交保护试验用于 HTS[58]。

1) 荧光素酶

生物发光是一类存在于有机体中的化学发光体系。用于研究基因转录过程的化学发光报告基因提供了一种快速定量检测细胞变化的方法,在药物研究中尤为重要。譬如对受体功能、信号转导、基因表达和蛋白-蛋白之间相互作用的研究等。萤火虫荧光素酶是一个 62 kD 的蛋白分子,也是最常用的化学发光报告酶,用于研究基因的调控和表达。由于在哺乳动物体内未发现内源性荧光素酶的活性,因而检测时的背景非常低。荧光素酶在 ATP 存在的情况下将底物荧光素转变为氧化荧光素,并产生 560 nm 可检测的生物光。这种信号的半衰期最初只有几秒钟,而现在已能将之延长至几小时[58]。新发展起来的均相荧光素酶检测技术是通过在细胞培养液中直接加入裂解液、酶的稳定剂和荧光素,然后检测发光量的[59]。

2) 其他化学发光报告基因

其他常用的报告基因还有 β-半乳糖苷酶(β-galactosidase)和分泌型的碱性磷酸酯酶(alkaline phosphatase)等。应用新的化学发光报告基因试剂(β-半乳糖苷酶用 galacto-star 和 galacto-light/plus,碱性磷酸酯酶用 phospha-light),可使灵敏度提高至少 3 个数量级。

3. AlphaScreen™

该技术利用两种直径约为 200 nm 的小颗粒分别作为供体和受体颗粒[64],表面包被水凝胶以防止非特异的相互作用和自身聚集,并提供用于共价结合和保留染料的表面。供体颗粒是一个光敏物质,能吸收 680 nm 波长的激发光,随后将其外周的一个氧原子激发为单氧分子。这个单氧分子可存在 4μs,可以在水溶液中传播 200 nm。当受体颗粒由于分子间结合被带到距供体 200 nm 范围内时,单氧分子与受体颗粒上的三甲基噻吩(thioxene)衍生物反应,产生 370 nm 的化学光,化学光立即被同在受体颗粒上的荧光物质吸收,发射大量 600 nm 的光(图 17.11)。整个反应的半衰期为 0.3s,因此可以以时间分辨的方式进行。单氧分子与未结合的受体颗粒之间距离较远,也就不会导致发光。

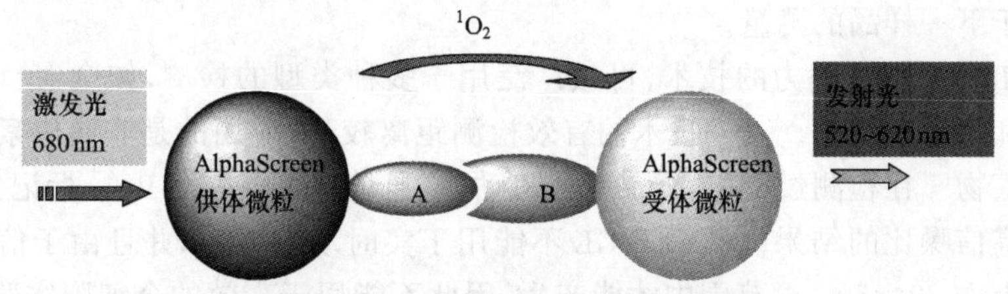

图 17.11　Alpha Screen 原理

AlphaScreen™ 是一个非放射性的均相检测技术。现已被应用于许多不同的筛选,例如蛋白酪氨酸激酶、丝氨酸-苏氨酸激酶、蛋白酶、解旋酶、受体配体结合实验、蛋白-蛋白相互作用,蛋白- DNA 相互作用、小分子和激素的免疫学实验以及 cAMP 在 GPCR 中作用的研究(图 17.12)。

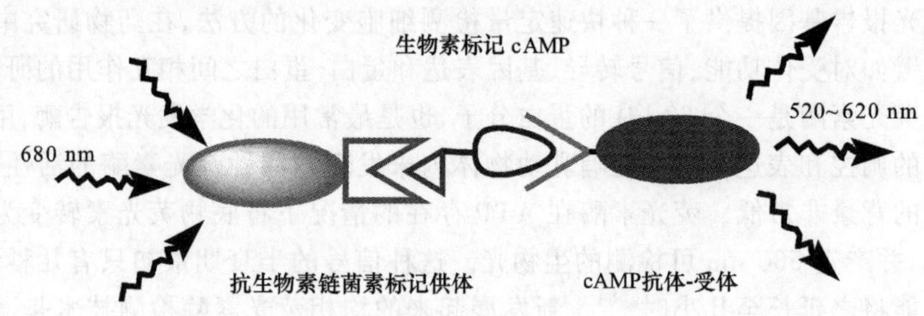

图 17．12　cAMP 的 AlphaScreen 检测

由于每个供体颗粒上都有高密度的光敏物质,并且供体颗粒能以每秒 60 000 个的速率发射单氧分子,这样就能够大幅地放大信号。长波长的激发(680 nm)和短波长的发射(500～600 nm)使非特异性激发降到最低,减少了背景。所用颗粒的大小经过优化后,供体和受体颗粒之间的有效作用距离(R_0 value)也已经放大为约 200 nm 左右,能够克服其他 FRET 系统由于距离限制导致的弱相互作用。由于 AlphaScreen 的荧光信号有较长的“生存期”(0.3s),检测能以时间分辨的方式进行,大大减少了快速衰减的背景信号的干扰。

17.3.1.2.3　放射性试验

在传统的放射活性检测中,产物或是结合的配体必须利用凝胶、离心、吸附或过滤等方法从放射性底物或未结合的配体中分离出来,并必须经过洗涤步骤。这些程序不适用于 HTS,并会产生大量的放射性废料。然而,放射性试验有着灵敏、高效的优点,促使人们发展了可靠的新型均相放射性实验技术来用于 HTS。这样的技术无须进行分离步骤,从而大大提高了通量,减少了放射性废料的产生。

1. FlashPlate™技术

FlashPlate™是 DuPont 的专有商标,该技术利用了一个白色 96 孔聚苯乙烯板,孔内包被塑性闪烁剂。与其他聚苯乙烯板相似,FlashPlate 也有一个疏水(hydrophobic)表面,用于吸附蛋白。闪烁体已包被在孔内,不需另外加入。在筛选实验开始前,FlashPlate 先用底物、配体、抗体或二抗进行预处理,包被了这些物质的 FlashPlate 可用于"一步反应",因而省去了放射性废料,同时减少了操作时间,使得真正意义的高通量得以实现。通用的已包被了抗体、蛋白 A、抗生物素链球菌素或 myelin basic protein 的 FlashPlate(FlashPlate plus)可从 DuPont 直接购得,现在他们已经可以提供预包被的 384 孔 FlashPlate。

FlashPlate™技术可以应用于许多生物检测中:(1)酶学反应,如蛋白质激酶、氯霉素乙酰转移酶(CAT)、解旋酶和逆转录酶等[60];(2)受体-配体结合实验,包括可溶性的受体如人雌激素受体[61]、白细胞介素-1 受体和 G 蛋白偶联受体如内皮素受体(endothelin receptors)等;(3)放射性免疫学实验,如 cAMP、cGAMP、前列腺素 E2 等[62];(4)活细胞中的功能研究,如腺苷酸环化酶的检测;(5)分子生物学技术包括夹心杂交实验(sandwich hybridization assay)和对翻译转录系统的研究等。举例说明,在 CAT 实验中生物素化的氯霉素与 FlashPlate 上包被的链菌生物素(streptavidin)相结合而吸附于板的表面上。而反应缓冲液中加有 ^{14}C-或 ^{3}H-乙酰辅酶 A 和过量的 CAT,在 37℃培养一定时间后进行读数。如果吸去孔内的液体,并用缓冲液充分洗涤后进行再次读数时,会发现前后两次的读数差异很小。证明检测时不必分离液相,完全可以以均相的方式进行筛选。

FlashPlate 有着广泛的应用范围。常用的放射性同位素(^{3}H、^{14}C、^{35}S、^{125}I、^{32}P、^{33}P 和 ^{45}Ca)均可用于 FlashPlate。然而,最合适的方式是使用低能量的 γ 辐射(^{3}H、^{14}C、^{35}S),FlashPlate 可用于均相筛选,并实现高通量。但当在高能的 γ 辐射(^{32}P、^{33}P)时,未结合的放射性物质需要从体系中分离后方可以进行读数。这是因为高能的 γ 辐射粒子能够穿透较长的距离,使闪烁体产生可检测到的高背景信号。

2. Cytostar-T™技术

Amersham International Inc. 的 Cytostar-T™闪烁微孔板是用于无菌组织培养液的标准 96 孔板,是包被有闪烁剂的透明聚苯乙烯板。在有细胞生长的孔中加入放射性示踪剂,如示踪剂与细胞膜结合或被细胞吸收后,则进入与板底的闪烁体相作用的有效距离,将后者激发发光,并由标准的酶标板读数仪读取发光的强度。溶液中自由的放射性物质由于距离太远而无法使闪烁体发光,由此可进行细胞水平的均相筛选实验。

Cytostar-T 细胞实验可进行均相的同位素实验(如 β射线,^{3}H、^{14}C、^{35}S、^{45}Ca),包括全细胞的受体-放射性配体结合实验、细胞对氨基酸的吸收、药物作用下细胞DNA 的合成和凋亡计数实验等。

Cytostar-T 可将活细胞置于孔底进行检测,与 FlashPlate 相似,能用低能 γ 辐射进行均相实验。如用强辐射,就需要洗涤分离未结合的放射性物质。

3. 亲近闪烁检测法

亲近闪烁检测法(scintillation proximity assay, SPA)首先由 Hart 和 Greenwald 在一次免疫学实验中使用。他们利用两个分别包被了抗原的聚合物颗粒,一个包被有 fluorophore,另一个标记 ^{3}H[63]。通过抗体与抗原结合的附着,许多^{3}H 颗粒靠近 fluorophore 颗粒,并使后者激发。经过较长时间的培养,可以在闪烁读数仪中读数。Udenfriend 等对此作了改进。他使用了包被有荧光团(fluorophore)和抗体的颗粒代替原有颗粒[64],^{125}I 标记的抗原与颗粒上的抗体结合,^{125}I 发射的短程电子在这样的距离内能激发微粒上的荧光团,不用分离未结合的抗原就能够用闪烁计数仪检测。而由 Amersham International Inc. 发展的 SPA 放射性同位素检测技术,是一种均相技术,可用于多种生物学检测实验。在 SPA 中,感兴趣的筛选靶标被固定在大小约为 5μm 的含有闪烁剂的微粒或荧光微粒(SPA 颗粒)上。通过化学方法标记的通用 SPA 颗粒可从 Amersham 获得,标记物包括蛋白质(抗体、streptavidin、受体和酶等)和小分子(谷胱苷肽、铜离子等)。

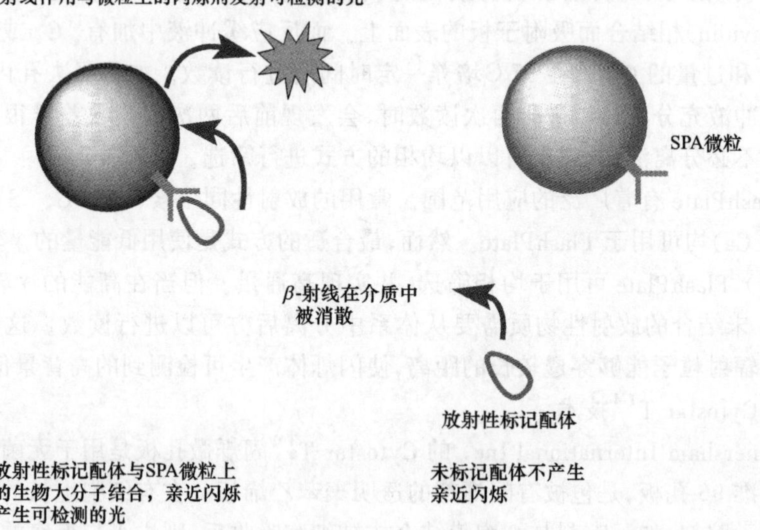

图 17.13 SPA 工作原理

检测在水溶液中进行时应用了β射线,如^{3}H、^{14}C、^{35}S、^{33}P和^{125}I。当^{3}H衰变时释放出β粒子,这一粒子平均有 6 keV 的能量并在水中有平均 1.5 μm 的传播距离。^{14}C、^{35}S、^{33}P和^{125}I的传播距离则分别为 58、66、126 和 17.5 μm。^{3}H的β粒子能量最弱,只有在 1.5 μm 的传播范围内才有足够的能量激发闪烁体发光。在 SPA 中,通过直接或间接的结合使放射性分子与 SPA 颗粒进入有效的作用距离,由放射性辐射激发闪烁体发光(图 17.13),标记的未结合的放射性分子的辐射在溶液中被消耗和吸收,不能激发闪烁体发光[65]。最终发光的总量与结合到 SPA 颗粒上的放射性分子的量成正比。

SPA 微粒可由疏水聚合物如聚乙烯甲苯(PVT)和无机物闪烁体如硅酸钇(YSi)等制得。YSi 颗粒的容量和密度较 PVT 更高。开始建立模型前,应先测试放射性配体与 SPA 颗粒的结合程度。同样,也应测试板孔的非特异性结合程度。SPA 已被广泛应用于多种分析检测,包括放射性免疫试验(RIAs)、受体结合实验、蛋白-蛋白相互作用实验、酶反应和 DNA -蛋白、DNA-DNA 相互作用等[66]。例如,在 RIAs 中,SPA 颗粒包被有蛋白 A 或二抗,用于俘获抗原-抗体复合物并定量计数。RIAs 被广泛用于临床检测和药理学研究,检测药物、第二信使、前列腺素、类固醇和其他血浆中的因子。

包被麦胚凝集中(WGA)的 SPA 微粒和 Polyethylimine WGA(wheat germ agglutinin)-PVT 晶粒和聚赖氨酸包被的 YSi 颗粒被用于几种膜受体的研究,包括神经肽 Y、galanin、内皮素(endothelins)、神经生长因子、TGF-α、TGF-β、Ach、EGF、胰岛素、血管紧张素、β-肾上腺素受体、生长激素抑制素、β-FGF、多巴胺和白细胞介素受体等。SPA 还被应用于核受体结合实验,使用了 His-Tag(His6, His10)融合的核受体配体结合区域(LBD)重组蛋白、放射性配体和 Ni-SPA 颗粒。蛋白-蛋白相互作用的 SPA 实验包括 SH2 和 SH3 结合结构域、Fos-Jun,Ras-Raf 和整合束粘附检测。SPA 还被用于研究蛋白- DNA 结合相互作用,例如转录调控因子 NF-αB 与 DNA 的结合。

有关酶活性检测的实验可分为三类(图 17.14):(1)信号减小。对于水解酶,如蛋白水解酶、核酸水解酶、磷脂酶和酯酶等,放射性标记的底物通过生物素与抗生物素链菌素标记的 SPA 颗粒相连,酶的剪切活性使放射性物质脱离复合物,信号减弱;(2)信号增强。对于合成酶如转移酶、激酶和聚合酶等,受体底物通过生物素连接于 SPA 颗粒上,供体底物用放射性标记。酶的作用使供体上的放射性基团转移至受体复合物上,产生信号;(3)捕获产物。放射性标记的产物通过特异性的抗体被 SPA 颗粒捕获。例如在 PTK 实验中,磷酸化的产物被抗酪氨酸磷酸化的抗体特异性捕获,而后者又通过蛋白 A 或二抗固定于 SPA 颗粒上。SPA 还可用于定量 PCR 扩增产物。用生物素标记的 PCR 引物和^{3}H-dNTP 进行 PCR 扩增产生的生物素化的^{3}H-DNA 产物可被 SPA 颗粒上包被的抗生物素链菌素捕获,产生检测信号。

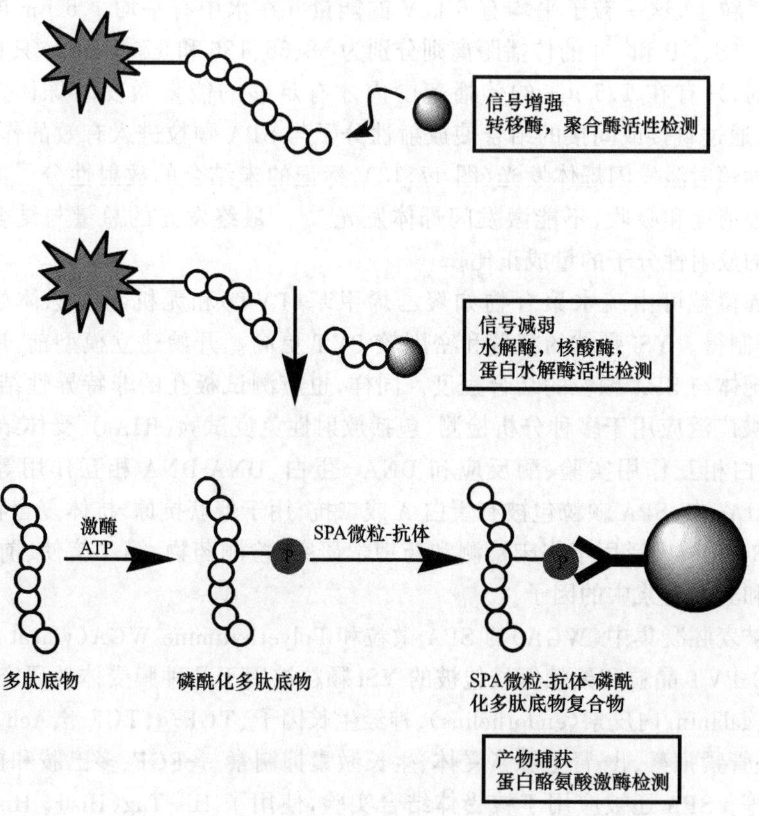

图 17.14　SPA 酶检测方法

SPA 是一种均相的检测方法，可广泛应用于生物学检测。SPA 适用于 HTS 和自动化，可扩展应用于 384 孔酶标板，能减少放射性废料的产生和试剂的花费。SPA 中最常用的放射性同位素是^{3}H 和^{125}I。最近^{33}P 也被应用于蛋白激酶的 SPA 实验。尽管^{35}S 和^{14}C 有相似的辐射距离，^{14}C 标记的化合物（约 60mCi/mmol）由于其较低的特异性而没有被大量应用于 SPA。当应用^{35}S 和^{33}P 时，为了得到最好的结果，样品应通过离心使颗粒沉在底部或是加入 $CsCl_2$ 增加反应液的密度使颗粒浮于液面，以减少背景干扰。读数的时间一般为 96 孔板 10min，384 孔板 40min。通常，SPA 的信噪比较传统方法低，但已能满足 HTS 的要求。另外，淬灭和读数的通常精确性也是 SPA 实验中的关键问题，在使用过程中应当注意。现在用于 HTS 的通用 SPA 颗粒和试剂盒可方便的从 Amersham 获得。SPA 的特点是大幅减少了放射性废料，无需特殊的设备和处理步骤。

4. LEADseeker^{TM}均相成像系统

LEADseeker^{TM}均相成像系统(homogeneous imaging system)是由 Amersham 与 Imaging Research Inc.合作研制的。这项专利技术包括了成像设备、专用软件和放射性接近试剂等,灵敏度至少比 SPA 提高 10 倍。LEADseeker^{TM}放射活性测定成像系统包括一个 CCD 照相机和能于 615nm 处发射光的铕-钇氧化物(YO:Eu)或铕-聚苯乙烯粒子(PST:Eu)。LEADseeker^{TM}成像颗粒在 615nm 处有最大发光,并且很少有淬灭现象发生。这些颗粒可与抗生物素链菌素、WGA、谷胱苷肽、蛋白 A 和镍等连接,能产生比 SPA 颗粒本身更强的光辐射。检测方法适用于 96 和 384 孔酶标板,能通过一次曝光在 10min 内即可完成整个 384 孔酶标板的信号采集。照相机能在 2^{16} 的范围内读取各个样品的灰度色深。目前这项检测方法已经能适用于更高密度的酶标板,例如 1536 孔板。

LEADseeker 适用于所有能用 SPA 进行的实验,区别在于用更灵敏的铕-聚苯乙烯复合材料或铕-钇氧化物颗粒代替 SPA 颗粒。这样,使用 LEADseeker 可将实验更微量化,具体的应用已包括反转录酶、EGF 结合、GTPγS 结合和 I 型细胞外反应激酶(extracellular response kinase 1)的检测实验。

17.3.1.2.4　其他技术方法

1. 表面等离子谐振

表面等离子谐振(surface plasmon resonance, SPR)已经成为一项常用的观测生物分子相互作用的方法。在玻璃表面上镀上一薄层金属(如金),制成传感器。传感器在受到激发后,会在表面上发生 SPR 现象。SPR 的发生是由于入射光子与传感器表面的电子相互作用,入射光子以特定的波长和角度与金属表面的电子发生谐振,导致反射光强度的改变。谐振角(即反射光完全消失时的入射角)取决于金属表面介质的折射率,而后者又由介质浓度所决定。生物大分子与传感器表面的金膜结合导致后者附近介质折射率发生改变,产生 SPR 信号的变化(与金膜结合的生物大分子与另一生物分子间的结合将导致折射率的进一步改变,产生的 SPR 信号改变)可以被检测到。在 BIAcore(生物分子相互作用分析,biomolecular interaction analysis)中,检测的是谐振角随时间的变化。因而,SPR 技术能用于精确测量生物大分子相互作用的动力学参数[67]。

传感器表面直接可用于捕获不同的目标分子或通过亲和作用间接捕获目标分子。用于研究生物大分子的 SPR 芯片有以下几种。CM5 传感器芯片表面由羧甲基化右旋糖苷材料制成,配体通过与胺、硫醇、醛和羰基共价结合而固定在上面。可制备不同的传感器应用于不同的检测目的。结合有配体的 CM5 芯片可用于研究与目标分子的相互作用或亲和捕获与目标分子相互作用的分子。SA 传感器芯片(抗生物素链菌素包被表面)能结合生物素标记的大片段 DNA,用于研究核酸的相互作用。NTA 包被的传感器芯片通过镍螯合作用捕获组氨酸标记的生物分子，可用于受体结合试验。疏水表面(hydrophobic surface，HPA 传感器)芯片能用于包含有受体的细胞膜或脂质体，用于相关的受体结合试验。

当光从金膜的表面被反射，光的反射角给出了结合于基质上的物质质量的信息。含化合物的溶液流经芯片的表面，其中一些化合物会与芯片表面所结合的分子之间发生相互作用，导致 Au-SPR 膜上发生几个纳米的粗糙度的变化，这很容易被检测到。因而在进行实验时，动态检测可十分方便、快速和直观地检测大量相互作用的结合参数。BIAcore 技术的灵敏度足够用于研究低分子量分子与固定的蛋白分子之间相互的结合特征。该系统能够提供精确的动力学参数，并且操作自动化，使用多探头并结合成像技术能以很高的通量进行筛选。

2. CLIPR 系统

Molecular Devices 的 CLIPR(the chemiluminescence imaging plate reader)是一个超高通量的化学发光检测系统，用于 96、384、864 和 1536 孔酶标板，可进行细胞水平和 SPA 实验。

3. 红外线热记录仪

红外线成像系统被用于测量细胞培养的生热作用，快速而灵敏(0.002℃)。在 37℃培养细胞于 96 或 384 孔板，至平衡状态后，加入化合物，37℃再培养 10min，用红外线热记录仪成像检测产生的热量。例如，在表达线粒体非偶联蛋白-2(uncoupling protein-2)的酵母中加入线粒体呼吸作用的阻断剂(uncoupler)将产生热量。同样的现象还发生在用鱼藤酮(线粒体呼吸作用的抑制剂)或β-肾上腺素受体激动剂处理的脂肪细胞中[68]。

4. 纳米微粒技术

高化学发光的半导体微粒(用硫化锌包裹的硒化镉制成极小的纳米颗粒)通过共价结合于生物分子，如多种抗体和 DNA 探针，可被应用于超灵敏的生物学检测实验当中[80~81]。标记的发光物质比光漂白的作用(photobleaching)亮大约 20 倍，同时稳定 100 倍左右，比有机荧光染料如罗丹明的光谱带窄三分之一。有不同颜色的微粒可用于与生物分子的相连，连接后的复合体是水溶性和生物相容的。当细胞暴露于不同颜色标记的各种抗体中时，不同的抗体特异结合于细胞表面的不同抗原上，细胞表面不存在相应抗原的未结合的抗体则被洗去。用不同波长的光谱进行检测，就能获得细胞表面抗原的种类和数量的信息。同样，结合不同 DNA 探针的纳米微粒则能鉴定血液或其他生物样品中的基因序列。

荧光探针标记的半导体纳米晶体有着狭窄、可调、对称的发射光谱和连续、广谱的激发光谱。它们的光学性质稳定，比现有的荧光团更好，并能用于多种不同的检测实验[69]。这些水溶性纳米晶体的另一个优点是具有较长的荧光存在时间(几百纳秒)，有利于去除系统内自发荧光的干扰。

5. 液晶

液晶(liquid crystals)被用来将支撑介质表面上发生的由受体介导蛋白间的结合放大并转换成为光信号输出。液晶被夹在两层金膜之间,膜上分布有自动排列形成的单层配体,当有蛋白与配体特异性结合时,膜表面的粗糙程度会发生改变,促使其中的液晶分子排列方向发生偏转,穿透液晶的光的强度也随之改变。这种改变被进一步放大、转换为光信号[70]。液晶分子排列方向对介质表面的物理化学性质十分敏感,因此这一方法可被用来检测小分子与蛋白的结合以及蛋白在其表面的聚集作用等。这项技术不需要电分析仪器,可以扩展用于三维受体-配体结合作用的检测。

6. 微芯片技术

进行高通量筛选和超高通量筛选时,每个孔中反应体系的体积只有几微升(1536 孔板应用 5～10μl)或几十微升 96 孔板为 100μL,要进一步减少反应体系体积至几微升甚至低于微升水平时,液体的分配、混合和在此过程中水分的蒸发将是面临的主要技术难点,运用微芯片技术可以解决这一问题。它主要包括硅和玻璃制成的主芯片,以及通过显微制造技术浇铸或蚀刻的塑料进样头。注入的液体电渗或电泳作用流经微型泳道。

微芯片技术已被用于酶学检测和单克隆抗体亲和力的测定[71～73]。在基于微芯片技术的蛋白激酶 A 的检测实验中,荧光素标记的 Kemptide 被用作底物。反应试剂置于微芯片的孔中,部分试剂由于电渗作用进入蚀刻成的通道中,发生酶反应。荧光素标记的磷酸化 Kemptide 通过毛细管电泳从底物中分离开来,可以由此确定 ATP 与多肽底物的动力学常数(K_m)以及抑制剂 H-89 的抑制常数(K_i)。这个例子体现了微芯片技术在酶学检测中的应用。同样,该技术在免疫学、核酸检测、受体结合实验中也有很大的应用前景。

微芯片技术已广泛应用于 DNA 分析。DNA 芯片是在一个狭小的表面上放置成千上万条基因或基因片段的单链 DNA。将细胞或组织中分离到的 mRNA 逆转录为 cDNA,用染料标记后,与 DNA 芯片一起孵育,与芯片上的互补片段产生杂交作用的 cDNA 则可以被鉴定出来。基因芯片技术被广泛应用于包括肿瘤在内的各种疾病的诊断和研究中。

17.3.2　细胞水平的检测

细胞水平的检测实验非常接近于活细胞的环境,因此被广泛应用于验证经初级体外生化检测得到的先导化合物,也应用于暂时无法通过体外生化方法进行检测的高通量筛选靶点。除设计用于寻找抗生素的筛选模型外,涉及信号传导及转录调节的 G 蛋白偶联受体和其他蛋白是应用这一筛选方式的主要靶点。即使是应用体外生化检测筛选的靶点(受体和酶),95%以上的二级和三级筛选实验仍然需要进行细胞水平的检测。以往,由于涉及繁琐的步骤,细胞水平检测通量较低,因而筛选通常以中通量或低通量的方式运行。但随着分子技术、检测技术、仪器水平的发展,均相细胞水平的筛选已经进入到高通量筛选时代。细胞水平的筛选不仅可以揭示细胞膜的通透性、细胞毒性及靶点作用机理与假说之间的相关性,同时也可以得到有关细胞和化合物相互作用以及化合物稳定性的信息。

很明显,细胞水平筛选系统的特点是通过筛选得到的化合物较体外生化筛选的得到的化合物能够更快地被开发成为药物[74,75],见图 17.15。由于细胞表面或细胞中有数千个药物作用的潜在靶点,这些靶点可能与不同疾病的相关性使得经细胞水平筛选得到的活性化合物对目的靶点往往有一定程度的选择性。这样的活性化合物往往能够很快地优化成先导化合物分子,并成为临床前研究的药物候选物。

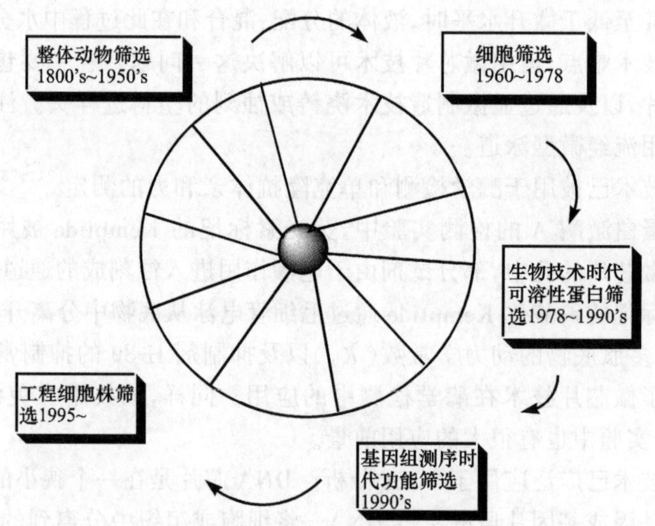

图 17.15 从过去到将来:细胞水平的筛选系统正在越来越流行,是因为它们筛选到的先导化合物质量高,并且该方法的能给出更丰富的信息

与体外生化检测方法相同,细胞水平检测也分为异相检测和均相检测两种,如图 17.16 所示。由于异相检测的应用较局限,这里只介绍均相检测的方法。

17.3.2.1 以微生物为基础的检测方法

生物技术的发展使得在微生物系统中表达哺乳动物蛋白质成为现实。如今在微生物系统中异源性地表达大量蛋白质已经用于生化和蛋白质结构的研究或者临床治疗的实践中。

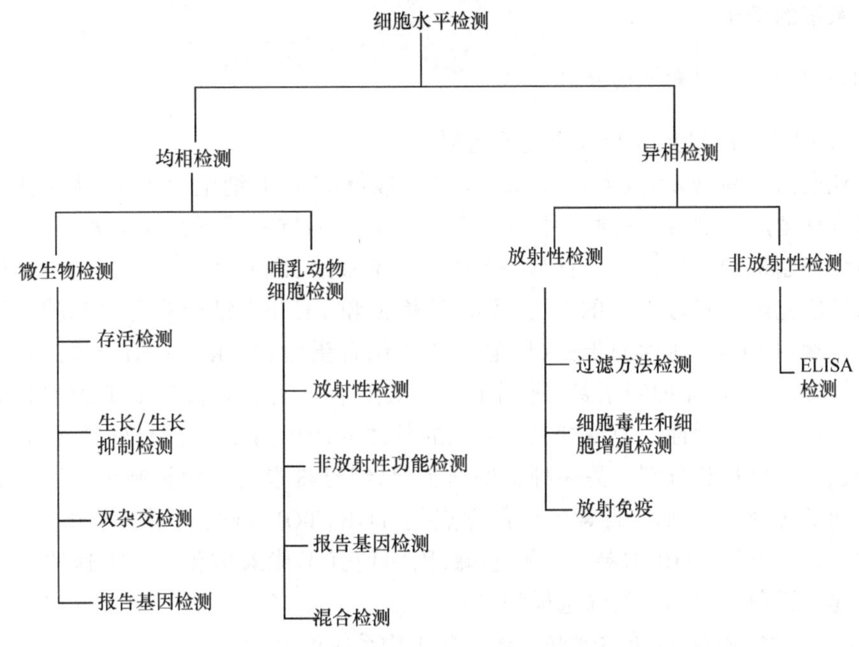

图 17.16　细胞水平检测

尽管把感兴趣的靶点克隆到微生物系统很容易，但是微生物为了在环境中生存，往往会进化形成了非通透性的细胞壁和细胞膜。因此在利用微生物细胞进行高通量筛选时化合物往往难于接近于靶点。通常哺乳动物细胞比微生物细胞的通透性更好，因此利用微生物筛选系统进行筛选时很可能会错过那些不能穿过微生物细胞壁和细胞膜的化合物。而且，很多微生物也具有能将化合物有效泵出的系统，从而会导致假阴性结果。但是，由于微生物系统具有廉价、快速的特点，人们采用遗传学和分子生物学技术开发出了通透性更好的酵母和大肠杆菌，使微生物筛选系统成为活跃的领域，其中酿酒酵母和大肠杆菌最为常用。酿酒酵母是真核生物，因此被认为是更接近于哺乳动物筛选靶点的系统。但是酵母比大肠杆菌生长缓慢，需要 48h 才能长到可以检测的密度，而大肠杆菌只要 6～8h 就可以用了。并且大肠杆菌的增殖操作比酵母容易的多，通透性也比酵母好，因此二者各有优缺点。

目前以微生物为基础的筛选主要应用于用酿酒酵母和大肠杆菌验证靶点和筛选药物，其中最简单的方法就是利用功能互补进行筛选的方法，此时异源基因的活性是生存所必须的。即使蛋白的同源性有限，只要相关的生物活性相似，这一方法仍能取得成功，微生物系统也可用于鉴定与其他蛋白间的相互作用。比较复杂的方法就是操作异源表达的基因以获得替代表型，从而产生“设计微生物”。以下是每种系统的例子。

17.3.2.1.1　同源靶点的互补

1. 用酿酒酵母系统筛选免疫抑制剂

免疫抑制剂,如环孢菌素 A 和 FK-506,能够抑制 T 细胞的激活,从而使组织和器官移植成为现实。这些药物最初是由于它们的抗真菌活性而被发现,但它们的免疫抑制机制长期以来一直是一个谜。环孢菌素 A 和 FK-506 作用的机制最终是通过研究酿酒酵母得到的[76]。环孢菌素 A 和 FK-506 结合具有肽基脯氨酸顺反异构酶(PPIase)活性的蛋白(环孢菌素 A 结合蛋白和 FK-506 结合蛋白),形成复合体,这一复合体抑制了钙-钙调蛋白磷酸酯酶。免疫抑制剂在 T 细胞和酵母细胞中有相似的活性。免疫抑制剂存在的条件下,即使加入了酵母外激素因子后,酵母也不会生长和分裂。另一种免疫抑制剂,纳巴霉素的作用机制也在酵母研究中得到了解释[77]。纳巴霉素的作用靶点是 TOR,TOR 与蛋白磷酸酯酶 2A 的磷酸化有关。由于 TOR 抑制了磷酸酯酶,因而使其不能磷酸化。以上这些机制被用来建立了免疫抑制剂的筛选模型。

2. 七次跨膜的 G 蛋白偶联受体在微生物系统的表达

很多正在使用的药物筛选靶点是七次跨膜的 G 蛋白偶联受体(GPCR),如 5-羟色胺受体、多巴胺受体、肾上腺受体。用哺乳动物细胞或者其膜制备物进行配体竞争性结合实验已经鉴定了很多拮抗剂。激动剂一般可用功能性检测进行筛选。微生物系统已经被应用于鉴定 GPCR 的拮抗剂和激动剂。酿酒酵母的交配因子受体叫做 Ste2,在结构上与哺乳动物的 GPCR 类似。用哺乳动物的 GPCR 代替 Ste2,当用 GPCR 的激动剂激活时,GPCR 能通过交配因子信号转导途径进行信号转导[78]。为了能与交配因子信号转导途径下游的激酶进行有效的偶联,Gα 蛋白的 N 端可用人 Gα 蛋白的相应区域替换[79]。因而,用这种方式在酵母中表达的 GPCR 可用来筛选激动剂。用野生型的酵母 Gα 蛋白也能得到相应的偶联[80~81]。

GPCR 的天然配体可能是一些多肽。在哺乳动物细胞中,这些 GPCR 可以被这些肽或者它们的衍生物激活。当然,能够置换这些肽的化合物就可能是拮抗剂。由于短肽可以在酵母中与 GPCR 共表达,因而人们开发出了功能性拮抗剂的筛选方法,同样也可以用来鉴定孤儿 GPCR 配体。孤儿 GPCR 是指那些根据与已知 GPCR 的结构同源性克隆得到的、功能和天然配体未知的 GPCR。

在大肠杆菌内表达 GPCR 的进展有限。大肠杆菌自身没有 GPCR,因此没有 G 蛋白信号转导途径。要想在大肠杆菌上得到能与受体拮抗剂结合的受体,必须同时表达 G 蛋白和 GPCR[82~83],但这有相当的难度。

3. 在酿酒酵母中表达功能性离子通道

钾离子通道是心血管系统、免疫系统和神经系统疾病的重要靶点。筛选功能性的钾离子通道开放剂和阻滞剂所需的设备昂贵，技术复杂。人们利用酿酒酵母中敲除 Trk 钾离子通道的互补性开发了一个简单的功能性筛选方法[84]，通过在酵母中表达钾离子通道 IRK1，以弥补 Trk 钾离子通道的缺陷。在表达钾离子通道 IRK1 的菌株中，离子通道的活性与细胞生长的表型以及表达这些离子通道的爪蟾卵母细胞的膜片钳实验的相关性很好。

在酿酒酵母中人们也表达了流感病毒的 M2 离子通道[85]。流感病毒 M2 离子通道是表达在受感染细胞上的质子通道。它的功能是增强细胞环境的酸度，以使病毒脱掉衣壳。酿酒酵母表达流感病毒 M2 离子通道后可以增强酵母细胞膜的通透性，从而导致酵母细胞生存力的丧失。为了建立流感病毒 M2 离子通道抑制剂的筛选方法，人们将该基因表达在一个半乳糖诱导的启动子之下，当培养基中加入半乳糖后，依旧能使细胞生长并免受 M2 蛋白表达产生的通透性影响的化合物就是筛选的目标化合物。

虽然在酿酒酵母中建立的离子通道筛选模型在高通量筛选中一直很有用。但是酵母生长缓慢，在它上面表达离子通道也比较困难，而且费时间。用大肠杆菌筛选流感病毒 M2 离子通道抑制剂成为替代的办法。人们已经在大肠杆菌中表达了 lac 启动子控制下的流感病毒 M2 蛋白[86]。在大肠杆菌中 M2 蛋白增强了膜对亲水性物质(如 α-半乳糖苷酶、尿嘧啶核苷、潮霉素 B)的通透性。像在酵母中一样，M2 蛋白的高水平表达可以导致大肠杆菌快速裂解。因此很容易利用大肠杆菌筛选能够阻断流感病毒 M2 的化合物。

17.3.2.1.2. 表达异源蛋白而得到一种表型

1. 在酿酒酵母中表达甾醇激素受体

人们已经在酿酒酵母中建立了筛选甾醇激素受体配体的方法，如维甲酸类受体配体[87]。甾醇激素受体存在于细胞内，它们都有一个配体结合结构域，一个二聚结构域，一个转录激活域。当配体诱导这些受体进行同源或者异源二聚时，其转录激活域与特定的反应元件结合，从而激活特定的启动子。甾醇激素受体的二聚以及随后与特定启动子的结合并将其激活都可以在酵母中得到研究。已经证明维甲酸受体(RAR)、甲状腺激素受体和雌激素受体能引起同源二聚[88～89]，而维甲酸类 X 受体(RXR)则引起异源二聚。在这一系统中，RAR 能与很多维甲酸类化合物结合，而 RXR 只与 RXR 特异的 9－顺维甲酸作用。因为所有的哺乳动物细胞都自然表达很多甾醇激素受体家族的成员，所以微生物系统提供了一个空白背景可以用来研究特定的相互作用。

2. 在大肠杆菌中表达人拓扑异构酶 I

人拓扑异构酶 I 与双链 DNA 的结合，形成了一个单共价键的磷酸酪氨酸中间体，从而使带负电的超螺旋结构松弛。在分裂的细胞中拓扑异构酶 I 的活性增加，因此是抗癌药物喜树碱的作用靶点，它能与共价的磷酸酪氨酸中间体结合产生抗癌作用。许多公司通过无细胞的筛选方法寻找其他抑制拓扑异构酶Ⅰ的非喜树碱类抑制剂。这样的方法不仅难于实现高通量筛选的形式，而且经常出现仅与DNA结合，却没有酶抑制活性的假阳性化合物。因此，在这样非细胞筛选体系中很难得到特异性的酶抑制剂。最近报道的一个基于大肠杆菌表达系统的筛选方法能够容易地区分只与DNA结合的化合物和能够产生可切割复合体的化合物，该复合体是指由药物－DNA片段和拓扑异构酶Ⅰ形成的复合物[90]。人拓扑异构酶Ⅰ和大肠杆菌拓扑异构酶Ⅰ不仅催化的反应不同，而且也没有同源性。在这个基于大肠杆菌表达的筛选系统中，人拓扑异构酶Ⅰ被表达在可诱导的lac启动子之下。如果一个化合物能够抑制人拓扑异构酶Ⅰ，它就能使解链反应中不再切割生成DNA片段。大肠杆菌中DNA的损伤可以通过诱导sulA-lac产生融合蛋白来判断。一般的DNA损伤药物不作用于拓扑异构酶Ⅰ，因此在没有激活拓扑异构酶Ⅰ时也有sulA-lac融合蛋白的诱导产生。因此这种方法能够清楚的区分哪些是只与DNA结合的化合物，哪些是与拓扑异构酶Ⅰ和DNA复合物作用的化合物。

3．寻找蛋白酶抑制剂的筛选方法

蛋白酶一直就是很多疾病过程的重要靶点，从高血压（血管紧张素转化酶，ACE）到人类免疫缺陷性病毒（HIV）都曾经被人们成功地开发出相关蛋白酶抑制剂，并被进一步开发成为临床药物。微生物系统为这些蛋白酶靶点的筛选提供了另一种高通量的方法，并且具有不需要得到大量蛋白的特点。另外，对于那些原来存在于细胞质中的蛋白酶，微生物系统比非细胞体系更接近自然状态。可能设计蛋白酶抑制剂的困难往往与被感染细胞中这些蛋白酶的天然底物的复杂程度有关—如巨噬细胞病毒蛋白酶和丙型肝炎病毒蛋白酶，其实，这些复杂底物也可被设计成为微生物筛选体系。

一般蛋白酶的功能性筛选是这样设计的：把蛋白酶的底物（肽序列）插入到另一种蛋白中，当底物被切割后，该蛋白则会失去活性。已经报道的一个例子是在酿酒酵母的筛选系统中包含有Gal4转录激活剂，该激活剂能够诱导半乳糖代谢过程中几个必须酶的表达。当蛋白酶底物被插入到Gal4的转录激活位点中后，另外一个质粒中表达的蛋白酶则会将底物切割，进而破坏Gal4转录激活剂，造成诱导半乳糖代谢的必须酶得不到表达。相反，如果蛋白酶的活性被抑制了，Gal4转录激活剂就会与Gal启动子结合，激活半乳糖代谢酶的表达。而表达这些酶的菌株在含2-脱氧半乳糖的培养基上并不生长，这样就能很容易地检测到该蛋白酶的抑制剂。

在大肠杆菌中也同样建立了很多蛋白酶筛选系统。待测的蛋白酶能够激活或失活一种与表型有关的蛋白，这些表型包括生存能力或一种可测量的表型，如有颜色的报告基因或者抗生素抗性基因等。例如，人们在一个系统中使用了跨膜的四环素排出蛋白(TET)作为指示,并且要求宿主大肠杆菌对四环素具有抗性。TET蛋白具有两个多跨膜区域,跨膜区之间有一个位于细胞质的长环。蛋白酶的底物可以插入到 TET 位于细胞质的环中,而 TET 的活性并不丧失。在同一菌株中异源表达的蛋白酶与底物结合并切割 TET 时就会使大肠杆菌对四环素敏感[91~92]。蛋白酶的抑制剂则使 TET 蛋白保持完整,所以在四环素存在的情况下,大肠杆菌也能生长。

还有一个更精巧的大肠杆菌系统被用来筛选蛋白酶抑制剂。该系统利用了以下现象:30S 核糖体亚单位的 S12 核糖体蛋白的一个突变使大肠杆菌对链霉素有抗性[93]。制造一个 S12 和蛋白酶底物的融合蛋白以模拟 S12 核糖体蛋白的突变体。当蛋白酶和 S12 -肽底物嵌合体在同一大肠杆菌内并表达时,底物被从 S12 中切落,大肠杆菌则对链霉素产生敏感。蛋白酶抑制剂则抑制了蛋白酶对 S12 -肽底物嵌合并切割的活性,因而大肠杆菌仍然具有链霉素抗性,并得以繁殖。这个系统的特点是蛋白酶依赖性的显性表型比隐性表型更敏感。

4. 功能性酪氨酸激酶和磷酸酯酶的表达

酪氨酸激酶是肿瘤学、免疫学和其他治疗领域药物发现的重要靶点。因为酶比较容易获得,并且用标记的 ATP 很容易检测其底物的磷酸化,因而由非细胞体系建立的筛选方法在这一类靶点中很流行。但据报道,另一种用裂殖酵母的方法也能筛选得到既对酵母无毒又有细胞通透性的激酶抑制剂[94]。

5. 检测蛋白之间相互作用的方法

在大多数情况下,蛋白都是通过和其他蛋白的相互作用来发挥功能的。Fields 和 Song 建立的酵母双杂交系统使蛋白之间相互作用的研究发生了革命性的变化[95]。该系统中酿酒酵母中的转录因子 Gal4 被用来建立筛选方法。Gal4 有两个结构域,一个是特异性的 DNA 结合域(结合区),另一个则是用于转录激活的酸性区域(活化区)。DNA 结合结构域和转录激活结构域能分开表达并形成异二聚体,重建成一个功能性转录因子(见图 17.17)。这样设计的体系中当 GAL4 与启动子上的 GAL4 结合域结合时,LEU2 和/或 HIS3 就得以表达。当能够相互作用的两个蛋白一个与 DNA 结合结构域融合,另一个与转录激活域融合就形成了有功能的嵌合蛋白。与 DNA 结合结构域融合的蛋白和与转录激活结构域融合的蛋白之间的相互作用,使酵母具有能够在不含组氨酸和亮氨酸的培养基上生长的选择性优势。当然,当蛋白的相互作用被阻断时,这种生长的选择性优势就会消失。这种酵母的双杂交系统曾被广泛用于鉴定同源二聚体蛋白间和异源二聚体蛋白间的相互作用,同样也被用来筛选能够阻断两种蛋白相互作用的化合物[96]。

上述酵母双杂交系统进行一些修改就可以利用 URA3 报告基因来鉴定相互作用蛋白之间的解离[97]。表达 URA3 的酵母细胞可以在不含尿嘧啶的培养基上生长。当培养基中加入 5—氟乳清酸时(FOA),表达 URA3 的细胞可以摄取 FOA,

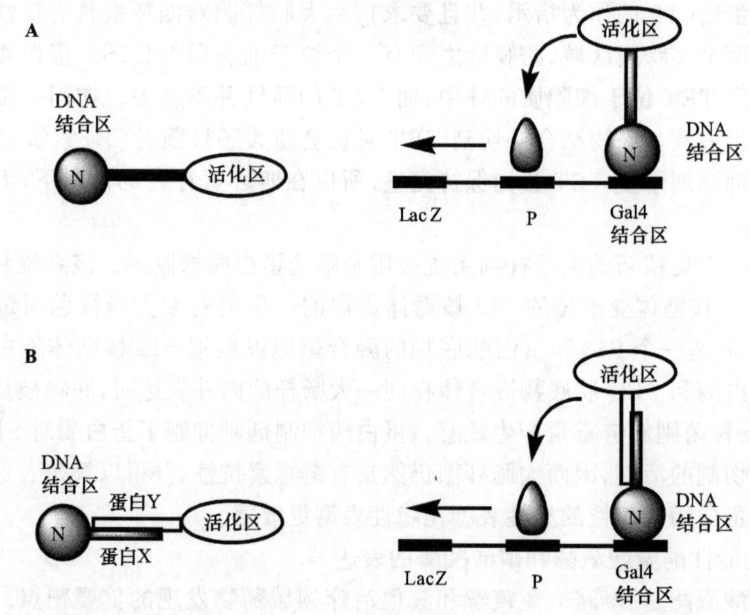

图 17.17 酵母双杂交系统

并将其转化为有毒性的化合物,停止细胞的生长。FOA 系统被应用于反向双杂交,因为它提供了选择性生长优势,并成为一个更有力的筛选工具。在反向双杂交系统中,相互作用的蛋白被诱导表达,并诱导产生有毒的化合物阻止细胞的进一步生长。只有当蛋白间相互作用被阻止时,细胞才能生存。在酵母双杂交系统中经常应用的转录因子是 GAL4 和 LexA。双杂交筛选的,最好是构建两个报告基因以帮助发现活性化合物,诸如 LEOZ 和 LacZ 这样的报告基因可以表达在同一细胞中。

酵母双杂交系统已经被用来进行配体-受体相互作用的筛选,包括肽类激素受体和酪氨酸激酶受体[98~100]。也可以用酵母双杂交系统来研究像生长激素和生长激素受体之间,VEGF 和 KDR 之间的特异的可逆的受体-配体的相互作用。同时,利用三个表达质粒时也可以研究配体依赖的受体二聚化作用,其中受体被分别表达为与 DNA 结合结构域和转录激活结构域融合的重组蛋白,第三个质粒表达配体。当配体与两个受体结合时,DNA 结合结构域和转录激活结构域就被拉到一块,Gal4 就得以激活(见图 17.17)。

酵母双杂交系统已经被用来研究蛋白-蛋白,蛋白-DNA,蛋白-RNA,蛋白-小分子物质之间的相互作用[101]。人们已经建立了一种单杂交体系用顺式作用序列来鉴定能够起始转录的 DNA 结合蛋白[102],同时,人们还建立了一种酵母三杂交系统来研究 RNA-蛋白的相互作用,这一方法尤其适用于针对病毒的药物筛选[103]。近来利用酵母双杂交系统来寻找N型钙离子通道的抑制剂也有了报道[104,105]。

其他的一些筛选方法是利用哺乳动物细胞,用电生理的方法和比色分析法来检测钙离子的外流情况,从而确定钙离子通道的活性。这些方法费力、复杂,也不能用于高通量筛选。而在酵母双杂交系统中,参与相互作用的离子通道α1亚单位的调控部分与Gal4的转录激活结构域进行融合表达,同时全长的β3亚单位与酵母Gal4的DNA结合结构域融合表达。通过选择选择性相互作用的结构域可以用来寻找特异的钙离子通道的抑制剂。

尽管酵母的双杂交系统以及其他基于它的方法已经被广泛地用来研究蛋白与蛋白之间的相互作用,但是相互作用的蛋白很不容易与抑制剂接近。这是因为双杂交的构建产物位于酵母的细胞核内,抑制剂必须穿过细胞壁、细胞膜和核膜方可以到达作用位点。因此,利用大肠杆菌建立更简单的筛选系统并进行更有效的筛选成为热点。人们已经建立的ToxR系统来检测细胞表面单次跨膜受体和离子通道的二聚就是一个很好的例子[106]。霍乱弧菌ToxR基因表达的产物是一个2型膜蛋白,该膜蛋白有一个胞外结构域,一个单次跨膜结构域和一个胞内结构域,胞内结构域形成二聚体后可以作为转录因子,直接和Tox启动子结合并激活毒素的分泌。而ToxR的胞外结构域受外部刺激后形成二聚体并被激活,二聚化的受体胞内结构域与Ctx启动子直接结合,从而诱导毒素基因的转录。在该筛选系统中,ToxR基因被克隆到大肠杆菌中,不过其胞外结构域被TrkC的胞外结构域所代替,TrkC是神经营养蛋白NT3的受体。TrkC受体胞外结构域的二聚可以激活ToxR启动子。在这样的大肠杆菌系统中,插入了一个报告基因以代替毒素,如β-半乳糖苷酶或者抗生素抗性基因氯霉素乙酰转移酶,这样更容易检测。

ToxR系统也已经被用来表达流感病毒M2蛋白。前面部分介绍的M2蛋白用于诱导细胞膜的通透性,而M2-ToxR嵌合蛋白也可以用来发现与离子通道结合和改变其多聚化状态的化合物。现在已经知道抗感冒药金刚胺是通过阻断M2离子通道起作用的,因而,在M2-ToxR系统中它可以改变从M2-ToxR嵌合蛋白产生的转录信号。尽管使用该系统不能找到特异的M2质子泵阻断剂,但是它能快速地从大量化合物中筛选并发现那些能够结合并影响聚合的化合物。这些化合物中当然包括了能够特异地抑制M2功能的化合物。ToxR系统也已经被用来研究免疫球蛋白VL结构域同源二聚体的形成[107]。

最近人们利用大肠杆菌中的CadC蛋白建立了另一种筛选蛋白二聚化的方法(未发表,SMT,Inc)。与ToxR不同,CadC是大肠杆菌中存在的单次跨膜蛋白,信号依赖pH值改变。由于CadC嵌合蛋白能够很容易地表达,这一方法更简单、也更容易模式化。而且,经过简单的优化就可以用来发现诱导或者阻止蛋白质二聚的化合物。

蛋白是通过与其他蛋白的相互作用发挥其功能。前面谈到的是利用 ToxR 和 CadC 蛋白的二聚系统来检测膜蛋白同源二聚的相互作用,同样也可以利用大肠杆菌表达的系统来检测异源蛋白的二聚作用。Dove 等利用原核生物中转录激活剂建立了一个异源蛋白二聚的检测系统[108~109]。该激活剂结合在启动子附近并进一步与 RNA 聚合酶结合。RNA 聚合酶包括 β、β[1]、σ 和两个 α 亚单位。每个 α 亚单位分别与一个激活剂蛋白结合,比如 λc1,需要 2 个激活剂占据一操纵子位置激活启动子。一对相互作用蛋白中的其中一个与 RNA 聚合酶 α 亚单位的 C 末端融合,另一个则与 λcl 蛋白的 C 末端融合。当与 DNA 结合蛋白 λcl 融合的蛋白和与 RNA 聚合酶融合的异源蛋白相结合时,转录就被激活了。像这样通过蛋白的组装来激活基因表达的例子有很多[110],其中部分可以用来建立干扰或促使蛋白-蛋白相互作用的筛选方法。

据报道另一个大肠杆菌双杂交系统可以用来检测同源和异源二聚的蛋白[112]。因为利用了酶活性重建的特性而使得这个系统非常简单。两个待测相互作用的蛋白分别与百日咳杆菌腺苷酸环化酶催化区的两个片段融合。该环化酶的 1~224 氨基酸功能片段在 C 末端构建融合,而 225~399 氨基酸功能片段则负责在 N 末端构建融合。蛋白的相互作用使腺苷酸环化酶的活性重建并促使 cya 基因突变的大肠杆菌合成 cAMP。cAMP 与代谢物基因激活蛋白(CAP)相结合并形成 cAMP/CAP 复合物,进一步与特定的启动子结合并激活特定的基因。为使检测更加简单,也可以将 lacZ 和氯霉素抗性基因融合到 cAMP 敏感的报告基因上。弥补 α-半乳糖苷酶缺失突变也可以用来检测蛋白与蛋白的相互作用[113],非功能性的 α-半乳糖苷酶通过被检测蛋白之间的相互作用,也可以产生酶活性是该技术的基础,这一技术提供了另一种不需要转录因子而直接检测蛋白与蛋白相互作用的方法。

17.3.2.2 哺乳动物细胞水平的筛选方法

基于细胞水平的筛选应当注意在构建靶点基因的细胞中,靶点蛋白最好能够稳定表达。瞬时表达的靶点基因有时也能用来进行功能性的复筛,但不可用来筛选大规模的化合物库,原因是瞬时表达时不同的批次存在差异,并且要得到足够的转染细胞需要大量的 DNA。由于其费时费力和需要大量的试剂,而且难于保证对其进行每天的质量控制,因而不适用于 HTS。用于 HTS 的细胞株有一些要求:比如需要使用常规的组织培养试剂就能培养;标准的培养条件,比如 5% 的 CO_2 和 37℃;增殖一代的时间最好少于 48h;稳定的信号至少能保持 20 代;不需要太多细胞(<100,000 个/孔);没有支原体;冻存后的细胞仍能生长并且生长曲线不变;细胞中靶点蛋白的表达量足够高等。另外,检测方法必须可靠,信噪比至少为 4∶1,并且复孔浮动不大;每天的操作必须一致;信号最好不因传代不同和细胞密度不同

而不稳定;方法适于微量化。

17.3.2.2.1 *放射性方法*

细胞水平的均相放射性方法早已用于功能性筛选和受体-配体实验。

1. 受体结合检测

膜受体的受体结合实验应用放射性配体,以贴壁或者悬浮培养的全细胞的方式进行。例如,使用 WGA-SPA 微粒和悬浮细胞建立的均相的 SPA 方法。贴壁细胞同样可以应用 Amersham 的 Cytostar 板进行 SPA 检测,而悬浮细胞则也可以用 WGA 包被的 FlashPlates 进行检测。

2. GTP-γ-S 结合试验

结合 GDP 的寡聚 G 蛋白是没有活性的,当 GDP 转换成 GTP,结合了 GTP 的 α 亚基和 β、γ 亚基复合体分离后才有活性,从而激活或抑制下游的效应分子,如腺苷酸环化酶、蛋白激酶、磷脂酶 C 等。G 蛋白的激活可以通过激动剂诱导的[^{35}S] GTPγS 与细胞的结合来确定,[^{35}S] GTPγS 是 GTP 类似物,但是不能被水解。早期的[^{35}S] GTPγS 结合试验要先过滤、洗脱后才能加闪烁液计数。最近发现用 SPA FlashPlate 的均相方法也能得到与经典的过滤方法相类似的结果。SPA[^{35}S] GTPγS 结合实验能用来确定配体和信号转导途径都未知的孤儿受体的配体。

3. 信号转导检测

一些受体的信号转导途径可以用同位素来监控。腺苷酸环化酶受 GPCRs(与 Gαs,Gαi,Gαq 等 G 蛋白和 Ca^{2+}-钙调素信号偶联)的调控,使胞内 cAMP 的浓度发生改变。老的方法所涉及的提取步骤费时费力,现在有几种改进过的方法来测定 cAMP 的水平。很多 HTS 的供应商都有均相的 cAMP 试剂盒提供。

Amersham 基于 SPA 微粒的一步 Biotrak cAMP 检测法,抽提和测量在细胞培养板上一步完成。SPA 方法是基于胞内的 cAMP 与外源标记的[^{125}I]-cAMP 竞争结合的原理建立的。该法中,放射性标记的 cAMP(示踪物)与 cAMP 特异性的抗体结合,后者又与包被了第二抗体或者 A 蛋白的 SPA 微粒结合。由于放射性同位素和微粒中的闪烁剂通过抗体相互作用靠近,使闪烁剂发出了信号,得以检测。培养在微孔板上的细胞或者悬浮在孔中的细胞在药物作用后就被裂解,再加入 SPA 微粒和其他试剂孵育过夜后,就可以用竞争性放射免疫的方法来测定胞内的 cAMP 水平。这个方法加试剂的步骤少,不需要转移,因此具有灵敏、可自动化和重复性好的高通量检测特点。

胞内的 cAMP 水平也可以用 FlashPlate 进行 SPA 检测。悬浮的细胞与药物在包被了抗 cAMP 抗体的微孔板中一起孵育后,细胞被裂解,再加入[^{125}I]-cAMP,继续孵育过夜,并计数。内源性的 cAMP 与[^{125}I]-cAMP 进行竞争,用标准曲线就可以定量。该法具有功能强大、重复性好、可以微量化为 384 孔筛选的特点。

17.3.2.2.2 非放射性功能筛选实验

很多膜受体的激活是通过配体与之结合而产生的，这个过程也是信号转导机制的过程。通过偶联 Gaq 刺激磷酸肌醇水解，使得肌醇磷酸盐和胞质内钙离子含量升高就可以激活 GPCRs 通路。与之相似的其他 GPCRs 通路也可以通过偶联 G 蛋白家族中的 Gas、Gai、Gaq 和钙调蛋白调节腺苷酸环化酶激活。

1.钙离子检测

钙离子浓度的检测方法通常采用 FLIPR（荧光成像检测仪）来检测贴壁细胞或悬浮细胞中 Fluo-3 的荧光强度，间接反映钙离子的浓度。在 FLIPR 实验中，可以同时对 96 孔或 384 孔板中的多个样品进行检测，测定过程仅需 1s，因此可用于钙离子流动的动力学检测。

水母发光蛋白作为钙离子指示剂在许多 GPCRs 的筛选中被应用。水母发光蛋白的基因可以在多种细胞株中进行表达。一般典型的水母发光蛋白信号在哺乳动物细胞中在 30s 内以闪光的形式存在。利用此特性可以建立相应的筛选系统。在连续表达水母发生蛋白的细胞株中稳定转染表达待筛选受体，配体与受体结合后，激活该受体增加胞内 Ca^{2+} 浓度，Ca^{2+} 与 Coelenterazine 结合并使之氧化成 Coelenteramide 并发射出光子。光子可通过发光计数仪定量检测。由于信号只存在 30s，需用配有进样器的发光计数仪检测。高通量筛选所用发光计数仪通常配有 6 个进样器和 6 个 PMT。

2.AMP 环化实验

高效荧光偏振 cAMP 检测，可以检测整个细胞中 cAMP 的水平。检测的原理是依据细胞自身产生的 cAMP 和加入的外源性用荧光标记的 cAMP 追踪剂之间的竞争结合来检测 cAMP 的含量。检测中细胞与药物共同孵育后被裂解，荧光标记的 cAMP 示踪计和特异性 cAMP 抗体一起加入细胞裂解液中，FP 信号即可被检测到。

PE Biosystems 发展的化学发光 cAMP 免疫检测是一种利用内源性产生的 cAMP 与 cAMP-AP 之间进行竞争的竞争性免疫检测方法。药物作用后的细胞经裂解，加入 cAMP-AP 和抗 cAMP 抗体，细胞内源产生的 cAMP 使抗体复合物中 cAMP-AP 含量降低，检测信号减弱。洗涤后，加入 AP 的化学发光检测底物，通过发光计数仪 TOP COUNT 等检测光信号，信号减弱程度与 cAMP 的含量成比例。

基于黑色素细胞的快速 GPCRs 和酪氨酸激酶（TKRs）功能检测体系可用于配体结合后的受体二聚化检测。DNA 编码的 GPCRs 和 TKRs 在黑色素细胞中表达并作为内源性信号系统调节细胞的变亮或变暗。配体结合 Gs 偶联的受体在黑色素细胞中激活 AC，使色素分散，细胞变暗，亮度的减弱通过光的吸收强度来检测。以激活剂刺激表达 G_i 偶联受体的黑色素细胞，导致 AC 的抑制，引起色素集合，细胞变亮,光吸收值则降低。

为了监测 cAMP 在活细胞中的波动,蛋白激酶 A(PKA)的亚基分别与两个可作为 FRET 检测的供体和受体的合适的绿色荧光蛋白进行融合。cAMP 介导 PKA 亚基的分离,破坏了荧光蛋白间的 FRET 作用,荧光信号的大小依赖于 cAMP 的水平。

3. 报告基因检测

大多数转录因子都有一定的结构模式,由 DNA 结合结构域和转录激活结构域组成。这些结构域可以在不同的因子之间进行相互交换,但仍具有其功能特性。报告基因的组成包括调控报告基因的表达可诱导转录控制元件。报告基因编码的蛋白有独特的酶活性,并且酶活性的检测适用于高通量筛选;报告基因编码区上游连接一个可以调控报告基因表达的基因,增加转录的功能性增强子被置于启动子的上游。这样构建产生的报告基因会响应受体的激活而调节报告蛋白的合成。带有启动子或增强子、多克隆位点、报告基因、内含子、PolyA 位点、抗生素抗性基因和原核复制起始位点的载体可通过商业途径购得。进行表达前,融合后的报告基因需要先通过各种手段转染哺乳细胞,常用的有磷酸钙法、DEAE-葡聚糖法、原生质体融合法和电穿孔转化法等[114]。

针对不同的细胞株,有多种报告基因和载体可供选择。常用的有萤火虫荧光素酶、分泌型碱性磷酸酯酶(secreted alakaline phosphatase, SEAP)、氯霉素乙酰转移酶(chloramiphenicol acetyltransferase, CAT)、β-半乳糖苷酶、β-内酰胺酶和绿色荧光蛋白(GFP)。

1) 萤火虫荧光素酶

萤火虫荧光素酶是一个 62 kDa 的蛋白,单体存在时即有活性。荧光素经该酶催化后氧化,产生可检测的闪光。其检测试剂盒适用于均相检测,并可从多家公司购得,如 Packard 的 Luc-Lite、Promega 的 Steady-Glo、Tropix 的 Luc-Screen。细胞与药物共同孵育于适于组织培养的 Optiplates(Packard)中,加入细胞裂解液和荧光素酶反应试剂,孵育 10～15min 后即可在闪烁计数仪中计数。该检测可完全自动化并容易微量化至 384 甚至 1536 微孔板。

2) 分泌型碱性磷酸酯酶

分泌型碱性磷酸酯酶(SEAP)是人胎盘特有的磷酸酯酶,经细胞分泌后进入细胞间质,只存在于极少数类型的细胞中。SEAP 对热和高精氨酸具有抗性,而内源性的碱性磷酸酯酶则不具有。过去使用的比色法在灵敏度上达不到筛选的要求,而现在发展起来了基于化学发光或荧光的检测方法像荧光素一样,有着极高的灵敏度。因 SEAP 是分泌在细胞外介质中的,可直接加入所需试剂并在微孔板读数仪中读取信号。

3) 氯霉素乙酰化酶

氯霉素乙酰化酶(CAT)是另一个广泛应用的一种来自大肠杆菌的酶,十分稳定,且不存在于哺乳动物细胞中。CAT 催化的乙酰化作用发生在 3-羟基位置,随后不需酶的作用自发转变成 1-乙酰氯霉素,或者继续在 3-位上发生乙酰化产生双乙酰氯霉素。

以前使用放射性同位素或荧光基团标记的乙酰辅酶 A 来检测 CAT,需要应用薄层层析或不同溶剂萃取分离双乙酰化的产物和底物乙酰辅酶 A。这些方法操作复杂,耗时耗力,不适用于大规模的高通量筛选。最近报道了一种使用 FlashPlate 技术的均相检测方法。该法将生物素化的氯霉素连接于生物素链菌素包被的 FlashPlate 上,含酶的细胞提取物与 ^{3}H 或 ^{14}C-辅酶 A 一起,在闪烁计数仪中计数,为了提高灵敏度,也可抽去孔中溶液后再进行读数。

4) β-半乳糖苷酶

催化 β-半乳糖苷水解的 β-半乳糖苷酶被广泛地用作报告基因。内源性 β-半乳糖苷酶(最适 pH=8.5)在哺乳动物细胞内的含量很低甚至没有,因此人们经常使用大肠杆菌 β-半乳糖苷酶在短期的转染中作为内标,用于监测转染效率。普通的 β-半乳糖苷酶检测采用比色法,底物为 *o*-亚硝酸 β-半乳糖苷。近来发展的采用 Galacto-Star 或者 Galacto-Light-Plus 的化学发光方法和荧光方法更为灵敏,对高通量筛选更加有效。大肠杆菌 β-半乳糖苷酶作为报告基因主要应用于植物细胞,在哺乳动物细胞中应用有限。

5) 绿色荧光蛋白(GFP)

GFP 是源于维多利亚水母的一种发光蛋白质。在药物开发中,GFP 系统已成为非常普遍应用的 HTS 报告蛋白。当在 395 nm 处激发时,野生型 GFP 蛋白会发出绿光(λ_{max}=509 nm),但在哺乳动物细胞中光较弱。人们现已得到具有不同光谱性质和更好荧光特性的 GFP 突变体[115]。GFP 报告系统主要用于检测能够快速调节转录的细胞因子和细胞核受体的活性。

17.3.2.3 混合检测

先导化合物和一些药物候选化合物按常规需要进行细胞毒性、细胞色素 P450 异构酶(CYPs)抑制、Caco-2 细胞渗透性和对其它相关靶点选择性的实验(二次筛选)。如利用雌激素受体筛选得到的化合物必须在其他激素核受体模型上进行检测,如雄激素、孕激素、糖皮质激素和 TSH。这些结果对化合物是否进行体内实验有重要的参考价值。

17.3.2.3.1 细胞增殖和细胞毒性模型

化合物对细胞的影响通过非特异性的细胞毒实验进行评价。使用四氮唑化合物的细胞存活实验中，加入 MTT 到细胞的培养液中，活细胞能够将四氮唑还原为紫色的甲？盐，在酶标板读数仪上终点检测光密度吸收值。然而，MTT 的溶解性相对不好，有时会影响检测结果。其他 MTT 替代物，如 MTS 和 XTT 由于有比较理想的溶解性，已经用于细胞存活检测。Alamar Blue 法被广泛地用于细胞增殖/细胞毒性检测中，可用于 96 或 384 孔板完成高通量筛选[116]。当 Alamar Blue 加到贴壁或悬浮细胞的培养基中，染料被还原为有强烈红色荧光的物质后，通过分光光度计或荧光微孔板计数仪检测其强弱。颜色或荧光的强度与细胞的生存能力成比例关系。Alamar Blue 的特点是对细胞无毒，可以在不同时间进行连续细胞活性的检测。

基于荧光氧生物传感器技术，BD PharMingen 公司建立的一个新的细胞毒性和增殖检测方法[117]，是一个可以监控细胞存活、增殖和死亡的快速均相检测方法。一种含钌的荧光化合物被用作 96 孔板上的氧生物传感器。待测化合物和培养基中的细胞被加入到包被了生物传感器的板上，在细胞培养箱中孵育，通过荧光仪不同时间动态读取荧光强度。该方法已被成功的用于很多真核细胞和原核细胞的毒性筛选中。在没有毒性化合物存在的情况下，细胞数目和信号强度之间有很好的相关性。

17.3.2.3.2 细胞色素 P450 异构酶

在优化药物先导化合物的过程中，化合物的吸收、分布、代谢和排出以及药物代谢动力学（AMME/PK）是研究的必要内容，CYPs 在清除药物的过程中起关键作用。异生物代谢被分为Ⅰ期和Ⅱ期。化合物通常在Ⅰ期即被 CYPs 氧化，然后在Ⅱ期与葡糖醛酸或硫磺酸整合。CYPs 是包括几个蛋白组成的超家族。在人的药物代谢中至少有 6 种主要形式的 CYPs：CYP1A2，CYP2D6，CYP2C9，CYP2C19，CYP3A4 和 CYP2E1[118～119]，每一种形式都有其特定的底物。通常都用人肝细胞、分离的微粒体、或者人肝癌细胞对化合物进行 CYPs 检测，或者用特定的底物来检测表达的人 CYPs 的 CYP 亚型。已经报道了一个细胞水平的均相荧光方法是在 96 孔板上用 Ethoxyresorufin 作底物，检测 HepG2/C3A 细胞株的 CYP1A2 的亚型和 CYP3A4 亚型的方法[120]。

17.3.2.3.3 芯片技术

DNA 芯片的玻璃表面分布着排列成矩阵的用于杂交的 DNA 片段[77]，现在可以广泛应用于筛选和诊断的两种 DNA 芯片分别是 cDNA 芯片和原位杂交多核苷酸芯片。DNA 芯片在 3.6cm^2 的区域内能容纳 1 万条基因，其功能是通过监测肝脏和培养的肝细胞中药物代谢和毒性标记性基因的表达来评估药物的药效和代谢作用。DNA 芯片不仅可用于检测人组织和细胞系中基因的表达及病体组织中的基因表达,还可用于酶分析、受体结合分析以及抗原与多克隆抗体结合实验等。随着微流体毛细管电泳及电渗技术的发展,微芯片技术在今后几年内会成为很有前途的高通量筛选平台。

17.4 自动化及相关数据处理系统

17.4.1 仪器自动化

对于医药和生物技术公司来说,要保持高的产品市场竞争力必须不断提高其新药开发的效率,同时缩短新药产生的周期。所以,今天大的制药公司在庞大的工作站和自动化系统方面的投资不仅仅是以省了多少劳动力费用来进行计算的,而是这些系统能够使一个新药的开发过程缩短了多少年或月,以及由此产生的商业效益。正是这种从长远角度考虑的原因,大的制药公司才会不断地更新、发展其实验室自动化系统。特别是在药物开发的早期阶段更加重要。

20 世纪 70 年代间分析技术的成熟发展使仪器分析化学在医药和化学工业中变得举足轻重。随后的十几年中,由于实验室自动化和自动分析技术的需求,对样品制备技术不断地提高了要求,其中包括自动称量、液体转移、分离、仪器硬件的转移等等。

早期的医药研究主要使用一些离体的动物器官、组织甚至整体动物。很明显,这些方法很难实现自动化。但是,由于近二十年来的分子生物学、细胞生物学技术的快速发展使得今天体外分子和细胞水平的筛选已变得非常普遍。酶、受体是最为常见的药物靶点,它们的活性检测,如酶学性质或受体对放射性标记受体的结合很容易在实验室的试管中完成,全部测量过程可在酶标仪或计数器中完成,容易实现自动化。

早期的自动化筛选系统源于自动化样品的制备技术,通过技术集成,将本来由人工完成的操作变成由机器执行,如由机械臂加样、用单通道或多通道加样器点板、甚至镊取用于过滤的的计数滤纸,但这些仪器的可变性和通量往往受限于机械手的灵巧度和速度,难以完成多重任务。但是,经过近十几年的发展,今天的自动化筛选系统的功能已经很强大而且可靠。另外,运用标准化的微孔板的测试方法也使实现全自动化变得更为简单。

17.4.1.1 微孔板

在谈到筛选系统的自动化时,微孔板(Microplate)是许多方法和解决方案的最终决定因素。尽管近年来的芯片技术发展很快,但微孔板在生物医药研究中仍扮演着不可替代的角色。正是微孔板的应用使人们提出了将多个反应管以平行方式同时处理的概念，这些概念在一定程度上大大促进了自动化筛选系统和工作站的快速发展。

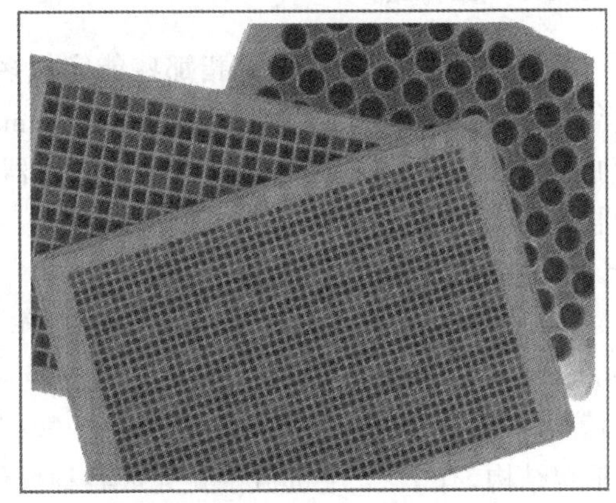

图 17.18　微孔板

对于所有开发的仪器而言，微孔板是一个共同的标准，同时标准化的要求也增加了现代自动化系统的可靠性。其中，96 孔板和 384 孔板都已经制定了相应的标准(Society of Biomolecular Screening task force “Standards” in Automation and instrumentation)，见图 17.18。但是其他的高密度板，如 864、1536、3456，甚至 9600 孔板目前还没有统一的标准。这些标准或准标准板的使用已经大大地降低了筛选成本，同时增加了通量。当然，通量的大小还必须考虑到液体的转移速度和酶标仪采集数据的速度。之所以一些准标准板尚无统一的标准主要原因是孔与孔之间的距离太小了，使得对每个孔中心的定位变得非常困难，而这一点又恰恰是一个精确加液和读取高质量信号筛选系统所必需的。

17.4.1.2　微孔板设备

一般而言，一个自动化筛选系统的大多数组件总是围绕微孔板而工作的，它们均可称为微孔板设备。在这些组件中如何区分独立单元(stand-alone)、工作站(workstation)和自动化系统(automated robotic system)等对高通量筛选系统都是至关重要的。一般而言，工作站是指能执行多重功能(通常指围绕微孔板)的部分，如液体转移装置(liquid handling)可围绕微孔板执行多重功能，因而可看作是一种工作站。而独立单元则指洗板器、液体分配器(liquid dispenser)和酶标仪等。自动化系统是指集独立单元、工作站于一个特定的功能环境，由一种总系统软件控制，由一至二个机械臂完成微孔板在独立单元和工作站之间的转移工作。

大多数的系统组件，如检测器、计数器、液体分配器、洗板器可被集中在一个实验平台上，各自作为独立单元但却集成于一个自动化系统中，尤其是系统管理软件控制仪器的能力和对实验数据的采集能力尤为重要。

17.4.1.3　工作站

前面已经提到,工作站是指那些能完成多项不同功能的系统组件。世界上第一台工作站是由 Zymark 公司开发的 Benchmate™系统,它集成了精密天平、单通道加液头、移液装置、振荡器和 HPLC 进样器等。通过一个机械臂可以将不同的容器从一个工作台移至另一个工作台,但这一系统主要是针对管形反应器设计而设计的,并不适用于今天的微孔板。

第一台基于于微孔板设计的工作站是由 Beckman Coulter 开发的 Biomek1000,它整合了单通道和多通道的吸液、加液、洗涤和单通道检测(密度测定)等组件部分。现在商品化的工作站一般有单通道或多通道液体转移装置,通常为平台结构,有 1~2 个机械手臂完成各种操作,同时还有 96 和 384 通道的一次性或固定的吸液器等。Biomek2000 在使用可变换工具后变得更加灵活,如不同的吸收器、分配器等。其特点是可以针对不同的需要设计不同的操作程序。但与此同时,Biomek2000 工作站也丧失了一些其他功能,如针对非微孔板形式的加样功能。近期出现的 BiomekFX 则集成了更强大的功能,如多通道可同时执行不同的任务,双手臂操作则更是增加了有效性和操作速度。

17.4.1.4　样品处理

样品处理主要包括样品的储存、称量、溶解和分配几个步骤。原则上,对于样品储存而言有两种基本形式,包括样品溶解的形式(如 DMSO 溶液)和纯样品(储存于特定的样品管或微孔板上)。由固体或油状物样品开始,设计一种自动化样品制备系统以适用于各种不同活性筛选系统是一个复杂的过程。由于样品数目巨大,由人工完成将非常费时。考虑到大多数固体样品在某些物理性质上的相似性,将特定量的固体粉末转移到标准的微孔板(或管)供随后的溶解和稀释的过程实现自动化是可行的,并将会大大减少样品在准备阶段所用的时间。但总有一定比例的样品由于其自身的特性,特别是当样品存量本身有限时,就很难实现自动化操作。正是因为这一原因,在一些医药公司中实现这一自动化过程的程度并不高。

以溶液的形式储存样品时应当考虑到样品在溶液状态下的稳定性。因而储存条件应尽可能地保证在低温下,如一般为－20℃的冷室中,有些情况下应保存在－80℃冷柜中。由于 DMSO 凝固点较高,低温储存的样品溶液也处于凝固状态,这样在室温融化、取液,再冷冻的多次重复后,有些样品可能会析出,并将导致在随后的自动化取液过程中造成较大的误差。同时,多次的融化-冷冻循环也会使样品的稳定性大大降低。因而,以溶液形式储存的样品不宜使用过长时间,一般以两年为益。除了储存条件,还应考虑样品的储存模式。考虑到实际的可操作性,如自动化，则采取与后期筛选中使用的微孔板相对应的模式可以大大简便后期的数据处理，同时也保证了一旦发现活性样品后，可以快速地从数以万计的样品中重新找到原始的样品以确证筛选结果。

在大多数药物研究机构里，储存的样品往往相对集中。所以在待测试的样品不得不送到不同城市的筛选实验室时，还应考虑使用其他一些方式，如使用条码系统、96孔板统一模式、膜封口，运输过程中用干冰冷却等等。

将各独立单元、工作站集成于一个特定的功能环境，由一种软件控制的系统称为自动化系统，其主要的组成有机器人(包括机械臂、控制器和机械手)、系统控制器和外周设备。外周设备则根据模型和筛选通量的不同而有较大的差异。

运用微自动化技术可以在短时间内处理、筛选大量的样品。现今大多数基于酶、受体的筛选方法均为均相反应，如何将各种反应试剂、显色剂、缓冲液、靶标蛋白溶液以极其精确的方式混合，进而精确的读取结果是实现高通量筛选所必须的条件。

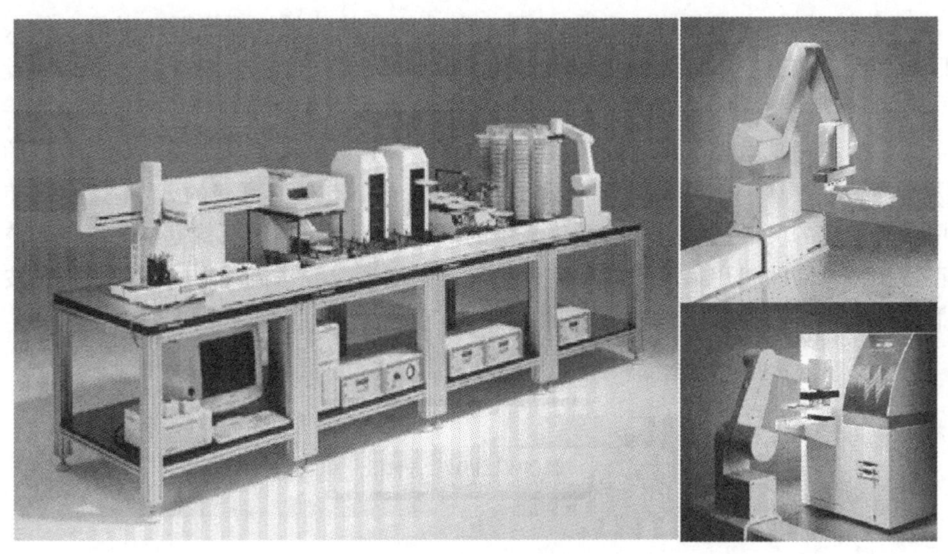

图 17.19　SAGIAN™核心系统

SAGIAN™核心系统是以沿轨道运行灵巧的机械臂 ORCA System 为核心，将液体转移装置、各种检测器、微孔板储存装置等外围设备有机地结合为一个整体，控制软件操作简单，可根据不同模型设计不同的运行方法(图 17.19)。

随着高密度板的使用，人们已经提出了一种新的概念，就是超高通量筛选(ultra high-throughput screening, uHTS)[121]。uHTS 的通量可达 10 万次/天，与此相对应的仪器也逐渐商品化，如基于 CCD(cooled charge-coupled device)的照相机和焦阑透镜发展的 CLIPR (chemiluminescence imaging plate reader, Molecular Devices)以及 Amershan Pharmacia Biotech 公司的 LEADseeker。

17.4.2 数据处理及分析

实现高通量筛选时往往会在短时间内产生大量的数据，对这些数据的处理时，若使用的软件不当将会成为筛选的瓶颈。当一个高通量系统的筛选能力达到几百至几千块板/天时，我们常用的一些工具软件就很难有效地处理这些结果。而对于一个专业的筛选实验室来说，及时地分析筛选结果相当重要，一般需要专业的软件人员开发适合于自己特点的软件处理系统。

现有许多商品化的软件包，如 MDL 信息系统公司的 Activity Base，ISIS Base 等一般可以解决大多数问题，如类似性比较、结构模块的搜索、药效团的生成等，但并不能解决所有的问题。在实际操作过程中往往由于系统的差异和情况的不同而需要一些特殊的处理功能，就要求对现有的程序功能做一些改进。

针对不同的高通量筛选系统，发展一套功能完整的软件系统可以说是一件艰巨的工程，它需要各个部门的紧密配合，如数据产生者、使用者以及管理工具的设计者等。系统软件应允许各个子系统之间实现有效地连接和对话。因而在发展一个较好的高通量数据管理及处理系统时有许多因素须要考虑。而每一种被考虑的因素都必须以易于使用和灵活可变为基础。但有一点是不可变的，就是这种由使用者所确定的灵活性必须与自动化系统的可操作性以及如何保持复杂的软件系统正常工作所需的费用最小化相一致。代表性的高通量操作流程中的软件系统应按下图执行：

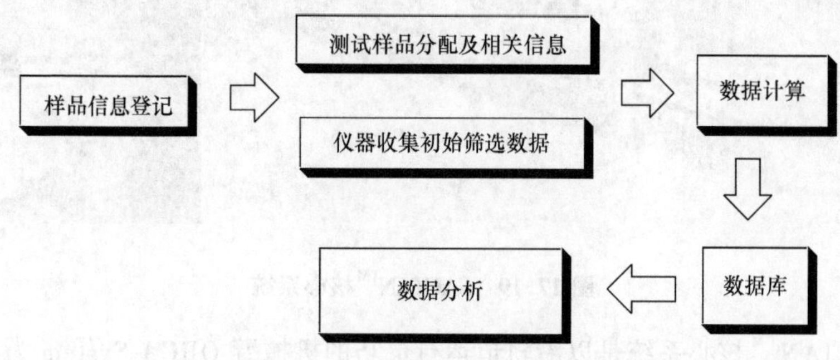

17.5 展　望

20 世纪 90 年代以来，特别是近几年来，新药的研发技术进入到一个前所未有的快速发展阶段。基因组学提供给我们如此多的靶点，以至于我们还无法及时确证靶点的可靠性。而组合化学技术也已经提供给我们大量的化学实体,也使我们无法及时地筛选它们。同时,现代技术的进步已经使新的检测方法、新的数据处理方式、自动化系统等不断地涌现。作为一个现代药物研究者,如何有效地运用这些资源,提高研发的效率将是一件非常有挑战性的工作。

参 考 文 献

[1] Anonymous Technical Report No.13, IUPAC Information Bulletin , 1974

[2] Wernuth CG, *Preface In Trends In QSAR and Molecular Modeling* 92 ESCOM, Leiden 1993

[3] Russo A, Heydt L, Ferriter K, Flam B, Lucoth B, et al. *Proceedings of the International Symposium on Laboratory Automation and Robotics*, Boston, MA 1994, 435～443

[4] Drews J, *Nature Biotechnology* 1996, 14: 1516～1518

[5] Petsko GA, *Nature* 1996, 384: 7～9

[6] Gordon EM, Gallop MA, Patel DV, *Acc Chem Res* 1996, 29: 144～154

[7] Gordon EM, Kerwin JF, Eds., John Wiley &Sons: New York. Combinatorial Chemistry and Molecular Diversity in Drug Discovery 1999

[8] Kubinyi H, *Pharmazie* 1995, 50: 647～662

[9] Koch C, Neumann T, Thiericke R, Grabley S, *Nachr. Chem. Tech. Lab* 1997, 45: 16～18

[10] Supplement, N. Intelligent Drug Design. *Nature* 1996, 384: 1～26

[11] Schreiber SL, *Science* 1991, 251: 283～287

[12] Bosse R, Garlick RK, Brown B, Menard L, *J Biomol Screen* 1998, 3: 285～292

[13] Udenfriend S, Gerber L, Nelson N, *Anal Biochem* 1987, 161: 494～500

[14] Li Z, Mehdi S, Patel I, Kawooya J, Judkins M et al. *J Biomol Screen* 2000, 5: 31～38

[15] Murray AW, Kirschner MW, *Sci. Amer.* 1991, 264: 56～63

[16] Sonatore LM, Wisniewski D, Frank LJ, Cameron PM, Hermes JD, et al. *Anal Biochem* 1996, 240: 289～297

[17] Ellsmore VA, Teoh AP, Ganesan A, *J Biomol Screen* 1997, 2: 207～211

[18] Braunwalder AF, Yarwood DR, Hall T, Missbach M, Lipson KE et al. *Anal Biochem* 1996, 234: 23～26

[19] Reiss Y, Seabia MC, Goldstein JL, Brown MS, *Methods* 1990, 1: 241～245

[20] Jefferson RA, *Plant Molec. Biol. Reporter* 1987, 5: 387～405

[21] Rao AG, Flynn PA, *Biotechniques* 1990, 8: 38～40

[22] Haugland RP, Hand book of Fluorescent Probes and Chemocal Research, 6th ed., Molecular Probes 1996

[23] Jones LJ, Yue ST, Singer VL, Cheung CY, *Anal Biochem* 1998, 265: 368～374

[24] Weber G, *Fluorescence and phosphorescence Analysis*, New York: John Wiley. 1966

[25] Dandliker WB, Schapiro HC, NMeduski JW, Alonso R, Feigen GA et al. *Immunochem* 1964, 1: 156

[26] Jolley ME, *J Anal Toxicol* 1981, 5: 236～240

[27] Jameson DM, Sawyer WH, *Methods Enzymol* 1995, 246: 283～300

[28] Jolley ME, *J Biomol Screen* 1996, 1: 33～38

[29] Seethala R, Menzel RA, *Anal Biochem* 1997, 253: 210～218

[30] Seethala R, Menzel RA, *Anal Biochem* 1998, 255: 257～262

[31] Seethala R, *Methods* 2000, 22: 61～70
[32] Jeong S, Nikiforov TT, *Biotechniques* 1999, 27: 1232～1238
[33] Parker GJ, Law TL, Lenoch FJ, Bolger RE, *J Biomol Screen* 2000, 5: 77～88
[34] Tairi AP, Hovius R, Pick H, Blasey H, Bernard A et al. Biochemistry 1998, 37: 15850～15864
[35] Allen M, Reeves J, Mellor G, *J Biomol Screen* 2000, 5: 63～69
[36] Schade SZ, Jolley ME, Sarauer BJ, Simonson LG, *Anal Biochem* 1996, 243: 1～7
[37] Levine LM, Michener ML, Toth MV, Holwerda BC, *Anal Biochem* 1997, 247: 83～88
[38] Bolger R, Thompson DA, *Am Biotechnol Lab* 1994, 12: 113～116
[39] Selvin PR, *Meth Enzymol* 1995, 246: 300～334
[40] Grahn S, Ullmann D, Jakubke H, *Anal Biochem* 1998, 265: 225～231
[41] Clegg RM, *Curr Opin Biotechnol* 1995, 6: 103～110
[42] Kolb AJ, Burke JW, Mathis G, Homogeneous, time-resolved fluorescence method for drug discovery. In: JP Devlin, Ed. *High Throughput Screening*. New York: Marcel Dekker, PP345-360. 1997
[43] Alpha B, Lehn J, Mathis G, *Angew Chem Int Ed Engl* 1987, 26: 266
[44] Mathis G, *J Biomol Screen* 1999, 4: 308～310
[45] Kolb AJ, kaplita PV, Hayes DJ, Park YW, Pernell C et al. *Drug Disc Today* 1998, 3: 333～342
[46] Sterrer S, Henco K, *J Recept Signal Transduct Res* 1997, 17: 511～520
[47] Auer M, Moore KJ, Meyer-Almes FJ, Guenther R, Pope AJ et al. *Drug Disc Today* 1998, 3: 457～465
[48] Kettling U, Koltermann A, Schwille P, Eigen M, *Proc Natl Acad Sci U S A* 1998, 95: 1416～1420
[49] Koltermann A, Kettling U, Bieschke J, Winkler T, Eigen M, *Proc Natl Acad Sci U S A* 1998, 95: 1421～1426
[50] Finney NS, *Curr Opin Drug Discov Devel* 1998, 1: 98～105
[51] Mitra RD, Silva CM, Youvan DC, *Gene* 1996, 173: 13～17
[52] Zlokarnik G, Negulescu PA, Knapp TE, Mere L, Burres N et al. *Science* 1998, 279: 84～88
[53] Giuliano KA, DeBiasio RL, Dunlay RT, Gough AH, Volosky JM et al. *J. Biomol Screen* 1997, 2: 249～259
[54] Williams R, *IVD Technology* 1995, 28～31
[55] Miraglia S, Swartzman EE, Mellentin-Michelotti J, Evangelista L, Smith C et al. *J Biomol Screen* 1999, 4: 193～204
[56] Deaver DR, *Nature* 1995, 377: 758～760
[57] Bohlm S, Kadey S, McKeon K, Perkins S, Sugasawara R, *Biomed Products* 1996, 21: 60
[58] Lackey DB, *Anal Biochem* 1998, 263: 57～61
[59] Kolb AJ, *J Biomol Screen* 1996, 1: 85～88
[60] Brown BA, Cain M, Broadbeat J, Tompkins S, Henrich G et al. FlashPlate Trade mark technology in: Devlin JP Ed. High Throughput Screening, New York; Marcel Dekker 1997, 317～328
[61] Haggblad J, Carlsson B, Kivela P, Siitari H, *Biotechniques* 1995, 18: 146～151
[62] Watson S, *Biotech update* 1995, 10: 11
[63] Hart HE, Greenwald EB, *Mol Immunol*. 1979, 16: 265～267
[64] Udenfriend S, Gerber L, Brink L, Spector S, *Proc Natl Acad Sci U S A* 1985, 82: 8672～8676
[65] Cook ND, *Drug Disc Today*, 1996, 1: 287～294
[66] Bosworth N, Towers P, *Nature* 1989, 341: 167～168

[67] Legay F, Albientz P, Ridder R, Bio-analytical applications of BIAcore, an optical sensor in: Devlin JP Ed. *High Throughput Screening*, New York; Marcel Dekker 1997

[68] Paulik MA, Buckholz RG, Lancaster ME, Dallas WS, Hull-Ryde EA et al. *Pharm Res* 1998, 15: 944～949

[69] Bruchez M Jr., Moronne M, Gin P, Weiss S, Alivisatos AP, *Science* 1998, 281: 2013～2016

[70] Chan WC, Nie S, *Science* 1998, 281: 2016～2018

[71] Cohen CB, Chin-Dixon E, Jeong S, Nikiforov TT, *Anal Biochem* 1999, 273: 89～97

[72] Chiem NH, Harrison DJ, *Electrophoresis* 1998, 19: 3040～3044

[73] Dolnik V, Liu S, Jovanovich S,. *Electrophoresis* 2000, 21: 41～54

[74] Parandoosh Z, *J Biomol Screen* 1997, 2: 201～202

[75] Walsh JC, *J Biomol Screen* 1998, 3: 175～181

[76] Cardenas ME, Lorenz M, Hemenway C, Heitman J, *Perspective Drug Discovery Design* 1994, 2: 103～126

[77] Nanahoshi M, Nishiuma T, Tsujishita Y, Hara K, Inui S et al. *Biochem Biophys Res Commun* 1998, 251: 520～526

[78] King K, Dohlman HG, Thorner J, Caron MG, Lefkowitz RJ, *Science* 1990, 250: 121～123

[79] Dohlman HG, Thorner J, Caron MG, Lefkowitz RJ, *Annu Rev Biochem* 1991, 60: 653～688

[80] Price LA, Kajkowski EM, Hadcock JR, Ozenberger BA, Pausch MH, *Mol Cell Biol* 1995, 15: 6188～6195

[81] Pausch MH, *Trends Biotechnol* 1997, 15: 487～494

[82] Bertin B, Freissmuth M, Breyer RM, Schutz W, Strosberg AD et al. *J Biol Chem* 1992, 267: 8200～8206

[83] Freissmuth M, Selzer E, Marullo S, Schutz W, Strosberg AD, *Proc Natl Acad Sci U S A* 1991, 88: 8548～8552

[84] Bertin B, Freissmuth M, Jockers R, Strosberg AD, Marullo S, *Proc Natl Acad Sci U S A* 1994, 91: 8827～8831

[85] Hahnenberger KM, Krystal M, Esposito K, Tang W, Kurtz S, *Nat Biotechnol*, 1996, 14: 880～883

[86] Guinea R, Carrasco L, *FEBS Lett* 1994, 343: 242～246

[87] Hall BL, Smit-McBride Z, Privalsky ML, *Proc Natl Acad Sci U S A* 1993, 90: 6929～6933

[88] Mangelsdorf DJ, Thummel C, Beato M, Herrlich P, Schutz G et al. *Cell* 1995, 83: 835～839

[89] Chambon P, *Faseb J* 1996, 10: 940～954

[90] Taylor ST, Menzel R, *Gene* 1995, 167: 69～74

[91] Block TM, Grafstrom RH, *Antimicrob Agents Chemother* 1990, 34: 2337～2341

[92] McCall JO, Kadam S, Katz L, *Biotechnology* (*N Y*) 1994, 12: 1012～1016

[93] Balint RF, Plooy I, *Biotechnology* (*N Y*) 1995, 13: 507～510

[94] Superti-Furga G, Jonsson K, Courtneidge SA, *Nat Biotechnol* 1996, 14: 600～605

[95] Fields S, Song O, *Nature* 1989, 340: 245～246

[96] Germino FJ, Wang ZX, Weissman SM, *Proc Natl Acad Sci U S A* 1993, 90: 933～937

[97] Vidal M, Brachmann RK, Fattaey A, Harlow E, Boeke JD, *Proc Natl Acad Sci U S A* 1996, 93: 10315～10320

[98] Ozenberger BA, Young KH, *Mol Endocrinol* 1995, 9: 1321～1329

[99] Kajkowski EM, Price LA, Pausch MH, Young KH, Ozenberger BA, *J Recept Signal Transduct Res* 1997,

17: 293～303

[100] Zhu J, Kahn CR, *Proc Natl Acad Sci U S A* 1997, 94: 13063～13068

[101] Tirode F, Malaguti C, Romero F, Attar R, Camonis J et al. *J Biol Chem* 1997, 272: 22995～22999

[102] SenGupta DJ, Zhang B, Kraemer B, Pochart P, Fields S et al. *Proc Natl Acad Sci U S A* 1996, 93: 8496～8501

[103] Liberles SD, Diver ST, Austin DJ, Schreiber SL, *Proc Natl Acad Sci U S A* 1997, 94: 7825～7830

[104] Young K, Lin S, Sun L, Lee E, Modi M et al. *Nat Biotechnol* 1998, 16: 946～950

[105] Catterall WA, *Nat Biotechnol* 1998, 16: 906

[106] Menzel R, Taylor ST, *US patent* 5,521,066, 1996

[107] Kolmar H, Frisch C, Kleemann G, Gotze K, Stevens FJ et al. *Biol Chem Hoppe Seyler* 1994, 375: 61～70

[108] Dove SL, Joung JK, Hochschild A, *Nature* 1997, 386: 627～630

[109] Hochschild A, Dove SL, *Cell* 1998, 92: 597～600

[110] Ptashne M, Gann A, *Nature* 1997, 386: 569～577

[111] Kornacker MG, Remsburg B, Menzel R, *Mol Microbiol* 1998, 30: 615～624

[112] Karimova G, Ullmann A, Ladant D, *Methods Enzymol* 2000, 328: 59～73

[113] Rossi FM, Blakely BT, Charlton CA, Blau HM, *Methods Enzymol* 2000, 328: 231～251

[114] Alam J, Cook JL, *Anal Biochem* 1990, 188: 245～254

[115] Tsien RY, *Annu Rev Biochem* 1998, 67: 509～544

[116] Nakayama GR, Caton MC, Nova MP, Parandoosh Z, *J Immunol Methods* 1997, 204: 205～208

[117] Wodnicka M, Guarino RD, Hemperly JJ, Timmins MR, Stitt D et al. *J Biomol Screen* 2000, 5: 141～152

[118] Guengerich FP, *Annu Rev Pharmacol Toxicol* 1999, 39: 1～17

[119] Smith DA, Ackland MJ, *Drug Discovery Today* 1997, 2: 479～486

[120] Kelly JH, Sussman NL, *J Biomol Screen* 2000, 5: 249～254

[121] Mander T, *Drug Discovery Today* 2000, 5: 223～225

（南发俊,李　佳）

作者简介

南发俊　男,研究员,1991年7月毕业于兰州大学化学系。1994年7月在兰州大学化学系获理学硕士学位,同年经保送入中国科学院上海有机化学研究所攻读博士学位,1997年6月获理学博士学位。同年8月赴美,在美国乔治城大学医学中心(Georgetown University Medical Center)从事药物化学研究,2000年5月回国,被聘为中国科学院上海药物研究所国家新药筛选中心研究员。主要从事的研究工作包括:运用有机合成和组合化学的方法设计与合成某些具有生物活性的有机分子、药物构效关系研究、高通量药物筛选等。2000年9月,获得"中科院引进国外杰出人才计划"资助。

李　佳　男，副研究员。1992年毕业于浙江医科大学药学系，获理学学士学位。1994～2000年在中科院上海药物研究所攻读博士研究生，1998年5月起，师从叶其壮研究员，于2000年获理学博士学位。同年8月留国家新药筛选中心工作，负责分子水平和细胞水平高通量药物筛选模型的建立工作。同时结合中心的化合物资源，开展创新药物相关的分子药理学研究工作。